令和3年度

食料需給表

大臣官房政策課

令和5年3月

農林水産省

目　　　次

3 品目別累年表

利用者のために

はじめに

　　食料需給表は、ＦＡＯ（国際連合食糧農業機関）の作成の手引きに準拠して毎年度作成しており、食料需給の全般的動向、栄養量の水準とその構成、食料消費構造の変化などを把握するため、我が国で供給される食料の生産から最終消費に至るまでの総量を明らかにするとともに、国民１人当たりの供給純食料及び栄養量を示したものであり、食料自給率の算出の基礎となるものです。

1　推計方法の一般原則

1．本表は、原則としてＦＡＯの食料需給表作成の手引に準拠して作成している。

2．計測期間は断らない限り当年4月1日から翌年3月31日までの1年間である。

3．表頭でいう国内生産量から純食料までの数値は、外国貿易及び歩留りを除いて、断らない限り農林水産省の調査値又は推計値である。

4．昭和46年度以前は、沖縄県を含まない。

5．最新年の数値には一部暫定値がある。したがって、これらを含む合計値も暫定値である。

6．国内生産量から純食料までの欄については、「事実のないもの」及び「事実不詳」はすべて「0」と表示している。

7．国内生産量には輸入した原材料により国内で生産された製品を含んでいる。例えば、原料大豆を輸入して国内で搾油された大豆油は、油脂類の「大豆油」の国内生産量として計上している。ただし、「大豆油」そのものの輸入は「大豆油」の輸入として計上している。

　　なお、平成23年度は、東京電力福島第一原子力発電所事故の影響を受けた区域において、国内生産量の統計が公表される前に同事故の影響により出荷制限又は出荷自粛の措置がとられたものについては、国内生産量に含めていない。一方、国内生産量の統計が公表された後に同事故の影響により出荷制限、出荷自粛若しくは特別隔離の措置がとられたもの又は東日本大震災の影響により出荷後に損傷・流失したものについては、国内生産量に含めて計上した後、減耗量として供給食料から控除している。

8．外国貿易は、原則として本表に採用した品目について、本表の計上単位以上の実績があるものを財務省「貿易統計」により計上した。ただし、いわゆる加工食品（例：果実、魚介類の缶詰等）は、生鮮換算又は原魚換算して計上している（なお、全く国内に流通しないもの（例：当初から輸出を目的とする加工貿易品の原料）や、全く食料になり得ないもの（例：観賞用の魚、動物の腱、筋等）は、本表には計上していない）。

　　なお、昭和63年1月1日より貿易統計の品目分類が変更されたことに伴い、一部の品目については、昭和62～63年度間の貿易量は接続しないので、利用に当たっては注意されたい。

9．在庫の増減量は、当年度末繰越量と当年度始め持越量との差である。したがって、その増加量（＋）は国内消費仕向量を算出する際には減算され、減少量（△）は加算されることとなる。

10．国内消費仕向量は、国内生産量＋輸入量－輸出量－在庫の増加量（又は＋在庫の減少量）によって算出される。

11．飼料用には、計測期間中に動物の飼料、魚類の餌料及び肥料に向けられた数量を計上している。

12．種子用には、計測期間中に、播種又はふ化の目的に使われた数量を計上している。

13. 一般的に加工向けとは、大別して次の三通りの場合が考えられる。

   (1) 食用以外の目的に利用される製品の加工原料として使われる場合（例：石けんの原料として使われる植物油等）。

   (2) 栄養分の相当量のロスを生じて他の食品を生産するために使われる場合（例：大豆油をとるために使われる大豆等）。

   (3) 栄養分の全くのロスなしで、又はわずかのロスで他の食品に形を変える場合（例：果実缶詰、果実ジュースの製造に使われる果実等）。

   本表の「加工用」とは、(1)の場合、及び(2)のうち「他の食品」が本表の品目に該当する場合である（本表の品目のうち、この「他の食品」に該当するのはでん粉、野菜（もやし）、砂糖類（精糖、含みつ糖、糖みつ）、油脂類（大豆油、植物油脂のその他）、みそ、しょうゆ、その他食料（脱脂大豆）及び酒類である）。

14. 純旅客用は、平成30年度より、一時的な訪日外国人による消費分から一時的な出国日本人による消費分を控除した数量を計上している。具体的には、訪日外国人による消費は、訪日外国人数と平均泊数から得られる滞在日数（泊数に半日分を加える）により人口換算する（出国日本人による消費も同様）。その際に、訪日外国人については、国ごとの1人・1日当り供給熱量を国別の訪日外国人数で加重平均し、訪日外国人1人・1日当たり供給熱量を算定している。

   ただし、食料消費のパターンは、日本人と同様と仮定しており、当該年度における粗食料に対する純旅客用の割合は、各品目とも同じである。

   なお、訪日外国人数や出国日本人数は法務省「出入国管理統計」、滞在日数により人口換算する際の出入国者数は JNTO「訪日外客数」、平均泊数は観光庁「訪日外国人消費動向調査」及び「旅行・観光消費動向調査」、国ごとの1人・1日当たり供給熱量は FAOSTAT による。

15. 減耗量は、食料が生産された農場等の段階から、輸送、貯蔵等を経て家庭の台所等に届く段階までに失われるすべての数量が含まれる。なお、家庭や食品産業での調理、加工販売段階における食料の廃棄や食べ残し、愛がん用動物への仕向量などは含まれない。

16. 粗食料の数量は、国内消費仕向量－（飼料用＋種子用＋加工用＋純旅客用＋減耗量）であり、粗食料の1人・1年当たり数量は、粗食料を年度中央（10月1日現在）における我が国の総人口で除して得た国民1人当たり平均供給数量（1人・1日当たりの粗食料は1人・1年当たりの数量を当該年度の日数で除して表す）である。この算出に用いた我が国の総人口は、国勢調査結果又は総務省統計局の推計値である。

17. 歩留りは、粗食料を純食料（可食の形態）に換算する際の割合であり、当該品目の全体から通常の食習慣において廃棄される部分（例：キャベツであればしん、かつおであれば頭部、内臓、骨、ひれ等）を除いた可食部の当該品目の全体に対する重量の割合として求めている。この算出に用いた割合は、原則として文部科学省「日本食品標準成分表2020年版（八訂）」による。

   なお、昭和39年度以前は「三訂日本食品標準成分表」、昭和40～59年度は「四訂日本食品標準成分表」、昭和60～平成20年度は「五訂日本食品標準成分表」、平成21～25年度は「日本食品標準成分表2010」、平成26～30年度は「日本食品標準成分表2015年版（七訂）」により算出しており、昭和39～40年度間、昭和59～60年度間、平成20～21年度間、平成25～26年度間、及び平成30～令和元年度間は接続しないので、利用に当たっては注意されたい。

18. 純食料は、粗食料に歩留りを乗じたものであり、人間の消費に直接利用可能な食料の形態の数量を表している。

19. 1人当たり供給数量は、純食料を我が国の総人口で除して得た国民1人当たり平均供給数量で

あり、1人・1年当たり数量（キログラム）と1人・1日当たり数量（グラム）で示している。

20. 1人・1日当たり供給栄養量は、1人・1日当たり供給数量に当該品目の単位当たり栄養成分量（熱量、たんぱく質、脂質）を乗じて算出している。この算出に用いた栄養成分量は、原則として「日本食品標準成分表２０２０年版（八訂）」による。

　　なお、昭和39年度以前は「三訂日本食品標準成分表」、昭和40〜59年度は「四訂日本食品標準成分表」、昭和60〜平成20年度は「五訂日本食品標準成分表」、平成21〜25年度は「日本食品標準成分表２０１０」、平成26〜30年度は「日本食品標準成分表２０１５年版（七訂）」により算出しており、昭和39〜40年度間、昭和59〜60年度間、平成20〜21年度間、平成25〜26年度間、及び平成30〜令和元年度間は接続しないので、利用に当たっては注意されたい。

21. 本表により算出された食料の供給数量及び栄養量は、消費者等に到達した食料のそれであって、国民によって実際に摂取された食料の数量及び栄養量ではないことに留意されたい。

4

2　個別品目の推計方法

1．穀　　　類
(1) 米

① 米の需給実績は、政府米、民間流通米（平成15年度以前は自主流通米）、加工用米及び生産者保有米等の合計である。

② 国内生産量から粗食料までは玄米であり、純食料以下は精米である。

③ 国内生産量は統計部の公表値に新規需要米の飼料用米を加えた数量である。

④ 輸入量は「決算ベース輸入実績」のほか、財務省「貿易統計」による製品輸入分を玄米換算したものである。なお、昭和58年度までは輸入形態の大部分が精米であったことから、精米以外の輸入米も精米換算し、すべて精米で計上している。

⑤ 輸出量は「決算ベース輸出実績」による援助米及び貸付米を含む数量のほか、財務省「貿易統計」による製品輸出分を玄米換算したものである。

⑥ 在庫の増減量は政府、生産者及び出荷又は販売の届出事業者等の在庫の増減量である。

⑦ 加工用は酒類、みそ等への仕向量である。

⑧ 減耗量は国内消費仕向量から飼料用、種子用及び加工用を差し引いた数量の2％とした。

⑨ 純食料以下の（　）内は菓子、穀粉を含まない主食用の数値である。

⑩ 米の「国内生産量」の（　）内の数値は新規需要米の数量「（a）飼料用米（b）米粉用米」であり、内数である。また、穀類及び米の「国内生産量」及び「在庫の増減量」欄の下段の数値は、集荷円滑化対策に伴う区分出荷数量であり、「国内消費仕向量」及び「飼料用」欄の下段の数値は、年産更新等に伴う飼料用の政府売却数量であり、それぞれ外数である。

(2) 小麦、大麦、はだか麦

① 小麦、大麦及びはだか麦の需給実績は、政府麦、民間流通麦及び生産者保有麦等の合計である。

② 国内生産量から粗食料までは玄麦であり、純食料以下は小麦については小麦粉であり、大麦、はだか麦については精麦である。

③ 国内生産量は統計部の公表値である。

④ 輸出量は財務省「貿易統計」の輸出量から加工貿易用相当量を差し引いた数量である。輸入量は「決算ベース輸入実績」のほか、財務省「貿易統計」による製品輸入分を玄麦換算したものであり、民間業者による加工貿易用の玄麦輸入は含まない数量である。

⑤ 在庫の増減量は政府、生産者団体及び玄麦加工業者（製粉工場，ビール工場，精麦工場等）の在庫の増減量である。

⑥ 加工用は小麦についてはしょうゆ、グルタミン酸ソーダ、でん粉等、大麦についてはみそ、ビール、ウィスキー、しょうちゅう等の酒類用等、はだか麦についてはみそ等への仕向量である。

⑦ 減耗量は国内消費仕向量から飼料用、種子用及び加工用を差し引いた数量の3％とした。

4

(3) 雑　穀

① 採用品目はとうもろこし、こうりゃん、えん麦、らい麦、あわ、ひえ、きび及びそばの8品目である。

② 国内生産量は統計部の公表値又は農産局調べによる。

③ とうもろこし及びこうりゃんについては昭和59年度概算値公表時に昭和40年度に遡及して修正を行った。修正した項目は飼料用、加工用、減耗量及び粗食料以下の項目であり、これに伴い国内消費仕向量と在庫の増減量も修正されている。

④ 在庫の増減量は、とうもろこし及びこうりゃんの配合飼料工場等の在庫の増減量とそばの加工業者等の在庫の増減量である。また、えん麦、らい麦、あわ、ひえ及びきびは在庫の増減量を0とした。

⑤ 飼料用は品目ごとに以下のような方法で算出した。

ア　国内産のとうもろこしは都道府県の報告値を基に推計した。

イ　飼料用として輸入されたえん麦及びらい麦については、その輸入量を食料需給表の飼料用に計上している。

ウ　とうもろこし及びこうりゃんの飼料用は飼料需給表計上の数量を飼料用とした。

⑥ 種子用は品目ごとに以下のような方法で算出した。

ア　とうもろこし、こうりゃん、えん麦、らい麦、あわ、ひえ及びきびは種子用として輸入された量を計上した。

イ　そばは各年度の作付面積と10アール当たり播種量により算出した。10アール当たり播種量は農産局資料による（5.0kg）。

⑦ 加工用は品目ごとに以下のような方法で算出した。

ア　国内産とうもろこしは都道府県の報告値から算出した。

イ　輸入とうもろこしのうち、コーンスターチ用及びアルコール用についてはそれぞれの用途向けの関税割当てによる通関数量を計上し、コーングリッツ加工用については工業用及びビール用の原料処理量を計上した。

⑧ 減耗量は品目ごとに国内消費仕向量から飼料用、種子用及び加工用を差し引いた数量の3％とした。

⑨ なお、とうもろこしの粗食料については、新事業・食品産業部によるとうもろこし製品生産工場の業務資料により推計した。

2．い　も　類

(1) 国内生産量は統計部の公表値である。

(2) 輸入量・輸出量は生鮮換算している。

(3) 国内消費仕向量の内訳は、都道府県の報告値から算出した。

3．でん粉

(1) 採用品目はかんしょでん粉、ばれいしょでん粉、小麦でん粉、コーンスターチ及びその他のでん粉（タピオカでん粉等）である。

(2) 計測期間は昭和47年度まではでん粉年度（その年の10月から翌年9月まで）であり、昭和48年度以降は会計年度である。

(3) 国内生産量は農産局調べによる。

(4) 在庫の増減量は市中在庫分である。

(5) 加工用は繊維、製紙、ビール等への仕向量である。

4. 豆　　　類

(1) 大　豆

① 計測期間は昭和38年度までは会計年度であり、昭和39年度から平成30年度までは暦年であり、令和元年度から会計年度である。

② 国内生産量は統計部の公表値である。

③ 種子用は各年度における播種に必要な種子量である。

④ 加工用は搾油、みそ及びしょうゆへの仕向量である。

⑤ 減耗量は輸入量の1.0〜2.5％程度であり、年度により若干異なる。

(2) その他の豆類

① 採用品目はえんどう、そらまめ、いんげん、小豆、ささげ、緑豆、らっかせい、竹小豆及びその他の豆の9品目である。

② 国内生産量は統計部の公表値又は農産局調べによる。

③ 種子用は各年度の品目別作付面積と単位当たり播種量により算出した。この算出に用いた10アール当たり播種量は農産局資料による（えんどう 7kg、そらまめ 9kg、いんげん 9kg、小豆 5kg、ささげ 6kg、らっかせい 8kg程度）。

④ 加工用は緑豆のもやし製造向け及びらっかせいの搾油向け数量である。

⑤ 減耗量は国内消費仕向量から飼料用、種子用及び加工用を差し引いた数量の3％とした。

5. 野　　　菜

(1) 採用品目は緑黄色野菜20品目及びその他の野菜31品目である（果菜類16品目、葉茎菜類26品目、根菜類9品目）。なお、これまで野菜消費の多様化に対処して品目の追加等を行ってきており、最終見直しは令和2年度に行った。

① 緑黄色野菜とは、「日本食品標準成分表2020年版（八訂）」の可食部100g当たりカロチン含有量が600μg以上の野菜である。ただし、トマト、ピーマン等一部の野菜については、カロチン含有量が600μg未満であるが摂取量及び頻度等を勘案の上、緑黄色野菜に含めた。

なお、平成13年度概算値公表時に緑黄色野菜の対象品目の見直しを行い、昭和35年度に遡及して修正を行った。

② 緑黄色野菜

かぼちゃ（ズッキーニ及びミニかぼちゃを含む）、ピーマン（パプリカを含む）、トマト（ミニトマトを含む）、さやえんどう（スナップえんどうを含む）、さやいんげん、オクラ（以上、果菜類）、ほうれんそう、パセリ、しゅんぎく、にら、わけぎ、しそ、みつば、ち

んげんさい、ブロッコリー、その他つけな、アスパラガス、かいわれだいこん、その他の葉茎菜（以上、葉茎菜類）、にんじん（根菜類）

③　その他の野菜

きゅうり、しろうり、すいか、なす、いちご、そらまめ（乾燥したものを除く）、スイートコーン、えだまめ、メロン、その他の果菜（以上、果菜類）、キャベツ、はくさい、ねぎ、たまねぎ、たけのこ、セルリー、カリフラワー、レタス、ふき、もやし、にんにく、らっきょう、その他の葉茎菜（以上、葉茎菜類）、だいこん（ラディッシュを含む）、かぶ、ごぼう、さといも、れんこん、やまのいも、しょうが、その他の根菜（以上、根菜類）

④　緑黄色野菜のうち、「その他の葉茎菜」には、次の野菜が含まれる。

芽キャベツ、パクチー、タアサイ、なばな、クレソン、せり、つるむらさき、たらのめ、モロヘイヤ

⑤　その他の野菜のうち「その他」には、次の野菜が含まれる。

とうがん、にがうり、グリーンピース、ゆうがお（かんぴょう）、とうがらし（辛味種）（以上、その他の果菜）、花みょうが、うど、食用ぎく、エシャレット、わらび、ぜんまい、たで、ルッコラ、うるい（以上、その他の葉茎菜）、わさび、食用ゆり、くわい（以上、その他の根菜）

なお、平成17年度概算値公表時にその他の野菜の対象品目の見直しを行い、昭和41年度に遡及して修正を行った。

⑥　再掲欄の分類中「うち果実的野菜」は、メロン、すいか及びいちごの3品目である。

(2) 計測期間は、国内生産量にあっては収穫量の年産区分（各品目の主たる収穫・出荷期間）による（品目ごとに異なるが、おおむね4月から翌年3月）。また、輸出入の計測期間は暦年とした。

(3) 国内生産量から粗食料までは生鮮換算であり、純食料以下は消費に直接利用可能な形態（例：キャベツであればしん、トマトであればへたを除いた形態）に換算している。

(注)　「1推計方法の一般原則」の17の歩留り、18の純食料を参照。

(4) 国内生産量は統計部の公表値、農産局調べ又は林野庁調べによる。ただし、農産局調べは調査年が隔年であるため、中間年の数値は直近調査の値とした。また、数値が本統計の発表時点で公表されていない品目については、各種統計表の結果を用いて推計した。

(5) 輸出はやまのいも、ブロッコリー等であり、輸入はトマト、たまねぎ、にんじん等である。これらのびん詰、かん詰、乾燥もの等はすべて生鮮換算して計上してある。

(6) 輸出入については関税品目分類表の変更（昭和63年1月）に伴い、品目の細分化が図られたことから、従来、品目が特定できず数量の把握ができなかった品目についてもこれ以降計上した。

(7) 減耗量は品目別にそれぞれの減耗率で計算した品目別減耗量の合計値である。

(8) 純食料は品目別にそれぞれの歩留りで計算した品目別純食料の合計値である。

6．果　　　実

(1) 採用品目はうんしゅうみかん、りんご及びその他の果実（17品目）である。なお、令和2

年度に品目の最終見直しを行った。

①　その他の果実

その他かんきつ類、ぶどう、なし（西洋なしを含む）、もも、すもも、おうとう、びわ、かき、くり、うめ、バナナ、パインアップル、アーモンド、キウイフルーツ、その他国産果実、熱帯果実、ナッツ類

②　①のうち、その他国産果実、熱帯果実及びナッツ類には、次の果実が含まれる。

ア　その他国産果実

あけび、あんず、いちじく、オリーブ、かりん、ぎんなん、ざくろ、なつめ、ハスカップ、マルメロ、やまもも、サンショウ、サルナシ、ベリー類、ヤマブドウ、その他

イ　熱帯果実

アボカド、パッションフルーツ、パパイヤ、グァバ、ピタヤ、フェイジョア、マンゴー、レイシ、アセロラ、その他

ウ　ナッツ類

なつめ、ココヤシ、ブラジルナッツ、カシューナッツ、ヘーゼルナッツ、マカダミアナッツ、ピスタチオナッツ、ペカン、その他

(2)　計測期間は、国内生産量にあっては収穫量の年産区分が原則として収穫年次（暦年）となっているため、原則暦年とした。また、輸出入の計測期間も暦年である。ただし、出荷開始期などから出荷期間が2か年にわたる品目は、その全量を主たる収穫期間の属する年の年産とした。なお、在庫の増減量の計測期間は年度である。

(3)　国内生産量から粗食料までは生鮮換算であり、純食料以下は消費に直接利用可能な形態（例：うんしゅうみかんであれば果皮、りんごであれば果皮及び果しん部を除いた形態）に換算している。

(注)　「1 推計方法の一般原則」の17 歩留り、18 純食料の項参照。

(4)　国内生産量は統計部の公表値又は農産局調べによる。ただし、数値が本統計発表時点で公表されていない品目については、過去の生産量等を基に推計した。

(5)　輸出はうんしゅうみかん、りんご、なし等であり、輸入は、りんご、その他かんきつ類、ぶどう、バナナ、パインアップル等である。これらのびん詰、かん詰、乾燥ものなどは、すべて生鮮換算している。

(6)　加工用はぶどうのぶどう酒向け数量である。

(7)　「その他の果実」の減耗量は、品目別にそれぞれの減耗率で計算した品目別減耗量の合計値である。

(8)　「その他の果実」の純食料は、品目別にそれぞれの歩留りで計算した品目別純食料の合計値である。

7．肉　　　類

(1)　採用品目のうち「その他の肉」は、馬、めん羊、やぎ、うさぎ及び鹿の肉である。

(2)　鶏肉の計測期間は、平成21年度から暦年に変更した。また、鯨肉の計測期間は暦年（ただし、平成30年度以前の生産量については会計年度）である。

(3) 国内生産量から粗食料までは枝肉（鶏肉は骨付き肉）に換算しており、純食料以下は精肉（鶏肉は正肉）に換算している。ただし、「その他の肉」のうちうさぎ肉及び鹿肉は正肉に換算しており、鯨肉は正肉の量である。

(4) 国内生産量のうち牛、豚、馬及び鹿の肉は統計部の公表値による。鶏肉、めん羊、やぎ及びうさぎは畜産局の推計による。また、鯨肉は水産庁調べによる。

(5) 輸入は枝肉（鶏肉は骨付き肉、「その他の肉」のうちうさぎ肉は正肉）に換算している。ただし、鯨肉は正肉の量である。

(6) 減耗量は鯨肉については0とし、これ以外の肉は国内消費仕向量の2％とした。

(7) 牛肉、豚肉及び鶏肉の歩留り及び単位当たりの栄養量（鶏肉は歩留りのみ）については、平成10年度速報公表時に、加工段階における脂肪除去の増加等の流通実態に対応するという観点から見直し、昭和60年度に遡及して修正した。

8. 鶏　　　　卵

(1) 国内生産量から粗食料まではからつき卵に換算しており、純食料以下は付着卵白及びからを除いて換算している。

(2) 国内生産量は、昭和44年度以前は、年間産卵個数に鶏卵1個の重量を乗じて算出しているが、昭和45年度以降は統計部の公表値である。ただし、数値が本統計発表時点で公表されていない場合は、過去の生産量等を基に推計した。

(3) 輸入の液卵及び粉卵はからつき卵に換算して計上している。

(4) 種子用（この場合は種卵用）はふ化率を昭和43年度以前は65％、昭和44年度は70％、昭和45年度以降については75％としてひな発生羽数から計算している。

(5) 減耗量は国内消費仕向量から種子用を差し引いた数量の2％とした。

9. 牛乳及び乳製品

(1) 生乳単位による需給（本表の牛乳及び乳製品、農家自家用、飲用向け、乳製品向け）及び乳製品単位（乳製品向け生乳が製品となってからのもの）による需給（本表の全脂れん乳、脱脂れん乳、全脂粉乳、脱脂粉乳、育児用粉乳、チーズ、バター）の二本建てとしている。したがって、乳製品向け生乳と乳製品の合計は一致しない。なお、乳製品の輸出入量と在庫の増減量は、生乳に換算して乳製品向け生乳の需給に計上している。

(2) 農家自家用生乳とは子牛ほ育用生乳や酪農家の飲用等である。

(3) 国内生産量は統計部の公表値である。

(4) 輸入乳製品については、昭和62年度速報公表時に昭和50年度に遡及して品目の追加を行い、原則として食用にあてられる全品目を計上している。

(5) 「輸入量」、「国内消費仕向量」及び「飼料用」欄の下段の数値は、輸入飼料用乳製品（脱脂粉乳及びホエイパウダー）で外数である。

(6) 減耗量のうち飲用向け生乳は国内消費仕向量の1％、乳製品向け生乳は加工減耗を含めて国内消費仕向量の3％とした。

10. 魚 介 類

(1) 採用品目は魚類、貝類、その他の水産動物（いか、たこ、えび等）、海産ほ乳類（捕鯨業により捕獲されたものを除く）のすべてである。

(2) 計測期間は暦年である。

(3) 国内生産量から粗食料までは原魚換算であり、純食料以下は消費に直接利用可能な形態（例：かつおであれば頭部、内臓、骨、ひれ等を除いた形態）に換算している。

　　(注)　「1 推計方法の一般原則」の 17 歩留り、18 純食料の項参照。

(4) 「塩干・くん製・その他」「かん詰」「飼肥料」ともすべて製品生産量を原魚量に換算して計上している。

(5) 国内生産量は統計部の公表値である。

(6) 輸出入量については、品目ごとに原魚換算率により原魚量に換算して計上している。

(7) 歩留り及び単位当たり栄養成分量は、国産の魚介類については、生産量が約 5 万トン以上ある主要魚種について、その純食料をウェイトにして加重平均して算出し、輸入の魚介類については、輸入量が約 2 万トン以上ある主要魚種について、その純食料をウェイトにして加重平均して算出した。

(8) 平成 12 年度（確定値）から「生鮮・冷凍」「塩干・くん製・その他」「かん詰」の輸入量は、最終形態の数量を推計している。すなわち、「生鮮・冷凍」で輸入されたものが「塩干・くん製・その他」「かん詰」の原料として使用された場合は「塩干・くん製・その他」「かん詰」の輸入量に含まれている。

11. 海 藻 類

(1) 採用品目は海産藻類のすべてである。

(2) 計測期間は暦年である。

(3) 国内生産量から純食料まで乾燥歩留り 20％を乗じて乾燥重量に換算して計上している。

(4) 国内生産量は統計部の公表値である。

(5) 単位当たり栄養成分量は、国産の海藻類については、こんぶ、わかめ及びのりの 3 品目について、その純食料をウェイトにして加重平均して算出し、輸入の海藻類については、わかめ及びのりの 2 品目について、その純食料をウェイトにして加重平均して算出した。

12. 砂 糖 類

(1) 国内生産量から純食料まで粗糖、精糖、含みつ糖及び糖みつのそれぞれの形態に換算している。

(2) 国内生産量は農産局調べによる。

(3) 精糖については、平成 10 年度速報公表時に消費量を的確に把握する観点から、輸入加糖調製品等に含まれる砂糖の量を輸入量に含めることとし、昭和 60 年度まで遡及して修正した。

(4) 在庫の増減量は粗糖、砂糖製造業者等の在庫の増減量である。

(5) 粗糖の加工用は精糖向けに精製糖業者が溶糖した数量であり、精糖の加工用は、たばこ用、添加剤用、サッカロース用等の数量である。また、含みつ糖の加工用は再製糖向けであり、糖

みつの加工用はアミノ酸核酸用、イースト用、アルコール用等の数量である。

(6) 精糖の減耗量は昭和40年度までは国内消費仕向量の1.3%、昭和41年度以降は国内消費仕向量から飼料用、種子用及び加工用を差し引いた数量の0.8%とした。

13. 油 脂 類

(1) 植物油脂の「その他」はサフラワー油、ひまわり油、米ぬか油、とうもろこし油、からし油、オリーブ油、落花生油、ごま油、綿実油、パーム油、パーム核油等である。また、動物油脂の「その他」は家きん脂、魚の肝油、その他動物性油脂等で、工業用であるあまに油、ひまし油及び桐油は含まれていない。また、マーガリン、ショートニング等の加工油脂については、原油換算して計上している。

(2) 計測期間は昭和38年度までは会計年度であり、昭和39年度以降は暦年である。

(3) 国内生産量から粗食料までは原油に換算しており、純食料以下は精製油に換算している。

(4) 国内生産量は統計部の公表値又は新事業・食品産業部調べによる。

(5) 在庫の増減量は製油工場等における在庫の増減量（原油ベース）である。

(6) 加工用は一般工業用（例えば、石けん、塗料、印刷用インク等）への仕向量である。

(7) 減耗量は国内消費仕向量から飼料用及び加工用を差し引いた数量の0.6%とした。

(8) 歩留りは原油から精製油への換算値及び家庭用及び業務用のうち、揚げ物用に使われ廃棄される部分を考慮して（植物油脂は、昭和60年度速報公表時に昭和40年度まで、動物油脂は、平成10年度速報公表時に平成9年度まで遡及して修正）算出している。植物油脂の「その他」、動物油脂の「その他」のそれぞれの歩留りは、上記(1)の品目毎の歩留りの加重平均である。

(9) 純食料は、家庭用及び業務用のうち揚げ物用等に使われ廃棄される部分は含まない。

14. み　そ

(1) 工業生産及び農家自家生産の需給である。

(2) 計測期間は平成10年度まで暦年であり、平成11年度以降会計年度である。

(3) 国内生産量は新事業・食品産業部調べによる。

(4) 在庫の増減量は工業生産における工場の在庫増減量である。

(5) 減耗量は昭和44年度までは流通構造の変化を考慮して算定していたが、昭和45年度以降は国内消費仕向量の0.3%とした。

15. しょうゆ

(1) 工業生産の需給である。

(2) 計測期間は平成10年度まで暦年であり、平成11年度以降会計年度である。

(3) 計測単位はkl、l、ccであり、1cc＝1gとして計算している。

(4) 国内生産量は新事業・食品産業部調べによる。

(5) 在庫の増減量は工業生産における工場の在庫増減量である。

(6) 減耗量は昭和44年度までは流通構造の変化を考慮して算定していたが、昭和45年度以降は

国内消費仕向量の 0.3％とした。

16. その他食料計

(1) その他食料は昭和 60 年度速報公表時に昭和 40 年度に遡及して計上したものであり、採用している品目はカカオ豆、脱脂大豆、はちみつ、やぎ乳及びきのこ類である。なお、くり（林産物）及びくるみについては特用林産物生産統計の見直しに伴い、平成 22 年度（確定値）以降は採用していない。

(2) きのこ類に採用している品目はしいたけ、なめこ、えのきたけ、ひらたけ、まつたけ、ぶなしめじ、まいたけ、きくらげ及びエリンギの 9 品目である。なお、エリンギは平成 12 年度（確定値）から品目に加えた。

(3) きのこ類の計測期間は暦年である。

(4) きのこ類の国内生産量は林野庁調べによる。

〔参 考〕酒　　類

(1) ここに採用している酒類は清酒、ウィスキー、しょうちゅう、ビール及びその他酒類である。

(2) 減耗量は国内消費仕向量の 0.3％とした。

(3) 平成 13 年度速報公表時に平成 8～11 年度の修正を行った。修正した項目は在庫の増減量であり、これに伴い国内消費仕向量以下の項目も修正されている。

（食料需給表に関する問い合わせ先）
農林水産省大臣官房政策課食料安全保障室
電話：03（3502）8111（内線 3807）

〔参考〕総人口及び年度中の日数

年　度	総　人　口 （10月1日）	年度中の日数	年　度	総　人　口 （10月1日）	年度中の日数
	千人	日		千人	日
昭和35	93,419	365	平成17	127,768	365
36	94,287	365	18	127,901	365
37	95,181	365	19	128,033	366
38	96,156	366	20	128,084	365
39	97,182	365	21	128,032	365
40	98,275	365	22	128,057	365
41	99,036	365	23	127,834	366
42	100,196	366	24	127,593	365
43	101,331	365	25	127,414	365
44	102,536	365	26	127,237	365
45	103,720	365	27	127,095	366
46	105,145	366	28	127,042	365
47	107,595	365	29	126,919	365
48	109,104	365	30	126,749	365
49	110,573	365	令和元	126,555	366
50	111,940	366	2	126,146	365
51	113,094	365	3	125,502	365
52	114,165	365			
53	115,190	365			
54	116,155	366			
55	117,060	365			
56	117,902	365			
57	118,728	365			
58	119,536	366			
59	120,305	365			
60	121,049	365			
61	121,660	365			
62	122,239	366			
63	122,745	365			
平成元	123,205	365			
2	123,611	365			
3	124,101	366			
4	124,567	365			
5	124,938	365			
6	125,265	365			
7	125,570	366			
8	125,859	365			
9	126,157	365			
10	126,472	365			
11	126,667	366			
12	126,926	365			
13	127,291	365			
14	127,435	365			
15	127,619	366			
16	127,687	365			

（注）総人口は、国勢調査年（昭和35年度以降の5年置き）にあっては総務省国勢調査結果
　　その他の年度は総務省の人口推計による。

I 結果の概要

1 食料需給の動向

令和3年度の国民1人・1日当たりの供給熱量は、油脂類、豆類等の消費が減少したこと等から、対前年度6kcal減の2,265kcalとなった。

また、国民1人・1日当たりの供給栄養量は、たんぱく質については、魚介類、豆類等の消費が減少したこと等から、対前年度0.5%減（0.4g減）の77.7gとなり、脂質については、油脂類等の消費が減少したこと等により同1.6%減（1.3g減）の80.7gとなった。

我が国の食生活の変化
（国民1人・1日当たりの供給熱量の構成の推移）

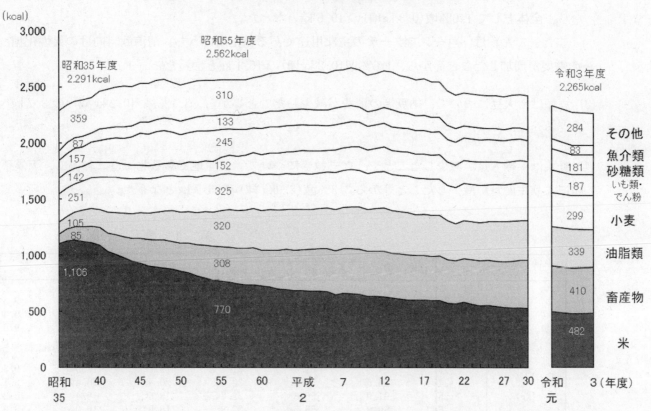

注：令和元年度以降の値は、「日本食品標準成分表 2020 年版（八訂）」を参照しているが、単位熱量の算定方法が大幅に改訂されているため、それ以前と比較する場合は留意されたい。

18

2 供給純食料

令和3年度の国民1人・1年当たり供給純食料の動向は次のとおりである。

(1) 米は、食生活の多様化や少子高齢化、単身世帯・共働き世帯の増加等による食の簡便志向の強まりから、需要が長期的に減少しているものの、外食需要の回復等により、1.4%増（0.7 kg増）の 51.5 kg となった。

　また、小麦は、天候に恵まれ国内生産量が増加したものの、輸入量が減少したこと等から、0.5%減（0.2 kg減）の 31.6 kg となった。

(2) いも類は、かんしょについて、病害の発生により生産量が減少し、ばれいしょについては、主産地である北海道において、天候不順により生産量が減少したものの、輸入量が増加したこと等から、全体として 1.6%増（0.3 kg増）の 19.6 kg となった。

　また、でん粉は、コーンスターチの主な用途である糖化用のうち、清涼飲料向けの異性化糖の需要が増加したこと等から、1.6%増（0.2 kg増）の 15.1 kg となった。

(3) 豆類は、大豆について、納豆等の消費が減少したこと等から、3.1%減（0.2 kg減）の 8.7 kg となった。

(4) 野菜は、輸入量が減少したことや、たまねぎについて、主産地である北海道において、天候不順により生産量が減少したこと等から3.3%減（2.9kg減）の 85.7 kg となった。

第 1 表　国 民

	年度	穀類	うち米	うち小麦	いも類	でん粉	豆類
実 数 (kg)	昭和 40	145.0	111.7	29.0	21.3	8.3	9.5
	50	121.5	88.0	31.5	16.0	7.5	9.4
	60	107.9	74.6	31.7	18.6	14.1	9.0
	平成 7	102.0	67.8	32.8	20.7	15.6	8.8
	12	98.5	64.6	32.6	21.1	17.4	9.0
	17	94.6	61.4	31.7	19.7	17.5	9.3
	24	90.5	56.2	32.9	20.4	16.4	8.1
	25	91.0	56.8	32.7	19.6	16.4	8.2
	26	89.8	55.5	32.8	18.9	16.0	8.2
	27	88.8	54.6	32.8	19.5	16.0	8.5
	28	88.8	54.3	32.9	19.5	16.3	8.5
	29	88.7	54.1	33.0	21.1	15.9	8.7
	30	87.2	53.4	32.2	19.6	16.0	8.8
	令和元	86.9	53.1	32.2	20.5	16.4	8.9
	2	84.0	50.8	31.8	19.3	14.9	8.9
	3	84.6	51.5	31.6	19.6	15.1	8.7
増減量(kg)	2～3	0.6	0.7	△ 0.2	0.3	0.2	△ 0.2
増 減 率 (%)	40～50	△ 16.2	△ 21.2	8.6	△ 24.9	△ 9.6	△ 1.1
	50～60	△ 11.2	△ 15.2	0.6	16.3	88.0	△ 4.3
	60～ 7	△ 5.5	△ 9.1	3.5	11.3	10.6	△ 2.2
	7～12	△ 3.4	△ 4.7	△ 0.6	1.9	11.5	2.3
	12～17	△ 4.0	△ 5.0	△ 2.7	△ 6.5	0.8	3.1
	17～24	△ 4.3	△ 8.4	3.8	3.6	△ 6.6	△ 12.5
	24～25	0.5	1.1	△ 0.7	△ 4.3	△ 0.1	0.5
	25～26	△ 1.3	△ 2.4	0.5	△ 3.3	△ 1.9	0.9
	26～27	△ 1.1	△ 1.6	△ 0.2	3.0	△ 0.1	3.6
	27～28	△ 0.0	△ 0.5	0.5	△ 0.2	1.6	△ 0.4
	28～29	△ 0.1	△ 0.5	0.4	8.5	△ 2.4	2.6
	29～30	△ 1.6	△ 1.2	△ 2.6	△ 7.3	0.3	0.8
	30～元	△ 0.4	△ 0.6	0.1	5.0	2.9	1.1
	元～2	△ 3.4	△ 4.4	△ 1.4	△ 5.9	△ 9.2	0.6
	2～3	0.7	1.4	△ 0.5	1.6	1.6	△ 3.1

(5) 果実は、天候不順等によりりんごの国内生産量が減少し、その他かんきつ類、パインアップル等の輸入量も減少したこと等から、5.0％減（1.7 kg減）の 32.4 kgとなった。

(6) 肉類は、豚肉及び鶏肉の国内生産量の増加に加え、輸入量が増加したこと等から、全体として1.6％増（0.5 kg増）の 34.0 kgとなった。

　また、鶏卵は、鳥インフルエンザの影響により国内生産量がわずかに減少したものの、輸入量が増加したこと等から、前年度同の 17.2kg となった。

(7) 牛乳・乳製品は、国内生産量が増加したものの、脱脂粉乳・バターやチーズの輸入量が減少したこと等から、前年度同の 94.4 kgとなった。

(8) 魚介類は、需要が長期的に減少する中、1.7％減（0.4 kg減）の 23.2 kgとなった。

(9) 砂糖類は、外食や土産菓子の需要が減少した昨年度と比較し、消費量が増加したこと等から、1.8％増（0.3 kg増）の 16.9 kgとなった。

(10) 油脂類は、輸入量が減少したこと等から、3.1％減（0.5 kg減）の 13.9 kgとなった。

1 人 ・ 1 年 当 た り 供 給 純 食 料

野　菜	果　実	肉　類	鶏　卵	牛乳・乳製品	魚介類	砂糖類	油脂類
108.1	28.5	9.2	11.3	37.5	28.1	18.7	6.3
110.7	42.5	17.9	13.7	53.6	34.9	25.1	10.9
111.7	38.2	22.9	14.5	70.6	35.3	22.0	14.0
106.2	42.2	28.5	17.2	91.2	39.3	21.2	14.6
102.4	41.5	28.8	17.0	94.2	37.2	20.2	15.1
96.3	43.1	28.5	16.6	91.8	34.6	19.9	14.6
93.4	38.2	30.0	16.6	89.4	28.8	18.8	13.6
91.6	36.8	30.0	16.8	88.9	27.4	19.0	13.6
92.1	35.9	30.1	16.7	89.5	26.5	18.5	14.1
90.4	34.9	30.7	16.9	91.1	25.7	18.5	14.2
88.5	34.4	31.6	16.8	91.2	24.8	18.6	14.2
89.8	34.2	32.7	17.3	93.2	24.4	18.2	14.1
90.1	35.4	33.2	17.4	95.0	23.6	18.1	14.1
89.3	33.9	33.4	17.5	95.2	25.2	17.8	14.5
88.6	34.1	33.5	17.2	94.4	23.6	16.6	14.4
85.7	32.4	34.0	17.2	94.4	23.2	16.9	13.9
△ 2.9	△ 1.7	0.5	0.0	0.0	△ 0.4	0.3	△ 0.5
2.4	49.1	94.6	21.2	42.9	24.2	34.2	73.0
0.9	△ 10.1	27.9	5.8	31.7	1.1	△ 12.4	28.4
△ 4.9	10.5	24.5	18.6	29.2	11.3	△ 3.6	4.3
△ 3.6	△ 1.7	1.1	△ 1.2	3.3	△ 5.3	△ 4.7	3.4
△ 6.0	3.8	△ 1.2	△ 2.4	△ 2.6	△ 6.9	△ 1.3	△ 3.5
△ 3.0	△ 11.2	5.4	0.3	△ 2.6	△ 16.7	△ 5.8	△ 6.9
△ 2.0	△ 3.8	0.1	0.8	△ 0.6	△ 5.0	1.1	0.1
0.6	△ 2.2	0.3	△ 0.5	0.6	△ 3.2	△ 2.6	3.8
△ 1.9	△ 2.9	2.0	1.1	1.8	△ 3.0	△ 0.1	0.8
△ 2.1	△ 1.5	2.8	△ 0.2	0.1	△ 3.6	0.6	△ 0.4
1.5	△ 0.6	3.4	3.0	2.2	△ 1.7	△ 1.9	△ 0.5
0.3	3.5	1.7	0.1	1.9	△ 3.2	△ 0.8	△ 0.1
△ 0.9	△ 4.2	0.6	0.9	0.3	6.9	△ 1.6	2.7
△ 0.7	0.7	0.3	△ 2.0	△ 0.9	△ 6.4	△ 6.8	△ 0.7
△ 3.3	△ 5.0	1.6	0.0	0.0	△ 1.7	1.8	△ 3.1

3　供給熱量

　令和3年度の国民1人・1日当たりの供給熱量は、油脂類、豆類等の消費が減少したこと等から、対前年度6.1kcal減の2264.9kcalとなった。

　主な品目の動向は次のとおりである。

(1) 穀類は、米が1.4%増(6.6kcal増)の482.2kcal、小麦が0.5%減(1.5kcal減)の298.7kcalとなり、穀類全体では0.7%増(5.8kcal増)の794.9kcalとなった。また、食料全体の供給熱量に占める米の割合は、0.3ポイント増加し21.3%となった。

　いも類は1.4%増(0.6kcal増)の38.2kcal、でん粉は1.6%増(2.4kcal増)の149.3kcalとなった。

第 2 表　国民 1 人 ・ 1 日

	年度	穀類	うち米	うち小麦	いも類	でん粉	でん粉質計	豆類	野菜
実数(kcal)	昭和40	1,422.0	1,089.7	292.3	54.2	76.3	1,552.5	106.0	73.9
	50	1,191.4	856.4	316.8	39.0	71.0	1,301.4	107.3	78.0
	60	1,062.5	727.3	319.7	46.1	134.4	1,243.0	103.6	85.5
	平成7	1,003.3	659.6	329.7	50.2	149.8	1,203.3	101.1	84.2
	12	971.9	630.0	328.3	51.4	167.3	1,190.6	105.0	82.9
	17	933.3	598.9	319.9	48.6	168.5	1,150.4	107.6	77.6
	24	894.0	548.3	332.0	48.8	157.7	1,100.5	94.2	74.3
	25	898.7	554.4	329.5	47.1	157.4	1,103.2	94.6	72.3
	26	889.3	544.2	330.1	45.5	154.4	1,089.2	95.4	74.7
	27	877.0	534.0	328.6	46.4	153.7	1,077.1	98.2	73.3
	28	879.1	532.9	331.0	46.8	156.6	1,082.5	98.4	71.6
	29	877.9	530.2	332.2	49.9	153.0	1,080.8	101.1	73.1
	30	863.4	523.9	323.4	46.5	153.5	1,063.5	102.1	72.3
	令和元	814.6	495.9	303.6	39.5	161.6	1,015.6	96.2	67.5
		(857.8)	(519.1)	(323.0)	(48.2)	(157.6)	(1063.5)	(102.9)	(72.5)
	2	789.1	475.6	300.2	37.6	146.9	973.7	97.4	66.8
	3	794.9	482.2	298.7	38.2	149.3	982.4	93.9	64.7
増減量(kcal)	2~3	5.8	6.6	△1.5	0.6	2.4	8.7	△3.5	△2.1
増減率(%)	40~50	△16.2	△21.4	8.4	△28.0	△6.9	△16.2	1.2	5.5
	50~60	△10.8	△15.1	0.9	18.2	89.3	△4.5	△3.4	9.6
	60~7	△5.6	△9.3	3.1	8.9	11.5	△3.2	△2.4	△1.5
	7~12	△3.1	△4.5	△0.4	2.4	11.7	△1.1	3.9	△1.5
	12~17	△4.0	△4.9	2.6	5.4	0.7	△3.4	2.5	6.4
	17~24	△4.2	△8.4	3.8	0.5	△6.4	△4.3	△12.4	4.1
	24~25	0.5	1.1	△0.7	△3.6	△0.2	0.2	0.5	△2.7
	25~26	△1.0	△1.8	0.2	△3.3	△1.9	△1.3	0.8	3.3
	26~27	△1.4	△1.9	△0.4	1.9	△0.4	△1.1	3.0	△1.9
	27~28	0.2	△0.2	0.7	0.8	1.9	0.5	0.2	△2.3
	28~29	△0.1	△0.5	0.4	6.8	△2.3	△0.2	2.7	2.1
	29~30	△1.7	△1.2	△2.6	△6.8	0.4	△1.6	0.9	△1.1
	30~元	△0.7	△0.9	△0.1	3.5	2.6	0.0	0.8	0.3
	元~2	△3.1	△4.1	△1.1	△4.7	△9.1	△4.1	1.3	△1.0
	2~3	0.7	1.4	△0.5	1.4	1.6	0.9	△3.6	△3.2
構成比(%)	昭和40	57.8	44.3	11.9	2.2	3.1	63.1	4.3	3.0
	50	47.3	34.0	12.6	1.5	2.8	51.7	4.3	3.1
	60	40.9	28.0	12.3	1.8	5.2	47.9	4.0	3.3
	平成7	37.8	24.9	12.4	1.9	5.6	45.3	3.8	3.2
	12	36.8	23.8	12.4	1.9	6.3	45.0	4.0	3.1
	17	36.3	23.3	12.4	1.9	6.5	44.7	4.2	3.0
	24	36.8	22.6	13.7	2.0	6.5	45.3	3.9	3.1
	25	37.1	22.9	13.6	1.9	6.5	45.5	3.9	3.0
	26	36.7	22.5	13.6	1.9	6.4	45.0	3.9	3.1
	27	36.3	22.1	13.6	1.9	6.4	44.6	4.1	3.0
	28	36.2	21.9	13.6	1.9	6.5	44.6	4.1	2.9
	29	36.1	21.8	13.6	2.1	6.3	44.4	4.2	3.0
	30	35.6	21.6	13.4	1.9	6.3	43.9	4.2	3.0
	令和元	34.9	21.3	13.0	1.7	6.9	43.5	4.1	2.9
		(35.3)	(21.4)	(13.3)	(2.0)	(6.5)	(43.8)	(4.2)	(3.0)
	2	34.7	20.9	13.2	1.7	6.5	42.9	4.3	2.9
	3	35.1	21.3	13.2	1.7	6.6	43.4	4.1	2.9

(注1)　令和元年度以降の値は、「日本食品標準成分表2020年版(八訂)」を参照しているが、単位熱量の算定方法が大幅に改訂されているため、それ以前と比較する場合は留意されたい。参考のため、令和元年度の実数及び構成比について「日本食品標準成分表2015年版(七訂)」によって算出した値を括弧書きで示している(以下、第5表まで同じ。)。

　この結果、米、小麦などの穀類に、いも類、でん粉を加えたでん粉質計では、8.7kcal 増加し982.4kcal となり、供給熱量全体に占めるでん粉質計の割合は0.5ポイント増加し43.4%となった。

(2)　畜産物は、肉類が1.1%増(1.9kcal 増)の180.0kcal、鶏卵は前年度同の66.8kcal、牛乳・乳製品は前年度同の162.9kcal となった。

(3)　上記以外の品目については、豆類が93.9kcal(対前年度3.6%減)、魚介類が83.2kcal(同0.5%減)、野菜が64.7kcal(同3.2%減)、果実が64.2kcal(同1.1%減)、油脂類が338.5kcal(同3.1%減)、砂糖類が180.6kcal(同1.7%増)となった。

当 た り 供 給 熱 量

果実	肉類	鶏卵	牛乳・乳製品	魚介類	砂糖類	油脂類	その他	合計	(参考)酒類を含む合計
39.1	52.3	50.1	61.7	98.5	196.3	159.0	69.3	2,458.7	2,536.8
57.7	108.4	60.7	87.9	119.3	262.4	274.5	60.7	2,518.3	2,625.0
57.3	134.1	60.1	123.9	136.0	231.0	353.8	68.2	2,596.5	2,728.1
66.0	169.4	70.8	159.5	148.4	221.5	367.6	62.0	2,653.8	2,803.7
66.0	171.1	70.2	165.2	135.8	212.3	382.9	60.9	2,642.9	2,801.2
70.2	166.7	68.6	160.9	137.0	209.5	368.3	56.0	2,572.8	2,780.6
65.9	174.4	68.9	156.8	105.6	197.5	343.0	47.9	2,429.0	2,654.9
63.6	174.7	69.5	155.9	99.7	199.6	343.5	46.2	2,422.7	2,652.6
63.3	175.5	69.1	156.9	102.3	194.5	356.6	45.1	2,422.5	2,643.3
61.3	177.7	69.6	159.3	100.3	193.7	358.6	46.7	2,415.8	2,637.6
60.5	183.3	69.7	160.0	99.1	195.3	358.1	49.3	2,427.7	2,652.4
61.4	189.5	71.7	163.4	97.2	191.6	356.4	48.2	2,434.6	2,661.7
63.6	192.4	71.8	166.6	95.7	190.0	356.1	48.5	2,422.5	2,652.7
63.3	177.1	68.0	163.9	90.9	189.9	350.8	50.0	2,333.2	2,564.3
(62.3)	(192.7)	(72.3)	(166.5)	(99.3)	(186.6)	(364.8)	(47.4)	(2430.7)	(2663.9)
64.9	178.1	66.8	162.9	83.7	177.5	349.3	50.0	2,271.0	2,504.4
64.2	180.0	66.8	162.9	83.2	180.6	338.5	47.7	2,264.9	2,481.6
△0.7	1.9	0.0	0.0	△0.5	3.1	△10.8	△2.3	△6.1	△22.8
47.6	107.3	21.2	42.5	21.1	33.7	72.6	△12.4	2.4	3.5
△0.7	23.7	△1.0	41.0	14.0	△12.0	28.9	12.4	3.1	4.0
15.2	26.3	17.8	28.7	9.1	△4.1	3.9	△9.1	2.2	2.8
0.0	1.0	△0.8	3.6	△8.5	4.2	4.2	△1.8	0.4	△0.1
6.4	△2.6	△2.2	△2.6	0.8	△1.3	△3.8	△8.1	△2.7	△0.7
△6.1	4.6	0.3	△2.6	△22.9	△5.7	△6.9	△14.5	△5.6	△4.5
△3.5	0.2	0.8	0.6	△5.6	1.1	0.1	△3.6	△0.3	△0.1
△0.5	0.4	△0.5	0.6	2.7	△2.6	3.8	△2.3	△0.0	△0.4
△3.1	1.3	0.8	1.5	△2.0	△0.4	0.6	3.5	△0.3	△0.2
△1.4	3.1	0.1	0.4	△1.2	0.8	△0.1	5.6	0.5	0.6
1.6	3.4	3.0	2.2	△1.9	△1.9	△0.5	△2.1	0.3	0.4
3.6	1.5	0.1	1.9	△1.6	△0.8	△0.1	0.4	△0.5	△0.3
△2.1	0.2	0.7	△0.0	3.8	△1.8	2.4	△2.3	0.3	0.4
2.4	0.5	△1.7	△0.6	△7.9	△6.6	△0.4	0.1	△2.7	△2.3
△1.1	1.1	0.0	0.0	△0.5	1.7	△3.1	△4.6	△0.3	△0.9
1.6	2.1	2.0	2.5	4.0	8.0	6.5	2.8	100.0	—
2.3	4.3	2.4	3.5	4.7	10.4	10.9	2.4	100.0	—
2.2	5.2	2.3	4.8	5.2	8.9	13.6	2.6	100.0	—
2.5	6.4	2.7	6.0	5.6	8.3	13.9	2.3	100.0	—
2.5	6.5	2.7	6.3	5.1	8.0	14.5	2.3	100.0	—
2.7	6.5	2.7	6.3	5.3	8.1	14.3	2.2	100.0	—
2.7	7.2	2.8	6.5	4.3	8.1	14.1	2.0	100.0	—
2.6	7.2	2.9	6.4	4.1	8.2	14.2	1.9	100.0	—
2.6	7.2	2.9	6.5	4.2	8.0	14.7	1.9	100.0	—
2.5	7.4	2.9	6.6	4.2	8.0	14.8	1.9	100.0	—
2.5	7.6	2.9	6.6	4.1	8.0	14.8	2.0	100.0	—
2.5	7.8	2.9	6.7	4.0	7.9	14.6	2.0	100.0	—
2.6	7.9	3.0	6.9	3.9	7.8	14.7	2.0	100.0	—
2.7	7.6	2.9	7.0	3.9	8.1	15.0	2.1	100.0	—
(2.6)	(7.9)	(3.0)	(6.9)	(4.1)	(7.7)	(15.0)	(1.9)	(100.0)	—
2.9	7.8	2.9	7.2	3.7	7.8	15.4	2.2	100.0	—
2.8	7.9	3.0	7.2	3.7	8.0	14.9	2.1	100.0	—

(注2)　平成30年度～令和元年度の増減率は、「日本食品標準成分表2015年版(七訂)」において算出した値同士で計算したものである。
　　　(以下、第3表、第5表においても同じ。)。

4　供給たんぱく質

　令和3年度の国民1人・1日当たりのたんぱく質は、魚介類、豆類等の消費が減少したこと等から、対前年度0.5％減（0.4g減）の77.7gとなった。

(1)　動物性たんぱく質は、畜産物が0.9％増（0.3g増）の31.4g、水産物が2.5％減（0.3g減）の12.4gとなったことから、全体として0.1％減の43.8gとなった。
　　　植物性たんぱく質は、穀類が0.5％増（0.1g増）の18.1g、豆類が3.6％減（0.3g減）の7.3gとなったこと等から、全体として1.0％減（0.4g減）の33.9gとなった。
　　　この結果、供給たんぱく質全体に占める割合は、動物性たんぱく質が0.2ポイント増加し56.3％、植物性たんぱく質が0.2ポイント減少し43.7％となった。

第 3 表　国民

| | | 動物性 | |
| | | 畜産 | |
	年度	肉類	鶏卵
実数(g)	昭和40	3.6	3.8
	50	8.4	4.6
	60	11.3	4.9
	平成7	14.2	5.8
	12	14.4	5.7
	17	14.3	5.6
	24	15.1	5.6
	25	15.1	5.7
	26	15.3	5.6
	27	15.6	5.7
	28	16.0	5.8
	29	16.6	5.8
	30	16.9	5.8
	令和元	17.0	5.8
		(16.9)	(5.9)
	2	17.1	5.7
	3	17.3	5.7
増減量(g)	2~3	0.2	0.0
増減率(%)	40~50	133.3	21.1
	50~60	34.5	6.5
	60~7	25.7	18.4
	7~12	1.4	△1.7
	12~17	△1.0	△1.9
	17~24	5.7	0.3
	24~25	0.0	0.8
	25~26	1.3	△0.5
	26~27	1.8	0.8
	27~28	3.1	0.1
	28~29	3.4	3.0
	29~30	1.7	0.1
	30~元	0.5	0.7
	元~2	0.5	△1.7
	2~3	1.7	0.0
構成比(%)	昭和40	4.8	5.1
	50	10.5	5.7
	60	13.8	6.0
	平成7	16.2	6.6
	12	16.6	6.6
	17	17.0	6.7
	24	18.9	7.0
	25	19.1	7.2
	26	19.7	7.2
	27	20.0	7.3
	28	20.6	7.3
	29	21.0	7.4
	30	21.5	7.5
	令和元	21.4	7.4
		(21.4)	(7.4)
	2	21.8	7.4
	3	22.3	7.4

(2)　動物性たんぱく質供給量の構成をみると、豚肉、鶏肉の消費が増加し、水産物の消費が減少した。
　　　この結果、動物性たんぱく質供給量全体に占める割合は、畜産物が0.7ポイント増加し71.6％、水産物が0.7ポイント減少し28.4％となった。

第 4 表　国民

| | | 畜 | |
| | | 肉 | |
	年度	牛肉	豚肉
実数(g)	昭和40	0.7	1.4
	50	1.3	3.4
	60	1.8	4.6
	平成7	3.5	5.1
	12	3.5	5.3
	17	2.6	6.0
	24	2.7	5.9
	25	2.8	5.9
	26	2.7	5.9
	27	2.6	6.0
	28	2.7	6.2
	29	2.9	6.3
	30	2.9	6.4
	令和元	3.0	6.3
		(3.0)	(6.3)
	2	3.0	6.4
	3	2.9	6.5
構成比(%)	昭和40	2.7	5.4
	50	3.7	9.7
	60	4.4	11.2
	平成7	7.2	10.6
	12	7.3	11.1
	17	5.6	12.9
	24	6.2	13.3
	25	6.4	13.5
	26	6.2	13.7
	27	6.1	13.9
	28	6.3	14.3
	29	6.6	14.4
	30	6.7	14.5
	令和元	6.7	14.1
		(6.7)	(14.2)
	2	6.8	14.6
	3	6.5	14.9

１ 人 ・ １ 日 当 た り 供 給 た ん ぱ く 質

物 / 牛乳・乳製品	小計	水産物	計	穀類	豆類	その他	計	合計
3.0	10.4	15.5	25.9	30.3	7.3	11.5	49.1	75.0
4.2	17.3	17.7	35.0	26.4	7.5	11.4	45.3	80.3
6.2	22.4	18.8	41.2	22.4	7.4	11.1	40.9	82.1
8.0	27.9	20.4	48.3	21.5	7.3	10.8	39.6	87.9
8.3	28.4	19.4	47.8	20.9	7.5	10.6	39.0	86.8
8.0	27.9	18.3	46.2	20.2	7.8	9.8	37.8	84.0
7.8	28.5	15.7	44.2	19.7	6.8	9.0	35.5	79.8
7.8	28.5	14.9	43.4	19.7	6.9	8.8	35.4	78.8
7.8	28.7	14.3	43.0	19.1	6.9	8.6	34.6	77.7
8.0	29.2	13.9	43.1	18.9	7.1	8.7	34.6	77.7
8.0	29.7	13.4	43.1	18.9	7.1	8.6	34.7	77.8
8.2	30.6	13.2	43.8	18.9	7.3	8.8	35.0	78.8
8.3	31.0	12.7	43.7	18.6	7.4	8.7	34.7	78.5
8.3	31.1	13.5	44.7	18.5	7.5	8.7	34.7	79.4
(8.3)	(31.2)	(13.5)	(44.6)	(18.5)	(7.5)	(8.6)	(34.6)	(79.2)
8.3	31.1	12.7	43.8	18.0	7.6	8.7	34.3	78.1
8.3	31.4	12.4	43.8	18.1	7.3	8.5	33.9	77.7
0.0	0.3	△0.3	0.0	0.1	△0.3	△0.2	△0.4	△0.4
40.0	66.3	14.2	35.1	△12.9	2.7	△0.9	△7.7	7.1
47.6	29.5	6.2	17.7	△15.2	△1.3	△2.6	△9.7	2.2
29.0	24.6	8.5	17.2	△4.0	△1.4	△2.7	△3.2	7.1
3.8	1.8	△4.9	△1.0	△2.8	2.7	△1.9	△1.5	△1.3
△3.0	△1.8	△5.4	△3.3	△3.4	3.6	△7.2	△3.1	△3.2
△2.6	2.2	△14.3	△4.3	△2.6	△12.1	△8.3	△6.0	△5.1
△0.6	0.0	△5.3	△1.9	0.3	0.6	△2.8	△0.4	△1.2
0.6	0.8	△4.2	△0.9	△3.1	0.5	△1.7	△2.1	△1.4
1.5	1.5	△2.6	0.2	△1.2	2.9	0.3	△0.0	0.1
0.4	1.8	△3.4	0.1	0.3	0.6	△0.4	0.2	0.1
2.2	3.0	△2.0	1.5	0.0	2.4	1.6	0.9	1.2
1.9	1.4	△3.7	△0.1	△1.8	1.4	△0.4	△0.8	△0.4
△0.0	0.4	6.0	2.0	△0.6	1.0	△1.2	△0.4	0.9
△0.6	△0.2	△5.8	△1.9	△2.8	1.8	△0.3	△1.2	△1.6
0.0	0.9	△2.5	△0.1	0.5	△3.6	△2.0	△1.0	△0.5
4.0	13.9	20.7	34.5	40.4	9.7	15.3	65.5	100.0
5.2	21.5	22.0	43.6	32.9	9.3	14.2	56.4	100.0
7.6	27.3	22.9	50.2	27.3	9.0	13.5	49.8	100.0
9.1	31.7	23.2	54.9	24.5	8.3	12.3	45.1	100.0
9.6	32.7	22.4	55.1	24.1	8.6	12.2	44.9	100.0
9.6	33.2	21.8	55.0	24.0	9.2	11.7	45.0	100.0
9.8	35.8	19.7	55.5	24.6	8.6	11.3	44.5	100.0
9.9	36.2	18.9	55.1	25.0	8.7	11.1	44.9	100.0
10.1	37.0	18.4	55.4	24.6	8.9	11.1	44.6	100.0
10.2	37.5	17.9	55.4	24.3	9.1	11.1	44.6	100.0
10.3	38.2	17.3	55.4	24.3	9.2	11.1	44.6	100.0
10.4	38.8	16.7	55.6	24.0	9.3	11.1	44.4	100.0
10.6	39.6	16.2	55.7	23.7	9.5	11.1	44.3	100.0
10.5	39.2	17.0	56.3	23.3	9.4	11.0	43.7	100.0
(10.5)	(39.3)	(17.0)	(56.3)	(23.4)	(9.5)	(10.9)	(43.7)	(100.0)
10.6	39.8	16.3	56.1	23.0	9.7	11.1	43.9	100.0
10.7	40.4	16.0	56.3	23.3	9.4	11.0	43.7	100.0

１ 人 ・ １ 日 当 た り 動 物 性 た ん ぱ く 質 供 給 量 の 構 成

畜 産 物					水 産 物			合計
類 / 鶏肉	その他の肉	鶏卵	牛乳・乳製品	計	魚介類	鯨肉	計	合計
1.0	0.4	3.8	3.0	10.4	14.2	1.3	15.5	25.9
2.8	0.9	4.6	4.2	17.3	17.1	0.6	17.7	35.0
4.5	0.5	4.9	6.2	22.4	18.6	0.2	18.8	41.2
5.3	0.3	5.8	8.0	27.9	20.4	0.0	20.4	48.3
5.4	0.2	5.7	8.3	28.4	19.4	0.0	19.4	47.8
5.5	0.2	5.6	8.0	27.9	18.3	0.0	18.3	46.2
6.4	0.1	5.6	7.8	28.5	15.7	0.0	15.7	44.2
6.3	0.1	5.7	7.8	28.5	14.9	0.0	14.9	43.4
6.6	0.1	5.6	7.8	28.7	14.3	0.0	14.3	43.0
6.8	0.1	5.7	8.0	29.2	13.9	0.0	13.9	43.1
7.0	0.1	5.7	8.2	29.7	13.4	0.0	13.4	43.1
7.3	0.1	5.8	8.2	30.6	13.2	0.0	13.2	43.8
7.4	0.1	5.8	8.3	31.0	12.7	0.0	12.7	43.7
7.6	0.1	5.8	8.3	31.1	13.5	0.0	13.5	44.7
(7.5)	(0.1)	(5.9)	(8.3)	(31.2)	(13.4)	(0.0)	(13.5)	(44.6)
7.6	0.1	5.7	8.3	31.1	12.7	0.0	12.7	43.8
7.9	0.1	5.7	8.3	31.4	12.4	0.0	12.4	43.8
3.9	1.5	14.7	11.6	40.2	54.8	5.0	59.8	100.0
8.0	2.6	13.1	12.0	49.4	48.9	1.7	50.6	100.0
10.9	1.2	11.9	15.0	54.4	45.1	0.5	45.6	100.0
11.0	0.6	12.0	16.6	57.8	42.2	0.0	42.2	100.0
11.3	0.4	11.9	17.4	59.4	40.6	0.0	40.6	100.0
12.0	0.4	12.1	17.4	60.3	39.6	0.1	39.7	100.0
14.4	0.2	12.7	17.7	64.5	35.5	0.0	35.5	100.0
14.6	0.2	13.0	17.9	65.7	34.3	0.0	34.3	100.0
15.4	0.2	13.1	18.2	66.8	33.1	0.1	33.2	100.0
15.8	0.2	13.2	18.5	67.7	32.2	0.1	32.3	100.0
16.3	0.2	13.2	18.5	68.9	31.1	0.0	31.1	100.0
16.6	0.3	13.4	18.7	69.9	30.1	0.0	30.1	100.0
17.0	0.3	13.4	19.0	71.0	29.0	0.0	29.0	100.0
16.9	0.3	13.1	18.6	69.7	30.2	0.0	30.3	100.0
(16.9)	(0.3)	(13.2)	(18.7)	(69.8)	(30.1)	(0.0)	(30.2)	(100.0)
17.3	0.2	13.1	18.9	70.9	29.0	0.0	29.1	100.0
18.0	0.3	13.1	18.9	71.6	28.3	0.0	28.4	100.0

5 供給脂質

令和3年度の国民1人・1日当たりの供給脂質は、油脂類等の消費が減少したこと等により、対前年度1.6%減(1.3g減)の80.7gとなった。

(1) 油脂類については、植物性油脂が2.5%減(1.0g減)の36.9g、動物性油脂が18.2%減(0.3g減)の1.2gとなったことから、油脂類計で3.1%減(1.2g減)の38.2gとなった。

第 5 表 国 民

		油 脂 類		
		植物性	動物性	計
実 数 (g)	年度 昭和 40	12.7	4.5	17.2
	50	23.7	6.0	29.7
	60	31.4	6.9	38.3
	平成 7	34.2	5.6	39.8
	12	37.5	4.0	41.5
	17	36.9	3.0	39.9
	24	34.9	2.3	37.2
	25	34.9	2.3	37.2
	26	36.4	2.3	38.7
	27	36.7	2.2	38.9
	28	36.8	2.0	38.8
	29	37.0	1.7	38.7
	30	37.0	1.6	38.6
	令和 元	38.0	1.6	39.6
		(38.0)	(1.6)	(39.6)
	2	37.9	1.5	39.4
	3	36.9	1.2	38.2
増減量(g)	2〜3	△ 1.0	△ 0.3	△ 1.2
増 減 率 (%)	40〜50	86.6	33.3	72.7
	50〜60	32.5	15.0	29.0
	60〜 7	8.9	△ 18.8	3.9
	7〜12	9.6	△ 28.6	4.3
	12〜17	△ 1.6	△ 23.9	△ 3.8
	17〜24	△ 5.3	△ 25.2	△ 6.9
	24〜25	△ 0.0	3.0	0.1
	25〜26	4.3	△ 2.6	3.8
	26〜27	0.9	△ 4.9	0.6
	27〜28	0.2	△ 5.6	△ 0.1
	28〜29	0.5	△ 17.8	△ 0.5
	29〜30	0.0	△ 2.4	△ 0.1
	30〜元	2.8	△ 5.4	2.5
	元〜2	△ 0.4	△ 2.2	△ 0.4
	2〜3	△ 2.5	△ 18.2	△ 3.1
構 成 比 (%)	昭和 40	28.7	10.2	38.8
	50	37.1	9.4	46.5
	60	41.6	9.2	50.8
	平成 7	41.4	6.8	48.1
	12	44.5	4.8	49.3
	17	44.6	3.7	48.2
	24	45.2	2.9	48.1
	25	45.3	3.0	48.3
	26	46.3	2.9	49.2
	27	46.4	2.7	49.1
	28	46.0	2.6	48.6
	29	45.9	2.1	48.0
	30	45.6	2.0	47.6
	令和 元	46.0	1.9	47.9
		(46.4)	(1.9)	(48.3)
	2	46.2	1.9	48.0
	3	45.8	1.5	47.3

(2) 油脂類以外の品目は、大豆等、その他の品目で1.4%減の12.3gとなったこと等から、全体で0.2%減(0.1g減)の42.5gとなった。

(3) この結果、供給脂質全体に占める割合は、油脂類が0.7ポイント減少し47.3%、油脂類以外の品目が0.7ポイント増加し52.7%となった。

1 人 ・ 1 日 当 た り 供 給 脂 質

| 油 脂 類 以 外 | | | | | | 合計 |
肉類	鶏卵	牛乳・乳製品	穀類	その他	計	
3.4	3.5	3.4	5.7	11.1	27.1	44.3
7.4	4.2	4.8	5.0	12.8	34.2	63.9
9.1	4.1	6.8	3.8	13.3	37.1	75.4
11.6	4.8	8.7	3.7	14.1	42.9	82.7
11.7	4.8	9.0	3.6	13.6	42.7	84.2
11.3	4.7	8.8	3.5	14.6	42.8	82.8
11.8	4.7	8.6	3.4	11.7	40.1	77.3
11.8	4.7	8.5	3.4	11.3	39.8	77.0
11.7	4.7	8.6	3.1	11.8	39.9	78.6
11.8	4.8	8.7	3.1	11.9	40.3	79.2
12.2	4.8	8.7	3.1	12.3	41.1	79.9
12.6	4.9	8.9	3.1	12.4	41.9	80.5
12.8	4.9	9.1	3.0	12.6	42.5	81.1
12.8	4.9	9.6	3.0	12.8	43.1	82.6
(12.8)	(4.9)	(9.1)	(3.0)	(12.6)	(42.4)	(81.9)
12.9	4.8	9.6	2.9	12.5	42.6	82.0
12.9	4.8	9.6	2.9	12.3	42.5	80.7
0.0	0.0	0.0	0.0	△ 0.2	△ 0.1	△ 1.3
117.6	20.0	41.2	△ 12.3	15.3	26.2	44.2
23.0	△ 2.4	41.7	△ 24.0	3.9	8.5	18.0
27.5	17.1	27.9	△ 2.6	6.0	15.6	9.7
0.9	0.0	3.4	△ 2.7	△ 3.5	△ 0.5	1.8
△ 3.5	△ 2.5	△ 2.2	△ 3.9	7.4	0.3	△ 1.7
4.1	0.3	△ 2.6	△ 1.8	△ 20.0	△ 6.4	△ 6.6
0.2	0.8	△ 0.6	0.3	△ 3.0	△ 0.8	△ 0.3
△ 0.8	△ 0.5	0.6	△ 8.0	4.2	0.3	2.0
1.1	0.8	1.5	△ 1.2	0.7	0.8	0.7
3.1	0.1	0.4	△ 0.1	3.3	2.0	0.9
3.4	3.0	2.2	△ 0.9	0.8	2.0	0.8
1.6	0.1	1.9	△ 1.9	2.0	1.4	0.7
△ 0.2	0.7	△ 0.0	△ 0.5	△ 0.6	△ 0.2	1.1
0.8	△ 1.7	△ 0.6	△ 2.9	△ 2.6	△ 1.1	△ 0.8
0.5	0.0	0.0	0.5	△ 1.4	△ 0.2	△ 1.6
7.7	7.9	7.7	12.9	25.1	61.2	100.0
11.6	6.6	7.5	7.8	20.0	53.5	100.0
12.1	5.4	9.0	5.0	17.6	49.2	100.0
14.0	5.8	10.5	4.5	17.0	51.9	100.0
13.9	5.7	10.7	4.3	16.2	50.7	100.0
13.6	5.7	10.7	4.2	17.6	51.8	100.0
15.2	6.1	11.1	4.4	15.1	51.9	100.0
15.3	6.2	11.1	4.4	14.7	51.7	100.0
14.9	6.0	10.9	4.0	15.0	50.8	100.0
14.9	6.0	11.0	3.9	15.0	50.9	100.0
15.2	5.9	10.9	3.9	15.4	51.4	100.0
15.6	6.1	11.1	3.8	15.4	52.0	100.0
15.8	6.0	11.2	3.7	15.6	52.4	100.0
15.4	5.9	11.7	3.6	15.5	52.1	100.0
(15.6)	(6.0)	(11.1)	(3.7)	(15.3)	(51.7)	(100.0)
15.7	5.9	11.7	3.5	15.2	52.0	100.0
16.0	5.9	11.9	3.6	15.2	52.7	100.0

〔参考〕ＰＦＣ熱量比率、食料自給率及び飼料需給表

1　令和３年度におけるＰＦＣ熱量比率は、前年度に比べたんぱく質（Ｐ）が0.1ポイント低下、脂質（Ｆ）が0.4ポイント低下、糖質（炭水化物）（Ｃ）が0.5ポイント上昇となった。

2　供給熱量ベースの総合食料自給率は、国産供給熱量が前年度に比べ17kcal増の860kcal、供給熱量が前年度に比べ6kcal減の2,265kcalとなったことから、前年度から1ポイント上昇し38％となった。

○　たんぱく質、脂質、糖質（炭水化物）の供給熱量割合（ＰＦＣ熱量比率）

（単位：％）

	たんぱく質 （Ｐ）		脂　　質 （Ｆ）		糖質（炭水化物） （Ｃ）	
昭和40年度	12.2	(11.9)	16.2	(15.7)	71.6	(72.4)
50	12.7	(12.3)	22.8	(21.9)	64.5	(65.8)
60	12.7	(12.1)	26.1	(24.9)	61.2	(63.0)
平成7年度	13.3	(12.6)	28.0	(26.6)	58.7	(60.8)
12	13.1	(12.5)	28.7	(27.1)	58.2	(60.4)
17	13.1	(12.1)	28.9	(26.8)	58.0	(61.1)
24	13.1	(12.1)	28.6	(26.2)	58.2	(61.7)
25	13.0	(11.9)	28.6	(26.1)	58.4	(61.9)
26	12.8	(11.8)	29.2	(26.8)	58.0	(61.4)
27	12.9	(11.8)	29.5	(27.0)	57.6	(61.1)
28	12.8	(11.8)	29.6	(27.1)	57.6	(61.1)
29	12.9	(11.9)	29.8	(27.2)	57.3	(60.9)
30	13.0	(11.9)	30.1	(27.5)	56.9	(60.6)
令和元年度	13.6	(12.4)	31.9	(29.0)	54.5	(58.6)
	(13.0	(11.9))	(30.3	(27.7))	(56.6	(60.4))
2	13.8	(12.5)	32.5	(29.5)	53.7	(58.0)
3（概算）	13.7	(12.6)	32.1	(29.3)	54.2	(58.2)

注1：昭和40年度～59年度は、科学技術庁「四訂日本食品標準成分表」、60年度～平成20年度は、「五訂日本食品標準成分表」、平成21年度～平成25年度は、「日本食品標準成分表２０１０」、平成26年度～30年度は「日本食品標準成分表２０１５年版（七訂）」、令和元年度以降は「日本食品標準成分表２０２０年版（八訂）」を適用した。

2：「日本食品標準成分表2020年版（八訂）」は、糖質（炭水化物）の成分値は組成成分の積み上げによることとなったが、ここでは簡易的に、熱量からたんぱく質（g）×4kcal/g＋脂質（g）×9kcal/gを差し引いたものを糖質（炭水化物）の成分値として比率を求めた。

3：（　）は、酒類を含んだ場合の供給熱量割合である。

4：参考のため、令和元年度については、「日本食品標準成分表２０１５年版（七訂）」によって算出した値を括弧書きで示している。

○食料自給率の推移

	昭和40年度	50	60	平成7年度	12	17	24	25	26	27	28	29	30	令和元年度	2	3年度（概算）
米	95	110	107	104	95	95	96	96	97	98	97	96	97	97	97	98
小麦	28	4	14	7	11	14	12	12	13	15	12	14	12	16	15	17
大麦・はだか麦	73	10	15	8	8	8	8	9	9	9	9	9	9	12	12	12
いも類	100	99	96	87	83	81	75	76	78	76	74	74	73	73	73	72
かんしょ	100	100	100	100	99	93	93	93	94	94	94	94	95	95	96	95
ばれいしょ	100	99	95	83	78	77	71	71	73	71	69	69	67	68	68	67
豆類	25	9	8	5	7	7	10	9	10	9	8	9	7	7	8	8
大豆	11	4	5	2	5	5	8	7	7	7	7	7	6	6	6	7
野菜	100	99	95	85	81	79	78	79	79	80	80	79	78	79	80	79
果実	90	84	77	49	44	41	38	40	42	41*	41	40	38	38	38	39
うんしゅうみかん	109	102	106	102	94	103	103	103	104	100	100	100	100	103	102	102
りんご	102	100	97	62	59	52	55	55	56	59	60	57	60	56	61	58
肉類（鯨肉を除く）	90	77	81	57	52	54	55	55	55	54	53	52	51	52	53	53
	(42)	(16)	(13)	(8)	(7)	(8)	(8)	(8)	(9)	(9)	(8)	(8)	(7)	(7)	(7)	(8)
牛肉	95	81	72	39	34	43	42	41	42	40	38	36	36	35	36	38
	(84)	(43)	(28)	(11)	(9)	(12)	(11)	(11)	(12)	(12)	(11)	(10)	(10)	(9)	(9)	(10)
豚肉	100	86	86	62	57	50	53	54	51	51	50	49	48	49	50	49
	(31)	(12)	(9)	(7)	(6)	(6)	(6)	(6)	(7)	(7)	(7)	(6)	(6)	(6)	(6)	(6)
鶏肉	97	97	92	69	64	67	66	66	67	66	65	64	64	64	66	65
	(30)	(13)	(10)	(7)	(7)	(8)	(8)	(8)	(9)	(9)	(9)	(8)	(8)	(8)	(8)	(8)
鶏卵	100	97	98	96	95	94	95	95	95	96	97	96	96	96	97	97
	(31)	(13)	(10)	(10)	(11)	(11)	(11)	(11)	(13)	(13)	(13)	(12)	(12)	(12)	(11)	(13)
牛乳・乳製品	86	81	85	72	68	68	65	64	63	62	62	60	59	59	61	63
	(63)	(44)	(43)	(32)	(30)	(29)	(27)	(27)	(27)	(27)	(27)	(26)	(25)	(25)	(26)	(27)
魚介類	100	99	93	57	53	51	52	55	55	55	53	52	55	53	55	57
うち食用	110	100	86	59	53	57	57	60	60	59	56	56	59	55	57	59
海藻類	88	86	74	68	63	65	68	69	67	70	69	69	68	65	70	69
砂糖類	31	15	33	31	29	34	28	29	31	33	28	32	34	34	36	36
油脂類	31	23	32	15	14	13	13	13	13	12	12	13	13	13	13	14
きのこ類	115	110	102	78	74	79	86	87	88	88	88	88	88	88	89	89
飼料用を含む穀物全体の自給率	62	40	31	30	28	28	27	28	29	29	28	28	28	28	28	29
主食用穀物自給率	80	69	69	65	60	61	59	59	60	61	59	59	59	61	60	61
供給熱量ベースの総合食料自給率	73	54	53	43	40	40	39	39	39	39	38	38	37	38	37	38
生産額ベースの総合食料自給率	86	83	82	74	71	70	68	66	64	66	68	66	66	66	67	63
飼料自給率	55	34	27	26	26	25	26	26	27	28	27	26	25	25	25	25
供給熱量ベースの食料国産率	76	61	61	52	48	48	47	47	48	48	46	47	46	46	46	47
生産額ベースの食料国産率	90	87	85	76	74	73	72	71	69	70	71	70	69	70	71	69

（左端の縦書き：品　目　別　自　給　率）

（注1）品目別自給率、穀物自給率及び主食用穀物自給率の算出は次式による。
　　　自給率＝国内生産量／国内消費仕向量×１００（重量ベース）
（注2）米については、国内生産と国産米在庫の取崩しで国内需要に対応している実態を踏まえ、平成10年度から国内生産量に
　　　国産米在庫取崩し量を加えた数量を用いて、次式により品目別自給率、穀物自給率及び主食用穀物自給率を算出している。
　　　自給率＝国産供給量（国内生産量＋国産米在庫取崩し量）／国内消費仕向量×１００（重量ベース）
　　　なお、国産米在庫取崩し量は、24年度が▲371千トン、25年度が▲244千トン、26年度が126千トン、
　　　27年度が261千トン、28年度が86千トン、29年度が98千トン、30年度が102千トン、令和元年度が48千トン、
　　　２年度が▲302千トン、３年度が▲45千トンである。
　　　また、飼料用の政府売却がある場合は、国産供給量及び国内消費仕向量から飼料用政府売却数量を除いて算出している。
（注3）供給熱量ベースの総合食料自給率の算出は次式による。ただし、自給率では、畜産物に飼料自給率を、加工品に原料自給率を乗じる。
　　　一方、国産率では、加工品には原料自給率を乗じるが、畜産物には飼料自給率を乗じない。
　　　自給率＝国産供給熱量／供給熱量×１００（供給熱量ベース）
（注4）生産額ベースの総合食料自給率の算出は次式による。ただし、自給率では、畜産物は輸入飼料額を、加工品は原料輸入額を控除する。
　　　一方、国産率では、加工品は原料輸入額を控除するが、畜産物は輸入飼料額を控除しない。
　　　自給率＝食料の国内生産額／食料の国内消費仕向額×１００（生産額ベース）
（注5）飼料自給率については、ＴＤＮ（可消化養分総量）に換算した数量を用いて算出している。
（注6）肉類（鯨肉を除く）、牛肉、豚肉、鶏肉、鶏卵、牛乳・乳製品の（　）については、飼料自給率を考慮した値である。
（注7）平成28年度以前の食料国産率の推移は、令和２年８月に遡及して算定を行った。

○飼料需給表

(単位：ＴＤＮ千トン、％)

	需要量	供　給　量				自　給　率		
		粗　飼　料		濃　厚　飼　料		純国内産飼料自給率	純国内産粗　飼　料自　給　率	純国内産濃厚飼料自　給　率
			うち国内供給		うち純国内産原料			
	A	B	C	D	E	(C＋E)／A	C／B	E／D
昭和40年度	13,359	4,519	4,519	8,840	2,771	55	100	31
50	19,867	4,793	4,793	15,074	2,060	34	100	14
60	27,596	5,708	5,278	21,888	2,310	27	92	11
平成7年度	27,098	5,912	4,733	21,186	2,239	26	80	11
12	25,481	5,756	4,491	19,725	2,179	26	78	11
17	25,164	5,485	4,197	19,678	2,214	25	77	11
24	24,172	5,225	3,980	18,946	2,206	26	76	12
25	23,955	5,003	3,864	18,952	2,281	26	77	12
26	23,549	4,960	3,885	18,589	2,536	27	78	14
27	23,569	5,073	4,005	18,496	2,536	28	79	14
28	23,820	4,877	3,792	18,944	2,593	27	78	14
29	24,593	5,125	3,989	19,468	2,496	26	78	13
30	24,498	5,021	3,835	19,477	2,362	25	76	12
令和元年度	24,772	5,041	3,873	19,731	2,375	25	77	12
2	24,937	4,971	3,793	19,967	2,337	25	76	12
3（概算）	25,299	5,006	3,807	20,293	2,641	25	76	13

資料：畜産局飼料課

注1：ＴＤＮ（可消化養分総量）とは、エネルギー含量を示す単位であり、飼料の実量とは異なる。

　2：濃厚飼料の「うち純国内産原料」とは、国内産に由来する濃厚飼料（国内産飼料用小麦・大麦等）であり、輸入食料原料から発生した副産物（輸入大豆から搾油した後発生する大豆油かす等）を除いたものである。

　3：昭和59年度までの輸入は、全て濃厚飼料とみなしている。

Ⅱ　食料需給表

1　年度別食料需給表

（1）　令和3年度（概算値）

（2）　令和2年度（確定値）

人口　125,502千人（令和3年10月1日現在）
純旅客　　△2千人（推計値）

類別・品目別	国内生産量	輸入量	輸出量	在庫の増減量	国内消費仕向量	飼料用	種子用	加工用	純旅客用	減耗量
1. 穀　　　　類	9,599	23,675	90	205	32,101	14,763	67	4,415	0	313
					878	878				
a. 米	8,226	878	90	△59	8,195	665	29	226	0	146
	(a)(663)				878	878				
	(b)(42)									
b. 小　　　麦	1,097	5,375	0	51	6,421	883	21	275	0	157
c. 大　　　麦	213	1,658	0	△22	1,893	1,023	4	807	0	2
d. は だ か 麦	22	15	0	1	36	0	0	6	0	1
e. とうもろこし	0	15,310	0	219	15,091	11,860	2	3,101	0	4
f. こうりゃん	0	275	0	6	269	269	0	0	0	0
g. その他の雑穀	41	164	0	9	196	63	11	0	0	3
2. い　も　類	2,848	1,140	28	0	3,960	6	139	982	0	99
a. か ん し ょ	672	52	16	0	708	2	10	207	0	5
b. ば れ い し ょ	2,176	1,088	12	0	3,252	4	129	775	0	94
3. で ん 粉	2,243	141	0	△19	2,403	0	0	504	0	0
4. 豆　　　　類	312	3,464	0	△121	3,897	80	10	2,613	0	72
a. 大　　　豆	247	3,224	0	△93	3,564	80	8	2,571	0	64
b. その他の豆類	65	240	0	△28	333	0	2	42	0	8
5. 野　　　　菜	11,015	2,895	23	0	13,887	0	0	0	0	1,468
a. 緑黄色野菜	2,513	1,538	4	0	4,047	0	0	0	0	405
b. その他の野菜	8,502	1,357	19	0	9,840	0	0	0	0	1,063
6. 果　　　　実	2,599	4,157	84	12	6,660	0	0	18	0	1,108
a. うんしゅうみかん	749	0	2	13	734	0	0	0	0	110
b. り ん ご	662	528	55	△1	1,136	0	0	0	0	114
c. その他の果実	1,188	3,629	27	0	4,790	0	0	18	0	884
7. 肉　　　　類	3,484	3,138	19	9	6,594	0	0	0	0	132
a. 牛　　　肉	480	813	11	15	1,267	0	0	0	0	25
b. 豚　　　肉	1,318	1,357	3	△3	2,675	0	0	0	0	54
c. 鶏　　　肉	1,678	927	5	△1	2,601	0	0	0	0	52
d. そ の 他 の 肉	6	41	0	△3	50	0	0	0	0	1
e. 鯨	2	0	0	1	1	0	0	0	0	0
8. 鶏　　　　卵	2,582	115	24	0	2,673	0	85	0	0	52
9. 牛 乳 及 び 乳 製 品	7,646	4,690	64	110	12,162	31	0	0	0	284
		364			364	364				
a. 農 家 自 家 用	49	0	0	0	49	31	0	0	0	0
b. 飲 用 向 け	3,998	0	8	0	3,990	0	0	0	0	40
c. 乳 製 品 向 け	3,599	4,690	56	110	8,123	0	0	0	0	244
		364			364	364				
ｱ. 全 脂 れ ん 乳	30	1	0	△3	34	0	0	0	0	0
ｲ. 脱 脂 れ ん 乳	3	1	0	0	4	0	0	0	0	0
ｳ. 全 脂 粉 乳	10	2	0	0	12	0	0	0	0	0
ｴ. 脱 脂 粉 乳	160	3	3	17	143	0	0	0	0	0
		18			18	18				
ｵ. 育 児 用 粉 乳	20	0	0	0	20	0	0	0	0	0
ｶ. チ ー ズ	45	286	1	0	330	0	0	0	0	0
ｷ. バ タ ー	75	10	0	1	84	0	0	0	0	0
10. 魚　介　類	3,770	3,650	828	△49	6,641	1,476	0	0	0	0
a. 生 鮮 ・ 冷 凍	1,515	904	710	18	1,691	0	0	0	0	0
b. 塩干,くん製,その他	1,375	1,885	68	15	3,177	0	0	0	0	0
c. か ん 詰	161	145	4	5	297	0	0	0	0	0
d. 飼 肥 料	719	716	46	△87	1,476	1,476	0	0	0	0
11. 海 藻 類	81	39	2	0	118	0	0	16	0	0
12. 砂 糖 類										
a. 粗 糖	143	1,018	0	△16	1,177	0	0	1,177	0	0
b. 精 糖	1,733	412	2	16	2,127	2	0	22	0	17
c. 含 み つ 糖	27	6	0	4	29	0	0	0	0	0
d. 糖 み つ	84	140	0	3	221	150	0	66	0	0
13. 油 脂 類	2,012	991	33	△24	2,994	102	0	471	0	14
a. 植 物 油 脂	1,673	958	19	△74	2,686	0	0	346	0	14
ｱ. 大 豆 油	474	4	0	△59	537	0	0	35	0	3
ｲ. 菜 種 油	994	17	4	△4	1,011	0	0	58	0	6
ｳ. や し 油	0	42	0	△3	45	0	0	18	0	0
ｴ. そ の 他	205	895	15	△8	1,093	0	0	235	0	5
b. 動 物 油 脂	339	33	14	50	308	102	0	125	0	0
ｱ. 魚 ・ 鯨 油	79	23	10	△3	95	0	0	93	0	0
ｲ. 牛 脂	63	8	0	△6	77	51	0	3	0	0
ｳ. そ の 他	197	2	4	59	136	51	0	29	0	0
14. み　　　　そ	465	0	20	△1	446	0	0	0	0	1
15. し ょ う ゆ	708	3	49	1	661	0	0	0	0	2
16. そ の 他 食 料 計	2,310	1,866	1	2	4,173	3,077	0	435	0	27
う ち き の こ 類	460	57	0	0	517	0	0	0	0	26
17. 合　　　　計										
再掲　　野　　　　菜	11,015	2,895	23	0	13,887	0	0	0	0	1,468
1. 果 菜 類	2,984	1,566	5	0	4,545	0	0	0	0	463
うち 果実的野菜	653	60	3	0	710	0	0	0	0	87
2. 葉 茎 菜 類	5,606	806	10	0	6,402	0	0	0	0	818
3. 根 菜 類	2,425	523	8	0	2,940	0	0	0	0	187
〔参考〕酒　　　類	7,714	453	158	187	7,822	0	0	0	0	23
酒類を含む総合計										

（注1）穀類及び米について、「国内消費仕向量」及び「飼料用」欄の下段の数値は、年産更新等に伴う飼料用の政府売却数量であり、それぞれ外数である。
（注2）米について、国内生産量の（　）内の数値は、新規需要米の数量「(a) 飼料用米 (b) 米粉用米」、純食料以下の（　）内は、菓子、穀粉を含まない
　　　　主食用の数値であり、それぞれ内数である。

需給表　（　概　算　値　）

（単位：断りなき限り1,000トン）

向　量　の　内　訳					1 人 当 た り 供 給 純 食 料					純食料100g中の栄養成分量		
粗　食　料			歩留り	純食料	1年当たり数量	1 日 当 た り				熱　量	たんぱく質	脂　質
総　数	1人1年当たり	1人1日当たり				数　量	熱　量	たんぱく質	脂　質			
	kg	g	%		kg	g	kcal	g	g	kcal	g	g
12,543	99.9	273.8	84.6	10,614	84.6	231.7	794.9	18.1	2.9	343.1	7.8	1.3
7,129	56.8	155.6	90.6	6,459	51.5	141.0	482.2	8.6	1.3	342.0	6.1	0.9
				(6,245)	(49.8)	(136.3)	(466.2)	(8.3)	(1.2)			
5,085	40.5	111.0	78.0	3,966	31.6	86.6	298.7	9.1	1.6	345.0	10.5	1.8
57	0.5	1.2	46.0	26	0.2	0.6	1.9	0.0	0.0	329.0	6.7	1.5
29	0.2	0.6	57.0	17	0.1	0.4	1.2	0.0	0.0	329.0	6.7	1.5
124	1.0	2.7	54.5	68	0.5	1.5	5.2	0.1	0.0	349.0	8.2	2.1
0	0.0	0.0	75.0	0	0.0	0.0	0.0	0.0	0.0	348.0	9.5	2.6
119	0.9	2.6	65.5	78	0.6	1.7	5.8	0.2	0.1	337.8	11.7	3.0
2,734	21.8	59.7	90.2	2,465	19.6	53.8	38.2	0.9	0.1	71.0	1.7	0.1
484	3.9	10.6	91.0	440	3.5	9.6	12.1	0.1	0.1	126.0	1.2	0.2
2,250	17.9	49.1	90.0	2,025	16.1	44.2	26.1	0.8	0.0	59.0	1.8	0.1
1,899	15.1	41.5	100.0	1,899	15.1	41.5	149.3	0.0	0.3	360.0	0.1	0.6
1,122	8.9	24.5	96.8	1,086	8.7	23.7	93.9	7.3	4.9	395.9	30.9	20.5
841	6.7	18.4	100.0	841	6.7	18.4	72.8	6.1	3.9	396.4	33.3	21.3
281	2.2	6.1	87.2	245	2.0	5.3	21.1	1.2	0.9	394.1	22.6	17.7
12,419	99.0	271.1	86.6	10,754	85.7	234.8	64.7	2.9	0.5	27.5	1.2	0.2
3,642	29.0	79.5	91.3	3,325	26.5	72.6	20.4	0.9	0.1	28.1	1.2	0.2
8,777	69.9	191.6	84.6	7,429	59.2	162.2	44.2	2.0	0.4	27.3	1.2	0.2
5,534	44.1	120.8	73.5	4,070	32.4	88.8	64.2	0.9	1.5	72.2	1.0	1.7
624	5.0	13.6	75.0	468	3.7	10.2	4.9	0.1	0.0	48.0	0.6	0.1
1,022	8.1	22.3	85.0	869	6.9	19.0	10.1	0.1	0.2	53.0	0.1	0.2
3,888	31.0	84.9	70.3	2,733	21.8	59.7	49.2	0.8	1.5	82.5	1.3	2.4
6,462	51.5	141.1	66.1	4,271	34.0	93.2	180.0	17.4	12.9	193.1	18.6	13.9
1,242	9.9	27.1	63.0	782	6.2	17.1	43.8	2.9	3.8	256.3	16.7	22.2
2,621	20.9	57.2	63.0	1,651	13.2	36.0	77.4	6.5	5.9	214.7	18.1	16.3
2,549	20.3	55.6	71.0	1,810	14.4	39.5	57.8	7.9	3.2	146.3	19.9	8.1
49	0.4	1.1	55.1	27	0.2	0.6	1.0	0.1	0.1	176.2	18.8	12.3
1	0.0	0.0	100.0	1	0.0	0.0	0.0	0.0	0.0	100.0	24.1	0.4
2,536	20.2	55.4	85.0	2,156	17.2	47.1	66.8	5.7	4.8	142.0	12.2	10.2
11,847	94.4	258.6	100.0	11,847	94.4	258.6	162.9	8.3	9.6	63.0	3.2	3.7
18	0.1	0.4	100.0	18	0.1	0.4	0.2	0.0	0.0	63.0	3.2	3.7
3,950	31.5	86.2	100.0	3,950	31.5	86.2	54.3	2.8	3.2	63.0	3.2	3.7
7,879	62.8	172.0	100.0	7,879	62.8	172.0	108.4	5.5	6.4	63.0	3.2	3.7
34	0.3	0.7	100.0	34	0.3	0.7	2.3	0.1	0.1	311.7	7.7	8.5
4	0.0	0.1	100.0	4	0.0	0.1	0.2	0.0	0.0	270.0	10.3	0.2
12	0.1	0.3	100.0	12	0.1	0.3	1.3	0.1	0.1	490.0	25.5	26.2
143	1.1	3.1	100.0	143	1.1	3.1	11.1	1.1	0.0	354.0	34.0	1.0
20	0.2	0.4	100.0	20	0.2	0.4	2.2	0.1	0.1	510.0	12.4	26.8
330	2.6	7.2	100.0	330	2.6	7.2	25.6	1.9	2.1	356.0	25.8	29.0
84	0.7	1.8	100.0	84	0.7	1.8	13.0	0.0	1.5	710.0	0.6	82.0
5,165	41.2	112.8	56.4	2,914	23.2	63.6	83.2	12.4	4.0	130.8	19.5	6.3
1,691	13.5	36.9	56.4	954	7.6	20.8	27.3	4.1	1.3	130.8	19.5	6.3
3,177	25.3	69.4	56.4	1,792	14.3	39.1	51.2	7.6	2.5	130.8	19.5	6.3
297	2.4	6.5	56.4	168	1.3	3.7	4.8	0.7	0.2	130.8	19.5	6.3
0	0.0	0.0	56.4	0	0.0	0.0	0.0	0.0	0.0	130.8	19.5	6.3
102	0.8	2.2	100.0	102	0.8	2.2	5.0	0.6	0.1	223.1	25.9	2.6
2,120	16.9	46.3	100.0	2,120	16.9	46.3	180.6	0.0	0.0	390.2	0.0	0.0
0	0.0	0.0	0.0	0	0.0	0.0	0.0	0.0	0.0	0.0	0.0	0.0
2,086	16.6	45.5	100.0	2,086	16.6	45.5	178.1	0.0	0.0	391.0	0.0	0.0
29	0.2	0.6	100.0	29	0.2	0.6	2.2	0.0	0.0	352.0	1.7	0.0
5	0.0	0.1	100.0	5	0.0	0.1	0.3	0.0	0.0	272.0	2.5	0.0
2,407	19.2	52.5	72.6	1,749	13.9	38.2	338.5	0.0	38.2	886.6	0.0	100.0
2,326	18.5	50.8	72.8	1,692	13.5	36.9	327.6	0.0	36.9	886.8	0.0	100.0
499	4.0	10.9	74.4	371	3.0	8.1	71.7	0.0	8.1	885.0	0.0	100.0
947	7.5	20.7	73.7	697	5.6	15.2	135.0	0.0	15.2	887.0	0.0	100.0
27	0.2	0.6	84.0	23	0.2	0.5	4.5	0.0	0.5	889.0	0.0	100.0
853	6.8	18.6	70.4	601	4.8	13.1	116.5	0.0	13.1	887.7	0.0	100.0
81	0.6	1.8	69.4	57	0.5	1.2	10.9	0.0	1.2	879.7	0.1	99.9
2	0.0	0.0	85.9	2	0.0	0.0	0.4	0.0	0.0	853.0	0.1	99.8
23	0.2	0.5	65.3	15	0.1	0.3	2.8	0.0	0.3	869.0	0.0	99.8
56	0.4	1.2	70.6	40	0.3	0.9	7.7	0.0	0.9	885.0	0.0	100.0
445	3.5	9.7	100.0	445	3.5	9.7	17.7	1.2	0.6	182.0	12.5	6.0
659	5.3	14.4	100.0	659	5.3	14.4	10.9	1.1	0.0	76.0	7.7	0.0
634	5.1	13.8	89.3	566	4.5	12.4	14.1	0.9	0.5	114.5	7.1	3.7
491	3.9	10.7	87.0	427	3.4	9.3	2.6	0.2	0.1	27.4	2.6	0.3
							2,264.9	77.7	80.7			
12,419	99.0	271.1	86.6	10,754	85.7	234.8	64.7	2.9	0.5	27.5	1.2	0.2
4,082	32.5	89.1	83.8	3,419	27.2	74.6	23.5	1.0	0.2	31.5	1.3	0.3
623	5.0	13.6	69.7	434	3.5	9.5	3.6	0.1	0.0	37.7	0.8	0.1
5,584	44.5	121.9	87.0	4,858	38.7	106.1	24.8	1.5	0.2	23.4	1.4	0.2
2,753	21.9	60.1	90.0	2,477	19.7	54.1	16.4	0.5	0.1	30.2	0.8	0.2
7,799	62.1	170.3	100.0	7,799	62.1	170.3	216.8	0.3	0.0	127.3	0.2	0.0
							2,481.7	78.0	80.7			

（注3）牛乳及び乳製品について、「輸入量」、「国内消費仕向量」及び「飼料用」欄の下段の数値は、輸入飼料用乳製品（脱脂粉乳及びホエイパウダー）で外数である。

(2) 令 和 2 年 度 食 料

人口　126,146千人（令和2年10月1日現在）
純旅客　　　3千人（推計値）

（単位：千トン）

類別・品目別	国内生産量	外国貿易 輸入量	外国貿易 輸出量	在庫の増減量	国内消費仕向量	飼料用	種子用	加工用	純旅客用	減耗量
1. 穀類	9,360	23,898	110	346	32,058	14,901	64	4,269	0	313
					744	744				
a. 米	8,145	814	110	250	7,855	384	30	230	0	144
	(a) (381)				744	744				
	(b) (33)									
b. 小麦	949	5,521	0	58	6,412	835	20	262	0	159
c. 大麦	201	1,649	0	40	1,810	958	4	798	0	2
d. はだか麦	20	25	0	9	36	0	1	5	0	1
e. とうもろこし	0	15,368	0	△47	15,415	12,317	2	2,974	0	4
f. こうりゃん	0	377	0	31	346	346	0	0	0	0
g. その他の雑穀	45	144	0	5	184	61	7	0	0	3
2. いも類	2,893	1,099	26	0	3,966	5	142	1,015	0	100
a. かんしょ	688	47	17	0	718	2	11	218	0	5
b. ばれいしょ	2,205	1,052	9	0	3,248	3	131	797	0	95
3. でん粉	2,178	143	0	△2	2,323	0	0	444	0	0
4. 豆類	290	3,411	0	△142	3,843	84	10	2,512	0	72
a. 大豆	219	3,139	0	△140	3,498	84	8	2,455	0	63
b. その他の豆類	71	272	0	△2	345	0	2	57	0	9
5. 野菜	11,440	2,987	60	0	14,367	0	0	0	0	1,505
a. 緑黄色野菜	2,484	1,610	4	0	4,090	0	0	0	0	409
b. その他の野菜	8,956	1,377	56	0	10,277	0	0	0	0	1,096
6. 果実	2,674	4,504	61	13	7,104	0	0	20	0	1,188
a. うんしゅうみかん	766	0	1	11	754	0	0	0	0	113
b. りんご	763	531	38	2	1,254	0	0	0	0	125
c. その他の果実	1,145	3,973	22	0	5,096	0	0	20	0	950
7. 肉類	3,449	3,037	22	△67	6,531	0	0	0	0	131
a. 牛肉	479	845	8	△13	1,329	0	0	0	0	27
b. 豚肉	1,310	1,292	4	△40	2,638	0	0	0	0	53
c. 鶏肉	1,653	859	10	△11	2,513	0	0	0	0	50
d. その他の肉	5	41	0	△3	49	0	0	0	0	1
e. 鯨	2	0	0	0	2	0	0	0	0	0
8. 鶏卵	2,602	102	20	0	2,684	0	84	0	0	52
9. 牛乳及び乳製品	7,434	4,987	43	159	12,219	31	0	0	0	284
		396			396	396				
a. 農家自家用	45	0	0	0	45	31	0	0	0	0
b. 飲用向け	4,034	0	8	0	4,026					40
c. 乳製品向け	3,355	4,987	35	159	8,148	0	0	0	0	244
		396			396	396				
ア. 全脂れん乳	30	1	0	0	31	0	0	0	0	0
イ. 脱脂れん乳	3	1	0	0	4	0	0	0	0	0
ウ. 全脂粉乳	8	2	0	0	10	0	0	0	0	0
エ. 脱脂粉乳	140	7	0	5	142	0	0	0	0	0
					25	25				
オ. 育児用粉乳	19	0	0	0	19	0	0	0	0	0
カ. チーズ	42	292	1	0	333	0	0	0	0	0
キ. バター	71	17	0	10	78	0	0	0	0	0
10. 魚介類	3,772	3,885	721	98	6,838	1,555	0	0	0	0
a. 生鮮・冷凍	1,516	897	627	△11	1,797	0	0	0	0	0
b. 塩干, くん製, その他	1,350	1,838	47	△20	3,161	0	0	0	0	0
c. かん詰	171	155	6	△5	325	0	0	0	0	0
d. 飼肥料	735	995	41	134	1,555	1,555	0	0	0	0
11. 海藻類	92	42	2	0	132	0	0	18	0	0
12. 砂糖類										
a. 粗糖	138	960	0	△43	1,141	0	0	1,141	0	0
b. 精糖	1,709	420	2	17	2,110	2	0	25	0	17
c. 含みつ糖	26	8	0	9	25	0	0	0	0	0
d. 糖みつ	76	134	0	△7	217	147	0	68	0	0
13. 油脂類	1,965	1,113	41	△61	3,098	100	0	466	0	15
a. 植物油脂	1,629	1,075	17	△80	2,767	0	0	338	0	15
ア. 大豆油	452	4	1	△60	515	0	0	34	0	3
イ. 菜種油	976	36	3	12	997	0	0	58	0	6
ウ. やし油	0	37	0	△5	42	0	0	17	0	1
エ. その他	201	998	13	△27	1,213	0	0	229	0	6
b. 動物油脂	336	38	24	19	331	100	0	128	0	0
ア. 魚・鯨油	78	23	22	△12	91	0	0	88	0	0
イ. 牛脂	63	10	0	△7	80	50	0	8	0	0
ウ. その他	195	5	2	38	160	50	0	32	0	0
14. みそ	472	0	16	△3	459	0	0	0	0	1
15. しょうゆ	697	3	40	△2	662	0	0	0	0	
16. その他食料計	2,215	2,073	1	5	4,282	3,104	0	504	0	26
うちきのこ類	460	56	0	0	516	0	0	0	0	25
17. 合計										
再掲 野菜	11,440	2,987	60	0	14,367	0	0	0	0	1,505
1. 果菜類	2,923	1,637	4	0	4,556	0	0	0	0	464
うち果実的野菜	618	61	2	0	677	0	0	0	0	83
2. 葉茎菜類	6,030	805	49	0	6,786	0	0	0	0	849
3. 根菜類	2,487	545	7	0	3,025	0	0	0	0	192
［参考］酒類	7,869	461	122	△52	8,260	0	0	0	0	24
酒類を含む総合計										

（注1）穀類及び米について、「国内消費仕向量」及び「飼料用」欄の下段の数値は、年産更新等に伴う飼料用の政府売却数量であり、それぞれ外数である。
（注2）米について、国内生産量の（　）内の数値は、新規需要米の数量「(a) 飼料用米 (b) 米粉用米」、純食料以下の（　）内は、菓子、穀粉を含まない主食用の数値であり、それぞれ内数である。

需給表（確定値）

(単位：断りなき限り1,000トン)

向量の内訳					1人当たり供給純食料						純食料100g中の栄養成分量		
粗食料 総数	1人1年当たり	1人1日当たり	歩留り	純食料	1年当たり数量	1日当たり 数量	熱量	たんぱく質	脂質	熱量	たんぱく質	脂質	
	kg	g	%		kg	g	kcal	g	g	kcal	g	g
12,511	99.2	271.7	84.6	10,590	84.0	230.0	789.1	18.0	2.9	343.1	7.8	1.3
7,067	56.0	153.5	90.6	6,403	50.8	139.1	475.6	8.5	1.3	342.0	6.1	0.9
				(6,199)	(49.1)	(134.6)	(460.4)	(8.2)	(1.2)			
5,136	40.7	111.5	78.0	4,006	31.8	87.0	300.2	9.1	1.6	345.0	10.5	1.8
48	0.4	1.0	46.0	22	0.2	0.5	1.6	0.0	0.0	329.0	6.7	1.5
29	0.2	0.6	57.0	17	0.1	0.4	1.2	0.0	0.0	329.0	6.7	1.5
118	0.9	2.6	57.8	68	0.5	1.5	5.2	0.1	0.0	348.9	8.2	2.1
0	0.0	0.0	75.0	0	0.0	0.0	0.0	0.0	0.0	348.0	9.5	2.6
113	0.9	2.5	65.5	74	0.6	1.6	5.4	0.2	0.0	337.4	11.6	2.9
2,704	21.4	58.7	90.2	2,439	19.3	53.0	37.6	0.9	0.1	71.1	1.7	0.1
482	3.8	10.5	91.0	439	3.5	9.5	12.0	0.1	0.0	126.0	1.2	0.2
2,222	17.6	48.3	90.0	2,000	15.9	43.4	25.6	0.8	0.0	59.0	1.8	0.1
1,879	14.9	40.8	100.0	1,879	14.9	40.8	146.9	0.0	0.2	360.0	0.0	0.6
1,165	9.2	25.3	96.7	1,126	8.9	24.5	97.4	7.6	5.1	398.1	31.0	20.9
888	7.0	19.3	100.0	888	7.0	19.3	76.6	6.4	4.1	397.0	33.2	21.4
277	2.2	6.0	85.9	238	1.9	5.2	20.8	1.2	1.0	402.4	22.8	19.1
12,862	102.0	279.3	86.9	11,182	88.6	242.9	66.8	3.0	0.5	27.5	1.2	0.2
3,681	29.2	79.9	91.5	3,368	26.7	73.1	20.6	0.9	0.1	28.1	1.2	0.2
9,181	72.8	199.4	85.1	7,814	61.9	169.7	46.2	2.1	0.4	27.2	1.2	0.2
5,896	46.7	128.1	73.0	4,305	34.1	93.5	64.9	0.9	1.4	69.4	0.9	1.5
641	5.1	13.9	75.0	481	3.8	10.4	5.0	0.1	0.0	48.0	0.6	0.1
1,129	8.9	24.5	85.0	960	7.6	20.8	11.1	0.0	0.0	53.0	0.1	0.2
4,126	32.7	89.6	69.4	2,864	22.7	62.2	48.8	0.8	1.3	78.5	1.3	2.1
6,400	50.7	139.0	66.0	4,226	33.5	91.8	178.1	17.1	12.9	194.0	18.6	14.0
1,302	10.3	28.3	63.0	820	6.5	17.8	45.5	3.0	4.0	255.5	16.8	22.2
2,585	20.5	56.1	63.0	1,629	12.9	35.4	76.0	6.4	5.8	214.7	18.1	16.3
2,463	19.5	53.5	71.0	1,749	13.9	38.0	55.6	7.6	3.1	146.3	19.9	8.1
48	0.4	1.0	54.2	26	0.2	0.6	1.0	0.1	0.1	178.9	18.7	12.6
2	0.0	0.0	100.0	2	0.0	0.0	0.0	0.0	0.0	100.0	24.1	0.4
2,548	20.2	55.3	85.0	2,166	17.2	47.0	66.8	5.7	4.8	142.0	12.2	10.2
11,904	94.4	258.5	100.0	11,904	94.4	258.5	162.9	8.3	9.6	63.0	3.2	3.7
14	0.1	0.3	100.0	14	0.1	0.3	0.2	0.0	0.0	63.0	3.2	3.7
3,986	31.6	86.6	100.0	3,986	31.6	86.6	54.5	2.8	3.2	63.0	3.2	3.7
7,904	62.7	171.7	100.0	7,904	62.7	171.7	108.1	5.5	6.4	63.0	3.2	3.7
31	0.2	0.7	100.0	31	0.2	0.7	2.1	0.1	0.1	312.1	7.7	8.5
4	0.0	0.1	100.0	4	0.0	0.1	0.2	0.0	0.0	270.0	10.3	0.2
10	0.1	0.2	100.0	10	0.1	0.2	1.1	0.1	0.1	490.0	25.5	26.2
142	1.1	3.1	100.0	142	1.1	3.1	10.9	1.0	0.0	354.0	34.0	1.0
19	0.2	0.4	100.0	19	0.2	0.4	2.1	0.1	0.1	510.0	12.4	26.8
333	2.6	7.2	100.0	333	2.6	7.2	25.7	1.9	2.1	356.0	25.8	29.0
78	0.6	1.7	100.0	78	0.6	1.7	12.0	0.0	1.4	710.0	0.6	82.0
5,283	41.9	114.7	56.4	2,980	23.6	64.7	83.7	12.7	3.9	129.3	19.7	6.0
1,797	14.2	39.0	56.4	1,014	8.0	22.0	28.5	4.3	1.3	129.3	19.7	6.0
3,161	25.1	68.7	56.4	1,783	14.1	38.7	50.1	7.6	2.3	129.3	19.7	6.0
325	2.6	7.1	56.4	183	1.5	4.0	5.1	0.8	0.2	129.3	19.7	6.0
0	0.0	0.0	0.0	0	0.0	0.0	0.0	0.0	0.0	129.3	19.7	6.0
114	0.9	2.5	100.0	114	0.9	2.5	5.6	0.7	0.1	226.1	26.8	2.7
2,093	16.6	45.5	100.0	2,093	16.6	45.5	177.5	0.0	0.0	390.4	0.0	0.0
0	0.0	0.0	0.0	0	0.0	0.0	0.0	0.0	0.0	0.0	0.0	0.0
2,066	16.4	44.9	100.0	2,066	16.4	44.9	175.4	0.0	0.0	391.0	0.0	0.0
25	0.2	0.5	100.0	25	0.2	0.5	1.9	0.0	0.0	352.0	1.7	0.0
2	0.0	0.0	100.0	2	0.0	0.0	0.0	0.0	0.0	272.0	2.5	0.0
2,517	20.0	54.7	72.1	1,814	14.4	39.4	349.3	0.0	39.4	886.5	0.0	100.0
2,414	19.1	52.4	72.3	1,744	13.8	37.9	335.9	0.0	37.9	886.8	0.0	100.0
478	3.8	10.4	74.1	354	2.8	7.7	68.0	0.0	7.7	885.0	0.0	100.0
933	7.4	20.3	73.3	684	5.4	14.9	131.8	0.0	14.9	887.0	0.0	100.0
25	0.2	0.5	84.0	21	0.2	0.5	4.1	0.0	0.5	889.0	0.0	100.0
978	7.8	21.2	70.1	685	5.4	14.9	132.0	0.0	14.9	887.3	0.0	100.0
103	0.8	2.2	67.8	70	0.6	1.5	13.4	0.0	1.5	880.4	0.0	100.0
3	0.0	0.1	85.8	3	0.0	0.1	0.6	0.0	0.1	853.0	0.1	99.8
22	0.2	0.5	65.3	14	0.1	0.3	2.6	0.0	0.3	869.0	0.2	99.8
78	0.6	1.7	67.8	53	0.4	1.2	10.2	0.0	1.2	885.0	0.0	100.0
458	3.6	9.9	100.0	458	3.6	9.9	18.1	1.2	0.6	182.0	12.5	6.0
660	5.2	14.3	100.0	660	5.2	14.3	10.9	1.1	0.0	76.0	7.7	0.0
648	5.1	14.1	89.4	579	4.6	12.6	15.4	0.9	0.6	122.8	6.9	4.5
491	3.9	10.7	87.0	427	3.4	9.3	2.5	0.2	0.0	27.4	2.6	0.3
							2,271.0	78.1	82.0			
12,862	102.0	279.3	86.9	11,182	88.6	242.9	66.8	3.0	0.5	27.5	1.2	0.2
4,092	32.4	88.9	83.8	3,430	27.2	74.5	23.5	1.0	0.2	31.5	1.3	0.3
594	4.7	12.9	69.9	415	3.3	9.0	3.4	0.1	0.0	37.7	0.8	0.1
5,937	47.1	128.9	87.6	5,201	41.2	113.0	26.5	1.6	0.2	23.5	1.4	0.2
2,833	22.5	61.5	90.0	2,551	20.2	55.4	16.8	0.5	0.1	30.3	0.8	0.2
8,236	65.3	178.9	100.0	8,236	65.3	178.9	233.4	0.3	0.0	130.5	0.2	0.0
							2,504.4	78.4	82.0			

（注3）牛乳及び乳製品について、「輸入量」、「国内消費仕向量」及び「飼料用」欄の下段の数値は、輸入飼料用乳製品（脱脂粉乳及びホエイパウダー）で外数である。

2　項目別累年表

　　ここに収録した統計は、前掲「1　年度別食料需給表」の表頭項目のうち主要項目につい
て、累年表として組み替えたものである。

(1) 国 内 生 産 量

(単位：1,000トン)

類 別・品 目 別	昭和35年度	36	37	38	39	40	41	42
1. 穀　　　　類	17,101	16,578	16,717	14,636	15,307	15,208	15,095	16,694
a. 米	12,858	12,419	13,009	12,812	12,584	12,409	12,745	14,453
b. 小　　麦	1,531	1,781	1,631	716	1,244	1,287	1,024	997
c. 大　　麦	1,206	1,127	1,023	646	812	721	711	673
d. は だ か 麦	1,095	849	703	113	390	513	394	359
e. とうもろこし	113	116	104	104	84	75	63	61
f. こうりゃん	2	2	1	1	1	1	0	0
g. その他の雑穀	296	284	246	244	192	202	158	151
2. い　　も　　類	9,871	10,181	9,895	10,071	9,789	9,011	8,193	7,669
a. かんしょ	6,277	6,333	6,217	6,662	5,875	4,955	4,810	4,031
b. ばれいしょ	3,594	3,848	3,678	3,409	3,914	4,056	3,383	3,638
3. で　ん　粉	770	841	898	1,100	1,105	1,155	1,124	1,293
4. 豆　　　　類	919	902	769	765	572	646	544	617
a. 大　　豆	418	387	336	318	240	230	199	190
b. その他の豆類	501	515	433	447	332	416	345	427
5. 野　　　　菜	11,742	11,195	12,245	13,397	12,748	13,483	14,403	14,686
a. 緑黄色野菜	1,924	1,933	2,063	2,214	2,189	2,315	2,481	2,633
b. その他の野菜	9,818	9,262	10,182	11,183	10,559	11,168	11,922	12,053
6. 果　　　　実	3,307	3,393	3,387	3,573	3,950	4,034	4,578	4,714
a. うんしゅうみかん	1,034	949	956	1,015	1,280	1,331	1,750	1,605
b. り　ん　ご	907	963	1,008	1,153	1,090	1,132	1,059	1,125
c. その他の果実	1,366	1,481	1,423	1,405	1,580	1,571	1,769	1,984
7. 肉　　　　類	576	720	886	865	984	1,105	1,226	1,248
a. 牛　　肉	141	141	153	198	229	196	153	160
b. 豚　　肉	149	240	322	271	314	431	603	597
c. 鶏　　肉	103	132	155	178	222	238	270	302
d. その他の肉	29	28	30	25	21	22	15	17
e. 鯨	154	179	226	193	198	218	185	172
8. 鶏　　　　卵	696	897	981	1,030	1,224	1,330	1,230	1,340
9. 牛乳及び乳製品	1,939	2,180	2,526	2,837	3,053	3,271	3,431	3,663
a. 農 家 自 家 用	159	166	186	192	194	189	185	184
b. 飲 用 向 け	1,008	1,125	1,214	1,467	1,666	1,828	2,022	2,157
c. 乳 製 品 向 け	772	889	1,126	1,178	1,193	1,254	1,224	1,322
ア. 全 脂 れ ん 乳	52	55	63	48	42	38	38	43
イ. 脱 脂 れ ん 乳	26	30	32	29	29	24	20	23
ウ. 全 脂 粉 乳	8	9	14	17	24	27	29	29
エ. 脱 脂 粉 乳	10	13	19	26	26	25	26	32
オ. 育 児 用 粉 乳	23	28	33	35	36	51	45	48
カ. チ ー ズ	4	3	4	6	5	6	8	7
キ. バ タ ー	12	14	20	23	23	24	25	25
10. 魚　介　類	5,803	6,281	6,363	6,273	5,989	6,502	6,666	7,316
a. 生 鮮・冷 凍			2,209	2,278	1,843	2,130	2,022	2,131
b. 塩干，くん製，その他	5,803	6,281	2,667	2,775	2,768	2,968	3,145	3,288
c. か ん 詰			493	454	456	449	518	607
d. 飼 肥 料			994	766	922	955	981	1,290
11. 海　藻　類	77	85	100	85	72	81	94	107
12. 砂　　糖　　類								
a. 粗　　糖	5	17	31	55	65	85	102	97
b. 精　　糖	1,323	1,422	1,527	1,507	1,693	1,837	1,897	2,117
c. 含 み つ 糖	41	28	29	32	18	16	15	17
d. 糖　み　つ	68	78	87	87	107	111	113	134
13. 油　　脂　　類	581	637	696	750	771	766	799	882
a. 植 物 油 脂	426	453	491	559	600	598	679	752
ア. 大 豆 油	143	157	172	218	223	243	278	290
イ. 菜 種 油	99	117	118	75	80	89	110	109
ウ. や し 油	53	54	60	63	64	61	68	77
エ. そ の 他	131	125	141	203	233	205	223	276
b. 動 物 油 脂	155	184	205	191	171	168	120	130
ア. 魚・鯨 油	140	168	182	161	138	135	85	86
イ. 牛 脂	10	10	10	15	15	15	5	4
ウ. そ の 他	5	6	13	15	18	18	30	40
14. み　　　　そ	838	787	754	771	782	778	785	789
15. し　ょ　う　ゆ	1,314	1,267	1,094	1,088	1,172	1,168	1,168	1,221
16. その他食料計	―	―	―	―	―	1,181	1,328	1,383
うち き の こ 類	―	―	―	―	―	60	62	82
17. 合　　　　計								

国　内　生　産　量

（単位：1,000トン）

類　別・品　目　別	昭和43年度	44	45	46	47	48	49	50
1．穀　　　　　　　類	16,668	15,716	13,858	11,945	12,613	12,658	12,838	13,693
a．米	14,449	14,003	12,689	10,887	11,897	12,149	12,292	13,165
b．小　　　　　　麦	1,012	758	474	440	284	202	232	241
c．大　　　　　　麦	640	538	418	364	250	171	182	174
d．は　だ　か　麦	381	274	155	139	74	45	51	47
e．とうもろこし	51	40	33	25	23	17	14	14
f．こうりゃん	0	0	0	0	0	0	0	0
g．その他の雑穀	135	103	89	90	85	74	67	52
2．い　　　も　　　類	7,650	6,430	6,175	5,312	5,598	5,030	4,376	4,679
a．かんしょ	3,594	2,855	2,564	2,041	2,061	1,613	1,435	1,418
b．ばれいしょ	4,056	3,575	3,611	3,271	3,537	3,417	2,941	3,261
3．で　　　ん　　　粉	1,257	1,108	1,115	1,067	1,120	1,076	1,054	960
4．豆　　　　　　　類	537	480	505	417	510	451	436	363
a．大　　　　　　豆	168	136	126	122	127	118	133	126
b．その他の豆類	369	344	379	295	383	333	303	237
5．野　　　　　　　菜	16,125	15,694	15,328	15,981	16,110	15,510	15,904	15,880
a．緑黄色野菜	2,830	2,691	2,697	2,770	2,774	2,665	2,705	2,750
b．その他の野菜	13,295	13,003	12,631	13,211	13,336	12,845	13,199	13,130
6．果　　　　　　　実	5,520	5,174	5,467	5,364	6,435	6,515	6,356	6,686
a．うんしゅうみかん	2,352	2,038	2,552	2,489	3,568	3,389	3,383	3,665
b．り　　ん　　ご	1,136	1,085	1,021	1,007	959	963	850	898
c．その他の果実	2,032	2,051	1,894	1,868	1,908	2,163	2,123	2,123
7．肉　　　　　　　類	1,279	1,452	1,695	1,852	1,983	2,050	2,273	2,199
a．牛　　　　　　肉	188	250	282	302	310	236	354	335
b．豚　　　　　　肉	582	609	779	849	917	1,012	1,095	1,023
c．鶏　　　　　　肉	336	423	496	564	640	700	730	759
d．その他の肉	17	14	13	12	7	4	4	6
e．鯨	156	156	125	125	109	98	90	76
8．鶏　　　　　　　卵	1,464	1,639	1,766	1,800	1,811	1,815	1,793	1,807
9．牛乳及び乳製品	4,140	4,575	4,789	4,841	4,944	4,898	4,876	5,008
a．農　家　自　家　用	188	188	175	153	145	132	123	118
b．飲　用　向　け	2,360	2,516	2,651	2,685	2,843	2,952	3,004	3,181
c．乳　製　品　向　け	1,592	1,871	1,963	2,003	1,956	1,814	1,749	1,709
ア．全　脂　れ　ん　乳	42	49	50	49	54	45	39	37
イ．脱　脂　れ　ん　乳	23	26	26	23	17	17	15	15
ウ．全　脂　粉　乳	30	31	37	36	41	35	27	25
エ．脱　脂　粉　乳	53	69	70	68	65	66	75	74
オ．育　児　用　粉　乳	48	55	54	58	77	99	75	67
カ．チ　ー　ズ	8	9	8	8	9	9	9	10
キ．バ　タ　ー	35	43	42	49	43	41	42	39
10．魚　　介　　類	8,164	8,168	8,794	9,323	9,707	10,063	10,106	9,918
a．生　鮮・冷　凍	2,291	2,082	2,212	2,247	2,422	2,476	2,632	2,515
b．塩干，くん製，その他	3,545	3,686	3,975	4,121	4,262	4,317	4,314	4,353
c．か　　ん　　詰	615	598	666	750	736	705	723	684
d．飼　　肥　　料	1,713	1,802	1,941	2,205	2,287	2,565	2,437	2,366
11．海　　藻　　類	101	89	104	117	112	131	140	126
12．砂　　糖　　類								
a．粗　　　　　　糖	88	95	78	71	243	237	198	219
b．精　　　　　　糖	2,281	2,473	2,831	2,837	3,087	3,116	2,911	2,879
c．含　み　つ　糖	16	16	18	16	24	27	24	22
d．糖　み　つ	131	137	140	125	173	177	174	171
13．油　　脂　　類	935	969	1,117	1,170	1,276	1,302	1,311	1,260
a．植　物　油　脂	786	815	918	955	1,034	1,063	1,026	991
ア．大　　豆　　油	319	358	442	449	474	483	493	458
イ．菜　　種　　油	124	129	140	170	228	270	268	287
ウ．や　　し　　油	74	74	78	79	83	85	56	57
エ．そ　　の　　他	269	254	258	257	249	225	209	189
b．動　物　油　脂	149	154	199	215	242	239	285	269
ア．魚・鯨　油	101	100	134	127	148	148	183	153
イ．牛　　　　　脂	4	5	6	7	7	7	7	7
ウ．そ　　の　　他	44	49	59	81	87	84	95	109
14．み　　　　　　　そ	783	748	771	766	774	783	752	714
15．し　　ょ　　う　　ゆ	1,154	1,177	1,248	1,264	1,323	1,412	1,344	1,239
16．その他食料計	1,530	1,670	2,069	2,100	2,208	2,285	2,276	2,207
うちきのこ類	103	98	112	130	150	154	188	188
17．合　　　　　　　計								

国 内 生 産 量

(単位：1,000トン)

類 別・品 目 別	昭和51年度	52	53	54	55	56	57	58
1.穀　　　　　　　類	12,255	13,585	13,336	12,949	10,754	11,259	11,433	11,467
a.　　米	11,772	13,095	12,589	11,958	9,751	10,259	10,270	10,366
b.小　　　　麦	222	236	367	541	583	587	742	695
c.大　　　　麦	170	167	276	348	332	330	342	340
d.は　だ　か　麦	40	39	50	59	53	53	48	39
e.と　う　も　ろ　こ　し	12	8	7	5	4	3	2	1
f.こ　う　り　ゃ　ん	0	0	0	0	0	0	0	0
g.そ　の　他　の　雑　穀	39	40	47	38	31	27	29	26
2.い　　も　　類	5,021	4,951	4,687	4,741	4,738	4,553	5,159	4,945
a.か　ん　し　ょ	1,279	1,431	1,371	1,360	1,317	1,458	1,384	1,379
b.ば　れ　い　し　ょ	3,742	3,520	3,316	3,381	3,421	3,095	3,775	3,566
3.で　　ん　　粉	1,329	1,370	1,331	1,433	1,658	1,719	1,882	2,005
4.豆　　　　類	328	361	407	394	324	367	431	364
a.大　　　　豆	110	111	190	192	174	212	226	217
b.そ　の　他　の　豆　類	218	250	217	202	150	155	205	147
5.野　　　　菜	16,059	16,865	16,914	16,711	16,634	16,739	16,992	16,355
a.緑　黄　色　野　菜	2,652	2,872	2,908	2,991	2,956	2,938	2,938	2,835
b.そ　の　他　の　野　菜	13,407	13,993	14,006	13,720	13,678	13,801	14,054	13,520
6.果　　　　実	6,096	6,621	6,173	6,848	6,196	5,843	6,239	6,402
a.う　ん　し　ゅ　う　み　か　ん	3,089	3,539	3,026	3,618	2,892	2,819	2,864	2,859
b.り　　ん　　ご	879	959	844	853	960	846	925	1,048
c.そ　の　他　の　果　実	2,128	2,123	2,303	2,377	2,344	2,178	2,450	2,495
7.肉　　　　類	2,293	2,552	2,781	2,983	3,006	3,047	3,135	3,218
a.牛　　　　肉	309	371	406	400	431	476	483	505
b.豚　　　　肉	1,096	1,189	1,324	1,465	1,430	1,409	1,427	1,430
c.鶏　　　　肉	838	944	1,022	1,095	1,120	1,140	1,200	1,257
d.そ　の　他　の　肉	6	6	5	4	4	4	5	5
e.　鯨	44	42	24	19	21	18	20	21
8.鶏　　　　卵	1,861	1,906	1,977	1,993	1,992	2,016	2,068	2,092
9.牛　乳　及　び　乳　製　品	5,369	5,846	6,256	6,464	6,498	6,612	6,848	7,086
a.農　家　自　家　用	119	122	126	159	177	178	138	110
b.飲　用　向　け	3,355	3,572	3,726	3,905	4,010	4,140	4,247	4,271
c.乳　製　品　向　け	1,895	2,152	2,404	2,400	2,311	2,294	2,463	2,705
ｱ.全　脂　れ　ん　乳	45	47	54	50	53	52	55	50
ｲ.脱　脂　れ　ん　乳	16	19	21	21	22	20	19	19
ｳ.全　脂　粉　乳	26	29	30	31	33	32	35	36
ｴ.脱　脂　粉　乳	88	108	128	131	127	127	138	156
ｵ.育　児　用　粉　乳	57	50	52	53	51	48	46	47
ｶ.チ　ー　ズ	10	10	10	10	10	14	16	19
ｷ.バ　タ　ー	47	56	66	66	65	62	67	76
10.魚　　介　　類	9,990	10,126	10,186	9,948	10,425	10,671	10,753	11,256
a.生　鮮・冷　凍	2,589	2,608	2,384	2,007	2,320	2,094	1,827	2,000
b.塩干,くん製,その他	4,317	4,271	4,183	4,137	4,156	4,259	4,333	4,469
c.か　　ん　　詰	787	799	801	815	945	801	906	822
d.飼　　肥　　料	2,297	2,448	2,818	2,989	3,004	3,517	3,687	3,965
11.海　　藻　　類	133	128	128	129	139	130	127	142
12.砂　　糖　　類								
a.粗　　　　糖	223	259	275	252	258	236	255	286
b.精　　　　糖	2,928	3,077	2,821	3,102	2,708	2,516	2,718	2,450
c.含　み　つ　糖	22	23	25	24	19	23	22	22
d.糖　み　　つ	175	188	181	188	155	155	150	159
13.油　　脂　　類	1,334	1,481	1,733	1,837	1,797	1,923	1,940	2,049
a.植　物　油　脂	1,049	1,119	1,224	1,309	1,298	1,398	1,407	1,459
ｱ.大　　豆　　油	485	532	598	621	618	634	634	696
ｲ.菜　種　油	287	314	349	436	406	487	484	489
ｳ.や　　し　　油	70	63	59	35	44	47	53	45
ｴ.そ　の　他	207	210	218	217	230	230	236	229
b.動　物　油　脂	285	362	509	528	499	525	533	590
ｱ.魚・鯨　油	153	187	299	318	270	298	300	356
ｲ.牛　　　　脂	21	35	50	47	47	51	52	53
ｳ.そ　の　他	111	140	160	163	182	176	181	181
14.み　　　　そ	728	718	704	701	708	696	693	683
15.し　ょ　う　ゆ	1,355	1,267	1,307	1,368	1,298	1,276	1,272	1,255
16.そ　の　他　食　料　計	2,289	2,449	2,794	2,905	2,961	3,001	3,060	3,319
う　ち　き　の　こ　類	195	206	231	241	254	261	245	253
17.合　　　　計								

国　内　生　産　量

（単位：1,000トン）

類　別・品　目　別	昭和59年度	60	61	62	63	平成元年度	2	3
1．穀　　　　　類	13,045	12,940	12,893	11,870	11,383	11,731	11,825	10,672
a．米	11,878	11,662	11,647	10,627	9,935	10,347	10,499	9,604
b．小　　　　麦	741	874	876	864	1,021	985	952	759
c．大　　　　麦	353	340	314	326	370	346	323	269
d．は　だ　か　麦	43	38	30	27	29	25	23	14
e．と　う　も　ろ　こ　し	2	2	1	1	1	1	1	1
f．こ　う　り　ゃ　ん	0	0	0	0	0	0	0	0
g．そ　の　他　の　雑　穀	28	24	25	25	27	27	27	25
2．い　　　も　　　類	5,107	5,254	5,580	5,378	5,089	5,018	4,954	4,814
a．か　ん　し　ょ	1,400	1,527	1,507	1,423	1,326	1,431	1,402	1,205
b．ば　れ　い　し　ょ	3,707	3,727	4,073	3,955	3,763	3,587	3,552	3,609
3．で　　　ん　　　粉	2,093	2,101	2,223	2,357	2,529	2,548	2,667	2,676
4．豆　　　　　類	462	424	424	469	445	455	414	363
a．大　　　　豆	238	228	245	287	277	272	220	197
b．そ　の　他　の　豆　類	224	196	179	182	168	183	194	166
5．野　　　　　菜	16,781	16,607	16,894	16,815	16,169	16,258	15,845	15,364
a．緑　黄　色　野　菜	2,936	2,933	2,967	2,997	2,947	2,932	2,848	2,758
b．そ　の　他　の　野　菜	13,845	13,674	13,927	13,818	13,222	13,326	12,997	12,606
6．果　　　　　実	5,183	5,747	5,552	5,974	5,331	5,210	4,895	4,366
a．う　ん　し　ゅ　う　み　か　ん	2,005	2,491	2,168	2,518	1,998	2,015	1,653	1,579
b．り　　ん　　ご	812	910	986	998	1,042	1,045	1,053	760
c．そ　の　他　の　果　実	2,366	2,346	2,398	2,458	2,291	2,150	2,189	2,027
7．肉　　　　　類	3,318	3,490	3,539	3,607	3,588	3,559	3,478	3,412
a．牛　　　　肉	539	556	563	568	569	539	555	581
b．豚　　　　肉	1,433	1,559	1,558	1,592	1,577	1,597	1,536	1,466
c．鶏　　　　肉	1,325	1,354	1,398	1,437	1,436	1,417	1,380	1,358
d．そ　の　他　の　肉	5	6	6	5	4	5	5	5
e．　　鯨	16	15	14	5	2	1	2	2
8．鶏　　　　　卵	2,145	2,160	2,272	2,394	2,402	2,423	2,420	2,536
9．牛　乳　及　び　乳　製　品	7,200	7,436	7,360	7,428	7,717	8,134	8,203	8,343
a．農　家　自　家　用	108	114	182	174	120	124	127	123
b．飲　　用　　向　　け	4,328	4,307	4,342	4,598	4,821	4,956	5,091	5,117
c．乳　製　品　向　け	2,764	3,015	2,836	2,656	2,776	3,054	2,985	3,103
ア．全　脂　れ　ん　乳	55	51	50	46	53	51	49	50
イ．脱　脂　れ　ん　乳	14	14	14	15	16	15	14	15
ウ．全　脂　粉　乳	34	35	31	30	33	33	34	35
エ．脱　脂　粉　乳	161	186	172	155	164	184	177	186
オ．育　児　用　粉　乳	45	47	45	43	43	40	36	39
カ．チ　ー　ズ	19	20	24	25	26	27	28	27
キ．バ　タ　ー	80	91	81	69	71	81	75	79
10．魚　　介　　類	12,055	11,464	11,959	11,800	11,985	11,120	10,278	9,268
a．生　鮮・冷　凍	2,249	2,100	2,161	2,096	1,936	1,813	1,510	1,182
b．塩干，くん製，その他	4,423	4,413	4,457	4,492	4,660	4,623	4,351	4,225
c．か　　ん　　詰	828	755	687	595	528	525	450	450
d．飼　　肥　　料	4,555	4,196	4,654	4,617	4,861	4,159	3,967	3,411
11．海　　藻　　類	152	142	156	133	160	159	155	142
12．砂　　糖　　類								
a．粗　　　　糖	280	299	270	243	286	309	239	200
b．精　　　　糖	2,621	2,581	2,592	2,610	2,662	2,611	2,569	2,627
c．含　み　つ　糖	24	22	22	21	22	24	19	20
d．糖　み　　つ	152	151	138	135	144	145	137	126
13．油　　脂　　類	2,251	2,286	2,344	2,359	2,426	2,364	2,360	2,250
a．植　物　油　脂	1,501	1,598	1,615	1,644	1,658	1,636	1,677	1,671
ア．大　　豆　　油	698	712	706	687	682	655	665	629
イ．菜　　種　　油	519	590	609	669	689	718	754	773
ウ．や　　し　　油	47	54	57	56	52	30	28	24
エ．そ　の　他	237	242	243	232	235	233	230	245
b．動　物　油　脂	750	688	729	715	768	728	683	579
ア．魚・鯨　油	476	389	407	390	447	390	370	280
イ．牛　　　　脂	50	60	67	67	65	62	61	86
ウ．そ　の　他	224	239	255	258	256	276	252	213
14．み　　　　　そ	673	658	664	637	641	623	608	603
15．し　ょ　う　ゆ	1,237	1,223	1,237	1,234	1,238	1,225	1,201	1,195
16．その他食料計	3,217	3,336	3,371	3,286	3,207	3,105	3,190	3,015
うちきのこ類	298	287	315	312	321	329	343	342
17．合　　　　　計								

国 内 生 産 量

（単位：1,000トン）

類 別・品 目 別	平成4年度	5	6	7	8	9	10	11
1. 穀　　　　　　類	11,645	8,775	12,794	11,434	11,082	10,816	9,694	9,988
a.　　米	10,573	7,834	11,981	10,748	10,344	10,025	8,960	9,175
b. 小　　　　麦	759	638	565	444	478	573	570	583
c. 大　　　　麦	274	271	213	205	216	177	133	185
d. は だ か 麦	12	12	12	14	18	17	11	20
e. と う も ろ こ し	1	1	0	0	0	0	0	0
f. こ う り ゃ ん	0	0	0	0	0	0	0	0
g. そ の 他 の 雑 穀	26	19	23	23	26	24	20	25
2. い　　　も　　　類	4,789	4,423	4,641	4,546	4,195	4,525	4,212	3,971
a. か ん し ょ	1,295	1,033	1,264	1,181	1,109	1,130	1,139	1,008
b. ば れ い し ょ	3,494	3,390	3,377	3,365	3,086	3,395	3,073	2,963
3. で　　　ん　　　粉	2,676	2,577	2,751	2,744	2,764	2,913	2,893	2,873
4. 豆　　　　　　類	324	198	244	284	290	281	286	317
a. 大　　　　豆	188	101	99	119	148	145	158	187
b. そ の 他 の 豆 類	136	97	145	165	142	136	128	130
5. 野　　　　　　菜	15,697	14,850	14,615	14,671	14,677	14,364	13,700	13,902
a. 緑 黄 色 野 菜	2,811	2,759	2,812	2,854	2,913	2,852	2,734	2,787
b. そ の 他 の 野 菜	12,886	12,091	11,803	11,817	11,764	11,512	10,966	11,115
6. 果　　　　　　実	4,858	4,411	4,267	4,242	3,900	4,587	3,957	4,289
a. う ん し ゅ う み か ん	1,683	1,490	1,247	1,378	1,153	1,555	1,194	1,447
b. り　ん　ご	1,039	1,011	989	963	899	993	879	928
c. そ の 他 の 果 実	2,136	1,910	2,031	1,901	1,848	2,039	1,884	1,914
7. 肉　　　　　　類	3,401	3,360	3,248	3,152	3,057	3,061	3,049	3,042
a. 牛　　　　肉	596	595	605	590	547	529	531	545
b. 豚　　　　肉	1,432	1,438	1,377	1,299	1,264	1,288	1,292	1,276
c. 鶏　　　　肉	1,365	1,318	1,256	1,252	1,236	1,234	1,216	1,211
d. そ の 他 の 肉	6	7	8	8	7	8	8	7
e.　　鯨	2	2	2	3	3	2	2	3
8. 鶏　　　　　　卵	2,576	2,601	2,563	2,549	2,564	2,573	2,536	2,539
9. 牛 乳 及 び 乳 製 品	8,617	8,550	8,388	8,467	8,659	8,629	8,549	8,513
a. 農 家 自 家 用	115	139	142	129	120	111	104	104
b. 飲 用 向 け	5,109	5,030	5,263	5,152	5,188	5,122	5,026	4,939
c. 乳 製 品 向 け	3,393	3,381	2,983	3,186	3,351	3,396	3,419	3,470
ｱ. 全 脂 れ ん 乳	50	46	47	45	43	37	36	36
ｲ. 脱 脂 れ ん 乳	12	11	11	10	9	8	8	6
ｳ. 全 脂 粉 乳	34	29	30	29	22	18	19	18
ｴ. 脱 脂 粉 乳	213	217	181	195	200	202	198	197
ｵ. 育 児 用 粉 乳	38	35	37	37	37	37	34	35
ｶ. チ ー ズ	31	32	31	31	33	34	35	37
ｷ. バ タ ー	100	105	76	83	86	88	88	90
10. 魚　　介　　類	8,477	8,013	7,325	6,768	6,743	6,727	6,044	5,949
a. 生 鮮・冷 凍	1,159	1,106	1,123	1,205	1,043	1,041	739	828
b. 塩干, くん製, その他	4,166	3,881	3,712	3,682	3,670	3,612	3,543	3,453
c. か　ん　詰	454	430	397	368	348	356	340	331
d. 飼　　肥　　料	2,698	2,596	2,093	1,513	1,682	1,718	1,422	1,337
11. 海　　藻　　類	158	139	155	144	135	137	128	135
12. 砂　　糖　　類								
a. 粗　　　　糖	218	193	180	190	149	155	175	188
b. 精　　　　糖	2,538	2,383	2,454	2,401	2,366	2,304	2,245	2,242
c. 含 み つ 糖	21	19	18	18	17	20	19	19
d. 糖　み　つ	112	108	110	110	109	111	120	112
13. 油　　脂　　類	2,134	2,110	2,056	2,074	2,082	2,142	2,129	2,195
a. 植 物 油 脂	1,693	1,706	1,710	1,726	1,741	1,800	1,783	1,853
ｱ. 大 豆 油	671	683	664	680	673	690	667	697
ｲ. 菜 種 油	762	760	791	787	816	858	868	906
ｳ. や し 油	15	24	22	24	23	26	23	23
ｴ. そ の 他	245	239	233	235	229	226	225	227
b. 動 物 油 脂	441	404	346	348	341	342	346	342
ｱ. 魚・鯨 油	145	98	45	59	67	70	76	73
ｲ. 牛 脂	90	91	92	90	83	80	79	80
ｳ. そ の 他	206	215	209	199	191	192	191	189
14. み　　　　　　そ	615	603	579	573	571	572	570	557
15. し　ょ　う　ゆ	1,214	1,199	1,166	1,143	1,153	1,118	1,082	1,049
16. そ の 他 食 料 計	3,146	3,294	3,185	3,225	3,207	3,266	3,156	3,269
う ち き の こ 類	353	349	344	359	363	366	380	384
17. 合　　　　　　計								

国　内　生　産　量

（単位：1,000トン）

類　別・品　目　別	平成12年度	13	14	15	16	17	18	19
1．穀　　　　　類	10,422	9,992	9,966	8,878	9,813	10,090	9,602	9,851
a．米	9,490	9,057	8,889	7,792	8,730	8,998	8,556	8,714
b．小　　　麦	688	700	829	856	860	875	837	910
c．大　　　麦	192	187	197	180	183	171	161	180
d．は だ か 麦	22	20	20	18	16	12	13	14
e．とうもろこし	0	0	0	0	0	0	0	0
f．こうりゃん	0	0	0	0	0	0	0	0
g．その他の雑穀	30	28	31	32	24	34	35	33
2．い　　も　　類	3,971	4,022	4,104	3,880	3,897	3,805	3,624	3,841
a．かんしょ	1,073	1,063	1,030	941	1,009	1,053	989	968
b．ばれいしょ	2,898	2,959	3,074	2,939	2,888	2,752	2,635	2,873
3．で　　ん　　粉	2,892	2,873	2,902	2,867	2,834	2,860	2,824	2,802
4．豆　　　　　類	366	390	395	337	303	352	332	335
a．大　　　豆	235	271	270	232	163	225	229	227
b．その他の豆類	131	119	125	105	140	127	103	108
5．野　　　　　菜	13,704	13,604	13,299	12,905	12,344	12,492	12,356	12,527
a．緑黄色野菜	2,743	2,782	2,731	2,724	2,658	2,692	2,665	2,748
b．その他の野菜	10,961	10,822	10,568	10,181	9,686	9,800	9,691	9,779
6．果　　　　　実	3,847	4,126	3,893	3,674	3,464	3,703	3,215	3,444
a．うんしゅうみかん	1,143	1,282	1,131	1,146	1,060	1,132	842	1,066
b．り　ん　ご	800	931	926	842	755	819	832	840
c．その他の果実	1,904	1,913	1,836	1,686	1,650	1,752	1,541	1,538
7．肉　　　　　類	2,982	2,926	3,006	3,029	3,025	3,045	3,119	3,131
a．牛　　　肉	521	470	520	505	508	497	495	513
b．豚　　　肉	1,256	1,231	1,246	1,274	1,263	1,242	1,249	1,246
c．鶏　　　肉	1,195	1,216	1,229	1,239	1,242	1,293	1,364	1,362
d．その他の肉	7	6	7	7	7	7	6	6
e．鯨	3	3	4	4	5	6	5	4
8．鶏　　　　　卵	2,535	2,519	2,529	2,525	2,475	2,469	2,514	2,587
9．牛乳及び乳製品	8,414	8,312	8,380	8,405	8,284	8,293	8,091	8,024
a．農家自家用	104	92	89	86	81	82	82	83
b．飲用向け	5,003	4,903	5,046	4,957	4,902	4,739	4,620	4,508
c．乳製品向け	3,307	3,317	3,245	3,362	3,301	3,472	3,389	3,433
ｱ．全脂れん乳	36	34	34	35	37	34	37	37
ｲ．脱脂れん乳	5	6	5	6	6	7	6	6
ｳ．全脂粉乳	18	17	17	15	15	15	14	14
ｴ．脱脂粉乳	185	178	179	184	183	190	177	171
ｵ．育児用粉乳	35	34	37	36	35	31	29	29
ｶ．チ ー ズ	34	34	36	35	33	39	40	43
ｷ．バ タ ー	80	83	80	82	81	85	78	75
10．魚　　介　　類	5,736	5,492	5,194	5,494	5,178	5,152	5,131	5,102
a．生鮮・冷凍	2,198	2,626	2,589	2,427	2,306	2,376	2,271	2,428
b．塩干，くん製，その他	2,008	1,803	1,714	2,029	1,870	1,882	1,914	1,837
c．か　ん　詰	309	259	242	252	244	230	234	232
d．飼　肥　料	1,221	804	649	786	758	664	712	605
11．海　　藻　　類	130	127	137	118	120	123	121	124
12．砂　　　　　糖								
a．粗　　　糖	164	170	159	156	131	141	147	168
b．精　　　糖	2,281	2,268	2,225	2,215	2,148	2,193	2,127	2,157
c．含 み つ 糖	17	20	20	23	22	25	25	25
d．糖　み　つ	115	112	108	111	102	97	92	100
13．油　　脂　　類	2,200	2,166	2,175	2,161	2,118	2,037	2,092	2,049
a．植　物　油　脂	1,862	1,851	1,853	1,836	1,787	1,715	1,764	1,730
ｱ．大　豆　油	694	714	758	760	639	575	576	576
ｲ．菜　種　油	913	883	870	863	947	932	972	942
ｳ．や　し　油	25	21	8	0	0	0	0	0
ｴ．そ　の　他	230	233	217	213	201	208	216	212
b．動　物　油　脂	338	315	322	325	331	322	328	319
ｱ．魚・鯨　油	70	63	63	67	68	63	69	60
ｲ．牛　　　脂	80	68	76	72	76	74	73	72
ｳ．そ　の　他	188	184	183	186	187	185	186	187
14．み　　　　　そ	551	537	531	522	512	506	498	484
15．し　ょ　う　ゆ	1,061	1,018	995	981	950	939	946	947
16．その他食料計	3,211	3,328	3,460	3,465	3,037	2,777	2,686	2,733
うちきのこ類	374	381	387	395	406	417	423	442
17．合　　　　　計								

国　内　生　産　量

（単位：1,000トン）

類　別・品　目　別	平成20年度	21	22	23	24	25	26	27
1．穀　　　　　類	9,949	9,345	9,317	9,517	9,768	9,746	9,681	9,645
a．米	8,823	8,474	8,554	8,566	8,692	8,718	8,628	8,429
b．小　　　　麦	881	674	571	746	858	812	852	1,004
c．大　　　　麦	201	168	149	158	160	168	155	166
d．は　だ　か　麦	16	11	12	14	12	15	15	11
e．とうもろこし	0	0	0	0	0	0	0	0
f．こうりゃん	0	0	0	0	0	0	0	0
g．その他の雑穀	28	18	31	33	46	33	31	35
2．い　　も　　類	3,751	3,485	3,154	3,273	3,376	3,350	3,343	3,220
a．かんしょ	1,011	1,026	864	886	876	942	887	814
b．ばれいしょ	2,740	2,459	2,290	2,387	2,500	2,408	2,456	2,406
3．で　　　ん　　　粉	2,641	2,515	2,580	2,596	2,526	2,499	2,493	2,473
4．豆　　　　　類	376	320	317	310	340	300	347	346
a．大　　　　豆	262	230	223	219	236	200	232	243
b．その他の豆類	114	90	94	91	104	100	115	103
5．野　　　　　菜	12,554	12,344	11,730	11,821	12,012	11,781	11,956	11,856
a．緑黄色野菜	2,743	2,673	2,546	2,572	2,607	2,591	2,617	2,603
b．その他の野菜	9,811	9,671	9,184	9,249	9,405	9,190	9,339	9,253
6．果　　　　　実	3,436	3,441	2,960	2,954	3,062	3,035	3,108	2,969
a．うんしゅうみかん	906	1,003	786	928	846	896	875	778
b．り　ん　ご	911	846	787	655	794	742	816	812
c．その他の果実	1,619	1,592	1,387	1,371	1,422	1,397	1,417	1,379
7．肉　　　　　類	3,184	3,259	3,215	3,168	3,273	3,284	3,253	3,268
a．牛　　　　肉	518	518	512	505	514	506	502	475
b．豚　　　　肉	1,260	1,318	1,277	1,277	1,295	1,311	1,250	1,268
c．鶏　　　　肉	1,395	1,413	1,417	1,378	1,457	1,459	1,494	1,517
d．その他の肉	6	6	6	5	5	6	5	5
e．　鯨	5	4	3	3	2	2	2	3
8．鶏　　　　　卵	2,535	2,509	2,506	2,495	2,502	2,519	2,501	2,544
9．牛乳及び乳製品	7,946	7,881	7,631	7,534	7,608	7,448	7,331	7,407
a．農家自家用	80	76	70	64	59	57	60	56
b．飲　用　向　け	4,415	4,218	4,110	4,083	4,011	3,965	3,910	3,953
c．乳製品向け	3,451	3,587	3,451	3,387	3,538	3,426	3,361	3,398
ア．全脂れん乳	39	39	37	39	37	36	34	35
イ．脱脂れん乳	6	5	5	5	5	4	4	4
ウ．全脂粉乳	14	12	14	13	12	11	12	13
エ．脱脂粉乳	155	170	149	135	141	129	121	130
オ．育児用粉乳	27	27	25	24	24	23	23	24
カ．チ　ー　ズ	43	45	46	45	47	49	47	46
キ．バ　タ　ー	72	82	70	63	70	64	62	66
10．魚　　介　　類	5,031	4,872	4,782	4,328	4,325	4,289	4,303	4,194
a．生鮮・冷凍	2,293	2,237	2,220	2,076	2,064	1,950	2,025	1,900
b．塩干，くん製，その他	1,917	1,840	1,727	1,517	1,492	1,606	1,540	1,463
c．か　ん　詰	223	224	219	201	217	213	210	202
d．飼　　肥　　料	598	571	616	534	552	520	528	629
11．海　　藻　　類	112	112	106	88	108	101	93	99
12．砂　　糖　　類								
a．粗　　　　糖	193	180	175	109	127	128	135	126
b．精　　　　糖	2,132	2,095	2,023	2,027	1,977	2,002	1,935	1,938
c．含　み　つ　糖	26	23	23	20	22	21	22	25
d．糖　み　つ	112	111	106	100	94	103	101	94
13．油　　脂　　類	2,028	1,931	1,980	1,946	1,950	1,946	1,979	2,003
a．植　物　油　脂	1,704	1,599	1,657	1,635	1,640	1,622	1,662	1,693
ア．大　豆　油	542	477	468	401	377	380	392	432
イ．菜　種　油	951	929	993	1,027	1,064	1,044	1,074	1,065
ウ．や　し　油	0	0	0	0	0	0	0	0
エ．そ　の　他	211	193	196	207	199	198	196	196
b．動　物　油　脂	324	332	323	311	310	324	317	310
ア．魚・鯨油	63	65	60	54	59	60	62	58
イ．牛　　　脂	74	74	73	70	70	71	69	66
ウ．そ　の　他	187	193	190	187	181	193	186	186
14．み　　　　　そ	462	458	467	459	442	437	465	468
15．し　ょ　う　ゆ	876	864	845	821	802	808	777	781
16．その他食料計	2,589	2,341	2,337	2,058	1,926	1,907	1,957	2,156
うちきのこ類	447	456	464	469	459	456	451	451
17．合　　　　　計								

国　内　生　産　量

(単位：1,000トン)

類 別 ・ 品 目 別	平成28年度	29	30	令和元年度	2	3
1. 穀　　　　　類	9,540	9,450	9,177	9,456	9,360	9,599
a.　　米	8,550	8,324	8,208	8,154	8,145	8,226
b. 小　　　　麦	791	907	765	1,037	949	1,097
c. 大　　　　麦	160	172	161	202	201	213
d. は　だ　か　麦	10	13	14	20	20	22
e. と う も ろ こ し	0	0	0	0	0	0
f. こ う り ゃ ん	0	0	0	0	0	0
g. そ の 他 の 雑 穀	29	34	29	43	45	41
2. い　　も　　類	3,060	3,202	3,057	3,148	2,893	2,848
a. か ん し ょ	861	807	797	749	688	672
b. ば れ い し ょ	2,199	2,395	2,260	2,399	2,205	2,176
3. で　ん　　粉	2,504	2,473	2,532	2,513	2,178	2,243
4. 豆　　　　　類	290	339	280	303	290	312
a. 大　　　　豆	238	253	211	218	219	247
b. そ の 他 の 豆 類	52	86	69	85	71	65
5. 野　　　　　菜	11,598	11,549	11,468	11,590	11,440	11,015
a. 緑 黄 色 野 菜	2,515	2,534	2,454	2,508	2,484	2,513
b. そ の 他 の 野 菜	9,083	9,015	9,014	9,082	8,956	8,502
6. 果　　　　　実	2,918	2,809	2,839	2,697	2,674	2,599
a. う ん し ゅ う み か ん	805	741	774	747	766	749
b. り　ん　　ご	765	735	756	702	763	662
c. そ の 他 の 果 実	1,348	1,333	1,309	1,248	1,145	1,188
7. 肉　　　　　類	3,291	3,325	3,365	3,399	3,449	3,484
a. 牛　　　　肉	463	471	476	471	479	480
b. 豚　　　　肉	1,277	1,272	1,282	1,290	1,310	1,318
c. 鶏　　　　肉	1,545	1,575	1,599	1,632	1,653	1,678
d. そ の 他 の 肉	3	5	5	5	5	6
e. 鯨	3	2	3	1	2	2
8. 鶏　　　　　卵	2,558	2,614	2,630	2,650	2,602	2,582
9. 牛 乳 及 び 乳 製 品	7,342	7,291	7,282	7,362	7,434	7,646
a. 農 家 自 家 用	51	49	45	44	45	49
b. 飲 用 向 け	3,989	3,984	4,006	3,997	4,034	3,998
c. 乳 製 品 向 け	3,302	3,258	3,231	3,321	3,355	3,599
ア. 全 脂 れ ん 乳	35	36	33	34	30	30
イ. 脱 脂 れ ん 乳	4	4	4	4	3	3
ウ. 全 脂 粉 乳	10	10	10	10	8	10
エ. 脱 脂 粉 乳	123	122	120	130	140	160
オ. 育 児 用 粉 乳	23	22	21	20	19	20
カ. チ ー ズ	47	46	45	44	42	45
キ. バ タ ー	64	60	60	65	71	75
10. 魚　　介　　類	3,887	3,828	3,952	3,783	3,772	3,770
a. 生 鮮 ・ 冷 凍	1,660	1,806	1,655	1,527	1,516	1,515
b. 塩干, くん製, その他	1,435	1,244	1,497	1,413	1,350	1,375
c. か　ん　　詰	196	187	187	178	171	161
d. 飼　　肥　　料	596	591	613	665	735	719
11. 海　　藻　　類	94	96	94	83	92	81
12. 砂　　糖　　類						
a. 粗　　　　糖	167	149	123	145	138	143
b. 精　　　　糖	1,931	1,863	1,892	1,852	1,709	1,733
c. 含 み つ 糖	27	26	25	27	26	27
d. 糖 み つ	93	87	80	82	76	84
13. 油　　脂　　類	1,991	2,063	2,026	2,038	1,965	2,012
a. 植 物 油 脂	1,676	1,734	1,697	1,710	1,629	1,673
ア. 大 豆 油	442	475	466	489	452	474
イ. 菜 種 油	1,037	1,058	1,026	1,015	976	994
ウ. や し 油	0	0	0	0	0	0
エ. そ の 他	197	201	205	206	201	205
b. 動 物 油 脂	315	329	329	328	336	339
ア. 魚 ・ 鯨 油	62	76	75	74	78	79
イ. 牛 脂	63	63	63	63	63	63
ウ. そ の 他	190	190	191	191	195	197
14. み　　　　　そ	477	484	480	483	472	465
15. し　ょ　う　ゆ	774	764	756	740	697	708
16. そ の 他 食 料 計	1,995	2,296	2,282	2,323	2,215	2,310
う ち き の こ 類	455	457	464	454	460	460
17. 合　　　　　計						

(2) 輸　　入　　量

（単位：1,000トン）

類別・品目別	昭和35年度	36	37	38	39	40	41	42
1. 穀　　　　　類	4,500	4,976	5,554	7,877	8,788	10,410	11,614	12,164
a. 米	219	77	182	239	502	1,052	679	364
b. 小　　麦	2,660	2,660	2,490	3,412	3,471	3,532	4,103	4,238
c. 大　　麦	30	0	0	414	580	512	598	666
d. は だ か 麦	0	0	0	0	0	0	0	0
e. とうもろこし	1,514	1,914	2,425	2,894	3,139	3,558	3,696	4,191
f. こうりゃん	57	213	442	866	969	1,627	2,433	2,550
g. その他の雑穀	20	112	15	52	127	129	105	155
2. い　　も　　類	0	0	0	0	0	0	0	0
a. か ん し ょ	0	0	0	0	0	0	0	0
b. ば れ い し ょ	0	0	0	0	0	0	0	0
3. で　　ん　　粉	1	1	35	1	3	4	45	27
4. 豆　　　　　類	1,181	1,258	1,382	1,791	1,816	2,060	2,411	2,370
a. 大　　豆	1,081	1,176	1,284	1,617	1,607	1,847	2,168	2,170
b. その他の豆類	100	82	98	174	209	213	243	200
5. 野　　　　　菜	16	14	16	19	19	42	32	53
a. 緑黄色野菜	0	0	1	1	1	3	0	2
b. その他の野菜	16	14	15	18	18	39	32	51
6. 果　　　　　実	118	191	245	403	567	573	689	763
a. うんしゅうみかん	0	0	0	0	0	0	0	0
b. り ん ご	0	0	0	0	0	0	0	0
c. その他の果実	118	191	245	403	567	573	689	763
7. 肉　　　　　類	41	37	52	103	127	121	163	196
a. 牛　　肉	6	6	4	5	6	11	14	20
b. 豚　　肉	6	1	0	8	2	0	0	0
c. 鶏　　肉	0	0	0	5	4	8	7	10
d. そ の 他 の 肉	29	30	34	73	91	83	121	137
e. 鯨	0	0	14	12	24	19	21	29
8. 鶏　　　　　卵	0	0	0	0	0	2	5	17
9. 牛乳及び乳製品	237	276	357	481	486	506	841	964
						53	93	127
a. 農 家 自 家 用	0	0	0	0	0	0	0	0
b. 飲 用 向 け	0	0	0	0	0	0	0	0
c. 乳 製 品 向 け	237	276	357	481	486	506	841	964
						53	93	127
ｱ. 全 脂 れ ん 乳	0	0	0	0	0	0	0	0
ｲ. 脱 脂 れ ん 乳	0	0	0	0	0	0	0	0
ｳ. 全 脂 粉 乳	0	0	0	0	0	0	2	7
ｴ. 脱 脂 粉 乳	31	33	42	57	56	52	62	60
						9	14	19
ｵ. 育 児 用 粉 乳	0	0	0	0	0	0	0	0
ｶ. チ ー ズ	1	4	5	7	8	11	21	23
ｷ. バ タ ー	1	0	0	0	0	1	9	14
10. 魚　　介　　類	100	135	205	438	572	655	625	605
a. 生 鮮 ・ 冷 凍			17	34	75	103	141	157
b. 塩干,くん製,その他	}8	}24	5	3	10	15	26	31
c. か ん 詰			0	0	0	1	3	4
d. 飼 肥 料	92	111	183	401	487	536	455	413
11. 海　　藻　　類	8	12	8	10	10	12	21	18
12. 砂　　糖　　類								
a. 粗　　糖	1,244	1,354	1,366	1,362	1,614	1,642	1,631	1,907
b. 精　　糖	36	52	71	42	47	13	8	10
c. 含 み つ 糖	32	27	28	21	18	28	23	14
d. 糖 み つ	382	444	506	554	559	729	921	1,006
13. 油　　脂　　類	220	206	176	239	280	266	312	301
a. 植 物 油 脂	19	19	22	26	36	22	27	27
ｱ. 大 豆 油	1	1	0	1	5	1	0	0
ｲ. 菜 種 油	0	0	0	0	0	0	0	0
ｳ. や し 油	0	0	0	0	0	0	0	0
ｴ. そ の 他	18	18	22	25	31	21	27	27
b. 動 物 油 脂	201	187	154	213	244	244	285	274
ｱ. 魚 ・ 鯨 油	1	0	2	0	0	1	8	3
ｲ. 牛 脂	161	154	133	174	192	191	224	219
ｳ. そ の 他	39	33	19	39	52	52	53	52
14. み　　　　　そ	0	0	0	0	0	0	0	0
15. し　ょ　う　ゆ	0	0	0	0	0	0	0	0
16. その他食料計	—	—	—	—	—	78	55	50
う ち き の こ 類	—	—	—	—	—	0	0	0
17. 合　　　　　計								

（注）牛乳及び乳製品の下段の数値は、輸入飼料用乳製品（脱脂粉乳及びホエイパウダー）で外数である。

輸　　入　　量

類　別・品　目　別	昭和43年度	44	45	46	47	48	49	50
1. 穀　　　　　　　類	12,741	14,216	15,803	15,239	17,172	19,604	19,922	19,422
a.　　米	265	48	15	10	12	38	63	29
b. 小　　　　　麦	3,996	4,537	4,621	4,726	5,317	5,369	5,485	5,715
c. 大　　　　　麦	777	806	1,072	1,138	1,488	1,817	2,038	2,117
d. は　だ　か　麦	0	0	0	0	0	0	0	0
e. と　う　も　ろ　こ　し	5,270	5,728	5,647	5,248	6,439	8,021	7,719	7,568
f. こ　う　り　ゃ　ん	2,285	2,912	4,109	3,663	3,516	3,991	4,354	3,669
g. そ　の　他　の　雑　穀	148	185	339	454	400	368	263	324
2. い　　　も　　　類	0	0	0	0	6	10	11	28
a. か　ん　し　ょ	0	0	0	0	0	0	0	0
b. ば　れ　い　し　ょ	0	0	0	0	6	10	11	28
3. で　　　ん　　　粉	33	25	41	59	77	97	101	83
4. 豆　　　　　　　類	2,635	2,850	3,465	3,485	3,617	3,860	3,427	3,588
a. 大　　　　　豆	2,421	2,591	3,244	3,212	3,399	3,635	3,244	3,334
b. そ　の　他　の　豆　類	214	259	221	273	218	225	183	254
5. 野　　　　　　　菜	85	85	98	139	211	276	360	230
a. 緑　黄　色　野　菜	1	7	11	10	61	94	145	52
b. そ　の　他　の　野　菜	84	78	87	129	150	182	215	178
6. 果　　　　　　　実	934	1,086	1,186	1,375	1,589	1,503	1,385	1,387
a. う　ん　し　ゅ　う　み　か　ん	0	0	0	0	0	0	0	0
b. り　ん　ご	0	0	0	0	0	0	0	1
c. そ　の　他　の　果　実	934	1,086	1,186	1,375	1,589	1,503	1,385	1,386
7. 肉　　　　　　　類	228	278	220	357	436	557	407	731
a. 牛　　　　　肉	19	23	33	62	77	170	40	91
b. 豚　　　　　肉	18	36	17	29	90	128	71	208
c. 鶏　　　　　肉	18	20	12	30	29	26	21	28
d. そ　の　他　の　肉	162	186	143	218	222	208	246	375
e.　　鯨	11	13	15	18	18	25	29	29
8. 鶏　　　　　　　卵	36	31	51	46	37	44	41	55
9. 牛　乳　及　び　乳　製　品	629	568	561	569	746	1,032	1,038	1,016
	232	247	320	196	217	295	144	227
a. 農　家　自　家　用	0	0	0	0	0	0	0	0
b. 飲　用　向　け	0	0	0	0	0	0	0	0
c. 乳　製　品　向　け	629	568	561	569	746	1,032	1,038	1,016
	232	247	320	196	217	295	144	227
ｱ. 全　脂　れ　ん　乳	0	0	0	0	1	1	1	0
ｲ. 脱　脂　れ　ん　乳	0	0	0	0	0	0	0	0
ｳ. 全　脂　粉　乳	0	0	0	0	0	0	0	0
ｴ. 脱　脂　粉　乳	40	23	14	0	16	20	31	28
	34	37	47	29	32	44	21	27
ｵ. 育　児　用　粉　乳	0	0	0	0	0	0	0	0
ｶ. チ　ー　ズ	27	31	35	35	35	42	48	48
ｷ. バ　タ　ー	0	0	0	2	11	25	15	14
10. 魚　　介　　類	927	750	745	551	765	1,079	779	1,088
a. 生　鮮　・　冷　凍	164	194	233	354	379	526	542	619
b. 塩干, くん製, その他	46	40	59	84	96	121	108	123
c. か　　ん　　詰	2	2	2	10	20	17	12	10
d. 飼　　肥　　料	715	514	451	103	270	415	117	336
11. 海　　藻　　類	15	15	15	18	19	30	23	25
12. 砂　　糖　　類								
a. 粗　　　　　糖	2,098	2,179	2,758	2,449	2,542	2,506	2,768	2,243
b. 精　　　　　糖	5	2	4	1	1	1	1	3
c. 含　み　つ　糖	16	14	17	13	4	6	8	7
d. 糖　み　つ	1,199	1,049	1,218	1,392	1,124	1,018	981	845
13. 油　　脂　　類	348	388	342	339	379	502	398	363
a. 植　物　油　脂	33	51	53	45	85	177	185	173
ｱ. 大　　豆　　油	0	1	4	0	0	6	20	14
ｲ. 菜　種　油	0	0	0	0	3	17	7	15
ｳ. や　し　油	0	2	2	0	11	23	17	21
ｴ. そ　の　他	33	48	47	45	71	131	141	123
b. 動　物　油　脂	315	337	289	294	294	325	213	190
ｱ. 魚　・　鯨　油	6	9	1	1	2	1	0	1
ｲ. 牛　　　脂	247	267	257	257	255	281	193	183
ｳ. そ　の　他	62	61	31	36	37	43	20	6
14. み　　　そ	0	0	0	0	0	0	0	0
15. し　ょ　う　ゆ	0	0	0	0	0	0	0	0
16. その他食料計	62	72	123	99	114	346	172	69
うちきのこ類	0	0	0	2	1	2	0	1
17. 合　　　　計								

輸　　　　入　　　　量

類　別・品　目　別	昭和51年度	52	53	54	55	56	57	58
1. 穀　　　　　　　　類	21,420	22,709	23,900	25,303	25,057	24,710	24,927	26,237
a. 米	18	71	45	20	27	67	61	18
b. 小　　　　　　麦	5,545	5,662	5,679	5,544	5,564	5,504	5,432	5,544
c. 大　　　　　　麦	2,258	2,238	2,052	2,132	2,087	2,225	1,833	2,275
d. は　だ　か　麦	0	0	0	0	0	0	0	0
e. と　う　も　ろ　こ　し	8,612	9,313	10,736	11,707	13,331	13,248	14,206	14,649
f. こ　う　り　ゃ　ん	4,669	5,030	5,047	5,479	3,742	3,436	3,145	3,345
g. そ　の　他　の　雑　穀	318	395	341	421	306	230	250	406
2. い　　も　　　　類	82	125	238	216	211	190	194	186
a. か　ん　し　ょ	0	0	0	0	0	0	0	0
b. ば　れ　い　し　ょ	82	125	238	216	211	190	194	186
3. で　　　ん　　　粉	91	73	101	80	67	74	86	87
4. 豆　　　　　　　　類	3,876	3,881	4,495	4,405	4,705	4,537	4,640	5,323
a. 大　　　　　　豆	3,554	3,602	4,260	4,132	4,401	4,197	4,344	4,995
b. そ　の　他　の　豆　類	322	279	235	273	304	340	296	328
5. 野　　　　　　　　菜	283	316	453	482	495	613	666	768
a. 緑　黄　色　野　菜	65	134	167	181	218	146	151	257
b. そ　の　他　の　野　菜	218	182	286	301	277	467	515	511
6. 果　　　　　　　　実	1,464	1,481	1,634	1,621	1,539	1,614	1,699	1,611
a. うんしゅうみかん	0	0	0	0	0	0	0	0
b. り　　ん　　ご	0	0	0	5	28	0	0	0
c. そ　の　他　の　果　実	1,464	1,481	1,634	1,616	1,511	1,614	1,699	1,611
7. 肉　　　　　　　　類	756	769	754	791	738	789	784	826
a. 牛　　　　　　肉	134	132	146	189	172	172	198	208
b. 豚　　　　　　肉	187	161	155	176	207	232	199	271
c. 鶏　　　　　　肉	40	48	66	69	80	104	107	100
d. そ　の　他　の　肉	363	391	353	330	254	262	260	228
e. 鯨	32	37	34	27	25	19	20	19
8. 鶏　　　　　　　　卵	51	58	56	44	49	52	41	40
9. 牛　乳　及　び　乳　製　品	1,491	1,295	1,343	1,439	1,411	1,455	1,186	1,508
	462	743	743	795	479	413	545	547
a. 農　家　自　家　用	0	0	0	0	0	0	0	0
b. 飲　用　向　け	0	0	0	0	0	0	0	0
c. 乳　製　品　向　け	1,491	1,295	1,343	1,439	1,411	1,455	1,186	1,508
	462	743	743	795	479	413	545	547
ア. 全　脂　れ　ん　乳	0	0	1	0	0	0	0	0
イ. 脱　脂　れ　ん　乳	0	0	0	0	0	0	0	0
ウ. 全　脂　粉　乳	0	0	0	0	0	0	0	0
エ. 脱　脂　粉　乳	28	14	14	12	12	13	16	12
	63	105	105	113	67	57	74	74
オ. 育　児　用　粉　乳	0	0	0	0	0	0	0	0
カ. チ　ー　ズ	58	66	71	76	71	74	72	75
キ. バ　タ　ー	17	3	1	1	0	1	4	1
10. 魚　　介　　　　類	1,136	1,848	1,479	1,707	1,689	1,597	1,527	1,944
a. 生　鮮・冷　凍	707	818	903	1,036	847	998	1,119	1,124
b. 塩干, くん製, その他	148	168	167	184	169	189	190	358
c. か　　ん　　詰	11	13	12	15	11	13	11	13
d. 飼　　肥　　料	270	849	397	472	662	397	207	449
11. 海　　藻　　　　類	47	48	43	49	55	51	53	56
12. 砂　　糖　　　　類								
a. 粗　　　　　　糖	2,523	2,769	2,192	2,617	2,106	1,683	1,932	1,969
b. 精　　　　　　糖	1	0	0	0	0	3	1	0
c. 含　み　つ　糖	5	7	5	4	6	7	6	6
d. 糖　　み　　つ	971	920	923	781	816	663	795	904
13. 油　　脂　　　　類	472	415	436	435	443	461	464	452
a. 植　物　油　脂	231	223	227	257	247	312	319	313
ア. 大　　豆　　油	12	0	0	0	0	29	38	7
イ. 菜　　種　　油	14	8	14	11	8	24	19	13
ウ. や　　し　　油	31	28	29	48	35	36	32	43
エ. そ　　の　　他	174	187	184	198	204	223	230	250
b. 動　物　油　脂	241	192	209	178	196	149	145	139
ア. 魚・鯨　油	0	0	0	0	0	1	2	2
イ. 牛　　　　　脂	235	190	184	152	170	132	116	111
ウ. そ　　の　　他	6	2	25	26	26	16	27	26
14. み　　　　　　　　そ	0	0	0	0	0	0	0	0
15. し　　ょ　　う　　ゆ	0	0	0	0	0	0	0	0
16. そ　の　他　食　料　計	255	373	392	332	375	287	171	328
う　ち　き　の　こ　類	1	2	2	1	1	13	17	22
17. 合　　　　　　　　計								

(注) 牛乳及び乳製品の下段の数値は、輸入飼料用乳製品（脱脂粉乳及びホエイパウダー）で外数である。

輸　　入　　量

類　別・品　目　別	昭和59年度	60	61	62	63	平成元年度	2	3
1．穀　　　　　類	27,137	27,108	27,355	28,187	28,492	27,662	27,785	28,592
a．米	165	30	41	39	43	50	50	57
b．小　　　　麦	5,553	5,194	5,200	5,133	5,290	5,182	5,307	5,413
c．大　　　　麦	2,284	2,071	1,942	1,988	2,120	2,087	2,211	2,478
d．は　だ　か　麦	0	0	0	0	0	0	0	0
e．と　う　も　ろ　こ　し	13,976	14,449	14,868	16,602	16,481	15,907	16,074	16,655
f．こ　う　り　ゃ　ん	4,592	4,860	4,811	3,838	4,080	4,048	3,668	3,426
g．そ　の　他　の　雑　穀	567	504	493	587	478	388	475	563
2．い　　も　　類	183	200	257	323	411	400	399	471
a．か　ん　し　ょ	0	0	0	0	0	0	7	2
b．ば　れ　い　し　ょ	183	200	257	323	411	400	392	469
3．で　　ん　　粉	111	130	117	119	123	130	104	131
4．豆　　　　　類	4,806	5,202	5,139	5,091	5,019	4,682	4,977	4,659
a．大　　　　豆	4,515	4,910	4,817	4,797	4,685	4,346	4,681	4,331
b．そ　の　他　の　豆　類	291	292	322	294	334	336	296	328
5．野　　　　　菜	970	866	962	1,114	1,580	1,527	1,551	1,724
a．緑　黄　色　野　菜	400	380	412	435	565	615	639	667
b．そ　の　他　の　野　菜	570	486	550	679	1,015	912	912	1,057
6．果　　　　　実	1,753	1,904	2,174	2,260	2,383	2,641	2,978	3,033
a．う　ん　し　ゅ　う　み　か　ん	0	0	0	0	0	0	0	0
b．り　ん　ご	1	28	19	28	25	93	273	249
c．そ　の　他　の　果　実	1,752	1,876	2,155	2,232	2,358	2,548	2,705	2,784
7．肉　　　　　類	830	852	965	1,171	1,349	1,514	1,485	1,659
a．牛　　　　肉	213	225	268	319	408	520	549	467
b．豚　　　　肉	262	272	292	415	484	523	488	631
c．鶏　　　　肉	112	115	187	217	272	296	297	392
d．そ　の　他　の　肉	226	223	214	219	184	175	150	168
e．鯨	17	17	4	1	1	0	1	1
8．鶏　　　　　卵	29	39	61	36	46	45	50	73
9．牛　乳　及　び　乳　製　品	1,627	1,579	1,637	1,767	2,613	2,175	2,237	2,675
	528	570	516	586	573	418	423	364
a．農　家　自　家　用	0	0	0	0	0	0	0	0
b．飲　用　向　け	0	0	0	0	0	0	0	0
c．乳　製　品　向　け	1,627	1,579	1,637	1,767	2,613	2,175	2,237	2,675
	528	570	516	586	573	418	423	364
ｱ．全　脂　れ　ん　乳	0	0	0	0	0	0	0	0
ｲ．脱　脂　れ　ん　乳	0	0	0	0	0	0	0	0
ｳ．全　脂　粉　乳	0	0	0	0	0	0	0	0
ｴ．脱　脂　粉　乳	20	11	10	8	32	15	15	43
	71	77	70	83	81	58	55	49
ｵ．育　児　用　粉　乳	0	0	0	0	0	0	0	0
ｶ．チ　ー　ズ	81	80	85	97	117	110	114	124
ｷ．バ　タ　ー	1	1	0	1	22	8	8	16
10．魚　　介　　類	1,955	2,257	2,928	3,299	3,699	3,310	3,823	4,320
a．生　鮮・冷　凍	1,203	1,356	1,531	1,656	1,913	1,870	2,034	2,285
b．塩干，くん製，その他	450	509	608	684	652	601	662	635
c．か　ん　詰	13	15	16	22	22	23	18	18
d．飼　　肥　　料	289	377	773	937	1,112	816	1,109	1,382
11．海　　藻　　類	58	58	54	58	57	68	68	67
12．砂　　糖　　類								
a．粗　　　　糖	1,872	1,823	1,802	1,732	1,902	1,812	1,672	1,884
b．精　　　　糖	1	45	61	91	101	115	99	127
c．含　み　つ　糖	6	7	6	5	5	5	4	6
d．糖　　み　　つ	809	703	564	484	398	431	504	462
13．油　　脂　　類	405	422	443	480	506	506	572	605
a．植　物　油　脂	270	276	308	343	377	379	443	478
ｱ．大　　豆　　油	9	2	0	0	21	3	4	3
ｲ．菜　　種　　油	23	13	5	4	6	6	6	6
ｳ．や　　し　　油	21	19	16	15	18	34	39	51
ｴ．そ　　の　　他	217	242	287	324	332	336	394	418
b．動　物　油　脂	135	146	135	137	129	127	129	127
ｱ．魚・鯨　油	4	4	3	7	5	2	1	2
ｲ．牛　　　　脂	95	95	94	93	110	124	126	124
ｳ．そ　　の　　他	36	47	38	37	14	1	2	1
14．み　　　　　そ	0	0	0	0	0	0	0	0
15．し　ょ　う　ゆ	0	0	0	0	0	0	0	0
16．そ　の　他　食　料　計	200	224	331	337	712	593	806	979
う　ち　き　の　こ　類	13	18	18	26	32	37	41	39
17．合　　　　　計								

輸　　入　　量

(単位：1,000トン)

類　別　・　品　目　別	平成4年度	5	6	7	8	9	10	11
1．穀　　　　　　類	28,437	29,502	30,083	27,702	28,365	28,327	28,338	28,250
a．米	92	1,049	1,835	495	634	634	749	806
b．小　　　麦	5,650	5,607	6,044	5,750	5,907	5,993	5,674	5,613
c．大　　　麦	2,550	2,369	2,612	2,627	2,447	2,346	2,548	2,474
d．は だ か 麦	0	0	7	13	8	6	0	1
e．とうもろこし	16,435	16,864	16,198	15,983	16,258	16,083	16,245	16,422
f．こ う り ゃ ん	3,093	3,022	2,724	2,174	2,538	2,775	2,582	2,332
g．その他の雑穀	617	591	663	660	573	490	540	602
2．い　も　類	480	534	606	683	724	707	772	833
a．か ん し ょ	3	3	2	1	3	6	5	9
b．ば れ い し ょ	477	531	604	682	721	701	767	824
3．で　ん　粉	138	167	147	108	126	120	109	115
4．豆　　　　　　類	5,081	5,415	5,114	5,126	5,191	5,364	5,066	5,206
a．大　　　豆	4,725	5,031	4,731	4,813	4,870	5,057	4,751	4,884
b．その他の豆類	356	384	383	313	321	307	315	322
5．野　　　菜	1,731	1,921	2,331	2,628	2,466	2,384	2,773	3,054
a．緑黄色野菜	680	704	916	1,025	951	929	1,063	1,255
b．その他の野菜	1,051	1,217	1,415	1,603	1,515	1,455	1,710	1,799
6．果　　　実	3,449	3,776	4,792	4,547	4,384	4,265	4,112	4,626
a．うんしゅうみかん	0	0	0	0	0	0	0	2
b．り　ん　ご	225	348	525	686	588	502	454	536
c．その他の果実	3,224	3,428	4,267	3,861	3,796	3,763	3,658	4,088
7．肉　　　類	1,824	1,986	2,189	2,413	2,565	2,344	2,447	2,649
a．牛　　　肉	605	810	834	941	873	941	974	975
b．豚　　　肉	667	650	724	772	964	754	803	953
c．鶏　　　肉	398	390	516	581	634	568	591	650
d．その他の肉	154	136	115	119	94	81	79	71
e．鯨	0	0	0	0	0	0	0	0
8．鶏　　　卵	92	99	104	110	110	104	104	119
9．牛乳及び乳製品	2,444	2,434	2,841	3,286	3,418	3,498	3,507	3,683
	466	397	469	456	396	449	397	411
a．農 家 自 家 用	0	0	0	0	0	0	0	0
b．飲 用 向 け	0	0	0	0	0	0	0	0
c．乳 製 品 向 け	2,444	2,434	2,841	3,286	3,418	3,498	3,507	3,683
	466	397	469	456	396	449	397	411
ｱ．全 脂 れ ん 乳	0	0	0	1	1	1	1	1
ｲ．脱 脂 れ ん 乳	0	0	0	0	0	0	0	0
ｳ．全 脂 粉 乳	0	0	0	0	0	0	0	0
ｴ．脱 脂 粉 乳	21	6	23	41	38	34	22	21
	62	52	50	47	36	40	34	36
ｵ．育 児 用 粉 乳	0	0	0	0	0	0	0	0
ｶ．チ ー ズ	131	138	145	159	168	173	183	190
ｷ．バ タ ー	1	0	0	1	1	1	1	0
10．魚　介　類	4,718	4,788	5,635	6,755	5,921	5,998	5,254	5,731
a．生 鮮 ・ 冷 凍	2,335	2,519	3,104	3,123	3,187	3,085	2,952	3,288
b．塩干，くん製，その他	746	772	650	730	721	781	702	759
c．か ん 詰	17	18	22	19	14	15	13	14
d．飼 肥 料	1,620	1,479	1,859	2,883	1,999	2,117	1,587	1,670
11．海　藻　類	60	62	70	70	68	75	76	90
12．砂　糖　類								
a．粗　　　糖	1,730	1,668	1,722	1,730	1,605	1,714	1,533	1,454
b．精　　　糖	161	183	214	255	301	303	283	304
c．含 み つ 糖	10	10	12	12	11	11	11	13
d．糖 み つ	449	433	378	378	270	262	185	221
13．油　脂　類	628	635	660	722	729	733	680	661
a．植 物 油 脂	507	528	545	546	540	571	566	550
ｱ．大 豆 油	1	2	1	15	1	3	1	4
ｲ．菜 種 油	5	5	4	14	5	4	4	3
ｳ．や し 油	59	31	35	23	20	28	34	28
ｴ．そ の 他	442	490	505	494	514	536	527	515
b．動 物 油 脂	121	107	115	176	189	162	114	111
ｱ．魚 ・ 鯨 油	5	13	43	82	90	68	27	25
ｲ．牛 脂	115	92	71	92	98	92	86	85
ｳ．そ の 他	1	2	1	2	1	2	1	1
14．み　　　　そ	0	0	0	3	3	5	5	6
15．し ょ う ゆ	0	0	0	0	0	1	1	0
16．その他食料計	1,053	1,100	1,007	1,062	961	1,024	1,095	1,104
う ち き の こ 類	58	89	105	107	98	117	120	124
17．合　　　計								

（注）牛乳及び乳製品の下段の数値は、輸入飼料用乳製品（脱脂粉乳及びホエイパウダー）で外数である。

輸　　入　　量

（単位：1,000トン）

類別・品目別	平成12年度	13	14	15	16	17	18	19
1. 穀　　　　　類	27,640	27,241	27,054	27,608	26,431	26,942	26,856	26,397
a.　米	879	786	882	957	726	978	799	856
b. 小　　　　麦	5,688	5,624	4,973	5,539	5,484	5,292	5,464	5,386
c. 大　　　　麦	2,438	2,153	2,142	1,999	2,094	2,030	2,153	1,903
d. は だ か 麦	1	1	0	0	0	0	0	0
e. と う も ろ こ し	15,982	16,276	16,788	17,012	16,248	16,798	16,694	16,716
f. こ う り ゃ ん	2,101	1,864	1,692	1,492	1,410	1,382	1,311	1,177
g. そ の 他 の 雑 穀	551	537	577	609	469	462	435	359
2. い　　も　　類	831	785	768	791	813	892	919	932
a. か ん し ょ	11	20	43	61	70	85	84	64
b. ば れ い し ょ	820	765	725	730	743	807	835	868
3. で　　ん　　粉	155	161	140	153	159	137	155	130
4. 豆　　　　　類	5,165	5,177	5,387	5,510	4,754	4,482	4,377	4,458
a. 大　　　　豆	4,829	4,832	5,039	5,173	4,407	4,181	4,042	4,161
b. そ の 他 の 豆 類	336	345	348	337	347	301	335	297
5. 野　　　　　菜	3,124	3,120	2,760	2,922	3,151	3,367	3,244	2,992
a. 緑 黄 色 野 菜	1,274	1,274	1,134	1,152	1,234	1,446	1,415	1,406
b. そ の 他 の 野 菜	1,850	1,846	1,626	1,770	1,917	1,921	1,829	1,586
6. 果　　　　　実	4,843	5,151	4,862	4,757	5,353	5,437	5,130	5,162
a. うんしゅうみかん	3	3	1	1	1	1	1	0
b. り ん ご	551	699	534	541	704	788	776	924
c. そ の 他 の 果 実	4,289	4,449	4,327	4,215	4,648	4,648	4,353	4,238
7. 肉　　　　　類	2,755	2,664	2,579	2,525	2,531	2,703	2,416	2,443
a. 牛　　　　肉	1,055	868	763	743	643	654	667	662
b. 豚　　　　肉	952	1,034	1,101	1,145	1,267	1,298	1,100	1,126
c. 鶏　　　　肉	686	702	662	585	561	679	589	605
d. そ の 他 の 肉	62	60	53	52	60	72	60	50
e.　鯨	0	0	0	0	0	0	0	0
8. 鶏　　　　　卵	121	114	120	110	134	151	122	113
9. 牛 乳 及 び 乳 製 品	3,952	3,896	3,783	3,925	4,036	3,836	3,958	4,020
	413	441	444	408	420	434	400	489
a. 農 家 自 家 用	0	0	0	0	0	0	0	0
b. 飲 用 向 け	0	0	0	0	0	0	0	0
c. 乳 製 品 向 け	3,952	3,896	3,783	3,925	4,036	3,836	3,958	4,020
	413	441	444	408	420	434	400	489
ア. 全 脂 れ ん 乳	1	1	1	1	1	1	1	1
イ. 脱 脂 れ ん 乳	0	0	1	0	0	0	0	1
ウ. 全 脂 粉 乳	0	0	0	0	0	0	0	0
エ. 脱 脂 粉 乳	21	14	3	3	3	3	6	2
	35	39	39	37	31	31	26	34
オ. 育 児 用 粉 乳	0	0	0	0	0	0	0	0
カ. チ ー ズ	209	206	196	204	216	207	214	220
キ. バ タ ー	0	0	7	11	8	5	4	13
10. 魚　介　　類	5,883	6,727	6,748	5,747	6,055	5,782	5,711	5,162
a. 生 鮮 ・ 冷 凍	1,685	1,646	1,720	1,542	1,583	1,508	1,375	1,221
b. 塩干，くん製，その他	2,522	2,677	2,596	2,225	2,407	2,333	2,232	2,145
c. か ん 詰	42	86	103	101	113	115	104	97
d. 飼 肥 料	1,634	2,318	2,329	1,879	1,952	1,826	2,000	1,699
11. 海　　藻　　類	78	79	75	62	68	70	62	54
12. 砂　　糖　　類								
a. 粗　　　　糖	1,594	1,561	1,470	1,448	1,364	1,298	1,341	1,475
b. 精　　　　糖	306	313	311	335	351	366	378	375
c. 含 み つ 糖	14	12	14	13	19	19	18	15
d. 糖 み つ	180	178	178	157	163	182	157	147
13. 油　　脂　　類	725	778	769	794	885	964	923	936
a. 植 物 油 脂	579	598	640	676	768	838	803	837
ア. 大 豆 油	1	3	4	17	28	52	60	42
イ. 菜 種 油	19	22	17	17	49	63	17	18
ウ. や し 油	32	31	44	58	60	64	64	61
エ. そ の 他	527	542	575	584	631	659	662	716
b. 動 物 油 脂	146	180	129	118	117	126	120	99
ア. 魚 ・ 鯨 油	50	91	59	39	40	51	39	30
イ. 牛 脂	93	84	63	74	73	70	76	65
ウ. そ の 他	3	5	7	5	4	5	5	4
14. み　　　　　そ	6	6	6	6	6	6	7	8
15. し ょ う ゆ	0	0	1	1	1	1	1	1
16. そ の 他 食 料 計	1,003	1,094	1,214	1,292	1,435	1,867	1,884	1,941
う ち き の こ 類	133	126	114	116	117	109	100	92
17. 合　　　　　計								

輸　　入　　量

(単位：1,000トン)

類　別・品　目　別	平成20年度	21	22	23	24	25	26	27
1．穀　　　　　　類	25,687	26,510	26,037	26,420	25,919	24,884	24,533	24,239
a．米	841	869	831	997	848	833	856	834
b．小　　　　麦	5,186	5,354	5,473	6,480	6,578	5,737	6,016	5,660
c．大　　　　麦	1,811	2,084	1,902	1,970	1,895	1,880	1,812	1,743
d．は　だ　か　麦	0	0	0	1	1	4	4	5
e．と　う　も　ろ　こ　し	16,357	16,207	16,047	15,314	14,734	14,637	14,731	15,096
f．こ　う　り　ゃ　ん	1,274	1,761	1,473	1,436	1,661	1,601	922	740
g．そ　の　他　の　雑　穀	218	235	311	222	202	192	192	161
2．い　　　も　　　類	911	963	1,024	1,080	1,100	1,048	970	1,036
a．か　ん　し　ょ	42	67	65	71	72	78	62	58
b．ば　れ　い　し　ょ	869	896	959	1,009	1,028	970	908	978
3．で　　ん　　粉	134	140	129	144	147	140	140	134
4．豆　　　　　　類	3,991	3,679	3,748	3,134	3,015	3,038	3,102	3,511
a．大　　　　豆	3,711	3,390	3,456	2,831	2,727	2,762	2,828	3,243
b．そ　の　他　の　豆　類	280	289	292	303	288	276	274	268
5．野　　　　　　菜	2,811	2,532	2,783	3,094	3,302	3,189	3,097	2,941
a．緑　黄　色　野　菜	1,353	1,176	1,224	1,415	1,640	1,633	1,522	1,461
b．そ　の　他　の　野　菜	1,458	1,356	1,559	1,679	1,662	1,556	1,575	1,480
6．果　　　　　　実	4,889	4,734	4,756	4,960	5,007	4,711	4,368	4,351
a．うんしゅうみかん	0	0	0	1	1	1	1	1
b．り　　ん　　ご	797	602	592	624	671	629	669	598
c．そ　の　他　の　果　実	4,092	4,132	4,164	4,335	4,335	4,081	3,698	3,752
7．肉　　　　　　類	2,572	2,310	2,588	2,735	2,636	2,635	2,757	2,769
a．牛　　　　肉	671	679	731	737	722	765	738	696
b．豚　　　　肉	1,207	1,034	1,143	1,198	1,141	1,113	1,216	1,223
c．鶏　　　　肉	643	553	674	763	736	717	759	809
d．そ　の　他　の　肉	51	44	40	36	36	40	42	40
e．鯨	0	0	0	1	1	0	2	1
8．鶏　　　　　　卵	112	101	114	138	123	124	129	114
9．牛　乳　及　び　乳　製　品	3,503	3,491	3,528	4,025	4,194	4,058	4,425	4,634
	416	407	396	444	419	387	396	390
a．農　家　自　家　用	0	0	0	0	0	0	0	0
b．飲　用　向　け	0	0	0	0	0	0	0	0
c．乳　製　品　向　け	3,503	3,491	3,528	4,025	4,194	4,058	4,425	4,634
	416	407	396	444	419	387	396	390
ア．全　脂　れ　ん　乳	1	1	1	1	1	1	1	1
イ．脱　脂　れ　ん　乳	0	0	0	0	0	0	0	0
ウ．全　脂　粉　乳	0	0	0	0	0	0	0	0
エ．脱　脂　粉　乳	3	9	3	2	2	7	25	17
	28	27	25	28	29	25	27	27
オ．育　児　用　粉　乳	0	0	0	0	0	0	0	0
カ．チ　ー　ズ	180	192	199	222	238	230	236	256
キ．バ　タ　ー	15	0	2	14	10	4	13	13
10．魚　　介　　類	4,851	4,500	4,841	4,482	4,586	4,081	4,322	4,263
a．生　鮮　・　冷　凍	1,159	1,108	1,138	1,145	1,139	1,063	1,001	1,004
b．塩干，くん製，その他	2,106	1,932	2,027	2,070	2,083	1,941	1,967	2,007
c．か　　ん　　詰	94	95	103	118	125	123	137	141
d．飼　　肥　　料	1,492	1,365	1,573	1,149	1,239	954	1,217	1,111
11．海　　藻　　類	49	46	47	55	51	48	48	45
12．砂　　糖　　類								
a．粗　　　　糖	1,401	1,203	1,250	1,528	1,396	1,352	1,328	1,226
b．精　　　　糖	357	380	406	439	434	422	435	423
c．含　み　つ　糖	10	11	11	10	11	11	10	11
d．糖　　み　　つ	147	134	121	132	126	141	128	122
13．油　　脂　　類	969	898	929	967	985	966	958	984
a．植　物　油　脂	857	824	846	881	886	903	892	919
ア．大　　豆　　油	51	36	18	20	24	40	9	6
イ．菜　　種　　油	22	14	9	32	25	20	13	19
ウ．や　　し　　油	58	47	47	46	44	42	49	52
エ．そ　　の　　他	726	727	772	783	793	801	821	842
b．動　物　油　脂	112	74	83	86	99	63	66	65
ア．魚　・　鯨　油	38	33	21	31	44	18	19	21
イ．牛　　　　脂	70	38	59	52	51	43	43	38
ウ．そ　　の　　他	4	3	3	3	4	2	4	6
14．み　　　　　　そ	7	7	8	7	1	1	1	1
15．し　ょ　う　ゆ	1	1	1	1	2	2	2	2
16．そ　の　他　食　料　計	1,847	2,098	2,346	2,365	2,271	1,904	1,885	1,892
う　ち　き　の　こ　類	75	69	73	71	73	67	64	62
17．合　　　　　　計								

(注) 牛乳及び乳製品の下段の数値は、輸入飼料用乳製品（脱脂粉乳及びホエイパウダー）で外数である。

輸　　　入　　　量

(単位：1,000トン)

類 別 ・ 品 目 別	平成28年度	29	30	令和元年度	2	3
1. 穀　　　　　類	23,974	25,139	24,713	24,918	23,898	23,675
a. 米	911	888	787	870	814	878
b. 小　　　麦	5,624	6,064	5,653	5,462	5,521	5,375
c. 大　　　麦	1,812	1,777	1,790	1,689	1,649	1,658
d. は だ か 麦	12	26	33	39	25	15
e. と う も ろ こ し	14,876	15,652	15,759	16,226	15,368	15,310
f. こ う り ゃ ん	561	549	507	454	377	275
g. そ の 他 の 雑 穀	178	183	184	178	144	164
2. い　　も　　類	1,070	1,154	1,159	1,179	1,099	1,140
a. か ん し ょ	63	63	55	56	47	52
b. ば れ い し ょ	1,007	1,091	1,104	1,123	1,052	1,088
3. で ん 粉	141	158	140	151	143	141
4. 豆　　　　　類	3,405	3,511	3,533	3,645	3,411	3,464
a. 大　　　豆	3,131	3,218	3,236	3,359	3,139	3,224
b. そ の 他 の 豆 類	274	293	297	286	272	240
5. 野　　　　　菜	2,901	3,126	3,310	3,031	2,987	2,895
a. 緑 黄 色 野 菜	1,429	1,595	1,664	1,545	1,610	1,538
b. そ の 他 の 野 菜	1,472	1,531	1,646	1,486	1,377	1,357
6. 果　　　　　実	4,292	4,339	4,661	4,466	4,504	4,157
a. う ん し ゅ う み か ん	0	0	0	0	0	0
b. り ん ご	555	582	537	595	531	528
c. そ の 他 の 果 実	3,737	3,757	4,124	3,871	3,973	3,629
7. 肉　　　　　類	2,927	3,127	3,195	3,255	3,037	3,138
a. 牛　　　肉	752	817	886	890	845	813
b. 豚　　　肉	1,290	1,357	1,344	1,400	1,292	1,357
c. 鶏　　　肉	842	905	914	916	859	927
d. そ の 他 の 肉	42	47	51	48	41	41
e. 鯨	1	1	0	1	0	0
8. 鶏　　　　　卵	95	114	114	113	102	115
9. 牛 乳 及 び 乳 製 品	4,554	5,000	5,164	5,238	4,987	4,690
	421	457	468	448	396	364
a. 農 家 自 家 用	0	0	0	0	0	0
b. 飲 用 向 け	0	0	0	0	0	0
c. 乳 製 品 向 け	4,554	5,000	5,164	5,238	4,987	4,690
	421	457	468	448	396	364
ア. 全 脂 れ ん 乳	2	1	1	2	1	1
イ. 脱 脂 れ ん 乳	0	0	0	0	1	1
ウ. 全 脂 粉 乳	0	0	0	2	2	2
エ. 脱 脂 粉 乳	6	35	18	12	7	3
	28	32	32	33	25	18
オ. 育 児 用 粉 乳	0	0	0	0	0	0
カ. チ ー ズ	256	276	289	296	292	286
キ. バ タ ー	12	10	19	24	17	10
10. 魚　介　類	3,852	4,086	4,049	4,210	3,885	3,650
a. 生 鮮 ・ 冷 凍	998	1,013	954	959	897	904
b. 塩干, くん製, その他	1,947	2,060	2,005	2,040	1,838	1,885
c. か ん 詰	154	160	163	166	155	145
d. 飼 肥 料	753	853	927	1,045	995	716
11. 海　　藻　　類	45	46	46	46	42	39
12. 砂　　糖　　類						
a. 粗　　　糖	1,279	1,184	1,148	1,208	960	1,018
b. 精　　　糖	445	441	465	450	420	412
c. 含 み つ 糖	11	10	9	9	8	6
d. 糖 み つ	151	120	130	150	134	140
13. 油　　脂　　類	979	1,015	1,091	1,156	1,113	991
a. 植 物 油 脂	925	972	1,048	1,110	1,075	958
ア. 大 豆 油	6	5	9	11	4	4
イ. 菜 種 油	13	17	19	38	36	17
ウ. や し 油	43	42	40	39	37	42
エ. そ の 他	863	908	980	1,022	998	895
b. 動 物 油 脂	54	43	43	46	38	33
ア. 魚 ・ 鯨 油	20	20	17	23	23	23
イ. 牛 脂	29	21	22	19	10	8
ウ. そ の 他	5	2	4	4	5	2
14. み　　　　　そ	1	1	1	0	0	0
15. し ょ う ゆ	2	2	2	2	3	3
16. そ の 他 食 料 計	1,949	1,711	1,809	1,802	2,073	1,866
う ち き の こ 類	62	62	64	62	56	57
17. 合　　　　　計						

(3) 輸 出 量

（単位：1,000トン）

類別・品目別	昭和35年度	36	37	38	39	40	41	42
1. 穀　　　　類	48	71	94	74	68	88	79	89
a. 米	0	0	0	0	0	0	0	0
b. 小　　麦	47	71	93	73	68	88	79	87
c. 大　　麦	1	0	0	1	0	0	0	1
d. は だ か 麦	0	0	1	0	0	0	0	1
e. とうもろこし	0	0	0	0	0	0	0	0
f. こうりゃん	0	0	0	0	0	0	0	0
g. その他の雑穀	0	0	0	0	0	0	0	0
2. い　　も　　類	22	34	19	8	19	12	10	2
a. かんしょ	0	0	0	0	0	0	0	0
b. ばれいしょ	22	34	19	8	19	12	10	2
3. で　　ん　　粉	0	0	0	0	0	0	0	0
4. 豆　　　　類	21	14	0	0	2	1	10	1
a. 大　　豆	0	0	0	0	0	0	4	1
b. その他の豆類	21	14	0	0	2	1	6	0
5. 野　　　　菜	19	20	13	12	15	16	15	15
a. 緑黄色野菜	1	0	2	5	4	8	5	8
b. その他の野菜	18	20	11	7	11	8	10	7
6. 果　　　　実	129	137	126	111	130	141	137	162
a. うんしゅうみかん	101	108	97	84	101	110	114	127
b. り　ん　ご	15	15	15	17	18	23	23	26
c. その他の果実	13	14	14	10	11	8	0	9
7. 肉　　　　類	0	0	7	9	41	34	9	21
a. 牛　　　肉	0	0	0	0	0	0	0	0
b. 豚　　　肉	0	0	0	0	0	0	0	0
c. 鶏　　　肉	0	0	0	0	0	0	0	0
d. その他の肉	0	0	0	0	0	0	0	0
e. 鯨	0	0	7	9	41	34	9	21
8. 鶏　　　　卵	7	8	6	1	0	0	0	0
9. 牛乳及び乳製品	0	0	0	0	0	0	0	0
a. 農家自家用	0	0	0	0	0	0	0	0
b. 飲用向け	0	0	0	0	0	0	0	0
c. 乳製品向け	0	0	0	0	0	0	0	0
ｱ. 全脂れん乳	0	0	0	0	0	0	0	0
ｲ. 脱脂れん乳	0	0	0	0	0	0	0	0
ｳ. 全脂粉乳	0	0	0	0	0	0	0	0
ｴ. 脱脂粉乳	0	0	0	0	0	0	0	0
ｵ. 育児用粉乳	0	0	0	0	0	0	0	0
ｶ. チ ー ズ	0	0	0	0	0	0	0	0
ｷ. バ タ ー	0	0	0	0	0	0	0	0
10. 魚　　介　　類	520	524	654	598	716	680	767	727
a. 生鮮・冷凍	} 520	} 524	216	224	292	260	266	208
b. 塩干，くん製，その他			19	18	26	19	25	22
c. か　ん　詰			333	339	369	339	401	443
d. 飼　　肥　　料			86	17	29	62	75	54
11. 海　　藻　　類	1	2	1	1	1	1	2	2
12. 砂　　糖　　類								
a. 粗　　糖	0	0	0	0	4	1	2	0
b. 精　　糖	33	30	17	18	20	18	25	33
c. 含 み つ 糖	0	0	0	0	0	0	0	0
d. 糖　み　つ	0	0	0	0	0	0	0	0
13. 油　　脂　　類	131	150	134	122	115	100	72	70
a. 植物油脂	29	24	9	12	8	17	26	25
ｱ. 大　豆　油	29	20	3	3	1	6	5	5
ｲ. 菜　種　油	0	0	1	2	2	4	11	10
ｳ. や　し　油	0	0	0	0	0	1	0	0
ｴ. そ の 他	0	4	5	7	5	6	10	10
b. 動物油脂	102	126	125	110	107	83	46	45
ｱ. 魚・鯨油	102	122	122	108	102	81	42	38
ｲ. 牛　　脂	0	0	0	0	0	0	0	0
ｳ. そ の 他	0	4	3	2	5	2	4	7
14. み　　　　そ	1	1	1	1	1	1	2	2
15. し　ょ　う　ゆ	5	5	5	5	4	6	6	6
16. その他食料計	－	－	－	－	－	8	9	11
うち きのこ類	－	－	－	－	－	8	6	8
17. 合　　　　計								

輸　　出　　量

（単位：1,000トン）

類　別・品　目　別	昭和43年度	44	45	46	47	48	49	50
1．穀　　　　類	151	526	835	914	432	468	297	36
a.　　米	35	440	785	859	376	430	271	2
b.小　　麦	114	81	47	55	56	38	26	34
c.大　麦	1	1	1	0	0	0	0	0
d.は だ か 麦	1	1	1	0	0	0	0	0
e.とうもろこし	0	3	1	0	0	0	0	0
f.こうりゃん	0	0	0	0	0	0	0	0
g.その他の雑穀	0	0	0	0	0	0	0	0
2．い　　も　　類	3	4	6	5	0	0	0	0
a.かんしょ	0	0	0	0	0	0	0	0
b.ばれいしょ	3	4	6	5	0	0	0	0
3．で　　ん　　粉	0	0	0	0	1	0	0	0
4．豆　　　　類	1	0	2	2	1	0	0	4
a.大　　豆	1	0	0	0	0	0	0	0
b.その他の豆類	0	0	2	2	1	0	0	4
5．野　　　　菜	17	17	12	12	7	5	1	8
a.緑黄色野菜	9	6	4	6	4	3	0	1
b.その他の野菜	8	11	8	6	3	2	1	7
6．果　　　　実	154	148	136	154	110	131	126	80
a.うんしゅうみかん	118	119	116	141	104	123	117	78
b.り　ん　ご	29	25	16	10	5	7	4	1
c.その他の果実	7	4	4	3	1	1	5	1
7．肉　　　　類	20	20	16	12	3	1	2	3
a.牛　　肉	0	0	0	0	0	0	0	0
b.豚　　肉	0	0	0	0	0	0	0	0
c.鶏　　肉	0	0	1	1	1	1	2	3
d.その他の肉	0	0	0	0	0	0	0	0
e.　　鯨	20	20	15	11	2	0	0	0
8．鶏　　　　卵	0	0	0	0	0	0	0	0
9．牛乳及び乳製品	0	0	0	0	0	0	0	0
a.農家自家用	0	0	0	0	0	0	0	0
b.飲用向け	0	0	0	0	0	0	0	0
c.乳製品向け	0	0	0	0	0	0	0	0
ア.全脂れん乳	0	0	0	0	0	0	0	0
イ.脱脂れん乳	0	0	0	0	0	0	0	0
ウ.全脂粉乳	0	0	0	0	0	0	0	0
エ.脱脂粉乳	0	0	0	0	0	0	0	0
オ.育児用粉乳	0	0	0	0	0	8	0	0
カ.チ ー ズ	0	0	0	0	0	0	0	0
キ.バ タ ー	0	0	0	0	0	0	0	0
10．魚　　介　　類	811	783	908	949	1,032	991	996	990
a.生鮮・冷凍	208	162	190	200	265	341	321	193
b.塩干,くん製,その他	20	21	13	14	15	14	17	18
c.か　ん　詰	519	504	588	555	624	551	509	544
d.飼　肥　料	64	96	117	180	128	85	149	235
11．海　　藻　　類	3	3	5	5	3	4	5	4
12．砂　　糖　　類								
a.粗　　糖	0	0	0	0	0	0	0	0
b.精　　糖	56	33	16	20	25	32	23	85
c.含 み つ 糖	0	0	0	0	0	0	0	0
d.糖 み つ	0	0	0	0	3	1	0	0
13．油　　脂　　類	59	61	93	146	109	87	144	87
a.植物油脂	25	28	41	61	29	36	27	12
ア.大　豆　油	7	3	14	20	4	12	3	0
イ.菜　種　油	7	12	11	13	8	3	3	2
ウ.や　し　油	0	0	1	2	1	0	5	3
エ.そ　の　他	11	13	15	26	16	21	16	7
b.動物油脂	34	33	52	85	80	51	117	75
ア.魚・鯨油	22	21	38	62	63	42	102	69
イ.牛　　脂	0	0	0	0	1	0	3	0
ウ.そ　の　他	12	12	14	23	16	9	12	6
14．み　　　　そ	2	2	2	2	1	1	1	1
15．し　ょ　う　ゆ	7	7	7	12	10	9	4	5
16．その他食料計	15	14	17	20	12	13	41	66
うちきのこ類	13	11	11	13	12	11	18	18
17．合　　　　計								

輸　　出　　量

（単位：1,000トン）

類　別・品　目　別	昭和51年度	52	53	54	55	56	57	58
1．穀　　　　　類	47	104	3	872	759	727	358	384
a．米	3	100	1	868	754	716	348	384
b．小　　　麦	44	4	2	4	5	11	10	0
c．大　　　麦	0	0	0	0	0	0	0	0
d．は　だ　か　麦	0	0	0	0	0	0	0	0
e．とうもろこし	0	0	0	0	0	0	0	0
f．こ　う　り　ゃ　ん	0	0	0	0	0	0	0	0
g．そ　の　他　の　雑　穀	0	0	0	0	0	0	0	0
2．い　　も　　類	3	0	0	1	0	0	0	0
a．か　ん　し　ょ	0	0	0	0	0	0	0	0
b．ば　れ　い　し　ょ	3	0	0	1	0	0	0	0
3．で　ん　　粉	0	0	0	0	0	0	0	0
4．豆　　　　　類	0	0	0	20	30	40	13	3
a．大　　　豆	0	0	0	20	30	40	13	3
b．そ　の　他　の　豆　類	0	0	0	0	0	0	0	0
5．野　　　　　菜	4	4	3	2	1	2	3	2
a．緑　黄　色　野　菜	2	1	0	0	0	0	0	0
b．そ　の　他　の　野　菜	2	3	3	2	1	2	3	2
6．果　　　　　実	79	83	78	98	97	94	100	118
a．うんしゅうみかん	76	76	66	92	85	80	82	92
b．り　ん　　ご	2	5	10	0	3	4	3	7
c．そ　の　他　の　果　実	1	2	2	6	9	10	15	19
7．肉　　　　　類	2	3	3	3	4	3	3	2
a．牛　　　　肉	0	0	0	0	0	0	0	0
b．豚　　　　肉	0	0	0	0	0	0	0	0
c．鶏　　　　肉	2	3	3	3	4	3	3	2
d．そ　の　他　の　肉	0	0	0	0	0	0	0	0
e．　　鯨	0	0	0	0	0	0	0	0
8．鶏　　　　　卵	0	0	0	0	0	0	0	0
9．牛乳及び乳製品	0	0	0	0	8	5	6	0
a．農　家　自　家　用	0	0	0	0	0	0	0	0
b．飲　用　向　け	0	0	0	0	0	0	0	0
c．乳　製　品　向　け	0	0	0	0	8	5	6	0
ｱ．全　脂　れ　ん　乳	0	0	0	0	0	0	0	0
ｲ．脱　脂　れ　ん　乳	0	0	0	0	0	0	0	0
ｳ．全　脂　粉　乳	0	0	0	0	0	0	0	0
ｴ．脱　脂　粉　乳	0	0	0	0	1	1	1	0
ｵ．育　児　用　粉　乳	0	0	0	0	0	0	0	0
ｶ．チ　ー　ズ	0	0	0	0	0	0	0	0
ｷ．バ　タ　ー	0	0	0	0	0	0	0	0
10．魚　　介　　類	1,029	852	1,046	1,015	1,023	1,019	1,264	954
a．生　鮮・冷　凍	236	196	202	194	202	158	140	156
b．塩干，くん製，その他	11	9	8	9	12	15	27	69
c．か　ん　　詰	549	466	530	535	603	494	450	349
d．飼　　肥　　料	233	181	306	277	206	352	647	380
11．海　　藻　　類	4	5	5	4	6	5	6	5
12．砂　　糖　　類								
a．粗　　　糖	0	0	0	0	0	0	0	0
b．精　　　糖	8	2	1	24	32	20	8	8
c．含　み　つ　糖	0	0	0	0	0	0	0	0
d．糖　　み　　つ	0	0	0	0	4	0	0	0
13．油　　脂　　類	93	127	235	231	195	187	189	247
a．植　物　油　脂	11	11	15	25	32	7	11	14
ｱ．大　　豆　　油	2	1	3	5	20	2	3	5
ｲ．菜　種　　油	1	2	4	4	3	1	1	1
ｳ．や　　し　　油	1	1	1	0	0	0	0	0
ｴ．そ　の　他	7	7	7	16	9	4	7	8
b．動　物　油　脂	82	116	220	206	163	180	178	233
ｱ．魚・鯨　油	81	112	210	189	160	176	174	229
ｲ．牛　　　脂	0	0	1	0	0	0	0	0
ｳ．そ　の　他	1	4	9	17	3	4	4	4
14．み　　　　　そ	1	1	1	1	1	2	2	2
15．し　ょ　う　ゆ	6	7	5	6	7	7	8	9
16．そ　の　他　食　料　計	13	12	18	19	22	26	31	19
う　ち　き　の　こ　類	13	12	18	18	21	26	23	19
17．合　　　　　計								

輸　　出　　量

（単位：1,000トン）

類　別・品　目　別	昭和59年度	60	61	62	63	平成元年度	2	3
1．穀　　　　　　類	0	0	0	0	0	0	0	0
a．米	0	0	0	0	0	0	0	0
b．小　　　　麦	0	0	0	0	0	0	0	0
c．大　　　　麦	0	0	0	0	0	0	0	0
d．は　だ　か　麦	0	0	0	0	0	0	0	0
e．とうもろこし	0	0	0	0	0	0	0	0
f．こうりゃん	0	0	0	0	0	0	0	0
g．その他の雑穀	0	0	0	0	0	0	0	0
2．い　　も　　類	0	0	0	0	0	2	2	1
a．かんしょ	0	0	0	0	0	0	0	0
b．ばれいしょ	0	0	0	0	0	2	2	1
3．で　　ん　　粉	0	0	0	0	0	0	0	0
4．豆　　　　　　類	0	0	0	0	0	0	0	0
a．大　　　　豆	0	0	0	0	0	0	0	0
b．その他の豆類	0	0	0	0	0	0	0	0
5．野　　　　　　菜	1	1	1	4	2	2	2	2
a．緑黄色野菜	0	0	0	0	0	0	0	1
b．その他の野菜	1	1	1	4	2	2	2	1
6．果　　　　　　実	100	90	57	48	55	46	29	29
a．うんしゅうみかん	77	68	38	30	37	33	19	16
b．り　ん　ご	1	2	2	1	1	2	1	1
c．その他の果実	22	20	17	17	17	11	9	12
7．肉　　　　　　類	2	3	3	4	5	6	8	9
a．牛　　　　肉	0	0	0	0	0	0	0	0
b．豚　　　　肉	0	0	0	0	0	0	0	0
c．鶏　　　　肉	2	3	3	4	5	6	8	9
d．その他の肉	0	0	0	0	0	0	0	0
e．鯨	0	0	0	0	0	0	0	0
8．鶏　　　　　　卵	0	0	0	0	0	0	0	0
9．牛乳及び乳製品	0	0	0	0	1	1	3	3
a．農　家　自　家　用	0	0	0	0	0	0	0	0
b．飲　用　向　け	0	0	0	0	0	0	0	0
c．乳　製　品　向　け	0	0	0	0	1	1	3	3
ア．全脂れん乳	0	0	0	0	0	0	0	0
イ．脱脂れん乳	0	0	0	0	0	0	0	0
ウ．全脂粉乳	0	0	0	0	0	0	0	0
エ．脱脂粉乳	0	0	0	0	0	0	0	0
オ．育児用粉乳	0	0	0	0	0	0	0	0
カ．チ　ー　ズ	0	0	0	0	0	0	0	0
キ．バ　タ　ー	0	0	0	0	0	0	0	0
10．魚　　介　　類	1,304	1,357	1,398	1,583	1,640	1,647	1,140	980
a．生　鮮・冷　凍	194	154	220	239	373	345	280	340
b．塩干，くん製，その他	96	123	112	99	101	101	97	71
c．か　ん　詰	370	324	247	168	117	112	76	69
d．飼　肥　料	644	756	819	1,077	1,049	1,089	687	500
11．海　　藻　　類	6	7	6	7	6	6	7	5
12．砂　　糖　　類								
a．粗　　　　糖	0	0	0	0	0	0	0	0
b．精　　　　糖	4	3	5	5	1	1	1	1
c．含　み　つ　糖	0	0	0	0	0	0	0	0
d．糖　み　つ	0	0	0	0	0	1	3	1
13．油　　脂　　類	368	277	255	188	366	198	225	122
a．植　物　油　脂	16	11	15	10	12	9	5	5
ア．大　豆　油	4	3	4	3	7	2	1	0
イ．菜　種　油	3	1	1	0	0	1	0	0
ウ．や　し　油	0	0	0	0	0	0	0	0
エ．そ　の　他	9	7	10	7	5	6	4	5
b．動　物　油　脂	352	266	240	178	354	189	220	117
ア．魚・鯨　油	331	250	225	158	346	185	215	114
イ．牛　　　脂	0	0	1	3	1	1	1	1
ウ．そ　の　他	21	16	14	17	7	3	4	2
14．み　　　　　　そ	2	2	2	2	2	2	3	3
15．し　ょ　う　ゆ	10	9	9	9	8	8	10	11
16．その他食料計	27	24	26	20	14	12	13	9
うちきのこ類	27	23	25	18	13	10	11	7
17．合　　　　　　計								

輸　　出　　量

(単位：1,000トン)

類　別・品　目　別	平成4年度	5	6	7	8	9	10	11
1.　穀　　　　　　類	0	0	0	581	6	201	876	141
a.　米	0	0	0	581	6	201	876	141
b.　小　　　　麦	0	0	0	0	0	0	0	0
c.　大　　　　麦	0	0	0	0	0	0	0	0
d.　は　だ　か　麦	0	0	0	0	0	0	0	0
e.　と　う　も　ろ　こ　し	0	0	0	0	0	0	0	0
f.　こ　う　り　ゃ　ん	0	0	0	0	0	0	0	0
g.　そ　の　他　の　雑　穀	0	0	0	0	0	0	0	0
2.　い　　も　　類	1	2	1	1	5	4	2	2
a.　か　ん　し　ょ	0	0	0	0	0	0	0	1
b.　ば　れ　い　し　ょ	1	2	1	1	5	4	2	1
3.　で　ん　粉	0	0	0	0	0	0	0	0
4.　豆　　　　　　類	0	0	0	0	0	0	0	0
a.　大　　　　豆	0	0	0	0	0	0	0	0
b.　そ　の　他　の　豆　類	0	0	0	0	0	0	0	0
5.　野　　　　　　菜	4	1	0	0	1	3	3	3
a.　緑　黄　色　野　菜	0	0	0	0	0	1	1	1
b.　そ　の　他　の　野　菜	4	1	0	0	1	2	2	2
6.　果　　　　　　実	27	27	19	16	15	20	13	59
a.　う　ん　し　ゅ　う　み　か　ん	14	12	9	6	5	5	3	5
b.　り　ん　ご	2	2	2	2	3	5	2	3
c.　そ　の　他　の　果　実	11	13	8	8	7	10	8	51
7.　肉　　　　　　類	7	5	3	3	3	3	3	5
a.　牛　　　　肉	0	0	0	0	0	0	0	1
b.　豚　　　　肉	0	0	0	0	0	0	0	0
c.　鶏　　　　肉	7	5	3	3	3	3	3	4
d.　そ　の　他　の　肉	0	0	0	0	0	0	0	0
e.　　　　鯨	0	0	0	0	0	0	0	0
8.　鶏　　　　　　卵	0	0	0	0	0	1	0	0
9.　牛　乳　及　び　乳　製　品	2	4	4	4	6	7	7	8
a.　農　家　自　家　用	0	0	0	0	0	0	0	0
b.　飲　用　向　け	0	0	0	0	0	0	0	0
c.　乳　製　品　向　け	2	4	4	4	6	7	7	8
ア.　全　脂　れ　ん　乳	0	0	0	0	0	0	0	0
イ.　脱　脂　れ　ん　乳	0	0	0	0	0	0	0	0
ウ.　全　脂　粉　乳	0	0	0	0	0	0	0	0
エ.　脱　脂　粉　乳	0	0	0	0	0	0	0	0
オ.　育　児　用　粉　乳	0	0	0	0	0	0	0	0
カ.　チ　ー　ズ	0	0	0	0	0	0	0	0
キ.　バ　タ　ー	0	0	0	0	0	0	0	0
10.　魚　　介　　類	614	572	325	283	342	415	322	244
a.　生　鮮　・　冷　凍	331	322	237	206	253	320	249	176
b.　塩干，くん製，その他	59	54	47	37	50	71	60	49
c.　か　ん　詰	51	49	2	20	17	19	12	13
d.　飼　　肥　　料	173	147	39	20	22	5	1	6
11.　海　　藻　　類	6	3	2	2	2	3	2	2
12.　砂　　糖　　類								
a.　粗　　　　糖	0	0	0	0	0	0	0	0
b.　精　　　　糖	1	1	1	1	8	10	7	4
c.　含　み　つ　糖	0	0	0	0	0	0	0	0
d.　糖　み　つ	2	4	5	15	5	3	4	3
13.　油　　脂　　類	52	24	16	13	7	10	21	15
a.　植　物　油　・　脂	5	6	7	6	5	7	16	13
ア.　大　豆　油	0	2	2	1	1	1	1	1
イ.　菜　種　油	0	0	0	0	0	0	0	0
ウ.　や　し　油	0	0	0	0	0	0	0	0
エ.　そ　の　他	5	4	5	5	4	6	15	12
b.　動　物　油　脂	47	18	9	7	2	3	5	2
ア.　魚　・　鯨　油	44	13	3	3	1	2	0	0
イ.　牛　　　　脂	1	1	2	1	0	0	0	0
ウ.　そ　の　他	2	4	4	3	1	1	4	2
14.　み　　　　　　そ	3	3	3	4	4	4	5	5
15.　し　　ょ　　う　　ゆ	12	12	12	10	10	11	11	10
16.　そ　の　他　食　料　計	8	7	7	7	8	3	1	1
う　ち　き　の　こ　類	7	7	7	7	7	2	1	1
17.　合　　　　　　計								

輸　　出　　量

（単位：1,000トン）

類　別・品　目　別	平成12年度	13	14	15	16	17	18	19
1．穀　　　　　類	462	603	222	237	193	179	160	140
a．米	462	603	222	237	193	179	160	140
b．小　　　　麦	0	0	0	0	0	0	0	0
c．大　　麦	0	0	0	0	0	0	0	0
d．は　だ　か　麦	0	0	0	0	0	0	0	0
e．とうもろこし	0	0	0	0	0	0	0	0
f．こうりゃん	0	0	0	0	0	0	0	0
g．その他の雑穀	0	0	0	0	0	0	0	0
2．い　　も　　類	3	3	1	2	2	2	2	3
a．かんしょ	0	0	0	0	1	1	1	1
b．ばれいしょ	3	3	1	2	1	1	1	2
3．で　　ん　　粉	0	0	0	0	0	0	0	0
4．豆　　　　　類	0	0	0	0	0	0	0	12
a．大　　　　豆	0	0	0	0	0	0	0	12
b．その他の豆類	0	0	0	0	0	0	0	0
5．野　　　　　菜	2	2	5	8	4	10	9	14
a．緑黄色野菜	1	1	1	3	1	2	2	4
b．その他の野菜	1	1	4	5	3	8	7	10
6．果　　　　　実	68	64	27	33	44	64	32	54
a．うんしゅうみかん	5	6	5	5	5	5	3	5
b．り　ん　ご	3	2	10	17	11	18	19	27
c．その他の果実	60	56	12	11	28	41	10	22
7．肉　　　　　類	3	5	3	3	1	2	3	8
a．牛　　　　肉	0	1	0	0	0	0	0	0
b．豚　　　　肉	0	1	0	0	0	0	1	1
c．鶏　　　　肉	3	3	3	3	1	2	2	7
d．その他の肉	0	0	0	0	0	0	0	0
e．　　鯨	0	0	0	0	0	0	0	0
8．鶏　　　　　卵	0	0	2	2	1	1	1	0
9．牛乳及び乳製品	13	10	7	10	9	8	14	24
a．農家自家用	0	0	0	0	0	0	0	0
b．飲　用　向　け	0	0	0	0	0	0	0	0
c．乳製品向け	13	10	7	10	9	8	14	24
ア．全脂れん乳	0	0	0	0	0	0	0	0
イ．脱脂れん乳	0	0	0	0	0	0	0	0
ウ．全脂粉乳	0	0	0	0	0	0	0	0
エ．脱脂粉乳	0	0	0	0	0	0	0	2
オ．育児用粉乳	0	0	0	0	0	0	0	0
カ．チ　ー　ズ	0	0	0	0	0	0	0	0
キ．バ　タ　ー	0	0	0	0	0	0	0	0
10．魚　介　　類	264	357	440	533	631	647	788	815
a．生　鮮・冷凍	191	290	286	344	474	488	645	658
b．塩干,くん製,その他	52	45	56	72	58	72	71	83
c．か　ん　詰	10	11	11	12	8	6	5	8
d．飼　肥　料	11	11	87	105	91	81	67	66
11．海　藻　　類	2	2	3	2	3	3	3	3
12．砂　糖　　類								
a．粗　　　　糖	0	0	0	0	0	0	0	8
b．精　　　　糖	3	2	2	2	2	2	2	1
c．含　み　つ　糖	0	0	0	0	0	0	0	0
d．糖　み　つ	0	1	0	0	0	0	0	0
13．油　脂　　類	18	17	30	34	35	19	15	10
a．植　物　油　脂	17	16	29	33	33	17	14	10
ア．大　豆　油	1	2	0	0	0	0	0	0
イ．菜　種　油	0	0	0	0	0	0	0	0
ウ．や　し　油	0	0	0	0	0	0	0	0
エ．そ　の　他	16	14	29	33	33	17	14	10
b．動　物　油　脂	1	1	1	1	2	2	1	0
ア．魚・鯨油	0	0	1	1	1	1	1	0
イ．牛　　　脂	0	0	0	0	0	0	0	0
ウ．そ　の　他	1	1	0	0	1	1	0	0
14．み　　　　　そ	6	6	6	7	7	8	9	10
15．し　ょ　う　ゆ	11	12	13	13	14	18	17	19
16．その他食料計	1	1	1	1	2	1	1	1
うちきのこ類	1	1	1	1	1	1	1	1
17．合　　　　　計								

輸　出　量

（単位：1,000トン）

類　別・品　目　別	平成20年度	21	22	23	24	25	26	27
1．穀　　　　　類	137	239	201	171	132	100	96	116
a．米	137	239	201	171	132	100	96	116
b．小　　　　麦	0	0	0	0	0	0	0	0
c．大　　　　麦	0	0	0	0	0	0	0	0
d．は　だ　か　麦	0	0	0	0	0	0	0	0
e．と　う　も　ろ　こ　し	0	0	0	0	0	0	0	0
f．こ　う　り　ゃ　ん	0	0	0	0	0	0	0	0
g．そ　の　他　の　雑　穀	0	0	0	0	0	0	0	0
2．い　　も　　類	3	2	4	3	4	6	8	13
a．か　ん　し　ょ	1	0	2	1	2	3	4	6
b．ば　れ　い　し　ょ	2	2	2	2	2	3	4	7
3．で　　ん　　粉	0	0	0	0	0	0	0	0
4．豆　　　　類	0	0	0	0	0	0	0	0
a．大　　　　豆	0	0	0	0	0	0	0	0
b．そ　の　他　の　豆　類	0	0	0	0	0	0	0	0
5．野　　　　菜	13	9	5	5	4	8	9	21
a．緑　黄　色　野　菜	3	2	0	0	0	2	3	3
b．そ　の　他　の　野　菜	10	7	5	5	4	6	6	18
6．果　　　　実	44	41	42	34	26	38	43	65
a．う　ん　し　ゅ　う　み　か　ん	3	3	2	3	2	3	3	3
b．り　ん　ご	27	23	23	20	11	26	29	43
c．そ　の　他　の　果　実	14	15	17	11	13	9	11	19
7．肉　　　　類	11	13	13	6	9	12	15	13
a．牛　　　　肉	1	1	1	1	1	1	2	2
b．豚　　　　肉	3	3	1	1	1	2	2	2
c．鶏　　　　肉	7	9	11	4	7	9	11	9
d．そ　の　他　の　肉	0	0	0	0	0	0	0	0
e．　　鯨	0	0	0	0	0	0	0	0
8．鶏　　　　卵	1	1	1	0	1	1	2	3
9．牛　乳　及　び　乳　製　品	19	26	24	8	9	15	21	25
a．農　家　自　家　用	0	0	0	0	0	0	0	0
b．飲　用　向　け	1	2	3	2	2	3	3	4
c．乳　製　品　向　け	18	24	21	6	7	12	18	21
ア．全　脂　れ　ん　乳	0	0	0	0	0	0	0	0
イ．脱　脂　れ　ん　乳	0	0	0	0	0	0	0	0
ウ．全　脂　粉　乳	0	0	0	0	0	0	0	0
エ．脱　脂　粉　乳	0	0	0	0	0	0	0	0
オ．育　児　用　粉　乳	0	0	0	0	0	0	0	0
カ．チ　ー　ズ	0	0	0	0	0	0	0	1
キ．バ　タ　ー	0	0	0	0	0	0	0	0
10．魚　　介　　類	645	674	706	530	540	680	567	627
a．生　鮮・冷　凍	525	540	599	438	448	578	476	527
b．塩干，くん製，その他	83	87	96	81	65	82	79	91
c．か　ん　詰	6	8	7	4	8	7	7	5
d．飼　　肥　　料	31	39	4	7	19	13	5	4
11．海　　藻　　類	3	3	2	2	1	2	2	2
12．砂　　糖　　類								
a．粗　　　　糖	0	0	0	1	0	0	0	0
b．精　　　　糖	1	1	1	1	1	1	1	1
c．含　み　つ　糖	0	0	0	0	0	0	0	0
d．糖　み　つ	0	9	6	1	0	0	0	0
13．油　　脂　　類	9	15	14	12	13	16	19	19
a．植　物　油　脂	8	15	12	9	11	13	13	15
ア．大　豆　油	0	0	3	0	0	0	0	3
イ．菜　種　油	0	3	1	1	1	2	1	1
ウ．や　　し　　油	0	0	0	0	0	2	0	0
エ．そ　の　他	8	12	8	8	10	9	12	11
b．動　物　油　脂	1	0	2	3	2	3	6	4
ア．魚・鯨　油	1	0	1	1	1	2	5	4
イ．牛　　　　脂	0	0	0	0	0	0	0	0
ウ．そ　の　他	0	0	1	2	1	1	1	0
14．み　　　　そ	9	10	10	10	10	12	13	14
15．し　ょ　う　ゆ	19	18	18	19	17	20	24	26
16．そ　の　他　食　料　計	0	1	0	0	0	0	0	0
う　ち　き　の　こ　類	0	0	0	0	0	0	0	0
17．合　　　　計								

輸　　出　　量

(単位:1,000トン)

類　別・品　目　別	平成28年度	29	30	令和元年度	2	3
1.穀　　　　　類	94	95	115	121	110	90
a.米	94	95	115	121	110	90
b.小　　　麦	0	0	0	0	0	0
c.大　　　麦	0	0	0	0	0	0
d.は　だ　か　麦	0	0	0	0	0	0
e.と う も ろ こ し	0	0	0	0	0	0
f.こ　う　りゃ　ん	0	0	0	0	0	0
g.そ の 他 の 雑 穀	0	0	0	0	0	0
2.い　　も　　類	13	16	18	20	26	28
a.か　ん　し　ょ	7	9	11	13	17	16
b.ば　れ　い　し　ょ	6	7	7	7	9	12
3.で　　ん　　粉	0	0	0	0	0	0
4.豆　　　　　類	0	0	0	0	0	0
a.大　　　豆	0	0	0	0	0	0
b.そ の 他 の 豆 類	0	0	0	0	0	0
5.野　　　　　菜	31	21	11	20	60	23
a.緑 黄 色 野 菜	3	4	2	2	4	4
b.そ の 他 の 野 菜	28	17	9	18	56	19
6.果　　　　　実	60	56	66	76	61	84
a.うんしゅうみかん	2	2	1	1	1	2
b.り　ん　ご	40	35	41	44	38	55
c.そ の 他 の 果 実	18	19	24	31	22	27
7.肉　　　　　類	15	17	18	17	22	19
a.牛　　　肉	3	4	5	6	8	11
b.豚　　　肉	3	3	3	2	4	3
c.鶏　　　肉	9	10	10	9	10	5
d.そ の 他 の 肉	0	0	0	0	0	0
e.鯨	0	0	0	0	0	0
8.鶏　　　　　卵	4	5	7	10	20	24
9.牛 乳 及 び 乳 製 品	27	31	32	35	43	64
a.農 家 自 家 用	0	0	0	0	0	0
b.飲 用 向 け	4	5	5	6	8	8
c.乳 製 品 向 け	23	26	27	29	35	56
ア.全 脂 れ ん 乳	0	0	0	0	0	0
イ.脱 脂 れ ん 乳	0	0	0	0	0	0
ウ.全 脂 粉 乳	0	0	0	0	0	0
エ.脱 脂 粉 乳	0	0	0	0	0	3
オ.育 児 用 粉 乳	0	0	0	0	0	0
カ.チ ー ズ	1	1	1	1	1	1
キ.バ タ ー	0	0	0	0	0	0
10.魚　　介　　類	596	656	808	715	721	828
a.生 鮮・冷 凍	495	551	722	626	627	710
b.塩干,くん製,その他	87	75	59	57	47	68
c.か　ん　詰	7	8	6	5	6	4
d.飼　肥　料	7	22	21	27	41	46
11.海　　藻　　類	2	2	2	2	2	2
12.砂　　糖　　類						
a.粗　　　糖	0	0	0	0	0	0
b.精　　　糖	1	2	2	2	2	2
c.含 み つ 糖	0	0	0	0	0	0
d.糖 み つ	0	0	0	0	0	0
13.油　　脂　　類	12	17	14	40	41	33
a.植 物 油 脂	12	16	13	17	17	19
ア.大 豆 油	0	0	0	0	1	0
イ.菜 種 油	1	1	1	2	3	4
ウ.や し 油	0	0	0	0	0	0
エ.そ の 他	11	15	12	15	13	15
b.動 物 油 脂	0	1	1	23	24	14
ア.魚・鯨 油	0	0	0	23	22	10
イ.牛 脂	0	0	0	0	0	0
ウ.そ の 他	0	1	1	0	2	4
14.み　　　　そ	15	16	17	18	16	20
15.し　ょ　う　ゆ	35	39	41	43	40	49
16.そ の 他 食 料 計	0	0	1	1	1	1
う ち き の こ 類	0	0	0	0	0	0
17.合　　　　計						

(4) 国内消費仕向量

(単位：1,000トン)

類別・品目別	昭和35年度	36	37	38	39	40	41	42
1. 穀　　　　　類	20,680	22,099	22,749	23,179	24,300	24,607	25,739	26,222
a.　　　　米	12,618	13,062	13,315	13,410	13,361	12,993	12,503	12,483
b. 小　　　　麦	3,965	4,190	4,272	4,290	4,505	4,631	4,983	5,106
c. 大　　　　麦	1,165	1,271	1,197	1,079	1,391	1,271	1,268	1,348
d. は だ か 麦	976	959	779	410	327	417	439	391
e. と う も ろ こ し	1,597	2,010	2,489	2,885	3,410	3,412	3,866	4,060
f. こ う り ゃ ん	48	204	427	815	988	1,553	2,416	2,532
g. そ の 他 の 雑 穀	311	403	270	290	318	330	264	302
2. い　　も　　類	9,849	10,147	9,876	10,063	9,770	8,999	8,183	7,667
a. か ん し ょ	6,277	6,333	6,217	6,662	5,875	4,955	4,810	4,031
b. ば れ い し ょ	3,572	3,814	3,659	3,401	3,895	4,044	3,373	3,636
3. で　　ん　　粉	831	920	1,037	1,051	1,148	1,197	1,200	1,283
4. 豆　　　　　類	2,075	2,143	2,173	2,484	2,458	2,623	2,893	3,022
a. 大　　　　豆	1,517	1,568	1,601	1,879	1,881	2,030	2,289	2,425
b. そ の 他 の 豆 類	558	575	572	605	577	593	604	597
5. 野　　　　　菜	11,739	11,189	12,248	13,404	12,752	13,509	14,420	14,724
a. 緑 黄 色 野 菜	1,923	1,933	2,062	2,210	2,186	2,310	2,476	2,627
b. そ の 他 の 野 菜	9,816	9,256	10,186	11,194	10,566	11,199	11,944	12,097
6. 果　　　　　実	3,296	3,447	3,506	3,865	4,387	4,466	5,130	5,315
a. う ん し ゅ う み か ん	933	841	859	931	1,179	1,221	1,636	1,478
b. り　　ん　　ご	892	948	993	1,136	1,072	1,109	1,036	1,099
c. そ の 他 の 果 実	1,471	1,658	1,654	1,798	2,136	2,136	2,458	2,738
7. 肉　　　　　類	617	757	931	959	1,070	1,192	1,348	1,446
a. 牛　　　　肉	147	147	157	203	235	207	167	180
b. 豚　　　　肉	155	241	322	279	316	431	571	620
c. 鶏　　　　肉	103	132	155	183	226	246	277	312
d. そ の 他 の 肉	58	58	64	98	112	105	136	154
e.　　鯨	154	179	233	196	181	203	197	180
8. 鶏　　　　　卵	689	889	975	1,029	1,223	1,332	1,235	1,357
9. 牛 乳 及 び 乳 製 品	2,176	2,456	2,823	3,288	3,580	3,815	4,277	4,492
						53	93	127
a. 農 家 自 家 用	159	166	186	192	194	189	185	184
b. 飲 用 向 け	1,008	1,125	1,214	1,467	1,666	1,828	2,022	2,157
c. 乳 製 品 向 け	1,009	1,165	1,423	1,629	1,720	1,798	2,070	2,151
						53	93	127
ア. 全 脂 れ ん 乳	52	55	58	52	43	38	38	43
イ. 脱 脂 れ ん 乳	26	30	28	32	29	24	20	23
ウ. 全 脂 粉 乳	8	9	14	17	24	27	31	34
エ. 脱 脂 粉 乳	41	46	56	81	84	80	89	87
						9	14	19
オ. 育 児 用 粉 乳	23	28	33	35	36	51	45	48
カ. チ ー ズ	5	7	9	13	13	17	29	30
キ. バ タ ー	13	14	20	21	24	26	34	34
10. 魚　　介　　類	5,383	5,892	5,914	6,113	5,845	6,477	6,524	7,194
a. 生 鮮・冷 凍			2,010	2,088	1,626	1,973	1,897	2,080
b. 塩干, くん製, その他	}4,400	}4,756	2,653	2,760	2,752	2,964	3,146	3,297
c. か ん 詰			160	115	87	111	120	168
d. 飼 肥 料	983	1,136	1,091	1,150	1,380	1,429	1,361	1,649
11. 海　　藻　　類	84	95	107	94	81	92	113	123
12. 砂　　糖　　類								
a. 粗　　　　糖	1,234	1,343	1,419	1,392	1,591	1,652	1,755	1,943
b. 精　　　　糖	1,335	1,443	1,557	1,560	1,685	1,805	1,931	2,085
c. 含 み つ 糖	75	56	59	53	30	46	42	31
d. 糖 み つ	431	516	621	541	575	744	946	1,023
13. 油　　脂　　類	682	705	751	855	918	921	1,049	1,127
a. 植 物 油 脂	423	461	504	565	608	613	689	756
ア. 大 豆 油	126	141	168	212	215	242	274	284
イ. 菜 種 油	101	118	117	75	80	82	102	101
ウ. や し 油	50	55	58	65	60	59	68	78
エ. そ の 他	146	147	161	213	253	230	245	293
b. 動 物 油 脂	259	244	247	290	310	308	360	371
ア. 魚・鯨 油	49	48	64	51	41	45	52	58
イ. 牛 脂	164	161	150	189	211	201	232	225
ウ. そ の 他	46	35	33	50	58	62	76	88
14. み　　　　　そ	835	801	759	766	783	775	782	790
15. し ょ う ゆ	1,303	1,265	1,090	1,069	1,190	1,159	1,158	1,214
16. そ の 他 食 料 計	—	—	—	—	—	1,206	1,403	1,417
う ち き の こ 類	—	—	—	—	—	52	56	74
17. 合　　　　　計								

（注1） 穀類及び米の下段の数値は、年産更新等に伴う飼料用の政府売却数量であり、それぞれ外数である。
（注2） 牛乳及び乳製品の下段の数値は、輸入飼料用乳製品（脱脂粉乳及びホエイパウダー）で外数である。

国 内 消 費 仕 向 量

（単位：1,000トン）

類 別・品 目 別	昭和43年度	44	45	46	47	48	49	50
1．穀　　　　　類	26,721	27,896	28,834	28,132	29,864	31,703	31,701	31,430
			252	1,474	1,254	480		
a.　　　米	12,251	11,965	11,948	11,859	11,948	12,078	12,033	11,964
			252	1,474	1,254	480		
b.小　　　　　麦	5,092	5,245	5,207	5,206	5,372	5,498	5,517	5,578
c.大　　　　　麦	1,380	1,430	1,474	1,556	1,726	2,074	2,086	2,147
d.は だ か 麦	332	279	211	190	116	52	46	48
e.とうもろこし	5,092	5,785	5,575	5,139	6,524	7,676	7,501	7,502
f.こうりゃん	2,293	2,902	3,991	3,641	3,698	3,895	4,197	3,815
g.その他の雑穀	281	290	428	541	480	430	321	376
2．い　　も　　類	7,647	6,426	6,169	5,307	5,604	5,040	4,387	4,707
a.か ん し ょ	3,594	2,855	2,564	2,041	2,061	1,613	1,435	1,418
b.ば れ い し ょ	4,053	3,571	3,605	3,266	3,543	3,427	2,952	3,289
3．で　　ん　　粉	1,227	1,163	1,156	1,140	1,197	1,200	1,183	1,141
4．豆　　　　　類	3,185	3,393	3,880	3,932	4,064	4,178	4,131	4,033
a.大　　　　　豆	2,583	2,779	3,295	3,336	3,496	3,620	3,614	3,502
b.そ の 他 の 豆 類	602	614	585	596	568	558	517	531
5．野　　　　　菜	16,193	15,762	15,414	16,108	16,314	15,781	16,263	16,102
a.緑 黄 色 野 菜	2,822	2,692	2,704	2,774	2,831	2,756	2,850	2,801
b.そ の 他 の 野 菜	13,371	13,070	12,710	13,334	13,483	13,025	13,413	13,301
6．果　　　　　実	6,300	6,112	6,517	6,585	7,914	7,887	7,615	7,993
a.うんしゅうみかん	2,234	1,919	2,436	2,348	3,464	3,266	3,266	3,587
b.り　ん　ご	1,107	1,060	1,005	997	954	956	846	898
c.そ の 他 の 果 実	2,959	3,133	3,076	3,240	3,496	3,665	3,503	3,508
7．肉　　　　　類	1,498	1,710	1,899	2,197	2,416	2,578	2,696	2,875
a.牛　　　　　肉	207	273	315	364	387	378	412	415
b.豚　　　　　肉	611	645	796	878	1,007	1,140	1,166	1,190
c.鶏　　　　　肉	354	443	507	593	668	725	749	784
d.そ の 他 の 肉	179	200	156	230	229	212	250	381
e.鯨	147	149	125	132	125	123	119	105
8．鶏　　　　　卵	1,500	1,670	1,817	1,846	1,848	1,859	1,834	1,862
9．牛 乳 及 び 乳 製 品	4,730	5,026	5,355	5,487	5,719	5,903	5,878	6,160
	232	247	320	196	217	295	144	227
a.農 家 自 家 用	188	188	175	153	145	132	123	118
b.飲 用 向 け	2,360	2,516	2,651	2,685	2,843	2,952	3,004	3,181
c.乳 製 品 向 け	2,182	2,322	2,529	2,649	2,731	2,819	2,751	2,861
	232	247	320	196	217	295	144	227
ア.全 脂 れ ん 乳	42	49	50	49	55	41	45	39
イ.脱 脂 れ ん 乳	23	26	26	23	17	18	14	15
ウ.全 脂 粉 乳	31	31	37	36	41	34	29	30
エ.脱 脂 粉 乳	77	82	85	68	86	96	104	109
	34	37	47	29	32	44	21	27
オ.育 児 用 粉 乳	48	55	54	58	77	91	75	67
カ.チ ー ズ	35	40	43	43	44	51	57	58
キ.バ タ ー	39	39	42	57	54	61	53	56
10．魚　　介　　類	8,280	8,135	8,631	8,925	9,440	10,151	9,889	10,016
a.生 鮮・冷 凍	2,247	2,114	2,255	2,401	2,536	2,661	2,853	2,941
b.塩干,くん製,その他	3,571	3,705	4,021	4,191	4,343	4,424	4,405	4,458
c.か ん 詰	98	96	80	205	132	171	226	150
d.飼 肥 料	2,364	2,220	2,275	2,128	2,429	2,895	2,405	2,467
11．海　　藻　　類	113	101	114	130	128	157	158	147
12．砂　　糖　　類								
a.粗　　　　　糖	2,099	2,292	2,619	2,618	2,839	2,878	2,793	2,776
b.精　　　　　糖	2,221	2,479	2,794	2,823	3,026	3,070	2,923	2,809
c.含 み つ 糖	32	28	35	26	26	31	32	29
d.糖 み つ	1,209	1,233	1,332	1,436	1,282	1,195	1,155	1,054
13．油　　脂　　類	1,218	1,298	1,364	1,414	1,533	1,636	1,618	1,603
a.植 物 油 脂	802	851	928	946	1,053	1,141	1,211	1,212
ア.大　豆　油	316	353	428	427	451	459	519	492
イ.菜　種　油	117	121	127	155	213	265	281	318
ウ.や　し　油	72	77	77	78	94	104	69	77
エ.そ　の　他	297	300	296	286	295	313	342	325
b.動 物 油 脂	416	447	436	468	480	495	407	391
ア.魚・鯨 油	71	92	85	85	88	94	92	82
イ.牛　　　脂	254	267	262	265	265	280	201	196
ウ.そ　の　他	91	88	89	118	127	121	114	113
14．み　　　　　そ	770	748	763	756	766	774	736	713
15．し　ょ　う　ゆ	1,147	1,165	1,230	1,242	1,297	1,378	1,375	1,240
16．そ の 他 食 料 計	1,556	1,742	2,146	2,188	2,342	2,459	2,435	2,343
う ち き の こ 類	90	87	101	119	139	145	170	171
17．合　　　　　計								

国　内　消　費　仕　向　量

（単位：1,000トン）

類別・品目別	昭和51年度	52	53	54	55	56	57	58
1. 穀　　　　類	33,190	34,416	35,370	36,878	36,869	36,723	36,546	37,678
						192	829	510
a.　　米	11,819	11,483	11,364	11,218	11,209	11,130	10,988	10,979
						192	829	510
b. 小　　　　麦	5,660	5,761	5,861	6,020	6,054	6,034	6,035	6,059
c. 大　　　　麦	2,207	2,311	2,341	2,413	2,522	2,505	2,431	2,540
d. は だ か 麦	46	41	39	49	54	54	53	45
e. とうもろこし	8,490	9,350	10,279	11,246	12,951	13,283	13,634	14,355
f. こうりゃん	4,613	5,031	5,105	5,481	3,742	3,456	3,145	3,291
g. その他の雑穀	355	439	381	451	337	261	260	409
2. い　も　類	5,100	5,076	4,925	4,956	4,949	4,743	5,353	5,131
a. か ん し ょ	1,279	1,431	1,371	1,360	1,317	1,458	1,384	1,379
b. ば れ い し ょ	3,821	3,645	3,554	3,596	3,632	3,285	3,969	3,752
3. で　ん　粉	1,338	1,400	1,458	1,507	1,763	1,906	1,929	2,108
4. 豆　　　　類	4,073	4,249	4,674	4,826	4,888	4,924	5,016	5,450
a. 大　　　　豆	3,552	3,734	4,190	4,332	4,386	4,426	4,550	4,960
b. その他の豆類	521	515	484	494	502	498	466	490
5. 野　　　　菜	16,338	17,177	17,364	17,191	17,128	17,350	17,655	17,121
a. 緑 黄 色 野 菜	2,715	3,005	3,075	3,172	3,174	3,084	3,089	3,092
b. その他の野菜	13,623	14,172	14,289	14,019	13,954	14,266	14,566	14,029
6. 果　　　　実	7,481	7,840	7,828	7,956	7,635	7,582	7,899	7,926
a. うんしゅうみかん	3,013	3,284	3,059	3,111	2,803	2,957	2,844	2,800
b. り　ん　ご	877	954	834	858	985	842	922	1,041
c. その他の果実	3,591	3,602	3,935	3,987	3,847	3,783	4,133	4,085
7. 肉　　　　類	3,039	3,329	3,525	3,748	3,741	3,815	3,935	4,034
a. 牛　　　　肉	450	497	555	576	597	632	681	724
b. 豚　　　　肉	1,268	1,373	1,469	1,626	1,646	1,642	1,647	1,678
c. 鶏　　　　肉	876	983	1,085	1,166	1,194	1,238	1,302	1,359
d. そ の 他 の 肉	369	397	358	334	258	266	265	233
e.　　鯨	76	79	58	46	46	37	40	40
8. 鶏　　　　卵	1,912	1,964	2,033	2,037	2,041	2,068	2,109	2,132
9. 牛 乳 及 び 乳製品	6,652	6,963	7,309	7,797	7,943	8,303	8,179	8,648
	462	743	743	795	479	413	545	547
a. 農 家 自 家 用	119	122	126	159	177	178	138	110
b. 飲 用 向 け	3,355	3,572	3,726	3,905	4,010	4,140	4,247	4,271
c. 乳 製 品 向 け	3,178	3,269	3,457	3,733	3,756	3,985	3,794	4,267
	462	743	743	795	479	413	545	547
ア. 全 脂 れ ん 乳	45	44	53	56	49	56	56	52
イ. 脱 脂 れ ん 乳	17	18	19	24	20	20	20	18
ウ. 全 脂 粉 乳	25	28	30	32	32	33	35	36
エ. 脱 脂 粉 乳	99	106	117	133	142	155	168	182
	63	105	105	113	67	57	74	74
オ. 育 児 用 粉 乳	57	50	52	53	51	48	46	47
カ. チ ー ズ	68	76	81	86	81	87	88	94
キ. バ タ ー	57	55	58	63	68	72	74	74
10. 魚　介　類	10,097	10,380	10,695	10,736	10,734	11,121	11,264	11,658
a. 生 鮮 ・ 冷 凍	3,060	2,931	3,087	2,896	3,009	2,928	2,812	2,971
b. 塩干, くん製, その他	4,454	4,378	4,379	4,361	4,383	4,445	4,494	4,690
c. か　ん　詰	249	256	276	289	274	304	337	362
d. 飼 肥 料	2,334	2,815	2,953	3,190	3,068	3,444	3,621	3,635
11. 海　藻　類	176	171	166	174	188	176	174	193
12. 砂　糖　類								
a. 粗　　　　糖	2,740	2,871	2,567	2,759	2,261	2,102	2,238	2,055
b. 精　　　　糖	2,882	3,072	2,912	3,014	2,746	2,624	2,723	2,598
c. 含 み つ 糖	27	30	30	28	25	30	28	28
d. 糖 み つ	1,060	1,129	1,107	918	894	870	986	1,029
13. 油　脂　類	1,732	1,783	1,907	1,964	2,069	2,171	2,215	2,254
a. 植 物 油 脂	1,283	1,340	1,416	1,478	1,538	1,658	1,713	1,764
ア. 大 豆 油	511	533	590	584	616	633	670	700
イ. 菜 種 油	305	318	356	418	414	506	506	505
ウ. や し 油	101	89	89	78	76	82	87	91
エ. そ の 他	366	400	381	398	432	437	450	468
b. 動 物 油 脂	449	443	491	486	531	513	502	490
ア. 魚 ・ 鯨 油	83	74	87	117	123	125	129	128
イ. 牛 脂	251	231	231	200	205	198	171	161
ウ. そ の 他	115	138	173	169	203	190	202	201
14. み　　　　そ	732	720	698	704	709	700	695	679
15. し ょ う ゆ	1,352	1,259	1,303	1,360	1,291	1,269	1,262	1,247
16. その他食料計	2,513	2,811	3,103	3,231	3,327	3,172	3,281	3,550
う ち き の こ 類	183	196	215	224	234	249	239	256
17. 合　　　　計								

（注1）穀類及び米の下段の数値は、年産更新等に伴う飼料用の政府売却数量であり、それぞれ外数である。
（注2）牛乳及び乳製品の下段の数値は、輸入飼料用乳製品（脱脂粉乳及びホエイパウダー）で外数である。

国 内 消 費 仕 向 量

（単位：1,000トン）

類 別 ・ 品 目 別	昭和59年度	60	61	62	63	平成元年度	2	3
1. 穀　　　　　類	38,453	38,696	39,298	39,859	39,777	39,593	39,581	39,818
	10	33	75					
a.　米	10,938	10,849	10,796	10,647	10,584	10,527	10,484	10,513
	10	33	75					
b. 小　　　　麦	6,164	6,101	6,054	6,069	6,140	6,204	6,270	6,340
c. 大　　　　麦	2,430	2,417	2,292	2,298	2,411	2,482	2,590	2,707
d. は だ か 麦	41	38	34	31	27	25	25	20
e. とうもろこし	13,761	14,004	14,832	16,410	16,155	15,917	16,020	16,303
f. こうりゃん	4,569	4,787	4,796	3,831	3,981	4,029	3,685	3,349
g. その他の雑穀	550	500	494	573	479	409	507	586
2. い　も　類	5,290	5,454	5,837	5,701	5,500	5,416	5,351	5,284
a. か ん し ょ	1,400	1,527	1,507	1,423	1,326	1,431	1,409	1,207
b. ば れ い し ょ	3,890	3,927	4,330	4,278	4,174	3,985	3,942	4,077
3. で　　ん　　粉	2,198	2,208	2,283	2,460	2,670	2,749	2,806	2,843
4. 豆　　　　類	5,290	5,520	5,521	5,484	5,365	5,236	5,296	5,135
a. 大　　　　豆	4,814	5,025	5,017	4,986	4,867	4,748	4,821	4,628
b. そ の 他 の 豆 類	476	495	504	498	498	488	475	507
5. 野　　　　菜	17,750	17,472	17,855	17,925	17,747	17,783	17,394	17,086
a. 緑 黄 色 野 菜	3,336	3,313	3,379	3,432	3,512	3,547	3,487	3,424
b. そ の 他 の 野 菜	14,414	14,159	14,476	14,493	14,235	14,236	13,907	13,662
6. 果　　　　実	7,030	7,485	7,500	8,068	7,954	7,832	7,763	7,391
a. うんしゅうみかん	2,119	2,347	1,960	2,370	2,256	2,009	1,617	1,598
b. り　ん　ご	811	936	1,003	1,025	1,066	1,136	1,261	994
c. そ の 他 の 果 実	4,100	4,202	4,537	4,673	4,632	4,687	4,885	4,799
7. 肉　　　　類	4,138	4,315	4,521	4,752	4,903	4,943	5,004	5,095
a. 牛　　　　肉	752	774	817	893	973	996	1,095	1,127
b. 豚　　　　肉	1,697	1,813	1,890	1,994	2,041	2,066	2,066	2,084
c. 鶏　　　　肉	1,425	1,466	1,574	1,641	1,695	1,697	1,678	1,712
d. そ の 他 の 肉	231	230	222	218	191	183	162	169
e.　鯨	33	32	18	6	3	1	3	3
8. 鶏　　　　卵	2,174	2,199	2,333	2,430	2,448	2,468	2,470	2,609
9. 牛 乳 及 び 乳 製 品	8,814	8,785	8,976	9,576	10,253	10,218	10,583	10,820
	528	570	516	586	573	418	423	364
a. 農 家 自 家 用	108	114	182	174	120	124	127	123
b. 飲 用 向 け	4,328	4,307	4,342	4,598	4,821	4,956	5,091	5,117
c. 乳 製 品 向 け	4,378	4,364	4,452	4,804	5,312	5,138	5,365	5,580
	528	570	516	586	573	418	423	364
ｱ. 全 脂 れ ん 乳	56	49	50	51	50	53	51	48
ｲ. 脱 脂 れ ん 乳	14	14	14	15	15	16	16	15
ｳ. 全 脂 粉 乳	34	35	31	31	32	32	35	33
ｴ. 脱 脂 粉 乳	184	185	178	187	194	188	204	217
	71	77	70	83	81	58	55	49
ｵ. 育 児 用 粉 乳	45	47	45	43	43	40	36	39
ｶ. チ ー ズ	99	99	109	122	143	137	142	151
ｷ. バ タ ー	79	82	82	87	89	87	87	87
10. 魚　介　類	12,035	12,263	12,617	13,068	13,475	13,341	13,028	12,202
a. 生 鮮 ・ 冷 凍	3,230	3,342	3,334	3,448	3,387	3,352	3,315	3,098
b. 塩干, くん製, その他	4,616	4,717	4,802	4,938	5,123	5,170	5,067	4,734
c. か ん 詰	368	357	377	379	388	383	416	445
d. 飼 肥 料	3,821	3,847	4,104	4,303	4,577	4,436	4,230	3,925
11. 海　藻　類	204	193	204	184	211	221	216	204
12. 砂　糖　類								
a. 粗　　　　糖	2,155	2,074	2,016	2,003	2,080	2,041	2,009	1,955
b. 精　　　　糖	2,574	2,676	2,724	2,737	2,747	2,715	2,710	2,732
c. 含 み つ 糖	30	29	28	26	27	29	23	26
d. 糖 み つ	960	873	715	627	548	587	613	591
13. 油　脂　類	2,290	2,394	2,566	2,623	2,568	2,689	2,706	2,722
a. 植 物 油 脂	1,767	1,837	1,941	1,939	2,007	2,025	2,100	2,130
ｱ. 大 ・ 豆 油	704	700	716	672	693	662	667	629
ｲ. 菜 種 油	534	584	630	661	689	733	749	779
ｳ. や し 油	73	70	74	69	72	65	67	72
ｴ. そ の 他	456	483	521	537	553	565	617	650
b. 動 物 油 脂	523	557	625	684	561	664	606	592
ｱ. 魚 ・ 鯨 油	137	132	185	246	126	203	175	169
ｲ. 牛 脂	145	160	159	158	170	186	190	210
ｳ. そ の 他	241	265	281	280	265	275	241	213
14. み　　　　そ	673	655	656	639	639	621	606	603
15. し ょ う ゆ	1,228	1,214	1,226	1,223	1,231	1,215	1,190	1,189
16. そ の 他 食 料 計	3,456	3,634	3,621	3,647	3,770	3,758	3,974	4,014
う ち き の こ 類	284	282	308	319	340	356	373	374
17. 合　　　　計								

国 内 消 費 仕 向 量

（単位：1,000トン）

類　別・品　目　別	平成4年度	5	6	7	8	9	10	11
1．穀　　　　　類	39,816	39,838	38,526	37,969 195	38,205	38,134	37,717	37,719
a．　　米	10,502	10,476	10,022	10,290 195	10,189	10,107	9,908	9,905
b．小　　　麦	6,274	6,344	6,415	6,355	6,401	6,290	6,224	6,282
c．大　　　麦	2,734	2,751	2,807	2,724	2,696	2,688	2,672	2,745
d．は　だ　か　麦	13	12	14	20	23	20	22	23
e．と　う　も　ろ　こ　し	16,550	16,614	16,049	15,946	15,923	15,973	15,821	15,900
f．こ　う　り　ゃ　ん	3,105	3,021	2,528	1,952	2,367	2,547	2,511	2,239
g．そ　の　他　の　雑　穀	638	620	691	682	606	509	559	625
2．い　　も　　類	5,268	4,955	5,246	5,228	4,914	5,228	4,982	4,802
a．か　ん　し　ょ	1,298	1,036	1,266	1,182	1,112	1,136	1,144	1,016
b．ば　れ　い　し　ょ	3,970	3,919	3,980	4,046	3,802	4,092	3,838	3,786
3．で　　ん　　粉	2,806	2,744	2,850	2,815	2,938	3,036	2,986	3,017
4．豆　　　　　類	5,335	5,507	5,369	5,378	5,444	5,501	5,351	5,462
a．大　　　豆	4,822	4,999	4,881	4,919	4,967	5,040	4,896	5,004
b．そ　の　他　の　豆　類	513	508	488	459	477	461	455	458
5．野　　　　　菜	17,424	16,770	16,946	17,299	17,142	16,745	16,470	16,952
a．緑　黄　色　野　菜	3,491	3,463	3,728	3,879	3,864	3,780	3,796	4,041
b．そ　の　他　の　野　菜	13,933	13,307	13,218	13,420	13,278	12,965	12,674	12,911
6．果　　　　　実	8,199	8,293	9,167	8,656	8,284	8,687	8,092	8,744
a．う　ん　し　ゅ　う　み　か　ん	1,588	1,534	1,342	1,352	1,150	1,393	1,220	1,344
b．り　　ん　　ご	1,262	1,434	1,535	1,550	1,497	1,502	1,338	1,449
c．そ　の　他　の　果　実	5,349	5,325	6,290	5,754	5,637	5,792	5,534	5,951
7．肉　　　　　類	5,218	5,290	5,443	5,571	5,511	5,467	5,538	5,622
a．牛　　　肉	1,215	1,354	1,454	1,526	1,415	1,472	1,502	1,507
b．豚　　　肉	2,092	2,082	2,103	2,095	2,133	2,082	2,140	2,180
c．鶏　　　肉	1,748	1,707	1,759	1,820	1,856	1,822	1,804	1,851
d．そ　の　他　の　肉	161	145	125	127	104	89	90	81
e．　鯨	2	2	2	3	3	2	2	3
8．鶏　　　　　卵	2,668	2,700	2,667	2,659	2,674	2,676	2,640	2,658
9．牛　乳　及　び　乳　製　品	10,695 466	10,753 397	11,591 469	11,800 456	12,073 396	12,104 449	12,019 397	12,129 411
a．農　家　自　家　用	115	139	142	129	120	111	104	104
b．飲　用　向　け	5,109	5,030	5,263	5,152	5,188	5,122	5,026	4,939
c．乳　製　品　向　け	5,471 466	5,584 397	6,186 469	6,519 456	6,765 396	6,871 449	6,889 397	7,086 411
ア．全　脂　れ　ん　乳	44	47	51	43	48	39	40	36
イ．脱　脂　れ　ん　乳	12	11	11	10	8	8	9	6
ウ．全　脂　粉　乳	32	30	31	26	23	18	19	19
エ．脱　脂　粉　乳	213 62	216 52	230 50	232 47	231 36	230 40	225 34	220 36
オ．育　児　用　粉　乳	38	35	37	37	37	37	34	35
カ．チ　ー　ズ	162	170	176	190	201	207	218	227
キ．バ　タ　ー	85	89	90	93	89	90	83	84
10．魚　　介　　類	11,777	12,030	12,323	11,906	11,662	11,363	10,689	10,659
a．生　鮮　・　冷　凍	3,154	3,320	4,033	4,167	3,957	3,789	3,502	3,929
b．塩干，くん製，その他	4,682	4,725	4,463	4,432	4,464	4,248	4,323	4,078
c．か　　ん　　詰	429	419	378	322	347	338	314	304
d．飼　　肥　　料	3,512	3,566	3,449	2,985	2,894	2,988	2,550	2,348
11．海　　藻　　類	212	198	223	212	201	209	202	223
12．砂　　糖　　類								
a．粗　　　糖	1,934	1,819	1,973	1,799	1,808	1,805	1,710	1,662
b．精　　　糖	2,689	2,606	2,688	2,666	2,690	2,627	2,545	2,571
c．含　み　つ　糖	31	29	30	30	28	31	30	32
d．糖　み　つ	554	538	491	492	362	358	328	317
13．油　　脂　　類	2,690	2,773	2,723	2,772	2,822	2,863	2,787	2,863
a．植　物　油　脂	2,177	2,259	2,263	2,263	2,288	2,361	2,318	2,398
ア．大　　豆　　油	666	693	646	701	665	690	658	701
イ．菜　　種　　油	764	756	812	798	837	863	864	916
ウ．や　　し　　油	67	55	54	47	42	53	56	56
エ．そ　　の　　他	680	755	751	717	744	755	740	725
b．動　物　油　脂	513	514	460	509	534	502	469	465
ア．魚　・　鯨　油	105	103	91	138	154	136	113	103
イ．牛　　　脂	204	189	162	176	181	173	168	169
ウ．そ　　の　　他	204	222	207	195	199	193	188	193
14．み　　　　　そ	607	597	574	567	573	568	573	561
15．し　　ょ　　う　　ゆ	1,195	1,190	1,160	1,133	1,141	1,106	1,080	1,037
16．そ　の　他　食　料　計	4,152	4,331	4,307	4,232	4,170	4,253	4,292	4,318
う　ち　き　の　こ　類	404	431	442	459	454	481	499	507
17．合　　　　　計								

（注1）穀類及び米の下段の数値は、年産更新等に伴う飼料用の政府売却数量であり、それぞれ外数である。
（注2）牛乳及び乳製品の下段の数値は、輸入飼料用乳製品（脱脂粉乳及びホエイパウダー）で外数である。

国 内 消 費 仕 向 量

（単位：1,000トン）

類 別 ・ 品 目 別	平成12年度	13	14	15	16	17	18	19
1. 穀　　　　類	37,064	36,559	36,826	36,674	35,764	35,643	35,723	35,703
	193	143	62	27	284	323	475	639
a. 米	9,790	9,638	9,459	9,389	9,269	9,222	9,186	9,257
	193	143	62	27	284	323	475	639
b. 小　　　　麦	6,311	6,227	6,203	6,316	6,266	6,213	6,228	6,348
c. 大　　　　麦	2,606	2,526	2,425	2,263	2,315	2,265	2,303	2,199
d. は だ か 麦	21	22	20	19	20	16	12	12
e. とうもろこし	15,704	15,724	16,429	16,595	16,041	16,130	16,260	16,364
f. こ う り ゃ ん	2,051	1,864	1,683	1,462	1,359	1,301	1,247	1,138
g. その他の雑穀	581	558	607	630	494	496	487	385
2. い も 類	4,799	4,804	4,871	4,669	4,708	4,695	4,541	4,770
a. か ん し ょ	1,084	1,083	1,073	1,002	1,078	1,137	1,072	1,031
b. ば れ い し ょ	3,715	3,721	3,798	3,667	3,630	3,558	3,469	3,739
3. で ん 粉	3,080	3,023	3,011	3,024	2,997	3,002	3,003	2,959
4. 豆　　　　類	5,425	5,531	5,773	5,777	5,162	4,790	4,675	4,722
a. 大　　　　豆	4,962	5,072	5,309	5,311	4,715	4,348	4,237	4,304
b. その他の豆類	463	459	464	466	447	442	438	418
5. 野　　　　菜	16,826	16,722	16,054	15,819	15,491	15,849	15,593	15,505
a. 緑 黄 色 野 菜	4,016	4,055	3,864	3,873	3,891	4,136	4,078	4,150
b. その他の野菜	12,810	12,667	12,190	11,946	11,600	11,713	11,515	11,355
6. 果　　　　実	8,691	9,246	8,780	8,362	8,768	9,036	8,373	8,552
a. うんしゅうみかん	1,212	1,333	1,156	1,107	1,074	1,100	898	1,082
b. り ん ご	1,346	1,607	1,473	1,365	1,424	1,577	1,591	1,716
c. その他の果実	6,133	6,306	6,151	5,890	6,270	6,359	5,884	5,754
7. 肉　　　　類	5,683	5,502	5,643	5,610	5,519	5,649	5,574	5,600
a. 牛　　　　肉	1,554	1,304	1,333	1,291	1,155	1,151	1,145	1,180
b. 豚　　　　肉	2,188	2,236	2,350	2,406	2,492	2,494	2,383	2,392
c. 鶏　　　　肉	1,865	1,894	1,898	1,848	1,805	1,919	1,974	1,965
d. そ の 他 の 肉	73	65	58	61	63	79	67	59
e. 鯨	3	3	4	4	4	6	5	4
8. 鶏　　　　卵	2,656	2,633	2,647	2,633	2,608	2,619	2,635	2,700
9. 牛 乳 及 び 乳 製 品	12,309	12,174	12,170	12,205	12,355	12,144	12,166	12,243
	413	441	444	408	420	434	400	489
a. 農 家 自 家 用	104	92	89	86	81	82	82	83
b. 飲 用 向 け	5,003	4,903	5,046	4,957	4,902	4,739	4,620	4,508
c. 乳 製 品 向 け	7,202	7,179	7,035	7,162	7,372	7,323	7,464	7,652
	413	441	444	408	420	434	400	489
ア. 全 脂 れ ん 乳	36	34	35	34	38	37	32	39
イ. 脱 脂 れ ん 乳	5	6	7	6	6	7	6	7
ウ. 全 脂 粉 乳	18	17	17	16	15	15	14	15
エ. 脱 脂 粉 乳	194	174	176	175	191	206	190	197
	35	39	39	37	31	31	26	34
オ. 育 児 用 粉 乳	35	34	37	36	35	31	29	29
カ. チ ー ズ	243	240	232	239	249	246	254	263
キ. バ タ ー	83	91	91	90	90	85	90	92
10. 魚 介 類	10,812	11,387	11,147	10,900	10,519	10,201	9,892	9,550
a. 生 鮮 ・ 冷 凍	3,667	3,969	4,008	3,642	3,428	3,390	3,003	3,020
b. 塩干, くん製, その他	4,524	4,499	4,254	4,218	4,220	4,132	4,078	3,926
c. か ん 詰	338	338	330	342	349	339	334	322
d. 飼 肥 料	2,283	2,581	2,555	2,698	2,522	2,340	2,477	2,282
11. 海 藻 類	206	204	209	178	185	190	180	175
12. 砂 糖 類								
a. 粗　　　　糖	1,707	1,717	1,630	1,579	1,505	1,476	1,492	1,586
b. 精　　　　糖	2,577	2,561	2,554	2,565	2,535	2,544	2,489	2,533
c. 含 み つ 糖	31	32	34	36	41	44	43	40
d. 糖 み つ	299	288	272	276	261	264	244	236
13. 油 脂 類	2,896	2,912	2,912	2,906	2,963	2,995	2,994	2,989
a. 植 物 油 脂	2,414	2,431	2,462	2,463	2,517	2,549	2,549	2,575
ア. 大 豆 油	685	715	753	761	657	639	631	622
イ. 菜 種 油	931	907	878	864	985	994	987	970
ウ. や し 油	58	52	52	56	59	63	64	64
エ. そ の 他	740	757	779	782	816	853	867	919
b. 動 物 油 脂	482	481	450	443	446	446	445	414
ア. 魚 ・ 鯨 油	119	142	121	106	106	111	106	89
イ. 牛 脂	173	152	139	146	149	145	149	137
ウ. そ の 他	190	187	190	191	191	190	190	188
14. み そ	554	537	535	523	513	505	498	485
15. し ょ う ゆ	1,049	1,008	984	970	939	923	930	929
16. そ の 他 食 料 計	4,253	4,364	4,741	4,756	4,465	4,664	4,543	4,685
う ち き の こ 類	506	506	500	510	522	525	522	533
17. 合 計								

国 内 消 費 仕 向 量

（単位：1,000トン）

類 別 ・ 品 目 別	平成20年度	21	22	23	24	25	26	27
1. 穀　　　　　類	34,740	35,270	34,764	34,781	34,213	33,987	33,151	32,832
	463	301	406	591	383	488	627	958
a. 米	8,883	8,797	9,018	9,018	8,667	8,697	8,839	8,600
	463	301	406	591	383	488	627	958
b. 小　　　　麦	6,086	6,258	6,384	6,701	7,167	6,992	6,579	6,583
c. 大　　　　麦	1,961	2,244	2,087	2,142	2,055	2,063	1,935	1,925
d. は だ か 麦	13	13	11	12	12	17	18	19
e. と う も ろ こ し	16,299	15,985	15,516	15,243	14,425	14,469	14,634	14,757
f. こ う り ゃ ん	1,240	1,723	1,426	1,417	1,654	1,511	928	743
g. そ の 他 の 雑 穀	258	251	322	248	233	238	218	205
2. い　　も　　類	4,659	4,446	4,174	4,350	4,472	4,392	4,305	4,243
a. か ん し ょ	1,052	1,093	927	956	946	1,017	945	866
b. ば れ い し ょ	3,607	3,353	3,247	3,394	3,526	3,375	3,360	3,377
3. で　　ん　　粉	2,783	2,668	2,761	2,723	2,643	2,630	2,617	2,621
4. 豆　　　　　類	4,413	4,071	4,035	3,581	3,419	3,384	3,485	3,789
a. 大　　　　豆	4,034	3,668	3,642	3,187	3,037	3,012	3,095	3,380
b. そ の 他 の 豆 類	379	403	393	394	382	372	390	409
5. 野　　　　　菜	15,352	14,867	14,508	14,910	15,310	14,962	15,044	14,776
a. 緑 黄 色 野 菜	4,093	3,847	3,770	3,987	4,247	4,222	4,136	4,061
b. そ の 他 の 野 菜	11,259	11,020	10,738	10,923	11,063	10,740	10,908	10,715
6. 果　　　　　実	8,310	8,159	7,719	7,837	8,016	7,682	7,414	7,263
a. う ん し ゅ う み か ん	914	997	828	887	823	872	844	777
b. り　　ん　　ご	1,699	1,453	1,357	1,255	1,449	1,341	1,466	1,374
c. そ の 他 の 果 実	5,697	5,709	5,534	5,695	5,744	5,469	5,104	5,112
7. 肉　　　　　類	5,657	5,665	5,769	5,856	5,924	5,923	5,925	6,035
a. 牛　　　　肉	1,179	1,211	1,218	1,250	1,227	1,239	1,209	1,185
b. 豚　　　　肉	2,430	2,381	2,416	2,461	2,447	2,440	2,441	2,502
c. 鶏　　　　肉	1,989	2,017	2,087	2,099	2,204	2,195	2,226	2,298
d. そ の 他 の 肉	54	53	46	41	43	45	44	45
e. 鯨	5	3	2	5	3	4	5	5
8. 鶏　　　　　卵	2,646	2,609	2,619	2,633	2,624	2,642	2,628	2,655
9. 牛 乳 及 び 乳 製 品	11,315	11,114	11,366	11,635	11,721	11,635	11,694	11,891
	416	407	396	444	419	387	396	390
a. 農 家 自 家 用	80	76	70	64	59	57	60	56
b. 飲 用 向 け	4,414	4,216	4,107	4,081	4,009	3,962	3,907	3,949
c. 乳 製 品 向 け	6,821	6,822	7,189	7,490	7,653	7,616	7,727	7,886
	416	407	396	444	419	387	396	390
ア. 全 脂 れ ん 乳	40	39	41	38	38	37	36	36
イ. 脱 脂 れ ん 乳	6	5	5	5	5	4	4	4
ウ. 全 脂 粉 乳	13	12	14	13	11	12	12	12
エ. 脱 脂 粉 乳	158	152	163	148	141	145	140	137
	28	27	25	28	29	25	27	27
オ. 育 児 用 粉 乳	27	27	25	24	24	23	23	24
カ. チ ー ズ	223	237	245	267	285	279	283	301
キ. バ タ ー	78	78	84	79	76	74	74	75
1 0. 魚　　介　　類	9,418	9,154	8,701	8,248	8,297	7,868	7,891	7,663
a. 生 鮮 ・ 冷 凍	2,935	2,849	2,748	2,784	2,757	2,448	2,538	2,378
b. 塩干, くん製, その他	3,909	3,759	3,701	3,466	3,514	3,501	3,404	3,366
c. か ん 詰	310	314	316	313	335	331	337	338
d. 飼 肥 料	2,264	2,232	1,936	1,685	1,691	1,588	1,612	1,581
1 1. 海　　藻　　類	158	155	151	141	158	147	139	142
1 2. 砂　　糖　　類								
a. 粗　　　　糖	1,496	1,452	1,534	1,595	1,500	1,514	1,447	1,384
b. 精　　　　糖	2,459	2,473	2,453	2,424	2,409	2,434	2,367	2,357
c. 含 み つ 糖	36	34	29	27	30	29	30	34
d. 糖 み つ	257	242	227	232	222	234	231	229
1 3. 油　　脂　　類	2,988	2,861	2,920	2,905	2,916	2,951	3,010	3,039
a. 植 物 油 脂	2,553	2,451	2,513	2,499	2,508	2,547	2,612	2,646
ア. 大 豆 油	605	513	489	419	410	402	420	464
イ. 菜 種 油	914	918	980	1,056	1,070	1,075	1,083	1,039
ウ. や し 油	71	60	52	48	47	44	55	59
エ. そ の 他	963	960	992	976	981	1,026	1,054	1,084
b. 動 物 油 脂	435	410	407	406	408	404	398	393
ア. 魚 ・ 鯨 油	114	110	96	98	98	95	88	96
イ. 牛 脂	142	118	133	124	123	120	124	117
ウ. そ の 他	179	182	178	184	187	189	186	180
1 4. み　　　　　そ	465	456	463	458	437	427	446	454
1 5. し ょ う ゆ	862	848	829	804	788	790	757	757
1 6. そ の 他 食 料 計	4,422	4,458	4,677	4,433	4,197	3,816	3,857	4,063
う ち き の こ 類	522	525	537	540	532	523	515	513
1 7. 合　　　　　計								

（注1）穀類及び米の下段の数値は、年産更新等に伴う飼料用の政府売却数量であり、それぞれ外数である。
（注2）牛乳及び乳製品の下段の数値は、輸入飼料用乳製品（脱脂粉乳及びホエイパウダー）で外数である。

国 内 消 費 仕 向 量

（単位：1,000トン）

類　別・品　目　別	平成28年度	29	30	令和元年度	2	3
1．穀　　　　　類	33,059	33,281	33,313	33,149	32,058	32,101
	909	663	478	612	744	878
a．　　　米	8,644	8,616	8,443	8,300	7,855	8,195
	909	663	478	612	744	878
b．小　　　　麦	6,621	6,702	6,525	6,473	6,412	6,421
c．大　　　　麦	1,962	1,952	1,937	1,861	1,810	1,893
d．は　だ　か　麦	27	33	42	43	36	36
e．と　う　も　ろ　こ　し	15,014	15,249	15,638	15,834	15,415	15,091
f．こ　う　り　ゃ　ん	579	510	515	420	346	269
g．そ　の　他　の　雑　穀	212	219	213	218	184	196
2．い　　も　　類	4,117	4,340	4,198	4,307	3,966	3,960
a．か　ん　し　ょ	917	861	841	792	718	708
b．ば　れ　い　し　ょ	3,200	3,479	3,357	3,515	3,248	3,252
3．で　　ん　　粉	2,680	2,625	2,671	2,643	2,323	2,403
4．豆　　　　　類	3,810	3,974	3,955	4,056	3,843	3,897
a．大　　　　豆	3,424	3,573	3,567	3,683	3,498	3,564
b．そ　の　他　の　豆　類	386	401	388	373	345	333
5．野　　　　　菜	14,468	14,654	14,767	14,601	14,367	13,887
a．緑　黄　色　野　菜	3,941	4,125	4,116	4,051	4,090	4,047
b．そ　の　他　の　野　菜	10,527	10,529	10,651	10,550	10,277	9,840
6．果　　　　　実	7,150	7,092	7,437	7,068	7,104	6,660
a．う　ん　し　ゅ　う　み　か　ん	803	739	777	725	754	734
b．り　　ん　　ご	1,280	1,282	1,251	1,255	1,254	1,136
c．そ　の　他　の　果　実	5,067	5,071	5,409	5,088	5,096	4,790
7．肉　　　　　類	6,203	6,412	6,544	6,556	6,531	6,594
a．牛　　　　肉	1,231	1,291	1,331	1,339	1,329	1,267
b．豚　　　　肉	2,552	2,621	2,644	2,626	2,638	2,675
c．鶏　　　　肉	2,369	2,448	2,511	2,537	2,513	2,601
d．そ　の　他　の　肉	48	50	54	52	49	50
e．　　鯨	3	2	4	2	2	1
8．鶏　　　　　卵	2,649	2,723	2,737	2,753	2,684	2,673
9．牛　乳　及　び　乳　製　品	11,900	12,150	12,425	12,413	12,219	12,162
	421	457	468	448	396	364
a．農　家　自　家　用	51	49	45	44	45	49
b．飲　用　向　け	3,985	3,979	4,001	3,991	4,026	3,990
c．乳　製　品　向　け	7,864	8,122	8,379	8,378	8,148	8,123
	421	457	468	448	396	364
ア．全　脂　れ　ん　乳	38	34	36	33	31	34
イ．脱　脂　れ　ん　乳	4	4	4	4	4	4
ウ．全　脂　粉　乳	11	10	10	11	10	12
エ．脱　脂　粉　乳	137	139	139	131	142	143
	28	32	32	33	25	18
オ．育　児　用　粉　乳	23	22	21	20	19	20
カ．チ　ー　ズ	302	321	333	339	333	330
キ．バ　タ　ー	74	71	79	84	78	84
10．魚　　介　　類	7,365	7,382	7,154	7,192	6,838	6,641
a．生　鮮　・　冷　凍	2,180	2,250	1,889	1,886	1,797	1,691
b．塩干，くん製，その他	3,325	3,228	3,439	3,413	3,161	3,177
c．か　ん　詰	343	340	348	341	325	297
d．飼　肥　料	1,517	1,564	1,478	1,552	1,555	1,476
11．海　　藻　　類	137	140	138	127	132	118
12．砂　　糖　　類						
a．粗　　　　糖	1,382	1,362	1,309	1,284	1,141	1,177
b．精　　　　糖	2,368	2,325	2,312	2,267	2,110	2,127
c．含　み　つ　糖	34	32	30	32	25	29
d．糖　み　つ	233	225	219	222	217	221
13．油　　脂　　類	3,050	3,135	3,119	3,159	3,098	2,994
a．植　物　油　脂	2,663	2,778	2,771	2,820	2,767	2,686
ア．大　　豆　　油	477	499	514	538	515	537
イ．菜　　種　　油	997	1,041	998	1,005	997	1,011
ウ．や　　し　　油	52	49	45	43	42	45
エ．そ　　の　　他	1,137	1,189	1,214	1,234	1,213	1,093
b．動　物　油　脂	387	357	348	339	331	308
ア．魚　・　鯨　油	98	99	95	95	91	95
イ．牛　　　　脂	101	92	90	85	80	77
ウ．そ　　の　　他	188	166	163	159	160	136
14．み　　　　　そ	461	467	465	464	459	446
15．し　　ょ　　う　　ゆ	741	728	717	700	662	661
16．そ　の　他　食　料　計	3,942	4,017	4,076	4,130	4,282	4,173
うち　き　の　こ　類	517	519	528	516	516	517
17．合　　　　　計						

(5) 供　給　粗　食　料

（単位：1,000トン）

類別・品目別	昭和35年度	36	37	38	39	40	41	42
1.穀　　　　　類	16,321	16,401	16,553	16,587	16,741	16,455	16,221	16,195
a.米	11,786	12,160	12,410	12,429	12,386	12,037	11,512	11,412
b.小　　麦	3,125	3,207	3,254	3,404	3,593	3,700	4,025	4,106
c.大　　麦	668	488	444	401	514	372	293	311
d.はだか麦	640	438	346	255	157	258	308	271
e.とうもろこし	18	24	21	20	23	27	22	30
f.こうりゃん	1	3	3	4	2	2	2	3
g.その他の雑穀	83	81	75	74	66	59	59	62
2.いも　　類	3,161	3,099	2,739	2,469	2,505	2,330	2,227	1,978
a.かんしょ	1,526	1,450	1,131	1,050	880	793	750	548
b.ばれいしょ	1,635	1,649	1,608	1,419	1,625	1,537	1,477	1,430
3.でん　　粉	609	662	752	754	793	816	826	905
4.豆　　　類	989	1,009	979	1,004	953	971	1,007	1,054
a.大　　豆	519	527	491	486	462	462	504	542
b.その他の豆類	470	482	488	518	491	509	503	512
5.野　　　菜	10,681	10,171	11,127	12,166	11,555	12,224	13,031	13,279
a.緑黄色野菜	1,793	1,798	1,915	2,051	2,018	2,135	2,283	2,415
b.その他の野菜	8,888	8,373	9,212	10,115	9,537	10,089	10,748	10,748
6.果　　　実	2,762	2,887	2,941	3,250	3,673	3,751	4,298	4,441
a.うんしゅうみかん	793	715	730	791	1,002	1,038	1,391	1,256
b.りんご	803	853	894	1,022	965	998	932	989
c.その他の果実	1,166	1,319	1,317	1,437	1,706	1,715	1,975	2,196
7.肉　　　類	608	744	917	943	1,052	1,172	1,326	1,421
a.牛　　肉	144	144	154	199	230	203	164	176
b.豚　　肉	152	236	316	273	310	422	560	608
c.鶏　　肉	101	129	152	179	221	241	272	306
d.その他の肉	57	56	62	96	110	103	133	151
e.鯨	154	179	233	196	181	203	197	180
8.鶏　　　卵	659	853	936	982	1,171	1,276	1,173	1,289
9.牛乳及び乳製品	2,078	2,352	2,701	3,156	3,445	3,686	4,130	4,340
a.農家自家用	101	108	119	125	127	132	121	119
b.飲用向け	998	1,114	1,202	1,452	1,649	1,810	2,002	2,135
c.乳製品向け	979	1,130	1,380	1,579	1,669	1,744	2,007	2,086
ｱ.全脂れん乳	52	55	58	52	43	38	38	43
ｲ.脱脂れん乳	26	30	28	32	29	24	20	23
ｳ.全脂粉乳	8	9	14	17	24	27	31	34
ｴ.脱脂粉乳	41	46	56	81	84	80	89	87
ｵ.育児用粉乳	23	28	33	35	36	51	45	48
ｶ.チーズ	5	7	9	13	13	17	29	30
ｷ.バター	12	14	20	21	24	26	34	34
10.魚介　　類	4,400	4,756	4,823	4,963	4,465	5,048	5,163	5,545
a.生鮮・冷凍	}4,400	}4,756	2,010	2,088	1,626	1,973	1,897	2,080
b.塩干,くん製,その他			2,653	2,760	2,752	2,964	3,146	3,297
c.かん詰			160	115	87	111	120	168
d.飼肥料	0	0	0	0	0	0	0	0
11.海藻　　類	60	61	82	70	62	70	81	92
12.砂糖　　類	1,406	1,495	1,611	1,603	1,710	1,842	1,969	2,107
a.粗　　糖	0	0	0	0	0	0	0	0
b.精　　糖	1,318	1,426	1,537	1,540	1,665	1,782	1,906	2,060
c.含みつ糖	73	54	57	50	29	43	39	30
d.糖みつ	15	15	17	13	16	17	24	17
13.油脂　　類	437	480	533	629	681	686	804	874
a.植物油脂	324	370	413	483	516	511	602	651
ｱ.大豆油	117	136	165	209	212	239	270	276
ｲ.菜種油	95	113	111	75	80	82	100	98
ｳ.やし油	10	13	17	24	14	14	34	40
ｴ.その他	102	108	120	175	210	176	198	237
b.動物油脂	113	110	120	146	165	175	202	223
ｱ.魚・鯨油	40	42	55	42	40	41	46	53
ｲ.牛脂	29	33	33	54	67	72	80	83
ｳ.その他	44	35	32	50	58	62	76	87
14.みそ	821	789	750	757	774	768	776	784
15.しょうゆ	1,281	1,246	1,076	1,056	1,177	1,149	1,149	1,206
16.その他食料計	—	—	—	—	—	173	188	202
うちきのこ類	—	—	—	—	—	50	53	71
17.合　　　計								

供　給　粗　食　料

（単位：1,000トン）

類　別・品　目　別	昭和43年度	44	45	46	47	48	49	50
1．穀　　　　　　　類	15,948	15,672	15,402	15,430	15,537	15,729	15,762	15,810
a.　米	11,188	10,972	10,894	10,812	10,877	10,941	10,950	10,878
b.小　　　　　麦	4,119	4,168	4,092	4,169	4,250	4,316	4,409	4,522
c.大　　　　　麦	298	226	152	177	176	275	261	255
d.は　だ　か　麦	230	188	145	137	82	35	29	30
e.とうもろこし	46	57	54	77	90	95	54	55
f.こ　う　り　ゃ　ん	1	1	0	0	0	0	0	0
g.その他の雑穀	66	60	65	58	62	67	59	70
2．い・も　　　類	1,956	1,847	1,861	1,928	1,977	1,952	1,927	1,986
a.か　ん　し　ょ	574	477	471	529	581	523	497	533
b.ば　れ　い　し　ょ	1,382	1,370	1,390	1,399	1,396	1,429	1,430	1,453
3．で　ん　　　粉	885	872	838	819	852	847	825	842
4．豆　　　　　　　類	1,066	1,104	1,092	1,117	1,111	1,122	1,093	1,089
a.大　　　　　豆	557	565	578	588	616	627	633	646
b.その他の豆類	509	539	514	529	495	495	460	443
5．野　　　　　　　菜	14,577	14,187	13,874	14,494	14,660	14,166	14,616	14,450
a.緑黄色野菜	2,591	2,474	2,483	2,544	2,591	2,519	2,605	2,546
b.その他の野菜	10,748	11,713	11,391	11,950	12,069	11,647	12,011	11,904
6．果　　　　　　　実	5,271	5,118	5,455	5,505	6,628	6,609	6,371	6,698
a.うんしゅうみかん	1,899	1,631	2,071	1,996	2,944	2,776	2,776	3,049
b.り　ん　　ご	996	954	904	897	859	860	761	808
c.その他の果実	2,376	2,533	2,480	2,612	2,825	2,973	2,834	2,841
7．肉　　　　　　　類	1,472	1,680	1,864	2,156	2,370	2,527	2,645	2,819
a.牛　　　　　肉	203	268	309	357	379	370	404	407
b.豚　　　　　肉	599	632	780	860	987	1,117	1,143	1,166
c.鶏　　　　　肉	347	435	497	581	654	710	734	768
d.そ　の　他　の　肉	176	196	153	226	225	207	245	373
e.　鯨	147	149	125	132	125	123	119	105
8．鶏　　　　　　　卵	1,422	1,584	1,730	1,754	1,756	1,765	1,741	1,765
9．牛乳及び乳製品	4,572	4,852	5,195	5,335	5,563	5,744	5,723	6,001
a.農　家　自　家　用	120	126	117	107	100	88	80	77
b.飲　用　向　け	2,337	2,491	2,625	2,658	2,814	2,922	2,974	3,149
c.乳　製　品　向　け	2,115	2,235	2,453	2,570	2,649	2,734	2,669	2,775
ｱ.全　脂　れ　ん　乳	42	49	50	49	55	41	45	39
ｲ.脱　脂　れ　ん　乳	23	26	26	23	17	18	14	15
ｳ.全　脂　粉　乳	31	31	37	36	41	34	29	30
ｴ.脱　脂　粉　乳	77	79	85	68	86	96	104	109
ｵ.育　児　用　粉　乳	48	55	54	58	77	91	75	67
ｶ.チ　ー　　ズ	35	40	43	43	44	51	57	58
ｷ.バ　タ　ー	39	39	42	57	54	61	53	56
10．魚　介　　　類	5,916	5,915	6,356	6,797	7,011	7,256	7,484	7,549
a.生　鮮・冷　凍	2,247	2,114	2,255	2,401	2,536	2,661	2,853	2,941
b.塩干,くん製,その他	3,571	3,705	4,021	4,191	4,343	4,424	4,405	4,458
c.か　ん　　詰	98	96	80	205	132	171	226	150
d.飼　肥　　料	0	0	0	0	0	0	0	0
11．海　藻　　　類	91	77	96	110	104	127	134	125
12．砂　糖　　　類	2,218	2,480	2,793	2,814	3,012	3,067	2,911	2,806
a.粗　　　　　糖	0	0	0	0	0	0	0	0
b.精　　　　　糖	2,174	2,438	2,746	2,774	2,973	3,014	2,879	2,762
c.含　み　つ　糖	32	28	35	26	26	31	32	29
d.糖　み　つ	12	14	12	14	13	22	0	15
13．油　脂　　　類	931	986	1,038	1,097	1,216	1,290	1,341	1,359
a.植　物　油　脂	696	745	795	815	909	1,002	1,085	1,090
ｱ.大　　豆　　油	307	341	399	395	415	421	486	469
ｲ.菜　　種　　油	114	118	123	151	209	259	276	312
ｳ.や　　し　　油	32	37	30	33	42	58	26	27
ｴ.そ　　の　　他	243	249	243	236	243	264	297	282
b.動　物　油　脂	235	241	243	282	307	288	256	269
ｱ.魚・鯨　油	66	80	75	79	85	85	84	77
ｲ.牛　　　　脂	80	75	81	87	97	85	61	83
ｳ.そ　の　他	89	86	87	116	125	118	111	109
14．み　　　　　　　そ	766	745	761	754	764	772	734	711
15．し　ょ　う　ゆ	1,141	1,160	1,226	1,238	1,293	1,374	1,371	1,236
16．その他食料計	215	205	222	247	264	276	275	283
うちきのこ類	86	83	96	113	132	137	161	162
17．合　　　　　　　計								

供　給　粗　食　料

（単位：1,000トン）

類　別・品　目　別	昭和51年度	52	53	54	55	56	57	58
1.　穀　　　　　　　　　類	15,768	15,537	15,404	15,315	15,375	15,251	15,188	15,137
a.　米	10,761	10,487	10,367	10,227	10,198	10,128	10,008	9,984
b.　小　　　　　　麦	4,602	4,655	4,681	4,749	4,839	4,808	4,845	4,865
c.　大　　　　　　麦	239	232	161	130	136	102	124	78
d.　は　だ　か　麦	31	27	25	32	34	37	36	31
e.　と　う　も　ろ　こ　し	58	60	70	87	80	88	89	95
f.　こ　う　り　ゃ　ん	0	0	0	0	0	0	0	0
g.　そ　の　他　の　雑　穀	77	76	100	90	88	88	86	84
2.　い　　　も　　　類	2,070	2,202	2,285	2,285	2,244	2,276	2,389	2,392
a.　か　ん　し　ょ	533	552	535	532	504	545	539	549
b.　ば　れ　い　し　ょ	1,537	1,650	1,750	1,753	1,740	1,731	1,850	1,843
3.　で　　　ん　　　粉	989	1,044	1,081	1,114	1,357	1,473	1,470	1,625
4.　豆　　　　　　　　類	1,046	1,007	1,004	1,027	1,030	1,033	1,038	1,091
a.　大　　　　　　豆	614	589	614	622	617	625	666	695
b.　そ　の　他　の　豆　類	432	418	390	405	413	408	372	396
5.　野　　　　　　　　菜	14,666	15,414	15,574	15,432	15,370	15,571	15,849	15,373
a.　緑　黄　色　野　菜	2,473	2,733	2,794	2,881	2,882	2,808	2,818	2,820
b.　そ　の　他　の　野　菜	12,193	12,681	12,780	12,551	12,488	12,763	13,031	12,553
6.　果　　　　　　　　実	6,264	6,572	6,547	6,653	6,389	6,343	6,592	6,615
a.　う　ん　し　ゅ　う　み　か　ん	2,561	2,791	2,600	2,644	2,383	2,513	2,417	2,380
b.　り　　ん　　ご	789	859	751	772	886	758	830	937
c.　そ　の　他　の　果　実	2,914	2,922	3,196	3,237	3,120	3,072	3,345	3,298
7.　肉　　　　　　　　類	2,979	3,264	3,456	3,673	3,667	3,738	3,856	3,955
a.　牛　　　　　　肉	441	487	544	564	585	619	667	710
b.　豚　　　　　　肉	1,243	1,346	1,440	1,593	1,613	1,609	1,614	1,644
c.　鶏　　　　　　肉	858	963	1,063	1,143	1,170	1,213	1,276	1,332
d.　そ　の　他　の　肉	361	389	351	327	253	260	259	229
e.　鯨	76	79	58	46	46	37	40	40
8.　鶏　　　　　　　　卵	1,811	1,856	1,922	1,924	1,927	1,951	1,988	2,008
9.　牛　乳　及　び　乳　製　品	6,479	6,779	7,116	7,511	7,648	8,017	7,939	8,421
a.　農　家　自　家　用	75	72	75	72	52	53	54	54
b.　飲　用　向　け	3,321	3,536	3,689	3,866	3,970	4,099	4,205	4,228
c.　乳　製　品　向　け	3,083	3,171	3,352	3,573	3,626	3,865	3,680	4,139
ア.　全　脂　れ　ん　乳	45	44	53	56	49	56	56	52
イ.　脱　脂　れ　ん　乳	17	18	19	24	20	20	20	18
ウ.　全　脂　粉　乳	25	28	30	32	32	33	35	36
エ.　脱　脂　粉　乳	99	106	117	126	140	155	168	182
オ.　育　児　用　粉　乳	57	50	52	53	51	48	46	47
カ.　チ　ー　ズ	68	76	81	86	81	87	88	94
キ.　バ　タ　ー	57	55	58	63	68	72	74	74
10.　魚　　介　　類	7,763	7,565	7,742	7,546	7,666	7,677	7,643	8,023
a.　生　鮮・冷　凍	3,060	2,931	3,087	2,896	3,009	2,928	2,812	2,971
b.　塩干，くん製，その他	4,454	4,378	4,379	4,361	4,383	4,445	4,494	4,690
c.　か　ん　詰	249	256	276	289	274	304	337	362
d.　飼　　肥　　料	0	0	0	0	0	0	0	0
11.　海　　藻　　類	147	142	134	143	157	150	143	158
12.　砂　　糖　　類	2,859	3,043	2,917	3,010	2,731	2,615	2,710	2,586
a.　粗　　　　　　糖	0	0	0	0	0	0	0	0
b.　精　　　　　　糖	2,809	2,996	2,866	2,962	2,687	2,565	2,664	2,540
c.　含　み　つ　糖	27	30	30	28	25	30	28	28
d.　糖　み　つ	23	17	21	20	19	20	18	18
13.　油　　脂　　類	1,404	1,447	1,565	1,635	1,719	1,831	1,873	1,915
a.　植　物　油　脂	1,152	1,202	1,273	1,324	1,391	1,508	1,564	1,610
ア.　大　豆　油	483	500	557	546	577	594	631	660
イ.　菜　種　油	299	311	349	405	402	493	493	492
ウ.　や　し　油	49	40	41	29	28	35	40	42
エ.　そ　の　他	321	351	326	344	384	386	400	416
b.　動　物　油　脂	252	245	292	311	328	323	309	305
ア.　魚・鯨　油	80	70	83	112	114	115	117	117
イ.　牛　脂	58	54	57	47	60	63	61	65
ウ.　そ　の　他	114	121	152	152	154	145	131	123
14.　み　　　　　　　　そ	730	718	696	702	707	698	693	677
15.　し　ょ　う　ゆ	1,348	1,255	1,299	1,356	1,287	1,265	1,258	1,243
16.　そ　の　他　食　料　計	304	338	356	357	368	396	395	418
う　ち　き　の　こ　類	174	186	204	212	221	235	226	243
17.　合　　　　　　　　計								

供　給　粗　食　料

(単位:1,000トン)

類　別・品　目　別	昭和59年度	60	61	62	63	平成元年度	2	3
1.　穀　　　　　　類	15,179	15,198	15,110	14,972	14,900	14,887	14,904	14,922
a.　　　　米	9,989	9,962	9,859	9,709	9,617	9,571	9,554	9,573
b.小　　　　　麦	4,900	4,920	4,922	4,938	4,965	5,001	5,028	5,046
c.大　　　　　麦	78	81	79	67	63	53	53	48
d.は　だ　か　麦	31	27	22	22	18	16	14	13
e.とうもろこし	90	115	128	132	124	136	149	136
f.こ　う　り　ゃ　ん	0	0	0	0	0	0	0	0
g.そ　の　他　の　雑　穀	91	93	100	104	113	110	106	106
2.　い　　　も　　　類	2,363	2,505	2,659	2,666	2,675	2,818	2,827	2,839
a.か　ん　し　ょ	577	643	622	625	599	697	700	606
b.ば　れ　い　し　ょ	1,786	1,862	2,037	2,041	2,076	2,121	2,127	2,233
3.　で　　　ん　　　粉	1,687	1,702	1,753	1,851	1,881	1,941	1,971	1,975
4.　豆　　　　　　類	1,113	1,135	1,170	1,220	1,209	1,221	1,182	1,228
a.大　　　　　豆	726	737	756	817	807	822	798	820
b.そ　の　他　の　豆　類	387	398	414	403	402	399	384	408
5.　野　　　　　　菜	15,932	15,683	16,023	16,088	15,935	15,958	15,615	15,336
a.緑　黄　色　野　菜	3,039	3,018	3,078	3,127	3,199	3,229	3,174	3,112
b.そ　の　他　の　野　菜	12,893	12,665	12,945	12,961	12,736	12,729	12,441	12,224
6.　果　　　　　　実	5,852	6,236	6,243	6,712	6,622	6,519	6,471	6,148
a.うんしゅうみかん	1,801	1,995	1,666	2,014	1,918	1,708	1,375	1,358
b.り　　ん　　ご	730	842	903	922	959	1,022	1,135	895
c.そ　の　他　の　果　実	3,321	3,399	3,674	3,776	3,745	3,789	3,961	3,895
7.　肉　　　　　　類	4,056	4,231	4,432	4,657	4,805	4,845	4,904	4,993
a.牛　　　　　肉	737	759	801	875	954	976	1,073	1,104
b.豚　　　　　肉	1,663	1,777	1,852	1,954	2,000	2,025	2,025	2,042
c.鶏　　　　　肉	1,396	1,437	1,543	1,608	1,661	1,663	1,644	1,678
d.そ　の　他　の　肉	227	226	218	214	187	180	159	166
e.　　　鯨	33	32	18	6	3	1	3	3
8.　鶏　　　　　　卵	2,046	2,070	2,201	2,296	2,315	2,336	2,341	2,477
9.　牛　乳　及　び　乳　製　品	8,583	8,552	8,671	9,266	9,985	9,936	10,286	10,520
a.農　家　自　家　用	51	55	54	54	59	46	42	41
b.飲　用　向　け	4,285	4,264	4,299	4,552	4,773	4,906	5,040	5,066
c.乳　製　品　向　け	4,247	4,233	4,318	4,660	5,153	4,984	5,204	5,413
ｱ.全　脂　れ　ん　乳	56	49	50	51	50	53	51	48
ｲ.脱　脂　れ　ん　乳	14	14	14	15	15	16	16	15
ｳ.全　脂　粉　乳	34	35	31	31	32	32	35	33
ｴ.脱　脂　粉　乳	184	185	178	187	194	188	204	217
ｵ.育　児　用　粉　乳	45	47	45	43	43	40	36	39
ｶ.チ　ー　ズ	99	99	109	122	143	137	142	151
ｷ.バ　タ　ー	79	82	82	87	89	87	87	87
10.魚　　介　　類	8,214	8,416	8,513	8,765	8,898	8,905	8,798	8,277
a.生　鮮・冷　凍	3,230	3,342	3,334	3,448	3,387	3,352	3,315	3,098
b.塩干，くん製，その他	4,616	4,717	4,802	4,938	5,123	5,170	5,067	4,734
c.か　　ん　　詰	368	357	377	379	388	383	416	445
d.飼　　肥　　料	0	0	0	0	0	0	0	0
11.海　　　藻　　　類	168	161	176	156	180	185	175	167
12.砂　　　糖　　　類	2,560	2,665	2,712	2,719	2,733	2,704	2,692	2,715
a.粗　　　　　糖	0	0	0	0	0	0	0	0
b.精　　　　　糖	2,515	2,619	2,668	2,679	2,692	2,662	2,655	2,676
c.含　み　つ　糖	30	29	28	26	27	29	23	26
d.糖　　み　　つ	15	17	16	14	14	13	14	13
13.油　　　脂　　　類	1,941	2,014	2,115	2,094	2,129	2,168	2,156	2,122
a.植　物　油　脂	1,614	1,682	1,778	1,773	1,807	1,841	1,862	1,850
ｱ.大　　豆　　油	664	660	674	631	650	620	639	600
ｲ.菜　　種　　油	521	570	613	642	664	708	696	713
ｳ.や　　し　　油	28	26	27	28	26	28	31	31
ｴ.そ　の　他	401	426	464	472	467	485	496	506
b.動　物　油　脂	327	332	337	321	322	327	294	272
ｱ.魚・鯨　油	122	122	114	116	109	111	107	98
ｲ.牛　　　　脂	59	57	52	52	56	51	44	40
ｳ.そ　の　他	146	153	171	153	157	165	143	134
14.み　　　　　　そ	671	653	654	637	637	619	604	601
15.し　ょ　う　ゆ	1,224	1,210	1,222	1,219	1,227	1,211	1,186	1,185
16.そ　の　他　食　料　計	443	441	461	469	492	532	555	533
う　ち　き　の　こ　類	270	268	293	305	323	339	354	355
17.合　　　　　　計								

供　給　粗　食　料

（単位：1,000トン）

類 別・品 目 別	平成4年度	5	6	7	8	9	10	11
1．穀　　　　　　　類	14,935	14,999	14,762	14,974	14,981	14,834	14,624	14,681
a．米	9,581	9,535	9,149	9,398	9,345	9,291	9,096	9,109
b．小　　　　　麦	5,046	5,149	5,306	5,278	5,328	5,248	5,216	5,255
c．大　　　　　麦	63	65	61	61	61	60	54	72
d．は だ か 麦	7	7	7	12	15	12	14	8
e．とうもろこし	133	122	114	108	120	106	129	118
f．こうりゃん	0	0	0	0	0	0	0	0
g．その他の雑穀	105	121	125	117	112	117	115	119
2．い　　　も　　　類	2,823	2,744	2,885	2,889	2,912	2,983	2,850	2,949
a．かんしょ	699	619	698	653	660	669	646	642
b．ばれいしょ	2,124	2,125	2,187	2,236	2,252	2,314	2,204	2,307
3．で　　　ん　　　粉	1,893	1,881	1,960	1,963	2,008	2,094	2,108	2,147
4．豆　　　　　　　類	1,259	1,194	1,191	1,146	1,239	1,205	1,231	1,197
a．大　　　　　豆	836	769	791	785	844	828	858	821
b．その他の豆類	423	425	400	361	395	377	373	376
5．野　　　　　　　菜	15,629	15,048	15,200	15,514	15,372	15,018	14,783	15,207
a．緑黄色野菜	3,176	3,151	3,376	3,509	3,498	3,421	3,439	3,658
b．その他の野菜	12,453	11,897	11,824	12,005	11,874	11,597	11,344	11,549
6．果　　　　　　　実	6,817	6,907	7,621	7,206	6,888	7,213	6,708	7,248
a．うんしゅうみかん	1,350	1,304	1,141	1,149	978	1,184	1,037	1,142
b．り　ん　ご	1,136	1,291	1,382	1,395	1,347	1,352	1,204	1,304
c．その他の果実	4,331	4,312	5,098	4,662	4,563	4,677	4,467	4,802
7．肉　　　　　　　類	5,114	5,184	5,334	5,459	5,401	5,359	5,427	5,509
a．牛　　　　　肉	1,191	1,327	1,425	1,495	1,387	1,443	1,472	1,477
b．豚　　　　　肉	2,050	2,040	2,061	2,053	2,090	2,040	2,097	2,136
c．鶏　　　　　肉	1,713	1,673	1,724	1,784	1,819	1,786	1,768	1,814
d．その他の肉	158	142	122	124	102	88	88	79
e．鯨	2	2	2	3	3	2	2	3
8．鶏　　　　　　　卵	2,536	2,570	2,540	2,534	2,549	2,553	2,520	2,536
9．牛乳及び乳製品	10,399	10,437	11,253	11,454	11,745	11,762	11,680	11,786
a．農 家 自 家 用	34	41	43	31	47	26	22	23
b．飲 用 向 け	5,058	4,980	5,210	5,100	5,136	5,071	4,976	4,890
c．乳 製 品 向 け	5,307	5,416	6,000	6,323	6,562	6,665	6,682	6,873
ｱ．全 脂 れ ん 乳	44	47	51	43	48	39	40	36
ｲ．脱 脂 れ ん 乳	12	11	11	10	8	8	9	6
ｳ．全 脂 粉 乳	32	30	31	26	23	18	19	19
ｴ．脱 脂 粉 乳	213	216	230	232	231	230	225	220
ｵ．育 児 用 粉 乳	38	35	37	37	37	37	34	35
ｶ．チ ー ズ	162	170	176	190	201	207	218	227
ｷ．バ タ ー	85	89	90	93	89	90	83	84
10．魚　　介　　　類	8,265	8,464	8,874	8,921	8,768	8,375	8,139	8,311
a．生 鮮・冷 凍	3,154	3,320	4,033	4,167	3,957	3,789	3,502	3,929
b．塩干，くん製，その他	4,682	4,725	4,463	4,432	4,464	4,248	4,323	4,078
c．か　ん　詰	429	419	378	322	347	338	314	304
d．飼 肥 料	0	0	0	0	0	0	0	0
11．海　　藻　　　類	178	168	190	181	172	180	174	192
12．砂　　糖　　　類	2,680	2,592	2,676	2,656	2,672	2,616	2,532	2,557
a．粗　　　　　糖	0	0	0	0	0	0	0	0
b．精　　　　　糖	2,637	2,552	2,634	2,615	2,636	2,573	2,494	2,518
c．含 み つ 糖	31	29	30	30	28	31	30	32
d．糖 み つ	12	11	12	11	8	12	8	7
13．油　　脂　　　類	2,213	2,231	2,303	2,341	2,395	2,439	2,391	2,466
a．植 物 油 脂	1,931	1,952	2,025	2,060	2,099	2,163	2,137	2,209
ｱ．大 豆 油	637	655	615	669	634	659	628	663
ｲ．菜 種 油	698	695	768	753	794	825	834	887
ｳ．や し 油	19	9	18	28	28	35	37	39
ｴ．そ の 他	577	593	624	610	643	644	638	620
b．動 物 油 脂	282	279	278	281	296	276	254	257
ｱ．魚・鯨 油	96	102	90	91	88	82	61	62
ｲ．牛 脂	54	57	65	59	68	59	61	62
ｳ．そ の 他	132	120	123	131	140	135	132	133
14．み　　　　　　　そ	605	595	572	565	571	566	571	559
15．し　ょ　う　ゆ	1,191	1,186	1,157	1,130	1,138	1,103	1,077	1,034
16．その他食料計	560	577	590	610	625	630	644	655
う ち き の こ 類	386	410	420	437	432	457	474	482
17．合　　　　　　　計								

供　給　粗　食　料

（単位：1,000トン）

類　別・品　目　別	平成12年度	13	14	15	16	17	18	19
1．穀　　　　　　　類	14,666	14,485	14,349	14,382	14,265	14,167	14,125	14,250
a.　　　米	9,049	8,935	8,820	8,720	8,664	8,659	8,609	8,655
b.小　　　　　麦	5,299	5,234	5,207	5,338	5,286	5,198	5,207	5,286
c.大　　　　　麦	82	83	81	78	67	56	52	70
d.は　だ　か　麦	13	12	9	8	12	8	4	5
e.とうもろこし	101	95	107	109	99	102	107	105
f.こうりゃん	0	0	0	0	0	0	0	0
g.その他の雑穀	122	126	125	129	137	144	146	129
2．い　　　も　　　類	2,977	2,842	2,811	2,768	2,816	2,802	2,765	2,881
a.かんしょ	689	662	664	647	675	696	640	618
b.ばれいしょ	2,288	2,180	2,147	2,121	2,141	2,106	2,125	2,263
3．で　　　ん　　　粉	2,212	2,202	2,196	2,232	2,234	2,243	2,253	2,239
4．豆　　　　　　　類	1,197	1,225	1,231	1,243	1,237	1,232	1,225	1,210
a.大　　　　　豆	814	846	851	858	877	871	866	866
b.その他の豆類	383	379	380	385	360	361	359	344
5．野　　　　　　　菜	15,122	15,028	14,427	14,217	13,926	14,240	14,007	13,933
a.緑黄色野菜	3,628	3,667	3,496	3,504	3,517	3,741	3,689	3,756
b.その他の野菜	11,494	11,361	10,931	10,713	10,409	10,499	10,318	10,177
6．果　　　　　　　実	7,196	7,681	7,292	6,938	7,278	7,517	6,970	7,132
a.うんしゅうみかん	1,030	1,133	983	941	913	935	763	920
b.り　　ん　　ご	1,211	1,446	1,326	1,228	1,282	1,419	1,432	1,544
c.その他の果実	4,955	5,102	4,983	4,769	5,083	5,163	4,775	4,668
7．肉　　　　　　　類	5,570	5,387	5,520	5,495	5,409	5,537	5,463	5,488
a.牛　　　　　肉	1,523	1,273	1,296	1,262	1,132	1,128	1,122	1,156
b.豚　　　　　肉	2,144	2,191	2,303	2,358	2,442	2,444	2,335	2,344
c.鶏　　　　　肉	1,828	1,856	1,860	1,811	1,769	1,881	1,935	1,926
d.そ　の　他　の　肉	72	64	57	60	62	78	66	58
e.　　　鯨	3	3	4	4	4	6	5	4
8．鶏　　　　　　　卵	2,534	2,512	2,523	2,510	2,486	2,494	2,509	2,572
9．牛　乳　及　び　乳　製　品	11,960	11,835	11,841	11,874	11,985	11,728	11,786	11,916
a.農　家　自　家　用	21	17	21	20	18	16	13	31
b.飲　用　向　け	4,953	4,854	4,996	4,907	4,853	4,692	4,574	4,463
c.乳　製　品　向　け	6,986	6,964	6,824	6,947	7,114	7,020	7,199	7,422
ｱ.全　脂　れ　ん　乳	36	34	35	34	38	37	32	39
ｲ.脱　脂　れ　ん　乳	5	6	7	6	6	7	6	7
ｳ.全　脂　粉　乳	18	17	17	16	15	15	14	15
ｴ.脱　脂　粉　乳	194	174	176	175	185	193	184	197
ｵ.育　児　用　粉　乳	35	34	37	36	35	31	29	29
ｶ.チ　ー　ズ	243	240	232	239	249	246	254	263
ｷ.バ　タ　ー	83	91	91	90	90	85	90	92
10．魚　　介　　類	8,529	8,806	8,592	8,202	7,997	7,861	7,415	7,268
a.生　鮮・冷　凍	3,667	3,969	4,008	3,642	3,428	3,390	3,003	3,020
b.塩干，くん製，その他	4,524	4,499	4,254	4,218	4,220	4,132	4,078	3,926
c.か　　ん　　詰	338	338	330	342	349	339	334	322
d.飼　　肥　　料	0	0	0	0	0	0	0	0
11．海　　　藻　　　類	176	179	186	155	161	158	148	145
12．砂　　　糖　　　類	2,565	2,551	2,547	2,555	2,538	2,548	2,491	2,529
a.粗　　　　　糖	0	0	0	0	0	0	0	0
b.精　　　　　糖	2,528	2,515	2,508	2,517	2,493	2,503	2,446	2,489
c.含　み　つ　糖	31	32	34	36	41	44	43	40
d.糖　み　つ	6	4	5	2	4	1	2	0
13．油　　　脂　　　類	2,489	2,482	2,480	2,470	2,488	2,516	2,514	2,494
a.植　物　油　脂	2,236	2,238	2,259	2,250	2,268	2,311	2,317	2,308
ｱ.大　　豆　　油	650	674	708	716	608	591	583	569
ｲ.菜　　種　　油	903	881	850	836	947	956	949	918
ｳ.や　　し　　油	38	35	37	38	38	42	45	45
ｴ.そ　の　他	645	648	664	660	675	722	740	776
b.動　物　油　脂	253	244	221	220	220	205	197	186
ｱ.魚・鯨　油	69	61	54	50	43	27	22	16
ｲ.牛　　　脂	64	63	49	52	57	59	57	53
ｳ.そ　の　他	120	120	118	118	120	119	118	117
14．み　　　　　　　そ	552	535	533	521	511	503	497	484
15．し　ょ　う　ゆ	1,046	1,005	981	967	936	920	927	926
16．その他食料計	667	665	666	678	690	685	688	703
うちきのこ類	482	482	476	485	497	499	496	506
17．合　　　　　　　計								

供　給　粗　食　料

（単位：1,000トン）

類 別 ・ 品 目 別	平成20年度	21	22	23	24	25	26	27
1．穀　　　　　類	13,703	13,707	14,043	13,846	13,614	13,647	13,469	13,299
a．米	8,318	8,233	8,411	8,157	7,917	7,995	7,792	7,658
b．小　　　　麦	5,093	5,205	5,366	5,371	5,386	5,339	5,355	5,340
c．大　　　　麦	60	44	47	71	57	58	59	56
d．は　だ　か　麦	4	4	5	6	6	10	12	11
e．と う も ろ こ し	104	105	98	107	110	95	110	94
f．こ う り ゃ ん	0	0	0	0	0	0	0	0
g．そ の 他 の 雑 穀	124	116	116	134	138	150	141	140
2．い　　も　　類	2,767	2,739	2,640	2,843	2,896	2,767	2,668	2,745
a．か　ん　し　ょ	599	626	541	589	581	585	540	523
b．ば れ い し ょ	2,168	2,113	2,099	2,254	2,315	2,182	2,128	2,222
3．で　　ん　　粉	2,160	2,086	2,135	2,145	2,090	2,085	2,042	2,038
4．豆　　　　　類	1,165	1,137	1,125	1,101	1,073	1,077	1,085	1,122
a．大　　　　豆	861	823	810	789	775	780	776	794
b．そ の 他 の 豆 類	304	314	315	312	298	297	309	328
5．野　　　　　菜	13,790	13,353	13,023	13,379	13,731	13,412	13,482	13,243
a．緑 黄 色 野 菜	3,702	3,482	3,408	3,602	3,830	3,806	3,731	3,666
b．そ の 他 の 野 菜	10,088	9,871	9,615	9,777	9,901	9,606	9,751	9,577
6．果　　　　　実	6,929	6,781	6,410	6,507	6,657	6,382	6,181	6,030
a．うんしゅうみかん	777	847	704	754	700	741	717	660
b．り　ん　　ご	1,529	1,308	1,221	1,129	1,304	1,207	1,319	1,237
c．そ の 他 の 果 実	4,623	4,626	4,485	4,624	4,653	4,434	4,145	4,133
7．肉　　　　　類	5,543	5,552	5,654	5,739	5,805	5,804	5,806	5,914
a．牛　　　　肉	1,155	1,187	1,194	1,225	1,202	1,214	1,185	1,161
b．豚　　　　肉	2,381	2,333	2,368	2,412	2,398	2,391	2,392	2,452
c．鶏　　　　肉	1,949	1,977	2,045	2,057	2,160	2,151	2,181	2,252
d．そ の 他 の 肉	53	52	45	40	42	44	43	44
e．鯨	5	3	2	5	3	4	5	5
8．鶏　　　　　卵	2,520	2,484	2,493	2,507	2,499	2,516	2,500	2,524
9．牛 乳 及 び 乳 製 品	11,017	10,819	11,064	11,324	11,412	11,328	11,384	11,577
a．農　家　自　家　用	31	28	25	19	20	18	21	18
b．飲　用　向　け	4,370	4,174	4,066	4,040	3,969	3,922	3,868	3,910
c．乳　製　品　向　け	6,616	6,617	6,973	7,265	7,423	7,388	7,495	7,649
ｱ．全 脂 れ ん 乳	40	39	41	38	38	37	36	36
ｲ．脱 脂 れ ん 乳	6	5	5	5	5	4	4	4
ｳ．全 脂 粉 乳	13	12	14	13	11	12	12	12
ｴ．脱 脂 粉 乳	158	152	163	148	141	145	140	137
ｵ．育 児 用 粉 乳	27	27	25	24	24	23	23	24
ｶ．チ ー ズ	223	237	245	267	285	279	283	301
ｷ．バ タ ー	78	78	84	79	76	74	74	75
10．魚　介　　類	7,154	6,922	6,765	6,563	6,606	6,280	6,279	6,082
a．生 鮮 ・ 冷 凍	2,935	2,849	2,748	2,784	2,757	2,448	2,538	2,378
b．塩干，くん製，その他	3,909	3,759	3,701	3,466	3,514	3,501	3,404	3,366
c．か　ん　　詰	310	314	316	313	335	331	337	338
d．飼　　肥　　料	0	0	0	0	0	0	0	0
11．海　　藻　　類	131	130	126	118	133	123	114	119
12．砂　　糖　　類	2,453	2,465	2,425	2,412	2,398	2,420	2,355	2,349
a．粗　　　　糖	0	0	0	0	0	0	0	0
b．精　　　　糖	2,417	2,431	2,393	2,382	2,366	2,390	2,324	2,314
c．含　み　つ　糖	36	34	29	27	30	29	30	34
d．糖　み　　つ	0	0	3	3	2	1	1	1
13．油　　脂　　類	2,412	2,312	2,370	2,379	2,389	2,453	2,463	2,481
a．植　物　油　脂	2,256	2,161	2,219	2,222	2,232	2,292	2,306	2,333
ｱ．大　豆　　油	554	468	447	383	375	374	392	432
ｲ．菜　種　　油	863	868	927	1,000	1,013	1,013	1,019	974
ｳ．や　し　　油	44	38	36	33	32	31	36	37
ｴ．そ　の　　他	795	787	809	806	812	874	859	890
b．動　物　油　脂	156	151	151	157	157	161	157	148
ｱ．魚 ・ 鯨 油	13	10	8	9	9	8	8	7
ｲ．牛　　　　脂	36	35	38	35	34	39	39	38
ｳ．そ　の　　他	107	106	105	113	114	114	110	103
14．み　　　　　そ	464	455	462	457	436	426	445	453
15．し　ょ　う　ゆ	859	845	827	802	786	788	755	755
16．そ の 他 食 料 計	642	669	655	662	653	634	614	626
う ち き の こ 類	495	499	510	514	506	497	488	487
17．合　　　　　計								

供　給　粗　食　料

（単位：1,000トン）

類　別・品　目　別	平成28年度	29	30	令和元年度	2	3
1．穀　　　　　類	13,314	13,295	13,060	12,991	12,511	12,543
a.米	7,618	7,573	7,472	7,413	7,067	7,129
b.小　　麦	5,362	5,376	5,227	5,226	5,136	5,085
c.大　　麦	73	62	50	55	48	57
d.はだか麦	19	25	35	36	29	29
e.とうもろこし	105	121	135	124	118	124
f.こうりゃん	0	0	0	0	0	0
g.その他の雑穀	137	138	141	137	113	119
2．い　　も　　類	2,740	2,970	2,749	2,883	2,704	2,734
a.かんしょ	551	525	510	486	482	484
b.ばれいしょ	2,189	2,445	2,239	2,397	2,222	2,250
3．で　　ん　　粉	2,069	2,018	2,022	2,077	1,879	1,899
4．豆　　　　　類	1,117	1,148	1,153	1,163	1,165	1,122
a.大　　豆	809	821	844	858	888	841
b.その他の豆類	308	327	309	305	277	281
5．野　　　　　菜	12,963	13,126	13,144	13,021	12,862	12,419
a.緑黄色野菜	3,556	3,717	3,687	3,636	3,681	3,642
b.その他の野菜	9,407	9,409	9,457	9,385	9,181	8,777
6．果　　　　　実	5,932	5,883	6,131	5,846	5,896	5,534
a.うんしゅうみかん	683	628	656	614	641	624
b.り　ん　ご	1,152	1,154	1,120	1,125	1,129	1,022
c.その他の果実	4,097	4,101	4,355	4,107	4,126	3,888
7．肉　　　　　類	6,079	6,284	6,379	6,404	6,400	6,462
a.牛　　肉	1,206	1,265	1,297	1,308	1,302	1,242
b.豚　　肉	2,501	2,569	2,577	2,565	2,585	2,621
c.鶏　　肉	2,322	2,399	2,448	2,478	2,463	2,549
d.その他の肉	47	49	53	51	48	49
e.鯨	3	2	4	2	2	1
8．鶏　　　　　卵	2,518	2,589	2,588	2,608	2,548	2,536
9．牛乳及び乳製品	11,589	11,830	12,040	12,053	11,904	11,847
a.農家自家用	16	13	15	15	14	18
b.飲用向け	3,945	3,939	3,940	3,938	3,986	3,950
c.乳製品向け	7,628	7,878	8,085	8,100	7,904	7,879
ｱ.全脂れん乳	38	34	36	33	31	34
ｲ.脱脂れん乳	4	4	4	4	4	4
ｳ.全脂粉乳	11	10	10	11	10	12
ｴ.脱脂粉乳	137	139	138	131	142	143
ｵ.育児用粉乳	23	22	21	20	19	20
ｶ.チーズ	302	321	331	338	333	330
ｷ.バター	74	71	79	84	78	84
10．魚　介　類	5,848	5,818	5,646	5,622	5,283	5,165
a.生鮮・冷凍	2,180	2,250	1,879	1,880	1,797	1,691
b.塩干,くん製,その他	3,325	3,228	3,421	3,402	3,161	3,177
c.かん詰	343	340	346	340	325	297
d.飼肥料	0	0	0	0	0	0
11．海　藻　類	116	117	115	106	114	102
12．砂　糖　類	2,361	2,314	2,293	2,254	2,093	2,120
a.粗　糖	0	0	0	0	0	0
b.精　糖	2,327	2,281	2,259	2,219	2,066	2,086
c.含みつ糖	34	32	30	32	25	29
d.糖みつ	0	1	4	3	2	5
13．油　脂　類	2,470	2,538	2,512	2,566	2,517	2,407
a.植物油脂	2,331	2,424	2,402	2,459	2,414	2,326
ｱ.大豆油	442	461	475	497	478	499
ｲ.菜種油	932	974	928	937	933	947
ｳ.やし油	33	29	27	26	25	27
ｴ.その他	924	960	972	999	978	853
b.動物油脂	139	114	110	107	103	81
ｱ.魚・鯨油	6	6	4	4	3	2
ｲ.牛脂	27	24	23	22	22	23
ｳ.その他	106	84	83	81	78	56
14．み　　　　　そ	460	466	462	462	458	445
15．し　ょ　う　ゆ	739	726	711	696	660	659
16．その他食料計	654	643	657	643	648	634
うちきのこ類	490	493	499	490	491	491
17．合　　　　　計						

(6)　国民１人・１年当たり供給粗食料

（単位：kg）

類　別・品　目　別	昭和35年度	36	37	38	39	40	41	42
１．穀　　　　　　　類	174.7	173.9	173.9	172.5	172.3	167.4	163.8	161.6
a．米	126.2	129.0	130.4	129.3	127.5	122.5	116.2	113.9
b．小　　　　麦	33.5	34.0	34.2	35.4	37.0	37.6	40.6	41.0
c．大　　　　麦	7.2	5.2	4.7	4.2	5.3	3.8	3.0	3.1
d．は　だ　か　麦	6.9	4.6	3.6	2.7	1.6	2.6	3.1	2.7
e．と　う　も　ろ　こ　し	0.2	0.3	0.2	0.2	0.2	0.3	0.2	0.3
f．こ　う　り　ゃ　ん	0.0	0.0	0.0	0.0	0.0	0.0	0.0	0.0
g．そ　の　他　の　雑　穀	0.9	0.9	0.8	0.8	0.7	0.6	0.6	0.6
２．い　　　も　　　類	33.8	32.9	28.8	25.7	25.8	23.7	22.5	19.7
a．か　ん　し　ょ	16.3	15.4	11.9	10.9	9.1	8.1	7.6	5.5
b．ば　れ　い　し　ょ	17.5	17.5	16.9	14.8	16.7	15.6	14.9	14.3
３．で　ん　　　　粉	6.5	7.0	7.9	7.8	8.2	8.3	8.3	9.0
４．豆　　　　　　　類	10.6	10.7	10.3	10.4	9.8	9.9	10.2	10.5
a．大　　　　豆	5.6	5.6	5.2	5.1	4.8	4.7	5.1	5.4
b．そ　の　他　の　豆　類	5.0	5.1	5.1	5.4	5.1	5.2	5.1	5.1
５．野　　　　　　　菜	114.3	107.9	116.9	126.5	118.9	124.4	131.6	132.5
a．緑　黄　色　野　菜	19.2	19.1	20.1	21.3	20.8	21.7	23.1	24.1
b．そ　の　他　の　野　菜	95.1	88.8	96.8	105.2	98.1	102.7	108.5	108.4
６．果　　　　　　　実	29.6	30.6	30.9	33.8	37.8	38.2	43.4	44.3
a．う　ん　し　ゅ　う　み　か　ん	8.5	7.6	7.7	8.2	10.3	10.6	14.0	12.5
b．り　ん　　　ご	8.6	9.0	9.4	10.6	9.9	10.2	9.4	9.9
c．そ　の　他　の　果　実	12.5	14.0	13.8	14.9	17.6	17.5	19.9	21.9
７．肉　　　　　　　類	6.5	7.9	9.6	9.8	10.8	11.9	13.4	14.2
a．牛　　　　　　肉	1.5	1.5	1.6	2.1	2.4	2.1	1.7	1.8
b．豚　　　　　　肉	1.6	2.5	3.3	2.8	3.2	4.3	5.7	6.1
c．鶏　　　　　　肉	1.1	1.4	1.6	1.9	2.3	2.5	2.7	3.1
d．そ　の　他　の　肉	0.6	0.6	0.7	1.0	1.1	1.0	1.3	1.5
e．鯨	1.6	1.9	2.4	2.0	1.9	2.1	2.0	1.8
８．鶏　　　　　　　卵	7.1	9.0	9.8	10.2	12.0	13.0	11.8	12.9
９．牛　乳　及　び　乳　製　品	22.2	24.9	28.4	32.8	35.4	37.5	41.7	43.3
a．農　家　自　家　用	1.1	1.1	1.3	1.3	1.3	1.3	1.2	1.2
b．飲　用　向　け	10.7	11.8	12.6	15.1	17.0	18.4	20.2	21.3
c．乳　製　品　向　け	10.5	12.0	14.5	16.4	17.2	17.7	20.3	20.8
ｱ．全　脂　れ　ん　乳	0.6	0.6	0.6	0.5	0.4	0.4	0.4	0.4
ｲ．脱　脂　れ　ん　乳	0.3	0.3	0.3	0.3	0.3	0.2	0.2	0.2
ｳ．全　脂　粉　乳	0.1	0.1	0.1	0.2	0.2	0.3	0.3	0.3
ｴ．脱　脂　粉　乳	0.4	0.5	0.6	0.8	0.9	0.8	0.9	0.9
ｵ．育　児　用　粉　乳	0.2	0.3	0.3	0.4	0.4	0.5	0.5	0.5
ｶ．チ　ー　ズ	0.1	0.1	0.1	0.1	0.1	0.2	0.3	0.3
ｷ．バ　タ　ー	0.1	0.1	0.2	0.2	0.2	0.3	0.3	0.3
１０．魚　　介　　類	47.1	50.4	50.7	51.6	45.9	51.4	52.1	55.3
a．生　鮮・冷　凍	} 47.1	} 50.4	21.1	21.7	16.7	20.1	19.2	20.8
b．塩干，くん製，その他			27.9	28.7	28.3	30.2	31.8	32.9
c．か　ん　　詰			1.7	1.2	0.9	1.1	1.2	1.7
d．飼　　肥　　料	0.0	0.0	0.0	0.0	0.0	0.0	0.0	0.0
１１．海　　藻　　類	0.6	0.6	0.9	0.7	0.6	0.7	0.8	0.9
１２．砂　　糖　　類	15.1	15.9	16.9	16.7	17.6	18.7	19.9	21.0
a．粗　　　　糖	0.0	0.0	0.0	0.0	0.0	0.0	0.0	0.0
b．精　　　　糖	14.1	15.1	16.1	16.0	17.1	18.1	19.2	20.6
c．含　み　つ　糖	0.8	0.6	0.6	0.5	0.3	0.4	0.4	0.3
d．糖　　み　　つ	0.2	0.2	0.2	0.1	0.2	0.2	0.2	0.2
１３．油　　脂　　類	4.7	5.1	5.6	6.5	7.0	7.0	8.1	8.7
a．植　物　油　脂	3.5	3.9	4.3	5.0	5.3	5.2	6.1	6.5
ｱ．大　　豆　　油	1.3	1.4	1.7	2.2	2.2	2.4	2.7	2.8
ｲ．菜　　種　　油	1.0	1.2	1.2	0.8	0.8	0.8	1.0	1.0
ｳ．や　　し　　油	0.1	0.1	0.2	0.2	0.1	0.1	0.3	0.4
ｴ．そ　　の　　他	1.1	1.1	1.3	1.8	2.2	1.8	2.0	2.4
b．動　物　油　脂	1.2	1.2	1.3	1.5	1.7	1.8	2.0	2.2
ｱ．魚・鯨　油	0.4	0.4	0.6	0.4	0.4	0.4	0.5	0.5
ｲ．牛　　　　脂	0.3	0.3	0.3	0.6	0.7	0.7	0.8	0.8
ｳ．そ　　の　　他	0.5	0.4	0.3	0.5	0.6	0.6	0.8	0.9
１４．み　　　　　　そ	8.8	8.4	7.9	7.9	8.0	7.8	7.8	7.8
１５．し　　ょ　　う　　ゆ	13.7	13.2	11.3	11.0	12.1	11.7	11.6	12.0
１６．そ　の　他　食　料　計	－	－	－	－	－	1.8	1.9	2.0
う　ち　き　の　こ　類	－	－	－	－	－	0.5	0.5	0.7
１７．合　　　　　　計								

国民1人・1年当たり供給粗食料

(単位:kg)

類別・品目別	昭和43年度	44	45	46	47	48	49	50
1. 穀　　　　　類	157.4	152.8	148.5	146.7	144.4	144.2	142.5	141.2
a. 米	110.4	107.0	105.0	102.8	101.1	100.3	99.0	97.2
b. 小　　　　麦	40.6	40.6	39.5	39.7	39.5	39.6	39.9	40.4
c. 大　　　　麦	2.9	2.2	1.5	1.7	1.6	2.5	2.4	2.3
d. は　だ　か　麦	2.3	1.8	1.4	1.3	0.8	0.3	0.3	0.3
e. とうもろこし	0.5	0.6	0.5	0.7	0.8	0.9	0.5	0.5
f. こうりゃん	0.0	0.0	0.0	0.0	0.0	0.0	0.0	0.0
g. その他の雑穀	0.7	0.6	0.6	0.6	0.6	0.6	0.5	0.6
2. い　　も　　類	19.3	18.0	17.9	18.3	18.4	17.9	17.4	17.7
a. か　ん　し　ょ	5.7	4.7	4.5	5.0	5.4	4.8	4.5	4.8
b. ば　れ　い　し　ょ	13.6	13.4	13.4	13.3	13.0	13.1	12.9	13.0
3. で　　ん　　粉	8.7	8.5	8.1	7.8	7.9	7.8	7.5	7.5
4. 豆　　　　　類	10.5	10.8	10.5	10.6	10.3	10.3	9.9	9.7
a. 大　　　　豆	5.5	5.5	5.6	5.6	5.7	5.7	5.7	5.8
b. その他の豆類	5.0	5.3	5.0	5.0	4.6	4.5	4.2	4.0
5. 野　　　　　菜	143.9	138.4	133.8	137.8	136.3	129.8	132.2	129.1
a. 緑黄色野菜	25.6	24.1	23.9	24.2	24.1	23.1	23.6	22.7
b. その他の野菜	118.3	114.2	109.8	113.6	112.2	106.8	108.6	106.3
6. 果　　　　　実	52.0	49.9	52.6	52.4	61.6	60.6	57.6	59.8
a. うんしゅうみかん	18.7	15.9	20.0	19.0	27.4	25.4	25.1	27.2
b. り　　ん　　ご	9.8	9.3	8.7	8.5	8.0	7.9	6.9	7.2
c. その他の果実	23.4	24.7	23.9	24.8	26.3	27.2	25.6	25.4
7. 肉　　　　　類	14.5	16.4	18.0	20.5	22.0	23.2	23.9	25.2
a. 牛　　　　肉	2.0	2.6	3.0	3.4	3.5	3.4	3.7	3.6
b. 豚　　　　肉	5.9	6.2	7.5	8.2	9.2	10.2	10.3	10.4
c. 鶏　　　　肉	3.4	4.2	4.8	5.5	6.1	6.5	6.6	6.9
d. その他の肉	1.7	1.9	1.5	2.1	2.1	1.9	2.2	3.3
e. 鯨	1.5	1.5	1.2	1.3	1.2	1.1	1.1	0.9
8. 鶏　　　　　卵	14.0	15.4	16.7	16.7	16.3	16.2	15.7	15.8
9. 牛乳及び乳製品	45.1	47.3	50.1	50.7	51.7	52.6	51.8	53.6
a. 農　家　自　家　用	1.2	1.2	1.1	1.0	0.9	0.8	0.7	0.7
b. 飲　用　向　け	23.1	24.3	25.3	25.3	26.2	26.8	26.9	28.1
c. 乳　製　品　向　け	20.9	21.8	23.7	24.4	24.6	25.1	24.1	24.8
ｱ. 全　脂　れ　ん　乳	0.4	0.5	0.5	0.5	0.5	0.4	0.4	0.3
ｲ. 脱　脂　れ　ん　乳	0.2	0.3	0.3	0.2	0.2	0.2	0.1	0.1
ｳ. 全　脂　粉　乳	0.3	0.3	0.4	0.3	0.4	0.3	0.3	0.3
ｴ. 脱　脂　粉　乳	0.8	0.8	0.8	0.6	0.8	0.9	0.9	1.0
ｵ. 育　児　用　粉　乳	0.5	0.5	0.5	0.6	0.7	0.8	0.7	0.6
ｶ. チ　ー　ズ	0.3	0.4	0.4	0.4	0.4	0.5	0.5	0.5
ｷ. バ　タ　ー	0.4	0.4	0.4	0.5	0.5	0.6	0.5	0.5
10. 魚　　介　　類	58.4	57.7	61.3	64.6	65.2	66.5	67.7	67.4
a. 生　鮮　・　冷　凍	22.2	20.6	21.7	22.8	23.6	24.4	25.8	26.3
b. 塩干，くん製，その他	35.2	36.1	38.8	39.9	40.4	40.5	39.8	39.8
c. か　　ん　　詰	1.0	0.9	0.8	1.9	1.2	1.6	2.0	1.3
d. 飼　　肥　　料	0.0	0.0	0.0	0.0	0.0	0.0	0.0	0.0
11. 海　　藻　　類	0.9	0.8	0.9	1.0	1.0	1.2	1.2	1.1
12. 砂　　糖　　類	21.9	24.2	26.9	26.8	28.0	28.1	26.3	25.1
a. 粗　　　　糖	0.0	0.0	0.0	0.0	0.0	0.0	0.0	0.0
b. 精　　　　糖	21.5	23.8	26.5	26.4	27.6	27.6	26.0	24.7
c. 含　み　つ　糖	0.3	0.3	0.3	0.2	0.2	0.3	0.3	0.3
d. 糖　み　つ	0.1	0.1	0.1	0.1	0.1	0.2	0.0	0.1
13. 油　　脂　　類	9.2	9.6	10.0	10.4	11.3	11.8	12.1	12.1
a. 植　物　油　脂	6.9	7.3	7.7	7.8	8.4	9.2	9.8	9.7
ｱ. 大　　豆　　油	3.0	3.3	3.8	3.8	3.9	3.9	4.4	4.2
ｲ. 菜　　種　　油	1.1	1.2	1.2	1.4	1.9	2.4	2.5	2.8
ｳ. や　　し　　油	0.3	0.4	0.3	0.3	0.4	0.5	0.2	0.2
ｴ. そ　の　他	2.4	2.4	2.3	2.2	2.3	2.4	2.7	2.5
b. 動　物　油　脂	2.3	2.4	2.3	2.7	2.9	2.6	2.3	2.4
ｱ. 魚　・　鯨　油	0.7	0.8	0.7	0.8	0.8	0.8	0.8	0.7
ｲ. 牛　　　　脂	0.8	0.7	0.8	0.8	0.9	0.8	0.6	0.7
ｳ. そ　の　他	0.9	0.8	0.8	1.1	1.2	1.1	1.0	1.0
14. み　　　　　そ	7.6	7.3	7.3	7.2	7.1	7.1	6.6	6.4
15. し　ょ　う　ゆ	11.3	11.3	11.8	11.8	12.0	12.6	12.4	11.0
16. その他食料計	2.1	2.0	2.1	2.3	2.5	2.5	2.5	2.5
う　ち　きのこ類	0.8	0.8	0.9	1.1	1.2	1.3	1.5	1.4
17. 合　　　　　計								

国民1人・1年当たり供給粗食料

(単位:kg)

類別・品目別	昭和51年度	52	53	54	55	56	57	58
1. 穀　　　　　類	139.4	136.1	133.7	131.8	131.3	129.4	127.9	126.6
a.　米	95.2	91.9	90.0	88.0	87.1	85.9	84.3	83.5
b. 小　　　　麦	40.7	40.8	40.6	40.9	41.3	40.8	40.8	40.7
c. 大　　　　麦	2.1	2.0	1.4	1.1	1.2	0.9	1.0	0.7
d. は　だ　か　麦	0.3	0.2	0.2	0.3	0.3	0.3	0.3	0.3
e. と う も ろ こ し	0.5	0.5	0.6	0.7	0.7	0.7	0.7	0.8
f. こ う り ゃ ん	0.0	0.0	0.0	0.0	0.0	0.0	0.0	0.0
g. そ の 他 の 雑 穀	0.7	0.7	0.9	0.8	0.8	0.7	0.7	0.7
2. い　　も　　類	18.3	19.3	19.8	19.7	19.2	19.3	20.1	20.0
a. か ん し ょ	4.7	4.8	4.6	4.6	4.3	4.6	4.5	4.6
b. ば れ い し ょ	13.6	14.5	15.2	15.1	14.9	14.7	15.6	15.4
3. で　　　ん　　　粉	8.7	9.1	9.4	9.6	11.6	12.5	12.4	13.6
4. 豆　　　　　　類	9.2	8.8	8.7	8.8	8.8	8.8	8.7	9.1
a. 大　　　　　豆	5.4	5.2	5.3	5.4	5.3	5.3	5.6	5.8
b. そ の 他 の 豆 類	3.8	3.7	3.4	3.5	3.5	3.5	3.1	3.3
5. 野　　　　　　菜	129.7	135.0	135.2	132.9	131.3	132.1	133.5	128.6
a. 緑 黄 色 野 菜	21.9	23.9	24.3	24.8	24.6	23.8	23.7	23.6
b. そ の 他 の 野 菜	107.8	111.1	110.9	108.1	106.7	108.2	109.8	105.0
6. 果　　　　　　実	55.4	57.6	56.8	57.3	54.6	53.8	55.5	55.3
a. うんしゅうみかん	22.6	24.4	22.6	22.8	20.4	21.3	20.4	19.9
b. り　ん　ご	7.0	7.5	6.5	6.6	7.6	6.4	7.0	7.8
c. そ の 他 の 果 実	25.8	25.6	27.7	27.9	26.7	26.1	28.2	27.6
7. 肉　　　　　　類	26.3	28.6	30.0	31.6	31.3	31.7	32.5	33.1
a. 牛　　　　　肉	3.9	4.3	4.7	4.9	5.0	5.3	5.6	5.9
b. 豚　　　　　肉	11.0	11.8	12.5	13.7	13.8	13.6	13.6	13.8
c. 鶏　　　　　肉	7.6	8.4	9.2	9.8	10.0	10.3	10.7	11.1
d. そ の 他 の 肉	3.2	3.4	3.0	2.8	2.2	2.2	2.2	1.9
e. 鯨	0.7	0.7	0.5	0.4	0.4	0.3	0.3	0.3
8. 鶏　　　　　　卵	16.0	16.3	16.7	16.6	16.5	16.5	16.7	16.8
9. 牛 乳 及 び 乳 製 品	57.3	59.4	61.8	64.7	65.3	68.0	66.9	70.4
a. 農 家 自 家 用	0.7	0.6	0.7	0.6	0.4	0.4	0.5	0.5
b. 飲 用 向 け	29.4	31.0	32.0	33.3	33.9	34.8	35.4	35.4
c. 乳 製 品 向 け	27.3	27.8	29.1	30.8	31.0	32.8	31.0	34.6
ｱ. 全 脂 れ ん 乳	0.4	0.4	0.5	0.5	0.4	0.5	0.5	0.4
ｲ. 脱 脂 れ ん 乳	0.2	0.2	0.2	0.2	0.2	0.2	0.2	0.2
ｳ. 全 脂 粉 乳	0.2	0.2	0.3	0.3	0.3	0.3	0.3	0.3
ｴ. 脱 脂 粉 乳	0.9	0.9	1.0	1.1	1.2	1.3	1.4	1.5
ｵ. 育 児 用 粉 乳	0.5	0.4	0.5	0.5	0.4	0.4	0.4	0.4
ｶ. チ ー ズ	0.6	0.7	0.7	0.7	0.7	0.7	0.7	0.8
ｷ. バ タ ー	0.5	0.5	0.5	0.5	0.6	0.6	0.6	0.6
10. 魚　　介　　類	68.6	66.3	67.2	65.0	65.5	65.1	64.4	67.1
a. 生 鮮 ・ 冷 凍	27.1	25.7	26.8	24.9	25.7	24.8	23.7	24.9
b. 塩干, くん製, その他	39.4	38.3	38.0	37.5	37.4	37.7	37.9	39.2
c. か　ん　詰	2.2	2.2	2.4	2.5	2.3	2.6	2.8	3.0
d. 飼　　肥　　料	0.0	0.0	0.0	0.0	0.0	0.0	0.0	0.0
11. 海　　　藻　　　類	1.3	1.2	1.2	1.2	1.3	1.3	1.2	1.3
12. 砂　　　糖　　　類	25.3	26.7	25.3	25.9	23.3	22.2	22.8	21.6
a. 粗　　　　　糖	0.0	0.0	0.0	0.0	0.0	0.0	0.0	0.0
b. 精　　　　　糖	24.8	26.2	24.9	25.5	23.0	21.8	22.4	21.2
c. 含 み つ 糖	0.2	0.3	0.3	0.2	0.2	0.3	0.2	0.2
d. 糖 み つ	0.2	0.1	0.2	0.2	0.2	0.2	0.2	0.2
13. 油　　　脂　　　類	12.4	12.7	13.6	14.1	14.7	15.5	15.8	16.0
a. 植 物 油 脂	10.2	10.5	11.1	11.4	11.9	12.8	13.2	13.5
ｱ. 大 豆 油	4.3	4.4	4.8	4.7	4.9	5.0	5.3	5.5
ｲ. 菜 種 油	2.6	2.7	3.0	3.5	3.4	4.2	4.2	4.1
ｳ. や し 油	0.4	0.4	0.4	0.2	0.2	0.3	0.3	0.4
ｴ. そ の 他	2.8	3.1	2.8	3.0	3.3	3.3	3.4	3.5
b. 動 物 油 脂	2.2	2.1	2.5	2.7	2.8	2.7	2.6	2.6
ｱ. 魚 ・ 鯨 油	0.7	0.6	0.7	1.0	1.0	1.0	1.0	1.0
ｲ. 牛 脂	0.5	0.5	0.5	0.4	0.5	0.5	0.5	0.5
ｳ. そ の 他	1.0	1.1	1.3	1.3	1.3	1.2	1.1	1.0
14. み　　　　　　そ	6.5	6.3	6.0	6.0	6.0	5.9	5.8	5.7
15. し　ょ　う　ゆ	11.9	11.0	11.3	11.7	11.0	10.7	10.6	10.4
16. そ の 他 食 料 計	2.7	3.0	3.1	3.1	3.1	3.4	3.3	3.5
う ち き の こ 類	1.5	1.6	1.8	1.8	1.9	2.0	1.9	2.0
17. 合　　　　　　計								

国民１人・１年当たり供給粗食料

(単位：kg)

類別・品目別	昭和59年度	60	61	62	63	平成元年度	2	3
１．穀　　　　　類	126.2	125.6	124.2	122.5	121.4	120.8	120.6	120.2
a.　　米	83.0	82.3	81.0	79.4	78.3	77.7	77.3	77.1
b.小　　　　麦	40.7	40.6	40.5	40.4	40.4	40.6	40.7	40.7
c.大　　　　麦	0.6	0.7	0.6	0.5	0.5	0.4	0.4	0.4
d.は　だ　か　麦	0.3	0.2	0.2	0.2	0.1	0.1	0.1	0.1
e.とうもろこし	0.7	1.0	1.1	1.1	1.0	1.1	1.2	1.1
f.こうりゃん	0.0	0.0	0.0	0.0	0.0	0.0	0.0	0.0
g.その他の雑穀	0.8	0.8	0.8	0.9	0.9	0.9	0.9	0.9
２．い　　も　　類	19.6	20.7	21.9	21.8	21.8	22.9	22.9	22.9
a.か　ん　し　ょ	4.8	5.3	5.1	5.1	4.9	5.7	5.7	4.9
b.ば　れ　い　し　ょ	14.8	15.4	16.7	16.7	16.9	17.2	17.2	18.0
３．で　　ん　　粉	14.0	14.1	14.4	15.1	15.3	15.8	15.9	15.9
４．豆　　　　　類	9.3	9.4	9.6	10.0	9.8	9.9	9.6	9.9
a.大　　　　豆	6.0	6.1	6.2	6.7	6.6	6.7	6.5	6.6
b.その他の豆類	3.2	3.3	3.4	3.3	3.3	3.2	3.1	3.3
５．野　　　　　菜	132.4	129.6	131.7	131.6	129.8	129.5	126.3	123.6
a.緑黄色野菜	25.3	24.9	25.3	25.6	26.1	26.2	25.7	25.1
b.その他の野菜	107.2	104.6	106.4	106.0	103.8	103.3	100.6	98.5
６．果　　　　　実	48.6	51.5	51.3	54.9	53.9	52.9	52.3	49.5
a.うんしゅうみかん	15.0	16.5	13.7	16.5	15.6	13.9	11.1	10.9
b.り　　ん　　ご	6.1	7.0	7.4	7.5	7.8	8.3	9.2	7.2
c.その他の果実	27.6	28.1	30.2	30.9	30.5	30.8	32.0	31.4
７．肉　　　　　類	33.7	35.0	36.4	38.1	39.1	39.3	39.7	40.2
a.牛　　　　肉	6.1	6.3	6.6	7.2	7.8	7.9	8.7	8.9
b.豚　　　　肉	13.8	14.7	15.2	16.0	16.3	16.4	16.4	16.5
c.鶏　　　　肉	11.6	11.9	12.7	13.2	13.5	13.5	13.3	13.5
d.そ　の　他　の　肉	1.9	1.9	1.8	1.8	1.5	1.5	1.3	1.3
e.　　鯨	0.3	0.3	0.1	0.0	0.0	0.0	0.0	0.0
８．鶏　　　　　卵	17.0	17.1	18.1	18.8	18.9	19.0	18.9	20.0
９．牛乳及び乳製品	71.3	70.6	71.3	75.8	81.3	80.6	83.2	84.8
a.農　家　自　家　用	0.4	0.5	0.4	0.4	0.5	0.4	0.3	0.3
b.飲　用　向　け	35.6	35.2	35.3	37.2	38.9	39.8	40.8	40.8
c.乳　製　品　向　け	35.3	35.0	35.5	38.1	42.0	40.5	42.1	43.6
ｱ.全　脂　れ　ん　乳	0.5	0.4	0.4	0.4	0.4	0.4	0.4	0.4
ｲ.脱　脂　れ　ん　乳	0.1	0.1	0.1	0.1	0.1	0.1	0.1	0.1
ｳ.全　脂　粉　乳	0.3	0.3	0.3	0.3	0.3	0.3	0.3	0.3
ｴ.脱　脂　粉　乳	1.5	1.5	1.5	1.5	1.6	1.5	1.7	1.7
ｵ.育　児　用　粉　乳	0.4	0.4	0.4	0.4	0.4	0.3	0.3	0.3
ｶ.チ　ー　ズ	0.8	0.8	0.9	1.0	1.2	1.1	1.1	1.2
ｷ.バ　タ　ー	0.7	0.7	0.7	0.7	0.7	0.7	0.7	0.7
１０．魚　　介　　類	68.3	69.5	70.0	71.7	72.5	72.3	71.2	66.7
a.生　鮮　・　冷　凍	26.8	27.6	27.4	28.2	27.6	27.2	26.8	25.0
b.塩干，くん製，その他	38.4	39.0	39.5	40.4	41.7	42.0	41.0	38.1
c.か　　ん　　詰	3.1	2.9	3.1	3.1	3.2	3.1	3.4	3.6
d.飼　　肥　　料	0.0	0.0	0.0	0.0	0.0	0.0	0.0	0.0
１１．海　　藻　　類	1.4	1.3	1.4	1.3	1.5	1.5	1.4	1.3
１２．砂　　糖　　類	21.3	22.0	22.3	22.2	22.3	21.9	21.8	21.9
a.粗　　　　糖	0.0	0.0	0.0	0.0	0.0	0.0	0.0	0.0
b.精　　　　糖	20.9	21.6	21.9	21.9	21.9	21.6	21.5	21.6
c.含　み　つ　糖	0.2	0.2	0.2	0.2	0.2	0.2	0.2	0.2
d.糖　　み　　つ	0.1	0.1	0.1	0.1	0.1	0.1	0.1	0.1
１３．油　　脂　　類	16.1	16.6	17.4	17.1	17.3	17.6	17.4	17.1
a.植　物　油　脂	13.4	13.9	14.6	14.5	14.7	14.9	15.1	14.9
ｱ.大　　豆　　油	5.5	5.5	5.5	5.2	5.3	5.0	5.2	4.8
ｲ.菜　　種　　油	4.3	4.7	5.0	5.3	5.4	5.7	5.6	5.7
ｳ.や　　し　　油	0.2	0.2	0.2	0.2	0.2	0.2	0.3	0.2
ｴ.そ　　の　　他	3.3	3.5	3.8	3.9	3.8	3.9	4.0	4.1
b.動　物　油　脂	2.7	2.7	2.8	2.6	2.6	2.7	2.4	2.2
ｱ.魚　・　鯨　油	1.0	1.0	0.9	0.9	0.9	0.9	0.9	0.8
ｲ.牛　　　　脂	0.5	0.5	0.4	0.4	0.5	0.4	0.4	0.3
ｳ.そ　　の　　他	1.2	1.3	1.4	1.3	1.3	1.3	1.2	1.1
１４．み　　　　　そ	5.6	5.4	5.4	5.2	5.2	5.0	4.9	4.8
１５．し　ょ　う　ゆ	10.2	10.0	10.0	10.0	10.0	9.8	9.6	9.5
１６．その他食料計	3.7	3.6	3.8	3.8	4.0	4.3	4.5	4.3
うちきのこ類	2.2	2.2	2.4	2.5	2.6	2.8	2.9	2.9
１７．合　　　　　計								

国民1人・1年当たり供給粗食料

（単位：kg）

類別・品目別	平成4年度	5	6	7	8	9	10	11
1．穀　　　　　　　類	119.9	120.1	117.8	119.2	119.0	117.6	115.6	115.9
a．米	76.9	76.3	73.0	74.8	74.2	73.6	71.9	71.9
b．小　　　　　麦	40.5	41.2	42.4	42.0	42.3	41.6	41.2	41.5
c．大　　　　　麦	0.5	0.5	0.5	0.5	0.5	0.5	0.4	0.6
d．は　だ　か　麦	0.1	0.1	0.1	0.1	0.1	0.1	0.1	0.1
e．と　う　も　ろ　こ　し	1.1	1.0	0.9	0.9	1.0	0.8	1.0	0.9
f．こ　う　り　ゃ　ん	0.0	0.0	0.0	0.0	0.0	0.0	0.0	0.0
g．そ　の　他　の　雑　穀	0.8	1.0	1.0	0.9	0.9	0.9	0.9	0.9
2．い　　　　も　　　　類	22.7	22.0	23.0	23.0	23.1	23.6	22.5	23.3
a．か　ん　し　ょ	5.6	5.0	5.6	5.2	5.2	5.3	5.1	5.1
b．ば　れ　い　し	17.1	17.0	17.5	17.8	17.9	18.3	17.4	18.2
3．で　　　　ん　　　　粉	15.2	15.1	15.6	15.6	16.0	16.6	16.7	16.9
4．豆　　　　　　　類	10.1	9.6	9.5	9.1	9.8	9.6	9.7	9.4
a．大　　　　　豆	6.7	6.2	6.3	6.3	6.7	6.6	6.8	6.5
b．そ　の　他　の　豆　類	3.4	3.4	3.2	2.9	3.1	3.0	2.9	3.0
5．野　　　　　　　菜	125.5	120.4	121.3	123.6	122.1	119.0	116.9	120.1
a．緑　黄　色　野　菜	25.5	25.2	27.0	27.9	27.8	27.1	27.2	28.9
b．そ　の　他　の　野　菜	100.0	95.2	94.4	95.6	94.3	91.9	89.7	91.2
6．果　　　　　　　実	54.7	55.3	60.8	57.4	54.7	57.2	53.0	57.2
a．うんしゅうみかん	10.8	10.4	9.1	9.2	7.8	9.4	8.2	9.0
b．り　ん　　　ご	9.1	10.3	11.0	11.1	10.7	10.7	9.5	10.3
c．そ　の　他　の　果　実	34.8	34.5	40.7	37.1	36.3	37.1	35.3	37.9
7．肉　　　　　　　類	41.1	41.5	42.6	43.5	42.9	42.5	42.9	43.5
a．牛　　　　　肉	9.6	10.6	11.4	11.9	11.0	11.4	11.6	11.7
b．豚　　　　　肉	16.5	16.3	16.5	16.3	16.6	16.2	16.6	16.9
c．鶏　　　　　肉	13.8	13.4	13.8	14.2	14.5	14.2	14.0	14.3
d．そ　の　他　の　肉	1.3	1.1	1.0	1.0	0.8	0.7	0.7	0.6
e．鯨	0.0	0.0	0.0	0.0	0.0	0.0	0.0	0.0
8．鶏　　　　　　　卵	20.4	20.6	20.3	20.2	20.3	20.2	19.9	20.0
9．牛乳及び乳製品	83.5	83.5	89.8	91.2	93.3	93.2	92.4	93.0
a．農　家　自　家　用	0.3	0.3	0.3	0.2	0.4	0.2	0.2	0.2
b．飲　用　向　け	40.6	39.9	41.6	40.6	40.8	40.2	39.3	38.6
c．乳　製　品　向　け	42.6	43.3	47.9	50.4	52.1	52.8	52.8	54.3
ｱ．全　脂　れ　ん　乳	0.4	0.4	0.4	0.3	0.4	0.3	0.3	0.3
ｲ．脱　脂　れ　ん　乳	0.1	0.1	0.1	0.1	0.1	0.1	0.1	0.0
ｳ．全　脂　粉　乳	0.3	0.2	0.2	0.2	0.2	0.1	0.2	0.1
ｴ．脱　脂　粉　乳	1.7	1.7	1.8	1.8	1.8	1.8	1.8	1.7
ｵ．育　児　用　粉　乳	0.3	0.3	0.3	0.3	0.3	0.3	0.3	0.3
ｶ．チ　ー　　　ズ	1.3	1.4	1.4	1.5	1.6	1.6	1.7	1.8
ｷ．バ　タ　　　ー	0.7	0.7	0.7	0.7	0.7	0.7	0.7	0.7
10．魚　　介　　　類	66.3	67.7	70.8	71.0	69.7	66.4	64.4	65.6
a．生　鮮　・　冷　凍	25.3	26.6	32.2	33.2	31.4	30.0	27.7	31.0
b．塩干，くん製，その他	37.6	37.8	35.6	35.3	35.5	33.7	34.2	32.2
c．か　　ん　　詰	3.4	3.4	3.0	2.6	2.8	2.7	2.5	2.4
d．飼　　肥　　料	0.0	0.0	0.0	0.0	0.0	0.0	0.0	0.0
11．海　　藻　　　類	1.4	1.3	1.5	1.4	1.4	1.4	1.4	1.5
12．砂　　糖　　　類	21.5	20.7	21.4	21.2	21.2	20.7	20.0	20.2
a．粗　　　　　糖	0.0	0.0	0.0	0.0	0.0	0.0	0.0	0.0
b．精　　　　　糖	21.2	20.4	21.0	20.8	20.9	20.4	19.7	19.9
c．含　み　つ　糖	0.2	0.2	0.2	0.2	0.2	0.2	0.2	0.3
d．糖　み　つ	0.1	0.1	0.1	0.1	0.1	0.1	0.1	0.1
13．油　　脂　　　類	17.8	17.9	18.4	18.6	19.0	19.3	18.9	19.5
a．植　物　油　脂	15.5	15.6	16.2	16.4	16.7	17.1	16.9	17.4
ｱ．大　　豆　　油	5.1	5.2	4.9	5.3	5.0	5.2	5.0	5.2
ｲ．菜　　種　　油	5.6	5.6	6.1	6.0	6.3	6.5	6.6	7.0
ｳ．や　　し　　油	0.2	0.1	0.1	0.2	0.2	0.3	0.3	0.3
ｴ．そ　の　他	4.6	4.7	5.0	4.9	5.1	5.1	5.0	4.9
b．動　物　油　脂	2.3	2.2	2.2	2.2	2.4	2.2	2.0	2.0
ｱ．魚　・　鯨　油	0.8	0.8	0.7	0.7	0.7	0.6	0.5	0.5
ｲ．牛　　　　脂	0.4	0.5	0.5	0.5	0.5	0.5	0.5	0.5
ｳ．そ　の　他	1.1	1.0	1.0	1.0	1.1	1.1	1.0	1.0
14．み　　　　　　　そ	4.9	4.8	4.6	4.5	4.5	4.5	4.5	4.4
15．し　　ょ　　う　　ゆ	9.6	9.5	9.2	9.0	9.0	8.7	8.5	8.2
16．その他食料計	4.5	4.6	4.7	4.9	5.0	5.0	5.1	5.2
う　ち　き　の　こ　類	3.1	3.3	3.4	3.5	3.4	3.6	3.7	3.8
17．合　　　　　　　計								

国民１人・１年当たり供給粗食料

（単位：kg）

類　別・品　目　別	平成12年度	13	14	15	16	17	18	19
1.　穀　　　　　　　類	115.5	113.8	112.6	112.7	111.7	110.9	110.4	111.3
a.　米	71.3	70.2	69.2	68.3	67.9	67.8	67.3	67.6
b.　小　　　　　麦	41.7	41.1	40.9	41.8	41.4	40.7	40.7	41.3
c.　大　　　　　麦	0.6	0.7	0.6	0.6	0.5	0.4	0.4	0.5
d.　は　だ　か　麦	0.1	0.1	0.1	0.1	0.1	0.1	0.1	0.1
e.　と う も ろ こ し ん	0.8	0.7	0.8	0.9	0.8	0.8	0.8	0.8
f.　こ　う　り　ゃ　ん	0.0	0.0	0.0	0.0	0.0	0.0	0.0	0.0
g.　そ の 他 の 雑 穀	1.0	1.0	1.0	1.0	1.1	1.1	1.1	1.0
2.　い　　　も　　　類	23.5	22.3	22.1	21.7	22.1	21.9	21.6	22.5
a.　か　ん　し　ょ	5.4	5.2	5.2	5.1	5.3	5.4	5.0	4.8
b.　ば　れ　い　し	18.0	17.1	16.8	16.6	16.8	16.5	16.6	17.7
3.　で　　　ん　　　粉	17.4	17.3	17.2	17.5	17.5	17.6	17.6	17.5
4.　豆　　　　　　　類	9.4	9.6	9.7	9.7	9.7	9.6	9.6	9.5
a.　大　　　　　豆	6.4	6.6	6.7	6.7	6.9	6.8	6.8	6.8
b.　そ の 他 の 豆 類	3.0	3.0	3.0	3.0	2.8	2.8	2.8	2.7
5.　野　　　　　　　菜	119.1	118.1	113.2	111.4	109.1	111.5	109.5	108.8
a.　緑 黄 色 野 菜	28.6	28.8	27.4	27.5	27.5	29.3	28.8	29.3
b.　そ の 他 の 野 菜	90.6	89.3	85.8	83.9	81.5	82.2	80.7	79.5
6.　果　　　　　　　実	56.7	60.3	57.2	54.4	57.0	58.8	54.5	55.7
a.　うんしゅうみかん	8.1	8.9	7.7	7.4	7.2	7.3	6.0	7.2
b.　り　　ん　　ご	9.5	11.4	10.4	9.6	10.0	11.1	11.2	12.1
c.　そ の 他 の 果 実	39.0	40.1	39.1	37.4	39.8	40.4	37.3	36.5
7.　肉　　　　　　　類	43.9	42.3	43.3	43.1	42.4	43.3	42.7	42.9
a.　牛　　　　　肉	12.0	10.0	10.2	9.9	8.9	8.8	8.8	9.0
b.　豚　　　　　肉	16.9	17.2	18.1	18.5	19.1	19.1	18.3	18.3
c.　鶏　　　　　肉	14.4	14.6	14.6	14.2	13.9	14.7	15.1	15.0
d.　そ　の　他　の　肉	0.6	0.5	0.4	0.5	0.5	0.6	0.5	0.5
e.　鯨	0.0	0.0	0.0	0.0	0.0	0.0	0.0	0.0
8.　鶏　　　　　　　卵	20.0	19.7	19.8	19.7	19.5	19.5	19.6	20.1
9.　牛 乳 及 び 乳 製 品	94.2	93.0	92.9	93.0	93.9	91.8	92.1	93.1
a.　農　家　自　家　用	0.2	0.1	0.2	0.2	0.1	0.1	0.1	0.2
b.　飲　用　向　け	39.0	38.1	39.2	38.5	38.0	36.7	35.8	34.9
c.　乳　製　品　向　け	55.0	54.7	53.5	54.4	55.7	54.9	56.3	58.0
ｱ.　全 脂 れ ん 乳	0.3	0.3	0.3	0.3	0.3	0.3	0.3	0.3
ｲ.　脱 脂 れ ん 乳	0.0	0.0	0.1	0.0	0.0	0.1	0.0	0.1
ｳ.　全 脂 粉 乳	0.1	0.1	0.1	0.1	0.1	0.1	0.1	0.1
ｴ.　脱 脂 粉 乳	1.5	1.4	1.4	1.4	1.4	1.5	1.4	1.5
ｵ.　育 児 用 粉 乳	0.3	0.3	0.3	0.3	0.3	0.2	0.2	0.2
ｶ.　チ　ー　ズ	1.9	1.9	1.8	1.9	2.0	1.9	2.0	2.1
ｷ.　バ　タ　ー	0.7	0.7	0.7	0.7	0.7	0.7	0.7	0.7
10.魚　　介　　　類	67.2	69.2	67.4	64.3	62.6	61.5	58.0	56.8
a.　生　鮮・冷　凍	28.9	31.2	31.5	28.5	26.8	26.5	23.5	23.6
b.　塩干,くん製,その他	35.6	35.3	33.4	33.1	33.0	32.3	31.9	30.7
c.　か　　ん　　詰	2.7	2.7	2.6	2.7	2.7	2.7	2.6	2.5
d.　飼　肥　料	0.0	0.0	0.0	0.0	0.0	0.0	0.0	0.0
11.海　　藻　　　類	1.4	1.4	1.4	1.2	1.3	1.2	1.2	1.1
12.砂　　糖　　　類	20.2	20.0	20.0	20.0	19.9	19.9	19.5	19.8
a.　粗　　　　　糖	0.0	0.0	0.0	0.0	0.0	0.0	0.0	0.0
b.　精　　　　　糖	19.9	19.8	19.7	19.7	19.5	19.6	19.1	19.4
c.　含　み　つ　糖	0.2	0.3	0.3	0.3	0.3	0.3	0.3	0.3
d.　糖　み　つ	0.0	0.0	0.0	0.0	0.0	0.0	0.0	0.0
13.油　　脂　　　類	19.6	19.5	19.5	19.4	19.5	19.7	19.7	19.5
a.　植　物　油　脂	17.6	17.6	17.7	17.6	17.8	18.1	18.1	18.0
ｱ.　大　豆　油	5.1	5.3	5.6	5.6	4.8	4.6	4.6	4.4
ｲ.　菜　種　油	7.1	6.9	6.7	6.6	7.4	7.5	7.4	7.2
ｳ.　や　し　油	0.3	0.3	0.3	0.3	0.3	0.3	0.4	0.4
ｴ.　そ　の　他	5.1	5.1	5.2	5.2	5.3	5.7	5.8	6.1
b.　動　物　油　脂	2.0	1.9	1.7	1.7	1.7	1.6	1.5	1.5
ｱ.　魚・鯨　油	0.5	0.5	0.4	0.4	0.3	0.2	0.2	0.1
ｲ.　牛　　　脂	0.5	0.5	0.4	0.4	0.4	0.5	0.4	0.4
ｳ.　そ　の　他	0.9	0.9	0.9	0.9	0.9	0.9	0.9	0.9
14.み　　　　　　　そ	4.3	4.2	4.2	4.1	4.0	3.9	3.9	3.8
15.し　ょ　う　ゆ	8.2	7.9	7.7	7.6	7.3	7.2	7.2	7.2
16.そ の 他 食 料 計	5.3	5.2	5.2	5.3	5.4	5.4	5.4	5.5
う ち き の こ 類	3.8	3.8	3.7	3.8	3.9	3.9	3.9	4.0
17.合　　　　　　　計								

国民1人・1年当たり供給粗食料

(単位：kg)

類 別 ・ 品 目 別	平成20年度	21	22	23	24	25	26	27
1．穀　　　　　　類	107.0	107.1	109.7	108.3	106.7	107.1	105.9	104.6
a．米	64.9	64.3	65.7	63.8	62.0	62.7	61.2	60.3
b．小　　　　麦	39.8	40.7	41.9	42.0	42.2	41.9	42.1	42.0
c．大　　　　麦	0.5	0.3	0.4	0.6	0.4	0.5	0.5	0.4
d．は　だ　か　麦	0.0	0.0	0.0	0.0	0.0	0.1	0.1	0.1
e．と う も ろ こ し	0.8	0.8	0.8	0.8	0.9	0.7	0.9	0.7
f．こ　う　り　ゃ　ん	0.0	0.0	0.0	0.0	0.0	0.0	0.0	0.0
g．そ の 他 の 雑 穀	1.0	0.9	0.9	1.0	1.1	1.2	1.1	1.1
2．い　　も　　類	21.6	21.4	20.6	22.2	22.7	21.7	21.0	21.6
a．か　ん　し　ょ	4.7	4.9	4.2	4.6	4.6	4.6	4.2	4.1
b．ば　れ　い　し　ょ	16.9	16.5	16.4	17.6	18.1	17.1	16.7	17.5
3．で　　ん　　粉	16.9	16.3	16.7	16.8	16.4	16.4	16.0	16.0
4．豆　　　　　　類	9.1	8.9	8.8	8.6	8.4	8.5	8.5	8.8
a．大　　　　豆	6.7	6.4	6.3	6.2	6.1	6.1	6.1	6.2
b．そ の 他 の 豆 類	2.4	2.5	2.5	2.4	2.3	2.3	2.4	2.6
5．野　　　　　　菜	107.7	104.3	101.7	104.7	107.6	105.3	106.0	104.2
a．緑 黄 色 野 菜	28.9	27.2	26.6	28.2	30.0	29.9	29.3	28.8
b．そ の 他 の 野 菜	78.8	77.1	75.1	76.5	77.6	75.4	76.6	75.4
6．果　　　　　　実	54.1	53.0	50.1	50.9	52.2	50.1	48.6	47.4
a．うんしゅうみかん	6.1	6.6	5.5	5.9	5.5	5.8	5.6	5.2
b．り　　ん　　ご	11.9	10.2	9.5	8.8	10.2	9.5	10.4	9.7
c．そ の 他 の 果 実	36.1	36.1	35.0	36.2	36.5	34.8	32.6	32.5
7．肉　　　　　　類	43.3	43.4	44.2	44.9	45.5	45.6	45.6	46.5
a．牛　　　　肉	9.0	9.3	9.3	9.6	9.4	9.5	9.3	9.1
b．豚　　　　肉	18.6	18.2	18.5	18.9	18.8	18.8	18.8	19.3
c．鶏　　　　肉	15.2	15.4	16.0	16.1	16.9	16.9	17.1	17.7
d．そ　の　他　の　肉	0.4	0.4	0.4	0.3	0.3	0.3	0.3	0.3
e．鯨	0.0	0.0	0.0	0.0	0.0	0.0	0.0	0.0
8．鶏　　　　　　卵	19.7	19.4	19.5	19.6	19.6	19.7	19.6	19.9
9．牛 乳 及 び 乳 製 品	86.0	84.5	86.4	88.6	89.4	88.9	89.5	91.1
a．農　家　自　家　用	0.2	0.2	0.2	0.1	0.2	0.1	0.2	0.1
b．飲　用　向　け	34.1	32.6	31.8	31.6	31.1	30.8	30.4	30.8
c．乳　製　品　向　け	51.7	51.7	54.5	56.8	58.2	58.0	58.9	60.2
ア．全 脂 れ ん 乳	0.3	0.3	0.3	0.3	0.3	0.3	0.3	0.3
イ．脱 脂 れ ん 乳	0.0	0.0	0.0	0.0	0.0	0.0	0.0	0.0
ウ．全 脂 粉 乳	0.1	0.1	0.1	0.1	0.1	0.1	0.1	0.1
エ．脱 脂 粉 乳	1.2	1.2	1.3	1.2	1.1	1.1	1.1	1.1
オ．育 児 用 粉 乳	0.2	0.2	0.2	0.2	0.2	0.2	0.2	0.2
カ．チ　ー　ズ	1.7	1.9	1.9	2.1	2.2	2.2	2.2	2.4
キ．バ　タ　ー	0.6	0.6	0.7	0.6	0.6	0.6	0.6	0.6
10．魚　　介　　類	55.9	54.1	52.8	51.3	51.8	49.3	49.3	47.9
a．生　鮮　・　冷　凍	22.9	22.3	21.5	21.8	21.6	19.2	19.9	18.7
b．塩干，くん製，その他	30.5	29.4	28.9	27.1	27.5	27.5	26.8	26.5
c．か　　ん　　詰	2.4	2.5	2.5	2.4	2.6	2.6	2.6	2.7
d．飼　　肥　　料	0.0	0.0	0.0	0.0	0.0	0.0	0.0	0.0
11．海　　藻　　類	1.0	1.0	1.0	0.9	1.0	1.0	0.9	0.9
12．砂　　糖　　類	19.2	19.3	18.9	18.9	18.8	19.0	18.5	18.5
a．粗　　　　糖	0.0	0.0	0.0	0.0	0.0	0.0	0.0	0.0
b．精　　　　糖	18.9	19.0	18.7	18.6	18.5	18.8	18.3	18.2
c．含　み　つ　糖	0.3	0.3	0.2	0.2	0.2	0.2	0.2	0.3
d．糖　み　つ	0.0	0.0	0.0	0.0	0.0	0.0	0.0	0.0
13．油　　脂　　類	18.8	18.1	18.5	18.6	18.7	19.3	19.4	19.5
a．植　物　油　脂	17.6	16.9	17.3	17.4	17.5	18.0	18.1	18.4
ア．大　豆　油	4.3	3.7	3.5	3.0	2.9	2.9	3.1	3.4
イ．菜　種　油	6.7	6.8	7.2	7.8	7.9	8.0	8.0	7.7
ウ．や　し　油	0.3	0.3	0.3	0.3	0.3	0.3	0.3	0.3
エ．そ　の　他	6.2	6.1	6.3	6.3	6.4	6.9	6.8	7.0
b．動　物　油　脂	1.2	1.2	1.2	1.2	1.2	1.3	1.2	1.2
ア．魚　・　鯨　油	0.1	0.1	0.1	0.1	0.1	0.1	0.1	0.1
イ．牛　　　　脂	0.3	0.3	0.3	0.3	0.3	0.3	0.3	0.3
ウ．そ　の　他	0.8	0.8	0.8	0.9	0.9	0.9	0.9	0.8
14．み　　　　　　そ	3.6	3.6	3.6	3.6	3.4	3.3	3.5	3.6
15．し　ょ　う　ゆ	6.7	6.6	6.5	6.3	6.2	6.2	5.9	5.9
16．そ の 他 食 料 計	5.0	5.2	5.1	5.2	5.1	5.0	4.8	4.9
う ち き の こ 類	3.9	3.9	4.0	4.0	4.0	3.9	3.8	3.8
17．合　　　　　　計								

国民１人・１年当たり供給粗食料

(単位：kg)

類　別・品　目　別	平成28年度	29	30	令和元年度	2	3
1. 穀　　　　　　類	104.8	104.8	103.0	102.3	99.2	99.9
a.　米	60.0	59.7	59.0	58.6	56.0	56.8
b. 小　　　　　麦	42.2	42.4	41.2	41.3	40.7	40.5
c. 大　　　　　麦	0.6	0.5	0.4	0.4	0.4	0.5
d. は　だ　か　麦	0.1	0.2	0.3	0.3	0.2	0.2
e. と う も ろ こ し	0.8	1.0	1.1	1.0	0.9	1.0
f. こ う り ゃ ん	0.0	0.0	0.0	0.0	0.0	0.0
g. そ の 他 の 雑 穀	1.1	1.1	1.1	1.1	0.9	0.9
2. い　　も　　類	21.6	23.4	21.7	22.8	21.4	21.8
a. か　ん　し　ょ	4.3	4.1	4.0	3.8	3.8	3.9
b. ば　れ　い　し　ょ	17.2	19.3	17.7	18.9	17.6	17.9
3. で　　ん　　粉	16.3	15.9	16.0	16.4	14.9	15.1
4. 豆　　　　　　類	8.8	9.0	9.1	9.2	9.2	8.9
a. 大　　　　　豆	6.4	6.5	6.7	6.8	7.0	6.7
b. そ の 他 の 豆 類	2.4	2.6	2.4	2.4	2.2	2.2
5. 野　　　　　　菜	102.0	103.4	103.7	102.9	102.0	99.0
a. 緑 黄 色 野 菜	28.0	29.3	29.1	28.7	29.2	29.0
b. そ の 他 の 野 菜	74.0	74.1	74.6	74.2	72.8	69.9
6. 果　　　　　　実	46.7	46.4	48.4	46.2	46.7	44.1
a. う ん し ゅ う み か ん	5.4	4.9	5.2	4.9	5.1	5.0
b. り　ん　ご	9.1	9.1	8.8	8.9	8.9	8.1
c. そ の 他 の 果 実	32.2	32.3	34.4	32.5	32.7	31.0
7. 肉　　　　　　類	47.9	49.5	50.3	50.6	50.7	51.5
a. 牛　　　　　肉	9.5	10.0	10.2	10.3	10.3	9.9
b. 豚　　　　　肉	19.7	20.2	20.3	20.3	20.5	20.9
c. 鶏　　　　　肉	18.3	18.9	19.3	19.6	19.5	20.3
d. そ の 他 の 肉	0.4	0.4	0.4	0.4	0.4	0.4
e.　鯨	0.0	0.0	0.0	0.0	0.0	0.0
8. 鶏　　　　　　卵	19.8	20.4	20.4	20.6	20.2	20.2
9. 牛 乳 及 び 乳 製 品	91.2	93.2	95.0	95.2	94.4	94.4
a. 農 家 自 家 用	0.1	0.1	0.1	0.1	0.1	0.1
b. 飲　用　向　け	31.1	31.0	31.1	31.1	31.6	31.5
c. 乳 製 品 向 け	60.0	62.1	63.8	64.0	62.7	62.8
ｱ. 全 脂 れ ん 乳	0.3	0.3	0.3	0.3	0.2	0.3
ｲ. 脱 脂 れ ん 乳	0.0	0.0	0.0	0.0	0.0	0.0
ｳ. 全 脂 粉 乳	0.1	0.1	0.1	0.1	0.1	0.1
ｴ. 脱 脂 粉 乳	1.1	1.1	1.1	1.0	1.1	1.1
ｵ. 育 児 用 粉 乳	0.2	0.2	0.2	0.2	0.2	0.2
ｶ. チ ー ズ	2.4	2.5	2.6	2.7	2.6	2.6
ｷ. バ タ ー	0.6	0.6	0.6	0.7	0.6	0.7
10. 魚　　介　　類	46.0	45.8	44.5	44.4	41.9	41.2
a. 生 鮮 ・ 冷 凍	17.2	17.7	14.8	14.9	14.2	13.5
b. 塩干, くん製, その他	26.2	25.4	27.0	26.9	25.1	25.3
c. か　ん　詰	2.7	2.7	2.7	2.7	2.6	2.4
d. 飼　肥　料	0.0	0.0	0.0	0.0	0.0	0.0
11. 海　　藻　　類	0.9	0.9	0.9	0.8	0.9	0.8
12. 砂　　糖　　類	18.6	18.2	18.1	17.8	16.6	16.9
a. 粗　　　　　糖	0.0	0.0	0.0	0.0	0.0	0.0
b. 精　　　　　糖	18.3	18.0	17.8	17.5	16.4	16.6
c. 含　み　つ　糖	0.3	0.3	0.2	0.3	0.2	0.2
d. 糖　み　つ	0.0	0.0	0.0	0.0	0.0	0.0
13. 油　　脂　　類	19.4	20.0	19.8	20.3	20.0	19.2
a. 植 物 油 脂	18.3	19.1	19.0	19.4	19.1	18.5
ｱ. 大　豆　油	3.5	3.6	3.7	3.9	3.8	4.0
ｲ. 菜　種　油	7.3	7.7	7.3	7.4	7.4	7.5
ｳ. や　し　油	0.3	0.2	0.2	0.2	0.2	0.2
ｴ. そ　の　他	7.3	7.6	7.7	7.9	7.8	6.8
b. 動 物 油 脂	1.1	0.9	0.9	0.9	0.8	0.6
ｱ. 魚 ・ 鯨 油	0.0	0.0	0.0	0.0	0.0	0.0
ｲ. 牛　　　脂	0.2	0.2	0.2	0.2	0.2	0.2
ｳ. そ　の　他	0.8	0.7	0.7	0.6	0.6	0.4
14. み　　　　　　そ	3.6	3.7	3.6	3.7	3.6	3.5
15. し　ょ　う　ゆ	5.8	5.7	5.6	5.5	5.2	5.3
16. そ の 他 食 料 計	5.1	5.1	5.2	5.1	5.1	5.1
う ち き の こ 類	3.9	3.9	3.9	3.9	3.9	3.9
17. 合　　　　　　計						

(7)　国民1人・1日当たり供給粗食料

(単位:g)

類　別・品　目　別	昭和35年度	36	37	38	39	40	41	42
1．穀　　　　　　類	478.7	476.6	476.5	471.3	472.0	458.7	448.7	441.6
a.　　　米	345.7	353.3	357.2	353.2	349.2	335.6	318.5	311.2
b.小　　　麦	91.6	93.2	93.7	96.7	101.3	103.1	111.3	112.0
c.大　　　麦	19.6	14.2	12.8	11.4	14.5	10.4	8.1	8.5
d.は　だ　か　麦	18.8	12.7	10.0	7.2	4.4	7.2	8.5	7.4
e.と う も ろ こ し	0.5	0.7	0.6	0.6	0.6	0.8	0.6	0.8
f.こ う り ゃ ん	0.0	0.1	0.1	0.1	0.1	0.1	0.1	0.1
g.そ の 他 の 雑 穀	2.4	2.4	2.2	2.1	1.9	1.6	1.6	1.7
2．い　　　も　　　類	92.7	90.0	78.8	70.2	70.6	65.0	61.6	53.9
a.か　ん　し　ょ	44.8	42.1	32.6	29.8	24.8	22.1	20.7	14.9
b.ば　れ　い　し　ょ	48.0	47.9	46.3	40.3	45.8	42.8	40.9	39.0
3．で　　　ん　　　粉	17.9	19.2	21.6	21.4	22.4	22.7	22.9	24.7
4．豆　　　　　　類	29.0	29.3	28.2	28.5	26.9	27.1	27.9	28.7
a.大　　　豆	15.2	15.3	14.1	13.8	13.0	12.9	13.9	14.8
b.そ の 他 の 豆 類	13.8	14.0	14.0	14.7	13.8	14.2	13.9	14.0
5．野　　　　　　菜	313.2	295.5	320.3	345.7	325.8	340.8	360.5	362.1
a.緑 黄 色 野 菜	52.6	52.2	55.1	58.3	56.9	59.5	63.2	65.9
b.そ の 他 の 野 菜	260.7	243.3	265.2	287.4	268.9	281.3	297.3	296.3
6．果　　　　　　実	81.0	83.9	84.7	92.3	103.5	104.6	118.9	121.1
a.う ん し ゅ う み か ん	23.3	20.8	21.0	22.5	28.2	28.9	38.5	34.2
b.り　ん　　ご	23.5	24.8	25.7	29.0	27.2	27.8	25.8	27.0
c.そ の 他 の 果 実	34.2	38.3	37.9	40.8	48.1	47.8	54.6	59.9
7．肉　　　　　　類	17.8	21.6	26.4	26.8	29.7	32.7	36.7	38.7
a.牛　　　　　肉	4.2	4.2	4.4	5.7	6.5	5.7	4.5	4.8
b.豚　　　　　肉	4.5	6.9	9.1	7.8	8.7	11.8	15.5	16.6
c.鶏　　　　　肉	3.0	3.7	4.4	5.1	6.2	6.7	7.5	8.3
d.そ の 他 の 肉	1.7	1.6	1.8	2.7	3.1	2.9	3.7	4.1
e.　　　鯨	4.5	5.2	6.7	5.6	5.1	5.7	5.4	4.9
8．鶏　　　　　　卵	19.3	24.8	26.9	27.9	33.0	35.6	32.4	35.1
9．牛 乳 及 び 乳 製 品	60.9	68.3	77.7	89.7	97.1	102.8	114.3	118.3
a.農 家 自 家 用	3.0	3.1	3.4	3.6	3.6	3.7	3.3	3.2
b.飲 用 向 け	29.3	32.4	34.6	41.3	46.5	50.5	55.4	58.2
c.乳 製 品 向 け	28.7	32.8	39.7	44.9	47.1	48.6	55.5	56.9
ア.全 脂 れ ん 乳	1.5	1.6	1.7	1.5	1.2	1.1	1.1	1.2
イ.脱 脂 れ ん 乳	0.8	0.9	0.8	0.9	0.8	0.7	0.6	0.6
ウ.全 脂 粉 乳	0.2	0.3	0.4	0.5	0.7	0.8	0.9	0.9
エ.脱 脂 粉 乳	1.2	1.3	1.6	2.3	2.4	2.2	2.5	2.4
オ.育 児 用 粉 乳	0.7	0.8	0.9	1.0	1.0	1.4	1.2	1.3
カ.チ ー ズ	0.1	0.2	0.3	0.4	0.4	0.5	0.8	0.8
キ.バ タ ー	0.4	0.4	0.6	0.6	0.7	0.7	0.9	0.9
10.魚　　介　　　類	129.0	138.2	138.8	141.0	125.9	140.7	142.8	151.2
a.生 鮮 ・ 冷 凍	}129.0	}138.2	57.9	59.3	45.8	55.0	52.5	56.7
b.塩干，くん製，その他			76.4	78.4	77.6	82.6	87.0	89.9
c.か　　ん　　詰			4.6	3.3	2.5	3.1	3.3	4.6
d.飼　　肥　　料	0.0	0.0	0.0	0.0	0.0	0.0	0.0	0.0
11.海　　藻　　　類	.1.8	1.8	2.4	2.0	1.7	2.0	2.2	2.5
12.砂　　糖　　　類	41.2	43.4	46.4	45.5	48.2	51.4	54.5	57.5
a.粗　　　　　糖	0.0	0.0	0.0	0.0	0.0	0.0	0.0	0.0
b.精　　　　　糖	38.7	41.4	44.2	43.8	46.9	49.7	52.7	56.2
c.含 み つ 糖	2.1	1.6	1.6	1.4	0.8	1.2	1.1	0.8
d.糖　み　つ	0.4	0.4	0.5	0.4	0.5	0.5	0.7	0.5
13.油　　脂　　　類	12.8	13.9	15.3	17.9	19.2	19.1	22.2	23.8
a.植 物 油 脂	9.5	10.8	11.9	13.7	14.5	14.2	16.7	17.8
ア.大　豆　油	3.4	4.0	4.7	5.9	6.0	6.7	7.5	7.5
イ.菜　種　油	2.8	3.3	3.2	2.1	2.3	2.3	2.8	2.7
ウ.や　し　油	0.3	0.4	0.5	0.7	0.4	0.4	0.9	1.1
エ.そ　の　他	3.0	3.1	3.5	5.0	5.9	4.9	5.5	6.5
b.動 物 油 脂	3.3	3.2	3.5	4.1	4.7	4.9	5.6	6.1
ア.魚 ・ 鯨 油	1.2	1.2	1.6	1.2	1.1	1.1	1.3	1.4
イ.牛　　脂	0.9	1.0	0.9	1.5	1.9	2.0	2.2	2.3
ウ.そ　の　他	1.3	1.0	0.9	1.4	1.6	1.7	2.1	2.4
14.み　　　　　　そ	24.1	22.9	21.6	21.5	21.8	21.4	21.5	21.4
15.し　ょ　う　ゆ	37.6	36.2	31.6	30.0	33.2	32.0	31.8	32.9
16.そ の 他 食 料 計	―	―	―	―	―	4.8	5.2	5.5
う ち き の こ 類	―	―	―	―	―	1.4	1.5	1.9
17.合　　　　　　計								

国民1人・1日当たり供給粗食料

(単位:g)

類別・品目別	昭和43年度	44	45	46	47	48	49	50
1. 穀　　　　類	431.2	418.8	406.8	401.0	395.6	395.0	390.5	385.9
a. 米	302.5	293.2	287.8	281.0	277.0	274.7	271.3	265.5
b. 小　　麦	111.4	111.4	108.1	108.3	108.2	108.4	109.2	110.4
c. 大　　麦	8.1	6.0	4.0	4.6	4.5	6.9	6.5	6.2
d. は だ か 麦	6.2	5.0	3.8	3.6	2.1	0.9	0.7	0.7
e. とうもろこし	1.2	1.5	1.4	2.0	2.3	2.4	1.3	1.3
f. こうりゃん	0.0	0.0	0.0	0.0	0.0	0.0	0.0	0.0
g. その他の雑穀	1.8	1.6	1.7	1.5	1.6	1.7	1.5	1.7
2. い　　も　　類	52.9	49.4	49.2	50.1	50.3	49.0	47.7	48.5
a. かんしょ	15.5	12.7	12.4	13.7	14.8	13.1	12.3	13.0
b. ばれいしょ	37.4	36.6	36.7	36.4	35.5	35.9	35.4	35.5
3. で　ん　粉	23.9	23.3	22.1	21.3	21.7	21.3	20.4	20.6
4. 豆　　　　類	28.8	29.5	28.8	29.0	28.3	28.2	27.1	26.6
a. 大　　豆	15.1	15.1	15.3	15.3	15.7	15.7	15.7	15.8
b. その他の豆類	13.8	14.4	13.6	13.7	12.6	12.4	11.4	10.8
5. 野　　　　菜	394.1	379.1	366.5	376.6	373.3	355.7	362.1	352.7
a. 緑黄色野菜	70.1	66.1	65.6	66.1	66.0	63.3	64.5	62.1
b. その他の野菜	324.1	313.0	300.9	310.5	307.3	292.5	297.6	290.6
6. 果　　　　実	142.5	136.8	144.1	143.0	168.8	166.0	157.9	163.5
a. うんしゅうみかん	51.3	43.6	54.7	51.9	75.0	69.7	68.8	74.4
b. り　ん　ご	26.9	25.5	23.9	23.3	21.9	21.6	18.9	19.7
c. その他の果実	64.2	67.7	65.5	67.9	71.9	74.7	70.2	69.3
7. 肉　　　　類	39.8	44.9	49.2	56.0	60.3	63.5	65.5	68.8
a. 牛　　肉	5.5	7.2	8.2	9.3	9.7	9.3	10.0	9.9
b. 豚　　肉	16.2	16.9	20.6	22.3	25.1	28.0	28.3	28.5
c. 鶏　　肉	9.4	11.6	13.1	15.1	16.7	17.8	18.2	18.7
d. その他の肉	4.8	5.2	4.0	5.9	5.7	5.2	6.1	9.1
e. 鯨	4.0	4.0	3.3	3.4	3.2	3.1	2.9	2.6
8. 鶏　　　　卵	38.4	42.3	45.7	45.6	44.7	44.3	43.1	43.1
9. 牛乳及び乳製品	123.6	129.6	137.2	138.6	141.7	144.2	141.8	146.5
a. 農家自家用	3.2	3.4	3.1	2.8	2.5	2.2	2.0	1.9
b. 飲用向け	63.2	66.6	69.3	69.1	71.7	73.4	73.7	76.9
c. 乳製品向け	57.2	59.7	64.8	66.8	67.5	68.7	66.1	67.7
ｱ. 全脂れん乳	1.1	1.3	1.3	1.3	1.4	1.0	1.1	1.0
ｲ. 脱脂れん乳	0.6	0.7	0.7	0.6	0.4	0.5	0.3	0.4
ｳ. 全脂粉乳	0.8	0.8	1.0	0.9	1.0	0.9	0.7	0.7
ｴ. 脱脂粉乳	2.1	2.1	2.2	1.8	2.2	2.4	2.6	2.7
ｵ. 育児用粉乳	1.3	1.5	1.4	1.5	2.0	2.3	1.9	1.6
ｶ. チ ー ズ	0.9	1.1	1.1	1.1	1.1	1.3	1.4	1.4
ｷ. バ タ ー	1.1	1.0	1.1	1.5	1.4	1.5	1.3	1.4
10. 魚　介　　類	160.0	158.0	167.9	176.6	178.5	182.2	185.4	184.3
a. 生鮮・冷凍	60.8	56.5	59.6	62.4	64.6	66.8	70.7	71.8
b. 塩干,くん製,その他	96.6	99.0	106.2	108.9	110.6	111.1	109.1	108.8
c. か　ん　詰	2.6	2.6	2.1	5.3	3.4	4.3	5.6	3.7
d. 飼　肥　料	0.0	0.0	0.0	0.0	0.0	0.0	0.0	0.0
11. 海　　藻　　類	2.5	2.1	2.5	2.9	2.6	3.2	3.3	3.1
12. 砂　　糖　　類	60.0	66.3	73.8	73.1	76.7	77.0	72.1	68.5
a. 粗　　糖	0.0	0.0	0.0	0.0	0.0	0.0	0.0	0.0
b. 精　　糖	58.8	65.1	72.5	72.1	75.7	75.7	71.3	67.4
c. 含　み　つ　糖	0.9	0.7	0.9	0.7	0.7	0.8	0.8	0.7
d. 糖　み　つ	0.3	0.4	0.3	0.4	0.3	0.6	0.0	0.4
13. 油　　脂　　類	25.2	26.3	27.4	28.5	31.0	32.4	33.2	33.2
a. 植物油脂	18.8	19.9	21.0	21.2	23.1	25.2	26.9	26.6
ｱ. 大豆油	8.3	9.1	10.5	10.3	10.6	10.6	12.0	11.4
ｲ. 菜種油	3.1	3.2	3.2	3.9	5.3	6.5	6.8	7.6
ｳ. やし油	0.9	1.0	0.8	0.9	1.1	1.5	0.6	0.7
ｴ. その他	6.6	6.7	6.4	6.1	6.2	6.6	7.4	6.9
b. 動物油脂	6.4	6.4	6.4	7.3	7.8	7.2	6.3	6.6
ｱ. 魚・鯨油	1.8	2.1	2.0	2.1	2.2	2.1	2.1	1.9
ｲ. 牛脂	2.2	2.0	2.1	2.3	2.5	2.1	1.5	2.0
ｳ. その他	2.4	2.3	2.3	3.0	3.2	3.0	2.8	2.7
14. み　　　　そ	20.7	19.9	20.1	19.6	19.5	19.4	18.2	17.4
15. し　ょ　う　ゆ	30.8	31.0	32.4	32.2	32.9	34.5	34.0	30.2
16. その他食料計	5.8	5.5	5.9	6.4	6.7	6.9	6.8	6.9
うちきのこ類	2.3	2.2	2.5	2.9	3.4	3.4	4.0	4.0
17. 合　　　　計								

国民1人・1日当たり供給粗食料

(単位:g)

類　別・品　目　別	昭和51年度	52	53	54	55	56	57	58
1.穀　　　　　　　類	382.0	372.9	366.4	360.2	359.8	354.4	350.5	346.0
a.　　米	260.7	251.7	246.6	240.6	238.7	235.3	230.9	228.2
b.小　　　　　　麦	111.5	111.7	111.3	111.7	113.3	111.7	111.8	111.2
c.大　　　　　　麦	5.8	5.6	3.8	3.1	3.2	2.4	2.9	1.8
d.は　だ　か　麦	0.8	0.6	0.6	0.8	0.8	0.9	0.8	0.7
e.と　う　も　ろ　こ　し	1.4	1.4	1.7	2.0	1.9	2.0	2.1	2.2
f.こ　う　り　ゃ　ん	0.0	0.0	0.0	0.0	0.0	0.0	0.0	0.0
g.そ　の　他　の　雑　穀	1.9	1.8	2.4	2.1	2.1	2.0	2.0	1.9
2.い　　　も　　　類	50.1	52.8	54.3	53.7	52.5	52.9	55.1	54.7
a.か　ん　し　ょ	12.9	13.2	12.7	12.5	11.8	12.7	12.4	12.5
b.ば　れ　い　し　ょ	37.2	39.6	41.6	41.2	40.7	40.2	42.7	42.1
3.で　　　ん　　　粉	24.0	25.1	25.7	26.2	31.8	34.2	33.9	37.1
4.豆　　　　　　　類	25.3	24.2	23.9	24.2	24.1	24.0	24.0	24.9
a.大　　　　　　豆	14.9	14.1	14.6	14.6	14.4	14.5	15.4	15.9
b.そ　の　他　の　豆　類	10.5	10.0	9.3	9.5	9.7	9.5	8.6	9.1
5.野　　　　　　　菜	355.3	369.9	370.4	363.0	359.7	361.8	365.7	351.4
a.緑　黄　色　野　菜	59.9	65.6	66.5	67.8	67.5	65.3	65.0	64.5
b.そ　の　他　の　野　菜	295.4	304.3	304.0	295.2	292.3	296.6	300.7	286.9
6.果　　　　　　　実	151.7	157.7	155.7	156.5	149.5	147.4	152.1	151.2
a.う　ん　し　ゅ　う　み　か　ん	62.0	67.0	61.8	62.2	55.8	58.4	55.8	54.4
b.り　　ん　　ご	19.1	20.6	17.9	18.2	20.7	17.6	19.2	21.4
c.そ　の　他　の　果　実	70.6	70.1	76.0	76.1	73.0	71.4	77.2	75.4
7.肉　　　　　　　類	72.2	78.3	82.2	86.4	85.8	86.9	89.0	90.4
a.牛　　　　　　肉	10.7	11.7	12.9	13.3	13.7	14.4	15.4	16.2
b.豚　　　　　　肉	30.1	32.3	34.2	37.5	37.8	37.4	37.2	37.6
c.鶏　　　　　　肉	20.8	23.1	25.3	26.9	27.4	28.2	29.4	30.4
d.そ　の　他　の　肉	8.7	9.3	8.3	7.7	5.9	6.0	6.0	5.2
e.　　鯨	1.8	1.9	1.4	1.1	1.1	0.9	0.9	0.9
8.鶏　　　　　　　卵	43.9	44.5	45.7	45.3	45.1	45.3	45.9	45.9
9.牛　乳　及　び　乳　製　品	157.0	162.7	169.2	176.7	179.0	186.3	183.2	192.5
a.農　家　自　家　用	1.8	1.7	1.8	1.7	1.2	1.2	1.2	1.2
b.飲　用　向　け	80.5	84.9	87.7	90.9	92.9	95.2	97.0	96.6
c.乳　製　品　向　け	74.7	76.1	79.7	84.0	84.9	89.8	84.9	94.6
ｱ.全　脂　れ　ん　乳	1.1	1.1	1.3	1.3	1.1	1.3	1.3	1.2
ｲ.脱　脂　れ　ん　乳	0.4	0.4	0.5	0.6	0.5	0.5	0.5	0.4
ｳ.全　脂　粉　乳	0.6	0.7	0.7	0.8	0.7	0.8	0.8	0.8
ｴ.脱　脂　粉　乳	2.4	2.5	2.8	3.0	3.3	3.6	3.9	4.2
ｵ.育　児　用　粉　乳	1.4	1.2	1.2	1.2	1.2	1.1	1.1	1.1
ｶ.チ　ー　ズ	1.6	1.8	1.9	2.0	1.9	2.0	2.0	2.1
ｷ.バ　タ　ー	1.4	1.3	1.4	1.5	1.6	1.7	1.7	1.7
10.魚　　介　　類	188.1	181.5	184.1	177.5	179.4	178.4	176.4	183.4
a.生　鮮　・　冷　凍	74.1	70.3	73.4	68.1	70.4	68.0	64.9	67.9
b.塩干,くん製,その他	107.9	105.1	104.2	102.6	102.6	103.3	103.7	107.2
c.か　　ん　　詰	6.0	6.1	6.6	6.8	6.4	7.1	7.8	8.3
d.飼　　肥　　料	0.0	0.0	0.0	0.0	0.0	0.0	0.0	0.0
11.海　　藻　　類	3.6	3.4	3.2	3.4	3.7	3.5	3.3	3.6
12.砂　　糖　　類	69.3	73.0	69.4	70.8	63.9	60.8	62.5	59.1
a.粗　　　　　　糖	0.0	0.0	0.0	0.0	0.0	0.0	0.0	0.0
b.精　　　　　　糖	68.0	71.9	68.2	69.7	62.9	59.6	61.5	58.1
c.含　み　つ　糖	0.7	0.7	0.7	0.7	0.6	0.7	0.6	0.6
d.糖　み　つ	0.6	0.4	0.5	0.5	0.4	0.5	0.4	0.4
13.油　　脂　　類	34.0	34.7	37.2	38.5	40.2	42.5	43.2	43.8
a.植　物　油　脂	27.9	28.8	30.3	31.1	32.6	35.0	36.1	36.8
ｱ.大　　豆　　油	11.7	12.0	13.2	12.8	13.5	13.8	14.6	15.1
ｲ.菜　種　油	7.2	7.5	8.3	9.5	9.4	11.5	11.4	11.2
ｳ.や　　し　　油	1.2	1.0	1.0	0.7	0.7	0.8	0.9	1.0
ｴ.そ　の　他	7.8	8.4	7.8	8.1	9.0	9.0	9.2	9.5
b.動　物　油　脂	6.1	5.9	6.9	7.3	7.7	7.5	7.1	7.0
ｱ.魚　・　鯨　油	1.9	1.7	2.0	2.6	2.7	2.7	2.7	2.7
ｲ.牛　　　　　脂	1.4	1.3	1.4	1.1	1.4	1.5	1.4	1.5
ｳ.そ　　の　　他	2.8	2.9	3.6	3.6	3.6	3.4	3.0	2.8
14.み　　　　　　　そ	17.7	17.2	16.6	16.5	16.5	16.2	16.0	15.5
15.し　ょ　う　ゆ	32.7	30.1	30.9	31.9	30.1	29.4	29.0	28.4
16.そ　の　他　食　料　計	7.4	8.1	8.5	8.4	8.6	9.2	9.1	9.6
う　ち　き　の　こ　類	4.2	4.5	4.9	5.0	5.2	5.5	5.2	5.6
17.合　　　　　　　計								

国民１人・１日当たり供給粗食料

(単位：g)

類別・品目別	昭和59年度	60	61	62	63	平成元年度	2	3
1.穀　　　　　　　類	345.7	344.0	340.3	334.6	332.6	331.0	330.3	328.5
a.米	227.5	225.5	222.0	217.0	214.7	212.8	211.8	210.8
b.小　　　　麦	111.6	111.4	110.8	110.4	110.8	111.2	111.4	111.1
c.大　　　　麦	1.8	1.8	1.8	1.5	1.4	1.2	1.2	1.1
d.は　だ　か　麦	0.7	0.6	0.5	0.5	0.4	0.4	0.3	0.3
e.とうもろこし	2.0	2.6	2.9	3.0	2.8	3.0	3.3	3.0
f.こ　う　り　ゃ　ん	0.0	0.0	0.0	0.0	0.0	0.0	0.0	0.0
g.その他の雑穀	2.1	2.1	2.3	2.3	2.5	2.4	2.3	2.3
2.い　　　も　　　類	53.8	56.7	59.9	59.6	59.7	62.7	62.7	62.5
a.か　ん　し　ょ	13.1	14.6	14.0	14.0	13.4	15.5	15.5	13.3
b.ば　れ　い　し　ょ	40.7	42.1	45.9	45.6	46.3	47.2	47.1	49.2
3.で　　　ん　　　粉	38.4	38.5	39.5	41.4	42.0	43.2	43.7	43.5
4.豆　　　　　　　類	25.3	25.7	26.3	27.3	27.0	27.2	26.2	27.0
a.大　　　　豆	16.5	16.7	17.0	18.3	18.0	18.3	17.7	18.1
b.その他の豆類	8.8	9.0	9.3	9.0	9.0	8.9	8.5	9.0
5.野　　　　　　　菜	362.8	355.0	360.8	359.6	355.7	354.9	346.1	337.6
a.緑黄色野菜	69.2	68.3	69.3	69.9	71.4	71.8	70.3	68.5
b.その他の野菜	293.6	286.7	291.5	289.7	284.3	283.1	275.7	269.1
6.果　　　　　　　実	133.3	141.1	140.6	150.0	147.8	145.0	143.4	135.4
a.うんしゅうみかん	41.0	45.2	37.5	45.0	42.8	38.0	30.5	29.9
b.り　　ん　　ご	16.6	19.1	20.3	20.6	21.4	22.7	25.2	19.7
c.その他の果実	75.6	76.9	82.7	84.4	83.6	84.3	87.8	85.8
7.肉　　　　　　　類	92.4	95.8	99.8	104.1	107.2	107.7	108.7	109.9
a.牛　　　　肉	16.8	17.2	18.0	19.6	21.3	21.7	23.8	24.3
b.豚　　　　肉	37.9	40.2	41.7	43.7	44.6	45.0	44.9	45.0
c.鶏　　　　肉	31.8	32.5	34.7	35.9	37.1	37.0	36.4	36.9
d.そ　の　他　の　肉	5.2	5.1	4.9	4.8	4.2	4.0	3.5	3.7
e.　　鯨	0.8	0.7	0.4	0.1	0.1	0.0	0.1	0.1
8.鶏　　　　　　　卵	46.6	46.9	49.6	51.3	51.7	51.9	51.9	54.5
9.牛乳及び乳製品	195.5	193.6	195.3	207.1	222.9	220.9	228.0	231.6
a.農　家　自　家　用	1.2	1.2	1.2	1.2	1.3	1.0	0.9	0.9
b.飲　用　向　け	97.6	96.5	96.8	101.7	106.5	109.1	111.7	111.5
c.乳　製　品　向　け	96.7	95.8	97.2	104.2	115.0	110.8	115.3	119.2
ｱ.全　脂　れ　ん　乳	1.3	1.1	1.1	1.1	1.1	1.2	1.1	1.1
ｲ.脱　脂　れ　ん　乳	0.3	0.3	0.3	0.3	0.3	0.4	0.4	0.3
ｳ.全　脂　粉　乳	0.8	0.8	0.7	0.7	0.7	0.7	0.8	0.7
ｴ.脱　脂　粉　乳	4.2	4.2	4.0	4.2	4.3	4.2	4.5	4.8
ｵ.育　児　用　粉　乳	1.0	1.1	1.0	1.0	1.0	0.9	0.8	0.9
ｶ.チ　ー　ズ	2.3	2.2	2.5	2.7	3.2	3.0	3.1	3.3
ｷ.バ　タ　ー	1.8	1.9	1.8	1.9	2.0	1.9	1.9	1.9
10.魚　　介　　類	187.1	190.5	191.7	195.9	198.6	198.0	195.0	182.2
a.生　鮮　・　冷　凍	73.6	75.6	75.1	77.1	75.6	74.5	73.5	68.2
b.塩干，くん製，その他	105.1	106.8	108.1	110.4	114.3	115.0	112.3	104.2
c.か　　ん　　詰	8.4	8.1	8.5	8.5	8.7	8.5	9.2	9.8
d.飼　　肥　　料	0.0	0.0	0.0	0.0	0.0	0.0	0.0	0.0
11.海　　藻　　類	3.8	3.6	4.0	3.5	4.0	4.1	3.9	3.7
12.砂　　　糖　　　類	58.3	60.3	61.1	60.8	61.0	60.1	59.7	59.8
a.粗　　　　糖	0.0	0.0	0.0	0.0	0.0	0.0	0.0	0.0
b.精　　　　糖	57.3	59.3	60.1	59.9	60.1	59.2	58.8	58.9
c.含　み　つ　糖	0.7	0.7	0.6	0.6	0.6	0.6	0.5	0.6
d.糖　　み　　つ	0.3	0.4	0.4	0.3	0.3	0.3	0.3	0.3
13.油　　脂　　類	44.2	45.6	47.6	46.8	47.5	48.2	47.8	46.7
a.植　物　油　脂	36.8	38.1	40.0	39.6	40.3	40.9	41.3	40.7
ｱ.大　　豆　　油	15.1	14.9	15.2	14.1	14.5	13.8	14.2	13.2
ｲ.菜　　種　　油	11.9	12.9	13.8	14.3	14.8	15.7	15.4	15.7
ｳ.や　　し　　油	0.6	0.6	0.6	0.6	0.6	0.6	0.7	0.7
ｴ.そ　　の　　他	9.1	9.6	10.4	10.5	10.4	10.8	11.0	11.1
b.動　物　油　脂	7.4	7.5	7.6	7.2	7.2	7.3	6.5	6.0
ｱ.魚　・　鯨　油	2.8	2.8	2.6	2.6	2.4	2.5	2.4	2.2
ｲ.牛　　　　脂	1.3	1.3	1.2	1.2	1.2	1.1	1.0	0.9
ｳ.そ　　の　　他	3.3	3.5	3.9	3.4	3.5	3.7	3.2	3.0
14.み　　　　　　　そ	15.3	14.8	14.7	14.2	14.2	13.8	13.4	13.2
15.し　ょ　う　ゆ	27.9	27.4	27.5	27.2	27.4	26.9	26.3	26.1
16.その他食料計	10.1	10.0	10.4	10.5	11.0	11.8	12.3	11.7
うちきのこ類	6.1	6.1	6.6	6.8	7.2	7.5	7.8	7.8
17.合　　　　　　　計								

国民1人・1日当たり供給粗食料

(単位:g)

類 別・品 目 別	平成4年度	5	6	7	8	9	10	11
1. 穀 類	328.5	328.9	322.9	325.8	326.1	322.1	316.8	316.7
a. 米	210.7	209.1	200.1	204.5	203.4	201.8	197.0	196.5
b. 小 麦	111.0	112.9	116.0	114.8	116.0	114.0	113.0	113.4
c. 大 麦	1.4	1.4	1.3	1.3	1.3	1.3	1.2	1.6
d. は だ か 麦	0.2	0.2	0.2	0.3	0.3	0.3	0.3	0.2
e. と う も ろ こ し	2.9	2.7	2.5	2.3	2.6	2.3	2.8	2.5
f. こ う り ゃ ん	0.0	0.0	0.0	0.0	0.0	0.0	0.0	0.0
g. そ の 他 の 雑 穀	2.3	2.7	2.7	2.5	2.4	2.5	2.5	2.6
2. い も 類	62.1	60.2	63.1	62.9	63.4	64.8	61.7	63.6
a. か ん し ょ	15.4	13.6	15.3	14.2	14.4	14.5	14.0	13.8
b. ば れ い し ょ	46.7	46.6	47.8	48.7	49.0	50.3	47.7	49.8
3. で ん 粉	41.6	41.2	42.9	42.7	43.7	45.5	45.7	46.3
4. 豆 類	27.7	26.2	26.0	24.9	27.0	26.2	26.7	25.8
a. 大 豆	18.4	16.9	17.3	17.1	18.4	18.0	18.6	17.7
b. そ の 他 の 豆 類	9.3	9.3	8.7	7.9	8.6	8.2	8.1	8.1
5. 野 菜	343.7	330.0	332.5	337.6	334.6	326.1	320.2	328.0
a. 緑 黄 色 野 菜	69.9	69.1	73.8	76.4	76.1	74.3	74.5	78.9
b. そ の 他 の 野 菜	273.9	260.9	258.6	261.2	258.5	251.8	245.7	249.1
6. 果 実	149.9	151.5	166.7	156.8	149.9	156.6	145.3	156.3
a. う ん し ゅ う み か ん	29.7	28.6	25.0	25.0	21.3	25.7	22.5	24.6
b. り ん ご	25.0	28.3	30.2	30.4	29.3	29.4	26.1	28.1
c. そ の 他 の 果 実	95.3	94.6	111.5	101.4	99.3	101.6	96.8	103.6
7. 肉 類	112.5	113.7	116.7	118.8	117.6	116.4	117.6	118.8
a. 牛 肉	26.2	29.1	31.2	32.5	30.2	31.3	31.9	31.9
b. 豚 肉	45.1	44.7	45.1	44.7	45.5	44.3	45.4	46.1
c. 鶏 肉	37.7	36.7	37.7	38.8	39.6	38.8	38.3	39.1
d. そ の 他 の 肉	3.5	3.1	2.7	2.7	2.2	1.9	1.9	1.7
e. 鯨	0.0	0.0	0.0	0.1	0.1	0.0	0.0	0.1
8. 鶏 卵	55.8	56.4	55.6	55.1	55.5	55.4	54.6	54.7
9. 牛 乳 及 び 乳 製 品	228.7	228.9	246.1	249.2	255.7	255.4	253.0	254.2
a. 農 家 自 家 用	0.7	0.9	0.9	0.7	1.0	0.6	0.5	0.5
b. 飲 用 向 け	111.2	109.2	114.0	111.0	111.8	110.1	107.8	105.5
c. 乳 製 品 向 け	116.7	118.8	131.2	137.6	142.8	144.7	144.8	148.3
ア. 全 脂 れ ん 乳	1.0	1.0	1.1	0.9	1.0	0.8	0.9	0.8
イ. 脱 脂 れ ん 乳	0.3	0.2	0.2	0.2	0.2	0.2	0.2	0.1
ウ. 全 脂 粉 乳	0.7	0.7	0.7	0.6	0.5	0.4	0.4	0.4
エ. 脱 脂 粉 乳	4.7	4.7	5.0	5.0	5.0	5.0	4.9	4.7
オ. 育 児 用 粉 乳	0.8	0.8	0.8	0.8	0.8	0.8	0.7	0.8
カ. チ ー ズ	3.6	3.7	3.8	4.1	4.4	4.5	4.7	4.9
キ. バ タ ー	1.9	2.0	2.0	2.0	1.9	2.0	1.8	1.8
10. 魚 介 類	181.8	185.6	194.1	194.1	190.9	181.9	176.3	179.3
a. 生 鮮 ・ 冷 凍	69.4	72.8	88.2	90.7	86.1	82.3	75.9	84.7
b. 塩 干, く ん 製, そ の 他	103.0	103.6	97.6	96.4	97.2	92.3	93.6	88.0
c. か ん 詰	9.4	9.2	8.3	7.0	7.6	7.3	6.8	6.6
d. 飼 肥 料	0.0	0.0	0.0	0.0	0.0	0.0	0.0	0.0
11. 海 藻 類	3.9	3.7	4.2	3.9	3.7	3.9	3.8	4.1
12. 砂 糖 類	58.9	56.8	58.5	57.8	58.2	56.8	54.8	55.2
a. 粗 糖	0.0	0.0	0.0	0.0	0.0	0.0	0.0	0.0
b. 精 糖	58.0	56.0	57.6	56.9	57.4	55.9	54.0	54.3
c. 含 み つ 糖	0.7	0.6	0.7	0.7	0.6	0.7	0.6	0.7
d. 糖 み つ	0.3	0.2	0.3	0.2	0.2	0.3	0.2	0.2
13. 油 脂 類	48.7	48.9	50.4	50.9	52.1	53.0	51.8	53.2
a. 植 物 油 脂	42.5	42.8	44.3	44.8	45.7	47.0	46.3	47.6
ア. 大 豆 油	14.0	14.4	13.5	14.6	13.8	14.3	13.6	14.3
イ. 菜 種 油	15.4	15.2	16.8	16.4	17.3	17.9	18.1	19.1
ウ. や し 油	0.4	0.2	0.4	0.6	0.6	0.8	0.8	0.8
エ. そ の 他	12.7	13.0	13.6	13.3	14.0	14.0	13.8	13.4
b. 動 物 油 脂	6.2	6.1	6.1	6.1	6.4	6.0	5.5	5.5
ア. 魚 ・ 鯨 油	2.1	2.2	2.0	2.0	1.9	1.8	1.3	1.3
イ. 牛 脂	1.2	1.2	1.4	1.3	1.5	1.3	1.3	1.3
ウ. そ の 他	2.9	2.6	2.7	2.9	3.0	2.9	2.9	2.9
14. み そ	13.3	13.0	12.5	12.3	12.4	12.3	12.4	12.1
15. し ょ う ゆ	26.2	26.0	25.3	24.6	24.8	24.0	23.3	22.3
16. そ の 他 食 料 計	12.3	12.7	12.9	13.3	13.6	13.7	14.0	14.1
う ち き の こ 類	8.5	9.0	9.2	9.5	9.4	9.9	10.3	10.4
17. 合 計								

国民１人・１日当たり供給粗食料

(単位：g)

類　別・品　目　別	平成12年度	13	14	15	16	17	18	19
1．穀　　　　　　類	316.6	311.8	308.5	307.9	306.1	303.8	302.6	304.1
a．米	195.3	192.3	189.6	186.7	185.9	185.7	184.4	184.7
b．小　　　　麦	114.4	112.7	111.9	114.3	113.4	111.5	111.5	112.8
c．大　　　　麦	1.8	1.8	1.7	1.7	1.4	1.2	1.1	1.5
d．は　だ　か　麦	0.3	0.3	0.2	0.2	0.3	0.2	0.1	0.1
e．とうもろこし	2.2	2.0	2.3	2.3	2.1	2.2	2.3	2.2
f．こ　う　り　ゃ　ん	0.0	0.0	0.0	0.0	0.0	0.0	0.0	0.0
g．そ　の　他　の　雑　穀	2.6	2.7	2.7	2.8	2.9	3.1	3.1	2.8
2．い　　　も　　　類	64.3	61.2	60.4	59.3	60.4	60.1	59.2	61.5
a．か　ん　し　ょ	14.9	14.2	14.3	13.9	14.5	14.9	13.7	13.2
b．ば　れ　い　し　ょ	49.4	46.9	46.2	45.4	45.9	45.2	45.5	48.3
3．で　　　ん　　　粉	47.7	47.4	47.2	47.8	47.9	48.1	48.3	47.8
4．豆　　　　　　類	25.8	26.4	26.5	26.6	26.5	26.4	26.2	25.8
a．大　　　　豆	17.6	18.2	18.3	18.4	18.8	18.7	18.6	18.5
b．そ　の　他　の　豆　類	8.3	8.2	8.2	8.2	7.7	7.7	7.7	7.3
5．野　　　　　　菜	326.4	323.5	310.2	304.4	298.8	305.3	300.0	297.3
a．緑　黄　色　野　菜	78.3	78.9	75.2	75.0	75.5	80.2	79.0	80.2
b．そ　の　他　の　野　菜	248.1	244.5	235.0	229.4	223.3	225.1	221.0	217.2
6．果　　　　　　実	155.3	165.3	156.8	148.5	156.2	161.2	149.3	152.2
a．うんしゅうみかん	22.2	24.4	21.1	20.1	19.6	20.0	16.3	19.6
b．り　　ん　　ご	26.1	31.1	28.5	26.3	27.5	30.4	30.7	32.9
c．そ　の　他　の　果　実	107.0	109.8	107.1	102.1	109.1	110.7	102.3	99.6
7．肉　　　　　　類	120.2	115.9	118.7	117.6	116.1	118.7	117.0	117.1
a．牛　　　　肉	32.9	27.4	27.9	27.0	24.3	24.2	24.0	24.7
b．豚　　　　肉	46.3	47.2	49.5	50.5	52.4	52.4	50.0	50.0
c．鶏　　　　肉	39.5	39.9	40.0	38.8	38.0	40.3	41.4	41.1
d．そ　の　他　の　肉	1.6	1.4	1.2	1.3	1.3	1.7	1.4	1.2
e．鯨	0.1	0.1	0.1	0.1	0.1	0.1	0.1	0.1
8．鶏　　　　　　卵	54.7	54.1	54.2	53.7	53.3	53.5	53.7	54.9
9．牛　乳　及　び　乳　製　品	258.2	254.7	254.6	254.2	257.2	251.5	252.5	254.3
a．農　家　自　家　用	0.5	0.4	0.5	0.4	0.4	0.3	0.3	0.7
b．飲　用　向　け	106.9	104.5	107.4	105.1	104.1	100.6	98.0	95.2
c．乳　製　品　向　け	150.8	149.9	146.7	148.7	152.6	150.5	154.2	158.4
ｱ．全　脂　れ　ん　乳	0.8	0.7	0.8	0.7	0.8	0.8	0.7	0.8
ｲ．脱　脂　れ　ん　乳	0.1	0.1	0.2	0.1	0.1	0.2	0.1	0.1
ｳ．全　脂　粉　乳	0.4	0.4	0.4	0.3	0.3	0.3	0.3	0.3
ｴ．脱　脂　粉　乳	4.2	3.7	3.8	3.7	4.0	4.1	3.9	4.2
ｵ．育　児　用　粉　乳	0.8	0.7	0.8	0.8	0.8	0.7	0.6	0.6
ｶ．チ　ー　ズ	5.2	5.2	5.0	5.1	5.3	5.3	5.4	5.6
ｷ．バ　タ　ー	1.8	2.0	2.0	1.9	1.9	1.8	1.9	2.0
10．魚　　介　　類	184.1	189.5	184.7	175.6	171.6	168.6	158.8	155.1
a．生　鮮・冷　凍	79.2	85.4	86.2	78.0	73.6	72.7	64.3	64.4
b．塩干，くん製，その他	97.7	96.8	91.5	90.3	90.5	88.6	87.4	83.8
c．か　　ん　　詰	7.3	7.3	7.1	7.3	7.5	7.3	7.2	6.9
d．飼　　肥　　料	0.0	0.0	0.0	0.0	0.0	0.0	0.0	0.0
11．海　　藻　　類	3.8	3.9	4.0	3.3	3.5	3.4	3.2	3.1
12．砂　　糖　　類	55.4	54.9	54.8	54.7	54.5	54.6	53.4	54.0
a．粗　　　　糖	0.0	0.0	0.0	0.0	0.0	0.0	0.0	0.0
b．精　　　　糖	54.6	54.1	53.9	53.9	53.5	53.7	52.4	53.1
c．含　み　つ　糖	0.7	0.7	0.7	0.8	0.9	0.9	0.9	0.9
d．糖　み　つ	0.1	0.1	0.1	0.0	0.1	0.0	0.0	0.0
13．油　　脂　　類	53.7	53.4	53.3	52.9	53.4	54.0	53.9	53.2
a．植　物　油　脂	48.3	48.2	48.6	48.2	48.7	49.6	49.6	49.3
ｱ．大　　豆　　油	14.0	14.5	15.2	15.3	13.0	12.7	12.5	12.1
ｲ．菜　　種　　油	19.5	19.0	18.3	17.9	20.3	20.5	20.3	19.6
ｳ．や　　し　　油	0.8	0.8	0.8	0.8	0.8	0.9	1.0	1.0
ｴ．そ　　の　　他	13.9	13.9	14.3	14.1	14.5	15.5	15.9	16.6
b．動　物　油　脂	5.5	5.3	4.8	4.7	4.7	4.4	4.2	4.0
ｱ．魚・鯨　油	1.5	1.3	1.2	1.1	0.9	0.6	0.5	0.3
ｲ．牛　　　脂	1.4	1.4	1.1	1.1	1.2	1.3	1.2	1.1
ｳ．そ　　の　　他	2.6	2.6	2.5	2.5	2.6	2.6	2.5	2.5
14．み　　　　　そ	11.9	11.5	11.5	11.2	11.0	10.8	10.6	10.3
15．し　ょ　う　ゆ	22.6	21.6	21.1	20.7	20.1	19.7	19.9	19.8
16．その他食料計	14.4	14.3	14.3	14.5	14.8	14.7	14.7	15.0
う　ち　き　の　こ　類	10.4	10.4	10.2	10.4	10.7	10.7	10.6	10.8
17．合　　　　　　計								

国民1人・1日当たり供給粗食料

(単位:g)

類 別・品 目 別	平成20年度	21	22	23	24	25	26	27
1. 穀 類	293.1	293.3	300.4	295.9	292.3	293.4	290.0	285.9
a. 米	177.9	176.2	179.9	174.3	170.0	171.9	167.8	164.6
b. 小 麦	108.9	111.4	114.8	114.8	115.7	114.8	115.3	114.8
c. 大 麦	1.3	0.9	1.0	1.5	1.2	1.2	1.3	1.2
d. は だ か 麦	0.1	0.1	0.1	0.1	0.1	0.2	0.3	0.2
e. と う も ろ こ し	2.2	2.2	2.1	2.3	2.4	2.0	2.4	2.0
f. こ う り ゃ ん	0.0	0.0	0.0	0.0	0.0	0.0	0.0	0.0
g. そ の 他 の 雑 穀	2.7	2.5	2.5	2.9	3.0	3.2	3.0	3.0
2. い も 類	59.2	58.6	56.5	60.8	62.2	59.5	57.4	59.0
a. か ん し ょ	12.8	13.4	11.6	12.6	12.5	12.6	11.6	11.2
b. ば れ い し ょ	46.4	45.2	44.9	48.2	49.7	46.9	45.8	47.8
3. で ん 粉	46.2	44.6	45.7	45.8	44.9	44.8	44.0	43.8
4. 豆 類	24.9	24.3	24.1	23.5	23.0	23.2	23.4	24.1
a. 大 豆	18.4	17.6	17.3	16.9	16.6	16.8	16.7	17.1
b. そ の 他 の 豆 類	6.5	6.7	6.7	6.7	6.4	6.4	6.7	7.1
5. 野 菜	295.0	285.7	278.6	286.0	294.8	288.4	290.3	284.7
a. 緑 黄 色 野 菜	79.2	74.5	72.9	77.0	82.2	81.8	80.3	78.8
b. そ の 他 の 野 菜	215.8	211.2	205.7	209.0	212.6	206.6	210.0	205.9
6. 果 実	148.2	145.1	137.1	139.1	142.9	137.2	133.1	129.6
a. う ん し ゅ う み か ん	16.6	18.1	15.1	16.1	15.0	15.9	15.4	14.2
b. り ん ご	32.7	28.0	26.1	24.1	28.0	26.0	28.4	26.6
c. そ の 他 の 果 実	98.9	99.0	96.0	98.8	99.9	95.3	89.3	88.8
7. 肉 類	118.6	118.8	121.0	122.7	124.6	124.8	125.0	127.1
a. 牛 肉	24.7	25.4	25.5	26.2	25.8	26.1	25.5	25.0
b. 豚 肉	50.9	49.9	50.7	51.6	51.5	51.4	51.5	52.7
c. 鶏 肉	41.7	42.3	43.8	44.0	46.4	46.3	47.0	48.4
d. そ の 他 の 肉	1.1	1.1	1.0	0.9	0.9	0.9	0.9	0.9
e. 鯨	0.1	0.1	0.0	0.1	0.1	0.1	0.1	0.1
8. 鶏 卵	53.9	53.2	53.3	53.6	53.7	54.1	53.8	54.3
9. 牛 乳 及 び 乳 製 品	235.7	231.5	236.7	242.0	245.0	243.6	245.1	248.9
a. 農 家 自 家 用	0.7	0.6	0.5	0.4	0.4	0.4	0.5	0.4
b. 飲 用 向 け	93.5	89.3	87.0	86.3	85.2	84.3	83.3	84.1
c. 乳 製 品 向 け	141.5	141.6	149.2	155.3	159.4	158.9	161.4	164.4
ア. 全 脂 れ ん 乳	0.9	0.8	0.9	0.8	0.8	0.8	0.8	0.8
イ. 脱 脂 れ ん 乳	0.1	0.1	0.1	0.1	0.1	0.1	0.1	0.1
ウ. 全 脂 粉 乳	0.3	0.3	0.3	0.3	0.2	0.3	0.3	0.3
エ. 脱 脂 粉 乳	3.4	3.3	3.5	3.2	3.0	3.1	3.0	2.9
オ. 育 児 用 粉 乳	0.6	0.6	0.5	0.5	0.5	0.5	0.5	0.5
カ. チ ー ズ	4.8	5.1	5.2	5.7	6.1	6.0	6.1	6.5
キ. バ タ ー	1.7	1.7	1.8	1.7	1.6	1.6	1.6	1.6
10. 魚 介 類	153.0	148.1	144.7	140.3	141.8	135.0	135.2	130.7
a. 生 鮮・冷 凍	62.8	61.0	58.8	59.5	59.2	52.6	54.6	51.1
b. 塩干, くん製, その他	83.6	80.4	79.2	74.1	75.5	75.3	73.3	72.4
c. か ん 詰	6.6	6.7	6.8	6.7	7.2	7.1	7.3	7.3
d. 飼 肥 料	0.0	0.0	0.0	0.0	0.0	0.0	0.0	0.0
11. 海 藻 類	2.8	2.8	2.7	2.5	2.9	2.6	2.5	2.6
12. 砂 糖 類	52.5	52.7	51.9	51.6	51.5	52.0	50.7	50.5
a. 粗 糖	0.0	0.0	0.0	0.0	0.0	0.0	0.0	0.0
b. 精 糖	51.7	52.0	51.2	50.9	50.8	51.4	50.0	49.7
c. 含 み つ 糖	0.8	0.7	0.6	0.6	0.6	0.6	0.6	0.7
d. 糖 み つ	0.0	0.0	0.1	0.1	0.0	0.0	0.0	0.0
13. 油 脂 類	51.6	49.5	50.7	50.8	51.3	52.7	53.0	53.3
a. 植 物 油 脂	48.3	46.2	47.5	47.5	47.9	49.3	49.7	50.2
ア. 大 豆 油	11.9	10.0	9.6	8.2	8.1	8.0	8.4	9.3
イ. 菜 種 油	18.5	18.6	19.8	21.4	21.8	21.8	21.9	20.9
ウ. や し 油	0.9	0.8	0.8	0.7	0.7	0.7	0.8	0.9
エ. そ の 他	17.0	16.8	17.3	17.2	17.4	18.8	18.5	19.1
b. 動 物 油 脂	3.3	3.2	3.2	3.4	3.4	3.5	3.4	3.2
ア. 魚・鯨 油	0.3	0.2	0.2	0.2	0.2	0.2	0.2	0.2
イ. 牛 脂	0.8	0.7	0.8	0.7	0.7	0.8	0.8	0.8
ウ. そ の 他	2.3	2.3	2.2	2.4	2.4	2.5	2.4	2.2
14. み そ	9.9	9.7	9.9	9.8	9.4	9.2	9.6	9.7
15. し ょ う ゆ	18.4	18.1	17.7	17.1	16.9	16.9	16.3	16.2
16. そ の 他 食 料 計	13.7	14.3	14.0	14.1	14.0	13.6	13.2	13.5
う ち き の こ 類	10.6	10.7	10.9	11.0	10.9	10.7	10.5	10.5
17. 合 計								

国民１人・１日当たり供給粗食料

(単位：g)

類 別 ・ 品 目 別	平成28年度	29	30	令和元年度	2	3
１．穀　　　　　　　類	287.1	287.0	282.3	279.6	271.7	273.8
a.米	164.3	163.5	161.5	160.0	153.5	155.6
b.小　　　　　麦	115.6	116.0	113.0	112.8	111.5	111.0
c.大　　　　　麦	1.6	1.3	1.1	1.2	1.0	1.2
d.は　だ　か　麦	0.4	0.5	0.8	0.8	0.6	0.6
e.と う も ろ こ し	2.3	2.6	2.9	2.7	2.6	2.7
f.こ　う　り　ゃ　ん	0.0	0.0	0.0	0.0	0.0	0.0
g.そ の 他 の 雑 穀	3.0	3.0	3.0	3.0	2.5	2.6
２．い　　も　　類	59.1	64.1	59.4	62.2	58.7	59.7
a.か　ん　し　ょ	11.9	11.3	11.0	10.5	10.5	10.6
b.ば　れ　い　し　ょ	47.2	52.8	48.4	51.7	48.3	49.1
３．で　　ん　　粉	44.6	43.6	43.7	44.8	40.8	41.5
４．豆　　　　　　　類	24.1	24.8	24.9	25.1	25.3	24.5
a.大　　　　　豆	17.4	17.7	18.2	18.5	19.3	18.4
b.そ の 他 の 豆 類	6.6	7.1	6.7	6.6	6.0	6.1
５．野　　　　　　　菜	279.6	283.3	284.1	281.1	279.3	271.1
a.緑 黄 色 野 菜	76.7	80.2	79.7	78.5	79.9	79.5
b.そ の 他 の 野 菜	202.9	203.1	204.4	202.6	199.4	191.6
６．果　　　　　　　実	127.9	127.0	132.5	126.2	128.1	120.8
a.うんしゅうみかん	14.7	13.6	14.2	13.3	13.9	13.6
b.り　　ん　　ご	24.8	24.9	24.2	24.3	24.5	22.3
c.そ の 他 の 果 実	88.4	88.5	94.1	88.7	89.6	84.9
７．肉　　　　　　　類	131.1	135.6	137.9	138.3	139.0	141.1
a.牛　　　　　肉	26.0	27.3	28.0	28.2	28.3	27.1
b.豚　　　　　肉	53.9	55.5	55.7	55.4	56.1	57.2
c.鶏　　　　　肉	50.1	51.8	52.9	53.5	53.5	55.6
d.そ の 他 の 肉	1.0	1.1	1.1	1.1	1.0	1.1
e.鯨	0.1	0.0	0.1	0.0	0.0	0.0
８．鶏　　　　　　　卵	54.3	55.9	55.9	56.3	55.3	55.4
９．牛 乳 及 び 乳 製 品	249.9	255.4	260.2	260.2	258.5	258.6
a.農 家 自 家 用	0.3	0.3	0.3	0.3	0.3	0.4
b.飲　用　向　け	85.1	85.0	85.2	85.0	86.6	86.2
c.乳 製 品 向 け	164.5	170.1	174.8	174.9	171.7	172.0
ｱ.全 脂 れ ん 乳	0.8	0.7	0.8	0.7	0.7	0.7
ｲ.脱 脂 れ ん 乳	0.1	0.1	0.1	0.1	0.1	0.1
ｳ.全 脂 粉 乳	0.2	0.2	0.2	0.2	0.2	0.3
ｴ.脱 脂 粉 乳	3.0	3.0	3.0	2.8	3.1	3.1
ｵ.育 児 用 粉 乳	0.5	0.5	0.5	0.4	0.4	0.4
ｶ.チ　ー　ズ	6.5	6.9	7.2	7.3	7.2	7.2
ｷ.バ　タ　ー	1.6	1.5	1.7	1.8	1.7	1.8
１０．魚　　介　　類	126.1	125.6	122.0	121.4	114.7	112.8
a.生　鮮　・　冷　凍	47.0	48.6	40.6	40.6	39.0	36.9
b.塩干，くん製，その他	71.7	69.7	73.9	73.4	68.7	69.4
c.か　　ん　　詰	7.4	7.3	7.5	7.3	7.1	6.5
d.飼　　肥　　料	0.0	0.0	0.0	0.0	0.0	0.0
１１．海　　藻　　類	2.5	2.5	2.5	2.3	2.5	2.2
１２．砂　　糖　　類	50.9	50.0	49.6	48.7	45.5	46.3
a.粗　　　　　糖	0.0	0.0	0.0	0.0	0.0	0.0
b.精　　　　　糖	50.2	49.2	48.8	47.9	44.9	45.5
c.含　み　つ　糖	0.7	0.7	0.6	0.7	0.5	0.6
d.糖　　み　　つ	0.0	0.0	0.1	0.1	0.0	0.1
１３．油　　脂　　類	53.3	54.8	54.3	55.4	54.7	52.5
a.植　物　油　脂	50.3	52.3	51.9	53.1	52.4	50.8
ｱ.大　　豆　　油	9.5	10.0	10.3	10.7	10.4	10.9
ｲ.菜　種　　油	20.1	21.0	20.1	20.2	20.3	20.7
ｳ.や　　し　　油	0.7	0.6	0.6	0.5	0.5	0.6
ｴ.そ　　の　　他	19.9	20.7	21.0	21.6	21.2	18.6
b.動　物　油　脂	3.0	2.5	2.4	2.3	2.2	1.8
ｱ.魚　・　鯨　油	0.1	0.1	0.1	0.1	0.1	0.0
ｲ.牛　　　　　脂	0.6	0.5	0.5	0.5	0.5	0.5
ｳ.そ　　の　　他	2.3	1.8	1.8	1.7	1.7	1.2
１４．み　　　　　　　そ	9.9	10.1	10.0	10.0	9.9	9.7
１５．し　ょ　　う　　ゆ	15.9	15.7	15.4	15.0	14.3	14.4
１６．そ の 他 食 料 計	14.1	13.9	14.2	13.9	14.1	13.8
う ち き の こ 類	10.6	10.6	10.8	10.6	10.7	10.7
１７．合　　　　　　　計						

(8) 供 給 純 食 料

(単位：1,000トン)

類別・品目別	昭和35年度	36	37	38	39	40	41	42
1．穀　　　類	13,976	14,124	14,255	14,307	14,419	14,249	13,984	13,921
a．米	10,738	11,073	11,256	11,275	11,257	10,982	10,481	10,361
	(10,681)	(10,981)	(11,158)	(11,182)	(11,151)	(10,855)	(10,351)	(10,219)
b．小　　　麦	2,406	2,437	2,473	2,587	2,731	2,849	3,099	3,162
c．大　　　麦	361	264	240	217	267	193	152	162
d．は だ か 麦	397	272	215	158	97	160	191	168
e．とうもろこし	14	18	16	15	18	21	17	23
f．こ う り ゃ ん	1	2	2	3	2	2	2	2
g．その他の雑穀	59	58	53	52	47	42	42	43
2．い　も　類	2,845	2,789	2,465	2,222	2,255	2,097	2,004	1,780
a．か ん し ょ	1,373	1,305	1,018	945	792	714	675	493
b．ば れ い し ょ	1,472	1,484	1,447	1,277	1,463	1,383	1,329	1,287
3．で ん 粉	609	662	752	754	793	816	826	905
4．豆　　　類	946	963	927	950	889	938	975	1,016
a．大　　　豆	519	527	491	486	462	462	504	542
b．その他の豆類	427	436	436	464	427	476	471	474
5．野　　　菜	9,311	8,824	9,754	10,722	10,137	10,627	11,322	11,500
a．緑黄色野菜	1,650	1,658	1,771	1,896	1,870	1,983	2,120	2,243
b．その他の野菜	7,661	7,166	7,983	8,826	8,267	8,644	9,202	9,257
6．果　　　実	2,088	2,195	2,232	2,475	2,762	2,799	3,173	3,303
a．うんしゅうみかん	555	501	511	554	701	713	956	863
b．り ん ご	658	699	733	838	791	848	792	841
c．その他の果実	875	995	988	1,083	1,270	1,238	1,425	1,599
7．肉　　　類	484	588	727	738	813	904	1,012	1,078
a．牛　　　肉	104	104	111	143	166	146	118	127
b．豚　　　肉	106	165	221	191	217	295	392	426
c．鶏　　　肉	78	99	117	138	170	186	209	236
d．その他の肉	42	41	45	70	79	74	96	109
e．　　　鯨	154	179	233	196	181	203	197	180
8．鶏　　　卵	587	759	833	874	1,042	1,110	1,021	1,121
9．牛 乳 及 び 乳製品	2,078	2,352	2,701	3,156	3,445	3,686	4,130	4,340
a．農 家 自 家 用	101	108	119	125	127	132	121	119
b．飲 用 向 け	998	1,114	1,202	1,452	1,649	1,810	2,002	2,135
c．乳 製 品 向 け	979	1,130	1,380	1,579	1,669	1,744	2,007	2,086
ア．全 脂 れ ん 乳	52	55	58	52	43	38	38	43
イ．脱 脂 れ ん 乳	26	30	28	32	29	24	20	23
ウ．全 脂 粉 乳	8	9	14	17	24	27	31	34
エ．脱 脂 粉 乳	41	46	56	81	84	80	89	87
オ．育 児 用 粉 乳	23	28	33	35	36	51	45	48
カ．チ ー ズ	5	7	9	13	13	17	29	30
キ．バ タ ー	12	14	20	21	24	26	34	34
10．魚　介　類	2,596	2,806	2,845	2,879	2,456	2,761	2,783	2,967
a．生 鮮・冷 凍	} 2,596	} 2,806	1,186	1,211	894	1,079	1,022	1,113
b．塩干，くん製，その他			1,565	1,601	1,514	1,621	1,696	1,764
c．か ん 詰			94	67	48	61	65	90
d．飼 肥 料	0	0	0	0	0	0	0	0
11．海　藻　類	60	61	82	70	62	70	81	92
12．砂　糖　類	1,406	1,495	1,611	1,603	1,710	1,842	1,969	2,107
a．粗　　　糖	0	0	0	0	0	0	0	0
b．精　　　糖	1,318	1,426	1,537	1,540	1,665	1,782	1,906	2,060
c．含 み つ 糖	73	54	57	50	29	43	39	30
d．糖 み つ	15	15	17	13	16	17	24	17
13．油　脂　類	403	445	507	594	639	616	720	782
a．植 物 油 脂	299	343	396	459	487	455	535	578
ア．大 豆 油	112	131	158	201	204	216	244	249
イ．菜 種 油	91	108	107	71	77	73	89	87
ウ．や し 油	9	12	15	22	12	13	31	36
エ．そ の 他	87	92	116	165	194	153	171	206
b．動 物 油 脂	104	102	111	135	152	161	185	204
ア．魚・鯨 油	37	39	51	39	37	38	42	49
イ．牛　　　脂	27	31	30	50	62	67	74	77
ウ．そ の 他	40	32	30	46	53	56	69	78
14．み　　　そ	821	789	750	757	774	768	776	784
15．し ょ う ゆ	1,281	1,246	1,076	1,056	1,177	1,149	1,149	1,206
16．その他食料計	－	－	－	－	－	156	169	178
う ち き の こ 類	－	－	－	－	－	36	39	51
17．合　　　計								

(注) 米の（　）内は、菓子、穀粉を含まない主食用の数値であり、内数である。

供　給　純　食　料

類　別・品　目　別	昭和43年度	44	45	46	47	48	49	50
1．穀　　　　　類	13,700	13,481	13,302	13,309	13,414	13,536	13,567	13,596
a．米	10,147	9,950	9,860	9,784	9,845	9,902	9,920	9,856
	(9,983)	(9,781)	(9,658)	(9,579)	(9,634)	(9,703)	(9,696)	(9,598)
b．小　　　　麦	3,172	3,209	3,192	3,252	3,315	3,366	3,439	3,527
c．大　　　　麦	155	118	76	89	88	121	112	110
d．は　だ　か　麦	143	117	87	82	49	21	16	17
e．と　う　も　ろ　こ　し	35	44	41	61	73	79	39	37
f．こ　う　り　ゃ　ん	1	1	0	0	0	0	0	0
g．そ　の　他　の　雑　穀	47	42	46	41	44	47	41	49
2．い　　　も　　　類	1,761	1,662	1,675	1,735	1,779	1,757	1,734	1,788
a．か　ん　し　ょ	517	429	424	476	523	471	447	480
b．ば　れ　い　し　ょ	1,244	1,233	1,251	1,259	1,256	1,286	1,287	1,308
3．で　　　ん　　　粉	885	872	838	819	852	847	825	842
4．豆　　　　　類	1,028	1,063	1,050	1,076	1,070	1,081	1,054	1,052
a．大　　　　豆	557	565	578	588	616	627	633	646
b．そ　の　他　の　豆　類	471	498	472	488	454	454	421	406
5．野　　　　　菜	12,595	12,280	11,973	12,474	12,609	12,148	12,554	12,395
a．緑　黄　色　野　菜	2,412	2,300	2,308	2,366	2,409	2,342	2,426	2,375
b．そ　の　他　の　野　菜	10,183	9,980	9,665	10,108	10,200	9,806	10,128	10,020
6．果　　　　　実	3,862	3,719	3,947	3,948	4,708	4,697	4,528	4,762
a．うんしゅうみかん	1,308	1,124	1,433	1,381	2,040	1,927	1,929	2,122
b．り　　ん　　ご	847	811	768	762	730	731	647	687
c．そ　の　他　の　果　実	1,707	1,784	1,746	1,805	1,938	2,039	1,952	1,953
7．肉　　　　　類	1,108	1,261	1,387	1,602	1,756	1,867	1,901	1,999
a．牛　　　　肉	146	193	222	257	273	266	283	285
b．豚　　　　肉	419	442	546	602	691	782	800	816
c．鶏　　　　肉	267	335	383	447	504	547	565	591
d．そ　の　他　の　肉	129	142	111	164	163	149	134	202
e．鯨	147	149	125	132	125	123	119	105
8．鶏　　　　　卵	1,237	1,378	1,505	1,526	1,528	1,536	1,515	1,536
9．牛　乳　及　び　乳　製　品	4,572	4,852	5,195	5,335	5,563	5,744	5,723	6,001
a．農　家　自　家　用	120	126	117	107	100	88	80	77
b．飲　用　向　け	2,337	2,491	2,625	2,658	2,814	2,922	2,974	3,149
c．乳　製　品　向　け	2,115	2,235	2,453	2,570	2,649	2,734	2,669	2,775
ｱ．全　脂　れ　ん　乳	42	49	50	49	55	41	45	39
ｲ．脱　脂　れ　ん　乳	23	26	26	23	17	18	14	15
ｳ．全　脂　粉　乳	31	31	37	36	41	34	29	30
ｴ．脱　脂　粉　乳	77	79	85	68	86	96	104	109
ｵ．育　児　用　粉　乳	48	55	54	58	77	91	75	67
ｶ．チ　ー　ズ	35	40	43	43	44	51	57	58
ｷ．バ　タ　ー	39	39	42	57	54	61	53	56
10．魚　　介　　類	3,159	3,064	3,273	3,493	3,561	3,693	3,846	3,910
a．生　鮮・冷　凍	1,200	1,095	1,161	1,234	1,288	1,354	1,466	1,523
b．塩干，くん製，その他	1,907	1,919	2,071	2,154	2,206	2,252	2,264	2,309
c．か　ん　詰	52	50	41	105	67	87	116	78
d．飼　　肥　　料	0	0	0	0	0	0	0	0
11．海　　藻　　類	91	77	96	110	104	127	134	125
12．砂　　糖　　類	2,218	2,480	2,793	2,814	3,012	3,067	2,911	2,806
a．粗　　　　糖	0	0	0	0	0	0	0	0
b．精　　　　糖	2,174	2,438	2,746	2,774	2,973	3,014	2,879	2,762
c．含　み　つ　糖	32	28	35	26	26	31	32	29
d．糖　　み　　つ	12	14	12	14	13	22	0	15
13．油　　脂　　類	833	882	929	970	1,045	1,111	1,202	1,216
a．植　物　油　脂	618	660	706	711	764	847	968	970
ｱ．大　　豆　　油	277	307	359	349	353	361	439	423
ｲ．菜　　種　　油	101	105	110	132	177	220	247	278
ｳ．や　　し　　油	29	33	27	30	38	52	23	24
ｴ．そ　　の　　他	211	215	210	200	196	214	259	245
b．動　物　油　脂	215	222	223	259	281	264	234	246
ｱ．魚・鯨　油	61	74	69	73	78	78	77	71
ｲ．牛　　　　脂	74	70	75	81	90	79	57	77
ｳ．そ　　の　　他	80	78	79	105	113	107	100	98
14．み　　　　　そ	766	745	761	754	764	772	734	711
15．し　　ょ　　う　　ゆ	1,141	1,160	1,226	1,238	1,293	1,374	1,371	1,236
16．そ　の　他　食　料　計	187	178	192	212	224	233	228	237
う　ち　き　の　こ　類	62	60	70	83	97	100	118	120
17．合　　　　　計								

供　給　純　食　料

（単位：1,000トン）

類　別・品　目　別	昭和51年度	52	53	54	55	56	57	58
1．穀　　　　　　類	13,555	13,357	13,257	13,171	13,215	13,115	13,054	13,029
a．米	9,752	9,518	9,397	9,265	9,239	9,171	9,072	9,047
	(9,509)	(9,312)	(9,189)	(9,036)	(8,972)	(8,937)	(8,881)	(8,826)
b．小　　　　麦	3,590	3,631	3,651	3,704	3,774	3,750	3,779	3,795
c．大　　　　麦	103	100	69	56	58	44	53	36
d．は　だ　か　麦	17	15	14	18	19	20	20	18
e．と　う　も　ろ　こ　し	39	39	56	65	63	68	70	74
f．こ　う　り　ゃ　ん	0	0	0	0	0	0	0	0
g．そ　の　他　の　雑　穀	54	54	70	63	62	62	60	59
2．い　　も　　類	1,863	1,982	2,057	2,057	2,020	2,049	2,150	2,153
a．か　ん　し　ょ	480	497	482	479	454	491	485	494
b．ば　れ　い　し　ょ	1,383	1,485	1,575	1,578	1,566	1,558	1,665	1,659
3．で　　ん　　粉	989	1,044	1,081	1,114	1,357	1,473	1,470	1,625
4．豆　　　　　　類	1,013	975	972	991	995	1,001	1,003	1,055
a．大　　　　豆	614	589	614	622	617	625	666	695
b．そ　の　他　の　豆　類	399	386	358	369	378	376	337	360
5．野　　　　　　菜	12,589	13,237	13,359	13,257	13,219	13,381	13,559	13,166
a．緑　黄　色　野　菜	2,306	2,548	2,604	2,688	2,687	2,615	2,623	2,621
b．そ　の　他　の　野　菜	10,283	10,689	10,755	10,569	10,532	10,766	10,936	10,545
6．果　　　　　　実	4,464	4,701	4,634	4,705	4,544	4,503	4,683	4,728
a．う　ん　し　ゅ　う　み　か　ん	1,785	1,948	1,817	1,851	1,673	1,769	1,702	1,680
b．り　　ん　　ご	671	730	638	656	753	644	706	796
c．そ　の　他　の　果　実	2,008	2,023	2,179	2,198	2,118	2,090	2,275	2,252
7．肉　　　　　　類	2,111	2,313	2,459	2,618	2,631	2,677	2,767	2,846
a．牛　　　　　肉	309	341	381	395	410	433	467	497
b．豚　　　　　肉	870	942	1,008	1,115	1,129	1,126	1,130	1,151
c．鶏　　　　　肉	661	742	819	880	901	934	983	1,026
d．そ　の　他　の　肉	195	209	193	182	145	147	147	132
e．鯨	76	79	58	46	46	37	40	40
8．鶏　　　　　　卵	1,576	1,615	1,672	1,674	1,676	1,697	1,730	1,747
9．牛　乳　及　び　乳　製　品	6,479	6,779	7,116	7,511	7,648	8,017	7,939	8,421
a．農　家　自　家　用	75	72	75	72	52	53	54	54
b．飲　用　向　け	3,321	3,536	3,689	3,866	3,970	4,099	4,205	4,228
c．乳　製　品　向　け	3,083	3,171	3,352	3,573	3,626	3,865	3,680	4,139
ｱ．全　脂　れ　ん　乳	45	44	53	56	49	56	56	52
ｲ．脱　脂　れ　ん　乳	17	18	19	24	20	20	20	18
ｳ．全　脂　粉　乳	25	28	30	32	32	33	35	36
ｴ．脱　脂　粉　乳	99	106	117	126	140	155	168	182
ｵ．育　児　用　粉　乳	57	50	52	53	51	48	46	47
ｶ．チ　ー　ズ	68	76	81	86	81	87	88	94
ｷ．バ　タ　ー	57	55	58	63	68	72	74	74
10．魚　介　　　類	3,983	3,910	4,033	3,954	4,070	4,015	3,966	4,164
a．生　鮮　・　冷　凍	1,570	1,515	1,608	1,518	1,598	1,531	1,459	1,542
b．塩干，くん製，その他	2,285	2,263	2,281	2,285	2,327	2,325	2,332	2,434
c．か　　ん　　詰	128	132	144	151	145	159	175	188
d．飼　　肥　　料	0	0	0	0	0	0	0	0
11．海　藻　　　類	147	142	134	143	157	150	143	158
12．砂　糖　　　類	2,859	3,043	2,917	3,010	2,731	2,615	2,710	2,586
a．粗　　　　糖	0	0	0	0	0	0	0	0
b．精　　　　糖	2,809	2,996	2,866	2,962	2,687	2,565	2,664	2,540
c．含　み　つ　糖	27	30	30	28	25	30	28	28
d．糖　み　　つ	23	17	21	20	19	20	18	18
13．油　脂　　　類	1,236	1,273	1,354	1,382	1,476	1,564	1,583	1,612
a．植　物　油　脂	1,005	1,049	1,085	1,096	1,174	1,268	1,299	1,333
ｱ．大　　豆　　油	428	442	481	458	494	505	531	554
ｲ．菜　種　　油	262	272	299	336	341	415	410	408
ｳ．や　　し　　油	44	36	37	26	25	32	36	38
ｴ．そ　の　他	271	299	268	276	314	316	322	333
b．動　物　油　脂	231	224	269	286	302	296	284	279
ｱ．魚　・　鯨　油	74	64	76	103	105	106	108	108
ｲ．牛　　　脂	54	50	53	44	56	59	57	60
ｳ．そ　の　他	103	110	140	139	141	131	119	111
14．み　　　　そ	730	718	696	702	707	698	693	677
15．し　ょ　う　ゆ	1,348	1,255	1,299	1,356	1,287	1,265	1,258	1,243
16．そ　の　他　食　料　計	253	283	299	298	306	332	335	354
う　ち　き　の　こ　類	128	136	151	157	163	176	172	184
17．合　　　　　　計								

（注）米の（　）内は、菓子、穀粉を含まない主食用の数値であり、内数である。

供　給　純　食　料

（単位：1,000トン）

類別・品目別	昭和59年度	60	61	62	63	平成元年度	2	3
1. 穀　　　　　　　類	13,064	13,057	12,977	12,854	12,794	12,779	12,791	12,813
a.　　　米	9,050	9,026	8,933	8,796	8,713	8,671	8,656	8,673
	(8,825)	(8,801)	(8,688)	(8,535)	(8,421)	(8,397)	(8,370)	(8,384)
b. 小　　　　　麦	3,822	3,838	3,839	3,852	3,873	3,901	3,922	3,936
c. 大　　　　　麦	36	37	36	31	29	24	24	22
d. は　だ　か　麦	18	15	13	13	10	9	8	7
e. と う も ろ こ し	74	81	91	94	96	102	112	106
f. こ う り ゃ ん	0	0	0	0	0	0	0	0
g. そ の 他 の 雑 穀	64	60	65	68	73	72	69	69
2. い　　も　　　類	2,126	2,255	2,393	2,400	2,407	2,536	2,544	2,555
a. か ん し ょ	519	579	560	563	539	627	630	545
b. ば れ い し ょ	1,607	1,676	1,833	1,837	1,868	1,909	1,914	2,010
3. で　　ん　　　粉	1,687	1,702	1,753	1,851	1,881	1,941	1,971	1,975
4. 豆　　　　　　類	1,077	1,090	1,123	1,174	1,156	1,173	1,139	1,183
a. 大　　　　　豆	726	737	756	817	807	822	798	820
b. そ の 他 の 豆 類	351	353	367	357	349	351	341	363
5. 野　　　　　　菜	13,635	13,520	13,780	13,767	13,644	13,709	13,399	13,165
a. 緑 黄 色 野 菜	2,823	2,837	2,894	2,937	3,004	3,033	2,983	2,926
b. そ の 他 の 野 菜	10,812	10,683	10,886	10,830	10,640	10,676	10,416	10,239
6. 果　　　　　　実	4,151	4,630	4,627	4,966	4,920	4,831	4,797	4,519
a. う ん し ゅ う み か ん	1,272	1,496	1,250	1,511	1,439	1,281	1,031	1,019
b. り ん ご	621	716	768	784	815	869	965	761
c. そ の 他 の 果 実	2,258	2,418	2,609	2,671	2,666	2,681	2,801	2,739
7. 肉　　　　　　類	2,918	2,777	2,907	3,049	3,148	3,176	3,212	3,269
a. 牛　　　　　肉	516	478	505	551	601	615	676	696
b. 豚　　　　　肉	1,164	1,120	1,167	1,231	1,260	1,276	1,276	1,286
c. 鶏　　　　　肉	1,075	1,020	1,096	1,142	1,179	1,181	1,167	1,191
d. そ の 他 の 肉	130	127	121	119	105	103	90	93
e.　　　鯨	33	32	18	6	3	1	3	3
8. 鶏　　　　　　卵	1,780	1,760	1,871	1,952	1,968	1,986	1,990	2,105
9. 牛 乳 及 び 乳 製 品	8,583	8,552	8,671	9,266	9,985	9,936	10,286	10,520
a. 農 家 自 家 用	51	55	54	54	59	46	42	41
b. 飲 用 向 け	4,285	4,264	4,299	4,552	4,773	4,906	5,040	5,066
c. 乳 製 品 向 け	4,247	4,233	4,318	4,660	5,153	4,984	5,204	5,413
ｱ. 全 脂 れ ん 乳	56	49	50	51	50	53	51	48
ｲ. 脱 脂 れ ん 乳	14	14	14	15	15	16	16	15
ｳ. 全 脂 粉 乳	34	35	31	31	32	32	35	33
ｴ. 脱 脂 粉 乳	184	185	178	187	194	188	204	217
ｵ. 育 児 用 粉 乳	45	47	45	43	43	40	36	39
ｶ. チ ー ズ	99	99	109	122	143	137	142	151
ｷ. バ タ ー	79	82	82	87	89	87	87	87
10. 魚　介　　　類	4,271	4,275	4,393	4,487	4,565	4,604	4,636	4,502
a. 生 鮮 ・ 冷 凍	1,680	1,698	1,720	1,765	1,738	1,733	1,747	1,685
b. 塩干, くん製, その他	2,400	2,396	2,478	2,528	2,628	2,673	2,670	2,575
c. か ん 詰	191	181	195	194	199	198	219	242
d. 飼　肥　　料	0	0	0	0	0	0	0	0
11. 海　　藻　　　類	168	161	176	156	180	185	175	167
12. 砂　　糖　　　類	2,560	2,665	2,712	2,719	2,733	2,704	2,692	2,715
a. 粗　　　　　糖	0	0	0	0	0	0	0	0
b. 精　　　　　糖	2,515	2,619	2,668	2,679	2,692	2,662	2,655	2,676
c. 含 み つ 糖	30	29	28	26	27	29	23	26
d. 糖 み つ	15	17	16	14	14	13	14	13
13. 油　　脂　　　類	1,666	1,691	1,737	1,729	1,733	1,755	1,757	1,740
a. 植 物 油 脂	1,367	1,388	1,429	1,436	1,439	1,457	1,490	1,491
ｱ. 大 豆 油	569	544	541	517	524	497	527	492
ｲ. 菜 種 油	442	470	492	520	529	561	552	581
ｳ. や し 油	25	23	24	25	23	25	28	28
ｴ. そ の 他	331	351	372	374	363	374	383	390
b. 動 物 油 脂	299	303	308	293	294	298	267	249
ｱ. 魚 ・ 鯨 油	112	112	105	107	100	102	98	90
ｲ. 牛 脂	55	53	48	48	52	47	40	37
ｳ. そ の 他	132	138	155	138	142	149	129	122
14. み　　　　　　そ	671	653	654	637	637	619	604	601
15. し ょ う ゆ	1,224	1,210	1,222	1,219	1,227	1,211	1,186	1,185
16. そ の 他 食 料 計	371	390	406	413	430	470	490	468
う ち き の こ 類	204	225	247	259	272	286	300	302
17. 合　　　　　　計								

供　給　純　食　料

（単位：1,000トン）

類　別　・　品　目　別	平成4年度	5	6	7	8	9	10	11
1．穀　　　　　　　　　類	12,819	12,852	12,612	12,811	12,807	12,686	12,484	12,526
a．米	8,680	8,639	8,289	8,515	8,467	8,418	8,241	8,253
	(8,410)	(8,340)	(8,051)	(8,258)	(8,197)	(8,156)	(8,002)	(7,993)
b．小　　　　　麦	3,936	4,016	4,139	4,117	4,156	4,093	4,068	4,099
c．大　　　　　麦	29	30	28	28	28	28	25	33
d．は　だ　か　麦	4	4	4	7	9	7	8	5
e．と　う　も　ろ　こ　し	102	84	71	68	74	64	67	59
f．こ　う　り　ゃ　ん	0	0	0	0	0	0	0	0
g．そ　の　他　の　雑　穀	68	79	81	76	73	76	75	77
2．い　　も　　　類	2,541	2,470	2,596	2,600	2,621	2,685	2,565	2,654
a．か　ん　し　ょ	629	557	628	588	594	602	581	578
b．ば　れ　い　し　ょ	1,912	1,913	1,968	2,012	2,027	2,083	1,984	2,076
3．で　ん　　　粉	1,893	1,881	1,960	1,963	2,008	2,094	2,108	2,147
4．豆　　　　　　　類	1,213	1,145	1,144	1,106	1,193	1,159	1,187	1,153
a．大　　　　　豆	836	769	791	785	844	828	858	821
b．そ　の　他　の　豆　類	377	376	353	321	349	331	329	332
5．野　　　　　　　菜	13,416	12,935	13,007	13,327	13,215	12,896	12,694	13,071
a．緑　黄　色　野　菜	2,987	2,964	3,118	3,234	3,229	3,153	3,173	3,370
b．そ　の　他　の　野　菜	10,429	9,971	9,889	10,093	9,986	9,743	9,521	9,701
6．果　　　　　　　実	5,017	5,079	5,559	5,296	5,060	5,313	4,943	5,335
a．う　ん　し　ゅ　う　み　か　ん	1,013	978	856	862	734	888	778	857
b．り　ん　ご	966	1,097	1,175	1,186	1,145	1,149	1,023	1,108
c．そ　の　他　の　果　実	3,038	3,004	3,528	3,248	3,181	3,276	3,142	3,370
7．肉　　　　　　　類	3,348	3,392	3,492	3,575	3,543	3,513	3,554	3,612
a．牛　　　　　肉	750	836	898	942	874	909	927	931
b．豚　　　　　肉	1,292	1,285	1,298	1,293	1,317	1,285	1,321	1,346
c．鶏　　　　　肉	1,216	1,188	1,224	1,267	1,291	1,268	1,255	1,288
d．そ　の　他　の　肉	88	81	70	70	58	49	49	44
e．鯨	2	2	2	3	3	2	2	3
8．鶏　　　　　　　卵	2,156	2,185	2,159	2,154	2,167	2,170	2,142	2,156
9．牛　乳　及　び　乳　製　品	10,399	10,437	11,253	11,454	11,745	11,762	11,680	11,786
a．農　家　自　家　用	34	41	43	31	47	26	22	23
b．飲　用　向　け	5,058	4,980	5,210	5,100	5,136	5,071	4,976	4,890
c．乳　製　品　向　け	5,307	5,416	6,000	6,323	6,562	6,665	6,682	6,873
ア．全　脂　れ　ん　乳	44	47	51	43	48	39	40	36
イ．脱　脂　れ　ん　乳	12	11	11	10	8	8	9	6
ウ．全　脂　粉　乳	32	30	31	26	23	18	19	19
エ．脱　脂　粉　乳	213	216	230	232	231	230	225	220
オ．育　児　用　粉　乳	38	35	37	37	37	37	34	35
カ．チ　ー　ズ	162	170	176	190	201	207	218	227
キ．バ　タ　ー	85	89	90	93	89	90	83	84
10．魚　　介　　　類	4,570	4,681	4,899	4,933	4,901	4,706	4,485	4,530
a．生　鮮　・　冷　凍	1,744	1,836	2,226	2,304	2,212	2,129	1,930	2,141
b．塩干，くん製，その他	2,589	2,613	2,464	2,451	2,495	2,387	2,382	2,223
c．か　ん　　詰	237	232	209	178	194	190	173	166
d．飼　　肥　　料	0	0	0	0	0	0	0	0
11．海　　藻　　　類	178	168	190	181	172	180	174	192
12．砂　　糖　　　類	2,680	2,592	2,676	2,656	2,672	2,616	2,532	2,557
a．粗　　　　　糖	0	0	0	0	0	0	0	0
b．精　　　　　糖	2,637	2,552	2,634	2,615	2,636	2,573	2,494	2,518
c．含　み　つ　糖	31	29	30	30	28	31	30	32
d．糖　み　　つ	12	11	12	11	8	12	8	7
13．油　　脂　　　類	1,773	1,795	1,804	1,829	1,862	1,885	1,851	1,907
a．植　物　油　脂	1,518	1,541	1,549	1,572	1,591	1,684	1,668	1,722
ア．大　　豆　　油	510	525	480	519	489	522	499	525
イ．菜　　種　　油	555	556	593	579	606	647	655	696
ウ．や　　し　　油	17	8	16	25	25	31	32	34
エ．そ　の　　他	436	452	460	449	471	484	482	467
b．動　物　油　脂	255	254	255	257	271	201	183	185
ア．魚　・　鯨　油	88	93	83	83	81	71	52	53
イ．牛　　　　　脂	49	52	60	55	63	40	42	43
ウ．そ　　の　　他	118	109	112	119	127	90	89	89
14．み　　　　　　　そ	605	595	572	565	571	566	571	559
15．し　　ょ　　う　　ゆ	1,191	1,186	1,157	1,130	1,138	1,103	1,077	1,034
16．そ　の　他　食　料　計	487	497	508	524	540	540	555	564
う　ち　き　の　こ　類	327	345	354	369	367	386	403	410
17．合　　　　　　　計								

（注）米の（　）内は、菓子、穀粉を含まない主食用の数値であり、内数である。

供　給　純　食　料

（単位：1,000トン）

類　別・品　目　別	平成12年度	13	14	15	16	17	18	19
1．穀　　　　　　類	12,506	12,354	12,230	12,251	12,161	12,087	12,041	12,142
a．米	8,198	8,095	7,991	7,900	7,850	7,845	7,800	7,841
	(7,916)	(7,807)	(7,743)	(7,643)	(7,569)	(7,592)	(7,492)	(7,510)
b．小　　　　麦	4,133	4,083	4,061	4,164	4,123	4,054	4,061	4,123
c．大　　　　麦	38	38	37	36	31	26	24	32
d．は　だ　か　麦	7	7	5	5	7	5	2	3
e．と　う　も　ろ　こ　し	51	49	55	62	61	63	59	59
f．こ　う　り　ゃ　ん	0	0	0	0	0	0	0	0
g．そ　の　他　の　雑　穀	79	82	81	84	89	94	95	84
2．い　　も　　類	2,679	2,558	2,530	2,491	2,535	2,521	2,489	2,593
a．か　ん　し　ょ	620	596	598	582	608	626	576	556
b．ば　れ　い　し　ょ	2,059	1,962	1,932	1,909	1,927	1,895	1,913	2,037
3．で　　ん　　粉	2,212	2,202	2,196	2,232	2,234	2,241	2,253	2,239
4．豆　　　　　　類	1,148	1,177	1,184	1,195	1,191	1,186	1,179	1,170
a．大　　　　豆	814	846	851	858	877	871	866	866
b．そ　の　他　の　豆　類	334	331	333	337	314	315	313	304
5．野　　　　　　菜	12,998	12,927	12,410	12,237	11,978	12,302	12,119	12,069
a．緑　黄　色　野　菜	3,353	3,386	3,218	3,227	3,242	3,454	3,408	3,475
b．そ　の　他　の　野　菜	9,645	9,541	9,192	9,010	8,736	8,848	8,711	8,594
6．果　　　　　　実	5,271	5,638	5,347	5,079	5,301	5,503	5,107	5,261
a．う　ん　し　ゅ　う　み　か　ん	773	850	737	706	685	701	572	690
b．り　ん　ご	1,029	1,229	1,127	1,044	1,090	1,206	1,217	1,312
c．そ　の　他　の　果　実	3,469	3,559	3,483	3,329	3,526	3,596	3,318	3,259
7．肉　　　　　　類	3,651	3,539	3,623	3,604	3,546	3,636	3,593	3,608
a．牛　　　　肉	959	802	816	795	713	711	707	728
b．豚　　　　肉	1,351	1,380	1,451	1,486	1,538	1,540	1,471	1,477
c．鶏　　　　肉	1,298	1,318	1,321	1,286	1,256	1,336	1,374	1,367
d．そ　の　他　の　肉	40	36	31	33	35	43	36	32
e．鯨	3	3	4	4	4	6	5	4
8．鶏　　　　　　卵	2,154	2,135	2,145	2,134	2,113	2,120	2,133	2,186
9．牛　乳　及　び　乳　製　品	11,960	11,835	11,841	11,874	11,985	11,728	11,786	11,916
a．農　家　自　家　用	21	17	21	20	18	16	13	31
b．飲　用　向　け	4,953	4,854	4,996	4,907	4,853	4,692	4,574	4,463
c．乳　製　品　向　け	6,986	6,964	6,824	6,947	7,114	7,020	7,199	7,422
ア．全　脂　れ　ん　乳	36	34	35	34	38	37	32	39
イ．脱　脂　れ　ん　乳	5	6	7	6	6	7	6	7
ウ．全　脂　粉　乳	18	17	17	16	15	15	14	15
エ．脱　脂　粉　乳	194	174	176	175	185	193	184	197
オ．育　児　用　粉　乳	35	34	37	36	35	31	29	29
カ．チ　ー　ズ	243	240	232	239	249	246	254	263
キ．バ　タ　ー	83	91	91	90	90	85	90	92
10．魚　　介　　類	4,717	5,116	4,794	4,560	4,423	4,426	4,189	4,085
a．生　鮮　・　冷　凍	2,028	2,306	2,236	2,025	1,896	1,909	1,697	1,697
b．塩干，くん製，その他	2,502	2,614	2,374	2,345	2,334	2,326	2,304	2,206
c．か　ん　詰	187	196	184	190	193	191	189	181
d．飼　　肥　　料	0	0	0	0	0	0	0	0
11．海　　藻　　類	176	179	186	155	161	158	148	145
12．砂　　糖　　類	2,565	2,551	2,547	2,555	2,538	2,548	2,491	2,529
a．粗　　　　糖	0	0	0	0	0	0	0	0
b．精　　　　糖	2,528	2,515	2,508	2,517	2,493	2,503	2,446	2,489
c．含　み　つ　糖	31	32	34	36	41	44	43	40
d．糖　み　つ	6	4	5	2	4	1	2	0
13．油　　脂　　類	1,922	1,916	1,912	1,911	1,833	1,862	1,859	1,840
a．植　物　油　脂	1,738	1,740	1,754	1,755	1,677	1,720	1,722	1,712
ア．大　豆　油	514	533	560	569	457	448	442	431
イ．菜　種　油	707	690	665	657	708	718	711	688
ウ．や　し　油	33	31	32	32	32	37	39	39
エ．そ　の　他	484	486	497	496	480	517	530	554
b．動　物　油　脂	184	176	158	156	156	142	137	128
ア．魚　・　鯨　油	59	52	46	43	38	23	19	14
イ．牛　脂	44	43	33	34	38	39	39	36
ウ．そ　の　他	81	81	79	79	80	80	79	78
14．み　　　　　　そ	552	535	533	521	511	503	497	484
15．し　ょ　う　ゆ	1,046	1,005	981	967	936	920	927	926
16．そ　の　他　食　料　計	573	573	578	589	596	592	595	610
う　ち　き　の　こ　類	408	409	408	417	425	428	427	437
17．合　　　　　　計								

供　給　純　食　料

(単位：1,000トン)

類別・品目別	平成20年度	21	22	23	24	25	26	27
1. 穀　　　　類	11,681	11,677	11,962	11,762	11,550	11,597	11,428	11,286
a. 米	7,536	7,459	7,620	7,390	7,173	7,243	7,060	6,938
	(7,239)	(7,207)	(7,367)	(7,154)	(6,949)	(7,012)	(6,863)	(6,752)
b. 小　　　　麦	3,973	4,060	4,185	4,189	4,201	4,164	4,177	4,165
c. 大　　　　麦	28	20	22	33	26	27	27	26
d. は　だ　か　麦	2	2	3	3	3	6	7	6
e. と　う　も　ろ　こ　し	61	60	56	59	57	58	65	59
f. こ　う　り　ゃ　ん	0	0	0	0	0	0	0	0
g. そ　の　他　の　雑　穀	81	76	76	88	90	99	92	92
2. い　　も　　類	2,490	2,464	2,376	2,559	2,607	2,491	2,406	2,476
a. か　ん　し　ょ	539	563	487	530	523	527	491	476
b. ば　れ　い　し　ょ	1,951	1,901	1,889	2,029	2,084	1,964	1,915	2,000
3. で　　ん　　粉	2,160	2,086	2,135	2,145	2,090	2,085	2,042	2,038
4. 豆　　　　類	1,129	1,096	1,082	1,058	1,036	1,040	1,048	1,084
a. 大　　　　豆	861	823	810	789	775	780	776	794
b. そ　の　他　の　豆　類	268	273	272	269	261	260	272	290
5. 野　　　　菜	11,955	11,589	11,286	11,613	11,921	11,667	11,722	11,491
a. 緑　黄　色　野　菜	3,424	3,212	3,140	3,325	3,533	3,521	3,445	3,362
b. そ　の　他　の　野　菜	8,531	8,377	8,146	8,288	8,388	8,146	8,277	8,129
6. 果　　　　実	5,121	4,972	4,682	4,743	4,878	4,685	4,574	4,438
a. う　ん　し　ゅ　う　み　か　ん	583	635	528	566	525	556	538	495
b. り　　ん　　ご	1,300	1,112	1,038	960	1,108	1,026	1,121	1,051
c. そ　の　他　の　果　実	3,238	3,225	3,116	3,217	3,245	3,103	2,915	2,892
7. 肉　　　　類	3,646	3,653	3,722	3,779	3,828	3,826	3,832	3,904
a. 牛　　　　肉	728	748	752	772	757	765	747	731
b. 豚　　　　肉	1,500	1,470	1,492	1,520	1,511	1,506	1,507	1,545
c. 鶏　　　　肉	1,384	1,404	1,452	1,460	1,534	1,527	1,549	1,599
d. そ　の　他　の　肉	29	28	24	22	23	24	24	24
e. 鯨	5	3	2	5	3	4	5	5
8. 鶏　　　　卵	2,142	2,111	2,119	2,131	2,124	2,139	2,125	2,145
9. 牛乳及び乳製品	11,017	10,819	11,064	11,324	11,412	11,328	11,384	11,577
a. 農　家　自　家　用	31	28	25	19	20	18	21	18
b. 飲　用　向　け	4,370	4,174	4,066	4,040	3,969	3,922	3,868	3,910
c. 乳　製　品　向　け	6,616	6,617	6,973	7,265	7,423	7,388	7,495	7,649
ア.全　脂　れ　ん　乳	40	39	41	38	38	37	36	36
イ.脱　脂　れ　ん　乳	6	5	5	5	5	4	4	4
ウ.全　脂　粉　乳	13	12	14	13	11	12	12	12
エ.脱　脂　粉　乳	158	152	163	148	141	145	140	137
オ.育　児　用　粉　乳	27	27	25	24	24	23	23	24
カ.チ　ー　ズ	223	237	245	267	285	279	283	301
キ.バ　タ　ー	78	78	84	79	76	74	74	75
10. 魚　　介　　類	4,021	3,835	3,768	3,644	3,680	3,492	3,377	3,272
a. 生　鮮　・　冷　凍	1,650	1,579	1,531	1,546	1,536	1,361	1,365	1,279
b. 塩干，くん製，その他	2,197	2,082	2,061	1,924	1,957	1,947	1,831	1,811
c. か　　ん　　詰	174	174	176	174	187	184	181	182
d. 飼　肥　料	0	0	0	0	0	0	0	0
11. 海　　藻　　類	131	130	126	118	133	123	114	119
12. 砂　　糖　　類	2,453	2,465	2,425	2,412	2,398	2,420	2,355	2,349
a. 粗　　　　糖	0	0	0	0	0	0	0	0
b. 精　　　　糖	2,417	2,431	2,393	2,382	2,366	2,390	2,324	2,314
c. 含　み　つ　糖	36	34	29	27	30	29	30	34
d. 糖　み　つ	0	0	3	3	2	1	1	1
13. 油　　脂　　類	1,768	1,672	1,726	1,731	1,732	1,732	1,796	1,809
a. 植　物　油　脂	1,660	1,568	1,623	1,625	1,626	1,623	1,690	1,708
ア.大　　豆　　油	416	347	334	286	279	271	294	324
イ.菜　　種　　油	642	637	686	740	747	726	756	722
ウ.や　　し　　油	38	33	31	29	28	27	31	32
エ.そ　　の　　他	564	551	572	570	572	599	609	630
b. 動　物　油　脂	108	104	103	106	106	109	106	101
ア.魚　・　鯨　油	11	9	7	8	8	7	7	6
イ.牛　　　　脂	25	24	26	24	23	27	26	26
ウ.そ　　の　　他	72	71	70	74	75	75	73	69
14. み　　　　そ	464	455	462	457	436	426	445	453
15. し　ょ　う　ゆ	859	845	827	802	786	788	755	755
16. その他食料計	559	581	580	588	580	564	546	562
うちきのこ類	427	430	440	445	438	431	423	427
17. 合　　　　計								

(注) 米の（　）内は、菓子、穀粉を含まない主食用の数値であり、内数である。

供　給　純　食　料

（単位：1,000トン）

類　別・品　目　別	平成28年度	29	30	令和元年度	2	3
1．穀　　　　　　類	11,280	11,257	11,057	10,998	10,590	10,614
a．米	6,902	6,861	6,770	6,716	6,403	6,459
	(6,687)	(6,633)	(6,549)	(6,510)	(6,199)	(6,245)
b．小　　　　麦	4,182	4,193	4,077	4,076	4,006	3,966
c．大　　　　麦	34	29	23	25	22	26
d．は　だ　か　麦	11	14	20	21	17	17
e．と う も ろ こ し	61	69	75	70	68	68
f．こ う り ゃ ん	0	0	0	0	0	0
g．そ の 他 の 雑 穀	90	91	92	90	74	78
2．い　　も　　類	2,471	2,679	2,479	2,599	2,439	2,465
a．か ん し ょ	501	478	464	442	439	440
b．ば れ い し ょ	1,970	2,201	2,015	2,157	2,000	2,025
3．で　ん　粉	2,069	2,018	2,022	2,077	1,879	1,899
4．豆　　　　　　類	1,079	1,106	1,113	1,123	1,126	1,086
a．大　　　　豆	809	821	844	858	888	841
b．そ の 他 の 豆 類	270	285	269	265	238	245
5．野　　　　　　菜	11,245	11,399	11,418	11,298	11,182	10,754
a．緑 黄 色 野 菜	3,256	3,417	3,379	3,324	3,368	3,325
b．そ の 他 の 野 菜	7,989	7,982	8,039	7,974	7,814	7,429
6．果　　　　　　実	4,369	4,337	4,484	4,291	4,305	4,070
a．う ん し ゅ う み か ん	512	471	492	461	481	468
b．り　　ん　　ご	979	981	952	956	960	869
c．そ の 他 の 果 実	2,878	2,885	3,040	2,874	2,864	2,733
7．肉　　　　　　類	4,013	4,147	4,212	4,229	4,226	4,271
a．牛　　　　肉	760	797	817	824	820	782
b．豚　　　　肉	1,576	1,618	1,624	1,616	1,629	1,651
c．鶏　　　　肉	1,649	1,703	1,738	1,759	1,749	1,810
d．そ の 他 の 肉	25	27	29	28	26	27
e．鯨	3	2	4	2	2	1
8．鶏　　　　　　卵	2,140	2,201	2,200	2,217	2,166	2,156
9．牛 乳 及 び 乳 製 品	11,589	11,830	12,040	12,053	11,904	11,847
a．農 家 自 家 用	16	13	15	15	14	18
b．飲 用 向 け	3,945	3,939	3,940	3,938	3,986	3,950
c．乳 製 品 向 け	7,628	7,878	8,085	8,100	7,904	7,879
ｱ．全 脂 れ ん 乳	38	34	36	33	31	34
ｲ．脱 脂 れ ん 乳	4	4	4	4	4	4
ｳ．全 脂 粉 乳	11	10	10	11	10	12
ｴ．脱 脂 粉 乳	137	139	138	131	142	143
ｵ．育 児 用 粉 乳	23	22	21	20	19	20
ｶ．チ ー ズ	302	321	331	338	333	330
ｷ．バ タ ー	74	71	79	84	78	84
10．魚　　介　　類	3,152	3,095	2,992	3,193	2,980	2,914
a．生 鮮 ・ 冷 凍	1,175	1,197	996	1,068	1,014	954
b．塩干，くん製，その他	1,792	1,717	1,813	1,932	1,783	1,792
c．か ん 詰	185	181	183	193	183	168
d．飼 肥 料	0	0	0	0	0	0
11．海　　藻　　類	116	117	115	106	114	102
12．砂　　糖　　類	2,361	2,314	2,293	2,254	2,093	2,120
a．粗　　　　糖	0	0	0	0	0	0
b．精　　　　糖	2,327	2,281	2,259	2,219	2,066	2,086
c．含 み つ 糖	34	32	30	32	25	29
d．糖 み つ	0	1	4	3	2	5
13．油　　脂　　類	1,801	1,791	1,787	1,833	1,814	1,749
a．植 物 油 脂	1,706	1,713	1,711	1,761	1,744	1,692
ｱ．大 豆 油	331	334	347	365	354	371
ｲ．菜 種 油	691	698	670	680	684	697
ｳ．や し 油	29	24	23	22	21	23
ｴ．そ の 他	655	657	671	694	685	601
b．動 物 油 脂	95	78	76	72	70	57
ｱ．魚 ・ 鯨 油	5	5	3	3	3	2
ｲ．牛 脂	19	16	16	14	14	15
ｳ．そ の 他	71	57	57	55	53	40
14．み　　　　　　そ	460	466	462	462	458	445
15．し　ょ　う　ゆ	739	726	711	696	660	659
16．そ の 他 食 料 計	587	577	589	574	579	566
う ち き の こ 類	429	432	437	426	427	427
17．合　　　　　　計						

(9)　国民1人・1年当たり供給純食料

(単位:kg)

類　別・品　目　別	昭和35年度	36	37	38	39	40	41	42
1. 穀　　　　　　　類	149.6	149.8	149.8	148.8	148.4	145.0	141.2	138.9
a.　　　米	114.9	117.4	118.3	117.3	115.8	111.7	105.8	103.4
	(114.3)	(116.5)	(117.2)	(116.3)	(114.7)	(110.5)	(104.5)	(102.0)
b. 小　　　　　　麦	25.8	25.8	26.0	26.9	28.1	29.0	31.3	31.6
c. 大　　　　　　麦	3.9	2.8	2.5	2.3	2.7	2.0	1.5	1.6
d. は　だ　か　麦	4.2	2.9	2.3	1.6	1.0	1.6	1.9	1.7
e. と う も ろ こ し	0.1	0.2	0.2	0.2	0.2	0.2	0.2	0.2
f. こ う り ゃ ん	0.0	0.0	0.0	0.0	0.0	0.0	0.0	0.0
g. そ の 他 の 雑 穀	0.6	0.6	0.6	0.5	0.5	0.4	0.4	0.4
2. い　　も　　類	30.5	29.6	25.9	23.1	23.2	21.3	20.2	17.8
a. か ん し ょ	14.7	13.8	10.7	9.8	8.1	7.3	6.8	4.9
b. ば れ い し ょ	15.8	15.7	15.2	13.3	15.1	14.1	13.4	12.8
3. で　ん　　粉	6.5	7.0	7.9	7.8	8.2	8.3	8.3	9.0
4. 豆　　　　類	10.1	10.2	9.7	9.9	9.1	9.5	9.8	10.1
a. 大　　　　豆	5.6	5.6	5.2	5.1	4.8	4.7	5.1	5.4
b. そ の 他 の 豆 類	4.6	4.6	4.6	4.8	4.4	4.8	4.8	4.7
5. 野　　　　菜	99.7	93.6	102.5	111.5	104.3	108.1	114.3	114.7
a. 緑 黄 色 野 菜	17.7	17.6	18.6	19.7	19.2	20.2	21.4	22.4
b. そ の 他 の 野 菜	82.0	76.0	83.9	91.8	85.1	88.0	92.9	92.4
6. 果　　　　実	22.4	23.3	23.5	25.7	28.4	28.5	32.0	33.0
a. う ん し ゅ う み か ん	5.9	5.3	5.4	5.8	7.2	7.3	9.7	8.6
b. り ん ご	7.0	7.4	7.7	8.7	8.1	8.6	8.0	8.4
c. そ の 他 の 果 実	9.4	10.6	10.4	11.3	13.1	12.6	14.4	16.0
7. 肉　　　　類	5.2	6.2	7.6	7.7	8.4	9.2	10.2	10.8
a. 牛　　　　肉	1.1	1.1	1.2	1.5	1.7	1.5	1.2	1.3
b. 豚　　　　肉	1.1	1.7	2.3	2.0	2.2	3.0	4.0	4.3
c. 鶏　　　　肉	0.8	1.0	1.2	1.4	1.7	1.9	2.1	2.4
d. そ の 他 の 肉	0.4	0.4	0.5	0.7	0.8	0.8	1.0	1.1
e.　　　鯨	1.6	1.9	2.4	2.0	1.9	2.1	2.0	1.8
8. 鶏　　　　卵	6.3	8.0	8.8	9.1	10.7	11.3	10.3	11.2
9. 牛 乳 及 び 乳 製 品	22.2	24.9	28.4	32.8	35.4	37.5	41.7	43.3
a. 農 家 自 家 用	1.1	1.1	1.3	1.3	1.3	1.3	1.2	1.2
b. 飲 用 向 け	10.7	11.8	12.6	15.1	17.0	18.4	20.2	21.3
c. 乳 製 品 向 け	10.5	12.0	14.5	16.4	17.2	17.7	20.3	20.8
ア. 全 脂 れ ん 乳	0.6	0.6	0.6	0.5	0.4	0.4	0.4	0.4
イ. 脱 脂 れ ん 乳	0.3	0.3	0.3	0.3	0.3	0.2	0.2	0.2
ウ. 全 脂 粉 乳	0.1	0.1	0.1	0.2	0.2	0.3	0.3	0.3
エ. 脱 脂 粉 乳	0.4	0.5	0.6	0.8	0.9	0.8	0.9	0.9
オ. 育 児 用 粉 乳	0.2	0.3	0.3	0.4	0.4	0.5	0.5	0.5
カ. チ ー ズ	0.1	0.1	0.1	0.1	0.1	0.2	0.3	0.3
キ. バ タ ー	0.1	0.1	0.2	0.2	0.2	0.3	0.3	0.3
10. 魚　　介　　類	27.8	29.8	29.9	29.9	25.3	28.1	28.1	29.6
a. 生 鮮 ・ 冷 凍			12.5	12.6	9.2	11.0	10.3	11.1
b. 塩干, くん製, その他	}27.8	}29.8	16.4	16.7	15.6	16.5	17.1	17.6
c. か　ん　詰			1.0	0.7	0.5	0.6	0.7	0.9
d. 飼　肥　料	0.0	0.0	0.0	0.0	0.0	0.0	0.0	0.0
11. 海　藻　　類	0.6	0.6	0.9	0.7	0.6	0.7	0.8	0.9
12. 砂　糖　　類	15.1	15.9	16.9	16.7	17.6	18.7	19.9	21.0
a. 粗　　　　糖	0.0	0.0	0.0	0.0	0.0	0.0	0.0	0.0
b. 精　　　　糖	14.1	15.1	16.1	16.0	17.1	18.1	19.2	20.6
c. 含 み つ 糖	0.8	0.6	0.6	0.5	0.3	0.4	0.4	0.2
d. 糖　み　つ	0.2	0.2	0.2	0.1	0.2	0.2	0.2	0.2
13. 油　脂　　類	4.3	4.7	5.3	6.2	6.6	6.3	7.3	7.8
a. 植 物 油 脂	3.2	3.6	4.2	4.8	5.0	4.6	5.4	5.8
ア. 大　豆　油	1.2	1.4	1.7	2.1	2.1	2.2	2.5	2.5
イ. 菜　種　油	1.0	1.1	1.1	0.7	0.8	0.7	0.9	0.9
ウ. や　し　油	0.1	0.1	0.2	0.2	0.1	0.1	0.3	0.4
エ. そ　の　他	0.9	1.0	1.2	1.7	2.0	1.6	1.7	2.1
b. 動 物 油 脂	1.1	1.1	1.2	1.4	1.6	1.6	1.9	2.0
ア. 魚 ・ 鯨 油	0.4	0.4	0.5	0.4	0.4	0.4	0.4	0.5
イ. 牛　　脂	0.3	0.3	0.3	0.5	0.6	0.7	0.7	0.8
ウ. そ　の　他	0.4	0.3	0.3	0.5	0.5	0.6	0.7	0.8
14. み　　　　そ	8.8	8.4	7.9	7.9	8.0	7.8	7.8	7.8
15. し　ょ　う　ゆ	13.7	13.2	11.3	11.0	12.1	11.7	11.6	12.0
16. そ の 他 食 料 計	―	―	―	―	―	1.6	1.7	1.8
う ち き の こ 類	―	―	―	―	―	0.4	0.4	0.5
17. 合　　　　　計								

(注) 米の ( ) 内は、菓子、穀粉を含まない主食用の数値であり、内数である。

国民1人・1年当たり供給純食料

(単位:kg)

類　別・品　目　別	昭和43年度	44	45	46	47	48	49	50
1．穀　　　　　　類	135.2	131.5	128.2	126.6	124.7	124.1	122.7	121.5
a．米	100.1	97.0	95.1	93.1	91.5	90.8	89.7	88.0
	(98.5)	(95.4)	(93.1)	(91.1)	(89.5)	(88.9)	(87.7)	(85.7)
b．小　　　　麦	31.3	31.3	30.8	30.9	30.8	30.9	31.1	31.5
c．大　　　　麦	1.5	1.2	0.7	0.8	0.8	1.1	1.0	1.0
d．は　だ　か　麦	1.4	1.1	0.8	0.8	0.5	0.2	0.1	0.2
e．と　う　も　ろ　こ　し	0.3	0.4	0.4	0.6	0.7	0.7	0.4	0.3
f．こ　う　り　ゃ　ん	0.0	0.0	0.0	0.0	0.0	0.0	0.0	0.0
g．そ　の　他　の　雑　穀	0.5	0.4	0.4	0.4	0.4	0.4	0.4	0.4
2．い　　　も　　　類	17.4	16.2	16.1	16.5	16.5	16.1	15.7	16.0
a．か　ん　し　ょ	5.1	4.2	4.1	4.5	4.9	4.3	4.0	4.3
b．ば　れ　い　し	12.3	12.0	12.1	12.0	11.7	11.8	11.6	11.7
3．で　　　ん　　　粉	8.7	8.5	8.1	7.8	7.9	7.8	7.5	7.5
4．豆　　　　　　類	10.1	10.4	10.1	10.2	9.9	9.9	9.5	9.4
a．大　　　　豆	5.5	5.5	5.6	5.6	5.7	5.7	5.7	5.8
b．そ　の　他　の　豆　類	4.6	4.9	4.6	4.6	4.2	4.2	3.8	3.6
5．野　　　　　　菜	124.3	119.7	115.4	118.6	117.2	111.3	113.5	110.7
a．緑　黄　色　野　菜	23.8	22.4	22.3	22.5	22.4	21.5	21.9	21.2
b．そ　の　他　の　野　菜	100.5	97.3	93.2	96.1	94.8	89.9	91.6	89.5
6．果　　　　　　実	38.1	36.3	38.1	37.5	43.8	43.1	41.0	42.5
a．うんしゅうみかん	12.9	11.0	13.8	13.1	19.0	17.7	17.4	19.0
b．り　　ん　　ご	8.4	7.9	7.4	7.2	6.8	6.7	5.9	6.1
c．そ　の　他　の　果　実	16.8	17.4	16.8	17.2	18.0	18.7	17.7	17.4
7．肉　　　　　　類	10.9	12.3	13.4	15.2	16.3	17.1	17.2	17.9
a．牛　　　　肉	1.4	1.9	2.1	2.4	2.5	2.4	2.6	2.5
b．豚　　　　肉	4.1	4.3	5.3	5.7	6.4	7.2	7.2	7.3
c．鶏　　　　肉	2.6	3.3	3.7	4.3	4.7	5.0	5.1	5.3
d．そ　の　他　の　肉	1.3	1.4	1.1	1.6	1.5	1.4	1.2	1.8
e．鯨	1.5	1.5	1.2	1.3	1.2	1.1	1.1	0.9
8．鶏　　　　　　卵	12.2	13.4	14.5	14.5	14.2	14.1	13.7	13.7
9．牛　乳　及　び　乳製品	45.1	47.3	50.1	50.7	51.7	52.6	51.8	53.6
a．農　家　自　家　用	1.2	1.2	1.1	1.0	0.9	0.8	0.7	0.7
b．飲　用　向　け	23.1	24.3	25.3	25.3	26.2	26.8	26.9	28.1
c．乳　製　品　向　け	20.9	21.8	23.7	24.4	24.6	25.1	24.1	24.8
ア．全　脂　れ　ん　乳	0.4	0.5	0.5	0.5	0.5	0.4	0.4	0.3
イ．脱　脂　れ　ん　乳	0.2	0.3	0.3	0.2	0.2	0.2	0.1	0.1
ウ．全　脂　粉　乳	0.3	0.3	0.4	0.3	0.4	0.3	0.3	0.3
エ．脱　脂　粉　乳	0.8	0.8	0.8	0.6	0.8	0.9	0.9	1.0
オ．育　児　用　粉　乳	0.5	0.5	0.5	0.6	0.7	0.8	0.7	0.6
カ．チ　ー　ズ	0.3	0.4	0.4	0.4	0.4	0.5	0.5	0.5
キ．バ　タ　ー	0.4	0.4	0.4	0.5	0.5	0.6	0.5	0.5
10．魚　　介　　類	31.2	29.9	31.6	33.2	33.1	33.8	34.8	34.9
a．生　鮮　・　冷　凍	11.8	10.7	11.2	11.7	12.0	12.4	13.3	13.6
b．塩干，くん製，その他	18.8	18.7	20.0	20.5	20.5	20.6	20.5	20.6
c．か　　ん　　詰	0.5	0.5	0.4	1.0	0.6	0.8	1.0	0.7
d．飼　　肥　　料	0.0	0.0	0.0	0.0	0.0	0.0	0.0	0.0
11．海　　藻　　類	0.9	0.8	1.0	1.0	1.0	1.2	1.2	1.1
12．砂　　糖　　類	21.9	24.2	26.9	26.8	28.0	28.1	26.3	25.1
a．粗　　　　糖	0.0	0.0	0.0	0.0	0.0	0.0	0.0	0.0
b．精　　　　糖	21.5	23.8	26.5	26.4	27.6	27.6	26.0	24.7
c．含　み　つ　糖	0.3	0.3	0.3	0.2	0.2	0.3	0.3	0.3
d．糖　　み　　つ	0.1	0.1	0.1	0.1	0.1	0.2	0.0	0.1
13．油　　脂　　類	8.2	8.6	9.0	9.2	9.7	10.2	10.9	10.9
a．植　物　油　脂	6.1	6.4	6.8	6.8	7.1	7.8	8.8	8.7
ア．大　　豆　　油	2.7	3.0	3.5	3.3	3.3	3.3	4.0	3.8
イ．菜　　種　　油	1.0	1.0	1.1	1.3	1.6	2.0	2.2	2.5
ウ．や　　し　　油	0.3	0.3	0.3	0.3	0.4	0.5	0.2	0.2
エ．そ　　の　　他	2.1	2.1	2.0	1.9	1.8	2.0	2.3	2.2
b．動　物　油　脂	2.1	2.2	2.2	2.5	2.6	2.4	2.1	2.2
ア．魚　・　鯨　油	0.6	0.7	0.7	0.7	0.7	0.7	0.7	0.6
イ．牛　　　　脂	0.7	0.7	0.7	0.8	0.8	0.7	0.5	0.7
ウ．そ　　の　　他	0.8	0.8	0.8	1.0	1.1	1.0	1.0	0.9
14．み　　　　　　そ	7.6	7.3	7.3	7.2	7.1	7.1	6.6	6.4
15．し　　ょ　　う　　ゆ	11.3	11.3	11.8	11.8	12.0	12.6	12.4	11.0
16．そ　の　他　食　料　計	1.8	1.7	1.9	2.0	2.1	2.1	2.1	2.1
う　ち　き　の　こ　類	0.6	0.6	0.7	0.8	0.9	0.9	1.1	1.1
17．合　　　　　　計								

国民1人・1年当たり供給純食料

（単位：kg）

類　別・品　目　別	昭和51年度	52	53	54	55	56	57	58
1．穀　　　　　　類	119.9	117.0	115.1	113.4	112.9	111.2	109.9	109.0
a．米	86.2	83.4	81.6	79.8	78.9	77.8	76.4・	75.7
	(84.1)	(81.6)	(79.8)	(77.8)	(76.6)	(75.8)	(74.8)	(73.8)
b．小　　　　　麦	31.7	31.8	31.7	31.9	32.2	31.8	31.8	31.7
c．大　　　　　麦	0.9	0.9	0.6	0.5	0.5	0.4	0.4	0.3
d．は　だ　か　麦	0.2	0.1	0.1	0.2	0.2	0.2	0.2	0.2
e．と　う　も　ろ　こ　し	0.3	0.3	0.5	0.6	0.5	0.6	0.6	0.6
f．こ　う　り　ゃ　ん	0.0	0.0	0.0	0.0	0.0	0.0	0.0	0.0
g．そ　の　他　の　雑　穀	0.5	0.5	0.6	0.5	0.5	0.5	0.5	0.5
2．い　　も　　　類	16.5	17.4	17.9	17.7	17.3	17.4	18.1	18.0
a．か　ん　し　ょ	4.2	4.4	4.2	4.1	3.9	4.2	4.1	4.1
b．ば　れ　い　し　ょ	12.2	13.0	13.7	13.6	13.4	13.2	14.0	13.9
3．で　　　ん　　　粉	8.7	9.1	9.4	9.6	11.6	12.5	12.4	13.6
4．豆　　　　　　類	9.0	8.5	8.4	8.5	8.5	8.5	8.4	8.8
a．大　　　　　豆	5.4	5.2	5.3	5.4	5.3	5.3	5.6	5.8
b．そ　の　他　の　豆　類	3.5	3.4	3.1	3.2	3.2	3.2	2.8	3.0
5．野　　　　　　菜	111.3	116.0	116.0	114.1	113.0	113.5	114.2	110.1
a．緑　黄　色　野　菜	20.4	22.3	22.6	23.1	23.0	22.2	22.1	21.9
b．そ　の　他　の　野　菜	90.9	93.6	93.4	91.0	90.0	91.3	92.1	88.2
6．果　　　　　　実	39.5	41.2	40.2	40.5	38.8	38.2	39.4	39.6
a．う　ん　しゅう　み　か　ん	15.8	17.1	15.8	15.9	14.3	15.0	14.3	14.1
b．り　　ん　　ご	5.9	6.4	5.5	5.6	6.4	5.5	5.9	6.7
c．そ　の　他　の　果　実	17.8	17.7	18.9	18.9	18.1	17.7	19.2	18.8
7．肉　　　　　　類	18.7	20.3	21.3	22.5	22.5	22.7	23.3	23.8
a．牛　　　　　肉	2.7	3.0	3.3	3.4	3.5	3.7	3.9	4.2
b．豚　　　　　肉	7.7	8.3	8.8	9.6	9.6	9.6	9.5	9.6
c．鶏　　　　　肉	5.8	6.5	7.1	7.6	7.7	7.9	8.3	8.6
d．そ　の　他　の　肉	1.7	1.8	1.7	1.6	1.2	1.2	1.2	1.1
e．鯨	0.7	0.7	0.5	0.4	0.4	0.3	0.3	0.3
8．鶏　　　　　　卵	13.9	14.1	14.5	14.4	14.3	14.4	14.6	14.6
9．牛　乳　及　び　乳　製　品	57.3	59.4	61.8	64.7	65.3	68.0	66.9	70.4
a．農　家　自　家　用	0.7	0.6	0.7	0.6	0.4	0.4	0.5	0.5
b．飲　　用　　向　　け	29.4	31.0	32.0	33.3	33.9	34.8	35.4	35.4
c．乳　製　品　向　け	27.3	27.8	29.1	30.8	31.0	32.8	31.0	34.6
ア．全　脂　れ　ん　乳	0.4	0.4	0.5	0.5	0.4	0.5	0.5	0.4
イ．脱　脂　れ　ん　乳	0.2	0.2	0.2	0.2	0.2	0.2	0.2	0.2
ウ．全　脂　粉　乳	0.2	0.2	0.3	0.3	0.3	0.3	0.3	0.3
エ．脱　脂　粉　乳	0.9	0.9	1.0	1.1	1.2	1.3	1.4	1.5
オ．育　児　用　粉　乳	0.5	0.4	0.5	0.5	0.4	0.4	0.4	0.4
カ．チ　　ー　　ズ	0.6	0.7	0.7	0.7	0.7	0.7	0.7	0.8
キ．バ　　タ　　ー	0.5	0.5	0.5	0.5	0.6	0.6	0.6	0.6
10．魚　　介　　　類	35.2	34.2	35.0	34.0	34.8	34.1	33.4	34.8
a．生　鮮　・　冷　凍	13.9	13.3	14.0	13.1	13.7	13.0	12.3	12.9
b．塩干，くん製，その他	20.2	19.8	19.8	19.7	19.9	19.7	19.6	20.4
c．か　　ん　　詰	1.1	1.2	1.3	1.3	1.2	1.3	1.5	1.6
d．飼　　肥　　料	0.0	0.0	0.0	0.0	0.0	0.0	0.0	0.0
11．海　　藻　　　類	1.3	1.2	1.2	1.2	1.1	1.3	1.2	1.3
12．砂　　糖　　　類	25.3	26.7	25.3	25.9	23.3	22.2	22.8	21.6
a．粗　　　　　糖	0.0	0.0	0.0	0.0	0.0	0.0	0.0	0.0
b．精　　　　　糖	24.8	26.2	24.9	25.5	23.0	21.8	22.4	21.2
c．含　み　つ　糖	0.2	0.3	0.3	0.2	0.2	0.3	0.2	0.2
d．糖　　み　　つ	0.2	0.1	0.2	0.2	0.2	0.2	0.2	0.2
13．油　　脂　　　類	10.9	11.2	11.8	11.9	12.6	13.3	13.3	13.5
a．植　物　油　脂	8.9	9.2	9.4	9.4	10.0	10.8	10.9	11.2
ア．大　　豆　　油	3.8	3.9	4.2	3.9	4.2	4.3	4.5	4.6
イ．菜　　種　　油	2.3	2.4	2.6	2.9	2.9	3.5	3.5	3.4
ウ．や　　し　　油	0.4	0.3	0.3	0.2	0.2	0.3	0.3	0.4
エ．そ　　の　　他	2.4	2.6	2.3	2.4	2.7	2.7	2.7	2.8
b．動　物　油　脂	2.0	2.0	2.3	2.5	2.6	2.5	2.4	2.3
ア．魚　・　鯨　油	0.7	0.6	0.7	0.9	0.9	0.9	0.9	0.9
イ．牛　　　　　脂	0.5	0.4	0.5	0.4	0.5	0.5	0.5	0.5
ウ．そ　　の　　他	0.9	1.0	1.2	1.2	1.2	1.1	1.0	0.9
14．み　　　　　　そ	6.5	6.3	6.0	6.0	6.0	5.9	5.8	5.7
15．し　　ょ　　う　　ゆ	11.9	11.0	11.3	11.7	11.0	10.7	10.6	10.4
16．そ　の　他　食　料　計	2.2	2.5	2.6	2.6	2.6	2.8	2.8	3.0
う　ち　き　の　こ　類	1.1	1.2	1.3	1.4	1.4	1.5	1.4	1.5
17．合　　　　　　計								

（注）米の（　）内は、菓子、穀粉を含まない主食用の数値であり、内数である。

国民１人・１年当たり供給純食料

(単位:kg)

類 別・品 目 別	昭和59年度	60	61	62	63	平成元年度	2	3
1. 穀　　　　類	108.6	107.9	106.7	105.2	104.2	103.7	103.5	103.2
a.　　　米	75.2	74.6	73.4	72.0	71.0	70.4	70.0	69.9
	(73.4)	(72.7)	(71.4)	(69.8)	(68.6)	(68.2)	(67.7)	(67.6)
b. 小　　　　麦	31.8	31.7	31.6	31.5	31.6	31.7	31.7	31.7
c. 大　　　　麦	0.3	0.3	0.3	0.3	0.2	0.2	0.2	0.2
d. は だ か 麦	0.1	0.1	0.1	0.1	0.1	0.1	0.1	0.1
e. とうもろこし	0.6	0.7	0.7	0.8	0.8	0.8	0.9	0.9
f. こうりゃん	0.0	0.0	0.0	0.0	0.0	0.0	0.0	0.0
g. その他の雑穀	0.5	0.5	0.5	0.6	0.6	0.6	0.6	0.6
2. い　も　類	17.7	18.6	19.7	19.6	19.6	20.6	20.6	20.6
a. か ん し ょ	4.3	4.8	4.6	4.6	4.4	5.1	5.1	4.4
b. ば れ い し ょ	13.4	13.8	15.1	15.0	15.2	15.5	15.5	16.2
3. で　　ん　　粉	14.0	14.1	14.4	15.1	15.3	15.8	15.9	15.9
4. 豆　　　　類	9.0	9.0	9.2	9.6	9.4	9.5	9.2	9.5
a. 大　　　　豆	6.0	6.1	6.2	6.7	6.6	6.7	6.5	6.6
b. その他の豆類	2.9	2.9	3.0	2.9	2.8	2.8	2.8	2.9
5. 野　　　　菜	113.3	111.7	113.3	112.6	111.2	111.3	108.4	106.0
a. 緑黄色野菜	23.5	23.4	23.8	24.0	24.5	24.6	24.1	23.6
b. その他の野菜	89.9	88.3	89.5	88.6	86.7	86.7	84.3	82.5
6. 果　　　　実	34.5	38.2	38.0	40.6	40.1	39.2	38.8	36.4
a. うんしゅうみかん	10.6	12.4	10.3	12.4	11.7	10.4	8.3	8.2
b. り　ん　ご	5.2	5.9	6.3	6.4	6.6	7.1	7.8	6.1
c. その他の果実	18.8	20.0	21.4	21.9	21.7	21.8	22.7	22.1
7. 肉　　　　類	24.3	22.9	23.9	24.9	25.6	25.8	26.0	26.3
a. 牛　　　　肉	4.3	3.9	4.2	4.5	4.9	5.0	5.5	5.6
b. 豚　　　　肉	9.7	9.3	9.6	10.1	10.3	10.4	10.3	10.4
c. 鶏　　　　肉	8.9	8.4	9.0	9.3	9.6	9.6	9.4	9.6
d. そ の 他 の 肉	1.1	1.0	1.0	1.0	0.9	0.8	0.7	0.7
e.　　　鯨	0.3	0.3	0.1	0.0	0.0	0.0	0.0	0.0
8. 鶏　　　　卵	14.8	14.5	15.4	16.0	16.0	16.1	16.1	17.0
9. 牛乳及び乳製品	71.3	70.6	71.3	75.8	81.3	80.6	83.2	84.8
a. 農 家 自 家 用	0.4	0.5	0.4	0.4	0.5	0.4	0.3	0.3
b. 飲 用 向 け	35.6	35.2	35.3	37.2	38.9	39.8	40.8	40.8
c. 乳 製 品 向 け	35.3	35.0	35.5	38.1	42.0	40.5	42.1	43.6
ｱ. 全 脂 れ ん 乳	0.5	0.4	0.4	0.4	0.4	0.4	0.4	0.4
ｲ. 脱 脂 れ ん 乳	0.1	0.1	0.1	0.1	0.1	0.1	0.1	0.1
ｳ. 全 脂 粉 乳	0.3	0.3	0.3	0.3	0.3	0.3	0.3	0.3
ｴ. 脱 脂 粉 乳	1.5	1.5	1.5	1.5	1.6	1.5	1.7	1.7
ｵ. 育 児 用 粉 乳	0.4	0.4	0.4	0.4	0.4	0.3	0.3	0.3
ｶ. チ ー ズ	0.8	0.8	0.9	1.0	1.2	1.1	1.1	1.2
ｷ. バ タ ー	0.7	0.7	0.7	0.7	0.7	0.7	0.7	0.7
10. 魚　介　類	35.5	35.3	36.1	36.7	37.2	37.4	37.5	36.3
a. 生 鮮・冷 凍	14.0	14.0	14.1	14.4	14.2	14.1	14.1	13.6
b. 塩干,くん製,その他	19.9	19.8	20.4	20.7	21.4	21.7	21.6	20.7
c. か　ん　詰	1.6	1.5	1.6	1.6	1.6	1.6	1.8	2.0
d. 飼　肥　料	0.0	0.0	0.0	0.0	0.0	0.0	0.0	0.0
11. 海　藻　類	1.4	1.3	1.4	1.3	1.4	1.5	1.4	1.3
12. 砂　糖　類	21.3	22.0	22.3	22.2	22.3	21.9	21.8	21.9
a. 粗　　　　糖	0.0	0.0	0.0	0.0	0.0	0.0	0.0	0.0
b. 精　　　　糖	20.9	21.6	21.9	21.9	21.9	21.6	21.5	21.6
c. 含 み つ 糖	0.2	0.2	0.2	0.2	0.2	0.2	0.2	0.2
d. 糖　み　つ	0.1	0.1	0.1	0.1	0.1	0.1	0.1	0.1
13. 油　脂　類	13.8	14.0	14.3	14.1	14.1	14.2	14.2	14.0
a. 植 物 油 脂	11.4	11.5	11.7	11.7	11.7	11.8	12.1	12.0
ｱ. 大 豆 油	4.7	4.5	4.4	4.2	4.3	4.0	4.3	4.0
ｲ. 菜 種 油	3.7	3.9	4.0	4.3	4.3	4.6	4.5	4.7
ｳ. やし油	0.2	0.2	0.2	0.2	0.2	0.2	0.2	0.2
ｴ. そ の 他	2.8	2.9	3.1	3.1	3.0	3.0	3.1	3.1
b. 動 物 油 脂	2.5	2.5	2.5	2.4	2.4	2.4	2.2	2.0
ｱ. 魚・鯨 油	0.9	0.9	0.9	0.9	0.8	0.8	0.8	0.7
ｲ. 牛 脂	0.5	0.4	0.4	0.4	0.4	0.4	0.3	0.3
ｳ. そ の 他	1.1	1.1	1.3	1.1	1.2	1.2	1.0	1.0
14. み　　　　そ	5.6	5.4	5.4	5.2	5.2	5.0	4.9	4.8
15. し ょ う ゆ	10.2	10.0	10.0	10.0	10.0	9.8	9.6	9.5
16. その他食料計	3.1	3.2	3.3	3.4	3.5	3.8	4.0	3.8
う ち き の こ 類	1.7	1.9	2.0	2.1	2.2	2.3	2.4	2.4
17. 合　　　　計								

国民1人・1年当たり供給純食料

(単位：kg)

類別・品目別	平成4年度	5	6	7	8	9	10	11
1．穀　　　　　　類	102.9	102.9	100.7	102.0	101.8	100.6	98.7	98.9
a．米	69.7	69.1	66.2	67.8	67.3	66.7	65.2	65.2
	(67.5)	(66.8)	(64.3)	(65.8)	(65.1)	(64.6)	(63.3)	(63.1)
b．小　　　　　麦	31.6	32.1	33.0	32.8	33.0	32.4	32.2	32.4
c．大　　　　　麦	0.2	0.2	0.2	0.2	0.2	0.2	0.2	0.3
d．は　だ　か　麦	0.0	0.0	0.0	0.1	0.1	0.1	0.1	0.0
e．とうもろこし	0.8	0.7	0.6	0.5	0.6	0.5	0.5	0.5
f．こうりゃん	0.0	0.0	0.0	0.0	0.0	0.0	0.0	0.0
g．その他の雑穀	0.5	0.6	0.6	0.6	0.6	0.6	0.6	0.6
2．い　も　　　類	20.4	19.8	20.7	20.7	20.8	21.3	20.3	21.0
a．か　ん　　し	5.0	4.5	5.0	4.7	4.7	4.8	4.6	4.6
b．ば　れ　い　し　ょ	15.3	15.3	15.7	16.0	16.1	16.5	15.7	16.4
3．で　ん　　　粉	15.2	15.1	15.6	15.6	16.0	16.6	16.7	16.9
4．豆　　　　　　類	9.7	9.2	9.1	8.8	9.5	9.2	9.4	9.1
a．大　　　　　豆	6.7	6.2	6.3	6.3	6.7	6.6	6.8	6.5
b．その他の豆類	3.0	3.0	2.8	2.6	2.8	2.6	2.6	2.6
5．野　　　　　　菜	107.7	103.5	103.8	106.2	105.0	102.2	100.4	103.2
a．緑 黄 色 野 菜	24.0	23.7	24.9	25.8	25.7	25.0	25.1	26.6
b．その他の野菜	83.7	79.8	78.9	80.4	79.3	77.2	75.3	76.6
6．果　　　　　　実	40.3	40.7	44.4	42.2	40.2	42.1	39.1	42.1
a．うんしゅうみかん	8.1	7.8	6.8	6.9	5.8	7.0	6.2	6.8
b．り　ん　　ご	7.8	8.8	9.4	9.4	9.1	9.1	8.1	8.7
c．その他の果実	24.4	24.0	28.2	25.9	25.3	26.0	24.8	26.6
7．肉　　　　　　類	26.9	27.1	27.9	28.5	28.2	27.8	28.1	28.5
a．牛　　　　　肉	6.0	6.7	7.2	7.5	6.9	7.2	7.3	7.3
b．豚　　　　　肉	10.4	10.3	10.4	10.3	10.5	10.2	10.4	10.6
c．鶏　　　　　肉	9.8	9.5	9.8	10.1	10.3	10.1	9.9	10.2
d．その他の肉	0.7	0.6	0.6	0.6	0.5	0.4	0.4	0.3
e．　　鯨	0.0	0.0	0.0	0.0	0.0	0.0	0.0	0.0
8．鶏　　　　　　卵	17.3	17.5	17.2	17.2	17.2	17.2	16.9	17.0
9．牛 乳 及 び 乳 製 品	83.5	83.5	89.8	91.2	93.3	93.2	92.4	93.0
a．農 家 自 家 用	0.3	0.3	0.3	0.2	0.4	0.2	0.2	0.2
b．飲 用 向 け	40.6	39.9	41.6	40.6	40.8	40.2	39.3	38.6
c．乳 製 品 向 け	42.6	43.3	47.9	50.4	52.1	52.8	52.8	54.3
ア．全 脂 れ ん 乳	0.4	0.4	0.4	0.3	0.4	0.3	0.3	0.3
イ．脱 脂 れ ん 乳	0.1	0.1	0.1	0.1	0.1	0.1	0.1	0.0
ウ．全 脂 粉 乳	0.3	0.2	0.2	0.2	0.2	0.1	0.2	0.1
エ．脱 脂 粉 乳	1.7	1.7	1.8	1.8	1.8	1.8	1.8	1.7
オ．育 児 用 粉 乳	0.3	0.3	0.3	0.3	0.3	0.3	0.3	0.3
カ．チ　ー　ズ	1.3	1.4	1.4	1.5	1.6	1.6	1.7	1.8
キ．バ　タ　ー	0.7	0.7	0.7	0.7	0.7	0.7	0.7	0.7
10．魚　介　　　類	36.7	37.5	39.1	39.3	38.9	37.3	35.5	35.8
a．生 鮮・冷 凍	14.0	14.7	17.8	18.3	17.6	16.9	15.3	16.9
b．塩干,くん製,その他	20.8	20.9	19.7	19.5	19.8	18.9	18.8	17.5
c．か　ん　　詰	1.9	1.9	1.7	1.4	1.5	1.5	1.4	1.3
d．飼　肥　　料	0.0	0.0	0.0	0.0	0.0	0.0	0.0	0.0
11．海　藻　　　類	1.4	1.3	1.5	1.4	1.4	1.4	1.4	1.5
12．砂　糖　　　類	21.5	20.7	21.4	21.2	21.2	20.7	20.0	20.2
a．粗　　　　　糖	0.0	0.0	0.0	0.0	0.0	0.0	0.0	0.0
b．精　　　　　糖	21.2	20.4	21.0	20.8	20.9	20.4	19.7	19.9
c．含 み つ 糖	0.2	0.2	0.2	0.2	0.2	0.2	0.2	0.3
d．糖　み　　つ	0.1	0.1	0.1	0.1	0.1	0.1	0.1	0.1
13．油　脂　　　類	14.2	14.4	14.4	14.6	14.8	14.9	14.6	15.1
a．植 物 油 脂	12.2	12.3	12.4	12.5	12.6	13.3	13.2	13.6
ア．大　豆　油	4.1	4.2	3.8	4.1	3.9	4.1	3.9	4.1
イ．菜　種　油	4.5	4.5	4.7	4.6	4.8	5.1	5.2	5.5
ウ．や　し　油	0.1	0.1	0.1	0.2	0.2	0.2	0.3	0.3
エ．そ　の　他	3.5	3.6	3.7	3.6	3.7	3.8	3.8	3.7
b．動 物 油 脂	2.0	2.0	2.0	2.0	2.2	1.6	1.4	1.5
ア．魚・鯨 油	0.7	0.7	0.7	0.7	0.6	0.6	0.4	0.4
イ．牛　　　脂	0.4	0.4	0.5	0.4	0.5	0.3	0.3	0.3
ウ．そ　の　他	0.9	0.9	0.9	0.9	1.0	0.7	0.7	0.7
14．み　　　　　　そ	4.9	4.8	4.6	4.5	4.5	4.5	4.5	4.4
15．し　ょ　う　ゆ	9.6	9.5	9.2	9.0	9.0	8.7	8.5	8.2
16．そ の 他 食 料 計	3.9	4.0	4.1	4.2	4.3	4.3	4.4	4.5
う ち き の こ 類	2.6	2.8	2.8	2.9	2.9	3.1	3.2	3.2
17．合　　　　　　計								

（注）米の（　）内は、菓子、穀粉を含まない主食用の数値であり、内数である。

国民１人・１年当たり供給純食料

(単位：kg)

類別・品目別	平成12年度	13	14	15	16	17	18	19
1. 穀　　　　類	98.5	97.1	96.0	96.0	95.2	94.6	94.1	94.8
a.　米	64.6	63.6	62.7	61.9	61.5	61.4	61.0	61.2
	(62.4)	(61.3)	(60.8)	(59.9)	(59.3)	(59.4)	(58.6)	(58.7)
b. 小　　　　麦	32.6	32.1	31.9	32.6	32.3	31.7	31.8	32.2
c. 大　　　　麦	0.3	0.3	0.3	0.3	0.2	0.2	0.2	0.2
d. は　だ　か　麦	0.1	0.1	0.0	0.0	0.1	0.0	0.0	0.0
e. とうもろこし	0.4	0.4	0.4	0.5	0.5	0.5	0.5	0.5
f. こ う り ゃ ん	0.0	0.0	0.0	0.0	0.0	0.0	0.0	0.0
g. その他の雑穀	0.6	0.6	0.6	0.7	0.7	0.7	0.7	0.7
2. い　　も　　類	21.1	20.1	19.9	19.5	19.9	19.7	19.5	20.3
a. か ん し ょ	4.9	4.7	4.7	4.6	4.8	4.9	4.5	4.3
b. ば れ い し ょ	16.2	15.4	15.2	15.0	15.1	14.8	15.0	15.9
3. で　　ん　　粉	17.4	17.3	17.2	17.5	17.5	17.5	17.6	17.5
4. 豆　　　　類	9.0	9.2	9.3	9.4	9.3	9.3	9.2	9.1
a. 大　　　　豆	6.4	6.6	6.7	6.7	6.9	6.8	6.8	6.8
b. その他の豆類	2.6	2.6	2.6	2.6	2.5	2.5	2.4	2.4
5. 野　　　　菜	102.4	101.5	97.4	95.9	93.8	96.3	94.8	94.3
a. 緑 黄 色 野 菜	26.4	26.6	25.3	25.3	25.4	27.0	26.6	27.1
b. そ の 他 の 野 菜	76.0	75.0	72.1	70.6	68.4	69.3	68.1	67.1
6. 果　　　　実	41.5	44.3	42.0	39.8	41.5	43.1	39.9	41.1
a. うんしゅうみかん	6.1	6.7	5.8	5.5	5.4	5.5	4.5	5.4
b. り　ん　ご	8.1	9.7	8.8	8.2	8.5	9.4	9.5	10.2
c. その他の果実	27.3	28.0	27.3	26.1	27.6	28.1	25.9	25.5
7. 肉　　　　類	28.8	27.8	28.4	28.2	27.8	28.5	28.1	28.2
a. 牛　　　　肉	7.6	6.3	6.4	6.2	5.6	5.6	5.5	5.7
b. 豚　　　　肉	10.6	10.8	11.4	11.6	12.0	12.1	11.5	11.5
c. 鶏　　　　肉	10.2	10.4	10.4	10.1	9.8	10.5	10.7	10.7
d. そ の 他 の 肉	0.3	0.3	0.2	0.3	0.3	0.3	0.3	0.2
e. 鯨	0.0	0.0	0.0	0.0	0.0	0.0	0.0	0.0
8. 鶏　　　　卵	17.0	16.8	16.8	16.7	16.5	16.6	16.7	17.1
9. 牛 乳 及 び 乳 製 品	94.2	93.0	92.9	93.0	93.9	91.8	92.1	93.1
a. 農 家 自 家 用	0.2	0.1	0.2	0.2	0.1	0.1	0.1	0.2
b. 飲 用 向 け	39.0	38.1	39.2	38.5	38.0	36.7	35.8	34.9
c. 乳 製 品 向 け	55.0	54.7	53.5	54.4	55.7	54.9	56.3	58.0
ア. 全 脂 れ ん 乳	0.3	0.3	0.3	0.3	0.3	0.3	0.3	0.3
イ. 脱 脂 れ ん 乳	0.0	0.0	0.1	0.0	0.0	0.1	0.0	0.1
ウ. 全 脂 粉 乳	0.1	0.1	0.1	0.1	0.1	0.1	0.1	0.1
エ. 脱 脂 粉 乳	1.5	1.4	1.4	1.4	1.4	1.5	1.4	1.5
オ. 育 児 用 粉 乳	0.3	0.3	0.3	0.3	0.3	0.2	0.2	0.2
カ. チ ー ズ	1.9	1.9	1.8	1.9	2.0	1.9	2.0	2.1
キ. バ タ ー	0.7	0.7	0.7	0.7	0.7	0.7	0.7	0.7
10. 魚　　介　　類	37.2	40.2	37.6	35.7	34.6	34.6	32.8	31.9
a. 生 鮮 ・ 冷 凍	16.0	18.1	17.5	15.9	14.8	14.9	13.3	13.3
b. 塩干, くん製, その他	19.7	20.5	18.6	18.4	18.3	18.2	18.0	17.2
c. か　ん　詰	1.5	1.5	1.4	1.5	1.5	1.5	1.5	1.4
d. 飼　　肥　　料	0.0	0.0	0.0	0.0	0.0	0.0	0.0	0.0
11. 海　　藻　　類	1.4	1.4	1.5	1.2	1.3	1.2	1.2	1.1
12. 砂　　糖　　類	20.2	20.0	20.0	20.0	19.9	19.9	19.5	19.8
a. 粗　　　　糖	0.0	0.0	0.0	0.0	0.0	0.0	0.0	0.0
b. 精　　　　糖	19.9	19.8	19.7	19.7	19.5	19.6	19.1	19.4
c. 含 み つ 糖	0.2	0.3	0.3	0.3	0.3	0.3	0.3	0.3
d. 糖　み　つ	0.0	0.0	0.0	0.0	0.0	0.0	0.0	0.0
13. 油　　脂　　類	15.1	15.1	15.0	15.0	14.4	14.6	14.5	14.4
a. 植 物 油 脂	13.7	13.7	13.8	13.8	13.1	13.5	13.5	13.4
ア. 大 豆 油	4.0	4.2	4.4	4.5	3.6	3.5	3.5	3.4
イ. 菜 種 油	5.6	5.4	5.2	5.1	5.5	5.6	5.6	5.4
ウ. や し 油	0.3	0.2	0.3	0.3	0.3	0.3	0.3	0.3
エ. そ の 他	3.8	3.8	3.9	3.9	3.8	4.0	4.1	4.3
b. 動 物 油 脂	1.4	1.4	1.2	1.2	1.2	1.1	1.1	1.0
ア. 魚 ・ 鯨 油	0.5	0.4	0.4	0.3	0.3	0.2	0.1	0.1
イ. 牛 脂	0.3	0.3	0.3	0.3	0.3	0.3	0.3	0.3
ウ. そ の 他	0.6	0.6	0.6	0.6	0.6	0.6	0.6	0.6
14. み　　　　そ	4.3	4.2	4.2	4.1	4.0	3.9	3.9	3.8
15. し ょ う ゆ	8.2	7.9	7.7	7.6	7.3	7.2	7.2	7.2
16. そ の 他 食 料 計	4.5	4.5	4.5	4.6	4.7	4.6	4.7	4.8
う ち き の こ 類	3.2	3.2	3.2	3.3	3.3	3.3	3.3	3.4
17. 合　　　　計								

国民1人・1年当たり供給純食料

（単位：kg）

類 別 ・ 品 目 別	平成20年度	21	22	23	24	25	26	27
1．穀　　　　　　　　　類	91.2	91.2	93.4	92.0	90.5	91.0	89.8	88.8
a．　　　米	58.8	58.3	59.5	57.8	56.2	56.8	55.5	54.6
	(56.5)	(56.3)	(57.5)	(56.0)	(54.5)	(55.0)	(53.9)	(53.1)
b．小　　　　　　　麦	31.0	31.7	32.7	32.8	32.9	32.7	32.8	32.8
c．大　　　　　　　麦	0.2	0.2	0.2	0.3	0.2	0.2	0.2	0.2
d．は　だ　か　麦	0.0	0.0	0.0	0.0	0.0	0.0	0.1	0.0
e．と　う　も　ろ　こ　し	0.5	0.5	0.4	0.5	0.4	0.5	0.5	0.5
f．こ　う　り　ゃ　ん	0.0	0.0	0.0	0.0	0.0	0.0	0.0	0.0
g．そ　の　他　の　雑　穀	0.6	0.6	0.6	0.7	0.7	0.8	0.7	0.7
2．い　　も　　類	19.4	19.2	18.6	20.0	20.4	19.6	18.9	19.5
a．か　ん　し　ょ	4.2	4.4	3.8	4.1	4.1	4.1	3.9	3.7
b．ば　れ　い　し　ょ	15.2	14.8	14.8	15.9	16.3	15.4	15.1	15.7
3．で　　　ん　　　粉	16.9	16.3	16.7	16.8	16.4	16.4	16.0	16.0
4．豆　　　　　　　　類	8.8	8.6	8.4	8.3	8.1	8.2	8.2	8.5
a．大　　　　　　　豆	6.7	6.4	6.3	6.2	6.1	6.1	6.1	6.2
b．そ　の　他　の　豆　類	2.1	2.1	2.1	2.1	2.0	2.0	2.1	2.3
5．野　　　　　　　　菜	93.3	90.5	88.1	90.8	93.4	91.6	92.1	90.4
a．緑　黄　色　野　菜	26.7	25.1	24.5	26.0	27.7	27.6	27.1	26.5
b．そ　の　他　の　野　菜	66.6	65.4	63.6	64.8	65.7	63.9	65.1	64.0
6．果　　　　　　　　実	40.0	38.8	36.6	37.1	38.2	36.8	35.9	34.9
a．う　ん　しゅ　う　み　かん	4.6	5.0	4.1	4.4	4.1	4.4	4.2	3.9
b．り　　ん　　ご	10.1	8.7	8.1	7.5	8.7	8.1	8.8	8.3
c．そ　の　他　の　果　実	25.3	25.2	24.3	25.2	25.4	24.4	22.9	22.8
7．肉　　　　　　　　類	28.5	28.5	29.1	29.6	30.0	30.0	30.1	30.7
a．牛　　　　　　　肉	5.7	5.8	5.9	6.0	5.9	6.0	5.9	5.8
b．豚　　　　　　　肉	11.7	11.5	11.7	11.9	11.8	11.8	11.8	12.2
c．鶏　　　　　　　肉	10.8	11.0	11.3	11.4	12.0	12.0	12.2	12.6
d．そ　の　他　の　肉	0.2	0.2	0.2	0.2	0.2	0.2	0.2	0.2
e．　　鯨	0.0	0.0	0.0	0.0	0.0	0.0	0.0	0.0
8．鶏　　　　　　　　卵	16.7	16.5	16.5	16.7	16.6	16.8	16.7	16.9
9．牛　乳　及　び　乳　製　品	86.0	84.5	86.4	88.6	89.4	88.9	89.5	91.1
a．農　家　自　家　用	0.2	0.2	0.2	0.1	0.2	0.1	0.2	0.1
b．飲　用　向　け	34.1	32.6	31.8	31.6	31.1	30.8	30.4	30.8
c．乳　製　品　向　け	51.7	51.7	54.5	56.8	58.2	58.0	58.9	60.2
ｱ．全　脂　れ　ん　乳	0.3	0.3	0.3	0.3	0.3	0.3	0.3	0.3
ｲ．脱　脂　れ　ん　乳	0.0	0.0	0.0	0.0	0.0	0.0	0.0	0.0
ｳ．全　脂　粉　乳	0.1	0.1	0.1	0.1	0.1	0.1	0.1	0.1
ｴ．脱　脂　粉　乳	1.2	1.2	1.3	1.2	1.1	1.1	1.1	1.1
ｵ．育　児　用　粉　乳	0.2	0.2	0.2	0.2	0.2	0.2	0.2	0.2
ｶ．チ　ー　ズ	1.7	1.9	1.9	2.1	2.2	2.2	2.2	2.4
ｷ．バ　タ　ー	0.6	0.6	0.7	0.6	0.6	0.6	0.6	0.6
10．魚　　介　　類	31.4	30.0	29.4	28.5	28.8	27.4	26.5	25.7
a．生　鮮　・　冷　凍	12.9	12.3	12.0	12.1	12.0	10.7	10.7	10.1
b．塩干，くん製，その他	17.2	16.3	16.1	15.1	15.3	15.3	14.4	14.2
c．か　　ん　　詰	1.4	1.4	1.4	1.4	1.5	1.4	1.4	1.4
d．飼　　肥　　料	0.0	0.0	0.0	0.0	0.0	0.0	0.0	0.0
11．海　　藻　　類	1.0	1.0	1.0	0.9	1.0	1.0	0.9	0.9
12．砂　　糖　　類	19.2	19.3	18.9	18.9	18.8	19.0	18.5	18.5
a．粗　　　　　　　糖	0.0	0.0	0.0	0.0	0.0	0.0	0.0	0.0
b．精　　　　　　　糖	18.9	19.0	18.7	18.6	18.5	18.8	18.3	18.2
c．含　み　つ　糖	0.3	0.3	0.2	0.2	0.2	0.2	0.2	0.3
d．糖　み　つ	0.0	0.0	0.0	0.0	0.0	0.0	0.0	0.0
13．油　　脂　　類	13.8	13.1	13.5	13.5	13.6	13.6	14.1	14.2
a．植　物　油　脂	13.0	12.2	12.7	12.7	12.7	12.7	13.3	13.4
ｱ．大　　豆　　油	3.2	2.7	2.6	2.2	2.2	2.1	2.3	2.5
ｲ．菜　種　油	5.0	5.0	5.4	5.8	5.9	5.7	5.9	5.7
ｳ．や　　し　　油	0.3	0.3	0.2	0.2	0.2	0.2	0.2	0.3
ｴ．そ　　の　　他	4.4	4.3	4.5	4.5	4.5	4.7	4.8	5.0
b．動　物　油　脂	0.8	0.8	0.8	0.8	0.8	0.9	0.8	0.8
ｱ．魚　・　鯨　油	0.1	0.1	0.1	0.1	0.1	0.1	0.1	0.0
ｲ．牛　　　　　脂	0.2	0.2	0.2	0.2	0.2	0.2	0.2	0.2
ｳ．そ　　の　　他	0.6	0.6	0.5	0.6	0.6	0.6	0.6	0.5
14．み　　　　　　　　そ	3.6	3.6	3.6	3.6	3.4	3.3	3.5	3.6
15．し　　ょ　　う　　ゆ	6.7	6.6	6.5	6.3	6.2	6.2	5.9	5.9
16．その他食料計	4.4	4.5	4.5	4.6	4.5	4.4	4.3	4.4
う　ち　き　の　こ　類	3.3	3.4	3.4	3.5	3.4	3.4	3.3	3.4
17．合　　　　　　　計								

（注）米の（ ）内は、菓子、穀粉を含まない主食用の数値であり、内数である。

国民１人・１年当たり供給純食料

(単位：kg)

類 別 ・ 品 目 別	平成28年度	29	30	令和元年度	2	3
１．穀　　　　　類	88.8	88.7	87.2	86.9	84.0	84.6
a.米	54.3	54.1	53.4	53.1	50.8	51.5
	(52.6)	(52.3)	(51.7)	(51.4)	(49.1)	(49.8)
b.小　　　　　麦	32.9	33.0	32.2	32.2	31.8	31.6
c.大　　　　　麦	0.3	0.2	0.2	0.2	0.2	0.2
d.は　だ　か　麦	0.1	0.1	0.2	0.2	0.1	0.1
e.と　う　も　ろ　こ　し	0.5	0.5	0.6	0.6	0.5	0.5
f.こ　う　り　ゃ　ん	0.0	0.0	0.0	0.0	0.0	0.0
g.そ　の　他　の　雑　穀	0.7	0.7	0.7	0.7	0.6	0.6
２．い　　　も　　　類	19.5	21.1	19.6	20.5	19.3	19.6
a.か　ん　し　ょ	3.9	3.8	3.7	3.5	3.5	3.5
b.ば　れ　い　し　ょ	15.5	17.3	15.9	17.0	15.9	16.1
３．で　　　ん　　　粉	16.3	15.9	16.0	16.4	14.9	15.1
４．豆　　　　　類	8.5	8.7	8.8	8.9	8.9	8.7
a.大　　　　　豆	6.4	6.5	6.7	6.8	7.0	6.7
b.そ　の　他　の　豆　類	2.1	2.2	2.1	2.1	1.9	2.0
５．野　　　　　菜	88.5	89.8	90.1	89.3	88.6	85.7
a.緑　黄　色　野　菜	25.6	26.9	26.7	26.3	26.7	26.5
b.そ　の　他　の　野　菜	62.9	62.9	63.1	63.0	61.9	59.2
６．果　　　　　実	34.4	34.2	35.4	33.9	34.1	32.4
a.う　ん　し　ゅ　う　み　か　ん	4.0	3.7	3.9	3.6	3.8	3.7
b.り　　　ん　　　ご	7.7	7.7	7.5	7.6	7.6	6.9
c.そ　の　他　の　果　実	22.7	22.7	24.0	22.7	22.7	21.8
７．肉　　　　　類	31.6	32.7	33.2	33.4	33.5	34.0
a.牛　　　　　肉	6.0	6.3	6.4	6.5	6.5	6.2
b.豚　　　　　肉	12.4	12.7	12.8	12.8	12.9	13.2
c.鶏　　　　　肉	13.0	13.4	13.7	13.9	13.9	14.4
d.そ　の　他　の　肉	0.2	0.2	0.2	0.2	0.2	0.2
e.鯨	0.0	0.0	0.0	0.0	0.0	0.0
８．鶏　　　　　卵	16.8	17.3	17.4	17.5	17.2	17.2
９．牛　乳　及　び　乳　製　品	91.2	93.2	95.0	95.2	94.4	94.4
a.農　家　自　家　用	0.1	0.1	0.1	0.1	0.1	0.1
b.飲　　用　　向　　け	31.1	31.0	31.1	31.1	31.6	31.5
c.乳　製　品　向　け	60.0	62.1	63.8	64.0	62.7	62.8
ｱ.全　脂　れ　ん　乳	0.3	0.3	0.3	0.3	0.2	0.3
ｲ.脱　脂　れ　ん　乳	0.0	0.0	0.0	0.0	0.0	0.0
ｳ.全　脂　粉　乳	0.1	0.1	0.1	0.1	0.1	0.1
ｴ.脱　脂　粉　乳	1.1	1.1	1.1	1.0	1.1	1.1
ｵ.育　児　用　粉　乳	0.2	0.2	0.2	0.2	0.2	0.2
ｶ.チ　　ー　　ズ	2.4	2.5	2.6	2.7	2.6	2.6
ｷ.バ　　タ　　ー	0.6	0.6	0.6	0.7	0.6	0.7
１０．魚　　介　　類	24.8	24.4	23.6	25.2	23.6	23.2
a.生　鮮　・　冷　凍	9.2	9.4	7.9	8.4	8.0	7.6
b.塩干，くん製，その他	14.1	13.5	14.3	15.3	14.1	14.3
c.か　　ん　　詰	1.5	1.4	1.4	1.5	1.5	1.3
d.飼　　肥　　料	0.0	0.0	0.0	0.0	0.0	0.0
１１．海　　藻　　類	0.9	0.9	0.9	0.9	0.9	0.8
１２．砂　　糖　　類	18.6	18.2	18.1	17.8	16.6	16.9
a.粗　　　　　糖	0.0	0.0	0.0	0.0	0.0	0.0
b.精　　　　　糖	18.3	18.0	17.8	17.5	16.4	16.6
c.含　み　つ　糖	0.3	0.3	0.2	0.3	0.2	0.2
d.糖　　み　　つ	0.0	0.0	0.0	0.0	0.0	0.0
１３．油　　脂　　類	14.2	14.1	14.1	14.5	14.4	13.9
a.植　物　油　脂	13.4	13.5	13.5	13.9	13.8	13.5
ｱ.大　　豆　　油	2.6	2.6	2.7	2.9	2.8	3.0
ｲ.菜　　種　　油	5.4	5.5	5.3	5.4	5.4	5.6
ｳ.や　　し　　油	0.2	0.2	0.2	0.2	0.2	0.2
ｴ.そ　　の　　他	5.2	5.2	5.3	5.5	5.4	4.8
b.動　物　油　脂	0.7	0.6	0.6	0.6	0.6	0.5
ｱ.魚　・　鯨　油	0.0	0.0	0.0	0.0	0.0	0.0
ｲ.牛　　　　　脂	0.1	0.1	0.1	0.1	0.1	0.1
ｳ.そ　　の　　他	0.6	0.4	0.4	0.4	0.4	0.3
１４．み　　　　　そ	3.6	3.7	3.6	3.7	3.6	3.5
１５．し　　ょ　　う　　ゆ	5.8	5.7	5.6	5.5	5.2	5.3
１６．そ　の　他　食　料　計	4.6	4.5	4.6	4.5	4.6	4.5
う　ち　き　の　こ　類	3.4	3.4	3.4	3.4	3.4	3.4
１７．合　　　　　計						

（10）　国民1人・1日当たり供給純食料

(単位:g)

類　別・品　目　別	昭和35年度	36	37	38	39	40	41	42
1．穀　　　　　　　類	409.9	410.4	410.3	406.5	406.5	397.2	386.9	379.6
a．米	314.9	321.8	324.0	320.4	317.4	306.2	289.9	282.5
	(313.2)	(319.1)	(321.2)	(317.7)	(314.4)	(302.6)	(286.3)	(278.7)
b．小　　　　麦	70.6	70.8	71.2	73.5	77.0	79.4	85.7	86.2
c．大　　　　麦	10.6	7.7	6.9	6.2	7.5	5.4	4.2	4.4
d．は　だ　か　麦	11.6	7.9	6.2	4.5	2.7	4.5	5.3	4.6
e．とうもろこしん	0.4	0.5	0.5	0.4	0.5	0.6	0.5	0.6
f．こうりゃん	0.0	0.1	0.1	0.1	0.1	0.1	0.1	0.1
g．その他の雑穀	1.7	1.7	1.5	1.5	1.3	1.2	1.2	1.2
2．い　　も　　類	83.4	81.0	71.0	63.1	63.6	58.5	55.4	48.5
a．か　ん　し　ょ	40.3	37.9	29.3	26.9	22.3	19.9	18.7	13.4
b．ば　れ　い　し	43.2	43.1	41.7	36.3	41.2	38.6	36.8	35.1
3．で　　ん　　粉	17.9	19.2	21.6	21.4	22.4	22.7	22.9	24.7
4．豆　　　　　　類	27.7	28.0	26.7	27.0	25.1	26.1	27.0	27.7
a．大　　　　豆	15.2	15.3	14.1	13.8	13.0	12.9	13.9	14.8
b．その他の豆類	12.5	12.7	12.5	13.2	12.0	13.3	13.0	12.9
5．野　　　　　　菜	273.1	256.4	280.8	304.7	285.8	296.1	313.1	313.5
a．緑　黄　色　野　菜	48.4	48.2	51.0	53.9	52.7	55.3	58.6	61.2
b．その他の野菜	224.7	208.2	229.8	250.8	233.1	241.0	254.6	252.4
6．果　　　　　　実	61.2	63.8	64.2	70.3	77.9	78.0	87.8	90.1
a．うんしゅうみかん	16.3	14.6	14.7	15.7	19.8	19.9	26.4	23.5
b．り　　ん　　ご	19.3	20.3	21.1	23.8	22.3	23.6	21.9	22.9
c．その他の果実	25.7	28.9	28.4	30.8	35.8	34.5	39.4	43.6
7．肉　　　　　　類	14.2	17.1	20.9	21.0	22.9	25.2	28.0	29.4
a．牛　　　　肉	3.1	3.0	3.2	4.1	4.7	4.1	3.3	3.5
b．豚　　　　肉	3.1	4.8	6.4	5.4	6.1	8.2	10.8	11.6
c．鶏　　　　肉	2.3	2.9	3.4	3.9	4.8	5.2	5.8	6.4
d．その他の肉	1.2	1.2	1.3	2.0	2.2	2.1	2.7	3.0
e．鯨	4.5	5.2	6.7	5.6	5.1	5.7	5.4	4.9
8．鶏　　　　　　卵	17.2	22.1	24.0	24.8	29.4	30.9	28.2	30.6
9．牛　乳　及　び　乳　製　品	60.9	68.3	77.7	89.7	97.1	102.8	114.3	118.3
a．農　家　自　家　用	3.0	3.1	3.4	3.6	3.6	3.7	3.3	3.2
b．飲　用　向　け	29.3	32.4	34.6	41.3	46.5	50.5	55.4	58.2
c．乳　製　品　向　け	28.7	32.8	39.7	44.9	47.1	48.6	55.5	56.9
ア．全　脂　れ　ん　乳	1.5	1.6	1.7	1.5	1.2	1.1	1.1	1.2
イ．脱　脂　れ　ん　乳	0.8	0.9	0.8	0.9	0.8	0.7	0.6	0.6
ウ．全　脂　粉　乳	0.2	0.3	0.4	0.5	0.7	0.8	0.9	0.9
エ．脱　脂　粉　乳	1.2	1.3	1.6	2.3	2.4	2.2	2.5	2.4
オ．育　児　用　粉　乳	0.7	0.8	0.9	1.0	1.0	1.4	1.2	1.3
カ．チ　ー　ズ	0.1	0.2	0.3	0.4	0.4	0.5	0.8	0.8
キ．バ　タ　ー	0.4	0.4	0.6	0.6	0.7	0.7	0.9	0.9
10．魚　　介　　類	76.1	81.5	81.9	81.8	69.2	77.0	77.0	80.9
a．生　鮮・冷　凍			34.1	34.4	25.2	30.1	28.3	30.4
b．塩干,くん製,その他	}76.1	}81.5	45.0	45.5	42.7	45.2	46.9	48.1
c．か　　ん　　詰			2.7	1.9	1.4	1.7	1.8	2.5
d．飼　　肥　　料	0.0	0.0	0.0	0.0	0.0	0.0	0.0	0.0
11．海　　藻　　類	1.8	1.8	2.4	2.0	1.7	2.0	2.2	2.5
12．砂　　糖　　類	41.2	43.4	46.4	45.5	48.2	51.4	54.5	57.5
a．粗　　　　糖	0.0	0.0	0.0	0.0	0.0	0.0	0.0	0.0
b．精　　　　糖	38.7	41.4	44.2	43.8	46.9	49.7	52.7	56.2
c．含　み　つ　糖	2.1	1.6	1.6	1.4	0.8	1.2	1.1	0.8
d．糖　み　つ	0.4	0.4	0.5	0.4	0.5	0.5	0.7	0.5
13．油　　脂　　類	11.8	12.9	14.6	16.9	18.0	17.2	19.9	21.3
a．植　物　油　脂	8.8	10.0	11.4	13.0	13.7	12.7	14.8	15.8
ア．大　豆　油	3.3	3.8	4.5	5.7	5.8	6.0	6.8	6.8
イ．菜　種　油	2.7	3.1	3.1	2.0	2.2	2.0	2.5	2.4
ウ．や　し　油	0.3	0.3	0.4	0.6	0.3	0.4	0.9	1.0
エ．そ　の　他	2.6	2.7	3.3	4.7	5.5	4.3	4.7	5.6
b．動　物　油　脂	3.1	3.0	3.2	3.8	4.3	4.5	5.1	5.6
ア．魚・鯨　油	1.1	1.1	1.5	1.1	1.0	1.1	1.2	1.3
イ．牛　　　脂	0.8	0.9	0.9	1.4	1.7	1.9	2.0	2.1
ウ．そ　の　他	1.2	0.9	0.9	1.3	1.5	1.6	1.9	2.1
14．み　　　　　　そ	24.1	22.9	21.6	21.5	21.8	21.4	21.5	21.4
15．し　ょ　う　ゆ	37.6	36.2	31.0	30.0	33.2	32.0	31.8	32.9
16．その他食料計	—	—	—	—	—	4.3	4.7	4.9
うちきのこ類	—	—	—	—	—	1.0	1.1	1.4
17．合　　　　　　計								

国民1人・1日当たり供給純食料

(単位:g)

類 別 ・ 品 目 別	昭和43年度	44	45	46	47	48	49	50
1. 穀　　　　　類	370.4	360.2	351.4	345.8	341.6	339.9	336.2	331.9
a.　　　米	274.3	265.9	260.4	254.2	250.7	248.7	245.8	240.6
	(269.9)	(261.3)	(255.1)	(248.9)	(245.3)	(243.7)	(240.2)	(234.3)
b. 小　　　　麦	85.8	85.7	84.3	84.5	84.4	84.5	85.2	86.1
c. 大　　　　麦	4.2	3.2	2.0	2.3	2.2	3.0	2.8	2.7
d. は だ か 麦	3.9	3.1	2.3	2.1	1.2	0.5	0.4	0.4
e. とうもろこし	0.9	1.2	1.1	1.6	1.9	2.0	1.0	0.9
f. こ う り ゃ ん	0.0	0.0	0.0	0.0	0.0	0.0	0.0	0.0
g. そ の 他 の 雑 穀	1.3	1.1	1.2	1.1	1.1	1.2	1.0	1.2
2. い　　も　　類	47.6	44.4	44.2	45.1	45.3	44.1	43.0	43.6
a. か ん し ょ	14.0	11.5	11.2	12.4	13.3	11.8	11.1	11.7
b. ば れ い し ょ	33.6	32.9	33.0	32.7	32.0	32.3	31.9	31.9
3. で　　ん　　粉	23.9	23.3	22.1	21.3	21.7	21.3	20.4	20.6
4. 豆　　　　　類	27.8	28.4	27.7	28.0	27.2	27.1	26.1	25.7
a. 大　　　　豆	15.1	15.1	15.3	15.3	15.7	15.7	15.7	15.8
b. その他の豆類	12.7	13.3	12.5	12.7	11.6	11.4	10.4	9.9
5. 野　　　　　菜	340.4	328.0	316.2	324.1	321.0	305.1	311.0	302.5
a. 緑 黄 色 野 菜	65.2	61.5	61.0	61.5	61.3	58.8	60.1	58.0
b. その他の野菜	275.3	266.7	255.3	262.7	259.7	246.2	250.9	244.6
6. 果　　　　　実	104.4	99.4	104.3	102.6	119.9	117.9	112.2	116.2
a. うんしゅうみかん	35.4	30.0	37.9	35.9	51.9	48.4	47.8	51.8
b. り　　ん　　ご	22.9	21.7	20.3	19.8	18.6	18.4	16.0	16.8
c. その他の果実	46.2	47.7	46.1	46.9	49.3	51.2	48.4	47.7
7. 肉　　　　　類	30.0	33.7	36.6	41.6	44.7	46.9	47.1	48.8
a. 牛　　　　肉	3.9	5.2	5.9	6.7	7.0	6.7	7.0	7.0
b. 豚　　　　肉	11.3	11.8	14.4	15.6	17.6	19.6	19.8	19.9
c. 鶏　　　　肉	7.2	9.0	10.1	11.6	12.8	13.7	14.0	14.4
d. そ の 他 の 肉	3.5	3.8	2.9	4.3	4.2	3.7	3.3	4.9
e.　　　鯨	4.0	4.0	3.3	3.4	3.2	3.1	2.9	2.6
8. 鶏　　　　　卵	33.4	36.8	39.8	39.7	38.9	38.6	37.5	37.5
9. 牛 乳 及 び 乳 製 品	123.6	129.6	137.2	138.6	141.7	144.2	141.8	146.5
a. 農 家 自 家 用	3.2	3.4	3.1	2.8	2.5	2.2	2.0	1.9
b. 飲 用 向 け	63.2	66.6	69.3	69.1	71.7	73.4	73.7	76.9
c. 乳 製 品 向 け	57.2	59.7	64.8	66.8	67.5	68.7	66.1	67.7
ア. 全 脂 れ ん 乳	1.1	1.3	1.3	1.3	1.4	1.0	1.1	1.0
イ. 脱 脂 れ ん 乳	0.6	0.7	0.7	0.6	0.4	0.5	0.3	0.4
ウ. 全 脂 粉 乳	0.8	0.8	1.0	0.9	1.0	0.9	0.7	0.7
エ. 脱 脂 粉 乳	2.1	2.1	2.2	1.8	2.2	2.4	2.6	2.7
オ. 育 児 用 粉 乳	1.3	1.5	1.4	1.5	2.0	2.3	1.9	1.6
カ. チ ー ズ	0.9	1.1	1.1	1.1	1.1	1.3	1.4	1.4
キ. バ タ ー	1.1	1.0	1.1	1.5	1.4	1.5	1.3	1.4
10. 魚　　介　　類	85.4	81.9	86.5	90.8	90.7	92.7	95.3	95.4
a. 生 鮮 ・ 冷 凍	32.4	29.3	30.7	32.1	32.8	34.0	36.3	37.2
b. 塩干, くん製, その他	51.6	51.3	54.7	56.0	56.2	56.6	56.1	56.4
c. か　　ん　　詰	1.4	1.3	1.1	2.7	1.7	2.2	2.9	1.9
d. 飼　　肥　　料	0.0	0.0	0.0	0.0	0.0	0.0	0.0	0.0
11. 海　　藻　　類	2.5	2.1	2.5	2.9	2.6	3.2	3.3	3.1
12. 砂　　糖　　類	60.0	66.3	73.8	73.1	76.7	77.0	72.1	68.5
a. 粗　　　　糖	0.0	0.0	0.0	0.0	0.0	0.0	0.0	0.0
b. 精　　　　糖	58.8	65.1	72.5	72.1	75.7	75.7	71.3	67.4
c. 含 み つ 糖	0.9	0.7	0.9	0.7	0.7	0.8	0.0	0.7
d. 糖 み つ	0.3	0.4	0.3	0.4	0.3	0.6	0.0	0.4
13. 油　　脂　　類	22.5	23.6	24.5	25.2	26.6	27.9	29.8	29.7
a. 植 物 油 脂	16.7	17.6	18.6	18.5	19.5	21.3	24.0	23.7
ア. 大　　豆　　油	7.5	8.2	9.5	9.1	9.0	9.1	10.9	10.3
イ. 菜　　種　　油	2.7	2.8	2.9	3.4	4.5	5.5	6.1	6.8
ウ. や　　し　　油	0.8	0.9	0.7	0.8	1.0	1.3	0.6	0.6
エ. そ　　の　　他	5.7	5.7	5.5	5.2	5.0	5.4	6.4	6.0
b. 動 物 油 脂	5.8	5.9	5.9	6.7	7.2	6.6	5.8	6.0
ア. 魚 ・ 鯨 油	1.6	2.0	1.8	1.9	2.0	2.0	1.9	1.7
イ. 牛　　　　脂	2.0	1.9	2.0	2.1	2.3	2.0	1.4	1.9
ウ. そ　　の　　他	2.2	2.1	2.1	2.7	2.9	2.7	2.5	2.4
14. み　　　　　そ	20.7	19.9	20.1	19.6	19.5	19.4	18.2	17.4
15. し　ょ　う　ゆ	30.8	31.0	32.4	32.2	32.9	34.5	34.0	30.2
16. そ の 他 食 料 計	5.1	4.8	5.1	5.5	5.7	5.9	5.6	5.8
うち き の こ 類	1.7	1.6	1.8	2.2	2.5	2.5	2.9	2.9
17. 合　　　　　計								

国民1人・1日当たり供給純食料

(単位:g)

類別・品目別	昭和51年度	52	53	54	55	56	57	58
1. 穀 類	328.4	320.5	315.3	309.8	309.3	304.8	301.2	297.8
a. 米	236.2	228.4	223.5	217.9	216.2	213.1	209.3	206.8
	(230.4)	(223.5)	(218.6)	(212.5)	(210.0)	(207.7)	(204.9)	(201.7)
b. 小 麦	87.0	87.1	86.8	87.1	88.3	87.1	87.2	86.7
c. 大 麦	2.5	2.4	1.6	1.3	1.4	1.0	1.2	0.8
d. は だ か 麦	0.4	0.4	0.3	0.4	0.4	0.5	0.5	0.4
e. とうもろこしん	0.9	0.9	1.3	1.5	1.5	1.6	1.6	1.7
f. こ う り ゃ ん	0.0	0.0	0.0	0.0	0.0	0.0	0.0	0.0
g. その他の雑穀	1.3	1.3	1.7	1.5	1.5	1.4	1.4	1.3
2. い も 類	45.1	47.6	48.9	48.4	47.3	47.6	49.6	49.2
a. か ん し ょ	11.6	11.9	11.5	11.3	10.6	11.4	11.2	11.3
b. ば れ い し ょ	33.5	35.6	37.5	37.1	36.7	36.2	38.4	37.9
3. で ん 粉	24.0	25.1	25.7	26.2	31.8	34.2	33.9	37.1
4. 豆 類	24.5	23.4	23.1	23.3	23.3	23.3	23.1	24.1
a. 大 豆	14.9	14.1	14.6	14.6	14.4	14.5	15.4	15.9
b. その他の豆類	9.7	9.3	8.5	8.7	8.8	8.7	7.8	8.2
5. 野 菜	305.0	317.6	317.7	311.8	309.4	310.9	312.9	300.9
a. 緑 黄 色 野 菜	55.9	61.1	61.9	63.2	62.9	60.8	60.5	59.9
b. その他の野菜	249.1	256.5	255.8	248.6	246.5	250.2	252.4	241.0
6. 果 実	108.1	112.8	110.2	110.7	106.3	104.6	108.1	108.1
a. うんしゅうみかん	43.2	46.7	43.2	43.5	39.2	41.1	39.3	38.4
b. り ん ご	16.3	17.5	15.2	15.4	17.6	15.0	16.3	18.2
c. その他の果実	48.6	48.5	51.8	51.7	49.6	48.6	52.5	51.5
7. 肉 類	51.1	55.5	58.5	61.6	61.6	62.2	63.9	65.1
a. 牛 肉	7.5	8.2	9.1	9.3	9.6	10.1	10.8	11.4
b. 豚 肉	21.1	22.6	24.0	26.2	26.4	26.2	26.1	26.3
c. 鶏 肉	16.0	17.8	19.5	20.7	21.1	21.7	22.7	23.5
d. そ の 他 の 肉	4.7	5.0	4.6	4.3	3.4	3.4	3.4	3.0
e. 鯨	1.8	1.9	1.4	1.1	1.1	0.9	0.9	0.9
8. 鶏 卵	38.2	38.8	39.8	39.4	39.2	39.4	39.9	39.9
9. 牛乳及び乳製品	157.0	162.7	169.2	176.7	179.0	186.3	183.2	192.5
a. 農 家 自 家 用	1.8	1.7	1.8	1.7	1.2	1.2	1.2	1.2
b. 飲 用 向 け	80.5	84.9	87.7	90.9	92.9	95.2	97.0	96.6
c. 乳 製 品 向 け	74.7	76.1	79.7	84.0	84.9	89.8	84.9	94.6
ア. 全 脂 れ ん 乳	1.1	1.1	1.3	1.3	1.1	1.3	1.3	1.2
イ. 脱 脂 れ ん 乳	0.4	0.4	0.5	0.6	0.5	0.5	0.5	0.4
ウ. 全 脂 粉 乳	0.6	0.7	0.7	0.8	0.7	0.8	0.8	0.8
エ. 脱 脂 粉 乳	2.4	2.5	2.8	3.0	3.3	3.6	3.9	4.2
オ. 育 児 用 粉 乳	1.4	1.2	1.2	1.2	1.2	1.1	1.1	1.1
カ. チ ー ズ	1.6	1.8	1.9	2.0	1.9	2.0	2.0	2.1
キ. バ タ ー	1.4	1.3	1.4	1.5	1.6	1.7	1.7	1.7
10. 魚 介 類	96.5	93.8	95.9	93.0	95.3	93.3	91.5	95.2
a. 生 鮮 ・ 冷 凍	38.0	36.4	38.2	35.7	37.4	35.6	33.7	35.2
b. 塩干,くん製,その他	55.4	54.3	54.3	53.7	54.5	54.0	53.8	55.6
c. か ん 詰	3.1	3.2	3.4	3.6	3.4	3.7	4.0	4.3
d. 飼 肥 料	0.0	0.0	0.0	0.0	0.0	0.0	0.0	0.0
11. 海 藻 類	3.6	3.4	3.2	3.4	3.7	3.5	3.3	3.6
12. 砂 糖 類	69.3	73.0	69.4	70.8	63.9	60.8	62.5	59.1
a. 粗 糖	0.0	0.0	0.0	0.0	0.0	0.0	0.0	0.0
b. 精 糖	68.0	71.9	68.2	69.7	62.9	59.6	61.5	58.1
c. 含 み つ 糖	0.7	0.7	0.7	0.7	0.6	0.7	0.6	0.6
d. 糖 み つ	0.6	0.4	0.5	0.5	0.4	0.5	0.4	0.4
13. 油 脂 類	29.9	30.5	32.2	32.5	34.5	36.3	36.5	36.8
a. 植 物 油 脂	24.3	25.2	25.8	25.8	27.5	29.5	30.0	30.5
ア. 大 豆 油	10.4	10.6	11.4	10.8	11.6	11.7	12.3	12.7
イ. 菜 種 油	6.3	6.5	7.1	7.9	8.0	9.6	9.5	9.3
ウ. や し 油	1.1	0.9	0.9	0.6	0.6	0.7	0.8	0.9
エ. そ の 他	6.6	7.2	6.4	6.5	7.3	7.3	7.4	7.6
b. 動 物 油 脂	5.6	5.4	6.4	6.7	7.1	6.9	6.6	6.4
ア. 魚 ・ 鯨 油	1.8	1.5	1.8	2.4	2.5	2.5	2.5	2.5
イ. 牛 脂	1.3	1.2	1.3	1.0	1.3	1.4	1.3	1.4
ウ. そ の 他	2.5	2.6	3.3	3.3	3.3	3.0	2.7	2.5
14. み そ	17.7	17.2	16.6	16.5	16.5	16.2	16.0	15.5
15. し ょ う ゆ	32.7	30.1	30.9	31.9	30.1	29.4	29.0	28.4
16. その他食料計	6.1	6.8	7.1	7.0	7.2	7.7	7.7	8.1
うち きのこ類	3.1	3.3	3.6	3.7	3.8	4.1	4.0	4.2
17. 合 計								

国民1人・1日当たり供給純食料

(単位：g)

類別・品目別	昭和59年度	60	61	62	63	平成元年度	2	3
1．穀　　　　　　　類	297.5	295.5	292.2	287.3	285.6	284.2	283.5	282.1
a．米	206.1	204.3	201.2	196.6	194.5	192.8	191.9	190.9
	(201.0)	(199.2)	(195.6)	(190.8)	(188.0)	(186.7)	(185.5)	(184.6)
b．小　　　　　麦	87.0	86.9	86.5	86.1	86.4	86.7	86.9	86.7
c．大　　　　　麦	0.8	0.8	0.8	0.7	0.6	0.5	0.5	0.5
d．は　だ　か　麦	0.4	0.3	0.3	0.3	0.2	0.2	0.2	0.2
e．と　う　も　ろ　こ　し	1.7	1.8	2.0	2.1	2.1	2.3	2.5	2.3
f．こ　う　り　ゃ　ん	0.0	0.0	0.0	0.0	0.0	0.0	0.0	0.0
g．そ　の　他　の　雑　穀	1.5	1.4	1.5	1.5	1.6	1.6	1.5	1.5
2．い　　　も　　　類	48.4	51.0	53.9	53.6	53.7	56.4	56.4	56.3
a．か　ん　し　ょ	11.8	13.1	12.6	12.6	12.0	13.9	14.0	12.0
b．ば　れ　い　し　ょ	36.6	37.9	41.3	41.1	41.7	42.5	42.4	44.3
3．で　　　ん　　　粉	38.4	38.5	39.5	41.4	42.0	43.2	43.7	43.5
4．豆　　　　　　　類	24.5	24.7	25.3	26.2	25.8	26.1	25.2	26.0
a．大　　　　　豆	16.5	16.7	17.0	18.3	18.0	18.3	17.7	18.1
b．そ　の　他　の　豆　類	8.0	8.0	8.3	8.0	7.8	7.8	7.6	8.0
5．野　　　　　　　菜	310.5	306.0	310.3	307.7	304.5	304.9	297.0	289.8
a．緑　黄　色　野　菜	64.3	64.2	65.2	65.6	67.1	67.4	66.1	64.4
b．そ　の　他　の　野　菜	246.2	241.8	245.1	242.1	237.5	237.4	230.9	225.4
6．果　　　　　　　実	94.5	104.8	104.2	111.0	109.8	107.4	106.3	99.5
a．うんしゅうみかん	29.0	33.9	28.1	33.8	32.1	28.5	22.9	22.4
b．り　ん　ご	14.1	16.2	17.3	17.5	18.2	19.3	21.4	16.8
c．そ　の　他　の　果　実	51.4	54.7	58.8	59.7	59.5	59.6	62.1	60.3
7．肉　　　　　　　類	66.5	62.9	65.5	68.2	70.3	70.6	71.2	72.0
a．牛　　　　　肉	11.8	10.8	11.4	12.3	13.4	13.7	15.0	15.3
b．豚　　　　　肉	26.5	25.3	26.3	27.5	28.1	28.4	28.3	28.3
c．鶏　　　　　肉	24.5	23.1	24.7	25.5	26.3	26.3	25.9	26.2
d．そ　の　他　の　肉	3.0	2.9	2.7	2.7	2.3	2.3	2.0	2.0
e．　　　鯨	0.8	0.7	0.4	0.1	0.1	0.0	0.1	0.1
8．鶏　　　　　　　卵	40.5	39.8	42.1	43.6	43.9	44.2	44.1	46.3
9．牛　乳　及　び　乳　製　品	195.5	193.6	195.3	207.1	222.9	220.9	228.0	231.6
a．農　家　自　家　用	1.2	1.2	1.2	1.2	1.3	1.0	0.9	0.9
b．飲　用　向　け	97.6	96.5	96.8	101.7	106.5	109.1	111.7	111.5
c．乳　製　品　向　け	96.7	95.8	97.2	104.2	115.0	110.8	115.3	119.2
ア．全　脂　れ　ん　乳	1.3	1.1	1.1	1.1	1.1	1.2	1.1	1.1
イ．脱　脂　れ　ん　乳	0.3	0.3	0.3	0.3	0.3	0.4	0.4	0.3
ウ．全　脂　粉　乳	0.8	0.8	0.7	0.7	0.7	0.7	0.8	0.7
エ．脱　脂　粉　乳	4.2	4.2	4.0	4.2	4.3	4.2	4.5	4.8
オ．育　児　用　粉　乳	1.0	1.1	1.0	1.0	1.0	0.9	0.8	0.9
カ．チ　ー　ズ	2.3	2.2	2.5	2.7	3.2	3.0	3.1	3.3
キ．バ　タ　ー	1.8	1.9	1.8	1.9	2.0	1.9	1.9	1.9
10．魚　介　　　類	97.3	96.8	98.9	100.3	101.9	102.4	102.8	99.1
a．生　鮮　・　冷　凍	38.3	38.4	38.7	39.5	38.8	38.5	38.7	37.1
b．塩干，くん製，その他	54.7	54.2	55.8	56.5	58.7	59.4	59.2	56.7
c．か　ん　詰	4.3	4.1	4.4	4.3	4.4	4.4	4.9	5.3
d．飼　肥　料	0.0	0.0	0.0	0.0	0.0	0.0	0.0	0.0
11．海　藻　　　類	3.8	3.6	4.0	3.5	4.0	4.1	3.9	3.7
12．砂　糖　　　類	58.3	60.3	61.1	60.8	61.0	60.1	59.7	59.8
a．粗　　　　　糖	0.0	0.0	0.0	0.0	0.0	0.0	0.0	0.0
b．精　　　　　糖	57.3	59.3	60.1	59.9	60.1	59.2	58.8	58.9
c．含　み　つ　糖	0.7	0.7	0.6	0.6	0.6	0.6	0.5	0.6
d．糖　み　つ	0.3	0.4	0.4	0.3	0.3	0.3	0.3	0.3
13．油　脂　　　類	37.9	38.3	39.1	38.6	38.7	39.0	38.9	38.3
a．植　物　油　脂	31.1	31.4	32.2	32.1	32.1	32.4	33.0	32.8
ア．大　豆　油	13.0	12.3	12.2	11.6	11.7	11.1	11.7	10.8
イ．菜　種　油	10.1	10.6	11.1	11.6	11.8	12.5	12.2	12.8
ウ．や　し　油	0.6	0.5	0.5	0.6	0.5	0.6	0.6	0.6
エ．そ　の　他	7.5	7.9	8.4	8.4	8.1	8.3	8.5	8.6
b．動　物　油　脂	6.8	6.9	6.9	6.5	6.6	6.6	5.9	5.5
ア．魚　・　鯨　油	2.6	2.5	2.4	2.4	2.2	2.3	2.2	2.0
イ．牛　　　　脂	1.3	1.2	1.1	1.1	1.2	1.0	0.9	0.8
ウ．そ　の　他	3.0	3.1	3.5	3.1	3.2	3.3	2.9	2.7
14．み　　　　　　　そ	15.3	14.8	14.7	14.2	14.2	13.8	13.4	13.2
15．し　ょ　う　ゆ	27.9	27.4	27.5	27.2	27.4	26.9	26.3	26.1
16．そ　の　他　食　料　計	8.4	8.8	9.1	9.2	9.6	10.5	10.9	10.3
う　ち　き　の　こ　類	4.6	5.1	5.6	5.8	6.1	6.4	6.6	6.6
17．合　　　　　　　計								

国民1人・1日当たり供給純食料

（単位：g）

類　別　・　品　目　別	平成4年度	5	6	7	8	9	10	11
1．穀　　　　　　　　類	281.9	281.8	275.8	278.8	278.8	275.5	270.4	270.2
a．米	190.9	189.4	181.3	185.3	184.3	182.8	178.5	178.0
	(185.0)	(182.9)	(176.1)	(179.7)	(178.4)	(177.1)	(173.3)	(172.4)
b．小　　　　　麦	86.6	88.1	90.5	89.6	90.5	88.9	88.1	88.4
c．大　　　　　麦	0.6	0.7	0.6	0.6	0.6	0.6	0.5	0.7
d．は　だ　か　麦	0.1	0.1	0.1	0.2	0.2	0.2	0.2	0.1
e．と　う　も　ろ　こ　し	2.2	1.8	1.6	1.5	1.6	1.4	1.5	1.3
f．こ　う　り　ゃ　ん	0.0	0.0	0.0	0.0	0.0	0.0	0.0	0.0
g．そ　の　他　の　雑　穀	1.5	1.7	1.8	1.7	1.6	1.7	1.6	1.7
2．い　　　も　　　類	55.9	54.2	56.8	56.6	57.1	58.3	55.6	57.2
a．か　ん　し　ょ	13.8	12.2	13.7	12.8	12.9	13.1	12.6	12.5
b．ば　れ　い　し　ょ	42.1	41.9	43.0	43.8	44.1	45.2	43.0	44.8
3．で　　ん　　粉	41.6	41.2	42.9	42.7	43.7	45.5	45.7	46.3
4．豆　　　　　　　　類	26.7	25.1	25.0	24.1	26.0	25.2	25.7	24.9
a．大　　　　　豆	18.4	16.9	17.3	17.1	18.4	18.0	18.6	17.7
b．そ　の　他　の　豆　類	8.3	8.2	7.7	7.0	7.6	7.2	7.1	7.2
5．野　　　　　　　菜	295.0	283.6	284.5	290.0	287.7	280.0	275.0	282.0
a．緑　黄　色　野　菜	65.7	65.0	68.2	70.4	70.3	68.5	68.7	72.7
b．そ　の　他　の　野　菜	229.4	218.7	216.3	219.6	217.4	211.6	206.3	209.3
6．果　　　　　　　実	110.3	111.4	121.6	115.2	110.1	115.4	107.1	115.1
a．う　ん　しゅ　う　み　か　ん	22.3	21.4	18.7	18.8	16.0	19.3	16.9	18.5
b．り　　ん　　ご	21.2	24.1	25.7	25.8	24.9	25.0	22.2	23.9
c．そ　の　他　の　果　実	66.8	65.9	77.2	70.7	69.2	71.1	68.1	72.7
7．肉　　　　　　　　類	73.6	74.4	76.4	77.8	77.1	76.3	77.0	77.9
a．牛　　　　　肉	16.5	18.3	19.6	20.5	19.0	19.7	20.1	20.1
b．豚　　　　　肉	28.4	28.2	28.4	28.1	28.7	27.9	28.6	29.0
c．鶏　　　　　肉	26.7	26.1	26.8	27.6	28.1	27.5	27.2	27.8
d．そ　の　他　の　肉	1.9	1.8	1.5	1.5	1.3	1.1	1.1	0.9
e．鯨	0.0	0.0	0.0	0.1	0.1	0.0	0.0	0.1
8．鶏　　　　　　　卵	47.4	47.9	47.2	46.9	47.2	47.1	46.4	46.5
9．牛　乳　及　び　乳　製　品	228.7	228.9	246.1	249.2	255.7	255.4	253.0	254.2
a．農　家　自　家　用	0.7	0.9	0.9	0.7	1.0	0.6	0.5	0.5
b．飲　用　向　け	111.2	109.2	114.0	111.0	111.8	110.1	107.8	105.5
c．乳　製　品　向　け	116.7	118.8	131.2	137.6	142.8	144.7	144.8	148.3
ア．全　脂　れ　ん　乳	1.0	1.0	1.1	0.9	1.0	0.8	0.9	0.8
イ．脱　脂　れ　ん　乳	0.3	0.2	0.2	0.2	0.2	0.2	0.2	0.1
ウ．全　脂　粉　乳	0.7	0.7	0.7	0.6	0.5	0.4	0.4	0.4
エ．脱　脂　粉　乳	4.7	4.7	5.0	5.0	5.0	5.0	4.9	4.7
オ．育　児　用　粉　乳	0.8	0.8	0.8	0.8	0.8	0.8	0.7	0.8
カ．チ　ー　ズ	3.6	3.7	3.8	4.1	4.4	4.5	4.7	4.9
キ．バ　タ　ー	1.9	2.0	2.0	2.0	1.9	2.0	1.8	1.8
10．魚　　介　　類	100.5	102.6	107.1	107.3	106.7	102.2	97.2	97.7
a．生　鮮　・　冷　凍	38.4	40.3	48.7	50.1	48.2	46.2	41.8	46.2
b．塩干，くん製，その他	56.9	57.3	53.9	53.3	54.3	51.8	51.6	48.0
c．か　　ん　　詰	5.2	5.1	4.6	3.9	4.2	4.1	3.7	3.6
d．飼　　肥　　料	0.0	0.0	0.0	0.0	0.0	0.0	0.0	0.0
11．海　　藻　　類	3.9	3.7	4.0	3.9	3.7	3.9	3.8	4.1
12．砂　　糖　　類	58.9	56.8	58.5	57.8	58.2	56.8	54.8	55.2
a．粗　　　　　糖	0.0	0.0	0.0	0.0	0.0	0.0	0.0	0.0
b．精　　　　　糖	58.0	56.0	57.6	56.9	57.4	55.9	54.0	54.3
c．含　み　つ　糖	0.7	0.6	0.7	0.7	0.6	0.7	0.6	0.7
d．糖　み　つ	0.3	0.2	0.3	0.2	0.2	0.3	0.2	0.2
13．油　　脂　　類	39.0	39.4	39.5	39.8	40.5	40.9	40.1	41.1
a．植　物　油　脂	33.4	33.8	33.9	34.2	34.6	36.6	36.1	37.1
ア．大　　豆　　油	11.2	11.5	10.5	11.3	10.6	11.3	10.8	11.3
イ．菜　　種　　油	12.2	12.2	13.0	12.6	13.2	14.1	14.2	15.0
ウ．や　　し　　油	0.4	0.2	0.3	0.5	0.5	0.7	0.7	0.7
エ．そ　の　他	9.6	9.9	10.1	9.8	10.3	10.5	10.4	10.1
b．動　物　油　脂	5.6	5.6	5.6	5.6	5.9	4.4	4.0	4.0
ア．魚　・　鯨　油	1.9	2.0	1.8	1.8	1.8	1.5	1.1	1.1
イ．牛　　　　　脂	1.1	1.1	1.3	1.2	1.4	0.9	0.9	0.9
ウ．そ　の　他	2.6	2.4	2.4	2.6	2.8	2.0	1.9	1.9
14．み　　　　　　　そ	13.3	13.0	12.5	12.3	12.4	12.3	12.4	12.1
15．し　　ょ　　う　　ゆ	26.2	26.0	25.3	24.6	24.8	24.0	23.3	22.3
16．そ　の　他　食　料　計	10.7	10.9	11.1	11.4	11.8	11.7	12.0	12.2
う　ち　き　の　こ　類	7.2	7.6	7.7	8.0	8.0	8.4	8.7	8.8
17．合　　　　　　　計								

国民1人・1日当たり供給純食料

(単位:g)

類別・品目別	平成12年度	13	14	15	16	17	18	19
1．穀　　　　　　類	269.9	265.9	262.9	262.3	260.9	259.2	257.9	259.1
a．　　　米	177.0	174.2	171.8	169.1	168.4	168.2	167.1	167.3
	(170.9)	(168.0)	(166.5)	(163.6)	(162.4)	(162.8)	(160.5)	(160.3)
b．小　　　　麦	89.2	87.9	87.3	89.1	88.5	86.9	87.0	88.0
c．大　　　　麦	0.8	0.8	0.8	0.8	0.7	0.6	0.5	0.7
d．は　だ　か　麦	0.2	0.2	0.1	0.1	0.2	0.1	0.0	0.1
e．とうもろこし	1.1	1.1	1.2	1.3	1.3	1.3	1.3	1.3
f．こ　う　り　ゃ　ん	0.0	0.0	0.0	0.0	0.0	0.0	0.0	0.0
g．その他の雑穀	1.7	1.8	1.7	1.8	1.9	2.0	2.0	1.8
2．い　　も　　類	57.8	55.1	54.4	53.3	54.4	54.1	53.3	55.3
a．か　ん　し　ょ	13.4	12.8	12.9	12.5	13.0	13.4	12.3	11.9
b．ば　れ　い　し　ょ	44.4	42.2	41.5	40.9	41.3	40.6	41.0	43.5
3．で　　ん　　粉	47.7	47.4	47.2	47.8	47.9	48.1	48.3	47.8
4．豆　　　　　　類	24.8	25.3	25.5	25.6	25.6	25.4	25.3	25.0
a．大　　　　豆	17.6	18.2	18.3	18.4	18.8	18.7	18.6	18.5
b．その他の豆類	7.2	7.1	7.2	7.2	6.7	6.8	6.7	6.5
5．野　　　　　菜	280.6	278.2	266.8	262.0	257.0	263.8	259.6	257.6
a．緑黄色野菜	72.4	72.9	69.2	69.1	69.6	74.1	73.0	74.2
b．その他の野菜	208.2	205.4	197.6	192.9	187.4	189.7	186.6	183.4
6．果　　　　　実	113.8	121.3	115.0	108.7	113.7	118.0	109.4	112.3
a．うんしゅうみかん	16.7	18.3	15.8	15.1	14.7	15.0	12.3	14.7
b．り　　ん　　ご	22.2	26.5	24.2	22.4	23.4	25.9	26.1	28.0
c．その他の果実	74.9	76.6	74.9	71.3	75.7	77.1	71.1	69.5
7．肉　　　　　　類	78.8	76.2	77.9	77.2	76.1	78.0	77.0	77.0
a．牛　　　　肉	20.7	17.3	17.5	17.0	15.3	15.2	15.1	15.5
b．豚　　　　肉	29.2	29.7	31.2	31.8	33.0	33.0	31.5	31.5
c．鶏　　　　肉	28.0	28.4	28.4	27.5	26.9	28.6	29.4	29.2
d．その他の肉	0.9	0.8	0.7	0.7	0.8	0.9	0.8	0.7
e．　　鯨	0.1	0.1	0.1	0.1	0.1	0.1	0.1	0.1
8．鶏　　　　　卵	46.5	46.0	46.1	45.7	45.3	45.5	45.7	46.6
9．牛乳及び乳製品	258.2	254.7	254.6	254.2	257.2	251.5	252.5	254.3
a．農　家　自　家　用	0.5	0.4	0.5	0.4	0.4	0.3	0.3	0.7
b．飲　用　向　け	106.9	104.5	107.4	105.1	104.1	100.6	98.0	95.2
c．乳　製　品　向　け	150.8	149.9	146.7	148.7	152.6	150.5	154.2	158.4
ｱ．全脂れん乳	0.8	0.7	0.8	0.7	0.8	0.8	0.7	0.8
ｲ．脱脂れん乳	0.1	0.1	0.2	0.1	0.1	0.2	0.1	0.1
ｳ．全脂粉乳	0.4	0.4	0.4	0.3	0.3	0.3	0.3	0.3
ｴ．脱脂粉乳	4.2	3.7	3.8	3.7	4.0	4.1	3.9	4.2
ｵ．育児用粉乳	0.8	0.7	0.8	0.8	0.8	0.7	0.6	0.6
ｶ．チ　ー　ズ	5.2	5.2	5.0	5.1	5.3	5.3	5.4	5.6
ｷ．バ　タ　ー	1.8	2.0	2.0	1.9	1.9	1.8	1.9	2.0
10．魚　　介　　類	101.8	110.1	103.1	97.6	94.9	94.9	89.7	87.2
a．生　鮮・冷　凍	43.8	49.6	48.1	43.4	40.7	40.9	36.4	36.2
b．塩干，くん製，その他	54.0	56.3	51.0	50.2	50.1	49.9	49.4	47.1
c．か　　ん　　詰	4.0	4.2	4.0	4.1	4.1	4.1	4.0	3.9
d．飼　　肥　　料	0.0	0.0	0.0	0.0	0.0	0.0	0.0	0.0
11．海　　藻　　類	3.8	3.9	4.0	3.3	3.5	3.4	3.2	3.1
12．砂　　糖　　類	55.4	54.9	54.8	54.7	54.5	54.6	53.4	54.0
a．粗　　　　糖	0.0	0.0	0.0	0.0	0.0	0.0	0.0	0.0
b．精　　　　糖	54.6	54.1	53.9	53.9	53.5	53.7	52.4	53.1
c．含　み　つ　糖	0.7	0.7	0.7	0.8	0.9	0.9	0.9	0.9
d．糖　み　つ	0.1	0.1	0.1	0.0	0.1	0.0	0.0	0.0
13．油　　脂　　類	41.5	41.2	41.1	40.9	39.3	39.9	39.8	39.3
a．植　物　油　脂	37.5	37.5	37.7	37.6	36.0	36.9	36.9	36.5
ｱ．大　　豆　　油	11.1	11.5	12.0	12.2	9.8	9.6	9.5	9.2
ｲ．菜　　種　　油	15.3	14.9	14.3	14.1	15.2	15.4	15.2	14.7
ｳ．や　　し　　油	0.7	0.7	0.7	0.7	0.7	0.8	0.8	0.8
ｴ．そ　　の　　他	10.4	10.5	10.7	10.6	10.3	11.1	11.4	11.8
b．動　物　油　脂	4.0	3.8	3.4	3.3	3.3	3.0	2.9	2.7
ｱ．魚・鯨油	1.3	1.1	1.0	0.9	0.8	0.5	0.4	0.3
ｲ．牛　　　脂	0.9	0.9	0.7	0.7	0.8	0.8	0.8	0.8
ｳ．そ　　の　　他	1.7	1.7	1.7	1.7	1.7	1.7	1.7	1.7
14．み　　　　　そ	11.9	11.5	11.5	11.2	11.0	10.8	10.6	10.3
15．し　ょ　う　ゆ	22.6	21.6	21.1	20.7	20.1	19.7	19.9	19.8
16．その他食料計	12.4	12.3	12.4	12.6	12.8	12.7	12.7	13.0
うちきのこ類	8.8	8.8	8.8	8.9	9.1	9.2	9.1	9.3
17．合　　　　　計								

国民1人・1日当たり供給純食料

（単位：g）

類　別・品　目　別	平成20年度	21	22	23	24	25	26	27
1．穀　　　　　　類	249.9	249.9	255.9	251.4	248.0	249.4	246.1	242.6
a．米	161.2	159.6	163.0	157.9	154.0	155.7	152.0	149.2
	(154.8)	(154.2)	(157.6)	(152.9)	(149.2)	(150.8)	(147.8)	(145.2)
b．小　　　　麦	85.0	86.9	89.5	89.5	90.2	89.5	89.9	89.5
c．大　　　　麦	0.6	0.4	0.5	0.7	0.6	0.6	0.6	0.6
d．は　だ　か　麦	0.0	0.0	0.1	0.1	0.1	0.1	0.2	0.1
e．と　う　も　ろ　こ　し	1.3	1.3	1.2	1.3	1.2	1.2	1.4	1.3
f．こ　う　り　ゃ　ん	0.0	0.0	0.0	0.0	0.0	0.0	0.0	0.0
g．そ　の　他　の　雑　穀	1.7	1.6	1.6	1.9	1.9	2.1	2.0	2.0
2．い　　　も　　　類	53.3	52.7	50.8	54.7	56.0	53.6	51.8	53.2
a．か　ん　し　ょ	11.5	12.0	10.4	11.3	11.2	11.3	10.6	10.2
b．ば　れ　い　し　ょ	41.7	40.7	40.4	43.4	44.7	42.2	41.2	43.0
3．で　　　ん　　　粉	46.2	44.6	45.7	45.8	44.9	44.8	44.0	43.8
4．豆　　　　　　類	24.1	23.5	23.1	22.6	22.2	22.4	22.6	23.3
a．大　　　　　豆	18.4	17.6	17.3	16.9	16.6	16.8	16.7	17.1
b．そ　の　他　の　豆　類	5.7	5.8	5.8	5.7	5.6	5.6	5.9	6.2
5．野　　　　　　菜	255.7	248.0	241.5	248.2	256.0	250.9	252.4	247.0
a．緑　黄　色　野　菜	73.2	68.7	67.2	71.1	75.9	75.7	74.2	72.3
b．そ　の　他　の　野　菜	182.5	179.3	174.3	177.1	180.1	175.2	178.2	174.8
6．果　　　　　　実	109.5	106.4	100.2	101.4	104.7	100.7	98.5	95.4
a．う　ん　し　ゅ　う　み　か　ん	12.5	13.6	11.3	12.1	11.3	12.0	11.6	10.6
b．り　　ん　　ご	27.8	23.8	22.2	20.5	23.8	22.1	24.1	22.6
c．そ　の　他　の　果　実	69.3	69.0	66.7	68.8	69.7	66.7	62.8	62.2
7．肉　　　　　　類	78.0	78.2	79.6	80.8	82.2	82.3	82.5	83.9
a．牛　　　　　肉	15.6	16.0	16.1	16.5	16.3	16.4	16.1	15.7
b．豚　　　　　肉	32.1	31.5	31.9	32.5	32.4	32.4	32.4	33.2
c．鶏　　　　　肉	29.6	30.0	31.1	31.2	32.9	32.8	33.4	34.4
d．そ　の　他　の　肉	0.6	0.6	0.5	0.5	0.5	0.5	0.5	0.5
e．鯨	0.1	0.1	0.0	0.1	0.1	0.1	0.1	0.1
8．鶏　　　　　　卵	45.8	45.2	45.3	45.5	45.6	46.0	45.8	46.1
9．牛　乳　及　び　乳　製　品	235.7	231.5	236.7	242.0	245.0	243.6	245.1	248.9
a．農　家　自　家　用	0.7	0.6	0.5	0.4	0.4	0.4	0.5	0.4
b．飲　用　向　け	93.5	89.3	87.0	86.3	85.2	84.3	83.3	84.1
c．乳　製　品　向　け	141.5	141.6	149.2	155.3	159.4	158.9	161.4	164.4
ｱ．全　脂　れ　ん　乳	0.9	0.8	0.9	0.8	0.8	0.8	0.8	0.8
ｲ．脱　脂　れ　ん　乳	0.1	0.1	0.1	0.1	0.1	0.1	0.1	0.1
ｳ．全　脂　粉　乳	0.3	0.3	0.3	0.3	0.2	0.3	0.3	0.3
ｴ．脱　脂　粉　乳	3.4	3.3	3.5	3.2	3.0	3.1	3.0	2.9
ｵ．育　児　用　粉　乳	0.6	0.6	0.5	0.5	0.5	0.5	0.5	0.5
ｶ．チ　ー　ズ	4.8	5.1	5.2	5.7	6.1	6.0	6.1	6.5
ｷ．バ　タ　ー	1.7	1.7	1.8	1.7	1.6	1.6	1.6	1.6
10．魚　　介　　類	86.0	82.1	80.6	77.9	79.0	75.1	72.7	70.3
a．生　鮮　・　冷　凍	35.3	33.8	32.8	33.0	33.0	29.3	29.4	27.5
b．塩干，くん製，その他	47.0	44.6	44.1	41.1	42.0	41.9	39.4	38.9
c．か　　ん　　詰	3.7	3.7	3.8	3.7	4.0	4.0	3.9	3.9
d．飼　　肥　　料	0.0	0.0	0.0	0.0	0.0	0.0	0.0	0.0
11．海　　藻　　類	2.8	2.8	2.7	2.5	2.9	2.6	2.5	2.6
12．砂　　糖　　類	52.5	52.7	51.9	51.6	51.5	52.0	50.7	50.5
a．粗　　　　糖	0.0	0.0	0.0	0.0	0.0	0.0	0.0	0.0
b．精　　　　糖	51.7	52.0	51.2	50.9	50.8	51.4	50.0	49.7
c．含　み　つ　糖	0.8	0.7	0.6	0.6	0.6	0.6	0.6	0.7
d．糖　み　　つ	0.0	0.0	0.1	0.1	0.0	0.0	0.0	0.0
13．油　　脂　　類	37.8	35.8	36.9	37.0	37.2	37.2	38.7	38.9
a．植　物　油　脂	35.5	33.6	34.7	34.7	34.9	34.9	36.4	36.7
ｱ．大　　豆　　油	8.9	7.4	7.1	6.1	6.0	5.8	6.3	7.0
ｲ．菜　　種　　油	13.7	13.6	14.7	15.8	16.0	15.6	16.3	15.5
ｳ．や　　し　　油	0.8	0.7	0.7	0.6	0.6	0.6	0.7	0.7
ｴ．そ　　の　　他	12.1	11.8	12.2	12.2	12.3	12.9	13.1	13.5
b．動　物　油　脂	2.3	2.2	2.2	2.3	2.3	2.3	2.3	2.2
ｱ．魚　・　鯨　油	0.2	0.2	0.1	0.2	0.2	0.2	0.2	0.1
ｲ．牛　　　　脂	0.5	0.5	0.6	0.5	0.5	0.6	0.6	0.6
ｳ．そ　　の　　他	1.5	1.5	1.5	1.6	1.6	1.6	1.6	1.5
14．み　　　　　　そ	9.9	9.7	9.9	9.8	9.4	9.2	9.6	9.7
15．し　　ょ　　う　　ゆ	18.4	18.1	17.7	17.1	16.9	16.9	16.3	16.2
16．そ　の　他　食　料　計	12.0	12.4	12.4	12.6	12.5	12.1	11.8	12.1
う　ち　き　の　こ　類	9.1	9.2	9.4	9.5	9.4	9.3	9.1	9.2
17．合　　　　　　計								

国民１人・１日当たり供給純食料

(単位：g)

類別・品目別	平成28年度	29	30	令和元年度	2	3
1．穀　　　　　　類	243.3	243.0	239.0	237.4	230.0	231.7
a．米	148.8	148.1	146.3	145.0	139.1	141.0
	(144.2)	(143.2)	(141.6)	(140.5)	(134.6)	(136.3)
b．小　　　　麦	90.2	90.5	88.1	88.0	87.0	86.6
c．大　　　　麦	0.7	0.6	0.5	0.5	0.5	0.6
d．はだか麦	0.2	0.3	0.4	0.5	0.4	0.4
e．とうもろこし	1.3	1.5	1.6	1.5	1.5	1.5
f．こうりゃん	0.0	0.0	0.0	0.0	0.0	0.0
g．その他の雑穀	1.9	2.0	2.0	1.9	1.6	1.7
2．い　　も　　類	53.3	57.8	53.6	56.1	53.0	53.8
a．かんしょ	10.8	10.3	10.0	9.5	9.5	9.6
b．ばれいしょ	42.5	47.5	43.6	46.6	43.4	44.2
3．で　　ん　　粉	44.6	43.6	43.7	44.8	40.8	41.5
4．豆　　　　　類	23.3	23.9	24.1	24.2	24.5	23.7
a．大　　　　豆	17.4	17.7	18.2	18.5	19.3	18.4
b．その他の豆類	5.8	6.2	5.8	5.7	5.2	5.3
5．野　　　　　菜	242.5	246.1	246.8	243.9	242.9	234.8
a．緑黄色野菜	70.2	73.8	73.0	71.8	73.1	72.6
b．その他の野菜	172.3	172.3	172.9	172.2	169.7	162.2
6．果　　　　　実	94.2	93.6	96.9	92.6	93.5	88.8
a．うんしゅうみかん	11.0	10.2	10.6	10.0	10.4	10.2
b．り　ん　ご	21.1	21.2	20.6	20.6	20.8	19.0
c．その他の果実	62.1	62.3	65.7	62.0	62.2	59.7
7．肉　　　　　類	86.5	89.5	91.0	91.3	91.8	93.2
a．牛　　　　肉	16.4	17.2	17.7	17.8	17.8	17.1
b．豚　　　　肉	34.0	34.9	35.1	34.9	35.4	36.0
c．鶏　　　　肉	35.6	36.8	37.6	38.0	38.0	39.5
d．その他の肉	0.5	0.6	0.6	0.6	0.6	0.6
e．鯨	0.1	0.0	0.1	0.0	0.0	0.0
8．鶏　　　　　卵	46.2	47.5	47.6	47.9	47.0	47.1
9．牛乳及び乳製品	249.9	255.4	260.2	260.2	258.5	258.6
a．農家自家用	0.3	0.3	0.3	0.3	0.3	0.4
b．飲用向け	85.1	85.0	85.2	85.0	86.6	86.2
c．乳製品向け	164.5	170.1	174.8	174.9	171.7	172.0
ｱ．全脂れん乳	0.8	0.7	0.8	0.7	0.7	0.7
ｲ．脱脂れん乳	0.1	0.1	0.1	0.1	0.1	0.1
ｳ．全脂粉乳	0.2	0.2	0.2	0.2	0.2	0.3
ｴ．脱脂粉乳	3.0	3.0	3.0	2.8	3.1	3.1
ｵ．育児用粉乳	0.5	0.5	0.5	0.4	0.4	0.4
ｶ．チ　ー　ズ	6.5	6.9	7.2	7.3	7.2	7.2
ｷ．バ　タ　ー	1.6	1.5	1.7	1.8	1.7	1.8
10．魚　　介　　類	68.0	66.8	64.7	68.9	64.7	63.6
a．生鮮・冷凍	25.3	25.8	21.5	23.1	22.0	20.8
b．塩干，くん製，その他	38.6	37.1	39.2	41.7	38.7	39.1
c．か　ん　詰	4.0	3.9	4.0	4.2	4.0	3.7
d．飼　肥　料	0.0	0.0	0.0	0.0	0.0	0.0
11．海　　藻　　類	2.5	2.5	2.5	2.3	2.5	2.2
12．砂　　糖　　類	50.9	50.0	49.6	48.7	45.5	46.3
a．粗　　　　糖	0.0	0.0	0.0	0.0	0.0	0.0
b．精　　　　糖	50.2	49.2	48.8	47.9	44.9	45.5
c．含　み　つ　糖	0.7	0.7	0.6	0.7	0.5	0.6
d．糖　み　つ	0.0	0.0	0.1	0.1	0.0	0.1
13．油　　脂　　類	38.8	38.7	38.6	39.6	39.4	38.2
a．植　物　油　脂	36.8	37.0	37.0	38.0	37.9	36.9
ｱ．大　豆　油	7.1	7.2	7.5	7.9	7.7	8.1
ｲ．菜　種　油	14.9	15.1	14.5	14.7	14.9	15.2
ｳ．や　し　油	0.6	0.5	0.5	0.5	0.5	0.5
ｴ．そ　の　他	14.1	14.2	14.5	15.0	14.9	13.1
b．動　物　油　脂	2.0	1.7	1.6	1.6	1.5	1.2
ｱ．魚・鯨油	0.1	0.1	0.1	0.1	0.1	0.0
ｲ．牛　　　脂	0.4	0.3	0.3	0.3	0.3	0.3
ｳ．そ　の　他	1.5	1.2	1.2	1.2	1.2	0.9
14．み　　　　　そ	9.9	10.1	10.0	10.0	9.9	9.7
15．し　ょ　う　ゆ	15.9	15.7	15.4	15.0	14.3	14.4
16．その他食料計	12.7	12.5	12.7	12.4	12.6	12.4
うちきのこ類	9.3	9.3	9.4	9.2	9.3	9.3
17．合　　　　　計						

(11)　国民1人・1日当たり供給熱量

(単位:kcal)

類　別・品　目　別	昭和35年度	36	37	38	39	40	41	42
1. 穀　　　　　類	1,438.7	1,440.7	1,440.8	1,428.6	1,429.0	1,422.0	1,385.9	1,360.4
a.　　米	1,105.5	1,129.4	1,137.4	1,124.7	1,114.3	1,089.7	1,032.1	1,005.8
	(1,099.5)	(1,120.0)	(1,127.3)	(1,115.2)	(1,103.4)	(1,077.3)	(1,019.4)	(992.0)
b. 小　　　　麦	250.5	250.7	252.0	261.0	273.3	292.3	315.5	317.3
c. 大　　　　麦	35.7	25.9	23.3	20.8	25.4	18.3	14.3	15.0
d. は だ か 麦	39.2	26.6	20.9	15.1	9.2	15.2	18.0	15.6
e. とうもろこし	1.5	1.9	1.7	1.6	1.9	2.1	1.7	2.3
f. こ う り ゃ ん	0.1	0.2	0.2	0.3	0.2	0.2	0.2	0.2
g. その他の雑穀	6.1	6.0	5.4	5.2	4.7	4.2	4.2	4.2
2. い　　も　　類	81.6	78.7	67.2	60.2	58.6	54.2	51.3	43.6
a. か ん し ょ	48.3	45.5	35.2	32.2	26.8	24.5	23.0	16.5
b. ば れ い し ょ	33.2	33.2	32.1	27.9	31.8	29.7	28.3	27.0
3. で　　ん　　粉	59.9	64.5	72.6	71.9	75.1	76.3	77.2	84.1
4. 豆　　　　　類	104.4	105.7	101.1	102.0	95.7	106.0	109.8	113.8
a. 大　　　　豆	59.7	60.0	55.4	54.1	51.1	54.7	59.5	63.1
b. その他の豆類	44.7	45.6	45.7	47.9	44.7	51.3	50.3	50.7
5. 野　　　　　菜	84.3	79.9	85.7	91.7	87.0	73.9	78.4	77.5
a. 緑 黄 色 野 菜	18.4	18.3	19.1	19.8	19.4	13.6	14.3	14.7
b. その他の野菜	66.0	61.6	66.6	71.8	67.6	60.3	64.0	62.8
6. 果　　　　　実	29.0	30.7	31.0	34.8	39.2	39.1	43.8	46.0
a. うんしゅうみかん	6.5	5.8	5.9	6.3	7.9	8.0	10.6	9.4
b. り　　ん　　ご	8.7	9.1	9.5	10.7	10.0	11.8	11.0	11.5
c. その他の果実	13.8	15.7	15.6	17.8	21.2	19.3	22.3	25.1
7. 肉　　　　　類	27.5	34.9	43.3	42.1	46.6	52.3	59.1	62.9
a. 牛　　　　肉	6.4	6.3	6.7	8.5	9.8	10.6	8.5	8.9
b. 豚　　　　肉	10.8	16.6	22.0	18.8	21.2	21.4	28.4	30.6
c. 鶏　　　　肉	3.0	3.8	4.4	5.1	6.2	9.2	10.2	11.4
d. そ の 他 の 肉	1.6	1.5	1.7	2.6	2.9	3.9	5.0	5.9
e.　　鯨	5.7	6.6	8.5	7.1	6.5	7.2	6.9	6.2
8. 鶏　　　　　卵	26.9	34.4	37.4	38.7	45.8	50.1	45.8	49.5
9. 牛 乳 及 び 乳製品	36.0	40.3	45.9	52.9	57.3	61.7	68.6	71.0
a. 農 家 自 家 用	1.7	1.9	2.0	2.1	2.1	2.2	2.0	1.9
b. 飲 用 向 け	17.3	19.1	20.4	24.3	27.4	30.3	33.2	34.9
c. 乳 製 品 向 け	16.9	19.4	23.4	26.5	27.8	29.2	33.3	34.1
ア. 全 脂 れ ん 乳	2.1	2.2	2.3	2.0	1.7	3.1	3.1	3.5
イ. 脱 脂 れ ん 乳	2.1	2.4	2.2	2.5	2.2	1.8	1.5	1.7
ウ. 全 脂 粉 乳	1.2	1.3	2.0	2.4	3.3	3.8	4.3	4.6
エ. 脱 脂 粉 乳	4.3	4.8	5.8	8.3	8.5	8.0	8.8	8.5
オ. 育 児 用 粉 乳	3.2	3.8	4.4	4.6	4.7	7.3	6.4	6.8
カ. チ ー ズ	0.6	0.8	1.0	1.5	1.4	1.8	3.2	3.2
キ. バ タ ー	2.5	2.9	4.2	4.3	4.9	5.4	7.0	6.9
10. 魚　　介　　類	86.8	96.2	94.2	91.6	77.5	98.5	97.8	99.5
a. 生 鮮・冷 凍	}86.8	}96.2	39.3	38.5	28.2	38.5	35.9	37.3
b. 塩干,くん製,その他			51.8	51.0	47.8	57.8	59.6	59.2
c. か ん 詰			3.1	2.1	1.5	2.2	2.3	3.0
d. 飼 肥 料	0.0	0.0	0.0	0.0	0.0	0.0	0.0	0.0
11. 海　　藻　　類	0.0	0.0	0.0	0.0	0.0	0.0	0.0	0.0
12. 砂　　糖　　類	157.2	165.9	177.0	174.1	184.4	196.3	208.1	219.8
a. 粗　　　　糖	0.0	0.0	0.0	0.0	0.0	0.0	0.0	0.0
b. 精　　　　糖	148.4	159.1	169.9	168.0	180.2	190.8	202.5	215.7
c. 含 み つ 糖	7.6	5.5	5.8	5.0	2.9	4.2	3.8	2.9
d. 糖 み つ	1.2	1.2	1.4	1.0	1.2	1.3	1.8	1.3
13. 油　　脂　　類	105.0	114.8	129.6	149.9	160.0	159.0	184.4	197.5
a. 植 物 油 脂	77.5	88.1	100.8	115.3	121.4	116.8	136.3	145.2
ア. 大 豆 油	29.0	33.6	40.2	50.5	50.8	55.5	62.2	62.5
イ. 菜 種 油	23.6	27.7	27.2	17.8	19.2	18.7	22.7	21.8
ウ. や し 油	2.3	3.1	3.8	5.5	3.0	3.3	7.9	9.0
エ. そ の 他	22.6	23.6	29.5	41.4	48.3	39.3	43.6	51.7
b. 動 物 油 脂	27.5	26.7	28.8	34.6	38.6	42.2	48.1	52.3
ア. 魚・鯨 油	9.8	10.2	13.2	10.0	9.4	10.0	10.9	12.6
イ. 牛 脂	7.1	8.1	7.8	12.8	15.7	17.6	19.2	19.7
ウ. そ の 他	10.6	8.4	7.8	11.8	13.5	14.7	18.0	20.0
14. み　　　　そ	38.0	36.2	34.1	34.0	34.5	41.1	41.2	41.0
15. し ょ う ゆ	15.4	14.8	12.7	12.3	13.6	18.6	18.4	19.1
16. その他食料計	—	—	—	—	—	9.7	11.4	11.1
うちきのこ類	—	—	—	—	—	0.0	0.0	0.0
17. 合　　　　計	2,290.6	2,337.7	2,372.5	2,384.8	2,404.2	2,458.7	2,481.2	2,496.8

国民1人・1日当たり供給熱量

(単位：kcal)

類別・品目別	昭和43年度	44	45	46	47	48	49	50
1．穀　　　　　類	1,327.8	1,291.7	1,260.5	1,240.8	1,225.8	1,219.9	1,206.5	1,191.4
a．米	976.6	946.4	927.2	905.1	892.4	885.2	875.0	856.4
	(960.9)	(930.4)	(908.2)	(886.1)	(873.3)	(867.4)	(855.3)	(834.0)
b．小　　　　麦	315.6	315.5	310.3	311.0	310.6	311.0	313.6	316.8
c．大　　　　麦	14.2	10.7	6.8	7.9	7.6	10.3	9.4	9.1
d．は　だ　か　麦	13.1	10.6	7.8	7.2	4.2	1.8	1.3	1.4
e．とうもろこし	3.4	4.3	4.0	5.8	6.8	7.2	3.5	3.3
f．こ　う　り　ゃ　ん	0.1	0.1	0.0	0.0	0.0	0.0	0.0	0.0
g．その他の雑穀	4.6	4.1	4.4	3.8	4.0	4.3	3.7	4.3
2．い　　　も　　　類	43.1	39.5	39.2	40.4	41.0	39.4	38.2	39.0
a．か　ん　し　ょ	17.2	14.1	13.8	15.2	16.4	14.5	13.6	14.4
b．ば　れ　い　し　ょ	25.9	25.4	25.4	25.2	24.6	24.9	24.6	24.6
3．で　　ん　　粉	81.5	79.5	75.8	73.0	74.5	73.2	70.8	71.0
4．豆　　　　　類	114.5	117.2	115.2	115.8	113.5	113.1	109.2	107.3
a．大　　　　豆	64.5	64.8	65.5	65.7	67.4	67.7	67.4	67.8
b．その他の豆類	50.0	52.5	49.7	50.1	46.1	45.4	41.7	39.5
5．野　　　　　菜	83.5	80.7	78.5	80.9	80.0	75.4	79.3	78.0
a．緑黄色野菜	15.6	14.7	14.6	14.7	14.5	13.7	14.0	13.5
b．その他の野菜	67.9	66.0	63.9	66.3	65.6	61.7	65.3	64.5
6．果　　　　　実	53.3	51.1	53.2	53.3	61.1	59.9	55.8	57.7
a．うんしゅうみかん	14.1	12.0	15.1	14.4	20.8	19.4	19.1	20.7
b．り　ん　ご	11.5	10.8	10.1	9.9	9.3	9.2	8.0	8.4
c．その他の果実	27.7	28.2	27.9	29.1	31.0	31.4	28.7	28.6
7．肉　　　　　類	64.1	72.1	80.5	91.5	99.0	104.2	104.5	108.4
a．牛　　　　肉	9.9	13.0	14.8	17.0	17.6	17.0	17.2	17.1
b．豚　　　　肉	29.9	31.2	38.2	41.5	46.6	52.2	52.7	53.0
c．鶏　　　　肉	12.8	15.8	17.8	20.4	22.6	24.2	24.6	25.4
d．そ　の　他　の　肉	6.5	7.2	5.4	8.3	8.1	6.9	6.2	9.7
e．鯨	5.0	5.1	4.2	4.4	4.0	3.9	3.7	3.3
8．鶏　　　　　卵	54.2	59.6	64.4	64.2	63.0	62.5	60.8	60.7
9．牛乳及び乳製品	74.2	77.8	82.3	83.2	85.0	86.5	85.1	87.9
a．農　家　自　家　用	1.9	2.0	1.9	1.7	1.5	1.3	1.2	1.1
b．飲　用　向　け	37.9	39.9	41.6	41.4	43.0	44.0	44.2	46.1
c．乳　製　品　向　け	34.3	35.8	38.9	40.1	40.5	41.2	39.7	40.6
ア．全脂れん乳	3.4	3.9	4.0	3.8	4.1	3.0	3.3	2.8
イ．脱脂れん乳	1.7	1.9	1.9	1.6	1.2	1.2	0.9	1.0
ウ．全脂粉乳	4.2	4.1	4.9	4.7	5.2	4.3	3.6	3.7
エ．脱脂粉乳	7.5	7.6	8.1	6.3	7.9	8.7	9.3	9.6
オ．育児用粉乳	6.7	7.6	7.4	7.8	10.1	11.8	9.6	8.4
カ．チ　ー　ズ	3.8	4.2	4.5	4.4	4.4	5.1	5.7	5.7
キ．バ　タ　ー	7.9	7.8	8.3	11.1	10.4	11.5	9.9	10.3
10．魚　　介　　類	102.5	95.8	102.0	106.2	107.0	113.1	115.3	119.3
a．生　鮮・冷　凍	38.9	34.2	36.2	37.5	38.7	41.5	44.0	46.5
b．塩干，くん製，その他	61.9	60.0	64.6	65.5	66.3	69.0	67.9	70.4
c．か　　ん　　詰	1.7	1.6	1.3	3.2	2.0	2.7	3.5	2.4
d．飼　　肥　　料	0.0	0.0	0.0	0.0	0.0	0.0	0.0	0.0
11．海　　藻　　類	0.0	0.0	0.0	0.0	0.0	0.0	0.0	0.0
12．砂　　糖　　類	229.6	253.8	282.6	280.2	293.9	294.9	276.7	262.4
a．粗　　　　糖	0.0	0.0	0.0	0.0	0.0	0.0	0.0	0.0
b．精　　　　糖	225.7	250.1	278.5	276.8	290.7	290.6	273.9	258.9
c．含　み　つ　糖	3.0	2.6	3.3	2.4	2.3	2.7	2.8	2.5
d．糖　み　つ	0.9	1.0	0.9	1.0	0.9	1.5	0.0	1.0
13．油　　脂　　類	208.6	218.2	227.1	233.5	246.5	258.2	275.4	274.5
a．植　物　油　脂	153.9	162.4	171.8	170.2	179.2	195.9	220.9	218.1
ア．大　　豆　　油	69.0	75.5	87.3	83.5	82.8	83.5	100.2	95.1
イ．菜　　種　　油	25.2	25.8	26.8	31.6	41.5	50.9	56.4	62.5
ウ．や　　し　　油	7.2	8.1	6.6	7.2	8.9	12.0	5.2	5.4
エ．そ　の　他	52.5	52.9	51.1	47.9	46.0	49.5	59.1	55.1
b．動　物　油　脂	54.7	55.8	55.4	63.3	67.3	62.3	54.5	56.5
ア．魚・鯨　油	15.5	18.6	17.1	17.8	18.7	18.4	17.9	16.3
イ．牛　　　脂	18.8	17.6	18.6	19.8	21.5	18.6	13.3	17.7
ウ．そ　の　他	20.4	19.6	19.6	25.7	27.1	25.3	23.3	22.5
14．み　　　　　そ	39.8	38.2	38.6	37.6	37.4	37.2	34.9	33.3
15．し　ょ　う　ゆ	17.9	18.0	18.8	18.7	19.1	20.0	19.7	17.5
16．その他食料計	11.1	10.5	11.0	11.7	11.4	12.1	9.4	9.9
うちきのこ類	0.0	0.0	0.0	0.0	0.0	0.0	0.0	0.0
17．合　　　　　計	2,505.6	2,503.8	2,529.8	2,531.1	2,558.1	2,569.7	2,541.7	2,518.3

国民1人・1日当たり供給熱量

（単位：kcal）

類　別　・　品　目　別	昭和51年度	52	53	54	55	56	57	58
1．穀　　　　　　　類	1,179.1	1,151.2	1,132.7	1,113.3	1,111.5	1,095.3	1,082.7	1,070.5
a．米	841.0	813.1	795.7	775.8	769.8	758.7	745.2	736.2
	(820.1)	(795.5)	(778.1)	(756.7)	(747.5)	(739.3)	(729.6)	(718.2)
b．小　　　　　麦	320.0	320.7	319.6	320.6	325.0	320.7	320.9	319.2
c．大　　　　　麦	8.5	8.2	5.6	4.5	4.6	3.5	4.2	2.8
d．は　だ　か　麦	1.4	1.2	1.1	1.4	1.5	1.6	1.6	1.4
e．とうもろこし	3.4	3.4	4.8	5.5	5.3	5.7	5.8	6.1
f．こうりゃん	0.0	0.0	0.0	0.0	0.0	0.0	0.0	0.0
g．その他の雑穀	4.7	4.7	6.0	5.4	5.2	5.2	5.0	4.9
2．い　　も　　類	40.1	42.1	42.9	42.4	41.3	41.9	43.3	43.1
a．か　ん　し　ょ	14.3	14.7	14.1	13.9	13.1	14.0	13.8	13.9
b．ば　れ　い　し　ょ	25.8	27.4	28.8	28.6	28.2	27.9	29.6	29.2
3．で　　ん　　粉	83.2	87.1	89.2	91.1	110.5	119.1	118.3	129.6
4．豆　　　　　類	102.0	97.3	96.4	97.7	97.4	96.7	97.5	101.4
a．大　　　　　豆	64.0	60.8	62.5	62.6	61.9	62.2	65.8	68.0
b．その他の豆類	38.1	36.5	33.9	35.1	35.4	34.6	31.8	33.4
5．野　　　　　菜	79.1	82.1	82.5	82.0	80.3	81.1	82.7	79.5
a．緑黄色野菜	13.2	14.4	14.4	14.6	14.6	14.3	14.5	14.2
b．その他の野菜	65.9	67.7	68.0	67.4	65.8	66.7	68.3	65.3
6．果　　　　　実	55.2	57.0	55.9	55.7	53.6	52.7	54.9	54.3
a．うんしゅうみかん	17.3	18.7	17.3	17.4	15.7	16.4	15.7	15.4
b．り　　ん　　ご	8.1	8.8	7.6	7.7	8.8	7.5	8.1	9.1
c．その他の果実	29.7	29.5	31.1	30.6	29.1	28.8	31.1	29.9
7．肉　　　　　類	114.7	124.0	130.9	138.6	138.3	139.7	143.0	146.6
a．牛　　　　　肉	18.9	20.5	22.7	23.2	23.7	24.8	26.5	28.2
b．豚　　　　　肉	56.1	60.1	63.8	69.8	70.3	69.6	69.4	70.8
c．鶏　　　　　肉	28.2	31.2	34.1	36.2	36.9	38.0	39.7	41.0
d．その他の肉	9.2	9.9	8.6	8.0	6.0	6.3	6.3	5.5
e．鯨	2.3	2.4	1.8	1.4	1.4	1.1	1.2	1.2
8．鶏　　　　　卵	61.8	62.8	64.4	63.8	63.5	63.9	64.7	64.7
9．牛乳及び乳製品	94.2	97.6	101.5	106.0	107.4	111.8	109.9	115.5
a．農家自家用	1.1	1.0	1.1	1.0	0.7	0.7	0.7	0.7
b．飲　用　向　け	48.3	50.9	52.6	54.6	55.7	57.1	58.2	58.0
c．乳製品向け	44.8	45.7	47.8	50.4	50.9	53.9	51.0	56.8
ｱ．全脂れん乳	3.3	3.3	3.9	4.1	3.6	4.1	4.1	3.8
ｲ．脱脂れん乳	1.1	1.2	1.2	1.5	1.3	1.3	1.2	1.1
ｳ．全脂粉乳	3.0	3.4	3.6	3.8	3.7	3.8	4.0	4.1
ｴ．脱脂粉乳	8.6	9.1	10.0	10.6	11.8	12.9	13.9	14.9
ｵ．育児用粉乳	7.1	6.2	6.4	6.4	6.2	5.8	5.5	5.5
ｶ．チ　ー　ズ	6.6	7.3	7.7	8.2	7.7	8.2	8.2	8.7
ｷ．バ　タ　ー	10.4	10.0	10.4	11.2	12.0	12.7	12.9	12.8
10．魚　　介　　類	118.7	127.6	137.2	133.0	133.4	129.7	126.3	133.1
a．生　鮮・冷　凍	46.8	49.4	54.7	51.1	52.4	49.5	46.5	49.3
b．塩干,くん製,その他	68.1	73.9	77.6	76.9	76.2	75.1	74.3	77.8
c．か　　ん　　詰	3.8	4.3	4.9	5.1	4.8	5.1	5.6	6.0
d．飼　　肥　　料	0.0	0.0	0.0	0.0	0.0	0.0	0.0	0.0
11．海　　藻　　類	0.0	0.0	0.0	0.0	0.0	0.0	0.0	0.0
12．砂　　糖　　類	265.1	279.7	265.6	271.1	244.8	232.6	239.5	226.3
a．粗　　　　　糖	0.0	0.0	0.0	0.0	0.0	0.0	0.0	0.0
b．精　　　　　糖	261.3	276.1	261.8	267.5	241.5	228.9	236.1	222.9
c．含　み　つ　糖	2.3	2.5	2.5	2.3	2.1	2.5	2.3	2.3
d．糖　　み　　つ	1.5	1.1	1.4	1.3	1.2	1.3	1.1	1.1
13．油　　脂　　類	276.9	282.4	297.8	300.7	319.5	336.1	337.7	340.6
a．植　物　油　脂	224.2	231.9	237.7	237.4	253.1	271.4	276.1	280.6
ｱ．大　豆　油	95.5	97.7	105.4	99.2	106.5	108.1	112.9	116.6
ｲ．菜　種　油	58.5	60.1	65.5	72.8	73.5	88.8	87.1	85.9
ｳ．や　　し　　油	9.8	8.0	8.1	5.6	5.4	6.8	7.7	8.0
ｴ．そ　の　他	60.5	66.1	58.7	59.8	67.7	67.6	68.4	70.1
b．動　物　油　脂	52.6	50.6	60.2	63.3	66.5	64.7	61.6	60.0
ｱ．魚・鯨　油	16.9	14.4	17.0	22.8	23.1	23.2	23.4	23.2
ｲ．牛　　　脂	12.3	11.3	11.8	9.7	12.3	12.9	12.4	12.9
ｳ．そ　の　他	23.5	24.8	31.3	30.8	31.1	28.6	25.8	23.9
14．み　　　　　そ	34.0	33.1	31.8	31.7	31.8	31.1	30.7	29.7
15．し　　ょ　　う　　ゆ	18.9	17.5	17.9	18.5	17.5	17.0	16.8	16.5
16．その他食料　計	10.8	12.6	12.2	11.6	11.8	13.1	13.7	14.2
うちきのこ類	0.0	0.0	0.0	0.0	0.0	0.0	0.0	0.0
17．合　　　　　計	2,533.8	2,554.1	2,559.0	2,557.3	2,562.5	2,561.9	2,561.8	2,565.5

国民1人・1日当たり供給熱量

(単位:kcal)

類別・品目別	昭和59年度	60	61	62	63	平成元年度	2	3
1．穀　　　　類	1,069.6	1,062.5	1,050.8	1,033.2	1,027.1	1,022.2	1,019.9	1,014.8
a．米	733.7	727.3	716.2	699.9	692.3	686.4	683.0	679.8
	(715.5)	(709.1)	(696.5)	(679.1)	(669.1)	(664.7)	(660.4)	(657.1)
b．小　　　　麦	320.3	319.7	318.1	316.8	318.1	319.2	319.9	318.9
c．大　　　　麦	2.8	2.8	2.8	2.4	2.2	1.8	1.8	1.6
d．は だ か 麦	1.4	1.2	1.0	1.0	0.8	0.7	0.6	0.5
e．と う も ろ こ し	6.1	6.7	7.4	7.6	7.8	8.3	9.1	8.5
f．こ う り ゃ ん	0.0	0.0	0.0	0.0	0.0	0.0	0.0	0.0
g．その他の雑穀	5.3	4.9	5.3	5.5	5.9	5.8	5.5	5.5
2．い　　も　　類	42.7	46.1	48.0	47.8	47.6	50.7	50.7	49.5
a．か ん し ょ	14.5	17.3	16.6	16.6	15.9	18.4	18.4	15.8
b．ば れ い し ょ	28.2	28.8	31.4	31.2	31.7	32.3	32.2	33.6
3．で　　ん　　粉	134.1	134.4	137.8	144.5	146.6	150.8	152.8	152.1
4．豆　　　　　類	103.3	103.6	106.2	110.2	109.5	110.0	106.1	109.2
a．大　　　　豆	70.8	71.2	72.6	77.9	76.9	78.0	75.5	77.0
b．その他の豆類	32.6	32.4	33.6	32.3	32.6	32.0	30.6	32.2
5．野　　　　　菜	82.2	85.5	86.4	86.9	86.4	86.4	85.4	83.1
a．緑 黄 色 野 菜	15.2	17.2	17.5	17.6	18.1	18.3	17.9	17.5
b．その他の野菜	66.9	68.3	69.0	69.4	68.3	68.2	67.5	65.7
6．果　　　　　実	49.4	57.3	58.8	61.6	61.7	60.9	60.4	57.3
a．うんしゅうみかん	11.6	14.9	12.4	14.9	14.1	12.5	10.1	9.9
b．り　ん　ご	7.1	8.8	9.3	9.5	9.8	10.4	11.5	9.0
c．その他の果実	30.8	33.7	37.1	37.2	37.8	38.0	38.8	38.4
7．肉　　　　　類	149.8	134.1	139.8	146.1	150.7	151.2	153.4	155.1
a．牛　　　　肉	29.3	32.5	34.1	36.6	39.3	39.6	43.0	44.0
b．豚　　　　肉	71.3	57.9	60.0	62.8	64.2	64.8	64.6	64.6
c．鶏　　　　肉	42.8	37.6	40.2	41.5	42.8	42.7	42.1	42.7
d．そ の 他 の 肉	5.4	5.4	5.2	5.0	4.3	4.1	3.6	3.7
e．　鯨	1.0	0.8	0.4	0.1	0.1	0.0	0.1	0.1
8．鶏　　　　　卵	65.7	60.1	63.6	65.9	66.3	66.7	66.6	70.0
9．牛 乳 及 び 乳製品	117.3	123.9	125.0	132.6	142.6	141.4	145.9	148.2
a．農 家 自 家 用	0.7	0.8	0.8	0.8	0.8	0.7	0.6	0.6
b．飲 用 向 け	58.5	61.8	62.0	65.1	68.2	69.8	71.5	71.4
c．乳 製 品 向 け	58.0	61.3	62.2	66.7	73.6	70.9	73.8	76.3
ｱ．全 脂 れ ん 乳	4.0	3.5	3.6	3.6	3.5	3.7	3.6	3.4
ｲ．脱 脂 れ ん 乳	0.9	0.9	0.9	0.9	0.9	1.0	1.0	0.9
ｳ．全 脂 粉 乳	3.9	4.0	3.5	3.5	3.6	3.6	3.9	3.6
ｴ．脱 脂 粉 乳	15.0	15.0	14.4	15.0	15.5	15.0	16.2	17.2
ｵ．育 児 用 粉 乳	5.3	5.5	5.2	4.9	4.9	4.6	4.1	4.4
ｶ．チ ー ズ	9.2	8.5	9.3	10.4	12.1	11.6	12.0	12.6
ｷ．バ タ ー	13.6	14.0	13.9	14.7	15.0	14.6	14.5	14.4
10．魚　　介　　類	132.9	136.0	140.6	139.1	139.6	141.7	143.1	141.1
a．生 鮮 ・ 冷 凍	52.3	54.0	55.0	54.7	53.1	53.3	53.9	52.8
b．塩干，くん製，その他	74.7	76.2	79.3	78.4	80.4	82.3	82.4	80.7
c．か ん 詰	5.9	5.8	6.2	6.0	6.1	6.1	6.8	7.6
d．飼 肥 料	0.0	0.0	0.0	0.0	0.0	0.0	0.0	0.0
11．海　　藻　　類	0.0	5.6	6.1	5.4	6.0	6.4	6.1	5.8
12．砂　　糖　　類	223.3	231.0	233.9	232.8	233.7	230.4	228.6	229.0
a．粗　　　　糖	0.0	0.0	0.0	0.0	0.0	0.0	0.0	0.0
b．精　　　　糖	219.9	227.6	230.7	229.9	230.7	227.3	226.0	226.2
c．含 み つ 糖	2.4	2.3	2.2	2.1	2.1	2.3	1.8	2.0
d．糖 み つ	0.9	1.0	1.0	0.9	0.8	0.8	0.8	0.8
13．油　　脂　　類	350.8	353.8	361.6	357.2	357.5	360.7	359.8	353.9
a．植 物 油 脂	286.7	289.3	296.4	295.6	295.8	298.4	304.2	302.3
ｱ．大 豆 油	119.3	113.4	112.2	106.4	107.7	101.8	107.6	99.8
ｲ．菜 種 油	92.7	98.0	102.0	107.0	108.7	114.9	112.7	117.8
ｳ．や し 油	5.2	4.8	5.0	5.1	4.7	5.1	5.7	5.7
ｴ．そ の 他	69.4	73.2	77.2	77.0	74.6	76.6	78.2	79.1
b．動 物 油 脂	64.0	64.5	65.2	61.6	61.7	62.3	55.7	51.6
ｱ．魚 ・ 鯨 油	24.0	23.8	22.2	22.5	21.0	21.3	20.4	18.6
ｲ．牛 脂	11.8	11.3	10.2	10.1	10.9	9.8	8.3	7.7
ｳ．そ の 他	28.3	29.4	32.8	29.0	29.8	31.2	26.9	25.3
14．み　　　　　そ	29.3	28.4	28.3	27.3	27.3	26.4	25.7	25.4
15．し　ょ　う　ゆ	16.2	19.4	19.5	19.3	19.4	19.1	18.7	18.5
16．そ の 他 食 料 計	13.8	14.7	14.4	13.9	14.4	16.4	17.0	15.5
う ち き の こ 類	0.0	1.0	1.0	1.1	1.1	1.2	1.3	1.3
17．合　　　　　計	2,580.2	2,596.5	2,620.9	2,623.9	2,636.9	2,641.5	2,640.1	2,628.7

国民1人・1日当たり供給熱量

（単位：kcal）

類 別 ・ 品 目 別	平成4年度	5	6	7	8	9	10	11
1. 穀　　　　　　類	1,014.3	1,014.0	993.0	1,003.3	1,003.5	991.6	973.5	972.7
a. 米	679.6	674.4	645.4	659.6	656.1	650.8	635.5	633.7
	(658.5)	(651.1)	(626.9)	(639.7)	(635.2)	(630.6)	(617.1)	(613.8)
b. 小　　　　麦	318.6	324.1	333.1	329.7	332.9	327.1	324.3	325.4
c. 大　　　　麦	2.2	2.2	2.1	2.1	2.1	2.1	1.8	2.4
d. は だ か 麦	0.3	0.3	0.3	0.5	0.7	0.5	0.6	0.4
e. とうもろこし	8.2	6.8	5.8	5.5	6.0	5.2	5.4	4.8
f. こうりゃん	0.0	0.0	0.0	0.0	0.0	0.0	0.0	0.0
g. その他の雑穀	5.4	6.2	6.4	5.9	5.7	5.9	5.8	6.0
2. い も 類	50.2	48.0	50.8	50.2	50.6	51.6	49.3	50.5
a. か ん し	18.3	16.1	18.1	16.9	17.1	17.3	16.6	16.5
b. ば れ い し ょ	32.0	31.9	32.7	33.3	33.5	34.4	32.7	34.0
3. で ん 粉	145.7	144.4	150.3	149.8	153.2	159.3	160.0	162.3
4. 豆 類	111.8	105.4	105.4	101.1	109.4	106.2	108.4	104.8
a. 大 豆	78.5	72.0	73.8	72.9	78.4	76.7	79.3	75.6
b. その他の豆類	33.4	33.5	31.5	28.2	31.0	29.5	29.1	29.2
5. 野 菜	84.4	81.1	82.2	84.2	83.1	81.4	81.0	82.9
a. 緑 黄 色 野 菜	18.0	17.8	18.7	19.3	19.1	18.7	18.7	19.9
b. そ の 他 の 野 菜	66.4	63.4	63.5	64.9	64.0	62.8	62.3	63.0
6. 果 実	62.7	63.7	68.6	66.0	62.6	65.2	60.7	64.8
a. うんしゅうみかん	9.8	9.4	8.2	8.3	7.0	8.5	7.4	8.1
b. り ん ご	11.5	13.0	13.9	13.9	13.5	13.5	12.0	12.9
c. その他の果実	41.4	41.3	46.5	43.8	42.1	43.3	41.3	43.8
7. 肉 類	159.4	162.3	166.8	169.4	166.8	165.6	167.4	169.0
a. 牛 肉	47.4	52.3	55.5	57.5	53.3	55.0	55.8	55.7
b. 豚 肉	64.9	64.3	64.8	64.2	65.5	63.7	65.3	66.3
c. 鶏 肉	43.5	42.4	43.6	44.9	45.7	44.8	44.2	45.2
d. そ の 他 の 肉	3.6	3.2	2.8	2.8	2.3	2.0	1.9	1.7
e. 鯨	0.0	0.0	0.0	0.1	0.1	0.0	0.0	0.1
8. 鶏 卵	71.6	72.4	71.3	70.8	71.2	71.2	70.1	70.2
9. 牛 乳 及 び 乳 製 品	146.4	146.5	157.5	159.5	163.6	163.5	161.9	162.7
a. 農 家 自 家 用	0.5	0.6	0.6	0.4	0.7	0.4	0.3	0.3
b. 飲 用 向 け	71.2	69.9	72.9	71.0	71.6	70.5	69.0	67.5
c. 乳 製 品 向 け	74.7	76.0	84.0	88.1	91.4	92.6	92.6	94.9
ｱ. 全 脂 れ ん 乳	3.1	3.3	3.5	3.0	3.3	2.7	2.8	2.5
ｲ. 脱 脂 れ ん 乳	0.7	0.7	0.6	0.6	0.5	0.5	0.5	0.3
ｳ. 全 脂 粉 乳	3.5	3.3	3.4	2.8	2.5	2.0	2.1	2.0
ｴ. 脱 脂 粉 乳	16.8	17.0	18.1	18.1	18.1	17.9	17.5	17.0
ｵ. 育 児 用 粉 乳	4.3	3.9	4.2	4.1	4.1	4.1	3.8	3.9
ｶ. チ ー ズ	13.5	14.2	14.6	15.7	16.6	17.1	17.9	18.6
ｷ. バ タ ー	14.1	14.7	14.8	15.3	14.6	14.7	13.6	13.7
10. 魚 介 類	137.1	141.8	147.7	148.4	145.1	138.5	129.6	129.1
a. 生 鮮 ・ 冷 凍	52.3	55.6	67.1	69.3	65.5	62.6	55.8	61.0
b. 塩干, くん製, その他	77.7	79.1	74.3	73.8	73.9	70.2	68.8	63.3
c. か ん 詰	7.1	7.0	6.3	5.4	5.7	5.6	5.0	4.7
d. 飼 肥 料	0.0	0.0	0.0	0.0	0.0	0.0	0.0	0.0
11. 海 藻 類	6.1	5.8	6.6	6.2	5.9	6.2	6.0	6.6
12. 砂 糖 類	225.8	217.8	224.3	221.5	223.0	217.7	210.2	211.4
a. 粗 糖	0.0	0.0	0.0	0.0	0.0	0.0	0.0	0.0
b. 精 糖	222.7	214.9	221.2	218.5	220.3	214.6	207.5	208.6
c. 含 み つ 糖	2.4	2.3	2.3	2.3	2.2	2.4	2.3	2.4
d. 糖 み つ	0.7	0.7	0.7	0.7	0.5	0.7	0.5	0.4
13. 油 脂 類	360.2	363.6	364.5	367.6	374.5	377.9	370.1	379.6
a. 植 物 油 脂	307.5	311.2	312.0	315.0	319.0	336.8	332.8	342.1
ｱ. 大 豆 油	103.3	106.0	96.7	104.0	98.0	104.4	99.6	104.3
ｲ. 菜 種 油	112.4	112.3	119.5	116.0	121.5	129.4	130.7	138.3
ｳ. や し 油	3.4	1.6	3.2	5.0	5.0	6.2	6.4	6.8
ｴ. そ の 他	88.3	91.3	92.7	90.0	94.4	96.8	96.2	92.8
b. 動 物 油 脂	52.7	52.4	52.5	52.6	55.5	41.1	37.3	37.5
ｱ. 魚 ・ 鯨 油	18.2	19.2	17.1	17.0	16.6	14.5	10.6	10.7
ｲ. 牛 脂	10.1	10.7	12.3	11.2	12.9	8.2	8.6	8.7
ｳ. そ の 他	24.4	22.5	23.1	24.4	26.0	18.4	18.1	18.1
14. み そ	25.5	25.1	24.0	23.6	23.9	23.6	23.7	23.2
15. し ょ う ゆ	18.6	18.5	18.0	17.5	17.6	17.0	16.6	15.8
16. そ の 他 食 料 計	15.1	14.3	14.4	14.8	16.5	15.2	14.8	15.0
う ち き の こ 類	1.4	1.4	1.5	1.5	1.5	1.6	1.6	1.6
17. 合 計	2,634.9	2,624.5	2,645.3	2,653.8	2,670.4	2,651.7	2,603.3	2,620.6

国民１人・１日当たり供給熱量

（単位：kcal）

類　別・品　目　別	平成12年度	13	14	15	16	17	18	19
１．穀　　　　　　類	971.9	957.3	946.7	944.7	939.8	933.3	928.4	933.2
a．　　　　米	630.0	620.3	611.6	602.1	599.6	598.9	594.5	595.7
	(608.3)	(598.2)	(592.6)	(582.5)	(578.2)	(579.6)	(571.0)	(570.5)
b．小　　　　麦	328.3	323.4	321.3	328.1	325.6	319.9	319.9	323.8
c．大　　　　麦	2.8	2.8	2.7	2.6	2.3	1.9	1.7	2.3
d．は　だ　か　麦	0.5	0.5	0.4	0.4	0.5	0.4	0.1	0.2
e．とうもろこしん	4.2	4.0	4.5	5.0	4.9	5.1	4.8	4.7
f．こ　う　り　ゃ　ん	0.0	0.0	0.0	0.0	0.0	0.0	0.0	0.0
g．そ　の　他　の　雑　穀	6.1	6.3	6.3	6.5	6.9	7.2	7.3	6.4
２．い　　　も　　　類	51.4	49.0	48.5	47.5	48.6	48.6	47.4	48.7
a．か　ん　し　ょ	17.7	16.9	17.0	16.4	17.2	17.7	16.3	15.7
b．ば　れ　い　し　ょ	33.8	32.1	31.6	31.1	31.4	30.9	31.1	33.0
３．で　　　ん　　　粉	167.3	166.1	165.4	167.4	168.0	168.5	169.1	167.5
４．豆　　　　　　類	105.0	107.2	107.6	108.2	108.3	107.6	107.0	105.3
a．大　　　　豆	75.0	77.7	78.1	78.4	80.3	79.7	79.1	78.9
b．そ　の　他　の　豆　類	30.0	29.5	29.6	29.8	28.0	28.0	27.9	26.5
５．野　　　　　　菜	82.9	81.7	78.0	77.0	75.9	77.6	76.1	75.5
a．緑　黄　色　野　菜	19.8	19.7	18.7	18.9	18.7	20.1	19.9	20.2
b．そ　の　他　の　野　菜	63.2	62.0	59.3	58.1	57.2	57.4	56.2	55.2
６．果　　　　　　実	66.0	70.4	67.9	65.1	67.7	70.2	65.7	66.0
a．うんしゅうみかん	7.3	8.0	7.0	6.7	6.5	6.6	5.4	6.5
b．り　　ん　　ご	12.0	14.3	13.1	12.1	12.6	14.0	14.1	15.1
c．そ　の　他　の　果　実	46.7	48.0	47.8	46.4	48.6	49.6	46.2	44.5
７．肉　　　　　　類	171.1	163.1	167.4	166.2	163.5	166.7	163.9	164.5
a．牛　　　　肉	57.3	47.7	48.6	47.4	42.9	42.8	42.6	43.7
b．豚　　　　肉	66.6	67.8	71.2	72.6	75.3	75.4	71.9	72.0
c．鶏　　　　肉	45.6	46.2	46.2	44.8	43.8	46.6	47.9	47.5
d．そ　の　他　の　肉	1.6	1.4	1.3	1.3	1.3	1.8	1.5	1.3
e．　　　　鯨	0.1	0.1	0.1	0.1	0.1	0.1	0.1	0.1
８．鶏　　　　　　卵	70.2	69.4	69.6	69.0	68.5	68.6	69.0	70.4
９．牛　乳　及　び　乳　製　品	165.2	163.0	162.9	162.7	164.6	160.9	161.5	162.7
a．農　家　自　家　用	0.3	0.2	0.3	0.3	0.2	0.2	0.2	0.4
b．飲　用　向　け	68.4	66.9	68.7	67.2	66.6	64.4	62.7	61.0
c．乳　製　品　向　け	96.5	95.9	93.9	95.2	97.7	96.3	98.6	101.4
ア．全　脂　れ　ん　乳	2.5	2.3	2.4	2.3	2.6	2.5	2.2	2.6
イ．脱　脂　れ　ん　乳	0.3	0.3	0.4	0.3	0.3	0.4	0.3	0.4
ウ．全　脂　粉　乳	1.9	1.8	1.8	1.7	1.6	1.6	1.5	1.6
エ．脱　脂　粉　乳	15.0	13.4	13.6	13.5	14.3	14.9	14.1	15.1
オ．育　児　用　粉　乳	3.9	3.8	4.1	4.0	3.9	3.4	3.2	3.2
カ．チ　ー　ズ	19.9	19.6	19.0	19.4	20.3	20.0	20.7	21.3
キ．バ　タ　ー	13.5	14.8	14.8	14.5	14.6	13.7	14.5	14.8
１０．魚　　介　　類	135.8	153.4	137.3	134.3	129.9	137.0	130.7	126.5
a．生　鮮・冷　凍	58.4	69.1	64.0	59.7	55.7	59.1	52.9	52.5
b．塩干，くん製，その他	72.0	78.4	68.0	69.1	68.6	72.0	71.9	68.3
c．か　　ん　　詰	5.4	5.9	5.3	5.6	5.7	5.9	5.9	5.6
d．飼　　肥　　料	0.0	0.0	0.0	0.0	0.0	0.0	0.0	0.0
１１．海　　藻　　類	6.1	6.2	6.5	5.3	5.5	5.4	5.1	5.0
１２．砂　　糖　　類	212.3	210.5	209.9	209.8	208.8	209.5	204.5	207.0
a．粗　　　　糖	0.0	0.0	0.0	0.0	0.0	0.0	0.0	0.0
b．精　　　　糖	209.5	207.9	207.1	206.9	205.4	206.1	201.1	204.0
c．含　み　つ　糖	2.4	2.4	2.6	2.7	3.1	3.3	3.3	3.0
d．糖　み　　つ	0.4	0.2	0.3	0.1	0.2	0.1	0.1	0.0
１３．油　　脂　　類	382.9	380.5	379.2	377.5	362.9	368.3	367.1	362.2
a．植　物　油　脂	345.5	344.9	347.3	346.1	331.4	339.7	339.5	336.5
ア．大　　豆　　油	102.2	105.7	110.9	112.2	90.3	88.5	87.2	84.7
イ．菜　　種　　油	140.6	136.8	131.7	129.5	139.9	141.8	140.2	135.2
ウ．や　　し　　油	6.6	6.1	6.3	6.5	6.3	7.3	7.7	7.7
エ．そ　　の　　他	96.2	96.3	98.4	97.8	94.9	102.1	104.5	108.9
b．動　物　油　脂	37.4	35.6	31.9	31.4	31.5	28.6	27.6	25.7
ア．魚・鯨　油	12.0	10.5	9.3	8.7	7.7	4.6	3.8	2.8
イ．牛　　　　脂	8.9	8.7	6.7	6.8	7.7	7.9	7.8	7.2
ウ．そ　　の　　他	16.5	16.4	16.0	15.9	16.2	16.1	15.9	15.7
１４．み　　　　　そ	22.9	22.1	22.0	21.4	21.1	20.7	20.4	19.8
１５．し　ょ　う　ゆ	16.0	15.4	15.0	14.7	14.3	14.0	14.1	14.0
１６．その他食料計	15.9	15.8	16.2	17.0	16.8	16.2	16.8	17.4
うち　き　の　こ　類	1.6	1.6	1.6	1.7	1.7	1.7	1.7	1.8
１７．合　　　　　計	2,642.9	2,631.1	2,600.3	2,587.7	2,564.0	2,572.8	2,546.5	2,545.5

国民1人・1日当たり供給熱量

（単位：kcal）

類　別・品　目　別	平成20年度	21	22	23	24	25	26	27
1．穀　　　　　　類	899.9	900.2	922.1	905.9	894.0	898.7	889.3	877.0
a．米	573.9	568.2	580.4	562.3	548.3	554.4	544.2	534.0
	(551.2)	(549.0)	(561.1)	(544.3)	(531.2)	(536.8)	(529.0)	(519.6)
b．小　　　　　麦	312.7	319.7	329.5	329.5	332.0	329.5	330.1	328.6
c．大　　　　　麦	2.0	1.5	1.6	2.4	1.9	2.0	2.0	1.9
d．は　だ　か　麦	0.1	0.1	0.2	0.2	0.2	0.4	0.5	0.4
e．と う も ろ こ し	4.9	4.8	4.6	4.8	4.7	4.7	5.4	4.9
f．こ　う　り　ゃ　ん	0.0	0.0	0.0	0.0	0.0	0.0	0.0	0.0
g．そ の 他 の 雑 穀	6.2	5.8	5.8	6.7	6.9	7.6	7.1	7.1
2．い　　　も　　　類	46.9	46.8	44.5	47.9	48.8	47.1	45.5	46.4
a．か　ん　し　ょ	15.2	15.9	13.8	15.0	14.8	15.0	14.2	13.7
b．ば　れ　い　し　ょ	31.7	30.9	30.7	33.0	34.0	32.1	31.3	32.7
3．で　　　ん　　　粉	162.0	156.5	160.3	161.1	157.7	157.4	154.4	153.7
4．豆　　　　　　類	102.0	99.5	98.4	96.2	94.2	94.6	95.4	98.2
a．大　　　　　豆	78.6	75.1	73.9	72.0	71.0	71.6	71.3	72.8
b．そ の 他 の 豆 類	23.4	24.3	24.5	24.2	23.2	23.1	24.1	25.4
5．野　　　　　　菜	74.7	71.8	70.4	72.3	74.3	72.3	74.7	73.3
a．緑 黄 色 野 菜	20.0	18.8	18.2	19.2	20.4	20.3	22.7	22.1
b．そ の 他 の 野 菜	54.7	53.0	52.1	53.0	53.9	52.1	52.0	51.1
6．果　　　　　　実	65.6	65.0	62.6	62.9	65.9	63.6	63.3	61.3
a．うんしゅうみかん	5.5	6.0	5.0	5.3	5.0	5.3	5.1	4.7
b．り　　ん　　ご	15.0	12.8	12.0	11.1	12.8	11.9	13.8	12.9
c．そ の 他 の 果 実	45.1	46.2	45.6	46.5	48.1	46.4	44.4	43.7
7．肉　　　　　　類	166.6	167.0	169.8	172.4	174.4	174.7	175.5	177.7
a．牛　　　　　肉	43.9	45.1	45.4	46.5	45.8	46.3	46.2	45.0
b．豚　　　　　肉	73.3	71.8	72.9	74.2	74.1	73.9	74.8	76.6
c．鶏　　　　　肉	48.2	48.9	50.5	50.8	53.6	53.4	53.4	55.1
d．そ　の　他　の　肉	1.2	1.1	1.0	0.9	0.9	1.0	1.0	1.0
e．鯨	0.1	0.1	0.0	0.1	0.1	0.1	0.1	0.1
8．鶏　　　　　　卵	69.2	68.2	68.5	68.8	68.9	69.5	69.1	69.6
9．牛 乳 及 び 乳 製 品	150.8	148.2	151.5	154.9	156.8	155.9	156.9	159.3
a．農　家　自　家　用	0.4	0.4	0.3	0.3	0.3	0.2	0.3	0.2
b．飲　用　向　け	59.8	57.2	55.7	55.3	54.5	54.0	53.3	53.8
c．乳 製 品 向 け	90.6	90.6	95.5	99.4	102.0	101.7	103.3	105.2
ｱ．全 脂 れ ん 乳	2.7	2.7	2.8	2.6	2.6	2.5	2.5	2.5
ｲ．脱 脂 れ ん 乳	0.3	0.3	0.3	0.3	0.3	0.2	0.2	0.2
ｳ．全 脂 粉 乳	1.4	1.3	1.5	1.4	1.2	1.3	1.3	1.3
ｴ．脱 脂 粉 乳	12.1	11.7	12.5	11.4	10.9	11.2	10.8	10.6
ｵ．育 児 用 粉 乳	3.0	3.0	2.7	2.6	2.6	2.5	2.5	2.7
ｶ．チ　ー　ズ	18.1	19.3	19.9	21.7	23.3	22.8	23.2	24.6
ｷ．バ　タ　ー	12.6	12.6	13.6	12.7	12.3	12.0	12.0	12.2
10．魚　　介　　類	127.4	122.5	110.3	107.3	105.6	99.7	102.3	100.3
a．生　鮮　・　冷　凍	52.3	50.4	44.8	45.5	44.1	38.8	41.4	39.2
b．塩干, くん製, その他	69.6	66.5	60.3	56.6	56.1	55.6	55.5	55.5
c．か　　ん　　詰	5.5	5.6	5.2	5.1	5.4	5.3	5.5	5.6
d．飼　　肥　　料	0.0	0.0	0.0	0.0	0.0	0.0	0.0	0.0
11．海　　藻　　類	4.5	4.5	4.1	3.7	4.3	3.9	3.6	3.8
12．砂　　糖　　類	201.3	202.3	199.0	197.7	197.5	199.6	194.5	193.7
a．粗　　　　　糖	0.0	0.0	0.0	0.0	0.0	0.0	0.0	0.0
b．精　　　　　糖	198.5	199.8	196.6	195.5	195.1	197.3	192.2	191.0
c．含　み　つ　糖	2.7	2.6	2.2	2.0	2.3	2.2	2.3	2.6
d．糖　　み　　つ	0.0	0.0	0.2	0.2	0.1	0.1	0.1	0.1
13．油　　脂　　類	348.8	330.0	340.5	341.2	343.0	343.5	356.6	358.6
a．植　物　油　脂	327.0	309.0	319.8	319.9	321.6	321.4	335.2	338.2
ｱ．大　豆　油	82.0	68.4	65.8	56.3	55.2	53.7	58.3	64.1
ｲ．菜　種　油	126.5	125.5	135.2	145.7	147.7	143.8	149.9	143.0
ｳ．や　　し　　油	7.5	6.5	6.1	5.7	5.7	5.3	6.1	6.3
ｴ．そ　の　他	111.1	108.6	112.7	112.2	113.1	118.6	120.8	124.8
b．動　物　油　脂	21.7	20.9	20.7	21.3	21.4	22.0	21.5	20.4
ｱ．魚　・　鯨　油	2.2	1.8	1.4	1.6	1.6	1.4	1.4	1.2
ｲ．牛　　　　脂	5.0	4.8	5.2	4.8	4.6	5.5	5.3	5.3
ｳ．そ　　の　　他	14.5	14.3	14.1	14.9	15.2	15.2	14.8	14.0
14．み　　　　　　そ	19.1	18.7	19.0	18.8	18.0	17.6	18.4	18.7
15．し　　ょ　　う　　ゆ	13.0	12.8	12.6	12.2	12.0	12.0	11.5	11.5
16．そ の 他 食 料 計	12.7	15.0	13.2	13.7	13.6	12.6	11.5	12.6
う ち き の こ 類	1.7	1.8	1.8	1.8	1.8	1.8	1.7	1.7
17．合　　　　　　計	2,464.2	2,429.0	2,446.6	2,436.9	2,429.0	2,422.7	2,422.5	2,415.8

国民１人・１日当たり供給熱量

(単位：kcal)

類　別・品　目　別	平成28年度	29	30	令和元年度	2	3
１．穀　　　　　類	879.1	877.9	863.4	814.6	789.1	794.9
a．米	532.9	530.2	523.9	495.9	475.6	482.2
	(516.3)	(512.6)	(506.8)	(480.7)	(460.4)	(466.2)
b．小　　　　麦	331.0	332.2	323.4	303.6	300.2	298.7
c．大　　　　麦	2.5	2.1	1.7	1.8	1.6	1.9
d．は　だ　か　麦	0.8	1.0	1.5	1.5	1.2	1.2
e．と　う　も　ろ　こ　し	5.0	5.3	5.7	5.3	5.2	5.2
f．こ　う　り　ゃ　ん	0.0	0.0	0.0	0.0	0.0	0.0
g．そ　の　他　の　雑　穀	7.0	7.1	7.2	6.6	5.4	5.8
２．い　　も　　類	46.8	49.9	46.5	39.5	37.6	38.2
a．か　ん　し　ょ	14.5	13.8	13.4	12.0	12.0	12.1
b．ば　れ　い　し　ょ	32.3	36.1	33.1	27.5	25.6	26.1
３．で　　ん　　粉	156.6	153.0	153.5	161.6	146.9	149.3
４．豆　　　　　類	98.4	101.1	102.1	96.2	97.4	93.9
a．大　　　　豆	74.4	75.6	77.8	73.6	76.6	72.8
b．そ　の　他　の　豆　類	24.0	25.5	24.2	22.6	20.8	21.1
５．野　　　　　菜	71.6	73.1	72.3	67.5	66.8	64.7
a．緑　黄　色　野　菜	21.4	22.2	21.7	20.3	20.6	20.4
b．そ　の　他　の　野　菜	50.2	50.9	50.6	47.2	46.2	44.2
６．果　　　　　実	60.5	61.4	63.6	63.3	64.9	64.2
a．う　ん　し　ゅ　う　み　か　ん	4.9	4.5	4.7	4.8	5.0	4.9
b．り　　ん　　ご	12.0	12.1	11.7	10.9	11.1	10.1
c．そ　の　他　の　果　実	43.6	44.9	47.2	47.6	48.8	49.2
７．肉　　　　　類	183.3	189.5	192.4	177.1	178.1	180.0
a．牛　　　　肉	46.9	49.0	50.0	45.6	45.5	43.8
b．豚　　　　肉	78.3	80.5	80.9	74.9	76.0	77.4
c．鶏　　　　肉	57.0	58.9	60.2	55.5	55.6	57.8
d．そ　の　他　の　肉	1.0	1.1	1.2	1.1	1.0	1.0
e．鯨	0.1	0.0	0.1	0.0	0.0	0.0
８．鶏　　　　　卵	69.7	71.7	71.8	68.0	66.8	66.8
９．牛　乳　及　び　乳　製　品	160.0	163.4	166.6	163.9	162.9	162.9
a．農　家　自　家　用	0.2	0.2	0.2	0.2	0.2	0.2
b．飲　　用　　向　　け	54.4	54.4	54.5	53.6	54.5	54.3
c．乳　製　品　向　け	105.3	108.8	111.8	110.2	108.1	108.4
ｱ．全　脂　れ　ん　乳	2.6	2.3	2.5	2.2	2.1	2.3
ｲ．脱　脂　れ　ん　乳	0.2	0.2	0.2	0.2	0.2	0.2
ｳ．全　脂　粉　乳	1.2	1.1	1.1	1.2	1.1	1.3
ｴ．脱　脂　粉　乳	10.6	10.8	10.7	10.0	10.9	11.1
ｵ．育　児　用　粉　乳	2.5	2.4	2.3	2.2	2.1	2.2
ｶ．チ　ー　ズ	24.7	26.3	27.2	26.0	25.7	25.6
ｷ．バ　タ　ー	12.0	11.6	12.9	12.9	12.0	13.0
１０．魚　　介　　類	99.1	97.2	95.7	90.9	83.7	83.2
a．生　鮮　・　冷　凍	36.9	37.6	31.8	30.4	28.5	27.3
b．塩干,くん製,その他	56.3	53.9	58.0	55.0	50.1	51.2
c．か　　ん　　詰	5.8	5.7	5.9	5.5	5.1	4.8
d．飼　　肥　　料	0.0	0.0	0.0	0.0	0.0	0.0
１１．海　　藻　　類	3.8	3.8	3.7	5.1	5.6	5.0
１２．砂　　糖　　類	195.3	191.6	190.0	189.9	177.5	180.6
a．粗　　　　糖	0.0	0.0	0.0	0.0	0.0	0.0
b．精　　　　糖	192.7	189.1	187.5	187.3	175.4	178.1
c．含　み　つ　糖	2.6	2.4	2.3	2.4	1.9	2.2
d．糖　み　つ	0.0	0.1	0.2	0.2	0.1	0.3
１３．油　　脂　　類	358.1	356.4	356.1	350.8	349.3	338.5
a．植　物　油　脂	338.8	340.6	340.6	337.1	335.9	327.6
ｱ．大　　豆　　油	65.7	66.4	69.1	69.7	68.0	71.7
ｲ．菜　　種　　油	137.2	138.8	133.4	130.2	131.8	135.0
ｳ．や　　し　　油	5.8	4.8	4.6	4.2	4.1	4.5
ｴ．そ　　の　　他	130.1	130.6	133.6	132.9	132.0	116.5
b．動　物　油　脂	19.3	15.8	15.5	13.7	13.4	10.9
ｱ．魚　・　鯨　油	1.0	1.0	0.6	0.6	0.6	0.4
ｲ．牛　　　　脂	3.9	3.2	3.3	2.6	2.6	2.8
ｳ．そ　　の　　他	14.4	11.6	11.6	10.5	10.2	7.7
１４．み　　　　　そ	19.0	19.3	19.2	18.2	18.1	17.7
１５．し　　ょ　　う　　ゆ	11.3	11.1	11.0	11.6	10.9	10.9
１６．そ　の　他　食　料　計	15.2	14.0	14.7	15.2	15.4	14.1
う　ち　き　の　こ　類	1.7	1.8	1.8	2.4	2.5	2.6
１７．合　　　　　計	2,427.7	2,434.6	2,422.5	2,333.2	2,271.0	2,264.9

(12)　国民1人・1日当たり供給たんぱく質

（単位：g）

類　別・品　目　別	昭和35年度	36	37	38	39	40	41	42
1．穀　　　　　　　類	28.8	28.7	28.6	28.4	28.7	30.3	29.9	29.4
a．米	19.5	20.0	20.1	19.9	19.7	20.8	19.7	19.2
	(19.4)	(19.8)	(19.9)	(19.7)	(19.5)	(20.6)	(19.5)	(18.9)
b．小　　　　麦	7.1	7.2	7.1	7.4	7.9	8.7	9.3	9.4
c．大　　　　麦	0.9	0.7	0.6	0.5	0.7	0.4	0.3	0.3
d．は　だ　か　麦	1.0	0.7	0.5	0.4	0.2	0.3	0.4	0.3
e．とうもろこし	0.0	0.0	0.0	0.0	0.0	0.0	0.0	0.0
f．こ　う　り　ゃ　ん	0.0	0.0	0.0	0.0	0.0	0.0	0.0	0.0
g．そ　の　他　の　雑　穀	0.2	0.2	0.2	0.2	0.1	0.1	0.1	0.1
2．い　　も　　類	1.3	1.3	1.2	1.0	1.1	1.0	1.0	0.9
a．か　ん　し　ょ	0.5	0.5	0.4	0.3	0.3	0.2	0.2	0.2
b．ば　れ　い　し　ょ	0.8	0.8	0.8	0.7	0.8	0.8	0.7	0.7
3．で　ん　粉	0.0	0.0	0.0	0.0	0.0	0.0	0.0	0.0
4．豆　　　　　類	8.0	8.1	7.6	7.6	7.2	7.3	7.6	7.9
a．大　　　　豆	5.2	5.3	4.8	4.7	4.5	4.4	4.7	5.0
b．そ　の　他　の　豆　類	2.8	2.8	2.8	2.9	2.7	3.0	2.9	2.9
5．野　　　　　菜	4.0	3.7	4.1	4.4	4.1	3.8	4.0	4.0
a．緑　黄　色　野　菜	0.9	0.9	0.9	1.0	1.0	0.9	1.0	1.0
b．そ　の　他　の　野　菜	3.1	2.8	3.2	3.4	3.2	2.9	3.0	3.0
6．果　　　　　実	0.4	0.4	0.4	0.4	0.5	0.4	0.5	0.5
a．うんしゅうみかん	0.1	0.1	0.1	0.1	0.2	0.1	0.2	0.2
b．り　ん　ご	0.1	0.1	0.1	0.1	0.1	0.0	0.0	0.0
c．そ　の　他　の　果　実	0.2	0.2	0.2	0.2	0.3	0.2	0.3	0.3
7．肉　　　　　類	2.8	3.3	4.0	4.1	4.4	4.9	5.3	5.6
a．牛　　　　肉	0.6	0.6	0.6	0.7	0.9	0.7	0.6	0.6
b．豚　　　　肉	0.4	0.7	0.9	0.8	0.9	1.4	1.9	2.0
c．鶏　　　　肉	0.5	0.6	0.7	0.9	1.1	1.0	1.1	1.3
d．そ　の　他　の　肉	0.2	0.2	0.3	0.4	0.4	0.4	0.5	0.6
e．鯨	1.0	1.2	1.5	1.3	1.2	1.3	1.3	1.1
8．鶏　　　　　卵	2.2	2.8	3.0	3.2	3.7	3.8	3.5	3.8
9．牛　乳　及　び　乳　製　品	1.8	2.0	2.3	2.6	2.8	3.0	3.3	3.4
a．農　家　自　家　用	0.1	0.1	0.1	0.1	0.1	0.1	0.1	0.1
b．飲　用　向　け	0.8	0.9	1.0	1.2	1.3	1.5	1.6	1.7
c．乳　製　品　向　け	0.8	1.0	1.2	1.3	1.4	1.4	1.6	1.6
ア．全　脂　れ　ん　乳	0.1	0.1	0.1	0.1	0.1	0.1	0.1	0.1
イ．脱　脂　れ　ん　乳	0.1	0.1	0.1	0.1	0.1	0.1	0.1	0.1
ウ．全　脂　粉　乳	0.1	0.1	0.1	0.1	0.2	0.2	0.2	0.2
エ．脱　脂　粉　乳	0.4	0.5	0.6	0.8	0.8	0.8	0.9	0.9
オ．育　児　用　粉　乳	0.1	0.1	0.2	0.2	0.2	0.2	0.2	0.2
カ．チ　ー　ズ	0.0	0.1	0.1	0.1	0.1	0.1	0.2	0.2
キ．バ　タ　ー	0.0	0.0	0.0	0.0	0.0	0.0	0.0	0.0
10．魚　介　　　類	14.6	15.8	15.8	15.5	13.2	14.2	14.2	14.7
a．生　鮮・冷　凍			6.6	6.5	4.8	5.6	5.2	5.5
b．塩干，くん製，その他	} 14.6	} 15.8	8.7	8.6	8.2	8.4	8.7	8.8
c．か　ん　詰			0.5	0.4	0.3	0.3	0.3	0.4
d．飼　　肥　　料	0.0	0.0	0.0	0.0	0.0	0.0	0.0	0.0
11．海　藻　　　類	0.3	0.4	0.4	0.4	0.4	0.4	0.5	0.5
12．砂　糖　　　類	0.0	0.0	0.0	0.0	0.0	0.0	0.0	0.0
a．粗　　　　糖	0.0	0.0	0.0	0.0	0.0	0.0	0.0	0.0
b．精　　　　糖	0.0	0.0	0.0	0.0	0.0	0.0	0.0	0.0
c．含　み　つ　糖	0.0	0.0	0.0	0.0	0.0	0.0	0.0	0.0
d．糖　み　つ	0.0	0.0	0.0	0.0	0.0	0.0	0.0	0.0
13．油　脂　　　類	0.0	0.0	0.0	0.0	0.0	0.0	0.0	0.0
a．植　物　油　脂	0.0	0.0	0.0	0.0	0.0	0.0	0.0	0.0
ア．大　豆　油	0.0	0.0	0.0	0.0	0.0	0.0	0.0	0.0
イ．菜　種　油	0.0	0.0	0.0	0.0	0.0	0.0	0.0	0.0
ウ．や　し　油	0.0	0.0	0.0	0.0	0.0	0.0	0.0	0.0
エ．そ　の　他	0.0	0.0	0.0	0.0	0.0	0.0	0.0	0.0
b．動　物　油　脂	0.0	0.0	0.0	0.0	0.0	0.0	0.0	0.0
ア．魚・鯨　油	0.0	0.0	0.0	0.0	0.0	0.0	0.0	0.0
イ．牛　　　脂	0.0	0.0	0.0	0.0	0.0	0.0	0.0	0.0
ウ．そ　の　他	0.0	0.0	0.0	0.0	0.0	0.0	0.0	0.0
14．み　　　　　そ	3.0	2.9	2.7	2.7	2.7	2.7	2.7	2.7
15．し　ょ　う　ゆ	2.6	2.5	2.1	2.1	2.3	2.4	2.4	2.5
16．そ　の　他　食　料　計	—	—	—	—	—	0.7	0.7	0.7
う　ち　き　の　こ　類	—	—	—	—	—	0.0	0.0	0.0
17．合　　　　　計	69.8	71.9	72.4	72.5	71.2	75.0	75.6	76.5

国民1人・1日当たり供給たんぱく質

(単位:g)

類別・品目別	昭和43年度	44	45	46	47	48	49	50
1. 穀　　　　　類	28.8	28.2	27.5	27.2	27.0	26.8	26.7	26.4
a.　　米	18.6	18.1	17.7	17.3	17.0	16.9	16.7	16.4
	(18.4)	(17.8)	(17.3)	(16.9)	(16.7)	(16.6)	(16.3)	(15.9)
b. 小　　　　麦	9.3	9.4	9.3	9.4	9.5	9.4	9.5	9.6
c. 大　　　　麦	0.3	0.2	0.1	0.2	0.2	0.2	0.2	0.2
d. は だ か 麦	0.3	0.2	0.2	0.2	0.1	0.0	0.0	0.0
e. とうもろこし	0.1	0.1	0.1	0.1	0.1	0.1	0.1	0.1
f. こ う り ゃ ん	0.0	0.0	0.0	0.0	0.0	0.0	0.0	0.0
g. その他の雑穀	0.1	0.1	0.1	0.1	0.1	0.1	0.1	0.1
2. い　　も　　類	0.8	0.8	0.8	0.8	0.8	0.8	0.8	0.8
a. か ん し ょ	0.2	0.1	0.1	0.1	0.2	0.1	0.1	0.1
b. ば れ い し ょ	0.7	0.7	0.7	0.7	0.6	0.6	0.6	0.6
3. で　　ん　　粉	0.0	0.0	0.0	0.0	0.0	0.0	0.0	0.0
4. 豆　　　　　類	7.9	8.0	7.9	7.9	7.8	7.8	7.6	7.5
a. 大　　　　豆	5.1	5.1	5.1	5.1	5.3	5.3	5.3	5.3
b. その他の豆類	2.8	3.0	2.7	2.8	2.5	2.5	2.3	2.2
5. 野　　　　　菜	4.2	4.1	4.0	4.1	4.0	3.8	4.1	4.1
a. 緑 黄 色 野 菜	1.0	1.0	1.0	1.0	0.9	0.9	0.9	0.9
b. その他の野菜	3.2	3.1	3.0	3.1	3.1	2.9	3.1	3.2
6. 果　　　　　実	0.6	0.6	0.6	0.6	0.8	0.7	0.7	0.7
a. うんしゅうみかん	0.2	0.2	0.2	0.2	0.3	0.3	0.3	0.3
b. り　　ん　　ご	0.0	0.0	0.0	0.0	0.0	0.0	0.0	0.0
c. その他の果実	0.3	0.3	0.3	0.4	0.4	0.4	0.4	0.4
7. 肉　　　　　類	5.6	6.3	6.8	7.7	8.3	8.7	8.7	9.0
a. 牛　　　　肉	0.7	0.9	1.1	1.2	1.3	1.2	1.3	1.3
b. 豚　　　　肉	1.9	2.0	2.5	2.7	3.0	3.4	3.4	3.4
c. 鶏　　　　肉	1.4	1.8	2.0	2.3	2.5	2.7	2.7	2.8
d. そ の 他 の 肉	0.7	0.7	0.6	0.8	0.8	0.7	0.6	0.9
e.　　鯨	0.9	0.9	0.8	0.8	0.7	0.7	0.7	0.6
8. 鶏　　　　　卵	4.1	4.5	4.9	4.9	4.8	4.7	4.6	4.6
9. 牛 乳 及 び 乳 製 品	3.6	3.8	4.0	4.0	4.1	4.2	4.1	4.2
a. 農 家 自 家 用	0.1	0.1	0.1	0.1	0.1	0.1	0.1	0.1
b. 飲 用 向 け	1.8	1.9	2.0	2.0	2.1	2.1	2.1	2.2
c. 乳 製 品 向 け	1.7	1.7	1.9	1.9	2.0	2.0	1.9	2.0
ｱ. 全 脂 れ ん 乳	0.1	0.1	0.1	0.1	0.1	0.1	0.1	0.1
ｲ. 脱 脂 れ ん 乳	0.1	0.1	0.1	0.1	0.0	0.0	0.0	0.0
ｳ. 全 脂 粉 乳	0.2	0.2	0.2	0.2	0.3	0.2	0.2	0.2
ｴ. 脱 脂 粉 乳	0.7	0.7	0.8	0.6	0.8	0.8	0.9	0.9
ｵ. 育 児 用 粉 乳	0.2	0.2	0.2	0.2	0.3	0.3	0.3	0.2
ｶ. チ ー ズ	0.2	0.3	0.3	0.3	0.3	0.3	0.4	0.4
ｷ. バ タ ー	0.0	0.0	0.0	0.0	0.0	0.0	0.0	0.0
10. 魚　　介　　類	15.3	14.7	15.2	16.3	16.0	16.8	17.2	17.1
a. 生 鮮 ・ 冷 凍	5.8	5.2	5.4	5.8	5.8	6.2	6.5	6.7
b. 塩干, くん製, その他	9.2	9.2	9.6	10.1	9.9	10.2	10.1	10.1
c. か　　ん　　詰	0.3	0.2	0.2	0.5	0.3	0.4	0.5	0.3
d. 飼　　肥　　料	0.0	0.0	0.0	0.0	0.0	0.0	0.0	0.0
11. 海　　藻　　類	0.5	0.4	0.6	0.7	0.6	0.8	0.9	0.7
12. 砂　　糖　　類	0.0	0.0	0.0	0.0	0.0	0.0	0.0	0.0
a. 粗　　　　糖	0.0	0.0	0.0	0.0	0.0	0.0	0.0	0.0
b. 精　　　　糖	0.0	0.0	0.0	0.0	0.0	0.0	0.0	0.0
c. 含 み つ 糖	0.0	0.0	0.0	0.0	0.0	0.0	0.0	0.0
d. 糖 み つ	0.0	0.0	0.0	0.0	0.0	0.0	0.0	0.0
13. 油　　脂　　類	0.0	0.0	0.0	0.0	0.0	0.0	0.0	0.0
a. 植 物 油 脂	0.0	0.0	0.0	0.0	0.0	0.0	0.0	0.0
ｱ. 大 豆 油	0.0	0.0	0.0	0.0	0.0	0.0	0.0	0.0
ｲ. 菜 種 油	0.0	0.0	0.0	0.0	0.0	0.0	0.0	0.0
ｳ. や し 油	0.0	0.0	0.0	0.0	0.0	0.0	0.0	0.0
ｴ. そ の 他	0.0	0.0	0.0	0.0	0.0	0.0	0.0	0.0
b. 動 物 油 脂	0.0	0.0	0.0	0.0	0.0	0.0	0.0	0.0
ｱ. 魚 ・ 鯨 油	0.0	0.0	0.0	0.0	0.0	0.0	0.0	0.0
ｲ. 牛 脂	0.0	0.0	0.0	0.0	0.0	0.0	0.0	0.0
ｳ. そ の 他	0.0	0.0	0.0	0.0	0.0	0.0	0.0	0.0
14. み　　　　　そ	2.6	2.5	2.5	2.4	2.4	2.4	2.3	2.2
15. し ょ う ゆ	2.3	2.3	2.4	2.4	2.5	2.6	2.5	2.3
16. その他食料計	0.7	0.7	0.7	0.7	0.7	0.8	0.7	0.7
うち き の こ 類	0.0	0.0	0.0	0.0	0.1	0.1	0.1	0.1
17. 合　　　　　計	77.2	77.0	78.1	79.9	79.9	80.9	80.8	80.3

国民1人・1日当たり供給たんぱく質

(単位:g)

類　別・品　目　別	昭和51年度	52	53	54	55	56	57	58
1．穀　　　　　　　類	26.2	25.6	25.3	24.9	25.0	24.6	24.2	24.0
a．米	16.1	15.5	15.2	14.8	14.7	14.5	14.2	14.1
	(15.7)	(15.2)	(14.9)	(14.5)	(14.3)	(14.1)	(13.9)	(13.7)
b．小　　　　麦	9.7	9.7	9.6	9.7	9.9	9.7	9.6	9.5
c．大　　　　麦	0.2	0.2	0.1	0.1	0.1	0.1	0.1	0.1
d．は　だ　か　麦	0.0	0.0	0.0	0.0	0.0	0.0	0.0	0.0
e．とうもろこし	0.1	0.1	0.1	0.1	0.1	0.1	0.1	0.1
f．こうりゃん	0.0	0.0	0.0	0.0	0.0	0.0	0.0	0.0
g．その他の雑穀	0.1	0.1	0.2	0.2	0.2	0.2	0.2	0.1
2．いも類	0.8	0.9	0.9	0.9	0.9	0.9	0.9	0.9
a．かんしょ	0.1	0.1	0.1	0.1	0.1	0.1	0.1	0.1
b．ばれいしょ	0.7	0.7	0.7	0.7	0.7	0.7	0.8	0.8
3．で　ん　粉	0.0	0.0	0.0	0.0	0.0	0.0	0.0	0.0
4．豆　　　　　　類	7.1	6.7	6.8	6.8	6.8	6.8	6.9	7.2
a．大　　　　豆	5.0	4.7	4.9	4.9	4.9	4.9	5.2	5.4
b．その他の豆類	2.1	2.0	1.9	1.9	1.9	1.9	1.7	1.8
5．野　　　　　　菜	4.1	4.3	4.3	4.2	4.1	4.2	4.3	4.1
a．緑黄色野菜	0.8	0.9	0.9	0.9	0.9	0.9	0.9	0.9
b．その他の野菜	3.3	3.4	3.4	3.3	3.2	3.3	3.4	3.2
6．果　　　　　　実	0.7	0.7	0.7	0.7	0.7	0.7	0.7	0.7
a．うんしゅうみかん	0.3	0.3	0.3	0.3	0.2	0.2	0.2	0.2
b．り　ん　ご	0.0	0.0	0.0	0.0	0.0	0.0	0.0	0.0
c．その他の果実	0.4	0.4	0.4	0.4	0.4	0.4	0.4	0.4
7．肉　　　　　　類	9.4	10.2	10.7	11.3	11.3	11.4	11.7	11.9
a．牛　　　　肉	1.4	1.5	1.6	1.7	1.8	1.8	2.0	2.1
b．豚　　　　肉	3.6	3.9	4.1	4.5	4.5	4.5	4.5	4.4
c．鶏　　　　肉	3.1	3.5	3.8	4.0	4.1	4.2	4.4	4.6
d．その他の肉	0.9	0.9	0.9	0.8	0.6	0.6	0.6	0.6
e．鯨	0.4	0.4	0.3	0.2	0.2	0.2	0.2	0.2
8．鶏　　　　　　卵	4.7	4.8	4.9	4.8	4.8	4.9	4.9	4.9
9．牛乳及び乳製品	4.6	4.7	4.9	5.1	5.2	5.4	5.3	5.6
a．農家自家用	0.1	0.1	0.1	0.0	0.0	0.0	0.0	0.0
b．飲用向け	2.3	2.5	2.5	2.6	2.7	2.8	2.8	2.8
c．乳製品向け	2.2	2.2	2.3	2.4	2.5	2.6	2.5	2.7
ア．全脂れん乳	0.1	0.1	0.1	0.1	0.1	0.1	0.1	0.1
イ．脱脂れん乳	0.0	0.0	0.0	0.1	0.0	0.0	0.0	0.0
ウ．全脂粉乳	0.2	0.2	0.2	0.2	0.2	0.2	0.2	0.2
エ．脱脂粉乳	0.8	0.9	1.0	1.0	1.1	1.2	1.3	1.4
オ．育児用粉乳	0.2	0.2	0.2	0.2	0.2	0.2	0.1	0.1
カ．チ　ー　ズ	0.4	0.5	0.5	0.5	0.5	0.5	0.5	0.6
キ．バ　タ　ー	0.0	0.0	0.0	0.0	0.0	0.0	0.0	0.0
10．魚　介　　類	17.5	17.3	17.9	17.4	17.8	17.4	16.9	17.8
a．生鮮・冷凍	6.9	6.7	7.2	6.7	7.0	6.6	6.2	6.6
b．塩干,くん製,その他	10.0	10.0	10.1	10.1	10.2	10.0	10.0	10.4
c．か　ん　詰	0.6	0.6	0.6	0.7	0.6	0.7	0.7	0.8
d．飼　肥　料	0.0	0.0	0.0	0.0	0.0	0.0	0.0	0.0
11．海　藻　　類	0.9	0.8	0.9	0.9	1.0	0.9	0.8	0.9
12．砂　糖　　類	0.0	0.0	0.0	0.0	0.0	0.0	0.0	0.0
a．粗　　　　糖	0.0	0.0	0.0	0.0	0.0	0.0	0.0	0.0
b．精　　　　糖	0.0	0.0	0.0	0.0	0.0	0.0	0.0	0.0
c．含みつ糖	0.0	0.0	0.0	0.0	0.0	0.0	0.0	0.0
d．糖みつ	0.0	0.0	0.0	0.0	0.0	0.0	0.0	0.0
13．油　脂　　類	0.0	0.0	0.0	0.0	0.0	0.0	0.0	0.0
a．植物油脂	0.0	0.0	0.0	0.0	0.0	0.0	0.0	0.0
ア．大　豆　油	0.0	0.0	0.0	0.0	0.0	0.0	0.0	0.0
イ．菜　種　油	0.0	0.0	0.0	0.0	0.0	0.0	0.0	0.0
ウ．や　し　油	0.0	0.0	0.0	0.0	0.0	0.0	0.0	0.0
エ．その他	0.0	0.0	0.0	0.0	0.0	0.0	0.0	0.0
b．動物油脂	0.0	0.0	0.0	0.0	0.0	0.0	0.0	0.0
ア．魚・鯨油	0.0	0.0	0.0	0.0	0.0	0.0	0.0	0.0
イ．牛　　　脂	0.0	0.0	0.0	0.0	0.0	0.0	0.0	0.0
ウ．その他	0.0	0.0	0.0	0.0	0.0	0.0	0.0	0.0
14．み　　　　　　そ	2.2	2.2	2.1	2.1	2.1	2.0	2.0	1.9
15．し　ょ　う　ゆ	2.4	2.3	2.3	2.4	2.3	2.2	2.2	2.1
16．その他食料計	0.7	1.0	1.1	1.0	1.1	1.1	1.1	1.1
うちきのこ類	0.1	0.1	0.1	0.1	0.1	0.1	0.1	0.1
17．合　　　　　　計	81.4	81.5	82.8	82.6	83.0	82.4	82.0	83.2

国民1人・1日当たり供給たんぱく質

(単位:g)

類別・品目別	昭和59年度	60	61	62	63	平成元年度	2	3
1．穀　　　　　　　類	24.1	22.4	22.2	21.9	21.8	21.7	21.7	21.6
a．米	14.0	12.5	12.3	12.0	11.9	11.8	11.7	11.7
	(13.7)	(12.2)	(11.9)	(11.6)	(11.5)	(11.4)	(11.3)	(11.3)
b．小　　　　麦	9.7	9.6	9.5	9.5	9.5	9.5	9.6	9.5
c．大　　　　麦	0.1	0.1	0.1	0.0	0.0	0.0	0.0	0.0
d．は　だ　か　麦	0.0	0.0	0.0	0.0	0.0	0.0	0.0	0.0
e．と　う　も　ろ　こ　し	0.1	0.1	0.2	0.2	0.2	0.2	0.2	0.2
f．こ　う　り　ゃ　ん	0.0	0.0	0.0	0.0	0.0	0.0	0.0	0.0
g．そ　の　他　の　雑　穀	0.2	0.1	0.2	0.2	0.2	0.2	0.2	0.2
2．い　　　も　　　類	0.9	0.8	0.8	0.8	0.8	0.8	0.8	0.9
a．か　ん　し　ょ	0.1	0.2	0.2	0.2	0.1	0.2	0.2	0.1
b．ば　れ　い　し　ょ	0.7	0.6	0.7	0.7	0.7	0.7	0.7	0.7
3．で　　　ん　　　粉	0.0	0.0	0.0	0.0	0.0	0.0	0.0	0.0
4．豆　　　　　　　類	7.3	7.4	7.5	7.9	7.8	7.9	7.6	7.8
a．大　　　　豆	5.6	5.6	5.7	6.1	6.1	6.1	5.9	6.1
b．そ　の　他　の　豆　類	1.8	1.8	1.8	1.8	1.7	1.7	1.7	1.8
5．野　　　　　　　菜	4.2	3.6	3.6	3.6	3.6	3.6	3.6	3.5
a．緑　黄　色　野　菜	1.0	0.8	0.8	0.8	0.8	0.8	0.8	0.8
b．そ　の　他　の　野　菜	3.3	2.8	2.8	2.8	2.8	2.8	2.8	2.7
6．果　　　　　　　実	0.7	0.7	0.8	0.8	0.8	0.8	0.8	0.8
a．うんしゅうみかん	0.2	0.2	0.2	0.2	0.2	0.2	0.1	0.1
b．り　　ん　　ご	0.0	0.0	0.0	0.0	0.0	0.0	0.0	0.0
c．そ　の　他　の　果　実	0.5	0.5	0.6	0.6	0.6	0.6	0.6	0.6
7．肉　　　　　　　類	12.1	11.5	12.0	12.5	12.9	12.9	13.0	13.2
a．牛　　　　肉	2.1	1.8	1.9	2.0	2.2	2.3	2.5	2.6
b．豚　　　　肉	4.5	4.6	4.8	5.0	5.1	5.1	5.1	5.1
c．鶏　　　　肉	4.8	4.5	4.8	4.9	5.1	5.1	5.0	5.1
d．そ　の　他　の　肉	0.6	0.5	0.5	0.5	0.4	0.4	0.4	0.4
e．　　　鯨	0.2	0.2	0.1	0.0	0.0	0.0	0.0	0.0
8．鶏　　　　　　　卵	5.0	4.9	5.2	5.4	5.4	5.4	5.4	5.7
9．牛　乳　及　び　乳　製　品	5.7	6.2	6.2	6.6	7.1	7.1	7.3	7.4
a．農　家　自　家　用	0.0	0.0	0.0	0.0	0.0	0.0	0.0	0.0
b．飲　用　向　け	2.8	3.1	3.1	3.3	3.4	3.5	3.6	3.6
c．乳　製　品　向　け	2.8	3.1	3.1	3.3	3.7	3.5	3.7	3.8
ｱ．全　脂　れ　ん　乳	0.1	0.1	0.1	0.1	0.1	0.1	0.1	0.1
ｲ．脱　脂　れ　ん　乳	0.0	0.0	0.0	0.0	0.0	0.0	0.0	0.0
ｳ．全　脂　粉　乳	0.2	0.2	0.2	0.2	0.2	0.2	0.2	0.2
ｴ．脱　脂　粉　乳	1.4	1.4	1.4	1.4	1.5	1.4	1.5	1.6
ｵ．育　児　用　粉　乳	0.1	0.1	0.1	0.1	0.1	0.1	0.1	0.1
ｶ．チ　ー　ズ	0.6	0.6	0.6	0.7	0.8	0.8	0.8	0.9
ｷ．バ　タ　ー	0.0	0.0	0.0	0.0	0.0	0.0	0.0	0.0
10．魚　　介　　類	18.2	18.6	19.0	19.2	19.6	19.6	19.4	19.0
a．生　鮮　・　冷　凍	7.2	7.4	7.4	7.5	7.4	7.4	7.3	7.1
b．塩干，くん製，その他	10.2	10.4	10.7	10.8	11.3	11.4	11.2	10.9
c．か　ん　詰	0.8	0.8	0.8	0.8	0.9	0.8	0.9	1.0
d．飼　　肥　　料	0.0	0.0	0.0	0.0	0.0	0.0	0.0	0.0
11．海　　藻　　　類	1.0	0.9	1.0	0.9	1.1	1.1	1.0	1.0
12．砂　　糖　　　類	0.0	0.0	0.0	0.0	0.0	0.0	0.0	0.0
a．粗　　　　糖	0.0	0.0	0.0	0.0	0.0	0.0	0.0	0.0
b．精　　　　糖	0.0	0.0	0.0	0.0	0.0	0.0	0.0	0.0
c．含　み　つ　糖	0.0	0.0	0.0	0.0	0.0	0.0	0.0	0.0
d．糖　み　　　つ	0.0	0.0	0.0	0.0	0.0	0.0	0.0	0.0
13．油　　脂　　　類	0.0	0.0	0.0	0.0	0.0	0.0	0.0	0.0
a．植　物　油　脂	0.0	0.0	0.0	0.0	0.0	0.0	0.0	0.0
ｱ．大　　豆　　油	0.0	0.0	0.0	0.0	0.0	0.0	0.0	0.0
ｲ．菜　　種　　油	0.0	0.0	0.0	0.0	0.0	0.0	0.0	0.0
ｳ．や　　し　　油	0.0	0.0	0.0	0.0	0.0	0.0	0.0	0.0
ｴ．そ　の　　他	0.0	0.0	0.0	0.0	0.0	0.0	0.0	0.0
b．動　物　油　脂	0.0	0.0	0.0	0.0	0.0	0.0	0.0	0.0
ｱ．魚　・　鯨　油	0.0	0.0	0.0	0.0	0.0	0.0	0.0	0.0
ｲ．牛　　　脂	0.0	0.0	0.0	0.0	0.0	0.0	0.0	0.0
ｳ．そ　の　他	0.0	0.0	0.0	0.0	0.0	0.0	0.0	0.0
14．み　　　　　　　そ	1.9	1.8	1.8	1.8	1.8	1.7	1.7	1.7
15．し　　ょ　　う　　ゆ	2.1	2.1	2.1	2.1	2.1	2.1	2.0	2.0
16．そ　の　他　食　料　計	1.1	1.1	1.0	0.9	1.0	1.0	1.0	1.0
う　ち　き　の　こ　類	0.1	0.1	0.2	0.2	0.2	0.2	0.2	0.2
17．合　　　　　　　計	84.4	82.1	83.4	84.4	85.8	85.8	85.5	85.6

国民1人・1日当たり供給たんぱく質

（単位：g）

類別・品目別	平成4年度	5	6	7	8	9	10	11
1．穀　　　　　　類	21.6	21.7	21.4	21.5	21.5	21.3	20.9	20.9
a．米	11.7	11.6	11.1	11.3	11.2	11.2	10.9	10.9
	(11.3)	(11.2)	(10.7)	(11.0)	(10.9)	(10.8)	(10.6)	(10.5)
b．小　　　　　麦	9.5	9.7	10.0	9.9	10.0	9.8	9.7	9.7
c．大　　　　　麦	0.0	0.0	0.0	0.0	0.0	0.0	0.0	0.0
d．は だ か 麦	0.0	0.0	0.0	0.0	0.0	0.0	0.0	0.0
e．とうもろこし	0.2	0.1	0.1	0.1	0.1	0.1	0.1	0.1
f．こ う り ゃ ん	0.0	0.0	0.0	0.0	0.0	0.0	0.0	0.0
g．その他の雑穀	0.2	0.2	0.2	0.2	0.2	0.2	0.2	0.2
2．い　　も　　類	0.8	0.8	0.9	0.9	0.9	0.9	0.8	0.9
a．か ん し ょ	0.2	0.1	0.2	0.2	0.2	0.2	0.2	0.1
b．ば れ い し ょ	0.7	0.7	0.7	0.7	0.7	0.7	0.7	0.7
3．で　ん　　粉	0.0	0.0	0.0	0.0	0.0	0.0	0.0	0.0
4．豆　　　　　　類	8.0	7.5	7.5	7.3	7.8	7.6	7.8	7.5
a．大　　　　　豆	6.2	5.7	5.8	5.7	6.2	6.0	6.2	6.0
b．その他の豆類	1.8	1.8	1.7	1.5	1.7	1.6	1.6	1.6
5．野　　　　　　菜	3.5	3.4	3.5	3.5	3.5	3.4	3.4	3.5
a．緑 黄 色 野 菜	0.8	0.8	0.9	0.9	0.9	0.9	0.9	0.9
b．その他の野菜	2.7	2.6	2.6	2.7	2.6	2.6	2.5	2.6
6．果　　　　　　実	0.8	0.8	0.9	0.9	0.8	0.8	0.8	0.8
a．うんしゅうみかん	0.1	0.1	0.1	0.1	0.1	0.1	0.1	0.1
b．り　ん　　ご	0.0	0.0	0.1	0.1	0.0	0.0	0.0	0.0
c．その他の果実	0.6	0.6	0.7	0.7	0.7	0.7	0.6	0.7
7．肉　　　　　　類	13.5	13.6	13.9	14.2	14.1	14.3	14.1	14.2
a．牛　　　　　肉	2.8	3.1	3.3	3.5	3.2	3.7	3.4	3.4
b．豚　　　　　肉	5.1	5.1	5.1	5.1	5.2	5.1	5.2	5.3
c．鶏　　　　　肉	5.2	5.0	5.2	5.3	5.4	5.3	5.2	5.4
d．その他の肉	0.4	0.3	0.3	0.3	0.2	0.2	0.2	0.2
e．鯨	0.0	0.0	0.0	0.0	0.0	0.0	0.0	0.0
8．鶏　　　　　　卵	5.8	5.9	5.8	5.8	5.8	5.8	5.7	5.7
9．牛乳及び乳製品	7.3	7.3	7.9	8.0	8.2	8.2	8.1	8.1
a．農 家 自 家 用	0.0	0.0	0.0	0.0	0.0	0.0	0.0	0.0
b．飲 用 向 け	3.6	3.5	3.6	3.6	3.6	3.5	3.4	3.4
c．乳 製 品 向 け	3.7	3.8	4.2	4.4	4.6	4.6	4.6	4.7
ア．全 脂 れ ん 乳	0.1	0.1	0.1	0.1	0.1	0.1	0.1	0.1
イ．脱 脂 れ ん 乳	0.0	0.0	0.0	0.0	0.0	0.0	0.0	0.0
ウ．全 脂 粉 乳	0.2	0.2	0.2	0.1	0.1	0.1	0.1	0.1
エ．脱 脂 粉 乳	1.6	1.6	1.7	1.7	1.7	1.7	1.7	1.6
オ．育 児 用 粉 乳	0.1	0.1	0.1	0.1	0.1	0.1	0.1	0.1
カ．チ　ー　　ズ	0.9	1.0	1.0	1.1	1.1	1.2	1.2	1.3
キ．バ　タ　　ー	0.0	0.0	0.0	0.0	0.0	0.0	0.0	0.0
10．魚　介　　類	19.1	19.6	20.5	20.4	20.2	19.4	18.6	18.4
a．生 鮮 ・ 冷 凍	7.3	7.7	9.3	9.5	9.1	8.8	8.0	8.7
b．塩干，くん製，その他	10.8	10.9	10.3	10.1	10.3	9.8	9.9	9.0
c．か　ん　　詰	1.0	1.0	0.9	0.7	0.8	0.8	0.7	0.7
d．飼　肥　　料	0.0	0.0	0.0	0.0	0.0	0.0	0.0	0.0
11．海　藻　　類	1.0	1.0	1.2	1.1	1.1	1.1	1.1	1.2
12．砂　糖　　類	0.0	0.0	0.0	0.0	0.0	0.0	0.0	0.0
a．粗　　　　　糖	0.0	0.0	0.0	0.0	0.0	0.0	0.0	0.0
b．精　　　　　糖	0.0	0.0	0.0	0.0	0.0	0.0	0.0	0.0
c．含 み つ 糖	0.0	0.0	0.0	0.0	0.0	0.0	0.0	0.0
d．糖　み　　つ	0.0	0.0	0.0	0.0	0.0	0.0	0.0	0.0
13．油　脂　　類	0.0	0.0	0.0	0.0	0.0	0.0	0.0	0.0
a．植 物 油 脂	0.0	0.0	0.0	0.0	0.0	0.0	0.0	0.0
ア．大 豆 油	0.0	0.0	0.0	0.0	0.0	0.0	0.0	0.0
イ．菜 種 油	0.0	0.0	0.0	0.0	0.0	0.0	0.0	0.0
ウ．や し 油	0.0	0.0	0.0	0.0	0.0	0.0	0.0	0.0
エ．そ の 他	0.0	0.0	0.0	0.0	0.0	0.0	0.0	0.0
b．動 物 油 脂	0.0	0.0	0.0	0.0	0.0	0.0	0.0	0.0
ア．魚 ・ 鯨 油	0.0	0.0	0.0	0.0	0.0	0.0	0.0	0.0
イ．牛 脂	0.0	0.0	0.0	0.0	0.0	0.0	0.0	0.0
ウ．そ の 他	0.0	0.0	0.0	0.0	0.0	0.0	0.0	0.0
14．み　　　　　　そ	1.7	1.6	1.6	1.5	1.6	1.5	1.5	1.5
15．し　ょ　う　ゆ	2.0	2.0	1.9	1.9	1.9	1.8	1.8	1.7
16．その他食料計	1.0	1.0	1.0	1.0	1.0	1.0	1.0	1.0
う ち き の こ 類	0.2	0.2	0.2	0.2	0.2	0.2	0.2	0.2
17．合　　　　　　計	86.2	86.3	88.0	87.9	88.4	87.3	85.7	85.5

国民１人・１日当たり供給たんぱく質

(単位：g)

類　別・品　目　別	平成12年度	13	14	15	16	17	18	19
１．穀　　　　　　　類	20.9	20.6	20.4	20.5	20.4	20.2	20.1	20.2
a.　　　米	10.8	10.6	10.5	10.3	10.3	10.3	10.2	10.2
	(10.4)	(10.2)	(10.2)	(10.0)	(9.9)	(9.9)	(9.8)	(9.8)
b.小　　　　　　麦	9.8	9.7	9.6	9.8	9.7	9.6	9.6	9.7
c.大　　　　　　麦	0.1	0.1	0.0	0.0	0.0	0.0	0.0	0.0
d.は　だ　か　麦	0.0	0.0	0.0	0.0	0.0	0.0	0.0	0.0
e.とうもろこし	0.1	0.1	0.1	0.1	0.1	0.1	0.1	0.1
f.こ　う　り　ゃ　ん	0.0	0.0	0.0	0.0	0.0	0.0	0.0	0.0
g.その他の雑穀	0.2	0.2	0.2	0.2	0.2	0.2	0.2	0.2
２．い　　も　　　類	0.9	0.8	0.8	0.8	0.8	0.8	0.8	0.8
a.か　ん　し　ょ	0.2	0.2	0.2	0.1	0.2	0.2	0.1	0.1
b.ば　れ　い　し	0.7	0.7	0.7	0.7	0.7	0.7	0.7	0.7
３．で　　ん　　　粉	0.0	0.0	0.0	0.0	0.0	0.0	0.0	0.0
４．豆　　　　　　　類	7.5	7.7	7.7	7.8	7.8	7.8	7.7	7.6
a.大　　　　　　豆	5.9	6.1	6.1	6.2	6.3	6.3	6.2	6.2
b.その他の豆類	1.6	1.6	1.6	1.6	1.5	1.5	1.5	1.4
５．野　　　　　　　菜	3.4	3.4	3.3	3.2	3.2	3.3	3.2	3.1
a.緑　黄　色　野　菜	0.9	0.9	0.8	0.8	0.8	0.9	0.8	0.8
b.その他の野菜	2.6	2.5	2.4	2.4	2.4	2.4	2.3	2.3
６．果　　　　　　　実	0.9	0.9	0.9	0.9	0.9	0.9	0.8	0.8
a.うんしゅうみかん	0.1	0.1	0.1	0.1	0.1	0.1	0.1	0.1
b.り　　ん　　ご	0.0	0.1	0.0	0.0	0.0	0.1	0.1	0.1
c.その他の果実	0.7	0.8	0.8	0.7	0.8	0.8	0.7	0.7
７．肉　　　　　　　類	14.4	14.0	14.3	14.1	13.9	14.3	14.1	14.1
a.牛　　　　　　肉	3.5	3.0	3.0	2.9	2.6	2.6	2.6	2.6
b.豚　　　　　　肉	5.3	5.4	5.6	5.8	6.0	6.0	5.7	5.7
c.鶏　　　　　　肉	5.4	5.5	5.5	5.3	5.2	5.5	5.7	5.6
d.そ　の　他　の　肉	0.2	0.1	0.1	0.1	0.1	0.2	0.1	0.1
e.　　鯨	0.0	0.0	0.0	0.0	0.0	0.0	0.0	0.0
８．鶏　　　　　　　卵	5.7	5.7	5.7	5.6	5.6	5.6	5.6	5.7
９．牛　乳　及　び　乳製品	8.3	8.2	8.1	8.1	8.2	8.0	8.1	8.1
a.農　家　自　家　用	0.0	0.0	0.0	0.0	0.0	0.0	0.0	0.0
b.飲　用　向　け	3.4	3.3	3.4	3.4	3.3	3.2	3.1	3.0
c.乳　製　品　向　け	4.8	4.8	4.7	4.8	4.9	4.8	4.9	5.1
ｱ.全　脂　れ　ん　乳	0.1	0.1	0.1	0.1	0.1	0.1	0.1	0.1
ｲ.脱　脂　れ　ん　乳	0.0	0.0	0.0	0.0	0.0	0.0	0.0	0.0
ｳ.全　脂　粉　乳	0.1	0.1	0.1	0.1	0.1	0.1	0.1	0.1
ｴ.脱　脂　粉　乳	1.4	1.3	1.3	1.3	1.3	1.4	1.3	1.4
ｵ.育　児　用　粉　乳	0.1	0.1	0.1	0.1	0.1	0.1	0.1	0.1
ｶ.チ　ー　ズ	1.4	1.3	1.3	1.3	1.4	1.4	1.4	1.4
ｷ.バ　　タ　　ー	0.0	0.0	0.0	0.0	0.0	0.0	0.0	0.0
１０．魚　　介　　　類	19.4	21.3	19.6	18.5	18.1	18.3	17.2	16.7
a.生　鮮　・　冷　凍	8.4	9.6	9.1	8.2	7.8	7.9	7.0	7.0
b.塩干，くん製，その他	10.3	10.9	9.7	9.5	9.6	9.6	9.5	9.0
c.か　　ん　　詰	0.8	0.8	0.8	0.8	0.8	0.8	0.8	0.7
d.飼　　肥　　料	0.0	0.0	0.0	0.0	0.0	0.0	0.0	0.0
１１．海　　藻　　　類	1.1	1.1	1.2	1.0	1.0	1.0	0.9	0.9
１２．砂　　糖　　　類	0.0	0.0	0.0	0.0	0.0	0.0	0.0	0.0
a.粗　　　　　　糖	0.0	0.0	0.0	0.0	0.0	0.0	0.0	0.0
b.精　　　　　　糖	0.0	0.0	0.0	0.0	0.0	0.0	0.0	0.0
c.含　み　つ　糖	0.0	0.0	0.0	0.0	0.0	0.0	0.0	0.0
d.糖　み　つ	0.0	0.0	0.0	0.0	0.0	0.0	0.0	0.0
１３．油　　脂　　　類	0.0	0.0	0.0	0.0	0.0	0.0	0.0	0.0
a.植　物　油　脂	0.0	0.0	0.0	0.0	0.0	0.0	0.0	0.0
ｱ.大　　豆　　油	0.0	0.0	0.0	0.0	0.0	0.0	0.0	0.0
ｲ.菜　　種　　油	0.0	0.0	0.0	0.0	0.0	0.0	0.0	0.0
ｳ.や　　し　　油	0.0	0.0	0.0	0.0	0.0	0.0	0.0	0.0
ｴ.そ　　の　　他	0.0	0.0	0.0	0.0	0.0	0.0	0.0	0.0
b.動　物　油　脂	0.0	0.0	0.0	0.0	0.0	0.0	0.0	0.0
ｱ.魚　・　鯨　油	0.0	0.0	0.0	0.0	0.0	0.0	0.0	0.0
ｲ.牛　　　　　脂	0.0	0.0	0.0	0.0	0.0	0.0	0.0	0.0
ｳ.そ　　の　　他	0.0	0.0	0.0	0.0	0.0	0.0	0.0	0.0
１４．み　　　　　　　そ	1.5	1.4	1.4	1.4	1.4	1.3	1.3	1.3
１５．し　　ょ　　う　　ゆ	1.7	1.7	1.6	1.6	1.5	1.5	1.5	1.5
１６．そ　の　他　食　料　計	1.0	1.0	1.0	1.0	1.0	1.0	1.0	1.0
うちきのこ類	0.2	0.2	0.2	0.2	0.3	0.3	0.3	0.3
１７．合　　　　　　　計	86.8	87.8	86.1	84.5	83.9	84.0	82.5	82.2

国民1人・1日当たり供給たんぱく質

（単位：g）

類 別・品 目 別	平成20年度	21	22	23	24	25	26	27
1．穀　　　　　類	19.5	19.6	20.1	19.8	19.7	19.7	19.1	18.9
a．米	9.8	9.7	9.9	9.6	9.4	9.5	9.3	9.1
	(9.4)	(9.4)	(9.6)	(9.3)	(9.1)	(9.2)	(9.0)	(8.9)
b．小　　　　麦	9.3	9.6	9.8	9.8	9.9	9.8	9.4	9.4
c．大　　　　麦	0.0	0.0	0.0	0.0	0.0	0.0	0.0	0.0
d．は だ か 麦	0.0	0.0	0.0	0.0	0.0	0.0	0.0	0.0
e．とうもろこし	0.1	0.1	0.1	0.1	0.1	0.1	0.1	0.1
f．こ う り ゃ ん	0.0	0.0	0.0	0.0	0.0	0.0	0.0	0.0
g．その他の雑穀	0.2	0.2	0.2	0.2	0.2	0.2	0.2	0.2
2．い　　も　　類	0.8	0.8	0.8	0.8	0.9	0.8	0.8	0.8
a．か ん し ょ	0.1	0.1	0.1	0.1	0.1	0.1	0.1	0.1
b．ば れ い し ょ	0.7	0.7	0.6	0.7	0.7	0.7	0.7	0.7
3．で　 ん　 粉	0.0	0.0	0.0	0.0	0.0	0.0	0.0	0.0
4．豆　　　　　類	7.5	7.2	7.1	6.9	6.8	6.9	6.9	7.1
a．大　　　　豆	6.2	5.9	5.8	5.7	5.6	5.6	5.6	5.7
b．その他の豆類	1.3	1.3	1.3	1.3	1.2	1.2	1.3	1.4
5．野　　　　　菜	3.1	3.0	3.0	3.0	3.1	3.0	3.1	3.0
a．緑 黄 色 野 菜	0.8	0.8	0.8	0.8	0.9	0.8	0.9	0.9
b．その他の野菜	2.3	2.2	2.2	2.2	2.3	2.2	2.2	2.1
6．果　　　　　実	0.8	0.8	0.8	0.8	0.9	0.9	0.8	0.8
a．うんしゅうみかん	0.1	0.1	0.1	0.1	0.1	0.1	0.1	0.1
b．り　ん　ご	0.1	0.0	0.0	0.0	0.0	0.0	0.0	0.0
c．その他の果実	0.7	0.7	0.7	0.7	0.8	0.7	0.7	0.7
7．肉　　　　　類	14.3	14.3	14.6	14.8	15.1	15.1	15.3	15.6
a．牛　　　　肉	2.6	2.7	2.7	2.8	2.7	2.8	2.7	2.6
b．豚　　　　肉	5.8	5.7	5.8	5.9	5.9	5.9	5.9	6.0
c．鶏　　　　肉	5.7	5.8	6.0	6.0	6.4	6.3	6.6	6.8
d．そ の 他 の 肉	0.1	0.1	0.1	0.1	0.1	0.1	0.1	0.1
e．鯨	0.0	0.0	0.0	0.0	0.0	0.0	0.0	0.0
8．鶏　　　　　卵	5.6	5.6	5.6	5.6	5.6	5.7	5.6	5.7
9．牛 乳 及 び 乳製品	7.5	7.4	7.6	7.7	7.8	7.8	7.8	8.0
a．農 家 自 家 用	0.0	0.0	0.0	0.0	0.0	0.0	0.0	0.0
b．飲 用 向 け	3.0	2.9	2.8	2.8	2.7	2.7	2.7	2.7
c．乳 製 品 向 け	4.5	4.5	4.8	5.0	5.1	5.1	5.2	5.3
ア．全 脂 れ ん 乳	0.1	0.1	0.1	0.1	0.1	0.1	0.1	0.1
イ．脱 脂 れ ん 乳	0.0	0.0	0.0	0.0	0.0	0.0	0.0	0.0
ウ．全 脂 粉 乳	0.1	0.1	0.1	0.1	0.1	0.1	0.1	0.1
エ．脱 脂 粉 乳	1.1	1.1	1.2	1.1	1.0	1.1	1.0	1.0
オ．育 児 用 粉 乳	0.1	0.1	0.1	0.1	0.1	0.1	0.1	0.1
カ．チ ー ズ	1.2	1.3	1.4	1.5	1.6	1.5	1.6	1.7
キ．バ タ ー	0.0	0.0	0.0	0.0	0.0	0.0	0.0	0.0
10．魚　 介　 類	16.3	15.7	15.9	15.4	15.7	14.9	14.3	13.9
a．生 鮮・冷 凍	6.7	6.5	6.4	6.6	6.6	5.8	5.8	5.4
b．塩干，くん製，その他	8.9	8.5	8.7	8.2	8.4	8.3	7.7	7.7
c．か　 ん　 詰	0.7	0.7	0.7	0.7	0.8	0.8	0.8	0.8
d．飼　 肥　 料	0.0	0.0	0.0	0.0	0.0	0.0	0.0	0.0
11．海　　藻　　類	0.8	0.8	0.7	0.6	0.7	0.7	0.6	0.6
12．砂　　糖　　類	0.0	0.0	0.0	0.0	0.0	0.0	0.0	0.0
a．粗　　　　糖	0.0	0.0	0.0	0.0	0.0	0.0	0.0	0.0
b．精　　　　糖	0.0	0.0	0.0	0.0	0.0	0.0	0.0	0.0
c．含 み つ 糖	0.0	0.0	0.0	0.0	0.0	0.0	0.0	0.0
d．糖　 み　 つ	0.0	0.0	0.0	0.0	0.0	0.0	0.0	0.0
13．油　　脂　　類	0.0	0.0	0.0	0.0	0.0	0.0	0.0	0.0
a．植 物 油 脂	0.0	0.0	0.0	0.0	0.0	0.0	0.0	0.0
ア．大 豆 油	0.0	0.0	0.0	0.0	0.0	0.0	0.0	0.0
イ．菜 種 油	0.0	0.0	0.0	0.0	0.0	0.0	0.0	0.0
ウ．や し 油	0.0	0.0	0.0	0.0	0.0	0.0	0.0	0.0
エ．そ の 他	0.0	0.0	0.0	0.0	0.0	0.0	0.0	0.0
b．動 物 油 脂	0.0	0.0	0.0	0.0	0.0	0.0	0.0	0.0
ア．魚・鯨 油	0.0	0.0	0.0	0.0	0.0	0.0	0.0	0.0
イ．牛 脂	0.0	0.0	0.0	0.0	0.0	0.0	0.0	0.0
ウ．そ の 他	0.0	0.0	0.0	0.0	0.0	0.0	0.0	0.0
14．み　　　　　そ	1.2	1.2	1.2	1.2	1.2	1.1	1.2	1.2
15．し　ょ　う　ゆ	1.4	1.4	1.4	1.3	1.3	1.3	1.3	1.2
16．その他食料計	0.9	0.9	0.9	0.9	0.9	0.9	0.8	0.9
う ち き の こ 類	0.3	0.3	0.3	0.3	0.3	0.3	0.2	0.2
17．合　　　　　計	79.9	78.9	79.7	79.2	79.8	78.8	77.7	77.7

国民１人・１日当たり供給たんぱく質

(単位：g)

類　別・品　目　別	平成28年度	29	30	令和元年度	2	3
1. 穀　　　　　　　　類	18.9	18.9	18.6	18.5	18.0	18.1
a. 米	9.1	9.0	8.9	8.8	8.5	8.6
	(8.8)	(8.7)	(8.6)	(8.6)	(8.2)	(8.3)
b. 小　　　　　　麦	9.5	9.5	9.3	9.2	9.1	9.1
c. 大　　　　　　麦	0.0	0.0	0.0	0.0	0.0	0.0
d. は　だ　か　麦	0.0	0.0	0.0	0.0	0.0	0.0
e. と　う　も　ろ　こ　し	0.1	0.1	0.1	0.1	0.1	0.1
f. こ　う　り　ゃ　ん	0.0	0.0	0.0	0.0	0.0	0.0
g. そ　の　他　の　雑　穀	0.2	0.2	0.2	0.2	0.2	0.2
2. い　　も　　　　類	0.8	0.9	0.8	1.0	0.9	0.9
a. か　　ん　　し　　ょ	0.1	0.1	0.1	0.1	0.1	0.1
b. ば　れ　い　し　ょ	0.7	0.8	0.7	0.8	0.8	0.8
3. で　　　ん　　　粉	0.0	0.0	0.0	0.0	0.0	0.0
4. 豆　　　　　　　類	7.1	7.3	7.4	7.5	7.6	7.3
a. 大　　　　　　豆	5.9	6.0	6.1	6.2	6.4	6.1
b. そ　の　他　の　豆　類	1.3	1.4	1.3	1.3	1.2	1.2
5. 野　　　　　　　菜	3.0	3.0	3.0	3.0	3.0	2.9
a. 緑　黄　色　野　菜	0.8	0.9	0.9	0.9	0.9	0.9
b. そ　の　他　の　野　菜	2.1	2.1	2.2	2.1	2.1	2.1
6. 果　　　　　　　実	0.8	0.8	0.9	0.8	0.9	0.9
a. う　ん　しゅう　み　か　ん	0.1	0.1	0.1	0.1	0.1	0.1
b. り　　ん　　　ご	0.0	0.0	0.0	0.0	0.0	0.0
c. そ　の　他　の　果　実	0.7	0.7	0.8	0.8	0.8	0.8
7. 肉　　　　　　　類	16.0	16.6	16.9	17.0	17.1	17.4
a. 牛　　　　　　肉	2.7	2.9	2.9	3.0	3.0	2.9
b. 豚　　　　　　肉	6.2	6.3	6.4	6.3	6.4	6.5
c. 鶏　　　　　　肉	7.0	7.3	7.4	7.6	7.6	7.9
d. そ　の　他　の　肉	0.1	0.1	0.1	0.1	0.1	0.1
e. 鯨	0.0	0.0	0.0	0.0	0.0	0.0
8. 鶏　　　　　　　卵	5.7	5.8	5.8	5.8	5.7	5.7
9. 牛　乳　及　び　乳　製　品	8.0	8.2	8.3	8.3	8.3	8.3
a. 農　家　自　家　用	0.0	0.0	0.0	0.0	0.0	0.0
b. 飲　　用　　向　　け	2.7	2.7	2.7	2.7	2.8	2.8
c. 乳　製　品　向　け	5.3	5.4	5.6	5.6	5.5	5.5
ｱ. 全　脂　れ　ん　乳	0.1	0.1	0.1	0.1	0.1	0.1
ｲ. 脱　脂　れ　ん　乳	0.0	0.0	0.0	0.0	0.0	0.0
ｳ. 全　脂　粉　乳	0.1	0.1	0.1	0.1	0.1	0.1
ｴ. 脱　脂　粉　乳	1.0	1.0	1.0	1.0	1.0	1.1
ｵ. 育　児　用　粉　乳	0.1	0.1	0.1	0.1	0.1	0.1
ｶ. チ　　ー　　ズ	1.7	1.8	1.8	1.9	1.9	1.9
ｷ. バ　　タ　　ー	0.0	0.0	0.0	0.0	0.0	0.0
10. 魚　　介　　　類	13.4	13.2	12.7	13.5	12.7	12.4
a. 生　鮮　・　冷　凍	5.0	5.1	4.2	4.5	4.3	4.1
b. 塩干，くん製，その他	7.6	7.3	7.7	8.2	7.6	7.6
c. か　　ん　　　詰	0.8	0.8	0.8	0.8	0.8	0.7
d. 飼　　肥　　　料	0.0	0.0	0.0	0.0	0.0	0.0
11. 海　　藻　　　類	0.7	0.7	0.6	0.6	0.6	0.6
12. 砂　　糖　　　類	0.0	0.0	0.0	0.0	0.0	0.0
a. 粗　　　　　　糖	0.0	0.0	0.0	0.0	0.0	0.0
b. 精　　　　　　糖	0.0	0.0	0.0	0.0	0.0	0.0
c. 含　　み　　つ　　糖	0.0	0.0	0.0	0.0	0.0	0.0
d. 糖　　み　　　つ	0.0	0.0	0.0	0.0	0.0	0.0
13. 油　　脂　　　類	0.0	0.0	0.0	0.0	0.0	0.0
a. 植　物　油　脂	0.0	0.0	0.0	0.0	0.0	0.0
ｱ. 大　　豆　　油	0.0	0.0	0.0	0.0	0.0	0.0
ｲ. 菜　種　油　油	0.0	0.0	0.0	0.0	0.0	0.0
ｳ. や　　し　　油	0.0	0.0	0.0	0.0	0.0	0.0
ｴ. そ　の　他	0.0	0.0	0.0	0.0	0.0	0.0
b. 動　物　油　脂	0.0	0.0	0.0	0.0	0.0	0.0
ｱ. 魚　・　鯨　油	0.0	0.0	0.0	0.0	0.0	0.0
ｲ. 牛　　　　　脂	0.0	0.0	0.0	0.0	0.0	0.0
ｳ. そ　　の　　他	0.0	0.0	0.0	0.0	0.0	0.0
14. み　　　　　　　そ	1.2	1.3	1.2	1.2	1.2	1.2
15. し　　ょ　　う　　ゆ	1.2	1.2	1.2	1.2	1.1	1.1
16. そ　の　他　食　料　計	0.9	0.8	0.9	0.9	0.9	0.9
う　ち　き　の　こ　類	0.2	0.2	0.2	0.2	0.2	0.2
17. 合　　　　　　　計	77.8	78.8	78.5	79.4	78.1	77.7

（13）　国民1人・1日当たり供給脂質

（単位：g）

類　別・品　目　別	昭和35年度	36	37	38	39	40	41	42
1．穀　　　　　　類	3.6	3.6	3.6	3.6	3.6	5.7	5.7	5.6
a．米	2.5	2.6	2.6	2.6	2.5	3.9	3.7	3.6
	(2.5)	(2.6)	(2.6)	(2.5)	(2.5)	(3.9)	(3.7)	(3.6)
b．小　　　　　麦	0.8	0.8	0.9	0.9	0.9	1.7	1.8	1.8
c．大　　　　　麦	0.1	0.1	0.1	0.1	0.1	0.1	0.1	0.1
d．は　だ　か　麦	0.1	0.1	0.1	0.0	0.0	0.1	0.1	0.1
e．と　う　も　ろ　こ　し	0.0	0.0	0.0	0.0	0.0	0.0	0.0	0.0
f．こ　う　り　ゃ　ん	0.0	0.0	0.0	0.0	0.0	0.0	0.0	0.0
g．そ　の　他　の　雑　穀	0.0	0.0	0.0	0.0	0.0	0.0	0.0	0.0
2．い　　も　　類	0.1	0.1	0.1	0.1	0.1	0.1	0.1	0.1
a．か　ん　し　ょ	0.1	0.1	0.1	0.1	0.0	0.0	0.0	0.0
b．ば　れ　い　し　ょ	0.0	0.0	0.0	0.0	0.0	0.1	0.1	0.1
3．で　　　ん　　　粉	0.0	0.0	0.0	0.0	0.0	0.1	0.1	0.1
4．豆　　　　　　類	3.6	3.7	3.6	3.6	3.6	4.7	5.1	5.4
a．大　　　　　豆	2.7	2.7	2.5	2.4	2.3	2.6	2.9	3.1
b．そ　の　他　の　豆　類	1.0	1.1	1.1	1.2	1.3	2.1	2.2	2.3
5．野　　　　　　菜	0.5	0.5	0.5	0.5	0.5	0.4	0.4	0.4
a．緑　黄　色　野　菜	0.1	0.1	0.1	0.1	0.1	0.1	0.1	0.1
b．そ　の　他　の　野　菜	0.3	0.3	0.3	0.4	0.4	0.3	0.3	0.3
6．果　　　　　　実	0.2	0.2	0.2	0.3	0.3	0.1	0.2	0.2
a．う　ん　し　ゅ　う　み　か　ん	0.0	0.0	0.0	0.0	0.1	0.0	0.0	0.0
b．り　　ん　　ご	0.1	0.1	0.1	0.1	0.1	0.0	0.0	0.0
c．そ　の　他　の　果　実	0.1	0.1	0.1	0.1	0.1	0.1	0.1	0.2
7．肉　　　　　　類	1.7	2.3	2.9	2.7	3.0	3.4	3.9	4.2
a．牛　　　　　肉	0.4	0.4	0.5	0.6	0.7	0.8	0.6	0.7
b．豚　　　　　肉	1.0	1.5	2.0	1.7	1.9	1.6	2.2	2.3
c．鶏　　　　　肉	0.1	0.1	0.1	0.2	0.2	0.5	0.6	0.6
d．そ　の　他　の　肉	0.1	0.1	0.1	0.1	0.1	0.2	0.3	0.4
e．鯨	0.1	0.2	0.2	0.2	0.2	0.2	0.2	0.1
8．鶏　　　　　　卵	1.9	2.5	2.7	2.8	3.3	3.5	3.2	3.4
9．牛　乳　及　び　乳　製　品	2.0	2.3	2.6	3.0	3.2	3.4	3.8	3.9
a．農　家　自　家　用	0.1	0.1	0.1	0.1	0.1	0.1	0.1	0.1
b．飲　用　向　け	1.0	1.1	1.1	1.4	1.5	1.7	1.8	1.9
c．乳　製　品　向　け	0.9	1.1	1.3	1.5	1.6	1.6	1.8	1.9
ア．全　脂　れ　ん　乳	0.1	0.1	0.1	0.1	0.1	0.1	0.1	0.1
イ．脱　脂　れ　ん　乳	0.0	0.0	0.0	0.0	0.0	0.0	0.0	0.0
ウ．全　脂　粉　乳	0.1	0.1	0.1	0.1	0.2	0.2	0.2	0.2
エ．脱　脂　粉　乳	0.0	0.0	0.0	0.0	0.0	0.0	0.0	0.0
オ．育　児　用　粉　乳	0.1	0.2	0.2	0.2	0.2	0.4	0.3	0.4
カ．チ　ー　ズ	0.0	0.1	0.1	0.1	0.1	0.1	0.2	0.3
キ．バ　タ　ー	0.3	0.3	0.5	0.5	0.6	0.6	0.8	0.8
10．魚　　介　　類	2.5	3.1	2.8	2.7	2.2	4.0	3.9	3.9
a．生　鮮　・　冷　凍			1.2	1.1	0.8	1.6	1.4	1.5
b．塩干，くん製，その他	} 2.5	} 3.1	1.5	1.5	1.4	2.3	2.4	2.3
c．か　　ん　　詰			0.1	0.1	0.0	0.1	0.1	0.1
d．飼　　肥　　料	0.0	0.0	0.0	0.0	0.0	0.0	0.0	0.0
11．海　　藻　　類	0.0	0.0	0.0	0.0	0.0	0.0	0.0	0.1
12．砂　　糖　　類	0.0	0.0	0.0	0.0	0.0	0.0	0.0	0.0
a．粗　　　　　糖	0.0	0.0	0.0	0.0	0.0	0.0	0.0	0.0
b．精　　　　　糖	0.0	0.0	0.0	0.0	0.0	0.0	0.0	0.0
c．含　み　つ　糖	0.0	0.0	0.0	0.0	0.0	0.0	0.0	0.0
d．糖　　み　　つ	0.0	0.0	0.0	0.0	0.0	0.0	0.0	0.0
13．油　　脂　　類	11.8	12.9	14.6	16.9	18.0	17.2	19.9	21.3
a．植　物　油　脂	8.8	10.0	11.4	13.0	13.7	12.7	14.8	15.8
ア．大　　豆　　油	3.3	3.8	4.5	5.7	5.8	6.0	6.8	6.8
イ．菜　　種　　油	2.7	3.1	3.1	2.0	2.2	2.0	2.5	2.4
ウ．や　　　し　　　油	0.3	0.3	0.4	0.6	0.3	0.4	0.9	1.0
エ．そ　　の　　他	2.6	2.7	3.3	4.7	5.5	4.3	4.7	5.6
b．動　物　油　脂	3.0	3.0	3.2	3.8	4.3	4.5	5.1	5.6
ア．魚　・　鯨　油	1.1	1.1	1.5	1.1	1.0	1.1	1.2	1.3
イ．牛　　　　　脂	0.8	0.9	0.9	1.4	1.7	1.9	2.0	2.1
ウ．そ　　の　　他	1.2	0.9	0.9	1.3	1.5	1.6	1.9	2.1
14．み　　　　　　そ	0.8	0.8	0.7	0.7	0.7	1.3	1.3	1.3
15．し　　ょ　　う　　ゆ	0.2	0.2	0.2	0.2	0.2	0.0	0.0	0.0
16．そ　の　他　食　料　計	－	－	－	－	－	0.4	0.6	0.5
う　ち　き　の　こ　類						0.0	0.0	0.0
17．合　　　　　　計	29.1	32.2	34.5	37.1	38.8	44.3	48.1	50.4

国民1人・1日当たり供給脂質

(単位：g)

類 別・品 目 別	昭和43年度	44	45	46	47	48	49	50
1．穀　　　　　　類	5.5	5.4	5.3	5.2	5.2	5.1	5.1	5.0
a．米	3.6	3.4	3.4	3.3	3.3	3.2	3.2	3.1
	(3.5)	(3.4)	(3.3)	(3.2)	(3.2)	(3.2)	(3.1)	(3.0)
b．小　　　　麦	1.8	1.8	1.8	1.8	1.8	1.8	1.8	1.8
c．大　　　　麦	0.1	0.0	0.0	0.0	0.0	0.0	0.0	0.0
d．は　だ　か　麦	0.1	0.0	0.0	0.0	0.0	0.0	0.0	0.0
e．と う も ろ こ し	0.0	0.0	0.0	0.0	0.1	0.1	0.0	0.0
f．こ う り ゃ ん	0.0	0.0	0.0	0.0	0.0	0.0	0.0	0.0
g．そ の 他 の 雑 穀	0.0	0.0	0.0	0.0	0.0	0.0	0.0	0.0
2．い　　も　　類	0.1	0.1	0.1	0.1	0.1	0.1	0.1	0.1
a．か　ん　し　ょ	0.0	0.0	0.0	0.0	0.0	0.0	0.0	0.0
b．ば　れ　い　し　ょ	0.1	0.1	0.1	0.1	0.1	0.1	0.1	0.1
3．で　　ん　　粉	0.1	0.1	0.1	0.1	0.1	0.1	0.1	0.1
4．豆　　　　　類	5.5	5.5	5.6	5.6	5.7	5.7	5.5	5.3
a．大　　　　豆	3.1	3.2	3.2	3.2	3.3	3.3	3.3	3.3
b．そ の 他 の 豆 類	2.4	2.4	2.3	2.4	2.3	2.3	2.1	2.0
5．野　　　　　菜	0.5	0.5	0.5	0.5	0.5	0.4	0.4	0.4
a．緑 黄 色 野 菜	0.1	0.1	0.1	0.1	0.1	0.1	0.1	0.1
b．そ の 他 の 野 菜	0.4	0.4	0.4	0.4	0.4	0.3	0.4	0.4
6．果　　　　　実	0.3	0.2	0.2	0.2	0.3	0.3	0.3	0.3
a．うんしゅうみかん	0.0	0.0	0.0	0.0	0.1	0.0	0.0	0.0
b．り　ん　ご	0.0	0.0	0.0	0.0	0.0	0.0	0.0	0.0
c．そ の 他 の 果 実	0.2	0.2	0.2	0.2	0.2	0.3	0.2	0.2
7．肉　　　　　類	4.3	4.8	5.4	6.2	6.8	7.1	7.2	7.4
a．牛　　　　肉	0.7	1.0	1.1	1.2	1.3	1.2	1.2	1.2
b．豚　　　　肉	2.3	2.4	2.9	3.2	3.6	4.0	4.1	4.1
c．鶏　　　　肉	0.7	0.9	1.0	1.1	1.3	1.4	1.4	1.4
d．そ の 他 の 肉	0.4	0.4	0.3	0.5	0.5	0.4	0.4	0.6
e．　　　鯨	0.1	0.1	0.1	0.1	0.1	0.1	0.1	0.1
8．鶏　　　　　卵	3.7	4.1	4.5	4.4	4.4	4.3	4.2	4.2
9．牛 乳 及 び 乳 製 品	4.1	4.3	4.5	4.6	4.7	4.8	4.7	4.8
a．農 家 自 家 用	0.1	0.1	0.1	0.1	0.1	0.1	0.1	0.1
b．飲 用 向 け	2.1	2.2	2.3	2.3	2.4	2.4	2.4	2.5
c．乳 製 品 向 け	1.9	2.0	2.1	2.2	2.2	2.3	2.2	2.2
ア．全 脂 れ ん 乳	0.1	0.1	0.1	0.1	0.1	0.1	0.1	0.1
イ．脱 脂 れ ん 乳	0.0	0.0	0.0	0.0	0.0	0.0	0.0	0.0
ウ．全 脂 粉 乳	0.2	0.2	0.3	0.2	0.3	0.2	0.2	0.2
エ．脱 脂 粉 乳	0.0	0.0	0.0	0.0	0.0	0.0	0.0	0.0
オ．育 児 用 粉 乳	0.3	0.4	0.4	0.4	0.5	0.6	0.5	0.4
カ．チ ー ズ	0.3	0.3	0.4	0.3	0.3	0.4	0.4	0.4
キ．バ タ ー	0.9	0.8	0.9	1.2	1.1	1.3	1.1	1.1
10．魚　介　　類	3.9	3.6	3.9	3.9	4.1	4.5	4.5	5.0
a．生 鮮 ・ 冷 凍	1.5	1.3	1.4	1.4	1.5	1.6	1.7	1.9
b．塩干，くん製，その他	2.4	2.3	2.5	2.4	2.5	2.7	2.6	2.9
c．か　ん　詰	0.1	0.1	0.0	0.1	0.1	0.1	0.1	0.1
d．飼　肥　料	0.0	0.0	0.0	0.0	0.0	0.0	0.0	0.0
11．海　　藻　　類	0.0	0.0	0.0	0.0	0.0	0.1	0.1	0.1
12．砂　　糖　　類	0.0	0.0	0.0	0.0	0.0	0.0	0.0	0.0
a．粗　　　　糖	0.0	0.0	0.0	0.0	0.0	0.0	0.0	0.0
b．精　　　　糖	0.0	0.0	0.0	0.0	0.0	0.0	0.0	0.0
c．含 み つ 糖	0.0	0.0	0.0	0.0	0.0	0.0	0.0	0.0
d．糖　み　つ	0.0	0.0	0.0	0.0	0.0	0.0	0.0	0.0
13．油　　脂　　類	22.5	23.6	24.5	25.2	26.6	27.9	29.8	29.7
a．植 物 油 脂	16.7	17.6	18.6	18.5	19.5	21.3	24.0	23.7
ア．大 豆 油	7.5	8.2	9.5	9.1	9.0	9.1	10.9	10.3
イ．菜 種 油	2.7	2.8	2.9	3.4	4.5	5.5	6.1	6.8
ウ．や し 油	0.8	0.9	0.7	0.8	1.0	1.3	0.6	0.6
エ．そ の 他	5.7	5.7	5.5	5.2	5.0	5.4	6.4	6.0
b．動 物 油 脂	5.8	5.9	5.9	6.7	7.1	6.6	5.8	6.0
ア．魚 ・ 鯨 油	1.6	2.0	1.8	1.9	2.0	2.0	1.9	1.7
イ．牛 脂	2.0	1.9	2.0	2.1	2.3	2.0	1.4	1.9
ウ．そ の 他	2.2	2.1	2.1	2.7	2.9	2.7	2.5	2.4
14．み　　　　　そ	1.2	1.2	1.2	1.2	1.2	1.2	1.1	1.0
15．し　ょ　う　ゆ	0.0	0.0	0.0	0.0	0.0	0.0	0.0	0.0
16．そ の 他 食 料 計	0.5	0.5	0.5	0.6	0.5	0.6	0.4	0.4
う ち き の こ 類	0.0	0.0	0.0	0.0	0.0	0.0	0.0	0.0
17．合　　　　　計	52.3	53.9	56.3	57.8	60.0	62.1	63.3	63.9

国民1人・1日当たり供給脂質

(単位:g)

類別・品目別	昭和51年度	52	53	54	55	56	57	58
1.穀類	5.0	4.9	4.8	4.8	4.8	4.7	4.6	4.6
a.米	3.1	3.0	2.9	2.8	2.8	2.8	2.7	2.7
	(3.0)	(2.9)	(2.8)	(2.8)	(2.7)	(2.7)	(2.7)	(2.6)
b.小麦	1.8	1.8	1.8	1.8	1.9	1.8	1.8	1.8
c.大麦	0.0	0.0	0.0	0.0	0.0	0.0	0.0	0.0
d.はだか麦	0.0	0.0	0.0	0.0	0.0	0.0	0.0	0.0
e.とうもろこし	0.0	0.0	0.0	0.0	0.0	0.0	0.0	0.0
f.こうりゃん	0.0	0.0	0.0	0.0	0.0	0.0	0.0	0.0
g.その他の雑穀	0.0	0.0	0.0	0.0	0.0	0.0	0.0	0.0
2.いも類	0.1	0.1	0.1	0.1	0.1	0.1	0.1	0.1
a.かんしょ	0.0	0.0	0.0	0.0	0.0	0.0	0.0	0.0
b.ばれいしょ	0.1	0.1	0.1	0.1	0.1	0.1	0.1	0.1
3.でん粉	0.1	0.1	0.1	0.1	0.2	0.2	0.2	0.2
4.豆類	5.0	4.8	4.8	4.9	4.9	4.8	4.9	5.1
a.大豆	3.2	3.0	3.1	3.1	3.0	3.0	3.2	3.3
b.その他の豆類	1.8	1.8	1.7	1.9	1.8	1.7	1.7	1.8
5.野菜	0.4	0.5	0.5	0.5	0.5	0.5	0.5	0.5
a.緑黄色野菜	0.1	0.1	0.1	0.1	0.1	0.1	0.1	0.1
b.その他の野菜	0.4	0.4	0.4	0.4	0.4	0.4	0.4	0.4
6.果実	0.4	0.3	0.4	0.3	0.3	0.3	0.3	0.4
a.うんしゅうみかん	0.0	0.0	0.0	0.0	0.0	0.0	0.0	0.0
b.りんご	0.0	0.0	0.0	0.0	0.0	0.0	0.0	0.0
c.その他の果実	0.3	0.3	0.3	0.3	0.2	0.2	0.3	0.3
7.肉類	7.9	8.6	9.1	9.6	9.6	9.7	9.9	10.2
a.牛肉	1.4	1.5	1.7	1.7	1.7	1.8	1.9	2.1
b.豚肉	4.3	4.6	4.9	5.4	5.4	5.4	5.3	5.5
c.鶏肉	1.6	1.8	1.9	2.0	2.1	2.1	2.2	2.3
d.その他の肉	0.6	0.6	0.5	0.5	0.3	0.4	0.4	0.3
e.鯨	0.1	0.1	0.0	0.0	0.0	0.0	0.0	0.0
8.鶏卵	4.3	4.3	4.5	4.4	4.4	4.4	4.5	4.5
9.牛乳及び乳製品	5.2	5.4	5.6	5.8	5.9	6.1	6.0	6.4
a.農家自家用	0.1	0.1	0.1	0.1	0.0	0.0	0.0	0.0
b.飲用向け	2.7	2.8	2.9	3.0	3.1	3.1	3.2	3.2
c.乳製品向け	2.5	2.5	2.6	2.8	2.8	3.0	2.8	3.1
ア.全脂れん乳	0.1	0.1	0.1	0.1	0.1	0.1	0.1	0.1
イ.脱脂れん乳	0.0	0.0	0.0	0.0	0.0	0.0	0.0	0.0
ウ.全脂粉乳	0.2	0.2	0.2	0.2	0.2	0.2	0.2	0.2
エ.脱脂粉乳	0.0	0.0	0.0	0.0	0.0	0.0	0.0	0.0
オ.育児用粉乳	0.4	0.3	0.3	0.3	0.3	0.3	0.3	0.3
カ.チーズ	0.5	0.6	0.6	0.6	0.6	0.6	0.6	0.7
キ.バター	1.1	1.1	1.1	1.2	1.3	1.4	1.4	1.4
10.魚介類	4.7	5.7	6.4	6.2	6.1	5.9	5.7	6.0
a.生鮮・冷凍	1.9	2.2	2.6	2.4	2.4	2.2	2.1	2.2
b.塩干,くん製,その他	2.7	3.3	3.6	3.6	3.5	3.4	3.3	3.5
c.かん詰	0.2	0.2	0.2	0.2	0.2	0.2	0.3	0.3
d.飼肥料	0.0	0.0	0.0	0.0	0.0	0.0	0.0	0.0
11.海藻類	0.1	0.1	0.1	0.1	0.1	0.1	0.1	0.1
12.砂糖類	0.0	0.0	0.0	0.0	0.0	0.0	0.0	0.0
a.粗糖	0.0	0.0	0.0	0.0	0.0	0.0	0.0	0.0
b.精糖	0.0	0.0	0.0	0.0	0.0	0.0	0.0	0.0
c.含みつ糖	0.0	0.0	0.0	0.0	0.0	0.0	0.0	0.0
d.糖みつ	0.0	0.0	0.0	0.0	0.0	0.0	0.0	0.0
13.油脂類	29.9	30.5	32.2	32.5	34.5	36.3	36.5	36.8
a.植物油脂	24.3	25.2	25.8	25.8	27.5	29.5	30.0	30.5
ア.大豆油	10.4	10.6	11.4	10.8	11.6	11.7	12.3	12.7
イ.菜種油	6.3	6.5	7.1	7.9	8.0	9.6	9.5	9.3
ウ.やし油	1.1	0.9	0.9	0.6	0.6	0.7	0.8	0.9
エ.その他	6.6	7.2	6.4	6.5	7.3	7.3	7.4	7.6
b.動物油脂	5.6	5.4	6.4	6.7	7.1	6.9	6.5	6.4
ア.魚・鯨油	1.8	1.5	1.8	2.4	2.5	2.5	2.5	2.5
イ.牛脂	1.3	1.2	1.3	1.0	1.3	1.4	1.3	1.4
ウ.その他	2.5	2.6	3.3	3.3	3.3	3.0	2.7	2.5
14.みそ	1.1	1.0	1.0	1.0	1.0	1.0	1.0	0.9
15.しょうゆ	0.0	0.0	0.0	0.0	0.0	0.0	0.0	0.0
16.その他食料計	0.5	0.5	0.4	0.4	0.4	0.5	0.5	0.5
うちきのこ類	0.0	0.0	0.0	0.0	0.0	0.0	0.0	0.0
17.合計	64.6	66.8	69.8	70.7	72.6	74.4	74.8	76.2

国民１人・１日当たり供給脂質

(単位：g)

類　別・品　目　別	昭和59年度	60	61	62	63	平成元年度	2	3
1．穀　　　　　類	4.6	3.8	3.7	3.7	3.7	3.7	3.7	3.7
a．米	2.7	1.8	1.8	1.8	1.8	1.7	1.7	1.7
	(2.6)	(1.8)	(1.8)	(1.7)	(1.7)	(1.7)	(1.7)	(1.7)
b．小　　　　麦	1.8	1.8	1.8	1.8	1.8	1.8	1.8	1.8
c．大　　　　麦	0.0	0.0	0.0	0.0	0.0	0.0	0.0	0.0
d．は だ か 麦	0.0	0.0	0.0	0.0	0.0	0.0	0.0	0.0
e．とうもろこし	0.0	0.0	0.0	0.0	0.1	0.1	0.1	0.1
f．こ う り ゃ ん	0.0	0.0	0.0	0.0	0.0	0.0	0.0	0.0
g．その他の雑穀	0.0	0.0	0.0	0.0	0.0	0.0	0.0	0.0
2．い　　も　　類	0.1	0.1	0.1	0.1	0.1	0.1	0.1	0.1
a．かんしょ	0.0	0.0	0.0	0.0	0.0	0.0	0.0	0.0
b．ばれいしょ	0.1	0.0	0.0	0.0	0.0	0.0	0.0	0.0
3．で　　ん　　粉	0.2	0.2	0.2	0.2	0.2	0.2	0.3	0.3
4．豆　　　　　類	5.2	4.7	4.8	5.0	5.1	5.1	4.8	4.9
a．大　　　　豆	3.4	3.4	3.5	3.8	3.7	3.8	3.6	3.7
b．その他の豆類	1.8	1.3	1.3	1.2	1.4	1.3	1.2	1.2
5．野　　　　　菜	0.5	0.6	0.6	0.6	0.6	0.6	0.6	0.6
a．緑黄色野菜	0.1	0.1	0.1	0.1	0.1	0.1	0.1	0.1
b．その他の野菜	0.4	0.5	0.5	0.5	0.5	0.5	0.5	0.5
6．果　　　　　実	0.4	0.4	0.6	0.5	0.6	0.6	0.6	0.6
a．うんしゅうみかん	0.0	0.0	0.0	0.0	0.0	0.0	0.0	0.0
b．り　ん　ご	0.0	0.0	0.0	0.0	0.0	0.0	0.0	0.0
c．その他の果実	0.3	0.4	0.5	0.5	0.5	0.6	0.6	0.6
7．肉　　　　　類	10.4	9.1	9.5	9.9	10.2	10.3	10.5	10.6
a．牛　　　　肉	2.1	2.7	2.8	3.0	3.2	3.2	3.4	3.5
b．豚　　　　肉	5.5	4.1	4.2	4.4	4.5	4.6	4.6	4.6
c．鶏　　　　肉	2.4	2.0	2.1	2.2	2.3	2.3	2.3	2.3
d．その他の肉	0.3	0.3	0.3	0.3	0.3	0.2	0.2	0.2
e．　　　　鯨	0.0	0.0	0.0	0.0	0.0	0.0	0.0	0.0
8．鶏　　　　　卵	4.5	4.1	4.3	4.5	4.5	4.5	4.5	4.8
9．牛乳及び乳製品	6.5	6.8	6.8	7.2	7.8	7.7	8.0	8.1
a．農家自家用	0.0	0.0	0.0	0.0	0.0	0.0	0.0	0.0
b．飲用向け	3.2	3.4	3.4	3.6	3.7	3.8	3.9	3.9
c．乳製品向け	3.2	3.4	3.4	3.6	4.0	3.9	4.0	4.2
ア．全脂れん乳	0.1	0.1	0.1	0.1	0.1	0.1	0.1	0.1
イ．脱脂れん乳	0.0	0.0	0.0	0.0	0.0	0.0	0.0	0.0
ウ．全脂粉乳	0.2	0.2	0.2	0.2	0.2	0.2	0.2	0.2
エ．脱脂粉乳	0.0	0.0	0.0	0.0	0.0	0.0	0.0	0.0
オ．育児用粉乳	0.3	0.3	0.3	0.3	0.3	0.2	0.2	0.2
カ．チ　ー　ズ	0.7	0.6	0.7	0.8	0.9	0.9	0.9	1.0
キ．バ　タ　ー	1.5	1.5	1.5	1.6	1.6	1.6	1.6	1.6
10．魚　　介　　類	5.8	6.0	6.2	6.0	5.9	6.1	6.3	6.2
a．生鮮・冷凍	2.3	2.4	2.4	2.4	2.2	2.3	2.4	2.3
b．塩干，くん製，その他	3.3	3.4	3.5	3.4	3.4	3.6	3.6	3.6
c．か　ん　詰	0.3	0.3	0.3	0.3	0.3	0.3	0.3	0.3
d．飼　肥　料	0.0	0.0	0.0	0.0	0.0	0.0	0.0	0.0
11．海　　藻　　類	0.1	0.1	0.1	0.1	0.1	0.1	0.1	0.1
12．砂　　糖　　類	0.0	0.0	0.0	0.0	0.0	0.0	0.0	0.0
a．粗　　　　糖	0.0	0.0	0.0	0.0	0.0	0.0	0.0	0.0
b．精　　　　糖	0.0	0.0	0.0	0.0	0.0	0.0	0.0	0.0
c．含 み つ 糖	0.0	0.0	0.0	0.0	0.0	0.0	0.0	0.0
d．糖　み　つ	0.0	0.0	0.0	0.0	0.0	0.0	0.0	0.0
13．油　　脂　　類	37.9	38.3	39.1	38.6	38.7	39.0	38.9	38.3
a．植　物　油　脂	31.1	31.4	32.2	32.1	32.1	32.4	33.0	32.8
ア．大　豆　油	13.0	12.3	12.2	11.6	11.7	11.1	11.7	10.8
イ．菜　種　油	10.1	10.6	11.1	11.6	11.8	12.5	12.2	12.8
ウ．や　し　油	0.6	0.5	0.5	0.6	0.5	0.6	0.6	0.6
エ．そ　の　他	7.5	7.9	8.4	8.4	8.1	8.3	8.5	8.6
b．動　物　油　脂	6.8	6.9	6.9	6.5	6.6	6.6	5.9	5.5
ア．魚・鯨　油	2.5	2.5	2.4	2.4	2.2	2.3	2.2	2.0
イ．牛　　脂	1.3	1.2	1.1	1.1	1.2	1.0	0.9	0.8
ウ．そ　の　他	3.0	3.1	3.5	3.1	3.2	3.3	2.9	2.7
14．み　　　　　そ	0.9	0.9	0.9	0.9	0.9	0.8	0.8	0.8
15．し　ょ　う　ゆ	0.0	0.0	0.0	0.0	0.0	0.0	0.0	0.0
16．その他食料計	0.5	0.5	0.5	0.5	0.6	0.6	0.7	0.7
うちきのこ類	0.0	0.0	0.0	0.0	0.0	0.0	0.0	0.0
17．合　　　　　計	77.7	75.4	77.5	77.9	79.0	79.5	79.7	79.7

国民1人・1日当たり供給脂質

（単位：g）

類別・品目別	平成4年度	5	6	7	8	9	10	11
1.穀　　　　　類	3.7	3.7	3.6	3.7	3.7	3.6	3.6	3.6
a.　　　米	1.7	1.8	1.6	1.7	1.7	1.6	1.6	1.6
	(1.7)	(1.6)	(1.6)	(1.6)	(1.6)	(1.6)	(1.6)	(1.6)
b.小　　　　麦	1.8	1.8	1.9	1.9	1.9	1.9	1.9	1.9
c.大　　　　麦	0.0	0.0	0.0	0.0	0.0	0.0	0.0	0.0
d.は　だ　か　麦	0.0	0.0	0.0	0.0	0.0	0.0	0.0	0.0
e.と　う　も　ろ　こ　し	0.1	0.1	0.0	0.0	0.0	0.0	0.0	0.0
f.こ　う　り　ゃ　ん	0.0	0.0	0.0	0.0	0.0	0.0	0.0	0.0
g.そ　の　他　の　雑　穀	0.0	0.0	0.0	0.0	0.0	0.0	0.0	0.0
2.い　　　も　　　類	0.1	0.1	0.1	0.1	0.1	0.1	0.1	0.1
a.か　ん　し　ょ	0.0	0.0	0.0	0.0	0.0	0.0	0.0	0.0
b.ば　れ　い　し　ょ	0.0	0.0	0.0	0.0	0.0	0.0	0.0	0.0
3.で　　ん　　粉	0.2	0.2	0.3	0.3	0.3	0.3	0.3	0.3
4.豆　　　　　類	5.0	4.8	4.8	4.6	5.0	4.9	5.0	4.8
a.大　　　　豆	3.8	3.5	3.6	3.5	3.8	3.7	3.8	3.6
b.そ　の　他　の　豆　類	1.3	1.3	1.3	1.1	1.2	1.2	1.2	1.2
5.野　　　　　菜	0.6	0.5	0.6	0.6	0.6	0.6	0.5	0.6
a.緑　黄　色　野　菜	0.1	0.1	0.1	0.1	0.1	0.1	0.1	0.1
b.そ　の　他　の　野　菜	0.5	0.4	0.5	0.4	0.4	0.4	0.4	0.4
6.果　　　　　実	0.6	0.6	0.6	0.7	0.6	0.6	0.6	0.6
a.うんしゅうみかん	0.0	0.0	0.0	0.0	0.0	0.0	0.0	0.0
b.り　ん　ご	0.0	0.0	0.0	0.0	0.0	0.0	0.0	0.0
c.そ　の　他　の　果　実	0.6	0.6	0.6	0.6	0.6	0.6	0.6	0.5
7.肉　　　　　類	10.9	11.1	11.4	11.6	11.4	11.3	11.5	11.6
a.牛　　　　肉	3.8	4.1	4.4	4.5	4.2	4.3	4.4	4.4
b.豚　　　　肉	4.6	4.5	4.6	4.5	4.6	4.5	4.6	4.7
c.鶏　　　　肉	2.3	2.3	2.3	2.4	2.4	2.4	2.4	2.4
d.そ　の　他　の　肉	0.2	0.2	0.2	0.2	0.1	0.1	0.1	0.1
e.　　　鯨	0.0	0.0	0.0	0.0	0.0	0.0	0.0	0.0
8.鶏　　　　　卵	4.9	4.9	4.9	4.8	4.9	4.9	4.8	4.8
9.牛　乳　及　び　乳　製　品	8.0	8.0	8.6	8.7	8.9	8.9	8.9	8.9
a.農　家　自　家　用	0.0	0.0	0.0	0.0	0.0	0.0	0.0	0.0
b.飲　用　向　け	3.9	3.8	4.0	3.9	3.9	3.9	3.8	3.7
c.乳　製　品　向　け	4.1	4.2	4.6	4.8	5.0	5.1	5.1	5.2
ｱ.全　脂　れ　ん　乳	0.1	0.1	0.1	0.1	0.1	0.1	0.1	0.1
ｲ.脱　脂　れ　ん　乳	0.0	0.0	0.0	0.0	0.0	0.0	0.0	0.0
ｳ.全　脂　粉　乳	0.2	0.2	0.2	0.1	0.1	0.1	0.1	0.1
ｴ.脱　脂　粉　乳	0.0	0.0	0.1	0.1	0.1	0.0	0.0	0.0
ｵ.育　児　用　粉　乳	0.2	0.2	0.2	0.2	0.2	0.2	0.2	0.2
ｶ.チ　ー　ズ	1.0	1.1	1.1	1.2	1.3	1.3	1.4	1.4
ｷ.バ　タ　ー	1.5	1.6	1.6	1.7	1.6	1.6	1.5	1.5
10.魚　　介　　類	5.8	6.1	6.3	6.4	5.8	5.8	5.2	5.3
a.生　鮮　・　冷　凍	2.2	2.4	2.9	3.0	2.8	2.6	2.3	2.5
b.塩干，くん製，その他	3.3	3.4	3.2	3.2	3.2	3.0	2.8	2.6
c.か　ん　詰	0.3	0.3	0.3	0.2	0.2	0.2	0.2	0.2
d.飼　　肥　　料	0.0	0.0	0.0	0.0	0.0	0.0	0.0	0.0
11.海　　藻　　類	0.1	0.1	0.1	0.1	0.1	0.1	0.1	0.1
12.砂　　糖　　類	0.0	0.0	0.0	0.0	0.0	0.0	0.0	0.0
a.粗　　　糖	0.0	0.0	0.0	0.0	0.0	0.0	0.0	0.0
b.精　　　糖	0.0	0.0	0.0	0.0	0.0	0.0	0.0	0.0
c.含　み　つ　糖	0.0	0.0	0.0	0.0	0.0	0.0	0.0	0.0
d.糖　　み　　つ	0.0	0.0	0.0	0.0	0.0	0.0	0.0	0.0
13.油　　脂　　類	39.0	39.4	39.4	39.8	40.5	40.9	40.1	41.1
a.植　物　油　脂	33.4	33.8	33.9	34.2	34.6	36.6	36.1	37.1
ｱ.大　豆　油	11.2	11.5	10.5	11.3	10.6	11.3	10.8	11.3
ｲ.菜　種　油	12.2	12.2	13.0	12.6	13.2	14.1	14.2	15.0
ｳ.や　し　油	0.4	0.2	0.3	0.5	0.5	0.7	0.7	0.7
ｴ.そ　の　他	9.6	9.9	10.1	9.8	10.3	10.5	10.4	10.1
b.動　物　油　脂	5.6	5.6	5.6	5.6	5.9	4.4	4.0	4.0
ｱ.魚　・　鯨　油	1.9	2.0	1.8	1.8	1.8	1.5	1.1	1.1
ｲ.牛　　　脂	1.1	1.1	1.3	1.2	1.4	0.9	0.9	0.9
ｳ.そ　の　他	2.6	2.4	2.4	2.6	2.8	2.0	1.9	1.9
14.み　　　　　そ	0.8	0.8	0.8	0.7	0.7	0.7	0.7	0.7
15.し　　ょ　　う　　ゆ	0.0	0.0	0.0	0.0	0.0	0.0	0.0	0.0
16.そ　の　他　食　料　計	0.7	0.6	0.6	0.7	0.8	0.7	0.7	0.7
う　ち　き　の　こ　類	0.0	0.0	0.0	0.0	0.0	0.0	0.0	0.0
17.合　　　　　計	80.4	81.0	82.1	82.7	83.7	83.5	82.0	83.1

国民1人・1日当たり供給脂質

(単位:g)

類 別・品 目 別	平成12年度	13	14	15	16	17	18	19
1．穀　　　　　　　　類	3.6	3.5	3.5	3.5	3.5	3.5	3.4	3.5
a.　　　米	1.6	1.6	1.5	1.5	1.5	1.5	1.5	1.5
	(1.5)	(1.5)	(1.5)	(1.5)	(1.5)	(1.5)	(1.4)	(1.4)
b.小　　　　　　麦	1.9	1.8	1.8	1.9	1.9	1.8	1.8	1.8
c.大　　　　　　麦	0.0	0.0	0.0	0.0	0.0	0.0	0.0	0.0
d.は　だ　か　麦	0.0	0.0	0.0	0.0	0.0	0.0	0.0	0.0
e.と う も ろ こ し	0.0	0.0	0.1	0.1	0.1	0.1	0.1	0.1
f.こ　う　り　ゃ　ん	0.0	0.0	0.0	0.0	0.0	0.0	0.0	0.0
g.そ の 他 の 雑 穀	0.0	0.0	0.0	0.0	0.1	0.1	0.1	0.1
2．い　　　も　　　類	0.1	0.1	0.1	0.1	0.1	0.1	0.1	0.1
a.か　ん　し　ょ	0.0	0.0	0.0	0.0	0.0	0.0	0.0	0.0
b.ば　れ　い　し　ょ	0.0	0.0	0.0	0.0	0.0	0.0	0.0	0.0
3．で　　ん　　粉	0.3	0.3	0.3	0.3	0.3	0.3	0.3	0.3
4．豆　　　　　　　　類	4.9	5.0	5.0	5.0	5.1	5.0	5.0	4.9
a.大　　　　　　豆	3.6	3.8	3.8	3.8	3.9	3.8	3.8	3.8
b.そ の 他 の 豆 類	1.3	1.2	1.2	1.2	1.2	1.2	1.2	1.1
5．野　　　　　　　　菜	0.6	0.5	0.5	0.5	0.5	0.5	0.5	0.5
a.緑 黄 色 野 菜	0.1	0.1	0.1	0.1	0.1	0.1	0.1	0.1
b.そ の 他 の 野 菜	0.4	0.4	0.4	0.4	0.4	0.4	0.4	0.4
6．果　　　　　　　　実	0.7	0.9	0.9	0.9	0.9	1.0	0.9	0.8
a.うんしゅうみかん	0.0	0.0	0.0	0.0	0.0	0.0	0.0	0.0
b.り　ん　ご	0.0	0.0	0.0	0.0	0.0	0.0	0.0	0.0
c.そ の 他 の 果 実	0.7	0.8	0.9	0.9	0.9	0.9	0.9	0.8
7．肉　　　　　　　　類	11.7	11.1	11.4	11.3	11.1	11.3	11.1	11.1
a.牛　　　　　　肉	4.5	3.7	3.8	3.7	3.3	3.4	3.4	3.4
b.豚　　　　　　肉	4.7	4.8	5.0	5.1	5.3	5.3	5.1	5.1
c.鶏　　　　　　肉	2.4	2.5	2.5	2.4	2.3	2.5	2.6	2.5
d.そ の 他 の 肉	0.1	0.1	0.1	0.1	0.1	0.1	0.1	0.1
e.　　鯨	0.0	0.0	0.0	0.0	0.0	0.0	0.0	0.0
8．鶏　　　　　　　　卵	4.8	4.7	4.7	4.7	4.7	4.7	4.7	4.8
9．牛 乳 及 び 乳 製 品	9.0	8.9	8.9	8.9	9.0	8.8	8.8	8.9
a.農 家 自 家 用	0.0	0.0	0.0	0.0	0.0	0.0	0.0	0.0
b.飲 用 向 け	3.7	3.7	3.8	3.7	3.6	3.5	3.4	3.3
c.乳 製 品 向 け	5.3	5.2	5.1	5.2	5.3	5.3	5.4	5.5
ｱ.全 脂 れ ん 乳	0.1	0.1	0.1	0.1	0.1	0.1	0.1	0.1
ｲ.脱 脂 れ ん 乳	0.0	0.0	0.0	0.0	0.0	0.0	0.0	0.0
ｳ.全 脂 粉 乳	0.1	0.1	0.1	0.1	0.1	0.1	0.1	0.1
ｴ.脱 脂 粉 乳	0.0	0.0	0.0	0.0	0.0	0.0	0.0	0.0
ｵ.育 児 用 粉 乳	0.2	0.2	0.2	0.2	0.2	0.2	0.2	0.2
ｶ.チ　ー　ズ	1.5	1.5	1.4	1.5	1.5	1.5	1.6	1.6
ｷ.バ　タ　ー	1.5	1.6	1.6	1.6	1.6	1.5	1.6	1.6
10．魚　　介　　類	5.5	6.6	5.6	5.8	5.5	6.2	6.0	5.8
a.生 鮮 ・ 冷 凍	2.4	3.0	2.6	2.6	2.4	2.7	2.4	2.4
b.塩干, くん製, その他	2.9	3.4	2.8	3.0	2.9	3.2	3.3	3.1
c.か　ん　詰	0.2	0.3	0.2	0.2	0.2	0.3	0.3	0.3
d.飼　肥　料	0.0	0.0	0.0	0.0	0.0	0.0	0.0	0.0
11．海　　藻　　類	0.1	0.1	0.1	0.1	0.1	0.1	0.1	0.1
12．砂　　糖　　類	0.0	0.0	0.0	0.0	0.0	0.0	0.0	0.0
a.粗　　　　　　糖	0.0	0.0	0.0	0.0	0.0	0.0	0.0	0.0
b.精　　　　　　糖	0.0	0.0	0.0	0.0	0.0	0.0	0.0	0.0
c.含　み　つ　糖	0.0	0.0	0.0	0.0	0.0	0.0	0.0	0.0
d.糖　　み　　つ	0.0	0.0	0.0	0.0	0.0	0.0	0.0	0.0
13．油　　脂　　類	41.5	41.2	41.1	40.9	39.3	39.9	39.8	39.3
a.植 物 油 脂	37.5	37.5	37.7	37.6	36.0	36.9	36.9	36.5
ｱ.大　　豆　　油	11.1	11.5	12.0	12.2	9.9	9.6	9.5	9.2
ｲ.菜　　種　　油	15.3	14.9	14.3	14.1	15.2	15.4	15.2	14.7
ｳ.や　　し　　油	0.7	0.7	0.7	0.7	0.7	0.8	0.9	0.8
ｴ.そ　の　他	10.4	10.5	10.7	10.6	10.3	11.1	11.3	11.8
b.動 物 油 脂	4.0	3.8	3.4	3.3	3.3	3.0	2.9	2.7
ｱ.魚 ・ 鯨 油	1.3	1.1	1.0	0.9	0.8	0.5	0.4	0.3
ｲ.牛　　　脂	0.9	0.9	0.7	0.7	0.8	0.8	0.8	0.8
ｳ.そ　の　他	1.7	1.7	1.7	1.7	1.7	1.7	1.7	1.7
14．み　　　　そ	0.7	0.7	0.7	0.7	0.7	0.6	0.6	0.6
15．し　ょ　う　ゆ	0.0	0.0	0.0	0.0	0.0	0.0	0.0	0.0
16．そ の 他 食 料 計	0.8	0.8	0.8	0.9	0.8	0.8	0.9	1.0
う ち き の こ 類	0.0	0.0	0.0	0.0	0.0	0.0	0.0	0.0
17．合　　　　　　　　計	84.2	84.4	83.6	83.6	81.6	82.8	82.3	81.5

国民1人・1日当たり供給脂質

（単位：g）

類別・品目別	平成20年度	21	22	23	24	25	26	27
1. 穀　　　　類	3.3	3.4	3.5	3.4	3.4	3.4	3.1	3.1
a. 米	1.5	1.4	1.5	1.4	1.4	1.4	1.4	1.3
	(1.4)	(1.4)	(1.4)	(1.4)	(1.3)	(1.4)	(1.3)	(1.3)
b. 小　　　　麦	1.8	1.8	1.9	1.9	1.9	1.9	1.6	1.6
c. 大　　　　麦	0.0	0.0	0.0	0.0	0.0	0.0	0.0	0.0
d. は　だ　か　麦	0.0	0.0	0.0	0.0	0.0	0.0	0.0	0.0
e. と　う　も　ろ　こ　し	0.1	0.1	0.1	0.1	0.1	0.1	0.1	0.1
f. こ　う　り　ゃ　ん	0.0	0.0	0.0	0.0	0.0	0.0	0.0	0.0
g. その他の雑穀	0.0	0.0	0.0	0.0	0.1	0.1	0.1	0.1
2. い　　も　　類	0.1	0.1	0.1	0.1	0.1	0.1	0.1	0.1
a. か　ん　し　ょ	0.0	0.0	0.0	0.0	0.0	0.0	0.0	0.0
b. ば　れ　い　し　ょ	0.0	0.0	0.0	0.0	0.0	0.0	0.0	0.0
3. で　ん　　粉	0.3	0.3	0.3	0.3	0.3	0.3	0.3	0.3
4. 豆　　　　類	4.7	4.7	4.7	4.6	4.4	4.4	4.4	4.5
a. 大　　　　豆	3.8	3.6	3.6	3.5	3.4	3.5	3.4	3.5
b. その他の豆類	0.9	1.0	1.1	1.1	1.0	1.0	1.0	1.0
5. 野　　　　菜	0.5	0.5	0.5	0.5	0.5	0.5	0.5	0.5
a. 緑黄色野菜	0.1	0.1	0.1	0.1	0.1	0.1	0.1	0.1
b. その他の野菜	0.4	0.4	0.4	0.4	0.4	0.4	0.4	0.4
6. 果　　　　実	0.8	0.9	1.0	1.0	1.1	1.1	1.1	1.1
a. うんしゅうみかん	0.0	0.0	0.0	0.0	0.0	0.0	0.0	0.0
b. り　ん　ご	0.0	0.0	0.0	0.0	0.0	0.0	0.0	0.0
c. その他の果実	0.8	0.9	1.0	1.0	1.1	1.1	1.1	1.0
7. 肉　　　　類	11.3	11.3	11.5	11.7	11.8	11.8	11.7	11.8
a. 牛　　　　肉	3.5	3.6	3.6	3.7	3.6	3.7	3.6	3.6
b. 豚　　　　肉	5.2	5.1	5.1	5.2	5.2	5.2	5.3	5.4
c. 鶏　　　　肉	2.6	2.6	2.7	2.7	2.9	2.9	2.7	2.8
d. その他の肉	0.1	0.1	0.1	0.1	0.1	0.1	0.1	0.1
e. 鯨	0.0	0.0	0.0	0.0	0.0	0.0	0.0	0.0
8. 鶏　　　　卵	4.7	4.7	4.7	4.7	4.7	4.7	4.7	4.8
9. 牛乳及び乳製品	8.2	8.1	8.3	8.5	8.6	8.5	8.6	8.7
a. 農　家　自　家　用	0.0	0.0	0.0	0.0	0.0	0.0	0.0	0.0
b. 飲　用　向　け	3.3	3.1	3.0	3.0	3.0	3.0	2.9	2.9
c. 乳　製　品　向　け	5.0	5.0	5.2	5.4	5.6	5.6	5.6	5.8
ア. 全　脂　れ　ん　乳	0.1	0.1	0.1	0.1	0.1	0.1	0.1	0.1
イ. 脱　脂　れ　ん　乳	0.0	0.0	0.0	0.0	0.0	0.0	0.0	0.0
ウ. 全　脂　粉　乳	0.1	0.1	0.1	0.1	0.1	0.1	0.1	0.1
エ. 脱　脂　粉　乳	0.0	0.0	0.0	0.0	0.0	0.0	0.0	0.0
オ. 育　児　用　粉　乳	0.2	0.2	0.1	0.1	0.1	0.1	0.1	0.1
カ. チ　ー　ズ	1.4	1.5	1.5	1.7	1.8	1.7	1.8	1.9
キ. バ　タ　ー	1.4	1.4	1.5	1.4	1.3	1.3	1.3	1.3
10. 魚　介　　類	6.0	5.8	4.5	4.4	4.1	3.8	4.4	4.3
a. 生　鮮　・　冷　凍	2.5	2.4	1.8	1.9	1.7	1.5	1.8	1.7
b. 塩干，くん製，その他	3.3	3.1	2.5	2.3	2.2	2.1	2.4	2.4
c. か　ん　詰	0.3	0.3	0.2	0.2	0.2	0.2	0.2	0.2
d. 飼　　肥　　料	0.0	0.0	0.0	0.0	0.0	0.0	0.0	0.0
11. 海　藻　　類	0.1	0.1	0.1	0.1	0.1	0.1	0.1	0.1
12. 砂　糖　　類	0.0	0.0	0.0	0.0	0.0	0.0	0.0	0.0
a. 粗　　　　糖	0.0	0.0	0.0	0.0	0.0	0.0	0.0	0.0
b. 精　　　　糖	0.0	0.0	0.0	0.0	0.0	0.0	0.0	0.0
c. 含　み　つ　糖	0.0	0.0	0.0	0.0	0.0	0.0	0.0	0.0
d. 糖　み　つ	0.0	0.0	0.0	0.0	0.0	0.0	0.0	0.0
13. 油　脂　　類	37.8	35.8	36.9	37.0	37.2	37.2	38.7	38.9
a. 植　物　油　脂	35.5	33.6	34.7	34.7	34.9	34.9	36.4	36.7
ア. 大　豆　油	8.9	7.4	7.1	6.1	6.0	5.8	6.3	7.0
イ. 菜　種　油	13.7	13.6	14.7	15.8	16.0	15.6	16.3	15.5
ウ. や　し　油	0.8	0.7	0.7	0.6	0.6	0.6	0.7	0.7
エ. そ　の　他	12.1	11.8	12.2	12.2	12.3	12.9	13.1	13.5
b. 動　物　油　脂	2.3	2.2	2.2	2.3	2.3	2.3	2.3	2.2
ア. 魚　・　鯨　油	0.2	0.2	0.1	0.2	0.2	0.2	0.2	0.1
イ. 牛　　　　脂	0.5	0.5	0.6	0.5	0.5	0.6	0.6	0.6
ウ. そ　の　他	1.5	1.5	1.5	1.6	1.6	1.6	1.6	1.5
14. み　　　　そ	0.6	0.6	0.6	0.6	0.6	0.5	0.6	0.6
15. し　ょ　う　ゆ	0.0	0.0	0.0	0.0	0.0	0.0	0.0	0.0
16. その他食料計	0.5	0.7	0.5	0.6	0.6	0.5	0.4	0.5
うちきのこ類	0.0	0.0	0.0	0.0	0.0	0.0	0.0	0.0
17. 合　　　　計	79.0	76.8	77.0	77.3	77.3	77.0	78.6	79.2

国民1人・1日当たり供給脂質

（単位：g）

類　別・品　目　別	平成28年度	29	30	令和元年度	2	3
1．穀　　　　　　類	3.1	3.1	3.0	3.0	2.9	2.9
a．米	1.3	1.3	1.3	1.3	1.3	1.3
	(1.3)	(1.3)	(1.3)	(1.3)	(1.2)	(1.2)
b．小　　　　　麦	1.6	1.6	1.6	1.6	1.6	1.6
c．大　　　　　麦	0.0	0.0	0.0	0.0	0.0	0.0
d．は　だ　か　麦	0.0	0.0	0.0	0.0	0.0	0.0
e．と　う　も　ろ　こ　し	0.1	0.0	0.0	0.0	0.0	0.0
f．こ　う　り　ゃ　ん	0.0	0.0	0.0	0.0	0.0	0.0
g．そ　の　他　の　雑　穀	0.1	0.1	0.1	0.1	0.0	0.1
2．い　　　も　　　類	0.1	0.1	0.1	0.1	0.1	0.1
a．か　ん　し　ょ	0.0	0.0	0.0	0.0	0.0	0.0
b．ば　れ　い　し　ょ	0.0	0.0	0.0	0.0	0.0	0.0
3．で　　　ん　　　粉	0.3	0.3	0.3	0.3	0.2	0.3
4．豆　　　　　　類	4.6	4.7	4.8	5.0	5.1	4.9
a．大　　　　　豆	3.6	3.7	3.8	4.0	4.1	3.9
b．そ　の　他　の　豆　類	1.0	1.1	1.0	1.0	1.0	0.9
5．野　　　　　　菜	0.5	0.5	0.5	0.5	0.5	0.5
a．緑　黄　色　野　菜	0.1	0.1	0.1	0.1	0.1	0.1
b．そ　の　他　の　野　菜	0.4	0.4	0.4	0.4	0.4	0.4
6．果　　　　　　実	1.1	1.2	1.3	1.3	1.4	1.5
a．うんしゅうみかん	0.0	0.0	0.0	0.0	0.0	0.0
b．り　ん　ご	0.0	0.0	0.0	0.0	0.0	0.0
c．そ　の　他　の　果　実	1.0	1.1	1.2	1.2	1.3	1.5
7．肉　　　　　　類	12.2	12.6	12.8	12.8	12.9	12.9
a．牛　　　　　肉	3.7	3.9	4.0	3.9	4.0	3.8
b．豚　　　　　肉	5.5	5.7	5.7	5.7	5.8	5.9
c．鶏　　　　　肉	2.9	3.0	3.0	3.1	3.1	3.2
d．そ　の　他　の　肉	0.1	0.1	0.1	0.1	0.1	0.1
e．鯨	0.0	0.0	0.0	0.0	0.0	0.0
8．鶏　　　　　　卵	4.8	4.9	4.9	4.9	4.8	4.8
9．牛　乳　及　び　乳　製　品	8.7	8.9	9.1	9.6	9.6	9.6
a．農　家　自　家　用	0.0	0.0	0.0	0.0	0.0	0.0
b．飲　用　向　け	3.0	3.0	3.0	3.1	3.2	3.2
c．乳　製　品　向　け	5.8	6.0	6.1	6.5	6.4	6.4
ｱ．全　脂　れ　ん　乳	0.1	0.1	0.1	0.1	0.1	0.1
ｲ．脱　脂　れ　ん　乳	0.0	0.0	0.0	0.0	0.0	0.0
ｳ．全　脂　粉　乳	0.1	0.1	0.1	0.1	0.1	0.1
ｴ．脱　脂　粉　乳	0.0	0.0	0.0	0.0	0.0	0.0
ｵ．育　児　用　粉　乳	0.1	0.1	0.1	0.1	0.1	0.1
ｶ．チ　ー　ズ	1.9	2.0	2.1	2.1	2.1	2.1
ｷ．バ　タ　ー	1.3	1.3	1.4	1.5	1.4	1.5
10．魚　　介　　類	4.4	4.3	4.4	4.4	3.9	4.0
a．生　鮮　・　冷　凍	1.6	1.7	1.5	1.5	1.3	1.3
b．塩干，くん製，その他	2.5	2.4	2.7	2.6	2.3	2.5
c．か　　ん　　詰	0.3	0.3	0.3	0.3	0.2	0.2
d．飼　　肥　　料	0.0	0.0	0.0	0.0	0.0	0.0
11．海　　藻　　類	0.1	0.1	0.1	0.1	0.1	0.1
12．砂　　糖　　類	0.0	0.0	0.0	0.0	0.0	0.0
a．粗　　　　　糖	0.0	0.0	0.0	0.0	0.0	0.0
b．精　　　　　糖	0.0	0.0	0.0	0.0	0.0	0.0
c．含　み　つ　糖	0.0	0.0	0.0	0.0	0.0	0.0
d．糖　み　つ	0.0	0.0	0.0	0.0	0.0	0.0
13．油　　脂　　類	38.8	38.7	38.6	39.6	39.4	38.2
a．植　物　油　脂	36.8	37.0	37.0	38.0	37.9	36.9
ｱ．大　　豆　　油	7.1	7.2	7.5	7.9	7.7	8.1
ｲ．菜　　種　　油	14.9	15.1	14.5	14.7	14.9	15.2
ｳ．や　　し　　油	0.6	0.5	0.5	0.5	0.5	0.5
ｴ．そ　　の　　他	14.1	14.2	14.5	15.0	14.9	13.1
b．動　物　油　脂	2.0	1.7	1.6	1.6	1.5	1.2
ｱ．魚　・　鯨　油	0.1	0.1	0.1	0.1	0.1	0.0
ｲ．牛　　　　　脂	0.4	0.3	0.3	0.3	0.3	0.3
ｳ．そ　　の　　他	1.5	1.2	1.2	1.2	1.2	0.9
14．み　　　　　　そ	0.6	0.6	0.6	0.6	0.6	0.6
15．し　　ょ　　う　　ゆ	0.0	0.0	0.0	0.0	0.0	0.0
16．そ　の　他　食　料　計	0.7	0.6	0.7	0.6	0.6	0.5
う　ち　き　の　こ　類	0.0	0.0	0.0	0.0	0.0	0.0
17．合　　　　　　計	79.9	80.5	81.1	82.6	82.0	80.7

3　品目別累年表

　ここに収録した統計は、前掲「1　年度別食料需給表」の品目別に累年表として組み替えたものである。

1 穀 類

(1) 穀 類

年 度	国 内 生産量	外 国 貿 易 輸入量	外 国 貿 易 輸出量	在 庫 の 増 減 量	国内消費 仕向量	飼 料 用	種 子 用	加 工 用	純旅客用	減 耗 量	粗 総 数
昭和 35	17,101	4,500	48	873	20,680	2,797	195	988	-	379	16,321
36	16,578	4,976	71	△ 616	22,099	4,027	189	1,105	-	377	16,401
37	16,717	5,554	94	△ 572	22,749	4,423	179	1,214	-	380	16,553
38	14,636	7,877	74	△ 740	23,179	4,680	167	1,366	-	379	16,587
39	15,307	8,788	68	△ 273	24,300	5,463	158	1,558	-	380	16,741
40	15,208	10,410	88	923	24,607	5,918	154	1,715	-	365	16,455
41	15,095	11,614	79	891	25,739	7,117	150	1,882	-	369	16,221
42	16,694	12,164	89	2,547	26,222	7,397	154	2,100	-	376	16,195
43	16,668	12,741	151	2,537	26,721	7,990	149	2,262	-	372	15,948
44	15,716	14,216	526	1,510	27,896	9,375	141	2,340	-	368	15,672
45	13,858	15,803	835	△ 260	28,834 252	10,359 252	123	2,589	-	361	15,402
46	11,945	15,239	914	△ 3,336	28,132 1,474	9,603 1,474	113	2,624	-	362	15,430
47	12,613	17,172	432	△ 1,765	29,864 1,254	11,110 1,254	108	2,743	-	366	15,537
48	12,658	19,604	468	△ 389	31,703 480	12,428 480	106	3,069	-	371	15,729
49	12,838	19,922	297	762	31,701	12,328	110	3,129	-	372	15,762
50	13,693	19,422	36	1,649	31,430	12,151	117	2,977	-	375	15,810
51	12,255	21,420	47	438	33,190	13,533	115	3,401	-	373	15,768
52	13,585	22,709	104	1,774	34,416	14,888	115	3,506	-	370	15,537
53	13,336	23,900	3	1,863	35,370	15,863	117	3,618	-	368	15,404
54	12,949	25,303	872	502	36,878	17,173	125	3,898	-	367	15,315
55	10,754	25,057	759	△ 1,817	36,869	16,760	135	4,231	-	368	15,375
56	11,259	24,710	727	△ 1,673	36,723 192	16,571 192	141	4,394	-	366	15,251
57	11,433	24,927	358	△ 1,373	36,546 829	16,351 829	145	4,497	-	365	15,188
58	11,467	26,237	384	△ 868	37,678 510	17,236 510	148	4,794	-	363	15,137
59	13,045	27,137	0	1,719	38,453 10	18,001 10	149	4,759	-	365	15,179
60	12,940	27,108	0	1,319	38,696 33	18,236 33	145	4,752	-	365	15,198
61	12,893	27,355	0	876	39,298 75	18,744 75	141	4,940	-	363	15,110
62	11,870	28,187	0	198	39,859	19,177	133	5,216	-	361	14,972
63	11,383	28,492	0	98	39,777	18,784	126	5,606	-	361	14,900
平成 元	11,731	27,662	0	△ 200	39,593	18,568	119	5,659	-	360	14,887
2	11,825	27,785	0	29	39,581	18,395	114	5,808	-	360	14,904
3	10,672	28,592	0	△ 554	39,818	18,516	109	5,912	-	359	14,922
4	11,645	28,437	0	266	39,816	18,425	105	5,990	-	361	14,935
5	8,775	29,502	0	△ 1,561	39,838	18,443	102	5,931	-	363	14,999
6	12,794	30,083	0	4,351	38,526	17,497	104	5,804	-	359	14,762
7	11,434	27,702	581	391	37,969 195	16,834 195	100	5,698	-	363	14,974
8	11,082	28,365	6	1,236	38,205	16,787	98	5,974	-	365	14,981
9	10,816	28,327	201	808	38,134	16,704	94	6,142	-	360	14,834
10	9,694	28,338	876	△ 561	37,717	16,539	86	6,112	-	356	14,624
11	9,988	28,250	141	378	37,719	16,462	86	6,131	-	359	14,681

(注) 「国内消費仕向量」及び「飼料用」欄の下段の数値は、年産更新等に伴う飼料用の政府売却数量であり、それぞれ外数である。

（単位：断りなき限り 1,000トン）

量　の　内　訳				1 人 当 た り 供 給 純 食 料						純食料100g中の栄養成分量		
食　料		歩留り	純食料	1年た当数り	年 当 り量	1 日 当 た り				熱　量	たんぱく質	脂　質
1人1年当たり	1人1日当たり					数　量	熱　量	たんぱく質	脂　質			
kg	g	%		kg		g	kcal	g	g	kcal	g	g
174.7	478.7	85.6	13,976	149.6		409.9	1,438.7	28.8	3.6	351.0	7.0	0.9
173.9	476.6	86.1	14,124	149.8		410.4	1,440.7	28.7	3.6	351.0	7.0	0.9
173.9	476.5	86.1	14,255	149.8		410.3	1,440.8	28.6	3.6	351.1	7.0	0.9
172.5	471.3	86.3	14,307	148.8		406.5	1,428.6	28.4	3.6	351.4	7.0	0.9
172.3	472.0	86.1	14,419	148.4		406.5	1,429.0	28.7	3.6	351.5	7.1	0.9
167.4	458.7	86.6	14,249	145.0		397.2	1,422.0	30.3	5.7	358.0	7.6	1.4
163.8	448.7	86.2	13,984	141.2		386.9	1,385.9	29.9	5.7	358.3	7.7	1.5
161.6	441.6	86.0	13,921	138.9		379.6	1,360.4	29.4	5.6	358.4	7.8	1.5
157.4	431.2	85.9	13,700	135.2		370.4	1,327.8	28.8	5.5	358.5	7.8	1.5
152.8	418.8	86.0	13,481	131.5		360.2	1,291.7	28.2	5.4	358.6	7.8	1.5
148.5	406.8	86.4	13,302	128.2		351.4	1,260.5	27.5	5.3	358.7	7.8	1.5
146.7	401.0	86.3	13,309	126.6		345.8	1,240.8	27.2	5.2	358.8	7.9	1.5
144.4	395.6	86.3	13,414	124.7		341.6	1,225.8	27.0	5.2	358.9	7.9	1.5
144.2	395.0	86.1	13,536	124.1		339.9	1,219.9	26.8	5.1	358.9	7.9	1.5
142.5	390.5	86.1	13,567	122.7		336.2	1,206.5	26.7	5.1	358.9	7.9	1.5
141.2	385.9	86.0	13,596	121.5		331.9	1,191.4	26.4	5.0	359.0	8.0	1.5
139.4	382.0	86.0	13,555	119.9		328.4	1,179.1	26.2	5.0	359.1	8.0	1.5
136.1	372.9	86.0	13,357	117.0		320.5	1,151.2	25.6	4.9	359.2	8.0	1.5
133.7	366.4	86.1	13,257	115.1		315.3	1,132.7	25.3	4.8	359.2	8.0	1.5
131.8	360.2	86.0	13,171	113.4		309.8	1,113.3	24.9	4.8	359.3	8.0	1.5
131.3	359.8	86.0	13,215	112.9		309.3	1,111.5	25.0	4.8	359.4	8.1	1.5
129.4	354.4	86.0	13,115	111.2		304.8	1,095.3	24.6	4.7	359.4	8.1	1.5
127.9	350.5	85.9	13,054	109.9		301.2	1,082.7	24.2	4.6	359.4	8.0	1.5
126.6	346.0	86.1	13,029	109.0		297.8	1,070.5	24.0	4.6	359.5	8.1	1.5
126.2	345.7	86.1	13,064	108.6		297.5	1,069.6	24.1	4.6	359.5	8.1	1.5
125.6	344.0	85.9	13,057	107.9		295.5	1,062.5	22.4	3.8	359.5	7.6	1.3
124.2	340.3	85.9	12,977	106.7		292.2	1,050.8	22.2	3.7	359.6	7.6	1.3
122.5	334.6	85.9	12,854	105.2		287.3	1,033.2	21.9	3.7	359.6	7.6	1.3
121.4	332.6	85.9	12,794	104.2		285.6	1,027.1	21.8	3.7	359.7	7.6	1.3
120.8	331.0	85.8	12,779	103.7		284.2	1,022.2	21.7	3.7	359.7	7.6	1.3
120.6	330.3	85.8	12,791	103.5		283.5	1,019.9	21.7	3.7	359.7	7.6	1.3
120.2	328.5	85.9	12,813	103.2		282.1	1,014.8	21.6	3.7	359.7	7.6	1.3
119.9	328.5	85.8	12,819	102.9		281.9	1,014.3	21.6	3.7	359.7	7.6	1.3
120.1	328.9	85.7	12,852	102.9		281.8	1,014.0	21.7	3.7	359.8	7.7	1.3
117.8	322.9	85.4	12,612	100.7		275.8	993.0	21.4	3.6	360.0	7.7	1.3
119.2	325.8	85.6	12,811	102.0		278.8	1,003.3	21.5	3.7	359.9	7.7	1.3
119.0	326.1	85.5	12,807	101.8		278.8	1,003.5	21.5	3.7	360.0	7.7	1.3
117.6	322.1	85.5	12,686	100.6		275.5	991.6	21.3	3.6	359.9	7.7	1.3
115.6	316.8	85.4	12,484	98.7		270.4	973.5	20.9	3.6	360.0	7.7	1.3
115.9	316.7	85.3	12,526	98.9		270.2	972.7	20.9	3.6	360.0	7.7	1.3

穀　類（つづき）

年　度	国　内 生産量	外　国　貿　易 輸入量	外　国　貿　易 輸出量	在　庫　の 増　減　量	国内消費 仕　向　量	国　内　消　費　仕　向 飼料用	国　内　消　費　仕　向 種子用	国　内　消　費　仕　向 加工用	国　内　消　費　仕　向 純旅客用	国　内　消　費　仕　向 減耗量	国　内　消　費　仕　向 粗 総　数
平成　12	10,422	27,640	462	343	37,064 193	15,992 193	89	5,958	－	359	14,666
13	9,992	27,241	603	△ 72	36,559 143	15,875 143	84	5,761	－	354	14,485
14	9,966	27,054	222	△ 90	36,826 62	16,377 62	86	5,663	－	351	14,349
15	8,878	27,608	237	△ 452	36,674 27	16,278 27	87	5,575	－	352	14,382
16	9,813	26,431	193	3	35,764 284	15,491 284	81	5,577	－	350	14,265
17	10,090 76	26,942	179	887 76	35,643 323	15,573 323	82	5,474	－	347	14,167
18	9,602	26,856	160	100	35,723 475	15,651 475	74	5,526	－	346	14,125
19	9,851	26,397	140	△ 234	35,703 639	15,618 639	79	5,407	－	349	14,250
20	9,949	25,687	137	296	34,740 463	15,349 463	78	5,273	－	337	13,703
21	9,345	26,510	239	45	35,270 301	16,183 301	71	4,972	－	337	13,707
22	9,317	26,037	201	△ 17	34,764 406	15,162 406	73	5,140	－	346	14,043
23	9,517	26,420	171	394	34,781 591	15,219 591	78	5,232	－	406	13,846
24	9,768	25,919	132	959	34,213 383	15,104 383	78	5,079	－	338	13,614
25	9,746	24,884	100	55	33,987 488	14,892 488	79	5,032	－	337	13,647
26	9,681	24,533	96	340	33,151 627	14,301 627	75	4,972	－	334	13,469
27	9,645	24,239	116	△ 22	32,832 958	14,238 958	83	4,882	－	330	13,299
28	9,540	23,974	94	△ 548	33,059 909	14,318 909	80	5,016	－	331	13,314
29	9,450	25,139	95	550	33,281 663	14,648 663	80	4,926	－	332	13,295
30	9,177	24,713	115	△ 16	33,313 478	14,784 478	77	4,997	69	327	13,060
令和　元	9,456	24,918	121	492	33,149 612	14,834 612	74	4,883	42	325	12,991
2	9,360	23,898	110	346	32,058 744	14,901 744	64	4,269	0	313	12,511
3	9,599	23,675	90	205	32,101 878	14,763 878	67	4,415	0	313	12,543

（注）「国内消費仕向量」及び「飼料用」欄の下段の数値は、年産更新等に伴う飼料用の政府売却数量であり、それぞれ外数である。

（単位：断りなき限り 1,000トン）

量　の　内　訳				1 人 当 た り 供 給 純 食 料						純食料100g中の栄養成分量		
食　　料		歩留り	純食料	1人当たり年間	1 日 当 た り					熱　量	たんぱく質	脂　質
1人1年当たり	1人1日当たり			数量	数　量	熱　量	たんぱく質	脂　質				
kg	g	%		kg	g	kcal	g	g	kcal	g	g
115.5	316.6	85.3	12,506	98.5	269.9	971.9	20.9	3.6	360.0	7.8	1.3
113.8	311.8	85.3	12,354	97.1	265.9	957.3	20.6	3.5	360.0	7.8	1.3
112.6	308.5	85.2	12,230	96.0	262.9	946.7	20.4	3.5	360.1	7.8	1.3
112.7	307.9	85.2	12,251	96.0	262.3	944.7	20.5	3.5	360.2	7.8	1.3
111.7	306.1	85.3	12,161	95.2	260.9	939.8	20.4	3.5	360.1	7.8	1.3
110.9	303.8	85.3	12,087	94.6	259.2	933.3	20.2	3.5	360.1	7.8	1.3
110.4	302.6	85.2	12,401	94.1	257.9	928.4	20.1	3.4	360.1	7.8	1.3
111.3	304.1	85.2	12,142	94.8	259.1	933.2	20.2	3.5	360.2	7.8	1.3
107.0	293.1	85.2	11,681	91.2	249.9	899.9	19.5	3.3	360.2	7.8	1.3
107.1	293.3	85.2	11,677	91.2	249.9	900.2	19.6	3.4	360.3	7.8	1.3
109.7	300.4	85.2	11,962	93.4	255.9	922.1	20.1	3.5	360.3	7.9	1.4
108.3	295.9	84.9	11,762	92.0	251.4	905.9	19.8	3.4	360.4	7.9	1.4
106.7	292.3	84.8	11,550	90.5	248.0	894.0	19.7	3.4	360.5	7.9	1.4
107.1	293.4	85.0	11,597	91.0	249.4	898.7	19.7	3.4	360.4	7.9	1.4
105.9	290.0	84.8	11,428	89.8	246.1	889.3	19.1	3.1	361.4	7.8	1.3
104.6	285.9	84.9	11,286	88.8	242.6	877.0	18.9	3.1	361.4	7.8	1.3
104.8	287.1	84.7	11,280	88.8	243.3	879.1	18.9	3.1	361.4	7.8	1.3
104.8	287.0	84.7	11,257	88.7	243.0	877.9	18.9	3.1	361.3	7.8	1.3
103.0	282.3	84.7	11,057	87.2	239.0	863.4	18.6	3.0	361.2	7.8	1.3
102.3	279.6	84.7	10,998	86.9	237.4	814.6	18.5	3.0	343.1	7.8	1.3
99.2	271.7	84.6	10,590	84.0	230.0	789.1	18.0	2.9	343.1	7.8	1.3
99.9	273.8	84.6	10,614	84.6	231.7	794.9	18.1	2.9	343.1	7.8	1.3

(2)　米

年度	国内生産量	外国貿易		在庫の増減量	国内消費仕向量	国内消費仕向					粗
		輸入量	輸出量			飼料用	種子用	加工用	純旅客用	減耗量	総数
昭和 35	12,858	219	0	459	12,618	20	104	470	–	238	11,786
36	12,419	77	0	△ 566	13,062	20	101	535	–	246	12,160
37	13,009	182	0	△ 124	13,315	20	98	536	–	251	12,410
38	12,812	239	0	△ 359	13,410	32	101	597	–	251	12,429
39	12,584	502	0	△ 275	13,361	20	101	609	–	245	12,386
40	12,409	1,052	0	468	12,993	20	101	606	–	229	12,037
41	12,745	679	0	921	12,503	28	103	636	–	224	11,512
42	14,453	364	0	2,334	12,483	26	103	714	–	228	11,412
43	14,449	265	35	2,428	12,251	26	104	707	–	226	11,188
44	14,003	48	440	1,646	11,965	26	105	640	–	222	10,972
45	12,689	15	785	△ 281	11,948	22	99	712	–	221	10,894
					252	252					
46	10,887	10	859	△ 3,295	11,859	16	93	718	–	220	10,812
					1,474	1,474					
47	11,897	12	376	△ 1,669	11,948	11	94	744	–	222	10,877
					1,254	1,254					
48	12,149	38	430	△ 801	12,078	16	91	807	–	223	10,941
					480	480					
49	12,292	63	271	51	12,033	13	93	754	–	223	10,950
50	13,165	29	2	1,228	11,964	10	96	758	–	222	10,878
51	11,772	18	3	△ 32	11,819	12	98	729	–	219	10,761
52	13,095	71	100	1,583	11,483	9	97	676	–	214	10,487
53	12,589	45	1	1,269	11,364	8	92	685	–	212	10,367
54	11,958	20	868	△ 108	11,218	7	90	685	–	209	10,227
55	9,751	27	754	△ 2,185	11,209	4	88	711	–	208	10,198
56	10,259	67	716	△ 1,712	11,130	6	92	697	–	207	10,128
					192	192					
57	10,270	61	348	△ 1,834	10,988	9	96	671	–	204	10,008
					829	829					
58	10,366	18	384	△ 1,489	10,979	22	98	671	–	204	9,984
					510	510					
59	11,878	165	0	1,095	10,938	20	100	625	–	204	9,989
					10	10					
60	11,662	30	0	810	10,849	18	96	570	–	203	9,962
					33	33					
61	11,647	41	0	817	10,796	18	90	628	–	201	9,859
					75	75					
62	10,627	39	0	19	10,647	17	80	643	–	198	9,709
63	9,935	43	0	△ 606	10,584	16	78	677	–	196	9,617
平成 元	10,347	50	0	△ 130	10,527	17	73	671	–	195	9,571
2	10,499	50	0	65	10,484	13	72	650	–	195	9,554
3	9,604	57	0	△ 852	10,513	15	71	659	–	195	9,573
4	10,573	92	0	163	10,502	11	71	643	–	196	9,581
5	7,834	1,049	0	△ 1,593	10,476	10	71	665	–	195	9,535
6	11,981	1,835	0	3,794	10,022	12	72	602	–	187	9,149
7	10,748	495	581	177	10,290	10	71	619	–	192	9,398
					195	195					
8	10,344	634	6	783	10,189	9	66	578	–	191	9,345
9	10,025	634	201	351	10,107	11	64	551	–	190	9,291
10	8,960	749	876	△ 1,075	9,908	11	57	558	–	186	9,096
11	9,175	806	141	△ 65	9,905	9	56	545	–	186	9,109

(注)　「国内消費仕向量」及び「飼料用」欄の下段の数値は、年産更新等に伴う飼料用の政府売却数量であり、それぞれ外数である。
また、純食料以下の（　）内は、菓子、穀粉を含まない主食用の数値であり、内数である。

（単位：断りなき限り　1,000　トン）

量　の　内　訳				1　人　当　た　り　供　給　純　食　料					純食料100g中の栄養成分量		
食料		歩留り	純食料	1人当たり 1年当たり量	1日当たり				熱量	たんぱく質	脂質
1人1年当たり	1人1日当たり				数量	熱量	たんぱく質	脂質			
kg	g	%		kg	g	kcal	g	g	kcal	g	g
126.2	345.7	91.1	10,738	114.9	314.9	1,105.5	19.5	2.5	351.1	6.2	0.8
			(10,681)	(114.3)	(313.2)	(1,099.5)	(19.4)	(2.5)			
129.0	353.3	91.1	11,073	117.4	321.8	1,129.4	20.0	2.6	351.0	6.2	0.8
			(10,981)	(116.5)	(319.1)	(1,120.0)	(19.8)	(2.6)			
130.4	357.2	90.7	11,256	118.3	324.0	1,137.4	20.1	2.6	351.0	6.2	0.8
			(11,158)	(117.2)	(321.2)	(1,127.3)	(19.9)	(2.6)			
129.3	353.2	90.7	11,275	117.3	320.4	1,124.7	19.9	2.6	351.1	6.2	0.8
			(11,182)	(116.3)	(317.7)	(1,115.2)	(19.7)	(2.5)			
127.5	349.2	90.9	11,257	115.8	317.4	1,114.3	19.7	2.5	351.1	6.2	0.8
			(11,151)	(114.7)	(314.4)	(1,103.4)	(19.5)	(2.5)			
122.5	335.6	91.2	10,982	111.7	306.2	1,089.7	20.8	3.9	355.9	6.8	1.3
			(10,855)	(110.5)	(302.6)	(1,077.3)	(20.6)	(3.9)			
116.2	318.5	91.0	10,481	105.8	289.9	1,032.1	19.7	3.7	355.9	6.8	1.3
			(10,351)	(104.5)	(286.3)	(1,019.4)	(19.5)	(3.7)			
113.9	311.2	90.8	10,361	103.4	282.5	1,005.8	19.2	3.6	356.0	6.8	1.3
			(10,219)	(102.0)	(278.7)	(992.0)	(18.9)	(3.6)			
110.4	302.5	90.7	10,147	100.1	274.3	976.6	18.6	3.6	356.0	6.8	1.3
			(9,983)	(98.5)	(269.9)	(960.9)	(18.4)	(3.5)			
107.0	293.2	90.7	9,950	97.0	265.9	946.4	18.1	3.4	356.0	6.8	1.3
			(9,781)	(95.4)	(261.3)	(930.4)	(17.8)	(3.4)			
105.0	287.8	90.5	9,860	95.1	260.4	927.2	17.7	3.4	356.0	6.8	1.3
			(9,658)	(93.1)	(255.1)	(908.2)	(17.3)	(3.3)			
102.8	281.0	90.5	9,784	93.1	254.2	905.1	17.3	3.3	356.0	6.8	1.3
			(9,579)	(91.1)	(248.9)	(886.1)	(16.9)	(3.2)			
101.1	277.0	90.5	9,845	91.5	250.7	892.4	17.0	3.3	356.0	6.8	1.3
			(9,634)	(89.5)	(245.3)	(873.3)	(16.7)	(3.2)			
100.3	274.7	90.5	9,902	90.8	248.7	885.2	16.9	3.2	356.0	6.8	1.3
			(9,703)	(88.9)	(243.7)	(867.4)	(16.6)	(3.2)			
99.0	271.3	90.6	9,920	89.7	245.8	875.0	16.7	3.2	356.0	6.8	1.3
			(9,696)	(87.7)	(240.2)	(855.3)	(16.3)	(3.1)			
97.2	265.5	90.6	9,856	88.0	240.6	856.4	16.4	3.1	356.0	6.8	1.3
			(9,598)	(85.7)	(234.3)	(834.0)	(15.9)	(3.0)			
95.2	260.7	90.6	9,752	86.2	236.2	841.0	16.1	3.1	356.0	6.8	1.3
			(9,509)	(84.1)	(230.4)	(820.1)	(15.7)	(3.0)			
91.9	251.7	90.8	9,518	83.4	228.4	813.1	15.5	3.0	356.0	6.8	1.3
			(9,312)	(81.6)	(223.5)	(795.5)	(15.2)	(2.9)			
90.0	246.6	90.6	9,397	81.6	223.5	795.7	15.2	2.9	356.0	6.8	1.3
			(9,189)	(79.8)	(218.6)	(778.1)	(14.9)	(2.8)			
88.0	240.6	90.6	9,265	79.8	217.9	775.8	14.8	2.8	356.0	6.8	1.3
			(9,036)	(77.8)	(212.5)	(756.7)	(14.5)	(2.8)			
87.1	238.7	90.6	9,239	78.9	216.2	769.8	14.7	2.8	356.0	6.8	1.3
			(8,972)	(76.6)	(210.0)	(747.5)	(14.3)	(2.7)			
85.9	235.3	90.6	9,171	77.8	213.1	758.7	14.5	2.8	356.0	6.8	1.3
			(8,937)	(75.8)	(207.7)	(739.3)	(14.1)	(2.7)			
84.3	230.9	90.6	9,072	76.4	209.3	745.2	14.2	2.7	356.0	6.8	1.3
			(8,881)	(74.8)	(204.9)	(729.6)	(13.9)	(2.7)			
83.5	228.2	90.6	9,047	75.7	206.8	736.2	14.1	2.7	356.0	6.8	1.3
			(8,826)	(73.8)	(201.7)	(718.2)	(13.7)	(2.6)			
83.0	227.5	90.6	9,050	75.2	206.1	733.7	14.0	2.7	356.0	6.8	1.3
			(8,825)	(73.4)	(201.0)	(715.5)	(13.7)	(2.6)			
82.3	225.5	90.6	9,026	74.6	204.3	727.3	12.5	1.8	356.0	6.1	0.9
			(8,801)	(72.7)	(199.2)	(709.1)	(12.2)	(1.8)			
81.0	222.0	90.6	8,933	73.4	201.2	716.2	12.3	1.8	356.0	6.1	0.9
			(8,688)	(71.4)	(195.6)	(696.5)	(11.9)	(1.8)			
79.4	217.0	90.6	8,796	72.0	196.6	699.9	12.0	1.8	356.0	6.1	0.9
			(8,535)	(69.8)	(190.8)	(679.1)	(11.6)	(1.7)			
78.3	214.7	90.6	8,713	71.0	194.5	692.3	11.9	1.8	356.0	6.1	0.9
			(8,421)	(68.6)	(188.0)	(669.1)	(11.5)	(1.7)			
77.7	212.8	90.6	8,671	70.4	192.8	686.4	11.8	1.7	356.0	6.1	0.9
			(8,397)	(68.2)	(186.7)	(664.7)	(11.4)	(1.7)			
77.3	211.8	90.6	8,656	70.0	191.9	683.0	11.7	1.7	356.0	6.1	0.9
			(8,370)	(67.7)	(185.5)	(660.4)	(11.3)	(1.7)			
77.1	210.8	90.6	8,673	69.9	190.9	679.8	11.7	1.7	356.0	6.1	0.9
			(8,384)	(67.6)	(184.6)	(657.1)	(11.3)	(1.7)			
76.9	210.7	90.6	8,680	69.7	190.9	679.6	11.7	1.7	356.0	6.1	0.9
			(8,410)	(67.5)	(185.0)	(658.5)	(11.3)	(1.7)			
76.3	209.1	90.6	8,639	69.1	189.4	674.4	11.6	1.8	356.0	6.1	0.9
			(8,340)	(66.8)	(182.9)	(651.1)	(11.2)	(1.6)			
73.0	200.1	90.6	8,289	66.2	181.3	645.4	11.1	1.6	356.0	6.1	0.9
			(8,051)	(64.3)	(176.1)	(626.9)	(10.7)	(1.6)			
74.8	204.5	90.6	8,515	67.8	185.3	659.6	11.3	1.7	356.0	6.1	0.9
			(8,258)	(65.8)	(179.7)	(639.7)	(11.0)	(1.6)			
74.2	203.4	90.6	8,467	67.3	184.3	656.1	11.2	1.7	356.0	6.1	0.9
			(8,197)	(65.1)	(178.4)	(635.2)	(10.9)	(1.6)			
73.6	201.8	90.6	8,418	66.7	182.8	650.8	11.2	1.6	356.0	6.1	0.9
			(8,156)	(64.6)	(177.1)	(630.6)	(10.8)	(1.6)			
71.9	197.0	90.6	8,241	65.2	178.5	635.5	10.9	1.6	356.0	6.1	0.9
			(8,002)	(63.3)	(173.3)	(617.1)	(10.6)	(1.6)			
71.9	196.5	90.6	8,253	65.2	178.0	633.7	10.9	1.6	356.0	6.1	0.9
			(7,993)	(63.1)	(172.4)	(613.8)	(10.5)	(1.6)			

148　品目別

米（つづき）

年　度	国　内 生　産　量	外　国　貿　易 輸　入　量	輸　出　量	在　庫　の 増　減　量	国内消費 仕　向　量	飼　料　用	種　子　用	加　工　用	純旅客用	減　耗　量	粗 総　数
平成 12	9,490	879	462	△ 76	9,790 / 193	11 / 193	56	489	-	185	9,049
13	9,057	786	603	△ 541	9,638 / 143	10 / 143	54	457	-	182	8,935
14	8,889	882	222	28	9,459 / 62	9 / 62	51	399	-	180	8,820
15	7,792	957	237	△ 904	9,389 / 27	7 / 27	52	432	-	178	8,720
16	8,730	726	193	△ 290	9,269 / 284	8 / 284	49	371	-	177	8,664
17	8,998 / 76	978	179	252	9,222 / 76 / 323	7 / 323	51	328	-	177	8,659
18	8,556	799	160	△ 466	9,186 / 475	5 / 475	45	351	-	176	8,609
19	8,714	856	140	△ 466	9,257 / 639	5 / 639	47	373	-	177	8,655
20	8,823	841	137	181	8,883 / 463	11 / 463	45	339	-	170	8,318
21	8,474	869	239	6	8,797 / 301	24 / 301	40	332	-	168	8,233
22	8,554	831	201	△ 240	9,018 / 406	71 / 406	42	322	-	172	8,411
23	8,566	997	171	△ 217	9,018 / 591	216 / 591	44	373	-	228	8,157
24	8,692	848	132	358	8,667 / 383	170 / 383	44	374	-	162	7,917
25	8,718	833	100	266	8,697 / 488	111 / 488	45	383	-	163	7,995
26	8,628	856	96	△ 78	8,839 / 627	504 / 627	41	343	-	159	7,792
27	8,429	834	116	△ 411	8,600 / 958	472 / 958	48	266	-	156	7,658
28	8,550	911	94	△ 186	8,644 / 909	507 / 909	43	321	-	155	7,618
29	8,324	888	95	△ 162	8,616 / 663	501 / 663	42	345	-	155	7,573
30	8,208	787	115	△ 41	8,443 / 478	431 / 478	39	309	39	153	7,472
令和 元	8,154	870	121	△ 9	8,300 / 612	393 / 612	38	279	25	152	7,413
2	8,145	814	110	250	7,855 / 744	384 / 744	30	230	0	144	7,067
3	8,226	878	90	△ 59	8,195 / 878	665 / 878	29	226	0	146	7,129

（注）　「国内消費仕向量」及び「飼料用」欄の下段の数値は、年産更新等に伴う飼料用の政府売却数量であり、それぞれ外数である。
　　　　また、純食料以下の（　）内は、菓子、穀粉を含まない主食用の数値であり、内数である。

（単位：断りなき限り 1,000 トン）

量 の 内 訳				1 人 当 た り 供 給 純 食 料						純食料100g中の栄養成分量		
食 料		歩留り	純食料	1人当たり数 1年当たり量	1 日 当 た り					熱 量	たんぱく質	脂 質
1人1年当たり	1人1日当たり				数 量	熱 量	たんぱく質	脂 質				
kg	g	%		kg	g	kcal	g	g		kcal	g	g
71.3	195.3	90.6	8,198 (7,916)	64.6 (62.4)	177.0 (170.9)	630.0 (608.3)	10.8 (10.4)	1.6 (1.5)		356.0	6.1	0.9
70.2	192.3	90.6	8,095 (7,807)	63.6 (61.3)	174.2 (168.0)	620.3 (598.2)	10.6 (10.2)	1.6 (1.5)		356.0	6.1	0.9
69.2	189.6	90.6	7,991 (7,743)	62.7 (60.8)	171.8 (166.5)	611.6 (592.6)	10.5 (10.2)	1.5 (1.5)		356.0	6.1	0.9
68.3	186.7	90.6	7,900 (7,643)	61.9 (59.9)	169.1 (163.6)	602.1 (582.5)	10.3 (10.0)	1.5 (1.5)		356.0	6.1	0.9
67.9	185.9	90.6	7,850 (7,569)	61.5 (59.3)	168.4 (162.4)	599.6 (578.2)	10.3 (9.9)	1.5 (1.5)		356.0	6.1	0.9
67.8	185.7	90.6	7,845 (7,592)	61.4 (59.4)	168.2 (162.8)	598.9 (579.6)	10.3 (9.9)	1.5 (1.5)		356.0	6.1	0.9
67.3	184.4	90.6	7,800 (7,492)	61.0 (58.6)	167.1 (160.5)	594.5 (571.0)	10.2 (9.8)	1.5 (1.4)		356.0	6.1	0.9
67.6	184.7	90.6	7,841 (7,510)	61.2 (58.7)	167.3 (160.3)	595.7 (570.5)	10.2 (9.8)	1.5 (1.4)		356.0	6.1	0.9
64.9	177.9	90.6	7,536 (7,239)	58.8 (56.5)	161.2 (154.8)	573.9 (551.2)	9.8 (9.4)	1.5 (1.4)		356.0	6.1	0.9
64.3	176.2		7,459 (7,207)	58.3 (56.3)	159.6 (154.2)	568.2 (549.0)	9.7 (9.4)	1.4 (1.4)		356.0	6.1	0.9
65.7	179.9	90.6	7,620 (7,367)	59.5 (57.5)	163.0 (157.6)	580.4 (561.1)	9.9 (9.6)	1.5 (1.4)		356.0	6.1	0.9
63.8	174.3	90.6	7,390 (7,154)	57.8 (56.0)	157.9 (152.9)	562.3 (544.4)	9.6 (9.3)	1.4 (1.4)		356.0	6.1	0.9
62.0	170.0	90.6	7,173 (6,949)	56.2 (54.5)	154.0 (149.2)	548.3 (531.2)	9.4 (9.1)	1.4 (1.3)		356.0	6.1	0.9
62.7	171.9	90.6	7,243 (7,012)	56.8 (55.0)	155.7 (150.8)	554.4 (536.8)	9.5 (9.2)	1.4 (1.4)		356.0	6.1	0.9
61.2	167.8	90.6	7,060 (6,863)	55.5 (53.9)	152.0 (147.8)	544.2 (529.0)	9.3 (9.0)	1.4 (1.3)		358.0	6.1	0.9
60.3	164.6	90.6	6,938 (6,752)	54.6 (53.1)	149.2 (145.2)	534.0 (519.6)	9.1 (8.9)	1.3 (1.3)		358.0	6.1	0.9
60.0	164.3	90.6	6,902 (6,687)	54.3 (52.6)	148.8 (144.2)	532.9 (516.3)	9.1 (8.8)	1.3 (1.3)			6.1	0.9
59.7	163.5	90.6	6,861 (6,633)	54.1 (52.3)	148.1 (143.2)	530.2 (512.6)	9.0 (8.7)	1.3 (1.3)		358.0	6.1	0.9
59.0	161.5	90.6	6,770 (6,549)	53.4 (51.7)	146.3 (141.6)	523.9 (506.8)	8.9 (8.6)	1.3 (1.3)		358.0	6.1	0.9
58.6	160.0	90.6	6,716 (6,510)	53.1 (51.4)	145.0 (140.5)	495.9 (480.7)	8.8 (8.6)	1.3 (1.3)		342.0	6.1	0.9
56.0	153.5	90.6	6,403 (6,199)	50.8 (49.1)	139.1 (134.6)	475.6 (460.4)	8.5 (8.2)	1.3 (1.2)		342.0	6.1	0.9
56.8	155.6	90.6	6,459 (6,245)	51.5 (49.8)	141.0 (136.3)	482.2 (466.2)	8.6 (8.3)	1.3 (1.2)		342.0	6.1	0.9

(3) 小 麦

年度	国内生産量	外国貿易 輸入量	輸出量	在庫の増減量	国内消費仕向量	飼料用	種子用	加工用	純旅客用	減耗量	粗 総数
昭和 35	1,531	2,660	47	179	3,965	468	40	235	-	97	3,125
36	1,781	2,660	71	180	4,190	616	43	225	-	99	3,207
37	1,631	2,490	93	△244	4,272	646	38	233	-	101	3,254
38	716	3,412	73	△235	4,290	520	31	230	-	105	3,404
39	1,244	3,471	68	142	4,505	534	27	240	-	111	3,593
40	1,287	3,532	88	100	4,631	530	26	261	-	114	3,700
41	1,024	4,103	79	65	4,983	543	22	269	-	124	4,025
42	997	4,238	87	42	5,106	592	24	257	-	127	4,106
43	1,012	3,996	114	△198	5,092	567	22	257	-	127	4,119
44	758	4,537	81	△31	5,245	667	17	264	-	129	4,168
45	474	4,621	47	△159	5,207	701	11	276	-	127	4,092
46	440	4,726	55	△95	5,206	632	9	267	-	129	4,169
47	284	5,317	56	173	5,372	713	6	272	-	131	4,250
48	202	5,369	38	35	5,498	708	5	335	-	134	4,316
49	232	5,485	26	174	5,517	619	8	345	-	136	4,409
50	241	5,715	34	344	5,578	590	9	317	-	140	4,522
51	222	5,545	44	63	5,660	576	8	332	-	142	4,602
52	236	5,662	4	133	5,761	637	10	315	-	144	4,655
53	367	5,679	2	183	5,861	669	14	352	-	145	4,681
54	541	5,544	4	61	6,020	683	21	420	-	147	4,749
55	583	5,564	5	88	6,054	647	28	390	-	150	4,839
56	587	5,504	11	46	6,034	663	30	384	-	149	4,808
57	742	5,432	10	129	6,035	627	29	384	-	150	4,845
58	695	5,544	0	180	6,059	644	31	369	-	150	4,865
59	741	5,553	0	130	6,164	650	30	432	-	152	4,900
60	874	5,194	0	△33	6,101	563	31	435	-	152	4,920
61	876	5,200	0	22	6,054	512	32	436	-	152	4,922
62	864	5,133	0	△72	6,069	500	34	444	-	153	4,938
63	1,021	5,290	0	171	6,140	530	31	460	-	154	4,965
平成 元	985	5,182	0	△37	6,204	561	28	459	-	155	5,001
2	952	5,307	0	△11	6,270	613	24	450	-	155	5,028
3	759	5,413	0	△168	6,340	674	22	442	-	156	5,046
4	759	5,650	0	135	6,274	615	19	438	-	156	5,046
5	638	5,607	0	△99	6,344	595	17	424	-	159	5,149
6	565	6,044	0	194	6,415	509	16	420	-	164	5,306
7	444	5,750	0	△161	6,355	486	16	412	-	163	5,278
8	478	5,907	0	△16	6,401	473	19	416	-	165	5,328
9	573	5,993	0	276	6,290	466	16	398	-	162	5,248
10	570	5,674	0	20	6,224	432	17	398	-	161	5,216
11	583	5,613	0	△86	6,282	457	17	390	-	163	5,255
12	688	5,688	0	65	6,311	446	19	383	-	164	5,299
13	700	5,624	0	97	6,227	443	15	373	-	162	5,234
14	829	4,973	0	△401	6,203	440	20	375	-	161	5,207
15	856	5,539	0	79	6,316	429	18	366	-	165	5,338
16	860	5,484	0	78	6,266	431	21	364	-	164	5,286
17	875	5,292	0	△46	6,213	476	21	357	-	161	5,198
18	837	5,464	0	73	6,228	484	19	357	-	161	5,207
19	910	5,386	0	△52	6,348	522	21	356	-	163	5,286
20	881	5,186	0	△19	6,086	464	20	351	-	158	5,093
21	674	5,354	0	△230	6,258	541	20	331	-	161	5,205
22	571	5,473	0	△340	6,384	508	20	324	-	166	5,366
23	746	6,480	0	525	6,701	819	20	322	-	169	5,371
24	858	6,578	0	269	7,167	1,272	20	322	-	167	5,386
25	812	5,737	0	△443	6,992	1,156	20	312	-	165	5,339
26	852	6,016	0	289	6,579	727	20	311	-	166	5,355
27	1,004	5,660	0	81	6,583	780	20	278	-	165	5,340
28	791	5,624	0	△206	6,621	801	20	272	-	166	5,362
29	907	6,064	0	269	6,702	860	20	280	-	166	5,376
30	765	5,653	0	△107	6,525	818	20	269	28	163	5,227
令和 元	1,037	5,462	0	26	6,473	780	19	269	17	162	5,226
2	949	5,521	0	58	6,412	835	20	262	0	159	5,136
3	1,097	5,375	0	51	6,421	883	21	275	0	157	5,085

（単位：断りなき限り 1,000 トン）

量　　の　　内　　訳				1　人　当　た　り　供　給　純　食　料						純食料100g中の栄養成分量		
食料 1人1年当たり	食料 1人1日当たり	歩留り	純食料	1年当たり量	1日当たり 数量	1日当たり 熱量	1日当たり たんぱく質	1日当たり 脂質		熱量	たんぱく質	脂質
kg	g	%		kg	g	kcal	g	g		kcal	g	g
33.5	91.6	77.0	2,406	25.8	70.6	250.5	7.1	0.8		355.0	10.0	1.2
34.0	93.2	76.0	2,437	25.8	70.8	250.7	7.2	0.8		354.0	10.1	1.2
34.2	93.7	76.0	2,473	26.0	71.2	252.0	7.1	0.9		354.0	10.0	1.2
35.4	96.7	76.0	2,587	26.9	73.5	261.0	7.4	0.9		355.0	10.1	1.2
37.0	101.3	76.0	2,731	28.1	77.0	273.3	7.9	0.9		355.0	10.3	1.2
37.6	103.1	77.0	2,849	29.0	79.4	292.3	8.7	1.7		368.0	10.9	2.1
40.6	111.3	77.0	3,099	31.3	85.7	315.5	9.3	1.8		368.0	10.9	2.1
41.0	112.0	77.0	3,162	31.6	86.2	317.3	9.4	1.8		368.0	10.9	2.1
40.6	111.4	77.0	3,172	31.3	85.8	315.6	9.3	1.8		368.0	10.9	2.1
40.6	111.4	77.0	3,209	31.3	85.7	315.5	9.4	1.8		368.0	11.0	2.1
39.5	108.1	78.0	3,192	30.8	84.3	310.3	9.3	1.8		368.0	11.0	2.1
39.7	108.3	78.0	3,252	30.9	84.5	311.0	9.4	1.8		368.0	11.1	2.1
39.5	108.2	78.0	3,315	30.8	84.4	310.6	9.5	1.8		368.0	11.2	2.1
39.6	108.4	78.0	3,366	30.9	84.5	311.0	9.4	1.8		368.0	11.1	2.1
39.9	109.2	78.0	3,439	31.1	85.2	313.6	9.5	1.8		368.0	11.2	2.1
40.4	110.4	78.0	3,527	31.5	86.1	316.8	9.6	1.8		368.0	11.2	2.1
40.7	111.5	78.0	3,590	31.7	87.0	320.0	9.7	1.8		368.0	11.2	2.1
40.8	111.7	78.0	3,631	31.8	87.1	320.7	9.7	1.8		368.0	11.1	2.1
40.6	111.3	78.0	3,651	31.7	86.8	319.6	9.6	1.8		368.0	11.1	2.1
40.9	111.7	78.0	3,704	31.9	87.1	320.6	9.7	1.8		368.0	11.1	2.1
41.3	113.3	78.0	3,774	32.2	88.3	325.0	9.9	1.9		368.0	11.2	2.1
40.8	111.7	78.0	3,750	31.8	87.1	320.7	9.7	1.8		368.0	11.1	2.1
40.8	111.8	78.0	3,779	31.8	87.2	320.9	9.6	1.8		368.0	11.0	2.1
40.7	111.2	78.0	3,795	31.7	86.7	319.2	9.5	1.8		368.0	11.0	2.1
40.7	111.6	78.0	3,822	31.8	87.0	320.3	9.7	1.8		368.0	11.1	2.1
40.6	111.4	78.0	3,838	31.7	86.9	319.7	9.6	1.8		368.0	11.0	2.1
40.5	110.8	78.0	3,839	31.6	86.5	318.1	9.5	1.8		368.0	11.0	2.1
40.4	110.4	78.0	3,852	31.5	86.1	316.8	9.5	1.8		368.0	11.0	2.1
40.4	110.8	78.0	3,873	31.6	86.4	318.1	9.5	1.8		368.0	11.0	2.1
40.6	111.2	78.0	3,901	31.7	86.7	319.2	9.5	1.8		368.0	11.0	2.1
40.7	111.4	78.0	3,922	31.7	86.9	319.9	9.6	1.8		368.0	11.0	2.1
40.7	111.1	78.0	3,936	31.7	86.7	318.9	9.5	1.8		368.0	11.0	2.1
40.5	111.0	78.0	3,936	31.6	86.6	318.6	9.5	1.8		368.0	11.0	2.1
41.2	112.9	78.0	4,016	32.1	88.1	324.1	9.7	1.8		368.0	11.0	2.1
42.4	116.0	78.0	4,139	33.0	90.5	333.1	10.0	1.9		368.0	11.0	2.1
42.0	114.8	78.0	4,117	32.8	89.6	329.7	9.9	1.9		368.0	11.0	2.1
42.3	116.0	78.0	4,156	33.0	90.5	332.9	10.0	1.9		368.0	11.0	2.1
41.6	114.0	78.0	4,093	32.4	88.9	327.1	9.8	1.9		368.0	11.0	2.1
41.2	113.0	78.0	4,068	32.2	88.1	324.3	9.7	1.9		368.0	11.0	2.1
41.5	113.4	78.0	4,099	32.4	88.4	325.4	9.7	1.9		368.0	11.0	2.1
41.7	114.4	78.0	4,133	32.6	89.2	328.3	9.8	1.9		368.0	11.0	2.1
41.1	112.7	78.0	4,083	32.1	87.9	323.4	9.7	1.8		368.0	11.0	2.1
40.9	111.9	78.0	4,061	31.9	87.3	321.3	9.6	1.8		368.0	11.0	2.1
41.8	114.3	78.0	4,164	32.6	89.1	328.1	9.8	1.9		368.0	11.0	2.1
41.4	113.4	78.0	4,123	32.3	88.5	325.6	9.7	1.9		368.0	11.0	2.1
40.7	111.5	78.0	4,054	31.7	86.9	319.9	9.6	1.8		368.0	11.0	2.1
40.7	111.5	78.0	4,061	31.8	87.0	319.9	9.6	1.8		368.0	11.0	2.1
41.3	112.8	78.0	4,123	32.2	88.0	323.8	9.7	1.8		368.0	11.0	2.1
39.8	108.9	78.0	3,973	31.0	85.0	312.7	9.3	1.8		368.0	11.0	2.1
40.7	111.4	78.0	4,060	31.7	86.9	319.7	9.6	1.8		368.0	11.0	2.1
41.9	114.8	78.0	4,185	32.7	89.5	329.5	9.8	1.9		368.0	11.0	2.1
42.0	114.8	78.0	4,189	32.8	89.5	329.5	9.8	1.9		368.0	11.0	2.1
42.2	115.7	78.0	4,201	32.9	90.2	332.0	9.9	1.9		368.0	11.0	2.1
41.9	114.8	78.0	4,164	32.7	89.5	329.5	9.8	1.9		368.0	11.0	2.1
42.1	115.3	78.0	4,177	32.8	89.9	330.1	9.4	1.6		367.0	10.5	1.8
42.0	114.8	78.0	4,165	32.8	89.5	328.6	9.4	1.6		367.0	10.5	1.8
42.2	115.6	78.0	4,182	32.9	90.2	331.0	9.5	1.6		367.0	10.5	1.8
42.4	116.0	78.0	4,193	33.0	90.5	332.2	9.5	1.6		367.0	10.5	1.8
41.2	113.0	78.0	4,077	32.2	88.1	323.4	9.3	1.6		367.0	10.5	1.8
41.3	112.8	78.0	4,076	32.2	88.0	303.6	9.2	1.6		345.0	10.5	1.8
40.7	111.5	78.0	4,006	31.8	87.0	300.2	9.1	1.6		345.0	10.5	1.8
40.5	111.0	78.0	3,966	31.6	86.6	298.7	9.1	1.6		345.0	10.5	1.8

(4)　大・はだか麦

年度	国内生産量	外国貿易 輸入量	外国貿易 輸出量	在庫の増減量	国内消費仕向量	飼料用	種子用	加工用	純旅客用	減耗量	粗総数
昭和 35	2,301	30	1	189	2,141	540	42	210	－	41	1,308
36	1,976	0	0	△ 254	2,230	981	37	257	－	29	926
37	1,726	0	1	△ 251	1,976	836	35	290	－	25	790
38	759	414	1	△ 317	1,489	497	27	289	－	20	656
39	1,202	580	0	64	1,718	648	23	355	－	21	671
40	1,234	512	0	58	1,688	665	20	354	－	19	630
41	1,105	598	0	△ 4	1,707	693	19	375	－	19	601
42	1,032	666	2	△ 43	1,739	737	22	380	－	18	582
43	1,021	777	2	84	1,712	738	18	412	－	16	528
44	812	806	2	△ 93	1,709	785	14	483	－	13	414
45	573	1,072	2	△ 42	1,685	862	10	507	－	9	297
46	503	1,138	0	△ 105	1,746	898	8	517	－	9	314
47	324	1,488	0	△ 30	1,842	985	5	586	－	8	258
48	216	1,817	0	△ 93	2,126	1,133	5	669	－	9	310
49	233	2,038	0	139	2,132	1,129	5	699	－	9	290
50	221	2,117	0	143	2,195	1,177	5	719	－	9	285
51	210	2,258	0	215	2,253	1,238	5	732	－	8	270
52	206	2,238	0	92	2,352	1,288	5	792	－	8	259
53	326	2,052	0	△ 2	2,380	1,325	8	855	－	6	186
54	407	2,132	0	77	2,462	1,420	11	864	－	5	162
55	385	2,087	0	△ 104	2,576	1,518	12	871	－	5	170
56	383	2,225	0	49	2,559	1,532	12	872	－	4	139
57	390	1,833	0	△ 261	2,484	1,388	12	919	－	5	160
58	379	2,275	0	69	2,585	1,492	11	970	－	3	109
59	396	2,284	0	209	2,471	1,492	11	856	－	3	109
60	378	2,071	0	△ 6	2,455	1,453	10	881	－	3	108
61	344	1,942	0	△ 40	2,326	1,324	11	887	－	3	101
62	353	1,988	0	12	2,329	1,308	11	918	－	3	89
63	399	2,120	0	81	2,438	1,354	10	990	－	3	81
平成 元	371	2,087	0	△ 49	2,507	1,346	10	1,079	－	3	69
2	346	2,211	0	△ 58	2,615	1,389	9	1,148	－	2	67
3	283	2,478	0	34	2,727	1,490	8	1,167	－	1	61
4	286	2,550	0	89	2,747	1,533	7	1,135	－	2	70
5	283	2,369	0	△ 111	2,763	1,538	6	1,145	－	2	72
6	225	2,619	0	23	2,821	1,576	6	1,169	－	2	68
7	219	2,640	0	115	2,744	1,477	5	1,187	－	2	73
8	234	2,455	0	△ 30	2,719	1,415	6	1,220	－	2	76
9	194	2,352	0	△ 162	2,708	1,403	6	1,225	－	2	72
10	144	2,548	0	△ 2	2,694	1,411	5	1,208	－	2	68
11	205	2,475	0	△ 88	2,768	1,452	5	1,229	－	2	80
12	214	2,439	0	26	2,627	1,373	6	1,150	－	3	95
13	207	2,154	0	△ 187	2,548	1,329	6	1,115	－	3	95
14	217	2,142	0	△ 86	2,445	1,281	6	1,065	－	3	90
15	199	1,999	0	△ 85	2,282	1,196	4	994	－	2	86
16	199	2,094	0	△ 42	2,335	1,187	4	1,063	－	2	79
17	183	2,030	0	△ 68	2,281	1,227	4	984	－	2	64
18	174	2,153	0	12	2,315	1,241	4	1,012	－	2	56
19	194	1,903	0	△ 114	2,211	1,138	4	992	－	2	75
20	217	1,811	0	54	1,974	934	5	969	－	2	64
21	179	2,084	0	6	2,257	1,251	5	952	－	1	48
22	161	1,902	0	△ 35	2,098	1,105	4	936	－	1	52
23	172	1,971	0	△ 11	2,154	1,155	4	916	－	2	77
24	172	1,896	0	1	2,067	1,068	4	930	－	2	63
25	183	1,884	0	△ 13	2,080	1,074	4	932	－	2	68
26	170	1,816	0	33	1,953	957	4	919	－	2	71
27	177	1,748	0	△ 19	1,944	919	4	952	－	2	67
28	170	1,824	0	5	1,989	971	5	918	－	3	92
29	185	1,803	0	3	1,985	971	5	919	－	3	87
30	175	1,823	0	19	1,979	954	6	931	0	3	85
令和 元	222	1,728	0	46	1,904	914	6	890	0	3	91
2	221	1,674	0	49	1,846	958	5	803	0	3	77
3	235	1,673	0	△ 21	1,929	1,023	4	813	0	3	86

（単位：断りなき限り 1,000 トン）

量　の　内　訳				1　人　当　た　り　供　給　純　食　料						純食料100g中の栄養成分量		
食　料		歩留り	純食料	1年当たり数量		1　日　当　た　り				熱　量	たんぱく質	脂　質
1人1年当たり	1人1日当たり				年当り量	数　量	熱　量	たんぱく質	脂　質			
kg	g	%		kg		g	kcal	g	g	kcal	g	g
14.0	38.4	58.0	758	8.1		22.2	74.9	2.0	0.2	337.0	8.8	0.9
9.8	26.9	57.9	536	5.7		15.6	52.5	1.4	0.1	337.0	8.8	0.9
8.3	22.7	57.6	455	4.8		13.1	44.1	1.2	0.1	337.0	8.8	0.9
6.8	18.6	57.2	375	3.9		10.7	35.9	0.9	0.1	337.0	8.8	0.9
6.9	18.9	54.2	364	3.7		10.3	34.6	0.9	0.1	337.0	8.8	0.9
6.4	17.6	56.0	353	3.6		9.8	33.5	0.7	0.1	340.0	7.4	1.3
6.1	16.6	57.1	343	3.5		9.5	32.3	0.7	0.1	340.0	7.4	1.3
5.8	15.9	56.7	330	3.3		9.0	30.6	0.7	0.1	340.0	7.4	1.3
5.2	14.3	56.4	298	2.9		8.1	27.4	0.6	0.1	340.0	7.4	1.3
4.0	11.1	56.8	235	2.3		6.3	21.3	0.5	0.1	340.0	7.4	1.3
2.9	7.8	54.9	163	1.6		4.3	14.6	0.3	0.1	340.0	7.4	1.3
3.0	8.2	54.5	171	1.6		4.4	15.1	0.3	0.1	340.0	7.4	1.3
2.4	6.6	53.1	137	1.3		3.5	11.9	0.3	0.0	340.0	7.4	1.3
2.8	7.8	45.8	142	1.3		3.6	12.1	0.3	0.0	340.0	7.4	1.3
2.6	7.2	44.1	128	1.2		3.2	10.8	0.2	0.0	340.0	7.4	1.3
2.5	7.0	44.6	127	1.1		3.1	10.5	0.2	0.0	340.0	7.4	1.3
2.4	6.5	44.4	120	1.1		2.9	9.9	0.2	0.0	340.0	7.4	1.3
2.3	6.2	44.4	115	1.0		2.8	9.4	0.2	0.0	340.0	7.4	1.3
1.6	4.4	44.6	83	0.7		2.0	6.7	0.1	0.0	340.0	7.4	1.3
1.4	3.8	45.7	74	0.6		1.7	5.9	0.1	0.0	340.0	7.4	1.3
1.5	4.0	45.3	77	0.7		1.8	6.1	0.1	0.0	340.0	7.4	1.3
1.2	3.2	46.0	64	0.5		1.5	5.1	0.1	0.0	340.0	7.4	1.3
1.3	3.7	45.6	73	0.6		1.7	5.7	0.1	0.0	340.0	7.4	1.3
0.9	2.5	49.5	54	0.5		1.2	4.2	0.1	0.0	340.0	7.4	1.3
0.9	2.5	49.5	54	0.4		1.2	4.2	0.1	0.0	340.0	7.4	1.3
0.9	2.4	48.1	52	0.4		1.2	4.0	0.1	0.0	340.0	6.2	1.3
0.8	2.3	48.5	49	0.4		1.1	3.8	0.1	0.0	340.0	6.2	1.3
0.7	2.0	49.4	44	0.4		1.0	3.3	0.1	0.0	340.0	6.2	1.3
0.7	1.8	48.1	39	0.3		0.9	3.0	0.1	0.0	340.0	6.2	1.3
0.6	1.5	47.8	33	0.3		0.7	2.5	0.0	0.0	340.0	6.2	1.3
0.5	1.5	47.8	32	0.3		0.7	2.4	0.0	0.0	340.0	6.2	1.3
0.5	1.3	47.5	29	0.2		0.6	2.2	0.0	0.0	340.0	6.2	1.3
0.6	1.5	47.1	33	0.3		0.7	2.5	0.0	0.0	340.0	6.2	1.3
0.6	1.6	47.2	34	0.3		0.7	2.5	0.0	0.0	340.0	6.2	1.3
0.5	1.5	47.1	32	0.3		0.7	2.4	0.0	0.0	340.0	6.2	1.3
0.6	1.6	47.9	35	0.3		0.8	2.6	0.0	0.0	340.0	6.2	1.3
0.6	1.7	48.7	37	0.3		0.8	2.7	0.0	0.0	340.0	6.2	1.3
0.6	1.6	48.6	35	0.3		0.8	2.6	0.0	0.0	340.0	6.2	1.3
0.5	1.5	48.5	33	0.3		0.7	2.4	0.0	0.0	340.0	6.2	1.3
0.6	1.7	47.5	38	0.3		0.8	2.8	0.1	0.0	340.0	6.2	1.3
0.7	2.1	47.4	45	0.4		1.0	3.3	0.1	0.0	340.0	6.2	1.3
0.7	2.0	47.4	45	0.4		1.0	3.3	0.1	0.0	340.0	6.2	1.3
0.7	1.9	46.7	42	0.3		0.9	3.1	0.1	0.0	340.0	6.2	1.3
0.7	1.9	47.7	41	0.3		0.9	3.0	0.0	0.0	340.0	6.2	1.3
0.6	1.7	47.8	38	0.3		0.9	2.8	0.0	0.0	340.0	6.2	1.3
0.5	1.4	48.4	31	0.2		0.7	2.3	0.0	0.0	340.0	6.2	1.3
0.4	1.2	46.4	26	0.2		0.6	1.9	0.0	0.0	340.0	6.2	1.3
0.6	1.6	46.7	35	0.3		0.7	2.5	0.0	0.0	340.0	6.2	1.3
0.5	1.4	46.9	30	0.2		0.6	2.2	0.0	0.0	340.0	6.2	1.3
0.4	1.0	45.8	22	0.2		0.5	1.6	0.0	0.0	340.0	6.2	1.3
0.4	1.1	48.1	25	0.2		0.5	1.8	0.0	0.0	340.0	6.2	1.3
0.6	1.6	46.8	36	0.3		0.8	2.6	0.0	0.0	340.0	6.2	1.3
0.5	1.4	46.0	29	0.2		0.6	2.1	0.0	0.0	340.0	6.2	1.3
0.5	1.5	48.5	33	0.3		0.7	2.4	0.0	0.0	340.0	6.2	1.3
0.6	1.5	47.9	34	0.3		0.7	2.5	0.0	0.0	340.0	6.2	1.3
0.5	1.4	47.8	32	0.3		0.7	2.3	0.0	0.0	340.0	6.2	1.3
0.7	2.0	48.9	45	0.4		1.0	3.3	0.1	0.0	340.0	6.2	1.3
0.7	1.9	49.4	43	0.3		0.9	3.2	0.1	0.0	340.0	6.2	1.3
0.7	1.8	50.6	43	0.3		0.9	3.2	0.1	0.0	340.0	6.2	1.3
0.7	2.0	50.5	46	0.4		1.0	3.3	0.1	0.0	329.0	6.7	1.5
0.6	1.7	50.6	39	0.3		0.8	2.8	0.1	0.0	329.0	6.7	1.5
0.7	1.9	50.0	43	0.3		0.9	3.1	0.1	0.0	329.0	6.7	1.5

(5) 雑穀（とうもろこし、こうりゃん、その他の雑穀）

年度	国内生産量	輸入量	輸出量	在庫の増減量	国内消費仕向量	飼料用	種子用	加工用	純旅客用	減耗量	粗総数
昭和35	411	1,591	0	46	1,956	1,769	9	73	-	3	102
36	402	2,239	0	24	2,617	2,410	8	88	-	3	108
37	351	2,882	0	47	3,186	2,921	8	155	-	3	99
38	349	3,812	0	171	3,990	3,631	8	250	-	3	98
39	277	4,235	0	△ 204	4,716	4,261	7	354	-	3	91
40	278	5,314	0	297	5,295	4,703	7	494	-	3	88
41	221	6,234	0	△ 91	6,546	5,853	6	602	-	2	83
42	212	6,896	0	214	6,894	6,042	5	749	-	3	95
43	186	7,703	0	223	7,666	6,659	5	886	-	3	113
44	143	8,825	3	△ 12	8,977	7,897	5	953	-	4	118
45	122	10,095	1	222	9,994	8,774	3	1,094	-	4	119
46	115	9,365	0	159	9,321	8,057	3	1,122	-	4	135
47	108	10,355	0	△ 239	10,702	9,401	3	1,141	-	5	152
48	91	12,380	0	470	12,001	10,571	5	1,258	-	5	162
49	81	12,336	0	398	12,019	10,567	4	1,331	-	4	113
50	66	11,561	0	△ 66	11,693	10,374	7	1,183	-	4	125
51	51	13,599	0	192	13,458	11,707	4	1,608	-	4	135
52	48	14,738	0	△ 34	14,820	12,954	3	1,723	-	4	136
53	54	16,124	0	413	15,765	13,861	3	1,726	-	5	170
54	43	17,607	0	472	17,178	15,063	3	1,929	-	6	177
55	35	17,379	0	384	17,030	14,591	7	2,259	-	5	168
56	30	16,914	0	△ 56	17,000	14,370	7	2,441	-	6	176
57	31	17,601	0	593	17,039	14,327	8	2,523	-	6	175
58	27	18,400	0	372	18,055	15,078	8	2,784	-	6	179
59	30	19,135	0	285	18,880	15,839	8	2,846	-	6	181
60	26	19,813	0	548	19,291	16,202	8	2,866	-	7	208
61	26	20,172	0	77	20,122	16,890	8	2,989	-	7	228
62	26	21,027	0	239	20,814	17,352	8	3,211	-	7	236
63	28	21,039	0	452	20,615	16,884	7	3,479	-	8	237
平成元	28	20,343	0	16	20,355	16,644	8	3,450	-	7	246
2	28	20,217	0	33	20,212	16,380	9	3,560	-	8	255
3	26	20,644	0	432	20,238	16,337	8	3,644	-	7	242
4	27	20,145	0	△ 121	20,293	16,266	8	3,774	-	7	238
5	20	20,477	0	242	20,255	16,300	8	3,697	-	7	243
6	23	19,585	0	340	19,268	15,400	10	3,613	-	6	239
7	23	18,817	0	260	18,580	14,861	8	3,480	-	6	225
8	26	19,369	0	499	18,896	14,890	7	3,760	-	7	232
9	24	19,348	0	343	19,029	14,824	8	3,968	-	6	223
10	20	19,367	0	496	18,891	14,685	7	3,948	-	7	244
11	25	19,356	0	617	18,764	14,544	8	3,967	-	8	237
12	30	18,634	0	328	18,336	14,162	8	3,936	-	7	223
13	28	18,677	0	559	18,146	14,093	9	3,816	-	7	221
14	31	19,057	0	369	18,719	14,647	9	3,824	-	7	232
15	32	19,113	0	458	18,687	14,646	13	3,783	-	7	238
16	24	18,127	0	257	17,894	13,865	7	3,779	-	7	236
17	34	18,642	0	749	17,927	13,863	6	3,805	-	7	246
18	35	18,440	0	481	17,994	13,921	6	3,806	-	7	253
19	33	18,252	0	398	17,887	13,953	7	3,686	-	7	234
20	28	17,849	0	80	17,797	13,940	8	3,614	-	7	228
21	18	18,203	0	263	17,958	14,367	6	3,357	-	7	221
22	31	17,831	0	598	17,264	13,478	7	3,558	-	7	214
23	33	16,972	0	97	16,908	13,029	10	3,621	-	7	241
24	46	16,597	0	331	16,312	12,594	10	3,453	-	7	248
25	33	16,430	0	245	16,218	12,551	10	3,405	-	7	245
26	31	15,845	0	96	15,780	12,113	10	3,399	-	7	251
27	35	15,997	0	327	15,705	12,067	11	3,386	-	7	234
28	29	15,615	0	△ 161	15,805	12,039	12	3,505	-	7	242
29	34	16,384	0	440	15,978	12,316	13	3,382	-	8	259
30	29	16,450	0	113	16,366	12,581	12	3,488	2	8	276
令和元	43	16,858	0	429	16,472	12,747	11	3,445	0	8	261
2	45	15,889	0	△ 11	15,945	12,724	9	2,974	0	7	231
3	41	15,749	0	234	15,556	12,192	13	3,101	0	7	243

（単位：断りなき限り 1,000 トン）

量 の 内 訳				1 人 当 た り 供 給 純 食 料						純食料100g中の栄養成分量		
食料		歩留り	純食料	1人当たり 1年当り量	1日当たり 数量	1日当たり 熱量	1日当たり たんぱく質	1日当たり 脂質		熱量	たんぱく質	脂質
1人1年当たり	1人1日当たり											
kg	g	%		kg	g	kcal	g	g		kcal	g	g
1.1	3.0	72.5	74	0.8	2.2	7.7	0.2	0.1		356.5	10.1	2.5
1.1	3.1	72.2	78	0.8	2.3	8.1	0.2	0.1		356.4	10.0	2.6
1.0	2.8	71.7	71	0.7	2.0	7.3	0.2	0.1		355.8	10.0	2.6
1.0	2.8	71.4	70	0.7	2.0	7.1	0.2	0.1		355.9	10.0	2.5
0.9	2.6	73.6	67	0.7	1.9	6.7	0.2	0.0		357.1	9.8	2.6
0.9	2.5	73.9	65	0.7	1.8	6.6	0.2	0.1		361.9	9.3	2.8
0.8	2.3	73.5	61	0.6	1.7	6.1	0.2	0.0		361.8	9.5	2.8
0.9	2.6	71.6	68	0.7	1.9	6.7	0.2	0.1		361.7	9.3	2.8
1.1	3.1	73.5	83	0.8	2.2	8.1	0.2	0.1		361.7	9.0	2.8
1.2	3.2	73.7	87	0.8	2.3	8.4	0.2	0.1		361.7	8.7	2.8
1.1	3.1	73.1	87	0.8	2.3	8.4	0.2	0.1		364.0	9.3	3.0
1.3	3.5	75.6	102	1.0	2.7	9.6	0.3	0.1		363.5	8.8	2.9
1.4	3.9	77.0	117	1.1	3.0	10.8	0.3	0.1		363.6	8.8	3.0
1.5	4.1	77.8	126	1.2	3.2	11.5	0.3	0.1		363.6	8.7	2.9
1.0	2.8	70.8	80	0.7	2.0	7.1	0.2	0.0		360.1	9.4	2.2
1.1	3.1	68.8	86	0.8	2.1	7.6	0.2	0.1		363.7	9.7	2.9
1.2	3.3	68.9	93	0.8	2.3	8.2	0.2	0.1		362.3	9.7	2.6
1.2	3.3	68.4	93	0.8	2.2	8.1	0.2	0.1		361.5	9.7	2.4
1.5	4.0	74.1	126	1.1	3.0	10.8	0.3	0.1		359.5	9.3	2.2
1.5	4.2	72.3	128	1.1	3.0	10.9	0.3	0.1		361.1	9.3	2.3
1.4	3.9	74.4	125	1.1	2.9	10.5	0.3	0.1		360.6	9.4	2.3
1.5	4.1	73.9	130	1.1	3.0	10.9	0.3	0.1		361.6	9.3	2.3
1.5	4.0	74.3	130	1.1	3.0	10.8	0.3	0.1		360.0	9.4	2.1
1.5	4.1	74.3	133	1.1	3.0	11.0	0.3	0.1		361.0	9.3	2.2
1.5	4.1	76.2	138	1.1	3.1	11.4	0.3	0.1		361.5	9.4	2.4
1.7	4.7	67.8	141	1.2	3.2	11.5	0.3	0.1		361.5	9.2	2.4
1.9	5.1	68.4	156	1.3	3.5	12.7	0.3	0.1		361.5	9.2	2.3
1.9	5.3	68.6	162	1.3	3.6	13.1	0.3	0.1		362.1	9.2	2.5
1.9	5.3	71.3	169	1.4	3.8	13.7	0.3	0.1		362.1	9.3	2.6
2.0	5.5	70.7	174	1.4	3.9	14.0	0.4	0.1		362.1	9.2	2.5
2.1	5.7	71.0	181	1.5	4.0	14.6	0.4	0.1		362.9	9.1	2.6
2.0	5.3	72.3	175	1.4	3.9	14.0	0.4	0.1		362.8	9.2	2.6
1.9	5.2	71.4	170	1.4	3.7	13.6	0.3	0.1		363.4	9.2	2.7
1.9	5.3	67.1	163	1.3	3.6	13.0	0.3	0.1		363.9	9.4	2.8
1.9	5.2	63.6	152	1.2	3.3	12.1	0.3	0.1		364.9	9.5	2.9
1.8	4.9	64.0	144	1.1	3.1	11.4	0.3	0.1		364.9	9.6	3.0
1.8	5.1	63.4	147	1.2	3.2	11.7	0.3	0.1		365.3	9.5	3.0
1.8	4.8	62.8	140	1.1	3.0	11.1	0.3	0.1		364.8	9.6	3.0
1.9	5.3	58.2	142	1.1	3.1	11.3	0.3	0.1		365.9	9.5	3.0
1.9	5.1	57.4	136	1.1	2.9	10.7	0.3	0.1		366.2	9.6	3.1
1.8	4.8	58.3	130	1.0	2.8	10.3	0.3	0.1		366.8	9.7	3.3
1.7	4.8	59.3	131	1.0	2.8	10.4	0.3	0.1		367.5	9.8	3.5
1.8	5.0	58.6	136	1.1	2.9	10.8	0.3	0.1		367.8	9.7	3.5
1.9	5.1	61.3	146	1.1	3.1	11.5	0.3	0.1		367.4	9.7	3.4
1.8	5.1	63.6	150	1.2	3.2	11.8	0.3	0.1		366.6	9.7	3.3
1.9	5.3	63.8	157	1.2	3.3	12.3	0.3	0.2		366.5	9.8	3.3
2.0	5.4	60.7	154	1.2	3.3	12.1	0.3	0.1		366.6	9.8	3.3
1.8	5.0	61.2	143	1.1	3.1	11.2	0.3	0.1		366.7	9.7	3.3
1.8	4.9	62.3	142	1.1	3.0	11.1	0.3	0.1		367.0	9.6	3.4
1.7	4.7	61.5	136	1.1	2.9	10.7	0.3	0.1		367.2	9.6	3.4
1.7	4.6	61.7	132	1.0	2.8	10.4	0.3	0.1		368.2	9.7	3.6
1.9	5.2	61.0	147	1.1	3.1	11.5	0.3	0.1		366.9	9.5	3.4
1.9	5.3	59.3	147	1.2	3.2	11.6	0.3	0.1		367.8	9.7	3.5
1.9	5.3	64.1	157	1.2	3.4	12.4	0.3	0.1		366.5	9.7	3.5
2.0	5.4	62.5	157	1.2	3.4	12.5	0.3	0.1		370.5	10.3	4.1
1.8	5.0	64.6	151	1.2	3.3	12.1	0.3	0.1		371.0	10.4	4.2
1.9	5.2	62.4	151	1.2	3.3	12.0	0.3	0.1		368.1	10.3	3.7
2.0	5.6	61.8	160	1.3	3.5	12.4	0.4	0.1		357.9	10.2	2.7
2.2	6.0	60.5	167	1.3	3.6	12.9	0.4	0.1		357.7	10.1	2.6
2.1	5.6	61.3	160	1.3	3.5	11.8	0.4	0.1		342.7	10.2	2.6
1.8	5.0	61.5	142	1.1	3.1	10.6	0.3	0.1		342.9	10.0	2.6
1.9	5.3	60.1	146	1.2	3.2	10.9	0.3	0.1		343.0	10.1	2.6

(6) とうもろこし

年度	国内生産量	外国貿易 輸入量	輸出量	在庫の増減量	国内消費仕向量	飼料用	種子用	加工用	純旅客用	減耗量	粗 総数
昭和 35	113	1,514	0	30	1,597	1,503	2	73	－	1	18
36	116	1,914	0	20	2,010	1,897	2	86	－	1	24
37	104	2,425	0	40	2,489	2,312	2	153	－	1	21
38	104	2,894	0	113	2,885	2,616	2	246	－	1	20
39	84	3,139	0	△ 187	3,410	3,040	1	345	－	1	23
40	75	3,558	0	221	3,412	2,894	1	489	－	1	27
41	63	3,696	0	△ 107	3,866	3,243	1	599	－	1	22
42	61	4,191	0	192	4,060	3,293	1	735	－	1	30
43	51	5,270	0	229	5,092	4,164	1	880	－	1	46
44	40	5,728	3	△ 20	5,785	4,789	1	936	－	2	57
45	33	5,647	1	104	5,575	4,440	0	1,079	－	2	54
46	25	5,248	0	134	5,139	3,966	0	1,094	－	2	77
47	23	6,439	0	△ 62	6,524	5,310	0	1,121	－	3	90
48	17	8,021	0	362	7,676	6,345	2	1,231	－	3	95
49	14	7,719	0	232	7,501	6,121	2	1,322	－	2	54
50	14	7,568	0	80	7,502	6,272	2	1,171	－	2	55
51	12	8,612	0	134	8,490	6,841	2	1,587	－	2	58
52	8	9,313	0	△ 29	9,350	7,578	2	1,708	－	2	60
53	7	10,736	0	464	10,279	8,485	2	1,720	－	2	70
54	5	11,707	0	466	11,246	9,256	1	1,899	－	3	87
55	4	13,331	0	384	12,951	10,615	5	2,249	－	2	80
56	3	13,248	0	△ 32	13,283	10,753	5	2,434	－	3	88
57	2	14,206	0	574	13,634	11,019	5	2,518	－	3	89
58	1	14,649	0	295	14,355	11,478	5	2,774	－	3	95
59	2	13,976	0	217	13,761	10,821	5	2,842	－	3	90
60	2	14,449	0	447	14,004	11,018	5	2,862	－	4	115
61	1	14,868	0	37	14,832	11,709	5	2,986	－	4	128
62	1	16,602	0	193	16,410	13,065	5	3,204	－	4	132
63	1	16,481	0	327	16,155	12,550	4	3,473	－	4	124
平成 元	1	15,907	0	△ 9	15,917	12,326	5	3,446	－	4	136
2	1	16,074	0	55	16,020	12,304	5	3,557	－	5	149
3	1	16,655	0	353	16,303	12,519	3	3,641	－	4	136
4	1	16,435	0	△ 114	16,550	12,639	3	3,771	－	4	133
5	1	16,864	0	251	16,614	12,791	3	3,694	－	4	122
6	0	16,198	0	149	16,049	12,320	2	3,610	－	3	114
7	0	15,983	0	37	15,946	12,353	2	3,480	－	3	108
8	0	16,258	0	335	15,923	12,037	2	3,760	－	4	120
9	0	16,083	0	110	15,973	11,893	3	3,968	－	3	106
10	0	16,245	0	424	15,821	11,738	2	3,948	－	4	129
11	0	16,422	0	522	15,900	11,809	2	3,967	－	4	118
12	0	15,982	0	278	15,704	11,662	2	3,936	－	3	101
13	0	16,276	0	552	15,724	11,808	2	3,816	－	3	95
14	0	16,788	0	359	16,429	12,493	2	3,824	－	3	107
15	0	17,012	0	417	16,595	12,697	3	3,783	－	3	109
16	0	16,248	0	207	16,041	12,160	0	3,779	－	3	99
17	0	16,798	0	668	16,130	12,220	0	3,805	－	3	102
18	0	16,694	0	434	16,260	12,343	0	3,806	－	3	107
19	0	16,716	0	352	16,364	12,570	0	3,686	－	3	105
20	0	16,357	0	58	16,299	12,578	0	3,614	－	3	104
21	0	16,207	0	222	15,985	12,520	0	3,357	－	3	105
22	0	16,047	0	531	15,516	11,857	0	3,558	－	3	98
23	0	15,314	0	71	15,243	11,510	2	3,621	－	3	107
24	0	14,734	0	309	14,425	10,857	2	3,453	－	3	110
25	0	14,637	0	168	14,469	10,964	2	3,405	－	3	95
26	0	14,731	0	97	14,634	11,120	2	3,399	－	3	110
27	0	15,096	0	339	14,757	11,272	2	3,386	－	3	94
28	0	14,876	0	△ 138	15,014	11,399	2	3,505	－	3	105
29	0	15,652	0	403	15,249	11,739	3	3,382	－	4	121
30	0	15,759	0	121	15,638	12,009	2	3,488	1	4	135
令和 元	0	16,226	0	392	15,834	12,259	2	3,445	0	4	124
2	0	15,368	0	△ 47	15,415	12,317	2	2,974	0	4	118
3	0	15,310	0	219	15,091	11,860	2	3,101	0	4	124

（単位：断りなき限り　1,000　トン）

量 の 内 訳				1 人 当 た り 供 給 純 食 料					純食料100g中の栄養成分量		
食料 1人1年当たり	食料 1人1日当たり	歩留り	純食料	1年当たり 数量	1日当たり 数量	1日当たり 熱量	1日当たり たんぱく質	1日当たり 脂質	熱量	たんぱく質	脂質
kg	g	%		kg	g	kcal	g	g	kcal	g	g
0.2	0.5	77.0	14	0.1	0.4	1.5	0.0	0.0	365.0	7.8	3.7
0.3	0.7	77.0	18	0.2	0.5	1.9	0.0	0.0	365.0	7.8	3.7
0.2	0.6	77.0	16	0.2	0.5	1.7	0.0	0.0	365.0	7.8	3.7
0.2	0.6	77.0	15	0.2	0.4	1.6	0.0	0.0	365.0	7.8	3.7
0.2	0.6	77.0	18	0.2	0.5	1.9	0.0	0.0	365.0	7.8	3.7
0.3	0.8	77.0	21	0.2	0.6	2.1	0.0	0.0	362.0	6.6	2.8
0.2	0.6	77.0	17	0.2	0.5	1.7	0.0	0.0	362.0	6.6	2.8
0.3	0.8	77.0	23	0.2	0.6	2.3	0.0	0.0	362.0	6.6	2.8
0.5	1.2	77.0	35	0.3	0.9	3.4	0.1	0.0	362.0	6.6	2.8
0.6	1.5	77.0	44	0.4	1.2	4.3	0.1	0.0	362.0	6.6	2.8
0.5	1.4	75.4	41	0.4	1.1	4.0	0.1	0.0	367.0	7.7	3.3
0.7	2.0	79.3	61	0.6	1.6	5.8	0.1	0.0	365.0	7.5	3.0
0.8	2.3	81.5	73	0.7	1.9	6.8	0.1	0.1	365.0	7.5	3.1
0.9	2.4	82.9	79	0.7	2.0	7.2	0.1	0.1	365.0	7.5	3.0
0.5	1.3	72.0	39	0.4	1.0	3.5	0.1	0.0	359.0	7.8	1.5
0.5	1.3	67.2	37	0.3	0.9	3.3	0.1	0.0	367.0	8.2	3.0
0.5	1.4	67.6	39	0.3	0.9	3.4	0.1	0.0	364.0	8.1	2.4
0.5	1.4	65.4	39	0.3	0.9	3.4	0.1	0.0	362.0	8.0	1.9
0.6	1.7	80.7	56	0.5	1.3	4.8	0.1	0.0	360.0	7.9	1.8
0.7	2.0	74.8	65	0.6	1.5	5.5	0.1	0.0	361.0	7.8	1.8
0.7	1.9	78.7	63	0.5	1.5	5.3	0.1	0.0	360.0	7.9	1.8
0.7	2.0	77.4	68	0.6	1.6	5.7	0.1	0.0	362.0	7.9	2.0
0.7	2.1	78.9	70	0.6	1.6	5.8	0.1	0.0	359.0	8.1	1.5
0.8	2.2	78.1	74	0.6	1.7	6.1	0.1	0.0	361.0	8.1	1.8
0.7	2.0	82.2	74	0.6	1.7	6.1	0.1	0.0	362.0	8.1	2.1
1.0	2.6	70.2	81	0.7	1.8	6.7	0.1	0.0	363.0	8.1	2.1
1.1	2.9	70.9	91	0.7	2.0	7.4	0.2	0.0	363.0	8.1	2.0
1.1	3.0	71.4	94	0.8	2.1	7.6	0.2	0.0	364.0	8.1	2.2
1.0	2.8	77.3	96	0.8	2.1	7.8	0.2	0.1	364.0	8.1	2.4
1.1	3.0	74.8	102	0.8	2.3	8.3	0.2	0.1	364.0	8.1	2.3
1.2	3.3	75.0	112	0.9	2.5	9.1	0.2	0.1	365.0	8.1	2.4
1.1	3.0	78.2	106	0.9	2.3	8.5	0.2	0.1	365.0	8.1	2.5
1.1	2.9	76.8	102	0.8	2.2	8.2	0.2	0.1	366.0	8.1	2.6
1.0	2.7	68.6	84	0.7	1.8	6.8	0.1	0.1	368.0	8.1	2.8
0.9	2.5	62.2	71	0.6	1.6	5.8	0.1	0.0	371.0	8.1	3.1
0.9	2.3	63.1	68	0.5	1.5	5.5	0.1	0.0	371.0	8.2	3.2
1.0	2.6	61.7	74	0.6	1.6	6.0	0.1	0.0	371.0	8.2	3.1
0.8	2.3	60.4	64	0.5	1.4	5.2	0.1	0.0	371.0	8.2	3.2
1.0	2.8	51.9	67	0.5	1.5	5.4	0.1	0.0	373.0	8.1	3.3
0.9	2.5	50.0	59	0.5	1.3	4.8	0.1	0.0	375.0	8.1	3.4
0.8	2.2	50.5	51	0.4	1.1	4.2	0.1	0.0	378.0	8.1	4.0
0.7	2.0	51.6	49	0.4	1.1	4.0	0.1	0.0	381.0	8.2	4.6
0.8	2.3	51.4	55	0.4	1.2	4.5	0.1	0.1	380.0	8.2	4.5
0.9	2.3	56.9	62	0.5	1.3	5.0	0.1	0.1	378.0	8.2	4.2
0.8	2.1	61.6	61	0.5	1.3	4.9	0.1	0.1	377.0	8.2	4.1
0.8	2.2	61.4	63	0.5	1.3	5.1	0.1	0.1	377.0	8.2	4.1
0.8	2.3	54.8	59	0.5	1.3	4.8	0.1	0.1	378.0	8.2	4.2
0.8	2.2	56.4	59	0.5	1.3	4.7	0.1	0.1	377.0	8.1	4.1
0.8	2.2	58.4	61	0.5	1.3	4.9	0.1	0.1	377.0	8.1	4.1
0.8	2.2	56.7	60	0.5	1.3	4.8	0.1	0.1	377.0	8.1	4.2
0.8	2.1	57.0	56	0.4	1.2	4.6	0.1	0.1	380.0	8.2	4.6
0.8	2.3	54.8	59	0.5	1.3	4.8	0.1	0.1	380.0	8.2	4.5
0.9	2.4	51.3	57	0.4	1.2	4.7	0.1	0.1	382.0	8.2	4.7
0.7	2.0	60.9	58	0.5	1.2	4.7	0.1	0.1	380.0	8.2	4.8
0.9	2.4	58.9	65	0.5	1.4	5.4	0.1	0.1	385.0	8.3	5.6
0.7	2.0	62.5	59	0.5	1.3	4.9	0.1	0.1	388.0	8.3	6.0
0.8	2.3	58.1	61	0.5	1.3	5.0	0.1	0.1	380.0	8.2	4.7
1.0	2.6	56.8	69	0.5	1.5	5.3	0.1	0.0	354.8	8.1	2.3
1.1	2.9	55.4	75	0.6	1.6	5.7	0.1	0.0	354.6	8.1	2.1
1.0	2.7	56.5	70	0.6	1.5	5.3	0.1	0.0	348.8	8.2	2.2
0.9	2.6	57.8	68	0.5	1.5	5.2	0.1	0.0	348.9	8.2	2.1
1.0	2.7	54.5	68	0.5	1.5	5.2	0.1	0.0	349.0	8.2	2.1

158　品目別

(7) こうりゃん

年度	国内生産量	外国貿易 輸入量	外国貿易 輸出量	在庫の増減量	国内消費仕向量	飼料用	種子用	加工用	純旅客用	減耗量	粗総数
昭和 35	2	57	0	11	48	47	0	0	-	0	1
36	2	213	0	11	204	199	0	2	-	0	3
37	1	442	0	16	427	422	0	2	-	0	3
38	1	866	0	52	815	809	0	2	-	0	4
39	1	969	0	△ 18	988	986	0	0	-	0	2
40	1	1,627	0	75	1,553	1,551	0	0	-	0	2
41	0	2,433	0	17	2,416	2,412	0	2	-	0	2
42	0	2,550	0	18	2,532	2,527	0	2	-	0	3
43	0	2,285	0	△ 8	2,293	2,291	0	1	-	0	1
44	0	2,912	0	10	2,902	2,900	0	1	-	0	1
45	0	4,109	0	118	3,991	3,991	0	0	-	0	0
46	0	3,663	0	22	3,641	3,641	0	0	-	0	0
47	0	3,516	0	△ 182	3,698	3,698	0	0	-	0	0
48	0	3,991	0	96	3,895	3,895	0	0	-	0	0
49	0	4,354	0	157	4,197	4,197	0	0	-	0	0
50	0	3,669	0	△ 146	3,815	3,815	0	0	-	0	0
51	0	4,669	0	56	4,613	4,613	0	0	-	0	0
52	0	5,030	0	△ 1	5,031	5,031	0	0	-	0	0
53	0	5,047	0	△ 58	5,105	5,105	0	0	-	0	0
54	0	5,479	0	△ 2	5,481	5,481	0	0	-	0	0
55	0	3,742	0	0	3,742	3,742	0	0	-	0	0
56	0	3,436	0	△ 20	3,456	3,456	0	0	-	0	0
57	0	3,145	0	0	3,145	3,145	0	0	-	0	0
58	0	3,345	0	54	3,291	3,291	0	0	-	0	0
59	0	4,592	0	23	4,569	4,569	0	0	-	0	0
60	0	4,860	0	73	4,787	4,787	0	0	-	0	0
61	0	4,811	0	15	4,796	4,796	0	0	-	0	0
62	0	3,838	0	7	3,831	3,831	0	0	-	0	0
63	0	4,080	0	99	3,981	3,981	0	0	-	0	0
平成 元	0	4,048	0	19	4,029	4,029	0	0	-	0	0
2	0	3,668	0	△ 17	3,685	3,685	0	0	-	0	0
3	0	3,426	0	77	3,349	3,349	0	0	-	0	0
4	0	3,093	0	△ 12	3,105	3,105	0	0	-	0	0
5	0	3,022	0	1	3,021	3,021	0	0	-	0	0
6	0	2,724	0	196	2,528	2,528	0	0	-	0	0
7	0	2,174	0	222	1,952	1,952	0	0	-	0	0
8	0	2,538	0	171	2,367	2,367	0	0	-	0	0
9	0	2,775	0	228	2,547	2,547	0	0	-	0	0
10	0	2,582	0	71	2,511	2,511	0	0	-	0	0
11	0	2,332	0	93	2,239	2,239	0	0	-	0	0
12	0	2,101	0	50	2,051	2,051	0	0	-	0	0
13	0	1,864	0	0	1,864	1,864	0	0	-	0	0
14	0	1,692	0	9	1,683	1,683	0	0	-	0	0
15	0	1,492	0	30	1,462	1,460	2	0	-	0	0
16	0	1,410	0	51	1,359	1,359	0	0	-	0	0
17	0	1,382	0	81	1,301	1,301	0	0	-	0	0
18	0	1,311	0	64	1,247	1,247	0	0	-	0	0
19	0	1,177	0	39	1,138	1,138	0	0	-	0	0
20	0	1,274	0	34	1,240	1,240	0	0	-	0	0
21	0	1,761	0	38	1,723	1,723	0	0	-	0	0
22	0	1,473	0	47	1,426	1,426	0	0	-	0	0
23	0	1,436	0	19	1,417	1,417	0	0	-	0	0
24	0	1,661	0	7	1,654	1,654	0	0	-	0	0
25	0	1,601	0	90	1,511	1,511	0	0	-	0	0
26	0	922	0	△ 6	928	928	0	0	-	0	0
27	0	740	0	△ 3	743	743	0	0	-	0	0
28	0	561	0	△ 18	579	579	0	0	-	0	0
29	0	549	0	39	510	510	0	0	-	0	0
30	0	507	0	△ 8	515	515	0	0	0	0	0
令和 元	0	454	0	34	420	420	0	0	0	0	0
2	0	377	0	31	346	346	0	0	0	0	0
3	0	275	0	6	269	269	0	0	0	0	0

（単位：断りなき限り 1,000 トン）

量 の 内 訳				1 人 当 た り 供 給 純 食 料						純食料100g中の栄養成分量		
食 料		歩留り	純食料	1年当たり数	1 年 当 り 量	1 日 当 た り				熱 量	たんぱく質	脂 質
1人1年当たり	1人1日当たり					数 量	熱 量	たんぱく質	脂 質			
kg	g	%			kg	g	kcal	g	g	kcal	g	g
0.0	0.0	76.0	1		0.0	0.0	0.1	0.0	0.0	365.0	9.5	2.6
0.0	0.1	76.0	2		0.0	0.1	0.2	0.0	0.0	365.0	9.5	2.6
0.0	0.1	76.0	2		0.0	0.1	0.2	0.0	0.0	365.0	9.5	2.6
0.0	0.1	76.0	3		0.0	0.1	0.3	0.0	0.0	365.0	9.5	2.6
0.0	0.1	76.0	2		0.0	0.1	0.2	0.0	0.0	365.0	9.5	2.6
0.0	0.1	76.0	2		0.0	0.1	0.2	0.0	0.0	365.0	9.5	2.6
0.0	0.1	76.0	2		0.0	0.1	0.2	0.0	0.0	365.0	9.5	2.6
0.0	0.1	76.0	2		0.0	0.1	0.2	0.0	0.0	365.0	9.5	2.6
0.0	0.0	76.0	1		0.0	0.0	0.1	0.0	0.0	365.0	9.5	2.6
0.0	0.0	76.0	1		0.0	0.0	0.1	0.0	0.0	365.0	9.5	2.6
0.0	0.0	76.0	0		0.0	0.0	0.0	0.0	0.0	365.0	9.5	2.6
0.0	0.0	76.0	0		0.0	0.0	0.0	0.0	0.0	365.0	9.5	2.6
0.0	0.0	76.0	0		0.0	0.0	0.0	0.0	0.0	365.0	9.5	2.6
0.0	0.0	76.0	0		0.0	0.0	0.0	0.0	0.0	365.0	9.5	2.6
0.0	0.0	76.0	0		0.0	0.0	0.0	0.0	0.0	365.0	9.5	2.6
0.0	0.0	76.0	0		0.0	0.0	0.0	0.0	0.0	365.0	9.5	2.6
0.0	0.0	76.0	0		0.0	0.0	0.0	0.0	0.0	365.0	9.5	2.6
0.0	0.0	76.0	0		0.0	0.0	0.0	0.0	0.0	365.0	9.5	2.6
0.0	0.0	76.0	0		0.0	0.0	0.0	0.0	0.0	365.0	9.5	2.6
0.0	0.0	76.0	0		0.0	0.0	0.0	0.0	0.0	365.0	9.5	2.6
0.0	0.0	76.0	0		0.0	0.0	0.0	0.0	0.0	365.0	9.5	2.6
0.0	0.0	76.0	0		0.0	0.0	0.0	0.0	0.0	365.0	9.5	2.6
0.0	0.0	76.0	0		0.0	0.0	0.0	0.0	0.0	365.0	9.5	2.6
0.0	0.0	76.0	0		0.0	0.0	0.0	0.0	0.0	365.0	9.5	2.6
0.0	0.0	76.0	0		0.0	0.0	0.0	0.0	0.0	365.0	9.5	2.6
0.0	0.0	75.0	0		0.0	0.0	0.0	0.0	0.0	364.0	9.5	2.6
0.0	0.0	75.0	0		0.0	0.0	0.0	0.0	0.0	364.0	9.5	2.6
0.0	0.0	75.0	0		0.0	0.0	0.2	0.0	0.0	364.0	9.5	2.6
0.0	0.0	75.0	0		0.0	0.0	0.0	0.0	0.0	364.0	9.5	2.6
0.0	0.0	75.0	0		0.0	0.0	0.0	0.0	0.0	364.0	9.5	2.6
0.0	0.0	75.0	0		0.0	0.0	0.0	0.0	0.0	364.0	9.5	2.6
0.0	0.0	75.0	0		0.0	0.0	0.0	0.0	0.0	364.0	9.5	2.6
0.0	0.0	75.0	0		0.0	0.0	0.0	0.0	0.0	364.0	9.5	2.6
0.0	0.0	75.0	0		0.0	0.0	0.0	0.0	0.0	364.0	9.5	2.6
0.0	0.0	75.0	0		0.0	0.0	0.0	0.0	0.0	364.0	9.5	2.6
0.0	0.0	75.0	0		0.0	0.0	0.0	0.0	0.0	364.0	9.5	2.6
0.0	0.0	75.0	0		0.0	0.0	0.0	0.0	0.0	364.0	9.5	2.6
0.0	0.0	75.0	0		0.0	0.0	0.0	0.0	0.0	364.0	9.5	2.6
0.0	0.0	75.0	0		0.0	0.0	0.0	0.0	0.0	364.0	9.5	2.6
0.0	0.0	75.0	0		0.0	0.0	0.0	0.0	0.0	364.0	9.5	2.6
0.0	0.0	75.0	0		0.0	0.0	0.0	0.0	0.0	364.0	9.5	2.6
0.0	0.0	75.0	0		0.0	0.0	0.0	0.0	0.0	364.0	9.5	2.6
0.0	0.0	75.0	0		0.0	0.0	0.0	0.0	0.0	364.0	9.5	2.6
0.0	0.0	75.0	0		0.0	0.0	0.0	0.0	0.0	364.0	9.5	2.6
0.0	0.0	75.0	0		0.0	0.0	0.0	0.0	0.0	364.0	9.5	2.6
0.0	0.0	75.0	0		0.0	0.0	0.0	0.0	0.0	364.0	9.5	2.6
0.0	0.0	75.0	0		0.0	0.0	0.0	0.0	0.0	364.0	9.5	2.6
0.0	0.0	75.0	0		0.0	0.0	0.0	0.0	0.0	364.0	9.5	2.6
0.0	0.0	75.0	0		0.0	0.0	0.0	0.0	0.0	364.0	9.5	2.6
0.0	0.0	75.0	0		0.0	0.0	0.0	0.0	0.0	348.0	9.5	2.6
0.0	0.0	75.0	0		0.0	0.0	0.0	0.0	0.0	348.0	9.5	2.6
0.0	0.0	75.0	0		0.0	0.0	0.0	0.0	0.0	348.0	9.5	2.6

(8) その他の雑穀

年　度	国　内 生 産 量	外　国　貿　易 輸 入 量	輸 出 量	在　庫　の 増 減 量	国内消費 仕 向 量	国　内　消　費　仕　向 飼 料 用	種 子 用	加 工 用	純 旅 客 用	減 耗 量	粗 総　数
昭和 35	296	20	0	5	311	219	7	0	－	2	83
36	284	112	0	△ 7	403	314	6	0	－	2	81
37	246	15	0	△ 9	270	187	6	0	－	2	75
38	244	52	0	6	290	206	6	2	－	2	74
39	192	127	0	1	318	235	6	9	－	2	66
40	202	129	0	1	330	258	6	5	－	2	59
41	158	105	0	△ 1	264	198	5	1	－	1	59
42	151	155	0	4	302	222	4	12	－	2	62
43	135	148	0	2	281	204	4	5	－	2	66
44	103	185	0	△ 2	290	208	4	16	－	2	60
45	89	339	0	0	428	343	3	15	－	2	65
46	90	454	0	3	541	450	3	28	－	2	58
47	85	400	0	5	480	393	3	20	－	2	62
48	74	368	0	12	430	331	3	27	－	2	67
49	67	263	0	9	321	249	2	9	－	2	59
50	52	324	0	0	376	287	5	12	－	2	70
51	39	318	0	2	355	253	2	21	－	2	77
52	40	395	0	△ 4	439	345	1	15	－	2	76
53	47	341	0	7	381	271	1	6	－	3	100
54	38	421	0	8	451	326	2	30	－	3	90
55	31	306	0	0	337	234	2	10	－	3	88
56	27	230	0	△ 4	261	161	2	7	－	3	88
57	29	250	0	19	260	163	3	5	－	3	86
58	26	406	0	23	409	309	3	10	－	3	84
59	28	567	0	45	550	449	3	4	－	3	91
60	24	504	0	28	500	397	3	4	－	3	93
61	25	493	0	25	494	385	3	3	－	3	100
62	25	587	0	39	573	456	3	7	－	3	104
63	27	478	0	26	479	353	3	6	－	4	113
平成 元	27	388	0	6	409	289	3	4	－	3	110
2	27	475	0	△ 5	507	391	4	3	－	3	106
3	25	563	0	2	586	469	5	3	－	3	106
4	26	617	0	5	638	522	5	3	－	3	105
5	19	591	0	△ 10	620	488	5	3	－	3	121
6	23	663	0	△ 5	691	552	8	3	－	3	125
7	23	660	0	1	682	556	6	0	－	3	117
8	26	573	0	△ 7	606	486	5	0	－	3	112
9	24	490	0	5	509	384	5	0	－	3	117
10	20	540	0	1	559	436	5	0	－	3	115
11	25	602	0	2	625	496	6	0	－	4	119
12	30	551	0	0	581	449	6	0	－	4	122
13	28	537	0	7	558	421	7	0	－	4	126
14	31	577	0	1	607	471	7	0	－	4	125
15	32	609	0	11	630	489	8	0	－	4	129
16	24	469	0	△ 1	494	346	7	0	－	4	137
17	34	462	0	0	496	342	6	0	－	4	144
18	35	435	0	△ 17	487	331	6	0	－	4	146
19	33	359	0	7	385	245	7	0	－	4	129
20	28	218	0	△ 12	258	122	8	0	－	4	124
21	18	235	0	2	251	125	6	0	－	4	116
22	31	311	0	20	322	195	7	0	－	4	116
23	33	222	0	7	248	102	8	0	－	4	134
24	46	202	0	15	233	83	8	0	－	4	138
25	33	192	0	△ 13	238	76	8	0	－	4	150
26	31	192	0	5	218	65	8	0	－	4	141
27	35	161	0	△ 9	205	52	9	0	－	4	140
28	29	178	0	△ 5	212	61	10	0	－	4	137
29	34	183	0	△ 2	219	67	10	0	－	4	138
30	29	184	0	0	213	57	10	0	1	4	141
令和 元	43	178	0	3	218	68	9	0	0	4	137
2	45	144	0	5	184	61	7	0	0	3	113
3	41	164	0	9	196	63	11	0	0	3	119

（単位：断りなき限り 1,000 トン）

量	の	内	訳	1 人 当 た り 供 給 純 食 料					純食料100g中の栄養成分量		
食料		歩留り	純食料	1年当たり	1日当たり				熱量	たんぱく質	脂質
1人1年当たり	1人1日当たり			数量	数量	熱量	たんぱく質	脂質			
kg	g	%		kg	g	kcal	g	g	kcal	g	g
0.9	2.4	71.1	59	0.6	1.7	6.1	0.2	0.0	354.4	10.6	2.2
0.9	2.4	71.6	58	0.6	1.7	6.0	0.2	0.0	353.5	10.6	2.2
0.8	2.2	70.7	53	0.6	1.5	5.4	0.2	0.0	352.7	10.7	2.2
0.8	2.1	70.3	52	0.5	1.5	5.2	0.2	0.0	352.8	10.7	2.2
0.7	1.9	71.2	47	0.5	1.3	4.7	0.1	0.0	353.7	10.6	2.2
0.6	1.6	71.2	42	0.4	1.2	4.2	0.1	0.0	361.7	10.7	2.8
0.6	1.6	71.2	42	0.4	1.2	4.2	0.1	0.0	361.6	10.7	2.8
0.6	1.7	69.4	43	0.4	1.2	4.2	0.1	0.0	361.4	10.8	2.8
0.7	1.8	71.2	47	0.5	1.3	4.6	0.1	0.0	361.4	10.8	2.8
0.6	1.6	70.0	42	0.4	1.1	4.1	0.1	0.0	361.4	10.8	2.8
0.6	1.7	70.8	46	0.4	1.2	4.4	0.1	0.0	361.3	10.8	2.8
0.6	1.5	70.7	41	0.4	1.1	3.8	0.1	0.0	361.2	10.8	2.8
0.6	1.6	71.0	44	0.4	1.1	4.0	0.1	0.0	361.2	10.8	2.8
0.6	1.7	70.1	47	0.4	1.2	4.3	0.1	0.0	361.3	10.8	2.8
0.5	1.5	69.5	41	0.4	1.0	3.7	0.1	0.0	361.2	10.8	2.8
0.6	1.7	70.0	49	0.4	1.2	4.3	0.1	0.0	361.2	10.8	2.8
0.7	1.9	70.1	54	0.5	1.3	4.7	0.1	0.0	361.1	10.9	2.8
0.7	1.8	71.1	54	0.5	1.3	4.7	0.1	0.0	361.1	10.9	2.8
0.9	2.4	70.0	70	0.6	1.7	6.0	0.2	0.0	359.1	10.4	2.6
0.8	2.1	70.0	63	0.5	1.5	5.4	0.2	0.0	361.2	10.9	2.8
0.8	2.1	70.5	62	0.5	1.5	5.2	0.2	0.0	361.1	10.9	2.8
0.7	2.0	70.5	62	0.5	1.4	5.2	0.2	0.0	361.1	10.9	2.8
0.7	2.0	69.8	60	0.5	1.4	5.0	0.2	0.0	361.1	10.9	2.8
0.7	1.9	70.2	59	0.5	1.3	4.9	0.1	0.0	361.0	10.9	2.8
0.8	2.1	70.3	64	0.5	1.5	5.3	0.2	0.0	361.0	10.9	2.8
0.8	2.1	64.5	60	0.5	1.4	4.9	0.1	0.0	359.5	10.8	2.8
0.8	2.3	65.0	65	0.5	1.5	5.3	0.2	0.0	359.5	10.8	2.8
0.9	2.3	65.4	68	0.6	1.5	5.5	0.2	0.0	359.5	10.8	2.8
0.9	2.5	64.6	73	0.6	1.6	5.9	0.2	0.0	359.5	10.8	2.8
0.9	2.4	65.5	72	0.6	1.6	5.8	0.2	0.0	359.5	10.8	2.8
0.9	2.3	65.1	69	0.6	1.5	5.5	0.2	0.0	359.5	10.8	2.8
0.9	2.3	65.1	69	0.6	1.5	5.5	0.2	0.0	359.5	10.8	2.8
0.8	2.3	64.8	68	0.5	1.5	5.4	0.2	0.0	359.5	10.8	2.8
1.0	2.7	65.3	79	0.6	1.7	6.2	0.2	0.0	359.5	10.8	2.8
1.0	2.7	64.8	81	0.6	1.8	6.4	0.2	0.0	359.5	10.8	2.8
0.9	2.5	65.0	76	0.6	1.7	5.9	0.2	0.0	359.5	10.8	2.8
0.9	2.4	65.2	73	0.6	1.6	5.7	0.2	0.0	359.5	10.8	2.8
0.9	2.5	65.0	76	0.6	1.7	5.9	0.2	0.0	359.5	10.8	2.8
0.9	2.5	65.2	75	0.6	1.6	5.8	0.2	0.0	359.5	10.8	2.8
0.9	2.6	64.7	77	0.6	1.7	6.0	0.2	0.0	359.5	10.8	2.8
1.0	2.6	64.8	79	0.6	1.7	6.1	0.2	0.0	359.5	10.8	2.8
1.0	2.7	65.1	82	0.6	1.8	6.3	0.2	0.0	359.5	10.8	2.8
1.0	2.7	64.8	81	0.6	1.7	6.3	0.2	0.0	359.5	10.8	2.8
1.0	2.8	65.1	84	0.7	1.8	6.5	0.2	0.1	359.5	10.8	2.8
1.1	2.9	65.0	89	0.7	1.9	6.9	0.2	0.1	359.5	10.8	2.8
1.1	3.1	65.3	94	0.7	2.0	7.2	0.2	0.1	359.5	10.8	2.8
1.1	3.1	65.1	95	0.7	2.0	7.3	0.2	0.1	359.5	10.8	2.8
1.0	2.8	65.1	84	0.7	1.8	6.4	0.2	0.1	359.5	10.8	2.8
1.0	2.7	65.3	81	0.6	1.7	6.2	0.2	0.0	359.5	10.8	2.8
0.9	2.5	65.5	76	0.6	1.6	5.8	0.2	0.0	359.5	10.8	2.8
0.9	2.5	65.5	76	0.6	1.6	5.8	0.2	0.0	359.5	10.8	2.8
1.0	2.9	65.7	88	0.7	1.9	6.7	0.2	0.0	358.2	10.4	2.6
1.1	3.0	65.2	90	0.7	1.9	6.9	0.2	0.1	358.8	10.6	2.7
1.2	3.2	66.0	99	0.8	2.1	7.6	0.2	0.1	358.6	10.5	2.7
1.1	3.0	65.2	92	0.7	2.0	7.1	0.2	0.1	360.2	11.7	3.0
1.1	3.0	65.9	92	0.7	2.0	7.1	0.2	0.1	360.2	11.7	3.0
1.1	3.0	65.7	90	0.7	1.9	7.0	0.2	0.1	360.1	11.7	3.0
1.1	3.0	65.9	91	0.7	2.0	7.1	0.2	0.1	360.3	11.8	3.0
1.1	3.0	65.2	92	0.7	2.0	7.2	0.2	0.1	360.2	11.7	3.0
1.1	3.0	65.7	90	0.7	1.9	6.6	0.2	0.1	338.0	11.8	3.0
0.9	2.5	65.5	74	0.6	1.6	5.4	0.2	0.0	337.4	11.6	2.9
0.9	2.6	65.5	78	0.6	1.7	5.8	0.2	0.1	337.8	11.7	3.0

(9)　食用穀物（米、小麦、らい麦、そば）

年度	国内生産量	外国貿易 輸入量	外国貿易 輸出量	在庫の増減量	国内消費仕向量	飼料用	種子用	加工用	純旅客用	減耗量	粗 総数
昭和 35	14,443	2,896	47	643	16,649	507	147	705	-	336	14,954
36	14,245	2,843	71	△ 393	17,410	744	146	760	-	346	15,414
37	14,679	2,682	93	△ 377	17,645	674	138	769	-	353	15,711
38	13,571	3,672	73	△ 588	17,758	561	134	827	-	357	15,879
39	13,857	3,995	68	△ 132	17,916	564	130	849	-	357	16,016
40	13,727	4,652	88	569	17,722	607	129	867	-	344	15,775
41	13,797	4,860	79	985	17,593	632	127	905	-	349	15,580
42	15,478	4,717	87	2,380	17,728	696	128	980	-	357	15,567
43	15,483	4,358	149	2,232	17,460	652	127	965	-	355	15,361
44	14,783	4,643	521	1,613	17,292	722	123	905	-	353	15,189
45	13,180	4,771	832	△ 440	17,307 / 252	812 / 252	111	992	-	350	15,042
46	11,347	4,947	914	△ 3,387	17,293 / 1,474	807 / 1,474	103	1,000	-	351	15,032
47	12,206	5,533	432	△ 1,491	17,544 / 1,254	877 / 1,254	101	1,027		355	15,184
48	12,379	5,579	468	△ 754	17,764 / 480	840 / 480	97	1,152	-	359	15,316
49	12,551	5,611	297	234	17,631	654	102	1,102	-	361	15,412
50	13,424	5,843	36	1,572	17,659	645	106	1,081	-	364	15,463
51	12,009	5,678	47	33	17,607	633	108	1,068	-	363	15,435
52	13,352	5,918	104	1,712	17,454	772	108	1,001	-	360	15,213
53	12,982	5,859	3	1,459	17,379	733	107	1,037	-	360	15,142
54	12,521	5,709	872	△ 39	17,397	738	112	1,129	-	359	15,059
55	10,350	5,682	759	△ 2,097	17,370	666	117	1,106	-	361	15,120
56	10,864	5,652	727	△ 1,670	17,267 / 192	683 / 192	123	1,083	-	359	15,019
57	11,031	5,605	358	△ 1,686	17,135 / 829	661 / 829	127	1,055	-	357	14,935
58	11,078	5,831	384	△ 1,286	17,301 / 510	840 / 510	131	1,040	-	357	14,933
59	12,637	6,128	0	1,262	17,493 / 10	965 / 10	132	1,057	-	359	14,980
60	12,553	5,562	0	800	17,282 / 33	815 / 33	129	1,005	-	358	14,975
61	12,541	5,611	0	867	17,211 / 75	786 / 75	124	1,064	-	356	14,881
62	11,509	5,638	0	△ 14	17,161	853	116	1,087	-	354	14,751
63	10,977	5,702	0	△ 409	17,088	791	111	1,137	-	354	14,695
平成 元	11,353	5,520	0	△ 161	17,034	766	103	1,130	-	353	14,682
2	11,472	5,723	0	49	17,146	907	98	1,100	-	353	14,688
3	10,383	5,921	0	△ 1,018	17,322	1,047	95	1,101	-	354	14,725
4	11,354	6,243	0	303	17,294	1,034	92	1,081	-	355	14,732
5	8,488	7,135	0	△ 1,702	17,325	984	90	1,089	-	357	14,805
6	12,566	8,442	0	3,983	17,025	979	90	1,022	-	354	14,580
7	11,213	6,793	581	17	17,213 / 195	942 / 195	89	1,031	-	358	14,793
8	10,846	7,003	6	760	17,083	858	87	994	-	359	14,785
9	10,620	7,007	201	632	16,794	752	82	949	-	355	14,656
10	9,548	6,868	876	△ 1,054	16,594	785	76	956	-	350	14,427
11	9,782	6,919	141	△ 149	16,709	862	76	935	-	353	14,483

（注）「国内消費仕向量」及び「飼料用」欄の下段の数値は、年産更新等に伴う飼料用の政府売却数量であり、それぞれ外数である。

（単位：断りなき限り　1,000 トン）

量 の 内 訳				1 人 当 た り 供 給 純 食 料					純食料100g中の栄養成分量		
食 料		歩留り	純食料	1年当たり量	1日当たり				熱量	たんぱく質	脂質
1人1年当たり	1人1日当たり				数量	熱量	たんぱく質	脂質			
kg	g	%		kg	g	kcal	g	g	kcal	g	g
160.1	438.6	88.1	13,174	141.0	386.4	1,359.2	26.7	3.4	351.8	6.9	0.9
163.5	447.9	87.9	13,543	143.6	393.5	1,383.4	27.2	3.4	351.5	6.9	0.9
165.1	452.2	87.6	13,762	144.6	396.1	1,392.5	27.3	3.5	351.5	6.9	0.9
165.1	451.2	87.5	13,894	144.5	394.8	1,388.9	27.4	3.5	351.8	6.9	0.9
164.8	451.5	87.5	14,014	144.2	395.1	1,390.1	27.7	3.5	351.9	7.0	0.9
160.5	439.8	87.8	13,858	141.0	386.3	1,384.6	29.6	5.7	358.4	7.7	1.5
157.3	431.0	87.4	13,610	137.4	376.5	1,350.4	29.2	5.6	358.7	7.7	1.5
155.4	424.5	87.1	13,557	135.3	369.7	1,326.5	28.7	5.5	358.8	7.8	1.5
151.6	415.3	87.0	13,357	131.8	361.1	1,296.0	28.1	5.4	358.9	7.8	1.5
148.1	405.8	86.9	13,193	128.7	352.5	1,265.3	27.6	5.3	358.9	7.8	1.5
145.0	397.3	87.0	13,091	126.2	345.8	1,241.2	27.1	5.2	358.9	7.8	1.5
143.0	390.6	87.0	13,072	124.3	339.7	1,219.5	26.8	5.1	359.0	7.9	1.5
141.1	386.6	86.9	13,200	122.7	336.1	1,206.8	26.6	5.1	359.0	7.9	1.5
140.4	384.6	86.9	13,309	122.0	334.2	1,200.0	26.4	5.0	359.1	7.9	1.5
139.4	381.9	86.9	13,396	121.2	331.9	1,191.9	26.4	5.0	359.1	7.9	1.5
138.1	377.4	86.8	13,427	119.9	327.7	1,177.1	26.1	5.0	359.2	8.0	1.5
136.5	373.9	86.8	13,392	118.4	324.4	1,165.4	25.9	4.9	359.2	8.0	1.5
133.3	365.1	86.8	13,199	115.6	316.7	1,138.1	25.3	4.8	359.3	8.0	1.5
131.5	360.1	86.6	13,114	113.8	311.9	1,120.9	25.0	4.8	359.4	8.0	1.5
129.6	354.2	86.5	13,027	112.2	306.4	1,101.4	24.6	4.7	359.4	8.0	1.5
129.2	353.9	86.4	13,071	111.7	305.9	1,099.7	24.7	4.7	359.5	8.1	1.5
127.4	349.0	86.4	12,979	110.1	301.6	1,084.2	24.3	4.6	359.5	8.1	1.5
125.8	344.6	86.4	12,908	108.7	297.9	1,070.9	24.0	4.6	359.5	8.0	1.5
124.9	341.3	86.4	12,901	107.9	294.9	1,060.2	23.8	4.5	359.6	8.1	1.5
124.5	341.1	86.4	12,936	107.5	294.6	1,059.3	23.8	4.5	359.6	8.1	1.5
123.7	338.9	86.3	12,924	106.8	292.5	1,051.8	22.2	3.7	359.6	7.6	1.3
122.3	335.1	86.3	12,837	105.5	289.1	1,039.6	21.9	3.7	359.6	7.6	1.3
120.7	329.7	86.2	12,716	104.0	284.2	1,022.2	21.6	3.6	359.7	7.6	1.3
119.7	328.0	86.1	12,659	103.1	282.6	1,016.3	21.5	3.6	359.7	7.6	1.3
119.2	326.5	86.1	12,644	102.6	281.2	1,011.4	21.5	3.6	359.7	7.6	1.3
118.8	325.5	86.1	12,647	102.3	280.3	1,008.4	21.4	3.6	359.7	7.6	1.3
118.7	324.2	86.1	12,678	102.2	279.1	1,004.1	21.3	3.6	359.7	7.6	1.3
118.3	324.0	86.1	12,684	101.8	279.0	1,003.6	21.3	3.6	359.7	7.6	1.3
118.5	324.7	86.0	12,734	101.9	279.2	1,004.7	21.4	3.6	359.8	7.7	1.3
116.4	318.9	85.8	12,509	99.9	273.6	984.9	21.2	3.6	360.0	7.8	1.3
117.8	321.9	85.9	12,708	101.2	276.5	995.2	21.3	3.6	359.9	7.7	1.3
117.5	321.8	85.9	12,696	100.9	276.4	994.8	21.4	3.6	359.9	7.7	1.3
116.2	318.3	85.9	12,587	99.8	273.3	983.8	21.1	3.6	359.9	7.7	1.3
114.1	312.5	85.8	12,384	97.9	268.3	965.7	20.8	3.5	360.0	7.7	1.3
114.3	312.4	85.8	12,429	98.1	268.1	965.1	20.8	3.5	360.0	7.7	1.3

食用穀物（米、小麦、らい麦、そば）（つづき）

年度	国内生産量	外国貿易		在庫の増減量	国内消費仕向量	国内消費仕向					粗
		輸入量	輸出量			飼料用	種子用	加工用	純旅客用	減耗量	総数
平成 12	10,207	7,021	462	△ 11	16,584 193	811 193	78	872	－	353	14,470
13	9,784	6,853	603	△ 437	16,328 143	783 143	72	830	－	348	14,295
14	9,745	6,339	222	△ 372	16,172 62	828 62	73	774	－	345	14,152
15	8,676	7,017	237	△ 814	16,243 27	832 27	72	798	－	347	14,194
16	9,612	6,603	193	△ 213	15,951 284	713 284	72	735	－	345	14,086
17	9,905 76	6,657	179	206 76	15,854 323	753 323	74	685	－	342	14,000
18	9,426	6,624	160	△ 410	15,825 475	749 475	66	708	－	341	13,961
19	9,655	6,538	140	△ 511	15,925 639	713 639	70	729	－	344	14,069
20	9,731	6,174	137	150	15,155 463	532 463	67	690	－	332	13,534
21	9,165	6,393	239	△ 222	15,240 301	629 301	62	663	－	333	13,553
22	9,155	6,547	201	△ 560	15,655 406	711 406	64	646	－	342	13,892
23	9,344	7,629	171	315	15,896 591	1,072 591	67	695	－	401	13,661
24	9,595	7,563	132	642	16,001 383	1,465 383	67	696	－	333	13,440
25	9,563	6,703	100	△ 190	15,868 488	1,290 488	68	695	－	332	13,483
26	9,511	7,009	96	216	15,581 627	1,246 627	64	654	－	329	13,288
27	9,468	6,600	116	△ 339	15,333 958	1,256 958	71	544	－	325	13,137
28	9,370	6,657	94	△ 397	15,421 909	1,319 909	67	593	－	325	13,117
29	9,265	7,073	95	105	15,475 663	1,372 663	66	625	－	325	13,087
30	9,002	6,573	115	△ 148	15,130 478	1,261 478	63	578	68	320	12,840
令和 元	9,234	6,452	121	20	14,933 612	1,188 612	61	548	42	318	12,776
2	9,139	6,420	110	313	14,392 744	1,225 744	53	492	0	306	12,316
3	9,364	6,357	90	1	14,752 878	1,558 878	54	501	0	306	12,333

（注）「国内消費仕向量」及び「飼料用」欄の下段の数値は、年産更新等に伴う飼料用の政府売却数量であり、それぞれ外数である。

（単位：断りなき限り　1,000 トン）

量の内訳 食料 1人1年当たり (kg)	食料 1人1日当たり (g)	歩留り (%)	純食料	1人当たり供給純食料 1年当たり量 (kg)	1日当たり 数量 (g)	1日当たり 熱量 (kcal)	1日当たり たんぱく質 (g)	1日当たり 脂質 (g)	純食料100g中 熱量 (kcal)	たんぱく質 (g)	脂質 (g)
114.0	312.3	85.8	12,410	97.8	267.9	964.4	20.8	3.5	360.0	7.8	1.3
112.3	307.7	85.8	12,260	96.3	263.9	950.0	20.5	3.5	360.0	7.8	1.3
111.1	304.3	85.7	12,133	95.2	260.8	939.2	20.3	3.4	360.0	7.8	1.3
111.2	303.9	85.6	12,153	95.2	260.2	937.0	20.3	3.4	360.1	7.8	1.3
110.3	301.4	85.6	12,061	94.5	258.1	929.4	20.2	3.4	360.1	7.8	1.3
109.6	300.2	85.7	11,992	93.9	257.1	925.9	20.0	3.4	360.1	7.8	1.3
109.2	299.1	85.6	11,955	93.5	256.1	922.2	20.0	3.4	360.1	7.8	1.3
109.9	300.2	85.6	12,047	94.1	257.1	925.8	20.1	3.4	360.1	7.8	1.3
105.7	289.5	85.6	11,589	90.5	247.9	892.7	19.4	3.3	360.1	7.8	1.3
105.9	290.0	85.5	11,594	90.6	248.1	893.7	19.5	3.3	360.2	7.8	1.3
108.5	297.2	85.5	11,880	92.8	254.2	915.6	20.0	3.4	360.2	7.9	1.3
106.9	292.0	85.4	11,666	91.3	249.3	898.4	19.7	3.4	360.3	7.9	1.3
105.3	288.6	85.3	11,463	89.8	246.1	887.1	19.5	3.3	360.4	7.9	1.4
104.7	286.7	85.3	11,505	90.3	247.4	891.5	19.6	3.3	360.4	7.9	1.3
103.3	283.1	85.3	11,329	89.0	243.9	881.4	18.9	3.0	361.3	7.8	1.2
102.3	279.4	85.2	11,194	88.1	240.6	869.6	18.7	3.0	361.4	7.8	1.3
103.2	282.9	85.2	11,174	88.0	241.0	870.8	18.8	3.0	361.4	7.8	1.3
103.1	282.5	85.2	11,145	87.8	240.6	869.5	18.8	3.0	361.4	7.8	1.3
101.3	277.5	85.2	10,939	86.3	236.5	854.5	18.4	3.0	361.4	7.8	1.3
101.0	275.8	85.2	10,882	86.0	234.9	806.0	18.3	2.9	343.1	7.8	1.3
97.6	267.5	85.1	10,483	83.1	227.7	781.2	17.8	2.9	343.1	7.8	1.3
98.3	269.2	85.2	10,503	83.7	229.3	786.7	17.9	2.9	343.1	7.8	1.3

(10)　粗粒穀物（大・はだか麦、とうもろこし、こうりゃん、えん麦、あわ・ひえ・きび）

年度	国内生産量	外国貿易 輸入量	輸出量	在庫の増減量	国内消費仕向量	飼料用	種子用	加工用	純旅客用	減耗量	粗 総数
昭和35	2,658	1,604	1	230	4,031	2,290	48	283	-	43	1,367
36	2,333	2,133	0	△223	4,689	3,283	43	345	-	31	987
37	2,038	2,872	1	△195	5,104	3,749	41	445	-	27	842
38	1,065	4,205	1	△152	5,421	4,119	33	539	-	22	708
39	1,450	4,793	0	△141	6,384	4,899	28	709	-	23	725
40	1,481	5,758	0	354	6,885	5,311	25	848	-	21	680
41	1,298	6,754	0	△94	8,146	6,485	23	977	-	20	641
42	1,216	7,447	2	167	8,494	6,701	26	1,120	-	19	628
43	1,185	8,383	2	305	9,261	7,338	22	1,297	-	17	587
44	933	9,573	5	△103	10,604	8,653	18	1,435	-	15	483
45	678	11,032	3	180	11,527	9,547	12	1,597	-	11	360
46	598	10,292	0	51	10,839	8,796	10	1,624	-	11	398
47	407	11,639	0	△274	12,320	10,233	7	1,716	-	11	353
48	279	14,025	0	365	13,939	11,588	9	1,917	-	12	413
49	287	14,311	0	528	14,070	11,674	8	2,027	-	11	350
50	269	13,579	0	77	13,771	11,506	11	1,896	-	11	347
51	246	15,742	0	405	15,583	12,900	7	2,333	-	10	333
52	233	16,791	0	62	16,962	14,116	7	2,505	-	10	324
53	354	18,041	0	404	17,991	15,130	10	2,581	-	8	262
54	428	19,594	0	541	19,481	16,435	13	2,769	-	8	256
55	404	19,375	0	280	19,499	16,094	18	3,125	-	7	255
56	395	19,058	0	△3	19,456	15,888	18	3,311	-	7	232
57	402	19,322	0	313	19,411	15,690	18	3,442	-	8	253
58	389	20,406	0	418	20,377	16,396	17	3,754	-	6	204
59	408	21,009	0	457	20,960	17,036	17	3,702	-	6	199
60	387	21,546	0	519	21,414	17,421	16	3,747	-	7	223
61	352	21,744	0	9	22,087	17,958	17	3,876	-	7	229
62	361	22,549	0	212	22,698	18,324	17	4,129	-	7	221
63	406	22,790	0	507	22,689	17,993	15	4,469	-	7	205
平成元	378	22,142	0	△39	22,559	17,802	16	4,529	-	7	205
2	353	22,062	0	△20	22,435	17,488	16	4,708	-	7	216
3	289	22,671	0	464	22,496	17,469	14	4,811	-	5	197
4	291	22,194	0	△37	22,522	17,391	13	4,909	-	6	203
5	287	22,367	0	141	22,513	17,459	12	4,842	-	6	194
6	228	21,641	0	368	21,501	16,518	14	4,782	-	5	182
7	221	20,909	0	374	20,756	15,892	11	4,667	-	5	181
8	236	21,362	0	476	21,122	15,929	11	4,980	-	6	196
9	196	21,320	0	176	21,340	15,952	12	5,193	-	5	178
10	146	21,470	0	493	21,123	15,754	10	5,156	-	6	197
11	206	21,331	0	527	21,010	15,600	10	5,196	-	6	198
12	215	20,619	0	354	20,480	15,181	11	5,086	-	6	196
13	208	20,388	0	365	20,231	15,092	12	4,931	-	6	190
14	221	20,715	0	282	20,654	15,549	13	4,889	-	6	197
15	202	20,591	0	362	20,431	15,439	14	4,777	-	5	196
16	201	19,828	22	194	19,813	14,778	9	4,842	-	5	179
17	185	20,285	0	600	19,870	14,901	8	4,789	-	5	167
18	176	20,232	0	510	19,898	14,902	8	4,818	-	5	164
19	196	19,859	0	277	19,778	14,905	9	4,678	-	5	181
20	218	19,513	0	146	19,585	14,817	11	4,583	-	5	169
21	180	20,117	0	267	20,030	15,554	9	4,309	-	4	154
22	162	19,490	0	543	19,109	14,451	9	4,494	-	4	151
23	173	18,791	0	79	18,885	14,147	11	4,537	-	5	185
24	173	18,356	0	317	18,212	13,639	11	4,383	-	5	174
25	183	18,181	0	245	18,119	13,602	11	4,337	-	5	164
26	170	17,524	0	124	17,570	13,055	11	4,318	-	5	181
27	177	17,639	0	317	17,499	12,982	12	4,338	-	5	162
28	170	17,317	0	△151	17,638	12,999	13	4,423	-	6	197
29	185	18,066	0	445	17,806	13,276	14	4,301	-	7	208
30	175	18,140	0	132	18,183	13,523	14	4,419	1	7	220
令和元	222	18,466	0	472	18,216	13,646	13	4,335	0	7	215
2	221	17,478	0	33	17,666	13,676	11	3,777	0	7	195
3	235	17,318	0	204	17,349	13,205	13	3,914	0	7	210

（単位：断りなき限り 1,000 トン）

量 の 内 訳				1 人 当 た り 供 給 純 食 料						純食料100g中の栄養成分量		
食料		歩留り	純食料	1年当たり	1 日 当 た り					熱 量	たんぱく質	脂 質
1人1年当たり	1人1日当たり			数量	数 量	熱 量	たんぱく質	脂 質				
kg	g	%		kg	g	kcal	g	g		kcal	g	g
14.6	40.1	58.7	802	8.6	23.5	79.6	2.1	0.2		338.4	8.8	1.0
10.5	28.7	58.9	581	6.2	16.9	57.2	1.5	0.2		339.0	8.8	1.1
8.8	24.2	58.6	493	5.2	14.2	48.1	1.3	0.2		339.0	8.8	1.1
7.4	20.1	58.3	413	4.3	11.7	39.8	1.0	0.1		339.4	8.8	1.1
7.5	20.4	55.9	405	4.2	11.4	38.8	1.0	0.1		339.7	8.8	1.1
6.9	19.0	57.5	391	4.0	10.9	37.3	0.8	0.2		342.2	7.5	1.4
6.5	17.7	58.3	374	3.8	10.3	35.4	0.8	0.1		341.9	7.5	1.4
6.3	17.1	58.0	364	3.6	9.9	34.0	0.7	0.1		342.1	7.4	1.4
5.8	15.9	58.4	343	3.4	9.3	31.8	0.7	0.1		342.9	7.4	1.5
4.7	12.9	59.6	288	2.8	7.7	26.5	0.6	0.1		344.1	7.4	1.6
3.5	9.5	58.6	211	2.0	5.6	19.3	0.4	0.1		346.0	7.6	1.7
3.8	10.3	59.5	237	2.3	6.2	21.4	0.5	0.1		346.9	7.5	1.8
3.3	9.0	60.6	214	2.0	5.4	19.0	0.4	0.1		349.0	7.5	1.9
3.8	10.4	55.0	227	2.1	5.7	19.9	0.4	0.1		349.3	7.5	1.9
3.2	8.7	48.9	171	1.5	4.2	14.6	0.3	0.1		344.9	7.6	1.4
3.1	8.5	48.7	169	1.5	4.1	14.3	0.3	0.1		346.6	7.7	1.7
2.9	8.1	48.9	163	1.4	3.9	13.7	0.3	0.1		346.3	7.6	1.6
2.8	7.8	48.8	158	1.4	3.8	13.1	0.3	0.1		346.0	7.6	1.5
2.3	6.2	54.6	143	1.2	3.4	11.9	0.3	0.1		348.5	7.7	1.5
2.2	6.0	56.3	144	1.2	3.4	11.9	0.3	0.1		350.3	7.7	1.6
2.2	6.0	56.5	144	1.2	3.4	11.8	0.3	0.1		349.4	7.7	1.6
2.0	5.4	58.6	136	1.2	3.2	11.1	0.2	0.1		351.7	7.7	1.7
2.1	5.8	57.7	146	1.2	3.4	11.8	0.3	0.0		349.6	7.8	1.4
1.7	4.7	62.7	128	1.1	2.9	10.3	0.2	0.0		352.1	7.8	1.6
1.7	4.5	64.3	128	1.1	2.9	10.3	0.2	0.1		352.7	7.8	1.8
1.8	5.0	59.6	133	1.1	3.0	10.7	0.2	0.1		354.0	7.4	1.8
1.9	5.2	61.1	140	1.2	3.2	11.2	0.2	0.1		355.0	7.4	1.8
1.8	4.9	62.4	138	1.1	3.1	11.0	0.2	0.1		356.3	7.5	1.9
1.7	4.6	65.9	135	1.1	3.0	10.8	0.2	0.1		357.1	7.6	2.1
1.7	4.6	65.9	135	1.1	3.0	10.8	0.2	0.1		358.1	7.6	2.1
1.7	4.8	66.7	144	1.2	3.2	11.5	0.2	0.1		359.4	7.7	2.2
1.6	4.3	68.5	135	1.1	3.0	10.7	0.2	0.1		359.6	7.7	2.2
1.6	4.5	66.5	135	1.1	3.0	10.7	0.2	0.1		359.6	7.6	2.3
1.6	4.3	60.8	118	0.9	2.6	9.3	0.2	0.1		359.9	7.6	2.4
1.5	4.0	56.6	103	0.8	2.3	8.1	0.2	0.1		361.4	7.5	2.5
1.4	3.9	56.9	103	0.8	2.2	8.1	0.2	0.1		360.5	7.5	2.6
1.6	4.3	56.6	111	0.9	2.4	8.7	0.2	0.1		360.7	7.5	2.5
1.4	3.9	55.6	99	0.8	2.1	7.7	0.2	0.1		360.0	7.5	2.5
1.6	4.3	50.8	100	0.8	2.2	7.8	0.2	0.1		362.1	7.5	2.6
1.6	4.3	49.0	97	0.8	2.1	7.6	0.2	0.1		361.3	7.4	2.6
1.5	4.2	49.0	96	0.8	2.1	7.5	0.1	0.1		360.2	7.2	2.7
1.5	4.1	49.5	94	0.7	2.0	7.3	0.1	0.1		361.4	7.2	3.0
1.5	4.2	49.2	97	0.8	2.1	7.6	0.2	0.1		362.7	7.3	3.1
1.5	4.2	53.1	104	0.8	2.2	8.1	0.2	0.1		363.0	7.5	3.1
1.4	3.8	55.5	100	0.8	2.1	7.8	0.2	0.1		362.8	7.5	3.0
1.3	3.6	56.7	95	0.7	2.0	7.4	0.2	0.1		364.7	7.6	3.2
1.3	3.5	52.2	86	0.7	1.8	6.7	0.1	0.1		366.3	7.6	3.3
1.4	3.9	52.6	95	0.7	2.0	7.4	0.2	0.1		363.4	7.4	3.1
1.3	3.6	54.4	92	0.7	2.0	7.2	0.1	0.1		364.8	7.5	3.2
1.2	3.3	53.9	83	0.6	1.8	6.5	0.1	0.1		367.0	7.6	3.4
1.2	3.2	54.3	82	0.6	1.8	6.4	0.1	0.1		367.6	7.6	3.6
1.4	4.0	51.9	96	0.8	2.1	7.5	0.2	0.1		364.8	7.5	3.3
1.4	3.7	50.0	87	0.7	1.9	6.9	0.1	0.1		367.8	7.6	3.5
1.3	3.5	56.1	92	0.7	2.0	7.2	0.1	0.1		365.5	7.5	3.5
1.4	3.9	54.7	99	0.8	2.1	7.9	0.2	0.1		369.5	7.6	4.1
1.3	3.5	56.8	92	0.7	2.0	7.3	0.2	0.1		371.1	7.6	4.3
1.6	4.2	53.8	106	0.8	2.3	8.3	0.2	0.1		363.0	7.4	3.3
1.6	4.5	53.8	112	0.9	2.4	8.4	0.2	0.0		349.1	7.4	1.9
1.7	4.8	53.6	118	0.9	2.6	8.9	0.2	0.0		349.3	7.4	1.8
1.7	4.6	54.0	116	0.9	2.5	8.5	0.2	0.0		340.9	7.6	1.9
1.5	4.2	54.9	107	0.8	2.3	7.9	0.2	0.0		341.6	7.7	1.9
1.7	4.6	52.9	111	0.9	2.4	8.3	0.2	0.0		341.2	7.6	1.9

2 いも類

(1) いも類

年度	国内生産量	外国貿易 輸入量	外国貿易 輸出量	在庫の増減量	国内消費仕向量	飼料用	種子用	加工用	純旅客用	減耗量	粗総数
昭和 35	9,871	0	22	0	9,849	2,010	578	3,907	-	193	3,161
36	10,181	0	34	0	10,147	2,253	581	4,041	-	173	3,099
37	9,895	0	19	0	9,876	2,315	611	4,037	-	174	2,739
38	10,071	0	8	0	10,063	2,209	603	4,607	-	175	2,469
39	9,789	0	19	0	9,770	2,221	638	4,220	-	186	2,505
40	9,011	0	12	0	8,999	1,852	599	4,003	-	215	2,330
41	8,193	0	10	0	8,183	1,819	554	3,367	-	216	2,227
42	7,669	0	2	0	7,667	1,518	492	3,456	-	223	1,978
43	7,650	0	3	0	7,647	1,538	454	3,459	-	240	1,956
44	6,430	0	4	0	6,426	1,222	413	2,710	-	234	1,847
45	6,175	0	6	0	6,169	1,177	400	2,469	-	262	1,861
46	5,312	0	5	0	5,307	819	361	2,060	-	139	1,928
47	5,598	6	0	0	5,604	815	353	2,207	-	252	1,977
48	5,030	10	0	0	5,040	747	336	1,688	-	317	1,952
49	4,376	11	0	0	4,387	610	339	1,379	-	132	1,927
50	4,679	28	0	0	4,707	484	348	1,586	-	303	1,986
51	5,021	82	3	0	5,100	401	318	1,999	-	312	2,070
52	4,951	125	0	0	5,076	414	322	1,860	-	278	2,202
53	4,687	238	0	0	4,925	352	303	1,778	-	207	2,285
54	4,741	216	1	0	4,956	329	296	1,859	-	187	2,285
55	4,738	211	0	0	4,949	321	294	1,870	-	220	2,244
56	4,553	190	0	0	4,743	317	304	1,607	-	239	2,276
57	5,159	194	0	0	5,353	251	307	2,163	-	243	2,389
58	4,945	186	0	0	5,131	240	303	1,966	-	230	2,392
59	5,107	183	0	0	5,290	234	302	2,117	-	274	2,363
60	5,254	200	0	0	5,454	204	311	2,185	-	249	2,505
61	5,580	257	0	0	5,837	182	302	2,357	-	337	2,659
62	5,378	323	0	0	5,701	183	311	2,214	-	327	2,666
63	5,089	411	0	0	5,500	177	301	2,079	-	268	2,675
平成 元	5,018	400	2	0	5,416	152	292	1,779	-	375	2,818
2	4,954	399	2	0	5,351	131	293	1,783	-	317	2,827
3	4,814	471	1	0	5,284	141	270	1,714	-	320	2,839
4	4,789	480	1	0	5,268	144	269	1,769	-	263	2,823
5	4,423	534	2	0	4,955	91	261	1,639	-	220	2,744
6	4,641	606	1	0	5,246	132	260	1,766	-	203	2,885
7	4,546	683	1	0	5,228	100	258	1,675	-	306	2,889
8	4,195	724	5	0	4,914	82	255	1,380	-	285	2,912
9	4,525	707	4	0	5,228	73	249	1,655	-	268	2,983
10	4,212	772	2	0	4,982	66	238	1,597	-	231	2,850
11	3,971	833	2	0	4,802	55	227	1,351	-	220	2,949
12	3,971	831	3	0	4,799	61	210	1,306	-	245	2,977
13	4,022	785	3	0	4,804	66	210	1,453	-	233	2,842
14	4,104	768	1	0	4,871	25	200	1,565	-	270	2,811
15	3,880	791	2	0	4,669	18	194	1,452	-	237	2,768
16	3,897	813	2	0	4,708	16	193	1,460	-	223	2,816
17	3,805	892	2	0	4,695	21	182	1,450	-	240	2,802
18	3,624	919	2	0	4,541	20	181	1,333	-	242	2,765
19	3,841	932	3	0	4,770	10	176	1,485	-	218	2,881
20	3,751	911	3	0	4,659	11	165	1,499	-	217	2,767
21	3,485	963	2	0	4,446	7	170	1,295	-	235	2,739
22	3,154	1,024	4	0	4,174	6	166	1,093	-	269	2,640
23	3,273	1,080	3	0	4,350	6	169	1,129	-	203	2,843
24	3,376	1,100	4	0	4,472	6	171	1,211	-	188	2,896
25	3,350	1,048	6	0	4,392	5	156	1,237	-	227	2,767
26	3,343	970	8	0	4,305	13	158	1,235	-	231	2,668
27	3,220	1,036	13	0	4,243	11	157	1,159	-	171	2,745
28	3,060	1,070	13	0	4,117	5	161	1,108	-	103	2,740
29	3,202	1,154	16	0	4,340	4	154	1,142	-	70	2,970
30	3,057	1,159	18	0	4,198	7	160	1,130	15	137	2,749
令和 元	3,148	1,179	20	0	4,307	5	145	1,169	10	95	2,883
2	2,893	1,099	26	0	3,966	5	142	1,015	0	100	2,704
3	2,848	1,140	28	0	3,960	6	139	982	0	99	2,734

（単位：断りなき限り　1,000　トン）

量の内訳				1人当たり供給純食料					純食料100g中の栄養成分量		
食料		歩留り	純食料	1年当たり数量	1日当たり 数量	熱量	たんぱく質	脂質	熱量	たんぱく質	脂質
1人1年当たり	1人1日当たり										
kg	g	%		kg	g	kcal	g	g	kcal	g	g
33.8	92.7	90.0	2,845	30.5	83.4	81.6	1.3	0.1	97.8	1.6	0.1
32.9	90.0	90.0	2,789	29.6	81.0	78.7	1.3	0.1	97.1	1.6	0.1
28.8	78.8	90.0	2,465	25.9	71.0	67.2	1.2	0.1	94.8	1.7	0.1
25.7	70.2	90.0	2,222	23.1	63.1	60.2	1.0	0.1	95.3	1.6	0.1
25.8	70.6	90.0	2,255	23.2	63.6	58.6	1.1	0.1	92.1	1.7	0.1
23.7	65.0	90.0	2,097	21.3	58.5	54.2	1.0	0.1	92.7	1.7	0.2
22.5	61.6	90.0	2,004	20.2	55.4	51.3	1.0	0.1	92.5	1.7	0.2
19.7	53.9	90.0	1,780	17.8	48.5	43.6	0.9	0.1	89.7	1.8	0.2
19.3	52.9	90.0	1,761	17.4	47.6	43.1	0.8	0.1	90.5	1.8	0.2
18.0	49.4	90.0	1,662	16.2	44.4	39.5	0.8	0.1	88.9	1.8	0.2
17.9	49.2	90.0	1,675	16.1	44.2	39.2	0.8	0.1	88.6	1.8	0.2
18.3	50.1	90.0	1,735	16.5	45.1	40.4	0.8	0.1	89.6	1.8	0.2
18.4	50.3	90.0	1,779	16.5	45.3	41.0	0.8	0.1	90.5	1.8	0.2
17.9	49.0	90.0	1,757	16.1	44.1	39.4	0.8	0.1	89.3	1.8	0.2
17.4	47.7	90.0	1,734	15.7	43.0	38.2	0.8	0.1	88.9	1.8	0.2
17.7	48.5	90.0	1,788	16.0	43.6	39.0	0.8	0.1	89.3	1.8	0.2
18.3	50.1	90.0	1,863	16.5	45.1	40.1	0.8	0.1	88.9	1.8	0.2
19.3	52.8	90.0	1,982	17.4	47.6	42.1	0.9	0.1	88.5	1.8	0.2
19.8	54.3	90.0	2,057	17.9	48.9	42.9	0.9	0.1	87.8	1.8	0.2
19.7	53.7	90.0	2,057	17.7	48.4	42.4	0.9	0.1	87.7	1.8	0.2
19.2	52.5	90.0	2,020	17.3	47.3	41.3	0.9	0.1	87.3	1.8	0.2
19.3	52.9	90.0	2,049	17.4	47.6	41.9	0.9	0.1	88.0	1.8	0.2
20.1	55.1	90.0	2,150	18.1	49.6	43.3	0.9	0.1	87.4	1.8	0.2
20.0	54.7	90.0	2,153	18.0	49.2	43.1	0.9	0.1	87.6	1.8	0.2
19.6	53.8	90.0	2,126	17.7	48.4	42.7	0.9	0.1	88.2	1.8	0.2
20.7	56.7	90.0	2,255	18.6	51.0	46.1	0.8	0.1	90.4	1.5	0.1
21.9	59.9	90.0	2,393	19.7	53.9	48.0	0.8	0.1	89.1	1.5	0.1
21.8	59.6	90.0	2,400	19.6	53.6	47.8	0.8	0.1	89.1	1.5	0.1
21.8	59.7	90.0	2,407	19.6	53.7	47.6	0.8	0.1	88.5	1.5	0.1
22.9	62.7	90.0	2,536	20.6	56.4	50.7	0.8	0.1	89.8	1.5	0.1
22.9	62.7	90.0	2,544	20.6	56.4	50.7	0.8	0.1	89.9	1.5	0.1
22.9	62.5	90.0	2,555	20.6	56.3	49.5	0.9	0.1	87.9	1.5	0.1
22.7	62.1	90.0	2,541	20.4	55.9	50.2	0.8	0.1	89.9	1.5	0.1
22.0	60.2	90.0	2,470	19.8	54.2	48.0	0.8	0.1	88.6	1.5	0.1
23.0	63.1	90.0	2,596	20.7	56.8	50.8	0.9	0.1	89.5	1.5	0.1
23.0	62.9	90.0	2,600	20.7	56.6	50.2	0.9	0.1	88.7	1.5	0.1
23.1	63.4	90.0	2,621	20.8	57.1	50.6	0.9	0.1	88.7	1.5	0.1
23.6	64.8	90.0	2,685	21.3	58.3	51.6	0.9	0.1	88.6	1.5	0.1
22.5	61.7	90.0	2,565	20.3	55.6	49.3	0.8	0.1	88.7	1.5	0.1
23.3	63.6	90.0	2,654	21.0	57.2	50.5	0.9	0.1	88.2	1.5	0.1
23.5	64.3	90.0	2,679	21.1	57.8	51.4	0.9	0.1	89.0	1.5	0.1
22.3	61.2	90.0	2,558	20.1	55.1	49.0	0.8	0.1	89.0	1.5	0.1
22.1	60.4	90.0	2,530	19.9	54.4	48.5	0.8	0.1	89.2	1.5	0.1
21.7	59.3	90.0	2,491	19.5	53.3	47.5	0.8	0.1	89.1	1.5	0.1
22.1	60.4	90.0	2,535	19.9	54.4	48.6	0.8	0.1	89.4	1.5	0.1
21.9	60.1	90.0	2,521	19.7	54.1	48.6	0.8	0.1	89.9	1.5	0.1
21.6	59.2	90.0	2,489	19.5	53.3	47.4	0.8	0.1	89.0	1.5	0.1
22.5	61.5	90.0	2,593	20.3	55.3	48.7	0.8	0.1	88.0	1.5	0.1
21.6	59.2	90.0	2,490	19.4	53.3	46.9	0.8	0.1	88.1	1.5	0.1
21.4	58.6	90.0	2,464	19.2	52.7	46.8	0.8	0.1	88.8	1.5	0.1
20.6	56.5	90.0	2,376	18.6	50.8	44.5	0.8	0.1	87.5	1.5	0.1
22.2	60.8	90.0	2,559	20.0	54.7	47.9	0.8	0.1	87.6	1.5	0.1
22.7	62.2	90.0	2,607	20.4	56.0	48.8	0.9	0.1	87.2	1.5	0.1
21.7	59.5	90.0	2,491	19.6	53.6	47.1	0.8	0.1	87.8	1.5	0.1
21.0	57.4	90.2	2,406	18.9	51.8	45.5	0.8	0.1	87.8	1.5	0.1
21.6	59.0	90.2	2,476	19.5	53.2	46.4	0.8	0.1	87.2	1.5	0.1
21.6	59.1	90.2	2,471	19.5	53.3	46.8	0.8	0.1	87.8	1.5	0.1
23.4	64.1	90.2	2,679	21.1	57.8	49.9	0.9	0.1	86.3	1.5	0.1
21.7	59.4	90.2	2,479	19.6	53.6	46.5	0.8	0.1	86.9	1.5	0.1
22.8	62.2	90.1	2,599	20.5	56.1	39.5	1.0	0.1	70.4	1.7	0.1
21.4	58.7	90.2	2,439	19.3	53.0	37.6	0.9	0.1	71.1	1.7	0.1
21.8	59.7	90.2	2,465	19.6	53.8	38.2	0.9	0.1	71.0	1.7	0.1

(2)　かんしょ

年度	国内生産量	外国貿易 輸入量	外国貿易 輸出量	在庫の増減量	国内消費仕向量	飼料用	種子用	加工用	純旅客用	減耗量	粗 総数
昭和 35	6,277	0	0	0	6,277	1,463	250	2,900	－	138	1,526
36	6,333	0	0	0	6,333	1,647	247	2,875	－	114	1,450
37	6,217	0	0	0	6,217	1,649	250	3,088	－	99	1,131
38	6,662	0	0	0	6,662	1,546	254	3,692	－	120	1,050
39	5,875	0	0	0	5,875	1,499	243	3,170	－	83	880
40	4,955	0	0	0	4,955	1,251	204	2,621	－	86	793
41	4,810	0	0	0	4,810	1,182	196	2,586	－	96	750
42	4,031	0	0	0	4,031	931	160	2,304	－	88	548
43	3,594	0	0	0	3,594	917	143	1,853	－	107	574
44	2,855	0	0	0	2,855	803	129	1,348	－	98	477
45	2,564	0	0	0	2,564	781	102	1,104	－	106	471
46	2,041	0	0	0	2,041	583	82	790	－	57	529
47	2,061	0	0	0	2,061	581	78	762	－	59	581
48	1,613	0	0	0	1,613	516	69	460	－	45	523
49	1,435	0	0	0	1,435	438	65	397	－	38	497
50	1,418	0	0	0	1,418	333	72	418	－	62	533
51	1,279	0	0	0	1,279	286	65	339	－	56	533
52	1,431	0	0	0	1,431	308	71	442	－	58	552
53	1,371	0	0	0	1,371	251	64	463	－	58	535
54	1,360	0	0	0	1,360	246	68	453	－	61	532
55	1,317	0	0	0	1,317	230	70	453	－	60	504
56	1,458	0	0	0	1,458	248	71	488	－	106	545
57	1,384	0	0	0	1,384	182	69	512	－	82	539
58	1,379	0	0	0	1,379	175	64	526	－	65	549
59	1,400	0	0	0	1,400	177	65	515	－	66	577
60	1,527	0	0	0	1,527	144	66	603	－	71	643
61	1,507	0	0	0	1,507	119	56	631	－	79	622
62	1,423	0	0	0	1,423	128	59	531	－	80	625
63	1,326	0	0	0	1,326	129	57	475	－	66	599
平成 元	1,431	0	0	0	1,431	105	52	488	－	89	697
2	1,402	7	0	0	1,409	84	53	503	－	69	700
3	1,205	2	0	0	1,207	98	46	392	－	65	606
4	1,295	3	0	0	1,298	103	46	390	－	60	699
5	1,033	3	0	0	1,036	57	42	277	－	41	619
6	1,264	2	0	0	1,266	98	47	363	－	60	698
7	1,181	1	0	0	1,182	68	46	368	－	47	653
8	1,109	3	0	0	1,112	54	44	305	－	49	660
9	1,130	6	0	0	1,136	47	40	349	－	31	669
10	1,139	5	0	0	1,144	48	36	380	－	34	646
11	1,008	9	1	0	1,016	40	43	263	－	28	642
12	1,073	11	0	0	1,084	44	32	283	－	36	689
13	1,063	20	0	0	1,083	44	30	311	－	36	662
14	1,030	43	0	0	1,073	16	26	341	－	26	664
15	941	61	0	0	1,002	9	26	297	－	23	647
16	1,009	70	1	0	1,078	8	25	353	－	17	675
17	1,053	85	1	0	1,137	13	17	392	－	19	696
18	989	84	1	0	1,072	10	16	388	－	18	640
19	968	64	1	0	1,031	5	16	367	－	25	618
20	1,011	42	1	0	1,052	6	15	404	－	28	599
21	1,026	67	0	0	1,093	5	18	423	－	21	626
22	864	65	2	0	927	3	12	348	－	23	541
23	886	71	1	0	956	3	15	342	－	7	589
24	876	72	2	0	946	3	12	344	－	6	581
25	942	78	3	0	1,017	3	12	410	－	7	585
26	887	62	4	0	945	3	9	386	－	7	540
27	814	58	6	0	866	3	11	323	－	6	523
28	861	63	7	0	917	2	11	348	－	5	551
29	807	63	9	0	861	2	10	320	－	4	525
30	797	55	11	0	841	2	10	312	3	4	510
令和 元	749	56	13	0	792	2	9	289	2	4	486
2	688	47	17	0	718	2	11	218	0	5	482
3	672	52	16	0	708	2	10	207	0	5	484

（単位：断りなき限り　1,000　トン）

量　　の　　内　　訳				1　人　当　た　り　供　給　純　食　料						純食料100g中の栄養成分量		
食　　　　料		歩留り	純食料	1年当たり数	年当り量	1　　日　　当　　た　　り				熱　量	たんぱく質	脂　質
1人1年当たり	1人1日当たり					数　量	熱　量	たんぱく質	脂　質			
kg	g	%		kg		g	kcal	g	g	kcal	g	g
16.3	44.8	90.0	1,373	14.7		40.3	48.3	0.5	0.1	120.0	1.3	0.2
15.4	42.1	90.0	1,305	13.8		37.9	45.5	0.5	0.1	120.0	1.3	0.2
11.9	32.6	90.0	1,018	10.7		29.3	35.2	0.4	0.1	120.0	1.3	0.2
10.9	29.8	90.0	945	9.8		26.9	32.2	0.3	0.1	120.0	1.3	0.2
9.1	24.8	90.0	792	8.1		22.3	26.8	0.3	0.0	120.0	1.3	0.2
8.1	22.1	90.0	714	7.3		19.9	24.5	0.2	0.0	123.0	1.2	0.2
7.6	20.7	90.0	675	6.8		18.7	23.0	0.2	0.0	123.0	1.2	0.2
5.5	14.9	90.0	493	4.9		13.4	16.5	0.2	0.0	123.0	1.2	0.2
5.7	15.5	90.0	517	5.1		14.0	17.2	0.2	0.0	123.0	1.2	0.2
4.7	12.7	90.0	429	4.2		11.5	14.1	0.1	0.0	123.0	1.2	0.2
4.5	12.4	90.0	424	4.1		11.2	13.8	0.1	0.0	123.0	1.2	0.2
5.0	13.7	90.0	476	4.5		12.4	15.2	0.1	0.0	123.0	1.2	0.2
5.4	14.8	90.0	523	4.9		13.3	16.4	0.2	0.0	123.0	1.2	0.2
4.8	13.1	90.0	471	4.3		11.8	14.5	0.1	0.0	123.0	1.2	0.2
4.5	12.3	90.0	447	4.0		11.1	13.6	0.1	0.0	123.0	1.2	0.2
4.8	13.0	90.0	480	4.3		11.7	14.4	0.1	0.0	123.0	1.2	0.2
4.7	12.9	90.0	480	4.2		11.6	14.3	0.1	0.0	123.0	1.2	0.2
4.8	13.2	90.0	497	4.4		11.9	14.7	0.1	0.0	123.0	1.2	0.2
4.6	12.7	90.0	482	4.2		11.5	14.1	0.1	0.0	123.0	1.2	0.2
4.6	12.5	90.0	479	4.1		11.3	13.9	0.1	0.0	123.0	1.2	0.2
4.3	11.8	90.0	454	3.9		10.6	13.1	0.1	0.0	123.0	1.2	0.2
4.6	12.7	90.0	491	4.2		11.4	14.0	0.1	0.0	123.0	1.2	0.2
4.5	12.4	90.0	485	4.1		11.2	13.8	0.1	0.0	123.0	1.2	0.2
4.6	12.5	90.0	494	4.1		11.3	13.9	0.1	0.0	123.0	1.2	0.2
4.8	13.1	90.0	519	4.3		11.8	14.5	0.1	0.0	123.0	1.2	0.2
5.3	14.6	90.0	579	4.8		13.1	17.3	0.2	0.0	132.0	1.2	0.2
5.1	14.0	90.0	560	4.6		12.6	16.6	0.2	0.0	132.0	1.2	0.2
5.1	14.0	90.0	563	4.6		12.6	16.6	0.2	0.0	132.0	1.2	0.2
4.9	13.4	90.0	539	4.4		12.0	15.9	0.1	0.0	132.0	1.2	0.2
5.7	15.5	90.0	627	5.1		13.9	18.4	0.2	0.0	132.0	1.2	0.2
5.7	15.5	90.0	630	5.1		14.0	18.4	0.2	0.0	132.0	1.2	0.2
4.9	13.3	90.0	545	4.4		12.0	15.8	0.1	0.0	132.0	1.2	0.2
5.6	15.4	90.0	629	5.0		13.8	18.3	0.2	0.0	132.0	1.2	0.2
5.0	13.6	90.0	557	4.5		12.2	16.1	0.1	0.0	132.0	1.2	0.2
5.6	15.3	90.0	628	5.0		13.7	18.1	0.2	0.0	132.0	1.2	0.2
5.2	14.2	90.0	588	4.7		12.8	16.9	0.2	0.0	132.0	1.2	0.2
5.2	14.4	90.0	594	4.7		12.9	17.1	0.2	0.0	132.0	1.2	0.2
5.3	14.5	90.0	602	4.8		13.1	17.3	0.2	0.0	132.0	1.2	0.2
5.1	14.0	90.0	581	4.6		12.6	16.6	0.2	0.0	132.0	1.2	0.2
5.1	13.8	90.0	578	4.6		12.5	16.5	0.1	0.0	132.0	1.2	0.2
5.4	14.9	90.0	620	4.9		13.4	17.7	0.2	0.0	132.0	1.2	0.2
5.2	14.2	90.0	596	4.7		12.8	16.9	0.2	0.0	132.0	1.2	0.2
5.2	14.3	90.0	598	4.7		12.9	17.0	0.2	0.0	132.0	1.2	0.2
5.1	13.9	90.0	582	4.6		12.5	16.4	0.1	0.0	132.0	1.2	0.2
5.3	14.5	90.0	608	4.8		13.0	17.2	0.2	0.0	132.0	1.2	0.2
5.4	14.9	90.0	626	4.9		13.4	17.7	0.2	0.0	132.0	1.2	0.2
5.0	13.7	90.0	576	4.5		12.3	16.3	0.1	0.0	132.0	1.2	0.2
4.8	13.2	90.0	556	4.3		11.9	15.7	0.1	0.0	132.0	1.2	0.2
4.7	12.8	90.0	539	4.2		11.5	15.2	0.1	0.0	132.0	1.2	0.2
4.9	13.4	90.0	563	4.4		12.0	15.9	0.1	0.0	132.0	1.2	0.2
4.2	11.6	90.0	487	3.8		10.4	13.8	0.1	0.0	132.0	1.2	0.2
4.6	12.6	90.0	530	4.1		11.3	15.0	0.1	0.0	132.0	1.2	0.2
4.6	12.5	90.0	523	4.1		11.2	14.8	0.1	0.0	132.0	1.2	0.2
4.6	12.6	90.0	527	4.1		11.3	15.0	0.1	0.0	132.0	1.2	0.2
4.2	11.6	91.0	491	3.9		10.6	14.2	0.1	0.0	134.0	1.2	0.2
4.1	11.2	91.0	476	3.7		10.2	13.7	0.1	0.0	134.0	1.2	0.2
4.3	11.9	91.0	501	3.9		10.8	14.5	0.1	0.0	134.0	1.2	0.2
4.1	11.3	91.0	478	3.8		10.3	13.8	0.1	0.0	134.0	1.2	0.2
4.0	11.0	91.0	464	3.7		10.0	13.4	0.1	0.0	134.0	1.2	0.2
3.8	10.5	91.0	442	3.5		9.5	12.0	0.1	0.0	126.0	1.2	0.2
3.8	10.5	91.0	439	3.5		9.5	12.0	0.1	0.0	126.0	1.2	0.2
3.9	10.6	91.0	440	3.5		9.6	12.1	0.1	0.0	126.0	1.2	0.2

(3)　ばれいしょ

年　度	国　内	外　国　貿　易		在　庫　の	国内消費	国　内　消　費　仕　向					粗
	生　産　量	輸　入　量	輸　出　量	増　減　量	仕　向　量	飼　料　用	種　子　用	加　工　用	純旅客用	減耗量	総　　数
昭和　35	3,594	0	22	0	3,572	547	328	1,007	－	55	1,635
36	3,848	0	34	0	3,814	606	334	1,166	－	59	1,649
37	3,678	0	19	0	3,659	666	361	949	－	75	1,608
38	3,409	0	8	0	3,401	663	349	915	－	55	1,419
39	3,914	0	19	0	3,895	722	395	1,050	－	103	1,625
40	4,056	0	12	0	4,044	601	395	1,382	－	129	1,537
41	3,383	0	10	0	3,373	637	358	781	－	120	1,477
42	3,638	0	2	0	3,636	587	332	1,152	－	135	1,430
43	4,056	0	3	0	4,053	621	311	1,606	－	133	1,382
44	3,575	0	4	0	3,571	419	284	1,362	－	136	1,370
45	3,611	0	6	0	3,605	396	298	1,365	－	156	1,390
46	3,271	0	5	0	3,266	236	279	1,270	－	82	1,399
47	3,537	6	0	0	3,543	234	275	1,445	－	193	1,396
48	3,417	10	0	0	3,427	231	267	1,228	－	272	1,429
49	2,941	11	0	0	2,952	172	274	982	－	94	1,430
50	3,261	28	0	0	3,289	151	276	1,168	－	241	1,453
51	3,742	82	3	0	3,821	115	253	1,660	－	256	1,537
52	3,520	125	0	0	3,645	106	251	1,418	－	220	1,650
53	3,316	238	0	0	3,554	101	239	1,315	－	149	1,750
54	3,381	216	1	0	3,596	83	228	1,406	－	126	1,753
55	3,421	211	0	0	3,632	91	224	1,417	－	160	1,740
56	3,095	190	0	0	3,285	69	233	1,119	－	133	1,731
57	3,775	194	0	0	3,969	69	238	1,651	－	161	1,850
58	3,566	186	0	0	3,752	65	239	1,440	－	165	1,843
59	3,707	183	0	0	3,890	57	237	1,602	－	208	1,786
60	3,727	200	0	0	3,927	60	245	1,582	－	178	1,862
61	4,073	257	0	0	4,330	63	246	1,726	－	258	2,037
62	3,955	323	0	0	4,278	55	252	1,683	－	247	2,041
63	3,763	411	0	0	4,174	48	244	1,604	－	202	2,076
平成　元	3,587	400	2	0	3,985	47	240	1,291	－	286	2,121
2	3,552	392	2	0	3,942	47	240	1,280	－	248	2,127
3	3,609	469	1	0	4,077	43	224	1,322	－	255	2,233
4	3,494	477	1	0	3,970	41	223	1,379	－	203	2,124
5	3,390	531	2	0	3,919	34	219	1,362	－	179	2,125
6	3,377	604	1	0	3,980	34	213	1,403	－	143	2,187
7	3,365	682	1	0	4,046	32	212	1,307	－	259	2,236
8	3,086	721	5	0	3,802	28	211	1,075	－	236	2,252
9	3,395	701	4	0	4,092	26	209	1,306	－	237	2,314
10	3,073	767	2	0	3,838	18	202	1,217	－	197	2,204
11	2,963	824	1	0	3,786	15	184	1,088	－	192	2,307
12	2,898	820	3	0	3,715	17	178	1,023	－	209	2,288
13	2,959	765	3	0	3,721	22	180	1,142	－	197	2,180
14	3,074	725	1	0	3,798	9	174	1,224	－	244	2,147
15	2,939	730	2	0	3,667	9	168	1,155	－	214	2,121
16	2,888	743	1	0	3,630	8	168	1,107	－	206	2,141
17	2,752	807	1	0	3,558	8	165	1,058	－	221	2,106
18	2,635	835	1	0	3,469	10	165	945	－	224	2,125
19	2,873	868	2	0	3,739	5	160	1,118	－	193	2,263
20	2,740	869	2	0	3,607	5	150	1,095	－	189	2,168
21	2,459	896	2	0	3,353	2	152	872	－	214	2,113
22	2,290	959	2	0	3,247	3	154	745	－	246	2,099
23	2,387	1,009	2	0	3,394	3	154	787	－	196	2,254
24	2,500	1,028	2	0	3,526	3	159	867	－	182	2,315
25	2,408	970	3	0	3,375	2	144	827	－	220	2,182
26	2,456	908	4	0	3,360	10	149	849	－	224	2,128
27	2,406	978	7	0	3,377	8	146	836	－	165	2,222
28	2,199	1,007	6	0	3,200	3	150	760	－	98	2,189
29	2,395	1,091	7	0	3,479	2	144	822	－	66	2,445
30	2,260	1,104	7	0	3,357	5	150	818	12	133	2,239
令和　元	2,399	1,123	7	0	3,515	3	136	880	8	91	2,397
2	2,205	1,052	9	0	3,248	3	131	797	0	95	2,222
3	2,176	1,088	12	0	3,252	4	129	775	0	94	2,250

（単位：断りなき限り　1,000 トン）

量　の　内　訳				1 人 当 た り 供 給 純 食 料						純食料100g中の栄養成分量		
食料		歩留り	純食料	1年当たり	1日当たり					熱量	たんぱく質	脂質
1人1年当たり	1人1日当たり			数量	数量	熱量	たんぱく質	脂質				
kg	g	%		kg	g	kcal	g	g		kcal	g	g
17.5	48.0	90.0	1,472	15.8	43.2	33.2	0.8	0.0		77.0	1.9	0.1
17.5	47.9	90.0	1,484	15.7	43.1	33.2	0.8	0.0		77.0	1.9	0.1
16.9	46.3	90.0	1,447	15.2	41.7	32.1	0.8	0.0		77.0	1.9	0.1
14.8	40.3	90.0	1,277	13.3	36.3	27.9	0.7	0.0		77.0	1.9	0.1
16.7	45.8	90.0	1,463	15.1	41.2	31.8	0.8	0.0		77.0	1.9	0.1
15.6	42.8	90.0	1,383	14.1	38.6	29.7	0.8	0.1		77.0	2.0	0.2
14.9	40.9	90.0	1,329	13.4	36.8	28.3	0.7	0.1		77.0	2.0	0.2
14.3	39.0	90.0	1,287	12.8	35.1	27.0	0.7	0.1		77.0	2.0	0.2
13.6	37.4	90.0	1,244	12.3	33.6	25.9	0.7	0.1		77.0	2.0	0.2
13.4	36.6	90.0	1,233	12.0	32.9	25.4	0.7	0.1		77.0	2.0	0.2
13.4	36.7	90.0	1,251	12.1	33.0	25.4	0.7	0.1		77.0	2.0	0.2
13.3	36.4	90.0	1,259	12.0	32.7	25.2	0.7	0.1		77.0	2.0	0.2
13.0	35.5	90.0	1,256	11.7	32.0	24.6	0.6	0.1		77.0	2.0	0.2
13.1	35.9	90.0	1,286	11.8	32.3	24.9	0.6	0.1		77.0	2.0	0.2
12.9	35.4	90.0	1,287	11.6	31.9	24.6	0.6	0.1		77.0	2.0	0.2
13.0	35.5	90.0	1,308	11.7	31.9	24.6	0.6	0.1		77.0	2.0	0.2
13.6	37.2	90.0	1,383	12.2	33.5	25.8	0.7	0.1		77.0	2.0	0.2
14.5	39.6	90.0	1,485	13.0	35.6	27.4	0.7	0.1		77.0	2.0	0.2
15.2	41.6	90.0	1,575	13.7	37.5	28.8	0.7	0.1		77.0	2.0	0.2
15.1	41.2	90.0	1,578	13.6	37.1	28.6	0.7	0.1		77.0	2.0	0.2
14.9	40.7	90.0	1,566	13.4	36.7	28.2	0.7	0.1		77.0	2.0	0.2
14.7	40.2	90.0	1,558	13.2	36.2	27.9	0.7	0.1		77.0	2.0	0.2
15.6	42.7	90.0	1,665	14.0	38.4	29.6	0.8	0.1		77.0	2.0	0.2
15.4	42.1	90.0	1,659	13.9	37.9	29.2	0.8	0.1		77.0	2.0	0.2
14.8	40.7	90.0	1,607	13.4	36.6	28.2	0.7	0.1		77.0	2.0	0.2
15.4	42.1	90.0	1,676	13.8	37.9	28.8	0.6	0.0		76.0	1.6	0.1
16.7	45.9	90.0	1,833	15.1	41.3	31.4	0.7	0.0		76.0	1.6	0.1
16.7	45.6	90.0	1,837	15.0	41.1	31.2	0.7	0.0		76.0	1.6	0.1
16.9	46.3	90.0	1,868	15.2	41.7	31.7	0.7	0.0		76.0	1.6	0.1
17.2	47.2	90.0	1,909	15.5	42.5	32.3	0.7	0.0		76.0	1.6	0.1
17.2	47.1	90.0	1,914	15.5	42.4	32.2	0.7	0.0		76.0	1.6	0.1
18.0	49.2	90.0	2,010	16.2	44.3	33.6	0.7	0.0		76.0	1.6	0.1
17.1	46.7	90.0	1,912	15.3	42.1	32.0	0.7	0.0		76.0	1.6	0.1
17.0	46.6	90.0	1,913	15.3	41.9	31.9	0.7	0.0		76.0	1.6	0.1
17.5	47.8	90.0	1,968	15.7	43.0	32.7	0.7	0.0		76.0	1.6	0.1
17.8	48.7	90.0	2,012	16.0	43.8	33.3	0.7	0.0		76.0	1.6	0.1
17.9	49.0	90.0	2,027	16.1	44.1	33.5	0.7	0.0		76.0	1.6	0.1
18.3	50.3	90.0	2,083	16.5	45.2	34.4	0.7	0.0		76.0	1.6	0.1
17.4	47.7	90.0	1,984	15.7	43.0	32.7	0.7	0.0		76.0	1.6	0.1
18.2	49.8	90.0	2,076	16.4	44.8	34.0	0.7	0.0		76.0	1.6	0.1
18.0	49.4	90.0	2,059	16.2	44.4	33.8	0.7	0.0		76.0	1.6	0.1
17.1	46.9	90.0	1,962	15.4	42.2	32.1	0.7	0.0		76.0	1.6	0.1
16.8	46.2	90.0	1,932	15.2	41.5	31.6	0.7	0.0		76.0	1.6	0.1
16.6	45.4	90.0	1,909	15.0	40.9	31.1	0.7	0.0		76.0	1.6	0.1
16.8	45.9	90.0	1,927	15.1	41.3	31.4	0.7	0.0		76.0	1.6	0.1
16.5	45.2	90.0	1,895	14.8	40.6	30.9	0.7	0.0		76.0	1.6	0.1
16.6	45.5	90.0	1,913	15.0	41.0	31.1	0.7	0.0		76.0	1.6	0.1
17.7	48.3	90.0	2,037	15.9	43.5	33.0	0.7	0.0		76.0	1.6	0.1
16.9	46.4	90.0	1,951	15.2	41.7	31.7	0.7	0.0		76.0	1.6	0.1
16.5	45.2	90.0	1,901	14.8	40.7	30.9	0.7	0.0		76.0	1.6	0.1
16.4	44.9	90.0	1,889	14.8	40.4	30.7	0.6	0.0		76.0	1.6	0.1
17.6	48.2	90.0	2,029	15.9	43.4	33.0	0.7	0.0		76.0	1.6	0.1
18.1	49.7	90.0	2,084	16.3	44.7	34.0	0.7	0.0		76.0	1.6	0.1
17.1	46.9	90.0	1,964	15.4	42.2	32.1	0.7	0.0		76.0	1.6	0.1
16.7	45.8	90.0	1,915	15.1	41.2	31.3	0.7	0.0		76.0	1.6	0.1
17.5	47.8	90.0	2,000	15.7	43.0	32.7	0.7	0.0		76.0	1.6	0.1
17.2	47.2	90.0	1,970	15.5	42.5	32.3	0.7	0.0		76.0	1.6	0.1
19.3	52.8	90.0	2,201	17.3	47.5	36.1	0.8	0.0		76.0	1.6	0.1
17.7	48.4	90.0	2,015	15.9	43.6	33.1	0.7	0.0		76.0	1.6	0.1
18.9	51.7	90.0	2,157	17.0	46.6	27.5	0.8	0.0		59.0	1.8	0.1
17.6	48.3	90.0	2,000	15.9	43.4	25.6	0.8	0.0		59.0	1.8	0.1
17.9	49.1	90.0	2,025	16.1	44.2	26.1	0.8	0.0		59.0	1.8	0.1

3　でん粉

年度	国内 生産量	外国貿易 輸入量	輸出量	在庫の 増減量	国内消費 仕向量	飼料用	種子用	加工用	純旅客用	減耗量	粗 総数
昭和 35	770	1	0	△ 60	831	0	0	222	－	0	609
36	841	1	0	△ 78	920	0	0	258	－	0	662
37	898	35	0	△ 104	1,037	0	0	285	－	0	752
38	1,100	1	0	50	1,051	0	0	297	－	0	754
39	1,105	3	0	△ 40	1,148	0	0	355	－	0	793
40	1,155	4	0	△ 38	1,197	0	0	381	－	0	816
41	1,124	45	0	△ 31	1,200	0	0	374	－	0	826
42	1,293	27	0	37	1,283	0	0	378	－	0	905
43	1,257	33	0	63	1,227	0	0	342	－	0	885
44	1,108	25	0	△ 30	1,163	0	0	291	－	0	872
45	1,115	41	0	0	1,156	0	0	318	－	0	838
46	1,067	59	1	△ 15	1,140	0	0	321	－	0	819
47	1,120	77	0	0	1,197	0	0	345	－	0	852
48	1,076	97	0	△ 27	1,200	0	0	353	－	0	847
49	1,054	101	0	△ 28	1,183	0	0	358	－	0	825
50	960	83	0	△ 98	1,141	0	0	299	－	0	842
51	1,329	91	0	82	1,338	0	0	349	－	0	989
52	1,370	73	0	43	1,400	0	0	356	－	0	1,044
53	1,331	101	0	△ 26	1,458	0	0	377	－	0	1,081
54	1,433	80	0	6	1,507	0	0	393	－	0	1,114
55	1,658	67	0	△ 38	1,763	0	0	406	－	0	1,357
56	1,719	74	0	△ 113	1,906	0	0	433	－	0	1,473
57	1,882	86	0	39	1,929	0	0	459	－	0	1,470
58	2,005	87	0	△ 16	2,108	0	0	483	－	0	1,625
59	2,093	111	0	6	2,198	0	0	511	－	0	1,687
60	2,101	130	0	23	2,208	0	0	505	－	1	1,702
61	2,223	117	0	57	2,283	0	0	530	－	0	1,753
62	2,357	119	0	16	2,460	0	0	609	－	0	1,851
63	2,529	123	0	△ 18	2,670	0	0	789	－	0	1,881
平成 元	2,548	130	0	△ 71	2,749	0	0	808	－	0	1,941
2	2,667	104	0	△ 35	2,806	0	0	835	－	0	1,971
3	2,676	131	0	△ 36	2,843	0	0	868	－	0	1,975
4	2,676	138	0	8	2,806	0	0	913	－	0	1,893
5	2,577	167	0	0	2,744	0	0	863	－	0	1,881
6	2,751	147	0	48	2,850	0	0	890	－	0	1,960
7	2,744	108	0	37	2,815	0	0	852	－	0	1,963
8	2,764	126	0	△ 48	2,938	0	0	930	－	0	2,008
9	2,913	120	0	△ 3	3,036	0	0	942	－	0	2,094
10	2,893	109	0	16	2,986	0	0	878	－	0	2,108
11	2,873	115	0	△ 29	3,017	0	0	870	－	0	2,147
12	2,892	155	0	△ 33	3,080	0	0	868	－	0	2,212
13	2,873	161	0	11	3,023	0	0	821	－	0	2,202
14	2,902	140	0	31	3,011	0	0	815	－	0	2,196
15	2,867	153	0	△ 4	3,024	0	0	792	－	0	2,232
16	2,834	159	0	△ 4	2,997	0	0	763	－	0	2,234
17	2,860	137	0	△ 5	3,002	0	0	759	－	0	2,243
18	2,824	155	0	△ 24	3,003	0	0	750	－	0	2,253
19	2,802	130	0	△ 27	2,959	0	0	720	－	0	2,239
20	2,641	134	0	△ 8	2,783	0	0	623	－	0	2,160
21	2,515	140	0	△ 13	2,668	0	0	582	－	0	2,086
22	2,580	129	0	△ 52	2,761	0	0	626	－	0	2,135
23	2,596	144	0	17	2,723	0	0	578	－	0	2,145
24	2,526	147	0	30	2,643	0	0	553	－	0	2,090
25	2,499	140	0	9	2,630	0	0	545	－	0	2,085
26	2,493	140	0	16	2,617	0	0	575	－	0	2,042
27	2,473	134	0	△ 14	2,621	0	0	583	－	0	2,038
28	2,504	141	0	△ 35	2,680	0	0	611	－	0	2,069
29	2,473	158	0	6	2,625	0	0	607	－	0	2,018
30	2,532	140	0	1	2,671	0	0	638	11	0	2,022
令和 元	2,513	151	0	21	2,643	0	0	560	6	0	2,077
2	2,178	143	0	△ 2	2,323	0	0	444	0	0	1,879
3	2,243	141	0	△ 19	2,403	0	0	504	0	0	1,899

（単位：断りなき限り　1,000 トン）

量 の 内 訳				1 人 当 た り 供 給 純 食 料						純食料100g中の栄養成分量		
食 料		歩 留 り	純食料	1人当たり数	年当り量	1 日 当 た り				熱 量	たんぱく質	脂 質
1人1年当たり	1人1日当たり					数 量	熱 量	たんぱく質	脂 質			
kg	g	%		kg		g	kcal	g	g	kcal	g	g
6.5	17.9	100.0	609	6.5	17.9	59.9	0.0	0.0	335.6	0.1	0.1
7.0	19.2	100.0	662	7.0	19.2	64.5	0.0	0.0	335.6	0.1	0.1
7.9	21.6	100.0	752	7.9	21.6	72.6	0.0	0.0	335.4	0.1	0.1
7.8	21.4	100.0	754	7.8	21.4	71.9	0.0	0.0	335.8	0.1	0.1
8.2	22.4	100.0	793	8.2	22.4	75.1	0.0	0.0	336.0	0.1	0.1
8.3	22.7	100.0	816	8.3	22.7	76.3	0.0	0.1	335.3	0.1	0.3
8.3	22.9	100.0	826	8.3	22.9	77.2	0.0	0.1	337.9	0.1	0.3
9.0	24.7	100.0	905	9.0	24.7	84.1	0.0	0.1	340.8	0.1	0.4
8.7	23.9	100.0	885	8.7	23.9	81.5	0.0	0.1	340.5	0.1	0.4
8.5	23.3	100.0	872	8.5	23.3	79.5	0.0	0.1	341.3	0.1	0.4
8.1	22.1	100.0	838	8.1	22.1	75.8	0.0	0.1	342.5	0.1	0.4
7.8	21.3	100.0	819	7.8	21.3	73.0	0.0	0.1	343.1	0.1	0.4
7.9	21.7	100.0	852	7.9	21.7	74.5	0.0	0.1	343.3	0.1	0.4
7.8	21.3	100.0	847	7.8	21.3	73.2	0.0	0.1	344.3	0.1	0.4
7.5	20.4	100.0	825	7.5	20.4	70.8	0.0	0.1	346.5	0.1	0.5
7.5	20.6	100.0	842	7.5	20.6	71.0	0.0	0.1	345.3	0.1	0.5
8.7	24.0	100.0	989	8.7	24.0	83.2	0.0	0.1	347.4	0.1	0.5
9.1	25.1	100.0	1,044	9.1	25.1	87.1	0.0	0.1	347.5	0.1	0.5
9.4	25.7	100.0	1,081	9.4	25.7	89.2	0.0	0.1	347.0	0.1	0.5
9.6	26.2	100.0	1,114	9.6	26.2	91.1	0.0	0.1	347.8	0.1	0.5
11.6	31.8	100.0	1,357	11.6	31.8	110.5	0.0	0.2	347.8	0.1	0.5
12.5	34.2	100.0	1,473	12.5	34.2	119.1	0.0	0.2	348.0	0.1	0.5
12.4	33.9	100.0	1,470	12.4	33.9	118.3	0.0	0.2	348.8	0.1	0.6
13.6	37.1	100.0	1,625	13.6	37.1	129.6	0.0	0.2	348.9	0.1	0.6
14.0	38.4	100.0	1,687	14.0	38.4	134.1	0.0	0.2	348.9	0.1	0.6
14.1	38.5	100.0	1,702	14.1	38.5	134.4	0.0	0.2	349.0	0.1	0.6
14.4	39.5	100.0	1,753	14.4	39.5	137.8	0.0	0.2	349.1	0.1	0.6
15.1	41.4	100.0	1,851	15.1	41.4	144.5	0.0	0.2	349.1	0.1	0.6
15.3	42.0	100.0	1,881	15.3	42.0	146.6	0.0	0.2	349.1	0.1	0.6
15.8	43.2	100.0	1,941	15.8	43.2	150.8	0.0	0.2	349.3	0.1	0.6
15.9	43.7	100.0	1,971	15.9	43.7	152.8	0.0	0.3	349.9	0.1	0.6
15.9	43.5	100.0	1,975	15.9	43.5	152.1	0.0	0.3	349.8	0.1	0.6
15.2	41.6	100.0	1,893	15.2	41.6	145.7	0.0	0.2	349.9	0.1	0.6
15.1	41.2	100.0	1,881	15.1	41.2	144.4	0.0	0.2	350.1	0.1	0.6
15.6	42.9	100.0	1,960	15.6	42.9	150.3	0.0	0.3	350.7	0.1	0.6
15.6	42.7	100.0	1,963	15.6	42.7	149.8	0.0	0.3	350.7	0.1	0.6
16.0	43.7	100.0	2,008	16.0	43.7	153.2	0.0	0.3	350.4	0.1	0.6
16.6	45.5	100.0	2,094	16.6	45.5	159.3	0.0	0.3	350.4	0.1	0.6
16.7	45.7	100.0	2,108	16.7	45.7	160.0	0.0	0.3	350.4	0.1	0.6
16.9	46.3	100.0	2,147	16.9	46.3	162.3	0.0	0.3	350.4	0.1	0.6
17.4	47.7	100.0	2,212	17.4	47.7	167.3	0.0	0.3	350.5	0.1	0.6
17.3	47.4	100.0	2,202	17.3	47.4	166.1	0.0	0.3	350.5	0.1	0.6
17.2	47.2	100.0	2,196	17.2	47.2	165.4	0.0	0.3	350.4	0.1	0.6
17.5	47.8	100.0	2,232	17.5	47.8	167.4	0.0	0.3	350.4	0.1	0.6
17.5	47.9	100.0	2,234	17.5	47.9	168.0	0.0	0.3	350.5	0.1	0.6
17.6	48.1	100.0	2,241	17.5	48.1	168.5	0.0	0.3	350.6	0.1	0.6
17.6	48.3	100.0	2,253	17.6	48.3	169.1	0.0	0.3	350.6	0.1	0.6
17.5	47.8	100.0	2,239	17.5	47.8	167.5	0.0	0.3	350.5	0.1	0.6
16.9	46.2	100.0	2,160	16.9	46.2	162.0	0.0	0.3	350.6	0.1	0.6
16.3	44.6	100.0	2,086	16.3	44.6	156.5	0.0	0.3	350.7	0.1	0.6
16.7	45.7	100.0	2,135	16.7	45.7	160.3	0.0	0.3	350.8	0.1	0.6
16.8	45.8	100.0	2,145	16.8	45.8	161.1	0.0	0.3	351.4	0.1	0.6
16.4	44.9	100.0	2,090	16.4	44.9	157.7	0.0	0.3	351.4	0.1	0.6
16.4	44.8	100.0	2,085	16.4	44.8	157.4	0.0	0.3	351.1	0.1	0.6
16.0	44.0	100.0	2,042	16.0	44.0	154.4	0.0	0.3	351.1	0.1	0.6
16.0	43.8	100.0	2,038	16.0	43.8	153.7	0.0	0.3	350.9	0.1	0.6
16.3	44.6	100.0	2,069	16.3	44.6	156.6	0.0	0.3	351.0	0.1	0.6
15.9	43.6	100.0	2,018	15.9	43.6	153.0	0.0	0.3	351.2	0.1	0.6
16.0	43.7	100.0	2,022	16.0	43.7	153.5	0.0	0.3	351.3	0.1	0.6
16.4	44.8	100.0	2,077	16.4	44.8	161.6	0.0	0.3	360.3	0.1	0.6
14.9	40.8	100.0	1,879	14.9	40.8	146.9	0.0	0.2	360.0	0.1	0.6
15.1	41.5	100.0	1,899	15.1	41.5	149.3	0.0	0.2	360.0	0.1	0.6

4 豆 類

(1) 豆 類

年 度	国 内 生 産 量	外 国 貿 易 輸 入 量	外 国 貿 易 輸 出 量	在 庫 の 増 減 量	国内消費 仕 向 量	国 内 消 費 仕 向 飼料用	種子用	加工用	純旅客用	減耗量	粗 総 数
昭和 35	919	1,181	21	4	2,075	49	40	974	-	23	989
36	902	1,258	14	3	2,143	52	38	1,021	-	23	1,009
37	769	1,382	0	△ 22	2,173	42	37	1,092	-	23	979
38	765	1,791	0	72	2,484	45	36	1,376	-	23	1,004
39	572	1,816	2	△ 72	2,458	35	36	1,410	-	24	953
40	646	2,060	1	82	2,623	42	34	1,553	-	23	971
41	544	2,411	10	52	2,893	45	34	1,784	-	23	1,007
42	617	2,370	1	△ 36	3,022	83	26	1,835	-	24	1,054
43	537	2,635	1	△ 14	3,185	57	24	2,014	-	24	1,066
44	480	2,850	0	△ 63	3,393	46	22	2,195	-	26	1,104
45	505	3,465	2	88	3,880	48	24	2,693	-	23	1,092
46	417	3,485	2	△ 32	3,932	51	23	2,717	-	24	1,117
47	510	3,617	1	62	4,064	70	19	2,840	-	24	1,111
48	451	3,860	0	133	4,178	62	18	2,951	-	25	1,122
49	436	3,427	0	△ 268	4,131	59	17	2,938	-	24	1,093
50	363	3,588	4	△ 86	4,033	53	16	2,851	-	24	1,089
51	328	3,876	0	131	4,073	51	15	2,940	-	21	1,046
52	361	3,881	0	△ 7	4,249	54	18	3,121	-	49	1,007
53	407	4,495	0	228	4,674	61	16	3,538	-	55	1,004
54	394	4,405	20	△ 47	4,826	75	16	3,652	-	56	1,027
55	324	4,705	30	111	4,888	69	17	3,714	-	58	1,030
56	367	4,537	40	△ 60	4,924	70	16	3,749	-	56	1,033
57	431	4,640	13	42	5,016	75	16	3,832	-	55	1,038
58	364	5,323	3	234	5,450	74	16	4,182	-	87	1,091
59	462	4,806	0	△ 22	5,290	82	15	4,000	-	80	1,113
60	424	5,202	0	106	5,520	89	15	4,171	-	110	1,135
61	424	5,139	0	42	5,521	88	15	4,139	-	109	1,170
62	469	5,091	0	76	5,484	88	15	4,052	-	109	1,220
63	445	5,019	0	99	5,365	101	16	3,932	-	107	1,209
平成 元	455	4,682	0	△ 99	5,236	109	15	3,792	-	99	1,221
2	414	4,977	0	95	5,296	114	14	3,880	-	106	1,182
3	363	4,659	0	△ 113	5,135	111	13	3,684	-	99	1,228
4	324	5,081	0	70	5,335	108	9	3,851	-	108	1,259
5	198	5,415	0	106	5,507	120	13	4,042	-	138	1,194
6	244	5,114	0	△ 11	5,369	119	8	3,920	-	131	1,191
7	284	5,126	0	32	5,378	126	8	3,966	-	132	1,146
8	290	5,191	0	37	5,444	124	9	3,923	-	149	1,239
9	281	5,364	0	144	5,501	123	8	4,027	-	138	1,205
10	286	5,066	0	1	5,351	117	9	3,858	-	136	1,231
11	317	5,206	0	61	5,462	118	9	3,999	-	139	1,197
12	366	5,165	0	106	5,425	114	10	3,967	-	137	1,197
13	390	5,177	0	36	5,531	111	11	4,047	-	137	1,225
14	395	5,387	0	9	5,773	125	11	4,264	-	142	1,231
15	337	5,510	0	70	5,777	134	12	4,242	-	146	1,243
16	303	4,754	0	△ 105	5,162	135	11	3,653	-	126	1,237
17	352	4,482	0	44	4,790	138	11	3,313	-	96	1,232
18	332	4,377	0	34	4,675	135	10	3,213	-	92	1,225
19	335	4,458	12	59	4,722	136	10	3,273	-	93	1,210
20	376	3,991	0	△ 46	4,413	125	10	3,030	-	83	1,165
21	320	3,679	0	△ 72	4,071	124	10	2,724	-	76	1,137
22	317	3,748	0	30	4,035	122	10	2,696	-	82	1,125
23	310	3,134	0	△ 137	3,581	115	10	2,290	-	65	1,101
24	340	3,015	0	△ 64	3,419	119	10	2,154	-	63	1,073
25	300	3,038	0	△ 46	3,384	115	9	2,120	-	63	1,077
26	347	3,102	0	△ 28	3,485	110	9	2,215	-	66	1,085
27	346	3,511	0	68	3,789	112	9	2,471	-	75	1,122
28	290	3,405	0	△ 115	3,810	112	10	2,500	-	71	1,117
29	339	3,511	0	△ 124	3,974	81	11	2,660	-	74	1,148
30	280	3,533	0	△ 142	3,955	83	11	2,627	7	74	1,153
令和 元	303	3,645	0	△ 108	4,056	84	11	2,719	3	76	1,163
2	290	3,411	0	△ 142	3,843	84	10	2,512	0	72	1,165
3	312	3,464	0	△ 121	3,897	80	10	2,613	0	72	1,122

（単位：断りなき限り 1,000 トン）

量 の 内 訳				1 人 当 た り 供 給 純 食 料						純食料100g中の栄養成分量		
食料		歩留り	純食料	1年当り		1日当たり				熱量	たんぱく質	脂質
1人1年当たり	1人1日当たり			1人当たり数	年当り量	数量	熱量	たんぱく質	脂質			
kg	g	%		kg	g	kcal	g	g	kcal	g	g	
10.6	29.0	95.7	946	10.1	27.7	104.4	8.0	3.6	376.3	28.8	13.1
10.7	29.3	95.4	963	10.2	28.0	105.7	8.1	3.7	377.6	28.8	13.4
10.3	28.2	94.7	927	9.7	26.7	101.1	7.6	3.6	378.7	28.6	13.5
10.4	28.5	94.6	950	9.9	27.0	102.0	7.6	3.6	378.0	28.3	13.4
9.8	26.9	93.3	889	9.1	25.1	95.7	7.2	3.6	382.0	28.6	14.2
9.9	27.1	96.6	938	9.5	26.1	106.0	7.3	4.7	405.4	28.1	18.0
10.2	27.9	96.8	975	9.8	27.0	109.8	7.6	5.1	407.1	28.2	19.0
10.5	28.7	96.4	1,016	10.1	27.7	113.8	7.9	5.4	410.8	28.4	19.5
10.5	28.8	96.4	1,028	10.1	27.8	114.5	7.9	5.5	412.0	28.4	19.8
10.8	29.5	96.3	1,063	10.4	28.4	117.2	8.0	5.5	412.8	28.3	19.5
10.5	28.8	96.2	1,050	10.1	27.7	115.2	7.9	5.6	415.2	28.3	20.1
10.6	29.0	96.3	1,076	10.2	28.0	115.8	7.9	5.6	414.3	28.2	20.0
10.3	28.3	96.3	1,070	9.9	27.2	113.5	7.8	5.7	416.7	28.6	20.8
10.3	28.2	96.3	1,081	9.9	27.1	113.1	7.8	5.7	416.5	28.6	21.0
9.9	27.1	96.4	1,054	9.5	26.1	109.2	7.6	5.5	418.1	28.9	20.9
9.7	26.6	96.6	1,052	9.4	25.7	107.3	7.5	5.3	418.1	29.0	20.8
9.2	25.3	96.8	1,013	9.0	24.5	102.0	7.1	5.0	415.8	28.9	20.3
8.8	24.2	96.8	975	8.5	23.4	97.3	6.7	4.8	415.7	28.8	20.3
8.7	23.9	96.8	972	8.4	23.1	96.4	6.8	4.8	416.8	29.3	20.6
8.8	24.2	96.5	991	8.5	23.3	97.7	6.8	4.9	419.3	29.4	21.2
8.8	24.1	96.6	995	8.5	23.3	97.4	6.8	4.9	418.1	29.2	20.9
8.8	24.0	96.9	1,001	8.5	23.3	96.7	6.8	4.8	415.9	29.3	20.4
8.7	24.0	96.6	1,003	8.4	23.1	97.5	6.9	4.9	421.4	29.9	21.1
9.1	24.9	96.7	1,055	8.8	24.1	101.4	7.2	5.1	420.4	29.7	21.2
9.3	25.3	96.8	1,077	9.0	24.5	103.3	7.3	5.2	421.3	29.9	21.2
9.4	25.7	96.0	1,090	9.0	24.7	103.6	7.4	4.7	419.8	29.9	19.0
9.6	26.3	96.0	1,123	9.2	25.3	106.2	7.5	4.8	420.0	29.8	19.1
10.0	27.3	96.2	1,174	9.6	26.2	110.2	7.9	5.0	420.0	30.1	19.1
9.8	27.0	95.6	1,156	9.4	25.8	109.5	7.8	5.1	424.3	30.2	19.9
9.9	27.2	96.1	1,173	9.5	26.1	110.0	7.9	5.1	421.8	30.2	19.5
9.6	26.2	96.4	1,139	9.2	25.2	106.1	7.6	4.8	420.3	30.1	19.1
9.9	27.0	96.3	1,183	9.5	26.0	109.2	7.8	4.9	419.4	30.0	18.9
10.1	27.7	96.3	1,213	9.7	26.7	111.8	8.0	5.0	419.2	30.0	18.9
9.6	26.2	95.9	1,145	9.2	25.1	105.4	7.5	4.8	420.0	29.8	19.1
9.5	26.0	96.1	1,144	9.1	25.0	105.4	7.5	4.8	421.1	30.0	19.3
9.1	24.9	96.5	1,106	8.8	24.1	101.1	7.3	4.6	420.1	30.2	19.1
9.8	27.0	96.3	1,193	9.5	26.0	109.4	7.8	5.0	421.2	30.2	19.3
9.6	26.2	96.2	1,159	9.2	25.2	106.2	7.6	4.9	421.9	30.3	19.5
9.7	26.7	96.4	1,187	9.4	25.7	108.4	7.8	5.0	421.4	30.4	19.4
9.4	25.8	96.3	1,153	9.1	24.9	104.8	7.5	4.8	421.4	30.3	19.4
9.4	25.8	95.9	1,148	9.0	24.8	105.0	7.5	4.9	423.6	30.3	19.8
9.6	26.4	96.1	1,177	9.2	25.3	107.2	7.7	5.0	423.0	30.4	19.7
9.7	26.5	96.2	1,184	9.3	25.5	107.6	7.7	5.0	422.8	30.4	19.7
9.7	26.6	96.1	1,195	9.4	25.6	108.2	7.8	5.0	422.7	30.4	19.7
9.7	26.5	96.3	1,191	9.3	25.6	108.3	7.8	5.1	423.7	30.6	19.9
9.6	26.4	96.3	1,186	9.3	25.4	107.6	7.8	5.0	423.3	30.6	19.8
9.6	26.2	96.2	1,179	9.2	25.3	107.0	7.7	5.0	423.9	30.6	19.9
9.5	25.8	96.7	1,170	9.1	25.0	105.3	7.6	4.9	421.9	30.9	19.5
9.1	24.9	96.9	1,129	8.8	24.1	102.0	7.5	4.7	422.4	30.9	19.6
8.9	24.3	96.4	1,096	8.6	23.5	99.5	7.2	4.7	424.1	30.8	19.9
8.8	24.1	96.2	1,082	8.4	23.1	98.4	7.1	4.7	425.2	30.8	20.2
8.6	23.5	96.1	1,058	8.3	22.6	96.2	6.9	4.6	425.4	30.7	20.2
8.4	23.0	96.6	1,036	8.1	22.2	94.2	6.8	4.4	423.5	30.7	19.8
8.5	23.2	96.6	1,040	8.2	22.4	94.6	6.9	4.4	423.2	30.7	19.7
8.5	23.4	96.6	1,048	8.2	22.6	95.4	6.9	4.4	422.6	30.6	19.6
8.8	24.1	96.6	1,084	8.5	23.3	98.2	7.1	4.5	421.5	30.5	19.4
8.8	24.1	96.6	1,079	8.5	23.3	98.4	7.1	4.6	423.1	30.7	19.7
9.0	24.8	96.3	1,106	8.7	23.9	101.1	7.3	4.7	423.7	30.7	19.8
9.1	24.9	96.5	1,113	8.8	24.1	102.1	7.4	4.8	424.3	30.8	20.0
9.2	25.1	96.6	1,123	8.9	24.2	96.2	7.5	5.0	396.6	30.8	20.6
9.2	25.3	96.7	1,126	8.9	24.5	97.4	7.6	5.1	398.1	31.0	20.9
8.9	24.5	96.8	1,086	8.7	23.7	93.9	7.3	4.9	395.9	30.9	20.5

(2) 大 豆

年度	国内生産量	外国貿易 輸入量	輸出量	在庫の増減量	国内消費仕向量	飼料用	種子用	加工用	純旅客用	減耗量	粗 総数
昭和 35	418	1,081	0	△ 18	1,517	0	16	974	-	8	519
36	387	1,176	0	△ 5	1,568	0	12	1,021	-	8	527
37	336	1,284	0	19	1,601	0	11	1,092	-	7	491
38	318	1,617	0	56	1,879	0	10	1,376	-	7	486
39	240	1,607	0	△ 34	1,881	0	11	1,401	-	7	462
40	230	1,847	0	47	2,030	0	10	1,551	-	7	462
41	199	2,168	4	74	2,289	10	9	1,758	-	8	504
42	190	2,170	1	△ 66	2,425	40	7	1,828	-	8	542
43	168	2,421	1	5	2,583	20	6	1,992	-	8	557
44	136	2,591	0	△ 52	2,779	10	5	2,190	-	9	565
45	126	3,244	0	75	3,295	10	6	2,692	-	9	578
46	122	3,212	0	△ 2	3,336	20	6	2,713	-	9	588
47	127	3,399	0	30	3,496	30	5	2,836	-	9	616
48	118	3,635	0	133	3,620	30	5	2,948	-	10	627
49	133	3,244	0	△ 237	3,614	30	6	2,935	-	10	633
50	126	3,334	0	△ 42	3,502	30	6	2,810	-	10	646
51	110	3,554	0	112	3,552	30	5	2,894	-	9	614
52	111	3,602	0	△ 21	3,734	30	8	3,071	-	36	589
53	190	4,260	0	260	4,190	40	8	3,485	-	43	614
54	192	4,132	20	△ 28	4,332	55	8	3,606	-	41	622
55	174	4,401	30	159	4,386	55	9	3,661	-	44	617
56	212	4,197	40	△ 57	4,426	55	9	3,695	-	42	625
57	226	4,344	13	7	4,550	55	9	3,777	-	43	666
58	217	4,995	3	249	4,960	60	9	4,121	-	75	695
59	238	4,515	0	△ 61	4,814	60	8	3,952	-	68	726
60	228	4,910	0	113	5,025	70	8	4,112	-	98	737
61	245	4,817	0	45	5,017	70	8	4,087	-	96	756
62	287	4,797	0	98	4,986	70	8	3,995	-	96	817
63	277	4,685	0	95	4,867	85	9	3,872	-	94	807
平成 元	272	4,346	0	△ 130	4,748	90	8	3,741	-	87	822
2	220	4,681	0	80	4,821	95	8	3,826	-	94	798
3	197	4,331	0	△ 100	4,628	95	7	3,619	-	87	820
4	188	4,725	0	91	4,822	95	5	3,791	-	95	836
5	101	5,031	0	133	4,999	110	9	3,986	-	125	769
6	99	4,731	0	△ 51	4,881	105	3	3,864	-	118	791
7	119	4,813	0	13	4,919	110	3	3,901	-	120	785
8	148	4,870	0	51	4,967	110	4	3,873	-	136	844
9	145	5,057	0	162	5,040	110	4	3,972	-	126	828
10	158	4,751	0	13	4,896	105	5	3,804	-	124	858
11	187	4,884	0	67	5,004	105	5	3,947	-	126	821
12	235	4,829	0	102	4,962	100	6	3,917	-	125	814
13	271	4,832	0	31	5,072	100	7	3,994	-	125	846
14	270	5,039	0	0	5,309	113	7	4,208	-	130	851
15	232	5,173	0	94	5,311	124	8	4,187	-	134	858
16	163	4,407	0	△ 145	4,715	121	7	3,595	-	115	877
17	225	4,181	0	58	4,348	125	7	3,261	-	84	871
18	229	4,042	0	34	4,237	125	7	3,158	-	81	866
19	227	4,161	12	72	4,304	125	7	3,223	-	83	866
20	262	3,711	0	△ 61	4,034	114	7	2,978	-	74	861
21	230	3,390	0	△ 48	3,668	115	7	2,655	-	68	823
22	223	3,456	0	37	3,642	113	7	2,639	-	73	810
23	219	2,831	0	△ 137	3,187	106	7	2,228	-	57	789
24	236	2,727	0	△ 74	3,037	108	7	2,092	-	55	775
25	200	2,762	0	△ 50	3,012	104	6	2,067	-	55	780
26	232	2,828	0	△ 35	3,095	98	6	2,158	-	57	776
27	243	3,243	0	106	3,380	102	6	2,413	-	65	794
28	238	3,131	0	△ 55	3,424	106	7	2,439	-	63	809
29	253	3,218	0	△ 102	3,573	81	8	2,599	-	64	821
30	211	3,236	0	△ 120	3,567	83	8	2,562	5	65	844
令和 元	218	3,359	0	△ 106	3,683	84	8	2,663	3	67	858
2	219	3,139	0	△ 140	3,498	84	8	2,455	0	63	888
3	247	3,224	0	△ 93	3,564	80	8	2,571	0	64	841

（単位：断りなき限り 1,000 トン）

量　の　内　訳				1 人 当 た り 供 給 純 食 料					純食料100g中の栄養成分量		
食料 1人1年当たり	食料 1人1日当たり	歩留り	純食料	1年当たり数量	1日当たり数量	1日当たり熱量	1日当たりたんぱく質	1日当たり脂質	熱量	たんぱく質	脂質
kg	g	%		kg	g	kcal	g	g	kcal	g	g
5.6	15.2	100.0	519	5.6	15.2	59.7	5.2	2.7	392.0	34.3	17.5
5.6	15.3	100.0	527	5.6	15.3	60.0	5.3	2.7	392.0	34.3	17.5
5.2	14.1	100.0	491	5.2	14.1	55.4	4.8	2.5	392.0	34.3	17.5
5.1	13.8	100.0	486	5.1	13.8	54.1	4.7	2.4	392.0	34.3	17.5
4.8	13.0	100.0	462	4.8	13.0	51.1	4.5	2.3	392.0	34.3	17.5
4.7	12.9	100.0	462	4.7	12.9	54.7	4.4	2.6	425.0	34.1	20.4
5.1	13.9	100.0	504	5.1	13.9	59.5	4.7	2.9	427.0	33.9	20.6
5.4	14.8	100.0	542	5.4	14.8	63.1	5.0	3.1	427.0	33.8	20.8
5.5	15.1	100.0	557	5.5	15.1	64.5	5.1	3.1	428.0	33.7	20.9
5.5	15.1	100.0	565	5.5	15.1	64.8	5.1	3.2	429.0	33.6	21.1
5.6	15.3	100.0	578	5.6	15.3	65.5	5.1	3.2	429.0	33.5	21.1
5.6	15.3	100.0	588	5.6	15.3	65.7	5.1	3.2	430.0	33.5	21.1
5.7	15.7	100.0	616	5.7	15.7	67.4	5.3	3.3	430.0	33.5	21.2
5.7	15.7	100.0	627	5.7	15.7	67.7	5.3	3.3	430.0	33.4	21.2
5.7	15.7	100.0	633	5.7	15.7	67.4	5.3	3.3	430.0	33.5	21.1
5.8	15.8	100.0	646	5.8	15.8	67.8	5.3	3.3	430.0	33.4	21.2
5.4	14.9	100.0	614	5.4	14.9	64.0	5.0	3.2	430.0	33.4	21.2
5.2	14.1	100.0	589	5.2	14.1	60.8	4.7	3.0	430.0	33.4	21.2
5.3	14.6	100.0	614	5.3	14.6	62.5	4.9	3.1	428.0	33.7	20.9
5.4	14.6	100.0	622	5.4	14.6	62.6	4.9	3.1	428.0	33.7	20.9
5.3	14.4	100.0	617	5.3	14.4	61.9	4.9	3.0	429.0	33.6	20.9
5.3	14.5	100.0	625	5.3	14.5	62.2	4.9	3.0	428.0	33.8	20.8
5.6	15.4	100.0	666	5.6	15.4	65.8	5.2	3.2	428.0	33.8	20.8
5.8	15.9	100.0	695	5.8	15.9	68.0	5.4	3.3	428.0	33.7	20.9
6.0	16.5	100.0	726	6.0	16.5	70.8	5.6	3.4	428.0	33.7	20.8
6.1	16.7	100.0	737	6.1	16.7	71.2	5.6	3.4	426.7	33.6	20.6
6.2	17.0	100.0	756	6.2	17.0	72.6	5.7	3.5	426.7	33.6	20.6
6.7	18.3	100.0	817	6.7	18.3	77.9	6.1	3.8	426.7	33.6	20.6
6.6	18.0	100.0	807	6.6	18.0	76.9	6.1	3.7	426.7	33.6	20.6
6.7	18.3	100.0	822	6.7	18.3	78.0	6.1	3.8	426.7	33.6	20.6
6.5	17.7	100.0	798	6.5	17.7	75.5	5.9	3.6	426.7	33.6	20.6
6.6	18.1	100.0	820	6.6	18.1	77.0	6.1	3.7	426.7	33.6	20.6
6.7	18.4	100.0	836	6.7	18.4	78.5	6.2	3.8	426.7	33.6	20.6
6.2	16.9	100.0	769	6.2	16.9	72.0	5.7	3.5	426.7	33.6	20.6
6.3	17.3	100.0	791	6.3	17.3	73.8	5.8	3.6	426.7	33.6	20.6
6.3	17.1	100.0	785	6.3	17.1	72.9	5.7	3.5	426.7	33.6	20.6
6.7	18.4	100.0	844	6.7	18.4	78.4	6.2	3.8	426.7	33.6	20.6
6.6	18.0	100.0	828	6.6	18.0	76.7	6.0	3.7	426.7	33.6	20.6
6.8	18.6	100.0	858	6.8	18.6	79.3	6.2	3.8	426.7	33.6	20.6
6.5	17.7	100.0	821	6.5	17.7	75.6	6.0	3.6	426.7	33.6	20.6
6.4	17.6	100.0	814	6.4	17.6	75.0	5.9	3.6	426.7	33.6	20.6
6.6	18.2	100.0	846	6.6	18.2	77.7	6.1	3.8	426.7	33.6	20.6
6.7	18.3	100.0	851	6.7	18.3	78.1	6.1	3.8	426.7	33.6	20.6
6.7	18.4	100.0	858	6.7	18.4	78.4	6.2	3.8	426.7	33.6	20.6
6.9	18.8	100.0	877	6.9	18.8	80.3	6.3	3.9	426.7	33.6	20.6
6.8	18.7	100.0	871	6.8	18.7	79.7	6.3	3.8	426.7	33.6	20.6
6.8	18.6	100.0	866	6.8	18.6	79.1	6.2	3.8	426.7	33.6	20.6
6.8	18.5	100.0	866	6.8	18.5	78.9	6.2	3.8	426.7	33.6	20.6
6.7	18.4	100.0	861	6.7	18.4	78.6	6.2	3.8	426.7	33.6	20.6
6.4	17.6	100.0	823	6.4	17.6	75.1	5.9	3.6	426.7	33.6	20.6
6.3	17.3	100.0	810	6.3	17.3	73.9	5.8	3.6	426.7	33.6	20.6
6.2	16.9	100.0	789	6.2	16.9	72.0	5.7	3.5	426.7	33.6	20.6
6.1	16.6	100.0	775	6.1	16.6	71.0	5.6	3.4	426.7	33.6	20.6
6.1	16.8	100.0	780	6.1	16.8	71.6	5.6	3.5	426.7	33.6	20.6
6.1	16.7	100.0	776	6.1	16.7	71.3	5.6	3.4	426.7	33.6	20.6
6.2	17.1	100.0	794	6.2	17.1	72.8	5.7	3.5	426.7	33.6	20.6
6.4	17.4	100.0	809	6.4	17.4	74.4	5.9	3.6	426.7	33.6	20.6
6.5	17.7	100.0	821	6.5	17.7	75.6	6.0	3.7	426.7	33.6	20.6
6.7	18.2	100.0	844	6.7	18.2	77.8	6.1	3.8	426.7	33.6	20.6
6.8	18.5	100.0	858	6.8	18.5	73.6	6.2	4.0	397.2	33.3	21.4
7.0	19.3	100.0	888	7.0	19.3	76.6	6.4	4.1	397.0	33.2	21.4
6.7	18.4	100.0	841	6.7	18.4	72.8	6.1	3.9	396.4	33.3	21.3

(3)　その他の豆類

年　度	国　内 生　産　量	外　国　貿　易 輸　入　量	外　国　貿　易 輸　出　量	在　庫　の 増　減　量	国内消費 仕　向　量	国　内　消　費　仕　向 飼　料　用	国　内　消　費　仕　向 種　子　用	国　内　消　費　仕　向 加　工　用	国　内　消　費　仕　向 純旅客用	国　内　消　費　仕　向 減　耗　量	国　内　消　費　仕　向 粗　総　数
昭和　35	501	100	21	22	558	49	24	0	－	15	470
36	515	82	14	8	575	52	26	0	－	15	482
37	433	98	0	△ 41	572	42	26	0	－	16	488
38	447	174	0	16	605	45	26	0	－	16	518
39	332	209	2	△ 38	577	35	25	9	－	17	491
40	416	213	1	35	593	42	24	2	－	16	509
41	345	243	6	△ 22	604	35	25	26	－	15	503
42	427	200	0	30	597	43	19	7	－	16	512
43	369	214	0	△ 19	602	37	18	22	－	16	509
44	344	259	0	△ 11	614	36	17	5	－	17	539
45	379	221	2	13	585	38	18	1	－	14	514
46	295	273	2	△ 30	596	31	17	4	－	15	529
47	383	218	1	32	568	40	14	4	－	15	495
48	333	225	0	0	558	32	13	3	－	15	495
49	303	183	0	△ 31	517	29	11	3	－	14	460
50	237	254	4	△ 44	531	23	10	41	－	14	443
51	218	322	0	19	521	21	10	46	－	12	432
52	250	279	0	14	515	24	10	50	－	13	418
53	217	235	0	△ 32	484	21	8	53	－	12	390
54	202	273	0	△ 19	494	20	8	46	－	15	405
55	150	304	0	△ 48	502	14	8	53	－	14	413
56	155	340	0	△ 3	498	15	7	54	－	14	408
57	205	296	0	35	466	20	7	55	－	12	372
58	147	328	0	△ 15	490	14	7	61	－	12	396
59	224	291	0	39	476	22	7	48	－	12	387
60	196	292	0	△ 7	495	19	7	59	－	12	398
61	179	322	0	△ 3	504	18	7	52	－	13	414
62	182	294	0	△ 22	498	18	7	57	－	13	403
63	168	334	0	4	498	16	7	60	－	13	402
平成　元	183	336	0	31	488	19	7	51	－	12	399
2	194	296	0	15	475	19	6	54	－	12	384
3	166	328	0	△ 13	507	16	6	65	－	12	408
4	136	356	0	△ 21	513	13	4	60	－	13	423
5	97	384	0	△ 27	508	10	4	56	－	13	425
6	145	383	0	40	488	14	5	56	－	13	400
7	165	313	0	19	459	16	5	65	－	12	361
8	142	321	0	△ 14	477	14	5	50	－	13	395
9	136	307	0	△ 18	461	13	4	55	－	12	377
10	128	315	0	△ 12	455	12	4	54	－	12	373
11	130	322	0	△ 6	458	13	4	52	－	13	376
12	131	336	0	4	463	14	4	50	－	12	383
13	119	345	0	5	459	11	4	53	－	12	379
14	125	348	0	9	464	12	4	56	－	12	380
15	105	337	0	△ 24	466	10	4	55	－	12	385
16	140	347	0	40	447	14	4	58	－	11	360
17	127	301	0	△ 14	442	13	4	52	－	12	361
18	103	335	0	0	438	10	3	55	－	11	359
19	108	297	0	△ 13	418	11	3	50	－	10	344
20	114	280	0	15	379	11	3	52	－	9	304
21	90	289	0	△ 24	403	9	3	69	－	8	314
22	94	292	0	△ 7	393	9	3	57	－	9	315
23	91	303	0	0	394	9	3	62	－	8	312
24	104	288	0	10	382	11	3	62	－	8	298
25	100	276	0	4	372	11	3	53	－	8	297
26	115	274	0	7	390	12	3	57	－	9	309
27	103	268	0	△ 38	409	10	3	58	－	10	328
28	52	274	0	△ 60	386	6	3	61	－	8	308
29	86	293	0	△ 22	401	0	3	61	－	10	327
30	69	297	0	△ 22	388	0	3	65	2	9	309
令和　元	85	286	0	△ 2	373	0	3	56	0	9	305
2	71	272	0	△ 2	345	0	2	57	0	9	277
3	65	240	0	△ 28	333	0	2	42	0	8	281

（単位：断りなき限り　1,000 トン）

量　の　内　訳				1 人 当 た り 供 給 純 食 料						純食料100g中の栄養成分量		
食　料		歩留り	純食料	1年当たり数量	1 日 当 た り					熱　量	たんぱく質	脂　質
1人1年当たり	1人1日当たり				数　量	熱　量	たんぱく質	脂　質				
kg	g	%		kg	g	kcal	g	g	kcal	g	g
5.0	13.8	90.9	427	4.6	12.5	44.7	2.8	1.0	357.1	22.1	7.8
5.1	14.0	90.5	436	4.6	12.7	45.6	2.8	1.1	360.1	22.1	8.4
5.1	14.0	89.3	436	4.6	12.5	45.7	2.8	1.1	363.8	22.2	9.1
5.4	14.7	89.6	464	4.8	13.2	47.9	2.9	1.2	363.4	22.1	9.1
5.1	13.8	87.0	427	4.4	12.0	44.7	2.7	1.3	371.2	22.4	10.6
5.2	14.2	93.5	476	4.8	13.3	51.3	3.0	2.1	386.4	22.3	15.8
5.1	13.9	93.6	471	4.8	13.0	50.3	2.9	2.2	385.7	22.1	17.2
5.1	14.0	92.6	474	4.7	12.9	50.7	2.9	2.3	392.4	22.2	18.1
5.0	13.8	92.5	471	4.6	12.7	50.0	2.8	2.4	393.0	22.2	18.5
5.3	14.4	92.5	498	4.9	13.3	52.5	3.0	2.4	394.4	22.3	17.7
5.0	13.6	91.8	472	4.6	12.5	49.7	2.7	2.3	398.3	22.0	18.8
5.0	13.7	92.2	488	4.6	12.7	50.1	2.8	2.4	395.4	21.9	18.7
4.6	12.6	91.7	454	4.2	11.6	46.1	2.5	2.3	398.8	22.0	20.3
4.5	12.4	91.7	454	4.2	11.4	45.4	2.5	2.3	397.9	21.9	20.6
4.2	11.4	91.5	421	3.8	10.4	41.7	2.3	2.1	400.2	22.1	20.5
4.0	10.8	91.6	406	3.6	9.9	39.5	2.2	2.0	399.1	22.0	20.1
3.8	10.5	92.4	399	3.5	9.7	38.1	2.1	1.8	394.0	21.9	19.0
3.7	10.0	92.3	386	3.4	9.3	36.5	2.0	1.8	393.8	21.8	19.0
3.4	9.3	91.8	358	3.1	8.5	33.9	1.9	1.7	397.7	21.9	20.0
3.5	9.5	91.1	369	3.2	8.7	35.1	1.9	1.9	404.5	22.0	21.7
3.5	9.7	91.5	378	3.2	8.8	35.4	1.9	1.8	400.2	22.0	20.9
3.5	9.5	92.2	376	3.2	8.7	34.6	1.9	1.7	395.9	21.9	19.9
3.1	8.6	90.6	337	2.8	7.8	31.8	1.7	1.7	408.3	22.2	21.8
3.3	9.1	90.9	360	3.0	8.2	33.4	1.8	1.8	405.6	22.0	21.8
3.2	8.8	90.7	351	2.9	8.0	32.6	1.8	1.8	407.4	22.1	22.2
3.3	9.0	88.7	353	2.9	8.0	32.4	1.8	1.3	405.5	22.1	15.8
3.4	9.3	88.6	367	3.0	8.3	33.6	1.8	1.3	406.1	22.1	15.9
3.3	9.0	88.6	357	2.9	8.0	32.3	1.8	1.2	404.7	22.0	15.6
3.3	9.0	86.8	349	2.8	7.8	32.6	1.7	1.4	418.8	22.4	18.4
3.2	8.9	88.0	351	2.8	7.8	32.0	1.7	1.3	410.3	22.1	16.8
3.1	8.5	88.8	341	2.8	7.6	30.6	1.7	1.2	405.4	22.0	15.7
3.3	9.0	89.0	363	2.9	8.0	32.2	1.8	1.2	402.8	22.0	15.2
3.4	9.3	89.1	377	3.0	8.3	33.4	1.8	1.3	402.5	21.9	15.2
3.4	9.3	88.5	376	3.0	8.2	33.5	1.8	1.3	406.2	22.0	15.9
3.2	8.7	88.3	353	2.8	7.7	31.5	1.7	1.3	408.6	22.0	16.4
2.9	7.9	88.9	321	2.6	7.0	28.2	1.5	1.1	403.9	22.0	15.5
3.1	8.6	88.4	349	2.8	7.6	31.0	1.7	1.2	407.8	22.1	16.2
3.0	8.2	87.8	331	2.6	7.2	29.5	1.6	1.2	410.0	22.1	16.7
2.9	8.1	88.2	329	2.6	7.1	29.1	1.6	1.2	407.7	22.0	16.2
3.0	8.1	88.3	332	2.6	7.2	29.2	1.6	1.2	408.4	22.0	16.4
3.0	8.3	87.2	334	2.6	7.2	30.0	1.6	1.3	416.2	22.2	17.9
3.0	8.2	87.3	331	2.6	7.1	29.5	1.6	1.2	413.5	22.1	17.4
3.0	8.2	87.6	333	2.6	7.2	29.6	1.6	1.2	412.9	22.1	17.3
3.0	8.2	87.5	337	2.6	7.2	29.8	1.6	1.2	412.6	22.1	17.3
2.8	7.7	87.2	314	2.5	6.7	28.0	1.5	1.2	415.2	22.1	17.8
2.8	7.7	87.3	315	2.5	6.8	28.0	1.5	1.2	413.8	22.2	17.4
2.8	7.7	87.2	313	2.4	6.7	27.9	1.5	1.2	416.3	22.2	18.0
2.7	7.3	88.4	304	2.4	6.5	26.5	1.4	1.1	408.3	22.0	16.4
2.4	6.5	88.2	268	2.1	5.7	23.4	1.3	0.9	408.5	22.0	16.4
2.5	6.7	86.9	273	2.1	5.8	24.3	1.3	1.0	416.2	22.2	18.0
2.5	6.7	86.3	272	2.1	5.8	24.5	1.3	1.1	420.7	22.3	18.9
2.4	6.7	86.2	269	2.1	5.7	24.2	1.3	1.1	421.7	22.3	19.0
2.3	6.4	87.6	261	2.0	5.6	23.2	1.2	1.0	413.9	22.1	17.5
2.3	6.4	87.5	260	2.0	5.6	23.1	1.2	1.0	412.7	22.1	17.2
2.4	6.7	88.0	272	2.1	5.9	24.1	1.3	1.0	410.9	22.1	16.9
2.6	7.1	88.4	290	2.3	6.2	25.4	1.4	1.0	407.4	22.0	16.1
2.4	6.6	87.7	270	2.1	5.8	24.0	1.3	1.0	412.3	22.1	17.1
2.6	7.1	87.2	285	2.2	6.2	25.5	1.4	1.1	414.9	22.2	17.6
2.4	6.7	87.1	269	2.1	5.8	24.2	1.3	1.0	416.8	22.2	18.0
2.4	6.6	86.9	265	2.1	5.7	22.6	1.3	1.0	394.6	22.7	17.9
2.2	6.0	85.9	238	1.9	5.2	20.8	1.2	1.0	402.4	22.8	19.1
2.2	6.1	87.2	245	2.0	5.3	21.1	1.2	0.9	394.1	22.6	17.7

5 野菜

(1) 野菜

年度	国内生産量	外国貿易 輸入量	外国貿易 輸出量	在庫の増減量	国内消費仕向量	国内消費仕向 飼料用	国内消費仕向 種子用	国内消費仕向 加工用	国内消費仕向 純旅客用	国内消費仕向 減耗量	粗 総数
昭和 35	11,742	16	19	0	11,739	0	0	0	-	1,058	10,681
36	11,195	14	20	0	11,189	0	0	0	-	1,018	10,171
37	12,245	16	13	0	12,248	0	0	0	-	1,121	11,127
38	13,397	19	12	0	13,404	0	0	0	-	1,238	12,166
39	12,748	19	15	0	12,752	0	0	0	-	1,197	11,555
40	13,483	42	16	0	13,509	0	0	0	-	1,285	12,224
41	14,403	32	15	0	14,420	0	0	0	-	1,389	13,031
42	14,686	53	15	0	14,724	0	0	0	-	1,444	13,279
43	16,125	85	17	0	16,193	0	0	0	-	1,616	14,577
44	15,694	85	17	0	15,762	0	0	0	-	1,575	14,187
45	15,328	98	12	0	15,414	0	0	0	-	1,540	13,874
46	15,981	139	12	0	16,108	0	0	0	-	1,615	14,494
47	16,110	211	7	0	16,314	0	0	0	-	1,653	14,660
48	15,510	276	5	0	15,781	0	0	0	-	1,615	14,166
49	15,904	360	1	0	16,263	0	0	0	-	1,647	14,616
50	15,880	230	8	0	16,102	0	0	0	-	1,652	14,450
51	16,059	283	4	0	16,338	0	0	0	-	1,672	14,666
52	16,865	316	4	0	17,177	0	0	0	-	1,763	15,414
53	16,914	453	3	0	17,364	0	0	0	-	1,790	15,574
54	16,711	482	2	0	17,191	0	0	0	-	1,759	15,432
55	16,634	495	1	0	17,128	0	0	0	-	1,757	15,370
56	16,739	613	2	0	17,350	0	0	0	-	1,780	15,571
57	16,992	666	3	0	17,655	0	0	0	-	1,806	15,849
58	16,355	768	2	0	17,121	0	0	0	-	1,747	15,373
59	16,781	970	1	0	17,750	0	0	0	-	1,818	15,932
60	16,607	866	1	0	17,472	0	0	0	-	1,788	15,683
61	16,894	962	1	0	17,855	0	0	0	-	1,832	16,023
62	16,815	1,114	4	0	17,925	0	0	0	-	1,837	16,088
63	16,169	1,580	2	0	17,747	0	0	0	-	1,812	15,935
平成 元	16,258	1,527	2	0	17,783	0	0	0	-	1,825	15,958
2	15,845	1,551	2	0	17,394	0	0	0	-	1,780	15,615
3	15,364	1,724	2	0	17,086	0	0	0	-	1,750	15,336
4	15,697	1,731	4	0	17,424	0	0	0	-	1,795	15,629
5	14,850	1,921	1	0	16,770	0	0	0	-	1,722	15,048
6	14,615	2,331	0	0	16,946	0	0	0	-	1,746	15,200
7	14,671	2,628	0	0	17,299	0	0	0	-	1,784	15,514
8	14,677	2,466	1	0	17,142	0	0	0	-	1,770	15,372
9	14,364	2,384	3	0	16,745	0	0	0	-	1,727	15,018
10	13,700	2,773	3	0	16,470	0	0	0	-	1,687	14,783
11	13,902	3,054	3	0	16,952	0	0	0	-	1,745	15,207
12	13,704	3,124	2	0	16,826	0	0	0	-	1,705	15,122
13	13,604	3,120	2	0	16,722	0	0	0	-	1,694	15,028
14	13,299	2,760	5	0	16,054	0	0	0	-	1,627	14,427
15	12,905	2,922	8	0	15,819	0	0	0	-	1,602	14,217
16	12,344	3,151	4	0	15,491	0	0	0	-	1,565	13,926
17	12,492	3,367	10	0	15,849	0	0	0	-	1,609	14,240
18	12,356	3,244	9	0	15,593	0	0	0	-	1,586	14,007
19	12,527	2,992	14	0	15,505	0	0	0	-	1,572	13,933
20	12,554	2,811	13	0	15,352	0	0	0	-	1,562	13,790
21	12,344	2,532	9	0	14,867	0	0	0	-	1,514	13,353
22	11,730	2,783	5	0	14,508	0	0	0	-	1,485	13,023
23	11,821	3,094	5	0	14,910	0	0	0	-	1,531	13,379
24	12,012	3,302	4	0	15,310	0	0	0	-	1,579	13,731
25	11,781	3,189	8	0	14,962	0	0	0	-	1,550	13,412
26	11,956	3,097	9	0	15,044	0	0	0	-	1,562	13,482
27	11,856	2,941	21	0	14,776	0	0	0	-	1,533	13,243
28	11,598	2,901	31	0	14,468	0	0	0	-	1,505	12,963
29	11,549	3,126	21	0	14,654	0	0	0	-	1,528	13,126
30	11,468	3,310	11	0	14,767	0	0	0	76	1,547	13,144
令和 元	11,590	3,031	20	0	14,601	0	0	0	50	1,530	13,021
2	11,440	2,987	60	0	14,367	0	0	0	0	1,505	12,862
3	11,015	2,895	23	0	13,887	0	0	0	0	1,468	12,419

（単位：断りなき限り 1,000 トン）

量　　の　　内　　訳				1　人　当　た　り　供　給　純　食　料						純食料100g中の栄養成分量		
食　　　料		歩 留 り	純 食 料	1年当り数	年当り量	1　日　当　た　り				熱　　量	たんぱく質	脂　質
1人1年当たり	1人1日当たり					数　　量	熱　量	たんぱく質	脂　質			
kg	g	%		kg	g	kcal	g	g		kcal	g	g
114.3	313.2	87.2	9,311	99.7	273.1	84.3	4.0	0.5		30.9	1.4	0.2
107.9	295.5	86.8	8,824	93.6	256.4	79.9	3.7	0.5		31.2	1.5	0.2
116.9	320.3	87.7	9,754	102.5	280.8	85.7	4.1	0.5		30.5	1.5	0.2
126.5	345.7	88.1	10,722	111.5	304.7	91.7	4.4	0.5		30.1	1.4	0.2
118.9	325.8	87.7	10,137	104.3	285.8	87.0	4.1	0.5		30.4	1.4	0.2
124.4	340.8	86.9	10,627	108.1	296.1	73.9	3.8	0.4		25.0	1.3	0.1
131.6	360.5	86.9	11,322	114.3	313.1	78.4	4.0	0.4		25.0	1.3	0.1
132.5	362.1	86.6	11,500	114.7	313.5	77.5	4.0	0.4		24.7	1.3	0.1
143.9	394.1	86.4	12,595	124.3	340.4	83.5	4.2	0.5		24.5	1.2	0.1
138.4	379.1	86.6	12,280	119.7	328.0	80.7	4.1	0.5		24.6	1.3	0.2
133.8	366.5	86.3	11,973	115.4	316.2	78.5	4.0	0.5		24.8	1.3	0.2
137.8	376.6	86.1	12,474	118.6	324.1	80.9	4.1	0.5		24.9	1.3	0.2
136.3	373.3	86.0	12,609	117.2	321.0	80.0	4.0	0.5		24.9	1.3	0.2
129.8	355.7	85.8	12,148	111.3	305.0	75.4	3.8	0.4		24.7	1.3	0.1
132.2	362.1	85.9	12,554	113.5	311.1	79.3	4.1	0.4		25.5	1.3	0.1
129.1	352.7	85.8	12,395	110.7	302.5	78.0	4.1	0.4		25.8	1.3	0.1
129.7	355.3	85.8	12,589	111.3	305.0	79.1	4.1	0.4		25.9	1.3	0.1
135.0	369.9	85.9	13,237	116.0	317.6	82.1	4.3	0.5		25.8	1.3	0.2
135.2	370.4	85.8	13,359	116.0	317.7	82.5	4.3	0.5		26.0	1.3	0.2
132.9	363.0	85.9	13,257	114.1	311.8	82.0	4.2	0.5		26.3	1.4	0.2
131.3	359.7	86.0	13,219	113.0	309.4	80.3	4.1	0.5		26.0	1.3	0.2
132.1	361.8	85.9	13,381	113.5	310.9	81.1	4.2	0.5		26.1	1.4	0.2
133.5	365.7	85.6	13,559	114.2	312.9	82.7	4.3	0.5		26.4	1.4	0.2
128.6	351.4	85.6	13,166	110.1	300.9	79.5	4.1	0.5		26.4	1.4	0.2
132.4	362.8	85.6	13,635	113.3	310.5	82.2	4.2	0.5		26.5	1.4	0.2
129.6	355.0	86.2	13,520	111.7	306.0	85.5	3.6	0.6		27.9	1.2	0.2
131.7	360.8	86.0	13,780	113.3	310.3	86.4	3.6	0.6		27.8	1.2	0.2
131.6	359.6	85.6	13,767	112.6	307.7	86.9	3.6	0.6		28.2	1.2	0.2
129.8	355.7	85.6	13,644	111.2	304.5	86.4	3.6	0.6		28.4	1.2	0.2
129.5	354.9	85.9	13,709	111.3	304.9	86.4	3.6	0.6		28.3	1.2	0.2
126.3	346.1	85.8	13,399	108.4	297.0	85.4	3.6	0.6		28.8	1.2	0.2
123.6	337.6	85.8	13,165	106.0	289.8	83.1	3.5	0.6		28.7	1.2	0.2
125.5	343.7	85.8	13,416	107.7	295.0	84.4	3.5	0.6		28.6	1.2	0.2
120.4	330.0	86.0	12,935	103.5	283.6	81.1	3.4	0.5		28.6	1.2	0.2
121.3	332.5	85.6	13,007	103.8	284.5	82.2	3.5	0.6		28.9	1.2	0.2
123.6	337.6	85.9	13,327	106.2	290.0	84.2	3.5	0.6		29.0	1.2	0.2
122.1	334.6	86.0	13,215	105.0	287.7	83.1	3.5	0.6		28.9	1.2	0.2
119.0	326.1	85.9	12,896	102.2	280.0	81.4	3.4	0.6		29.1	1.2	0.2
116.9	320.2	85.9	12,694	100.4	275.0	81.0	3.4	0.5		29.5	1.2	0.2
120.1	328.0	86.0	13,071	103.2	282.0	82.9	3.5	0.6		29.4	1.3	0.2
119.1	326.4	86.0	12,998	102.4	280.6	82.9	3.4	0.6		29.6	1.2	0.2
118.1	323.5	86.0	12,927	101.5	278.2	81.7	3.4	0.5		29.4	1.2	0.2
113.2	310.2	86.0	12,410	97.4	266.8	78.0	3.3	0.5		29.2	1.2	0.2
111.4	304.4	86.1	12,237	95.9	262.0	77.0	3.2	0.5		29.4	1.2	0.2
109.1	298.8	86.0	11,978	93.8	257.0	75.9	3.2	0.5		29.5	1.2	0.2
111.5	305.3	86.4	12,302	96.3	263.8	77.6	3.3	0.5		29.4	1.2	0.2
109.5	300.0	86.5	12,119	94.8	259.6	76.1	3.2	0.5		29.3	1.2	0.2
108.8	297.3	86.6	12,069	94.3	257.6	75.5	3.1	0.5		29.3	1.2	0.2
107.7	295.0	86.7	11,955	93.3	255.7	74.7	3.1	0.5		29.2	1.2	0.2
104.3	285.7	86.8	11,589	90.5	248.0	71.8	3.0	0.5		28.9	1.2	0.2
101.7	278.6	86..7	11,286	88.1	241.5	70.4	3.0	0.5		29.1	1.2	0.2
104.7	286.0	86.8	11,613	90.8	248.2	72.3	3.0	0.5		29.1	1.2	0.2
107.6	294.8	86.8	11,921	93.4	256.0	74.3	3.1	0.5		29.0	1.2	0.2
105.3	288.4	87.0	11,667	91.6	250.9	72.3	3.0	0.5		28.8	1.2	0.2
106.0	290.3	86.9	11,722	92.1	252.4	74.7	3.1	0.5		29.6	1.2	0.2
104.2	284.7	86.8	11,491	90.4	247.0	73.3	3.0	0.5		29.7	1.2	0.2
102.0	279.6	86.7	11,245	88.5	242.5	71.6	3.0	0.5		29.5	1.2	0.2
103.4	283.3	86.8	11,399	89.8	246.1	73.1	3.0	0.5		29.7	1.2	0.2
103.7	284.1	86.9	11,418	90.1	246.8	72.3	3.0	0.5		29.3	1.2	0.2
102.9	281.1	86.8	11,298	89.3	243.9	67.5	3.0	0.5		27.7	1.2	0.2
102.0	279.3	86.9	11,182	88.6	242.9	66.8	3.0	0.5		27.5	1.2	0.2
99.0	271.1	86.6	10,754	85.7	234.8	64.7	2.9	0.5		27.5	1.2	0.2

(2)　果菜類（果実的野菜を含む）

年度	国内生産量	外国貿易 輸入量	輸出量	在庫の増減量	国内消費仕向量	飼料用	種子用	加工用	純旅客用	減耗量	粗総数
昭和 35	3,397	0	6	0	3,391	0	0	0	-	301	3,090
36	3,500	0	5	0	3,495	0	0	0	-	313	3,182
37	3,497	1	3	0	3,495	0	0	0	-	307	3,188
38	3,599	1	2	0	3,598	0	0	0	-	318	3,280
39	3,801	1	1	0	3,801	0	0	0	-	345	3,456
40	3,868	0	6	0	3,862	0	0	0	-	356	3,506
41	4,313	0	5	0	4,308	0	0	0	-	406	3,902
42	4,824	1	5	0	4,820	0	0	0	-	465	4,354
43	5,284	1	5	0	5,280	0	0	0	-	525	4,755
44	4,960	6	5	0	4,961	0	0	0	-	485	4,476
45	5,093	16	4	0	5,105	0	0	0	-	496	4,609
46	5,394	5	5	0	5,394	0	0	0	-	531	4,864
47	5,495	60	3	0	5,552	0	0	0	-	557	4,994
48	5,478	110	2	0	5,586	0	0	0	-	566	5,020
49	5,205	159	0	0	5,364	0	0	0	-	542	4,822
50	5,526	60	1	0	5,585	0	0	0	-	573	5,012
51	5,262	71	2	0	5,331	0	0	0	-	546	4,785
52	5,603	140	1	0	5,742	0	0	0	-	590	5,152
53	5,685	177	0	0	5,862	0	0	0	-	604	5,258
54	5,648	199	0	0	5,847	0	0	0	-	603	5,244
55	5,366	251	0	0	5,617	0	0	0	-	578	5,038
56	5,410	216	0	0	5,626	0	0	0	-	566	5,061
57	5,379	307	0	0	5,686	0	0	0	-	572	5,114
58	5,161	396	0	0	5,557	0	0	0	-	556	5,000
59	5,371	530	0	0	5,901	0	0	0	-	595	5,306
60	5,129	519	0	0	5,648	0	0	0	-	572	5,075
61	5,185	591	0	0	5,776	0	0	0	-	582	5,194
62	5,280	667	0	0	5,947	0	0	0	-	600	5,347
63	5,024	954	0	0	5,978	0	0	0	-	603	5,375
平成 元	5,021	985	0	0	6,006	0	0	0	-	605	5,401
2	4,934	1,003	0	0	5,937	0	0	0	-	601	5,336
3	4,638	1,038	1	0	5,675	0	0	0	-	574	5,101
4	4,733	1,086	0	0	5,819	0	0	0	-	591	5,227
5	4,332	1,152	0	0	5,484	0	0	0	-	555	4,928
6	4,522	1,309	0	0	5,831	0	0	0	-	588	5,243
7	4,292	1,348	0	0	5,640	0	0	0	-	575	5,065
8	4,304	1,255	0	0	5,559	0	0	0	-	566	4,992
9	4,244	1,269	0	0	5,513	0	0	0	-	559	4,954
10	4,079	1,445	0	0	5,525	0	0	0	-	562	4,963
11	4,122	1,603	1	0	5,724	0	0	0	-	583	5,141
12	4,145	1,569	1	0	5,713	0	0	0	-	552	5,161
13	4,002	1,563	1	0	5,563	0	0	0	-	541	5,023
14	3,900	1,416	1	0	5,315	0	0	0	-	512	4,803
15	3,715	1,431	2	0	5,144	0	0	0	-	494	4,650
16	3,627	1,484	1	0	5,110	0	0	0	-	496	4,614
17	3,624	1,548	2	0	5,170	0	0	0	-	503	4,667
18	3,403	1,492	2	0	4,894	0	0	0	-	483	4,411
19	3,481	1,455	2	0	4,934	0	0	0	-	486	4,448
20	3,446	1,431	2	0	4,875	0	0	0	-	481	4,394
21	3,314	1,297	2	0	4,609	0	0	0	-	453	4,156
22	3,187	1,357	0	0	4,544	0	0	0	-	449	4,095
23	3,157	1,513	0	0	4,670	0	0	0	-	466	4,204
24	3,212	1,707	0	0	4,919	0	0	0	-	494	4,425
25	3,159	1,660	1	0	4,818	0	0	0	-	487	4,331
26	3,130	1,524	2	0	4,652	0	0	0	-	471	4,181
27	3,035	1,515	2	0	4,548	0	0	0	-	457	4,091
28	2,992	1,483	2	0	4,473	0	0	0	-	448	4,025
29	3,048	1,642	3	0	4,687	0	0	0	-	475	4,212
30	2,923	1,663	2	0	4,584	0	0	0	24	464	4,096
令和 元	2,985	1,623	3	0	4,605	0	0	0	16	466	4,123
2	2,923	1,637	4	0	4,556	0	0	0	0	464	4,092
3	2,984	1,566	5	0	4,545	0	0	0	0	463	4,082

（単位：断りなき限り　1,000　トン）

量 の 内 訳				1 人 当 た り 供 給 純 食 料					純食料100g中の栄養成分量		
食 料		歩 留 り	純食料	1年当たり数	1 日 当 た り				熱 量	たんぱく質	脂 質
1人1年当たり	1人1日当たり				数 量	熱 量	たんぱく質	脂 質			
kg	g	%		kg	g	kcal	g	g	kcal	g	g
33.1	90.6	77.1	2,383	25.5	69.9	20.8	0.8	0.2	29.8	1.2	0.2
33.7	92.5	77.2	2,458	26.1	71.4	21.1	0.9	0.2	29.5	1.2	0.2
33.5	91.8	78.7	2,509	26.4	72.2	20.9	0.9	0.2	28.9	1.2	0.2
34.1	93.2	79.5	2,609	27.1	74.1	21.0	0.9	0.2	28.3	1.1	0.2
35.6	97.4	80.0	2,764	28.4	77.9	22.0	0.9	0.2	28.2	1.2	0.2
35.7	97.7	82.1	2,878	29.2	80.1	19.9	1.0	0.2	24.9	1.3	0.2
39.4	107.9	82.2	3,207	32.3	88.6	21.7	1.1	0.2	24.4	1.2	0.2
43.5	118.7	82.0	3,569	35.6	97.2	23.5	1.1	0.2	24.1	1.1	0.2
46.9	128.6	81.4	3,869	38.1	104.5	24.9	1.2	0.2	23.8	1.2	0.2
43.6	119.6	81.7	3,657	35.6	97.6	23.2	1.1	0.2	23.8	1.1	0.2
44.4	121.7	81.6	3,760	36.2	99.2	23.9	1.1	0.2	24.0	1.1	0.2
46.3	126.4	81.0	3,941	37.5	102.3	25.1	1.1	0.2	24.5	1.1	0.2
46.4	127.2	81.1	4,049	37.6	103.0	25.2	1.1	0.2	24.4	1.1	0.2
46.0	126.1	80.7	4,048	37.1	101.6	25.1	1.1	0.2	24.7	1.1	0.2
43.6	119.5	80.6	3,888	35.1	96.3	24.2	1.1	0.2	25.2	1.2	0.2
44.8	122.3	81.2	4,068	36.4	99.3	24.7	1.2	0.2	24.8	1.2	0.2
42.3	115.9	80.8	3,867	34.2	93.7	23.7	1.1	0.2	25.3	1.1	0.2
45.1	123.6	81.2	4,185	36.7	100.4	25.1	1.2	0.2	24.9	1.2	0.2
45.6	125.0	81.1	4,266	37.0	101.4	25.5	1.2	0.2	25.1	1.1	0.2
45.1	123.4	81.6	4,281	36.8	100.7	24.8	1.1	0.2	24.6	1.1	0.2
43.0	117.9	81.6	4,112	35.2	96.3	24.2	1.1	0.2	25.1	1.2	0.2
42.9	117.6	81.3	4,113	34.9	95.6	24.5	1.1	0.2	25.6	1.2	0.2
43.1	118.0	80.2	4,099	34.6	94.6	25.5	1.1	0.2	27.0	1.2	0.2
41.8	114.3	80.7	4,034	33.7	92.2	24.4	1.1	0.2	26.5	1.2	0.2
44.1	120.8	80.7	4,284	35.6	97.6	26.0	1.1	0.2	26.7	1.2	0.2
41.9	114.9	81.5	4,134	34.2	93.6	28.0	1.2	0.2	29.9	1.3	0.2
42.7	117.0	81.1	4,214	34.6	94.9	28.8	1.2	0.3	30.4	1.3	0.3
43.7	119.5	80.6	4,308	35.2	96.3	29.8	1.2	0.3	30.9	1.3	0.3
43.8	120.0	81.0	4,353	35.5	97.1	30.0	1.2	0.3	30.9	1.3	0.3
43.8	120.1	81.4	4,395	35.7	97.8	29.9	1.2	0.3	30.5	1.3	0.3
43.2	118.3	81.2	4,331	35.0	96.0	29.8	1.2	0.3	31.1	1.3	0.3
41.1	112.3	81.3	4,149	33.4	91.4	28.3	1.2	0.3	31.0	1.3	0.3
42.0	115.0	81.1	4,241	34.1	93.3	29.1	1.2	0.3	31.1	1.3	0.3
39.4	108.1	81.2	4,003	32.0	87.8	27.6	1.2	0.3	31.5	1.4	0.3
41.9	114.7	81.2	4,257	34.0	93.1	29.3	1.2	0.3	31.5	1.3	0.3
40.3	110.2	81.8	4,144	33.0	90.2	27.9	1.2	0.3	30.9	1.4	0.3
39.7	108.7	82.0	4,093	32.5	89.1	27.4	1.2	0.3	30.8	1.4	0.3
39.3	107.6	81.7	4,049	32.1	87.9	27.4	1.2	0.3	31.2	1.4	0.3
39.2	107.5	81.6	4,050	32.0	87.7	27.4	1.1	0.3	31.3	1.3	0.3
40.6	110.9	82.1	4,219	33.3	91.0	28.3	1.2	0.3	31.1	1.4	0.3
40.7	111.4	82.2	4,240	33.5	91.4	28.2	1.2	0.3	30.8	1.3	0.3
39.5	108.1	82.1	4,123	32.4	88.7	27.3	1.1	0.3	30.7	1.3	0.3
37.7	103.3	82.1	3,942	30.9	84.8	26.1	1.1	0.2	30.8	1.3	0.2
36.4	99.5	82.2	3,824	30.0	81.9	25.5	1.1	0.2	31.1	1.4	0.2
36.1	99.0	82.4	3,802	29.8	81.6	25.1	1.1	0.2	30.7	1.3	0.3
36.5	100.1	79.7	3,718	29.1	79.7	24.3	1.0	0.3	30.5	1.3	0.3
34.5	94.5	83.0	3,659	28.6	78.4	23.9	1.0	0.2	30.5	1.3	0.3
34.7	94.9	83.0	3,692	28.8	78.8	24.0	1.0	0.2	30.4	1.3	0.3
34.3	94.0	83.0	3,648	28.5	78.0	23.9	1.0	0.2	30.6	1.3	0.3
32.5	88.9	82.9	3,446	26.9	73.7	22.6	1.0	0.2	30.6	1.3	0.3
32.0	87.6	82.9	3,396	26.5	72.7	22.4	1.0	0.2	30.9	1.3	0.3
32.9	89.9	83.1	3,495	27.3	74.7	23.0	1.0	0.2	30.8	1.3	0.3
34.7	95.0	83.5	3,694	29.0	79.3	24.3	1.0	0.2	30.6	1.3	0.3
34.0	93.1	83.7	3,626	28.5	78.0	23.5	1.0	0.2	30.2	1.3	0.3
32.9	90.0	83.3	3,482	27.4	75.0	24.9	1.0	0.2	33.3	1.3	0.3
32.2	87.9	83.3	3,409	26.8	73.3	24.5	1.0	0.2	33.5	1.3	0.3
31.7	86.8	83.4	3,356	26.4	72.4	24.2	1.0	0.2	33.4	1.3	0.3
33.2	90.9	83.5	3,518	27.7	75.9	25.2	1.0	0.3	33.2	1.3	0.3
32.3	88.5	83.5	3,420	27.0	73.9	24.3	1.0	0.2	32.9	1.3	0.3
32.6	89.0	83.4	3,438	27.2	74.2	23.7	1.0	0.3	31.9	1.3	0.3
32.4	88.9	83.8	3,430	27.2	74.5	23.5	1.0	0.2	31.5	1.3	0.3
32.5	89.1	83.8	3,419	27.2	74.6	23.5	1.0	0.2	31.5	1.3	0.3

(3)　果実的野菜

年　度	国　内 生　産　量	外　国　貿　易 輸　入　量	輸　出　量	在　庫　の 増　減　量	国内消費 仕　向　量	国　　内　　消　　費　　仕　　向 飼　料　用	種　子　用	加　工　用	純旅客用	減　耗　量	粗 総　　数
昭和　35	873	0	5	0	868	0	0	0	-	130	738
36	893	0	5	0	888	0	0	0	-	133	755
37	762	0	1	0	761	0	0	0	-	114	647
38	808	0	0	0	808	0	0	0	-	119	689
39	871	0	0	0	871	0	0	0	-	129	742
40	925	0	1	0	924	0	0	0	-	138	786
41	1,076	0	1	0	1,075	0	0	0	-	160	915
42	1,291	0	1	0	1,290	0	0	0	-	192	1,098
43	1,490	0	1	0	1,489	0	0	0	-	221	1,268
44	1,321	0	1	0	1,320	0	0	0	-	196	1,124
45	1,329	0	1	0	1,328	0	0	0	-	197	1,131
46	1,482	0	0	0	1,482	0	0	0	-	220	1,262
47	1,554	0	0	0	1,554	0	0	0	-	232	1,322
48	1,642	0	0	0	1,642	0	0	0	-	244	1,398
49	1,490	0	0	0	1,490	0	0	0	-	222	1,268
50	1,580	0	0	0	1,580	0	0	0	-	235	1,345
51	1,544	0	0	0	1,544	0	0	0	-	229	1,315
52	1,608	0	0	0	1,608	0	0	0	-	240	1,368
53	1,617	0	0	0	1,617	0	0	0	-	241	1,376
54	1,585	0	0	0	1,585	0	0	0	-	236	1,349
55	1,468	0	0	0	1,468	0	0	0	-	217	1,251
56	1,459	0	0	0	1,459	0	0	0	-	215	1,244
57	1,482	3	0	0	1,485	0	0	0	-	220	1,265
58	1,413	4	0	0	1,417	0	0	0	-	210	1,207
59	1,444	4	0	0	1,448	0	0	0	-	215	1,233
60	1,382	6	0	0	1,388	0	0	0	-	206	1,182
61	1,420	10	0	0	1,430	0	0	0	-	212	1,218
62	1,484	16	0	0	1,500	0	0	0	-	221	1,279
63	1,413	46	0	0	1,459	0	0	0	-	216	1,243
平成　元	1,395	43	0	0	1,438	0	0	0	-	214	1,224
2	1,391	50	0	0	1,441	0	0	0	-	214	1,227
3	1,279	47	0	0	1,326	0	0	0	-	196	1,130
4	1,344	47	0	0	1,391	0	0	0	-	207	1,184
5	1,209	51	0	0	1,260	0	0	0	-	186	1,074
6	1,250	73	0	0	1,323	0	0	0	-	196	1,127
7	1,184	71	0	0	1,255	0	0	0	-	185	1,070
8	1,207	65	0	0	1,272	0	0	0	-	187	1,085
9	1,174	59	0	0	1,233	0	0	0	-	182	1,051
10	1,120	64	0	0	1,184	0	0	0	-	175	1,009
11	1,115	79	0	0	1,194	0	0	0	-	176	1,018
12	1,104	74	0	0	1,178	0	0	0	-	140	1,038
13	1,089	74	0	0	1,163	0	0	0	-	137	1,026
14	1,025	74	0	0	1,099	0	0	0	-	130	969
15	959	78	0	0	1,037	0	0	0	-	122	915
16	901	81	0	0	982	0	0	0	-	116	866
17	888	75	0	0	963	0	0	0	-	114	849
18	827	69	0	0	896	0	0	0	-	108	788
19	834	64	0	0	898	0	0	0	-	107	791
20	802	67	0	0	869	0	0	0	-	104	765
21	774	62	0	0	836	0	0	0	-	101	735
22	735	65	0	0	800	0	0	0	-	97	703
23	720	73	0	0	793	0	0	0	-	96	697
24	709	68	0	0	777	0	0	0	-	94	683
25	690	74	0	0	764	0	0	0	-	92	672
26	690	71	0	0	761	0	0	0	-	93	668
27	657	64	0	0	721	0	0	0	-	88	633
28	662	64	1	0	725	0	0	0	-	88	637
29	650	63	1	0	712	0	0	0	-	87	625
30	636	69	1	0	704	0	0	0	4	85	615
令和　元	645	65	2	0	708	0	0	0	3	87	618
2	618	61	2	0	677	0	0	0	0	83	594
3	653	60	3	0	710	0	0	0	0	87	623

（単位：断りなき限り 1,000 トン）

量の内訳				1人当たり供給純食料						純食料100g中の栄養成分量		
食料		歩留り	純食料	1年当り	1日当たり					熱量	たんぱく質	脂質
1人1年当たり	1人1日当たり			量	数量	熱量	たんぱく質	脂質				
kg	g	%		kg	g	kcal	g	g		kcal	g	g
7.9	21.6	60.0	443	4.7	13.0	2.7	0.1	0.0		21.0	0.4	0.1
8.0	21.9	60.0	453	4.8	13.2	2.8	0.1	0.0		21.0	0.4	0.1
6.8	18.6	60.0	388	4.1	11.2	2.3	0.0	0.0		21.0	0.4	0.1
7.2	19.6	62.7	432	4.5	12.3	2.8	0.1	0.0		23.0	0.5	0.1
7.6	20.9	63.2	469	4.8	13.2	3.1	0.1	0.0		23.3	0.5	0.1
8.0	21.9	65.1	512	5.2	14.3	4.2	0.1	0.0		29.4	0.8	0.0
9.2	25.3	65.4	598	6.0	16.5	4.9	0.1	0.0		29.5	0.8	0.0
11.0	29.9	64.8	712	7.1	19.4	5.7	0.1	0.0		29.5	0.8	0.0
12.5	34.3	64.7	821	8.1	22.2	6.6	0.2	0.0		29.6	0.8	0.0
11.0	30.0	65.8	740	7.2	19.8	5.8	0.2	0.0		29.3	0.8	0.0
10.9	29.9	66.1	748	7.2	19.8	5.8	0.2	0.0		29.1	0.8	0.0
12.0	32.8	63.8	805	7.7	20.9	7.0	0.2	0.0		33.3	0.7	0.0
12.3	33.7	64.1	847	7.9	21.6	7.2	0.2	0.0		33.4	0.7	0.0
12.8	35.1	64.2	897	8.2	22.5	7.5	0.2	0.0		33.4	0.7	0.0
11.5	31.4	64.1	813	7.4	20.1	6.7	0.1	0.0		33.5	0.7	0.0
12.0	32.8	63.9	859	7.7	21.0	7.0	0.2	0.0		33.4	0.7	0.0
11.6	31.9	64.0	841	7.4	20.4	6.8	0.2	0.0		33.5	0.7	0.0
12.0	32.8	64.1	877	7.7	21.0	7.1	0.2	0.0		33.6	0.7	0.0
11.9	32.7	64.2	883	7.7	21.0	7.1	0.2	0.0		33.7	0.7	0.1
11.6	31.7	64.6	872	7.5	20.5	6.9	0.2	0.0		33.9	0.7	0.1
10.7	29.3	64.8	811	6.9	19.0	6.5	0.1	0.0		34.0	0.7	0.1
10.6	28.9	64.9	807	6.8	18.8	6.4	0.1	0.0		34.1	0.7	0.1
10.7	29.2	64.9	821	6.9	18.9	6.5	0.1	0.0		34.4	0.7	0.1
10.1	27.6	65.1	786	6.6	18.0	6.2	0.1	0.0		34.6	0.7	0.1
10.2	28.1	65.0	802	6.7	18.3	6.3	0.1	0.0		34.6	0.7	0.1
9.8	26.8	64.0	757	6.3	17.1	6.4	0.1	0.0		37.5	0.8	0.1
10.0	27.4	63.9	778	6.4	17.5	6.6	0.1	0.0		37.5	0.8	0.1
10.5	28.6	63.8	816	6.7	18.2	6.9	0.1	0.0		37.6	0.8	0.1
10.1	27.7	64.9	807	6.6	18.0	6.7	0.1	0.0		37.5	0.8	0.1
9.9	27.2	64.7	792	6.4	17.6	6.6	0.1	0.0		37.5	0.8	0.1
9.9	27.2	65.0	798	6.5	17.7	6.6	0.1	0.0		37.5	0.8	0.1
9.1	24.9	65.3	738	5.9	16.2	6.1	0.1	0.0		37.4	0.8	0.1
9.5	26.0	64.9	768	6.2	16.9	6.3	0.1	0.0		37.5	0.8	0.1
8.6	23.6	65.5	703	5.6	15.4	5.8	0.1	0.0		37.4	0.8	0.1
9.0	24.6	65.0	732	5.8	16.0	6.0	0.1	0.0		37.6	0.8	0.1
8.5	23.3	65.6	702	5.6	15.3	5.7	0.1	0.0		37.5	0.8	0.1
8.6	23.6	65.6	712	5.7	15.5	5.8	0.1	0.0		37.4	0.8	0.1
8.3	22.8	65.6	689	5.5	15.0	5.6	0.1	0.0		37.4	0.8	0.1
8.0	21.9	65.3	659	5.2	14.3	5.3	0.1	0.0		37.5	0.8	0.1
8.0	22.0	66.1	673	5.3	14.5	5.4	0.1	0.0		37.3	0.8	0.1
8.2	22.4	66.1	686	5.4	14.8	5.5	0.1	0.0		37.4	0.8	0.1
8.1	22.1	66.3	680	5.3	14.6	5.5	0.1	0.0		37.4	0.8	0.1
7.6	20.8	66.8	647	5.1	13.9	5.2	0.1	0.0		37.3	0.8	0.1
7.2	19.6	67.0	613	4.8	13.1	4.9	0.1	0.0		37.3	0.8	0.1
6.8	18.6	67.3	583	4.6	12.5	4.7	0.1	0.0		37.3	0.8	0.1
6.6	18.2	67.4	572	4.5	12.3	4.6	0.1	0.0		37.3	0.8	0.1
6.2	16.9	67.8	534	4.2	11.4	4.3	0.1	0.0		37.2	0.8	0.1
6.2	16.9	67.9	537	4.2	11.5	4.3	0.1	0.0		37.1	0.8	0.1
6.0	16.4	68.1	521	4.1	11.1	4.1	0.1	0.0		37.1	0.8	0.1
5.7	15.7	68.2	501	3.9	10.7	4.0	0.1	0.0		37.1	0.8	0.1
5.5	15.0	68.3	480	3.7	10.3	3.8	0.1	0.0		37.1	0.8	0.1
5.5	14.9	68.6	478	3.7	10.2	3.8	0.1	0.0		37.0	0.8	0.1
5.4	14.7	68.2	466	3.7	10.0	3.7	0.1	0.0		37.1	0.8	0.1
5.3	14.4	68.6	461	3.6	9.9	3.7	0.1	0.0		37.0	0.8	0.1
5.3	14.4	68.6	458	3.6	9.9	3.6	0.1	0.0		37.0	0.8	0.1
5.0	13.6	68.9	436	3.4	9.4	3.5	0.1	0.0		36.9	0.8	0.1
5.0	13.7	68.6	437	3.4	9.4	3.5	0.1	0.0		37.0	0.8	0.1
4.9	13.5	69.3	433	3.4	9.3	3.5	0.1	0.0		36.9	0.8	0.1
4.9	13.3	69.6	428	3.4	9.3	3.4	0.1	0.0		36.9	0.8	0.1
4.9	13.3	69.4	429	3.4	9.3	3.5	0.1	0.0		37.8	0.8	0.1
4.7	12.9	69.9	415	3.3	9.0	3.4	0.1	0.0		37.7	0.8	0.1
5.0	13.6	69.7	434	3.5	9.5	3.6	0.1	0.0		37.7	0.8	0.1

(4) 葉茎菜類

年 度	国 内 生 産 量	外 国 貿 易 輸 入 量	輸 出 量	在 庫 の 増 減 量	国内消費 仕 向 量	国 内 消 費 仕 向 飼 料 用	種 子 用	加 工 用	純 旅 客 用	減 耗 量	粗 総 数
昭和 35	3,858	16	10	0	3,864	0	0	0	-	471	3,393
36	3,693	14	11	0	3,696	0	0	0	-	449	3,247
37	4,291	15	8	0	4,298	0	0	0	-	530	3,768
38	4,717	18	7	0	4,728	0	0	0	-	596	4,132
39	4,699	18	11	0	4,706	0	0	0	-	580	4,126
40	5,061	42	8	0	5,095	0	0	0	-	638	4,457
41	5,514	32	8	0	5,538	0	0	0	-	692	4,846
42	5,498	52	8	0	5,542	0	0	0	-	701	4,841
43	6,131	84	11	0	6,204	0	0	0	-	791	5,413
44	6,200	79	10	0	6,269	0	0	0	-	800	5,469
45	5,875	82	6	0	5,951	0	0	0	-	764	5,187
46	6,040	134	5	0	6,169	0	0	0	-	793	5,376
47	6,163	151	3	0	6,311	0	0	0	-	812	5,499
48	5,903	166	3	0	6,066	0	0	0	-	785	5,281
49	6,260	201	1	0	6,460	0	0	0	-	821	5,639
50	6,155	170	6	0	6,319	0	0	0	-	810	5,509
51	6,412	212	1	0	6,623	0	0	0	-	846	5,777
52	6,696	176	2	0	6,870	0	0	0	-	882	5,988
53	6,778	276	2	0	7,052	0	0	0	-	901	6,151
54	6,618	283	1	0	6,900	0	0	0	-	871	6,029
55	6,753	244	0	0	6,997	0	0	0	-	892	6,105
56	6,848	397	1	0	7,244	0	0	0	-	928	6,316
57	7,112	263	2	0	7,373	0	0	0	-	941	6,432
58	6,860	266	1	0	7,125	0	0	0	-	907	6,218
59	6,971	370	0	0	7,341	0	0	0	-	934	6,407
60	7,074	271	0	0	7,345	0	0	0	-	929	6,416
61	7,179	300	0	0	7,479	0	0	0	-	956	6,523
62	7,109	359	4	0	7,464	0	0	0	-	948	6,516
63	6,822	516	2	0	7,336	0	0	0	-	926	6,410
平成 元	6,924	435	2	0	7,357	0	0	0	-	936	6,421
2	6,768	447	2	0	7,213	0	0	0	-	906	6,307
3	6,630	515	0	0	7,145	0	0	0	-	903	6,242
4	6,848	508	4	0	7,352	0	0	0	-	931	6,421
5	6,597	600	1	0	7,196	0	0	0	-	905	6,291
6	6,272	792	0	0	7,064	0	0	0	-	897	6,167
7	6,519	932	0	0	7,451	0	0	0	-	940	6,511
8	6,510	890	1	0	7,399	0	0	0	-	934	6,465
9	6,386	823	2	0	7,207	0	0	0	-	909	6,298
10	6,132	937	2	0	7,067	0	0	0	-	877	6,190
11	6,204	973	2	0	7,175	0	0	0	-	901	6,274
12	6,066	1,008	1	0	7,073	0	0	0	-	891	6,182
13	6,161	1,010	1	0	7,170	0	0	0	-	896	6,273
14	6,116	836	4	0	6,948	0	0	0	-	871	6,077
15	5,938	936	1	0	6,873	0	0	0	-	862	6,011
16	5,645	1,068	0	0	6,713	0	0	0	-	835	5,878
17	5,805	1,122	2	0	6,925	0	0	0	-	865	6,060
18	5,893	1,006	0	0	6,900	0	0	0	-	861	6,039
19	5,955	839	6	0	6,788	0	0	0	-	844	5,944
20	6,037	730	4	0	6,763	0	0	0	-	842	5,921
21	5,985	696	1	0	6,680	0	0	0	-	832	5,848
22	5,680	911	0	0	6,591	0	0	0	-	820	5,771
23	5,793	976	0	0	6,769	0	0	0	-	843	5,926
24	5,948	965	0	0	6,913	0	0	0	-	864	6,049
25	5,827	886	1	0	6,712	0	0	0	-	844	5,868
26	6,010	953	1	0	6,962	0	0	0	-	874	6,088
27	6,039	875	12	0	6,902	0	0	0	-	864	6,038
28	5,992	864	22	0	6,834	0	0	0	-	856	5,978
29	5,894	908	13	0	6,789	0	0	0	-	850	5,939
30	5,974	1,020	3	0	6,991	0	0	0	35	880	6,076
令和 元	6,042	888	11	0	6,919	0	0	0	23	868	6,028
2	6,030	805	49	0	6,786	0	0	0	0	849	5,937
3	5,606	806	10	0	6,402	0	0	0	0	818	5,584

（単位：断りなき限り 1,000 トン）

量 の 内 訳				1 人 当 た り 供 給 純 食 料					純食料100g中の栄養成分量		
食料		歩留り	純食料	1年当たり数量	1日当たり				熱量	たんぱく質	脂質
1人1年当たり	1人1日当たり				数量	熱量	たんぱく質	脂質			
kg	g	%		kg	g	kcal	g	g	kcal	g	g
36.3	99.5	91.8	3,114	33.3	91.3	21.9	1.5	0.2	24.0	1.6	0.2
34.4	94.3	91.7	2,977	31.6	86.5	21.4	1.4	0.2	24.7	1.6	0.2
39.6	108.5	91.8	3,458	36.3	99.5	24.1	1.6	0.2	24.2	1.6	0.2
43.0	117.4	91.8	3,792	39.4	107.7	25.1	1.8	0.2	23.3	1.6	0.2
42.5	116.3	91.5	3,774	38.8	106.4	26.7	1.7	0.2	25.1	1.6	0.2
45.4	124.3	90.2	4,022	40.9	112.1	25.2	1.6	0.1	22.5	1.4	0.1
48.9	134.1	90.2	4,372	44.1	120.9	27.6	1.7	0.1	22.8	1.4	0.1
48.3	132.0	90.0	4,358	43.5	118.8	26.8	1.7	0.1	22.6	1.4	0.1
53.4	146.4	89.9	4,867	48.0	131.6	29.5	1.9	0.2	22.4	1.4	0.2
53.3	146.1	89.8	4,913	47.9	131.3	29.6	1.9	0.2	22.5	1.4	0.2
50.0	137.0	89.7	4,651	44.8	122.9	27.6	1.7	0.1	22.5	1.4	0.1
51.1	139.7	89.5	4,814	45.8	125.1	28.4	1.8	0.1	22.7	1.4	0.1
51.1	140.0	89.4	4,915	45.7	125.2	28.6	1.8	0.1	22.8	1.4	0.1
48.4	132.6	89.3	4,715	43.2	118.4	26.7	1.7	0.1	22.6	1.4	0.1
51.0	139.7	89.4	5,040	45.6	124.9	28.4	1.9	0.1	22.7	1.5	0.1
49.2	134.5	89.0	4,901	43.8	119.6	28.2	1.8	0.1	23.6	1.5	0.1
51.1	139.9	89.0	5,139	45.4	124.5	29.5	1.9	0.1	23.7	1.5	0.1
52.5	143.7	88.8	5,319	46.6	127.6	30.0	2.0	0.1	23.5	1.6	0.1
53.4	146.3	88.8	5,460	47.4	129.9	30.8	2.0	0.1	23.7	1.5	0.1
51.9	141.8	88.8	5,353	46.1	125.9	30.7	2.0	0.1	24.4	1.6	0.1
52.2	142.9	88.7	5,417	46.3	126.8	30.0	2.0	0.1	23.7	1.6	0.1
53.6	146.8	88.7	5,603	47.5	130.2	31.0	2.0	0.1	23.8	1.5	0.1
54.2	148.4	88.7	5,703	48.0	131.6	31.3	2.1	0.1	23.8	1.6	0.1
52.0	142.1	88.6	5,508	46.1	125.9	30.0	2.0	0.1	23.8	1.6	0.1
53.3	145.9	88.4	5,666	47.1	129.0	30.7	2.0	0.1	23.8	1.6	0.1
53.0	145.2	88.3	5,666	46.8	128.2	30.8	1.7	0.2	24.0	1.3	0.2
53.6	146.9	88.1	5,745	47.2	129.4	30.8	1.7	0.2	23.8	1.3	0.2
53.3	145.6	87.7	5,715	46.8	127.7	30.6	1.7	0.2	24.0	1.3	0.2
52.2	143.1	87.6	5,613	45.7	125.3	30.2	1.7	0.2	24.1	1.4	0.2
52.1	142.8	87.9	5,643	45.8	125.5	30.2	1.6	0.2	24.1	1.3	0.2
51.0	139.8	87.9	5,546	44.9	122.9	29.9	1.6	0.2	24.3	1.3	0.2
50.3	137.4	87.8	5,480	44.2	120.6	29.4	1.6	0.2	24.4	1.3	0.2
51.5	141.2	87.8	5,639	45.3	124.0	30.3	1.6	0.2	24.4	1.3	0.2
50.4	138.0	87.9	5,531	44.3	121.3	29.8	1.6	0.2	24.6	1.3	0.2
49.2	134.9	87.4	5,388	43.0	117.8	28.8	1.6	0.2	24.4	1.4	0.2
51.9	141.7	87.3	5,683	45.3	123.7	31.0	1.7	0.2	25.1	1.4	0.2
51.4	140.7	87.3	5,645	44.9	122.9	30.7	1.7	0.2	25.0	1.4	0.2
49.9	136.8	87.5	5,508	43.7	119.6	29.8	1.6	0.2	24.9	1.3	0.2
48.9	134.1	87.6	5,425	42.9	117.5	30.0	1.6	0.2	25.5	1.4	0.2
49.5	135.3	87.3	5,480	43.3	118.2	29.6	1.6	0.2	25.0	1.4	0.2
48.7	133.4	87.3	5,398	42.5	116.5	29.6	1.6	0.2	25.4	1.4	0.2
49.3	135.0	87.4	5,482	43.1	118.0	29.9	1.6	0.2	25.3	1.4	0.2
47.7	130.6	87.5	5,315	41.7	114.2	28.6	1.5	0.2	25.0	1.3	0.2
47.1	128.7	87.3	5,250	41.1	112.4	28.3	1.5	0.2	25.2	1.3	0.2
46.0	126.1	87.1	5,121	40.1	109.9	27.8	1.5	0.2	25.3	1.4	0.2
47.4	129.9	87.0	5,298	41.5	113.6	28.6	1.6	0.2	25.2	1.4	0.2
47.2	129.4	87.4	5,276	41.3	113.0	28.5	1.5	0.2	25.2	1.4	0.2
46.4	126.8	87.6	5,206	40.7	111.1	28.0	1.5	0.2	25.2	1.3	0.2
46.2	126.7	87.8	5,197	40.6	111.2	27.8	1.5	0.2	25.0	1.3	0.2
45.7	125.1	88.0	5,147	40.2	110.1	27.2	1.5	0.2	24.7	1.3	0.2
45.1	123.5	87.9	5,071	39.6	108.5	27.0	1.5	0.2	24.9	1.3	0.2
46.4	126.7	87.9	5,208	40.7	111.3	27.7	1.5	0.2	24.9	1.3	0.2
47.4	129.9	87.8	5,309	41.6	114.0	28.2	1.5	0.2	24.8	1.3	0.2
46.1	126.2	87.9	5,157	40.5	110.9	27.3	1.5	0.2	24.7	1.3	0.2
47.8	131.1	87.9	5,353	42.1	115.3	29.0	1.6	0.2	25.2	1.4	0.2
47.5	129.8	87.5	5,282	41.6	113.6	28.7	1.5	0.2	25.3	1.4	0.2
47.1	128.9	87.5	5,231	41.2	112.8	28.4	1.5	0.2	25.1	1.4	0.2
46.8	128.2	87.6	5,202	41.0	112.3	28.4	1.5	0.2	25.3	1.4	0.2
47.9	131.3	87.6	5,321	42.0	115.0	28.6	1.6	0.2	24.9	1.4	0.2
47.6	130.1	87.5	5,275	41.7	113.9	26.9	1.6	0.2	23.7	1.4	0.2
47.1	128.9	87.6	5,201	41.2	113.0	26.5	1.6	0.2	23.5	1.4	0.2
44.5	121.9	87.0	4,858	38.7	106.1	24.8	1.5	0.2	23.4	1.4	0.2

(5)　根菜類

年　度	国　内生 産 量	外 国 貿 易		在 庫 の増 減 量	国内消費仕 向 量	国　内　消　費　仕　向					
		輸 入 量	輸 出 量			飼 料 用	種 子 用	加 工 用	純旅客用	減耗量	粗総　数
昭和　35	4,487	0	3	0	4,484	0	0	0	－	286	4,198
36	4,002	0	4	0	3,998	0	0	0	－	256	3,742
37	4,457	0	2	0	4,455	0	0	0	－	284	4,171
38	5,081	0	3	0	5,078	0	0	0	－	324	4,754
39	4,248	0	3	0	4,245	0	0	0	－	272	3,973
40	4,554	0	2	0	4,552	0	0	0	－	291	4,261
41	4,576	0	2	0	4,574	0	0	0	－	291	4,283
42	4,364	0	2	0	4,362	0	0	0	－	278	4,084
43	4,710	0	1	0	4,709	0	0	0	－	300	4,409
44	4,534	0	2	0	4,532	0	0	0	－	290	4,242
45	4,360	0	2	0	4,358	0	0	0	－	280	4,078
46	4,547	0	2	0	4,545	0	0	0	－	291	4,254
47	4,452	0	1	0	4,451	0	0	0	－	284	4,167
48	4,129	0	0	0	4,129	0	0	0	－	264	3,865
49	4,439	0	0	0	4,439	0	0	0	－	284	4,155
50	4,199	0	1	0	4,198	0	0	0	－	269	3,929
51	4,385	0	1	0	4,384	0	0	0	－	280	4,104
52	4,566	0	1	0	4,565	0	0	0	－	291	4,274
53	4,451	0	1	0	4,450	0	0	0	－	285	4,165
54	4,445	0	1	0	4,444	0	0	0	－	285	4,159
55	4,515	0	1	0	4,514	0	0	0	－	287	4,227
56	4,481	0	1	0	4,480	0	0	0	－	286	4,194
57	4,501	96	1	0	4,596	0	0	0	－	293	4,303
58	4,334	106	1	0	4,439	0	0	0	－	284	4,155
59	4,439	70	1	0	4,508	0	0	0	－	289	4,219
60	4,404	76	1	0	4,479	0	0	0	－	287	4,192
61	4,530	71	1	0	4,600	0	0	0	－	294	4,306
62	4,426	88	0	0	4,514	0	0	0	－	289	4,225
63	4,323	110	0	0	4,433	0	0	0	－	283	4,150
平成　元	4,313	107	0	0	4,420	0	0	0	－	284	4,136
2	4,143	101	0	0	4,244	0	0	0	－	272	3,972
3	4,096	171	1	0	4,266	0	0	0	－	273	3,993
4	4,116	137	0	0	4,253	0	0	0	－	273	3,980
5	3,921	169	0	0	4,090	0	0	0	－	261	3,829
6	3,821	230	0	0	4,051	0	0	0	－	261	3,790
7	3,859	348	0	0	4,207	0	0	0	－	269	3,938
8	3,863	321	0	0	4,184	0	0	0	－	269	3,915
9	3,734	292	1	0	4,025	0	0	0	－	259	3,766
10	3,488	391	1	0	3,878	0	0	0	－	248	3,630
11	3,575	478	0	0	4,053	0	0	0	－	261	3,792
12	3,493	547	0	0	4,040	0	0	0	－	261	3,779
13	3,442	547	0	0	3,989	0	0	0	－	257	3,732
14	3,284	508	0	0	3,792	0	0	0	－	244	3,548
15	3,252	555	5	0	3,802	0	0	0	－	245	3,557
16	3,072	599	3	0	3,668	0	0	0	－	234	3,434
17	3,063	697	6	0	3,754	0	0	0	－	241	3,513
18	3,060	746	7	0	3,799	0	0	0	－	242	3,557
19	3,091	698	6	0	3,783	0	0	0	－	242	3,541
20	3,071	650	7	0	3,714	0	0	0	－	239	3,475
21	3,045	539	6	0	3,578	0	0	0	－	229	3,349
22	2,863	515	5	0	3,373	0	0	0	－	216	3,157
23	2,871	605	5	0	3,471	0	0	0	－	222	3,249
24	2,852	630	4	0	3,478	0	0	0	－	221	3,257
25	2,795	643	6	0	3,432	0	0	0	－	219	3,213
26	2,816	620	6	0	3,430	0	0	0	－	217	3,213
27	2,782	551	7	0	3,326	0	0	0	－	212	3,114
28	2,614	554	7	0	3,161	0	0	0	－	201	2,960
29	2,607	576	5	0	3,178	0	0	0	－	203	2,975
30	2,571	627	6	0	3,192	0	0	0	17	203	2,972
令和　元	2,563	520	6	0	3,077	0	0	0	11	196	2,870
2	2,487	545	7	0	3,025	0	0	0	0	192	2,833
3	2,425	523	8	0	2,940	0	0	0	0	187	2,753

（単位：断りなき限り　1,000 トン）

量　の　内　訳				1 人 当 た り 供 給 純 食 料					純食料100g中の栄養成分量		
食料		歩留り	純食料	1人1年当たり数量	1 日 当 た り				熱量	たんぱく質	脂質
1人1年当たり	1人1日当たり				数量	熱量	たんぱく質	脂質			
kg	g	%		kg	g	kcal	g	g	kcal	g	g
44.9	123.1	90.9	3,814	40.8	111.9	41.6	1.6	0.1	37.2	1.5	0.1
39.7	108.7	90.6	3,389	35.9	98.5	37.4	1.5	0.1	38.0	1.5	0.1
43.8	120.1	90.8	3,787	39.8	109.0	40.6	1.6	0.1	37.3	1.5	0.1
49.4	135.1	90.9	4,321	44.9	122.8	45.5	1.8	0.1	37.1	1.4	0.1
40.9	112.0	90.6	3,599	37.0	101.5	38.3	1.5	0.1	37.7	1.5	0.1
43.4	118.8	87.5	3,727	37.9	103.9	28.8	1.2	0.1	27.7	1.2	0.1
43.2	118.5	87.4	3,743	37.8	103.5	29.1	1.2	0.1	28.1	1.2	0.1
40.8	111.4	87.5	3,573	35.7	97.4	27.1	1.1	0.1	27.8	1.1	0.1
43.5	119.2	87.5	3,859	38.1	104.3	29.0	1.2	0.1	27.8	1.2	0.1
41.4	113.3	87.5	3,710	36.2	99.1	27.9	1.2	0.1	28.2	1.2	0.1
39.3	107.7	87.3	3,562	34.3	94.1	27.0	1.1	0.1	28.7	1.2	0.1
40.5	110.5	87.4	3,719	35.4	96.6	27.4	1.1	0.1	28.4	1.1	0.1
38.7	106.1	87.5	3,645	33.9	92.8	26.3	1.1	0.1	28.3	1.2	0.1
35.4	97.1	87.6	3,385	31.0	85.0	23.6	1.0	0.1	27.8	1.2	0.1
37.6	103.0	87.3	3,626	32.8	89.8	26.6	1.1	0.1	29.6	1.2	0.1
35.1	95.9	87.2	3,426	30.6	83.6	25.1	1.0	0.1	30.0	1.2	0.1
36.3	99.4	87.3	3,583	31.7	86.8	25.9	1.1	0.1	29.8	1.3	0.1
37.4	102.6	87.3	3,733	32.7	89.6	26.9	1.1	0.1	30.0	1.2	0.1
36.2	99.1	87.2	3,633	31.5	86.4	26.2	1.1	0.1	30.3	1.3	0.1
35.8	97.8	87.1	3,623	31.2	85.2	26.5	1.1	0.1	31.1	1.3	0.1
36.1	98.9	87.3	3,690	31.5	86.4	26.1	1.1	0.1	30.2	1.3	0.1
35.6	97.5	87.4	3,665	31.1	85.2	25.6	1.1	0.1	30.0	1.3	0.1
36.2	99.3	87.3	3,757	31.6	86.7	25.9	1.1	0.1	29.9	1.3	0.1
34.8	95.0	87.2	3,624	30.3	82.8	25.1	1.0	0.1	30.3	1.2	0.1
35.1	96.1	87.3	3,685	30.6	83.9	25.5	1.0	0.1	30.4	1.2	0.1
34.6	94.9	88.7	3,720	30.7	84.2	26.7	0.7	0.1	31.7	0.8	0.1
35.4	97.0	88.7	3,821	31.4	86.0	26.9	0.7	0.1	31.3	0.8	0.1
34.6	94.4	88.6	3,744	30.6	83.7	26.6	0.7	0.1	31.8	0.8	0.1
33.8	92.6	88.6	3,678	30.0	82.1	26.1	0.7	0.1	31.8	0.9	0.1
33.6	92.0	88.8	3,671	29.8	81.6	26.3	0.7	0.1	32.2	0.9	0.1
32.1	88.0	88.7	3,523	28.5	78.1	25.6	0.7	0.1	32.8	0.9	0.1
32.2	87.9	88.5	3,536	28.5	77.8	25.5	0.7	0.1	32.8	0.9	0.1
31.9	87.5	88.8	3,536	28.4	77.7	25.0	0.7	0.1	32.2	0.9	0.1
30.6	84.0	88.8	3,401	27.2	74.6	23.7	0.6	0.1	31.8	0.8	0.1
30.3	82.9	88.7	3,362	26.8	73.5	24.2	0.6	0.1	32.9	1.0	0.1
31.4	85.7	88.9	3,500	27.9	76.1	25.3	0.7	0.1	33.2	0.9	0.1
31.1	85.2	88.8	3,477	27.6	75.7	25.0	0.7	0.1	33.0	0.9	0.1
29.8	81.8	88.7	3,339	26.5	72.5	24.2	0.7	0.1	33.4	1.0	0.1
28.7	78.6	88.7	3,220	25.5	69.7	23.6	0.6	0.1	33.9	0.9	0.1
29.9	81.8	88.9	3,373	26.6	72.7	24.9	0.7	0.1	34.2	1.0	0.1
29.8	81.6	88.9	3,360	26.5	72.5	25.2	0.7	0.1	34.8	1.0	0.1
29.3	80.3	89.0	3,322	26.1	71.5	24.5	0.7	0.1	34.3	1.0	0.1
27.8	76.3	88.9	3,154	24.7	67.8	23.3	0.6	0.1	34.4	0.9	0.1
27.9	76.1	88.9	3,164	24.8	67.7	23.2	0.6	0.1	34.3	0.9	0.1
26.9	73.7	89.0	3,055	23.9	65.5	23.0	0.6	0.1	35.1	1.0	0.1
27.5	75.3	89.4	3,139	24.6	67.3	23.7	0.6	0.1	35.1	0.9	0.1
27.8	76.2	89.5	3,184	24.9	68.2	23.7	0.6	0.1	34.8	0.9	0.1
27.7	75.6	89.6	3,171	24.8	67.7	23.5	0.6	0.1	34.7	0.9	0.1
27.1	74.3	89.5	3,110	24.3	66.5	23.0	0.6	0.1	34.6	0.9	0.1
26.2	71.7	89.5	2,996	23.4	64.1	21.9	0.6	0.1	34.2	0.9	0.1
24.7	67.5	89.3	2,819	22.0	60.3	20.9	0.6	0.1	34.6	0.9	0.1
25.4	69.4	89.6	2,910	22.8	62.2	21.6	0.6	0.1	34.7	0.9	0.1
25.5	69.9	89.6	2,918	22.9	62.7	21.8	0.6	0.1	34.9	0.9	0.1
25.2	69.1	89.8	2,884	22.6	62.0	21.5	0.6	0.1	34.6	0.9	0.1
25.3	69.2	89.9	2,887	22.7	62.2	20.8	0.5	0.1	33.4	0.8	0.1
24.5	66.9	89.9	2,800	22.0	60.2	20.0	0.5	0.1	33.2	0.8	0.1
23.3	63.8	89.8	2,658	20.9	57.3	19.1	0.5	0.1	33.2	0.8	0.1
23.4	64.2	90.1	2,679	21.1	57.8	19.5	0.5	0.1	33.7	0.8	0.2
23.4	64.2	90.1	2,677	21.1	57.9	19.4	0.5	0.1	33.5	0.8	0.2
22.7	62.0	90.1	2,585	20.4	55.8	16.8	0.5	0.1	30.2	0.8	0.2
22.5	61.5	90.0	2,551	20.2	55.4	16.8	0.5	0.1	30.3	0.8	0.2
21.9	60.1	90.0	2,477	19.7	54.1	16.4	0.5	0.1	30.2	0.8	0.2

6 果　実

(1) 果　実

年　度	国内 生産量	外国貿易 輸入量	外国貿易 輸出量	在庫の増減量	国内消費仕向量	飼料用	種子用	加工用	純旅客用	減耗量	粗　総数
昭和 35	3,307	118	129	0	3,296	0	0	21	-	513	2,762
36	3,393	191	137	0	3,447	0	0	17	-	543	2,887
37	3,387	245	126	0	3,506	0	0	22	-	543	2,941
38	3,573	403	111	0	3,865	0	0	21	-	594	3,250
39	3,950	567	130	0	4,387	0	0	19	-	695	3,673
40	4,034	573	141	0	4,466	0	0	17	-	698	3,751
41	4,578	689	137	0	5,130	0	0	18	-	812	4,298
42	4,714	763	162	0	5,315	0	0	21	-	853	4,441
43	5,520	934	154	0	6,300	0	0	26	-	1,003	5,271
44	5,174	1,086	148	0	6,112	0	0	11	-	984	5,118
45	5,467	1,186	136	0	6,517	0	0	19	-	1,042	5,455
46	5,364	1,375	154	0	6,585	0	0	24	-	1,056	5,505
47	6,435	1,589	110	0	7,914	0	0	23	-	1,263	6,628
48	6,515	1,503	131	0	7,887	0	0	19	-	1,259	6,609
49	6,356	1,385	126	0	7,615	0	0	29	-	1,215	6,371
50	6,686	1,387	80	0	7,993	0	0	10	-	1,284	6,698
51	6,096	1,464	79	0	7,481	0	0	16	-	1,202	6,264
52	6,621	1,481	83	179	7,840	0	0	18	-	1,249	6,572
53	6,173	1,634	78	△ 99	7,828	0	0	17	-	1,262	6,547
54	6,848	1,621	98	415	7,956	0	0	17	-	1,285	6,653
55	6,196	1,539	97	4	7,635	0	0	21	-	1,225	6,389
56	5,843	1,614	94	△ 218	7,582	0	0	24	-	1,215	6,343
57	6,239	1,699	100	△ 62	7,899	0	0	26	-	1,281	6,592
58	6,402	1,611	118	△ 34	7,926	0	0	32	-	1,278	6,615
59	5,183	1,753	100	△ 191	7,030	0	0	23	-	1,156	5,852
60	5,747	1,904	90	76	7,485	0	0	30	-	1,219	6,236
61	5,552	2,174	57	170	7,500	0	0	28	-	1,228	6,243
62	5,974	2,260	48	118	8,068	0	0	30	-	1,326	6,712
63	5,331	2,383	55	△ 295	7,954	0	0	27	-	1,305	6,622
平成 元	5,210	2,641	46	△ 27	7,832	0	0	28	-	1,285	6,519
2	4,895	2,978	29	81	7,763	0	0	27	-	1,265	6,471
3	4,366	3,033	29	△ 21	7,391	0	0	35	-	1,208	6,148
4	4,858	3,449	27	81	8,199	0	0	26	-	1,356	6,817
5	4,411	3,776	27	△ 133	8,293	0	0	27	-	1,359	6,907
6	4,267	4,792	19	△ 127	9,167	0	0	18	-	1,528	7,621
7	4,242	4,547	16	117	8,656	0	0	22	-	1,428	7,206
8	3,900	4,384	15	△ 15	8,284	0	0	20	-	1,376	6,888
9	4,587	4,265	20	145	8,687	0	0	28	-	1,446	7,213
10	3,957	4,112	13	△ 36	8,092	0	0	28	-	1,356	6,708
11	4,289	4,626	59	112	8,744	0	0	30	-	1,466	7,248
12	3,847	4,843	68	△ 69	8,691	0	0	25	-	1,470	7,196
13	4,126	5,151	64	△ 33	9,246	0	0	19	-	1,546	7,681
14	3,893	4,862	27	△ 52	8,780	0	0	19	-	1,469	7,292
15	3,674	4,757	33	36	8,362	0	0	18	-	1,406	6,938
16	3,464	5,353	44	5	8,768	0	0	16	-	1,474	7,278
17	3,703	5,437	64	40	9,036	0	0	17	-	1,502	7,517
18	3,215	5,130	32	△ 60	8,373	0	0	15	-	1,388	6,970
19	3,444	5,162	54	0	8,552	0	0	16	-	1,404	7,132
20	3,436	4,889	44	△ 29	8,310	0	0	14	-	1,367	6,929
21	3,441	4,734	41	△ 25	8,159	0	0	15	-	1,363	6,781
22	2,960	4,756	42	△ 45	7,719	0	0	14	-	1,295	6,410
23	2,954	4,960	34	43	7,837	0	0	13	-	1,317	6,507
24	3,062	5,007	26	27	8,016	0	0	17	-	1,342	6,657
25	3,035	4,711	38	26	7,682	0	0	18	-	1,282	6,382
26	3,108	4,368	43	19	7,414	0	0	17	-	1,216	6,181
27	2,969	4,351	65	△ 8	7,263	0	0	24	-	1,209	6,030
28	2,918	4,292	60	0	7,150	0	0	18	-	1,200	5,932
29	2,809	4,339	56	0	7,092	0	0	19	-	1,190	5,883
30	2,839	4,661	66	△ 3	7,437	0	0	19	36	1,251	6,131
令和 元	2,697	4,466	76	19	7,068	0	0	20	21	1,181	5,846
2	2,674	4,504	61	13	7,104	0	0	20	0	1,188	5,896
3	2,599	4,157	84	12	6,660	0	0	18	0	1,108	5,534

（単位：断りなき限り 1,000 トン）

量 の 内 訳				1 人 当 た り 供 給 純 食 料					純食料100g中の栄養成分量		
食 料 1人1年当たり	食 料 1人1日当たり	歩 留 り	純 食 料	1年当たり数量	1日当たり 数 量	1日当たり 熱 量	1日当たり たんぱく質	1日当たり 脂 質	熱 量	たんぱく質	脂 質
kg	g	%		kg	g	kcal	g	g	kcal	g	g
29.6	81.0	75.6	2,088	22.4	61.2	29.0	0.4	0.2	47.3	0.6	0.3
30.6	83.9	76.0	2,195	23.3	63.8	30.7	0.4	0.2	48.1	0.6	0.3
30.9	84.7	75.9	2,232	23.5	64.2	31.0	0.4	0.2	48.3	0.6	0.4
33.8	92.3	76.2	2,475	25.7	70.3	34.8	0.4	0.3	49.5	0.6	0.4
37.8	103.5	75.2	2,762	28.4	77.9	39.2	0.5	0.3	50.3	0.7	0.4
38.2	104.6	74.6	2,799	28.5	78.0	39.1	0.4	0.1	50.1	0.5	0.2
43.4	118.9	73.8	3,173	32.0	87.8	43.8	0.5	0.2	49.9	0.6	0.2
44.3	121.1	74.4	3,303	33.0	90.1	46.0	0.5	0.2	51.0	0.6	0.2
52.0	142.5	73.3	3,862	38.1	104.4	53.3	0.6	0.3	51.0	0.6	0.3
49.9	136.8	72.7	3,719	36.3	99.4	51.1	0.6	0.2	51.4	0.6	0.2
52.6	144.1	72.4	3,947	38.1	104.3	53.2	0.6	0.2	51.0	0.6	0.2
52.4	143.0	71.7	3,948	37.5	102.6	53.3	0.6	0.2	52.0	0.6	0.2
61.6	168.8	71.0	4,708	43.8	119.9	61.1	0.8	0.3	51.0	0.6	0.3
60.6	166.0	71.1	4,697	43.1	117.9	59.9	0.7	0.3	50.8	0.6	0.3
57.6	157.9	71.1	4,528	41.0	112.2	55.8	0.7	0.3	49.8	0.6	0.2
59.8	163.5	71.1	4,762	42.5	116.2	57.7	0.7	0.3	49.6	0.6	0.2
55.4	151.7	71.3	4,464	39.5	108.1	55.2	0.7	0.4	51.0	0.7	0.3
57.6	157.7	71.5	4,701	41.2	112.8	57.0	0.7	0.3	50.5	0.6	0.3
56.8	155.7	70.8	4,634	40.2	110.2	55.9	0.7	0.4	50.8	0.7	0.3
57.3	156.5	70.7	4,705	40.5	110.7	55.7	0.7	0.3	50.4	0.6	0.3
54.6	149.5	71.1	4,544	38.8	106.3	53.6	0.7	0.3	50.4	0.6	0.3
53.8	147.4	71.0	4,503	38.2	104.6	52.7	0.7	0.3	50.3	0.6	0.3
55.5	152.1	71.0	4,683	39.4	108.1	54.9	0.7	0.3	50.8	0.7	0.3
55.3	151.2	71.5	4,728	39.6	108.1	54.3	0.7	0.4	50.3	0.7	0.3
48.6	133.3	70.9	4,151	34.5	94.5	49.4	0.7	0.4	52.3	0.7	0.4
51.5	141.1	74.2	4,630	38.2	104.8	57.3	0.7	0.4	54.7	0.7	0.4
51.3	140.6	74.1	4,627	38.0	104.2	58.8	0.8	0.6	56.5	0.7	0.5
54.9	150.0	74.0	4,966	40.6	111.0	61.6	0.8	0.5	55.5	0.7	0.5
53.9	147.8	74.3	4,920	40.1	109.8	61.7	0.8	0.6	56.2	0.7	0.5
52.9	145.0	74.1	4,831	39.2	107.4	60.9	0.8	0.6	56.7	0.7	0.6
52.3	143.4	74.1	4,797	38.8	106.3	60.4	0.8	0.6	56.8	0.7	0.6
49.5	135.4	73.5	4,519	36.4	99.5	57.3	0.8	0.6	57.6	0.8	0.6
54.7	149.9	73.6	5,017	40.3	110.3	62.7	0.8	0.6	56.8	0.7	0.6
55.3	151.5	73.5	5,079	40.7	111.4	63.7	0.8	0.6	57.2	0.7	0.6
60.8	166.7	72.9	5,559	44.4	121.6	68.6	0.9	0.6	56.4	0.7	0.5
57.4	156.8	73.5	5,296	42.2	115.2	66.0	0.9	0.7	57.3	0.7	0.6
54.7	149.9	73.5	5,060	40.2	110.1	62.6	0.8	0.6	56.9	0.7	0.5
57.2	156.6	73.7	5,313	42.1	115.4	65.2	0.8	0.6	56.5	0.7	0.5
53.0	145.3	73.7	4,943	39.1	107.1	60.7	0.8	0.6	56.7	0.7	0.6
57.2	156.3	73.6	5,335	42.1	115.1	64.8	0.8	0.6	56.3	0.7	0.5
56.7	155.3	73.2	5,271	41.5	113.8	66.0	0.9	0.7	58.0	0.8	0.7
60.3	165.3	73.4	5,638	44.3	121.3	70.4	0.9	0.9	58.0	0.8	0.7
57.2	156.8	73.3	5,347	42.0	115.0	67.9	0.9	0.9	59.0	0.8	0.8
54.4	148.5	73.2	5,079	39.8	108.7	65.1	0.9	0.9	59.8	0.8	0.9
57.0	156.2	72.8	5,301	41.5	113.7	67.7	0.9	0.9	59.5	0.8	0.8
58.8	161.2	73.2	5,503	43.1	118.0	70.2	0.9	1.0	59.5	0.8	0.8
54.5	149.3	73.3	5,107	39.9	109.4	65.7	0.8	0.9	60.1	0.8	0.8
55.7	152.2	73.8	5,261	41.1	112.3	66.0	0.8	0.8	58.8	0.7	0.7
54.1	148.2	73.9	5,121	40.0	109.5	65.6	0.8	0.8	59.9	0.7	0.8
53.0	145.1	73.3	4,972	38.8	106.4	65.0	0.8	0.9	61.1	0.8	0.8
50.1	137.1	73.0	4,682	36.6	100.2	62.6	0.8	1.0	62.5	0.8	1.0
50.9	139.1	72.9	4,743	37.1	101.4	62.9	0.8	1.0	62.0	0.8	1.0
52.2	142.9	73.3	4,878	38.2	104.7	65.9	0.9	1.1	63.0	0.8	1.1
50.1	137.2	73.4	4,685	36.8	100.7	63.6	0.9	1.1	63.1	0.9	1.1
48.6	133.1	74.0	4,574	35.9	98.5	63.3	0.8	1.1	64.2	0.8	1.1
47.4	129.6	73.6	4,438	34.9	95.4	61.3	0.8	1.1	64.2	0.8	1.1
46.7	127.9	73.7	4,369	34.4	94.2	60.5	0.8	1.1	64.2	0.8	1.1
46.4	127.0	73.7	4,337	34.2	93.6	61.4	0.8	1.2	65.6	0.9	1.2
48.4	132.5	73.1	4,484	35.4	96.9	63.6	0.9	1.3	65.7	0.9	1.3
46.2	126.2	73.4	4,291	33.9	92.6	63.3	0.8	1.3	68.4	0.9	1.4
46.7	128.1	73.0	4,305	34.1	93.5	64.9	0.9	1.4	69.4	0.9	1.5
44.1	120.8	73.5	4,070	32.4	88.8	64.2	0.9	1.5	72.2	1.0	1.7

(2) うんしゅうみかん

年度	国内 生産量	外国貿易 輸入量	輸出量	在庫の増減量	国内消費仕向量	飼料用	種子用	加工用	純旅客用	減耗量	粗 総数
昭和 35	1,034	0	101	0	933	0	0	0	-	140	793
36	949	0	108	0	841	0	0	0	-	126	715
37	956	0	97	0	859	0	0	0	-	129	730
38	1,015	0	84	0	931	0	0	0	-	140	791
39	1,280	0	101	0	1,179	0	0	0	-	177	1,002
40	1,331	0	110	0	1,221	0	0	0	-	183	1,038
41	1,750	0	114	0	1,636	0	0	0	-	245	1,391
42	1,605	0	127	0	1,478	0	0	0	-	222	1,256
43	2,352	0	118	0	2,234	0	0	0	-	335	1,899
44	2,038	0	119	0	1,919	0	0	0	-	288	1,631
45	2,552	0	116	0	2,436	0	0	0	-	365	2,071
46	2,489	0	141	0	2,348	0	0	0	-	352	1,996
47	3,568	0	104	0	3,464	0	0	0	-	520	2,944
48	3,389	0	123	0	3,266	0	0	0	-	490	2,776
49	3,383	0	117	0	3,266	0	0	0	-	490	2,776
50	3,665	0	78	0	3,587	0	0	0	-	538	3,049
51	3,089	0	76	0	3,013	0	0	0	-	452	2,561
52	3,539	0	76	179	3,284	0	0	0	-	493	2,791
53	3,026	0	66	△ 99	3,059	0	0	0	-	459	2,600
54	3,618	0	92	415	3,111	0	0	0	-	467	2,644
55	2,892	0	85	4	2,803	0	0	0	-	420	2,383
56	2,819	0	80	△ 218	2,957	0	0	0	-	444	2,513
57	2,864	0	82	△ 62	2,844	0	0	0	-	427	2,417
58	2,859	0	92	△ 34	2,800	0	0	0	-	420	2,380
59	2,005	0	77	△ 191	2,119	0	0	0	-	318	1,801
60	2,491	0	68	76	2,347	0	0	0	-	352	1,995
61	2,168	0	38	170	1,960	0	0	0	-	294	1,666
62	2,518	0	30	118	2,370	0	0	0	-	356	2,014
63	1,998	0	37	△ 295	2,256	0	0	0	-	338	1,918
平成 元	2,015	0	33	△ 27	2,009	0	0	0	-	301	1,708
2	1,653	0	19	17	1,617	0	0	0	-	242	1,375
3	1,579	0	16	△ 35	1,598	0	0	0	-	240	1,358
4	1,683	0	14	81	1,588	0	0	0	-	238	1,350
5	1,490	0	12	△ 56	1,534	0	0	0	-	230	1,304
6	1,247	0	9	△ 104	1,342	0	0	0	-	201	1,141
7	1,378	0	6	20	1,352	0	0	0	-	203	1,149
8	1,153	0	5	△ 2	1,150	0	0	0	-	172	978
9	1,555	0	5	157	1,393	0	0	0	-	209	1,184
10	1,194	0	3	△ 29	1,220	0	0	0	-	183	1,037
11	1,447	2	5	100	1,344	0	0	0	-	202	1,142
12	1,143	3	5	△ 71	1,212	0	0	0	-	182	1,030
13	1,282	3	6	△ 54	1,333	0	0	0	-	200	1,133
14	1,131	1	5	△ 29	1,156	0	0	0	-	173	983
15	1,146	1	5	35	1,107	0	0	0	-	166	941
16	1,060	1	5	△ 18	1,074	0	0	0	-	161	913
17	1,132	1	5	28	1,100	0	0	0	-	165	935
18	842	1	3	△ 58	898	0	0	0	-	135	763
19	1,066	0	5	△ 21	1,082	0	0	0	-	162	920
20	906	0	3	△ 11	914	0	0	0	-	137	777
21	1,003	0	3	3	997	0	0	0	-	150	847
22	786	0	2	△ 44	828	0	0	0	-	124	704
23	928	1	3	39	887	0	0	0	-	133	754
24	846	1	2	22	823	0	0	0	-	123	700
25	896	1	3	22	872	0	0	0	-	131	741
26	875	1	3	29	844	0	0	0	-	127	717
27	778	1	3	△ 1	777	0	0	0	-	117	660
28	805	0	2	0	803	0	0	0	-	120	683
29	741	0	2	0	739	0	0	0	-	111	628
30	774	0	1	△ 4	777	0	0	0	4	117	656
令和 元	747	0	1	21	725	0	0	0	2	109	614
2	766	0	1	11	754	0	0	0	0	113	641
3	749	0	2	13	734	0	0	0	0	110	624

（単位：断りなき限り　1,000　トン）

量 の 内 訳				1 人 当 た り 供 給 純 食 料					純食料100g中の栄養成分量		
食 料		歩留り	純食料	1年当たり数量	1 日 当 た り				熱 量	たんぱく質	脂 質
1人1年当たり	1人1日当たり				数 量	熱 量	たんぱく質	脂 質			
kg	g	%		kg	g	kcal	g	g	kcal	g	g
8.5	23.3	70.0	555	5.9	16.3	6.5	0.1	0.0	40.0	0.8	0.3
7.6	20.8	70.0	501	5.3	14.6	5.8	0.1	0.0	40.0	0.8	0.3
7.7	21.0	70.0	511	5.4	14.7	5.9	0.1	0.0	40.0	0.8	0.3
8.2	22.5	70.0	554	5.8	15.7	6.3	0.1	0.0	40.0	0.8	0.3
10.3	28.2	70.0	701	7.2	19.8	7.9	0.2	0.1	40.0	0.8	0.3
10.6	28.9	68.7	713	7.3	19.9	8.0	0.1	0.0	40.0	0.7	0.1
14.0	38.5	68.7	956	9.7	26.4	10.6	0.2	0.0	40.0	0.7	0.1
12.5	34.2	68.7	863	8.6	23.5	9.4	0.2	0.0	40.0	0.7	0.1
18.7	51.3	68.9	1,308	12.9	35.4	14.1	0.2	0.0	40.0	0.7	0.1
15.9	43.6	68.9	1,124	11.0	30.0	12.0	0.2	0.0	40.0	0.7	0.1
20.0	54.7	69.2	1,433	13.8	37.9	15.1	0.2	0.0	40.0	0.6	0.1
19.0	51.9	69.2	1,381	13.1	35.9	14.4	0.2	0.0	40.0	0.6	0.1
27.4	75.0	69.3	2,040	19.0	51.9	20.8	0.3	0.1	40.0	0.6	0.1
25.4	69.7	69.4	1,927	17.7	48.4	19.4	0.3	0.0	40.0	0.6	0.1
25.1	68.8	69.5	1,929	17.4	47.8	19.1	0.3	0.0	40.0	0.6	0.1
27.2	74.4	69.6	2,122	19.0	51.8	20.7	0.3	0.1	40.0	0.6	0.1
22.6	62.0	69.7	1,785	15.8	43.2	17.3	0.3	0.0	40.0	0.6	0.1
24.4	67.0	69.8	1,948	17.1	46.7	18.7	0.3	0.0	40.0	0.6	0.1
22.6	61.8	69.9	1,817	15.8	43.2	17.3	0.3	0.0	40.0	0.6	0.1
22.8	62.2	70.0	1,851	15.9	43.5	17.4	0.3	0.0	40.0	0.6	0.1
20.4	55.8	70.2	1,673	14.3	39.2	15.7	0.2	0.0	40.0	0.6	0.1
21.3	58.4	70.4	1,769	15.0	41.1	16.4	0.2	0.0	40.0	0.6	0.1
20.4	55.8	70.4	1,702	14.3	39.3	15.7	0.2	0.0	40.0	0.6	0.1
19.9	54.4	70.6	1,680	14.1	38.4	15.4	0.2	0.0	40.0	0.6	0.1
15.0	41.0	70.6	1,272	10.6	29.0	11.6	0.2	0.0	40.0	0.6	0.1
16.5	45.2	75.0	1,496	12.4	33.9	14.9	0.2	0.0	44.0	0.6	0.1
13.7	37.5	75.0	1,250	10.3	28.1	12.4	0.2	0.0	44.0	0.6	0.1
16.5	45.0	75.0	1,511	12.4	33.8	14.9	0.2	0.0	44.0	0.6	0.1
15.6	42.8	75.0	1,439	11.7	32.1	14.1	0.2	0.0	44.0	0.6	0.1
13.9	38.0	75.0	1,281	10.4	28.5	12.5	0.2	0.0	44.0	0.6	0.1
11.1	30.5	75.0	1,031	8.3	22.9	10.1	0.1	0.0	44.0	0.6	0.1
10.9	29.9	75.0	1,019	8.2	22.4	9.9	0.1	0.0	44.0	0.6	0.1
10.8	29.7	75.0	1,013	8.1	22.3	9.8	0.1	0.0	44.0	0.6	0.1
10.4	28.6	75.0	978	7.8	21.4	9.4	0.1	0.0	44.0	0.6	0.1
9.1	25.0	75.0	856	6.8	18.7	8.2	0.1	0.0	44.0	0.6	0.1
9.2	25.0	75.0	862	6.9	18.8	8.3	0.1	0.0	44.0	0.6	0.1
7.8	21.3	75.0	734	5.8	16.0	7.0	0.1	0.0	44.0	0.6	0.1
9.4	25.7	75.0	888	7.0	19.3	8.5	0.1	0.0	44.0	0.6	0.1
8.2	22.5	75.0	778	6.2	16.9	7.4	0.1	0.0	44.0	0.6	.0.1
9.0	24.6	75.0	857	6.8	18.5	8.1	0.1	0.0	44.0	0.6	0.1
8.1	22.2	75.0	773	6.1	16.7	7.3	0.1	0.0	44.0	0.6	0.1
8.9	24.4	75.0	850	6.7	18.3	8.0	0.1	0.0	44.0	0.6	0.1
7.7	21.1	75.0	737	5.8	15.8	7.0	0.1	0.0	44.0	0.6	0.1
7.4	20.1	75.0	706	5.5	15.1	6.7	0.1	0.0	44.0	0.6	0.1
7.2	19.6	75.0	685	5.4	14.7	6.5	0.1	0.0	44.0	0.6	0.1
7.3	20.0	75.0	701	5.5	15.0	6.6	0.1	0.0	44.0	0.6	0.1
6.0	16.3	75.0	572	4.5	12.3	5.4	0.1	0.0	44.0	0.6	0.1
7.2	19.6	75.0	690	5.4	14.7	6.5	0.1	0.0	44.0	0.6	0.1
6.1	16.6	75.0	583	4.6	12.5	5.5	0.1	0.0	44.0	0.6	0.1
6.6	18.1	75.0	635	5.0	13.6	6.0	0.1	0.0	44.0	0.6	0.1
5.5	15.1	75.0	528	4.1	11.3	5.0	0.1	0.0	44.0	0.6	0.1
5.9	16.1	75.0	566	4.4	12.1	5.3	0.1	0.0	44.0	0.6	0.1
5.5	15.0	75.0	525	4.1	11.3	5.0	0.1	0.0	44.0	0.6	0.1
5.8	15.9	75.0	556	4.4	12.0	5.3	0.1	0.0	44.0	0.6	0.1
5.6	15.4	75.0	538	4.2	11.6	5.1	0.1	0.0	44.0	0.6	0.1
5.2	14.2	75.0	495	3.9	10.6	4.7	0.1	0.0	44.0	0.6	0.1
5.4	14.7	75.0	512	4.0	11.0	4.9	0.1	0.0	44.0	0.6	0.1
4.9	13.6	75.0	471	3.7	10.2	4.5	0.1	0.0	44.0	0.6	0.1
5.2	14.2	75.0	492	3.9	10.6	4.7	0.1	0.0	44.0	0.6	0.1
4.9	13.3	75.0	461	3.6	10.0	4.8	0.1	0.0	48.0	0.6	0.1
5.1	13.9	75.0	481	3.8	10.4	5.0	0.1	0.0	48.0	0.6	0.1
5.0	13.6	75.0	468	3.7	10.2	4.9	0.1	0.0	48.0	0.6	0.1

(3) りんご

年度	国内生産量	外国貿易		在庫の増減量	国内消費仕向量	国内消費仕向					
		輸入量	輸出量			飼料用	種子用	加工用	純旅客用	減耗量	粗総数
昭和 35	907	0	15	0	892	0	0	0	-	89	803
36	963	0	15	0	948	0	0	0	-	95	853
37	1,008	0	15	0	993	0	0	0	-	99	894
38	1,153	0	17	0	1,136	0	0	0	-	114	1,022
39	1,090	0	18	0	1,072	0	0	0	-	107	965
40	1,132	0	23	0	1,109	0	0	0	-	111	998
41	1,059	0	23	0	1,036	0	0	0	-	104	932
42	1,125	0	26	0	1,099	0	0	0	-	110	989
43	1,136	0	29	0	1,107	0	0	0	-	111	996
44	1,085	0	25	0	1,060	0	0	0	-	106	954
45	1,021	0	16	0	1,005	0	0	0	-	101	904
46	1,007	0	10	0	997	0	0	0	-	100	897
47	959	0	5	0	954	0	0	0	-	95	859
48	963	0	7	0	956	0	0	0	-	96	860
49	850	0	4	0	846	0	0	0	-	85	761
50	898	1	1	0	898	0	0	0	-	90	808
51	879	0	2	0	877	0	0	0	-	88	789
52	959	0	5	0	954	0	0	0	-	95	859
53	844	0	10	0	834	0	0	0	-	83	751
54	853	5	0	0	858	0	0	0	-	86	772
55	960	28	3	0	985	0	0	0	-	99	886
56	846	0	4	0	842	0	0	0	-	84	758
57	925	0	3	0	922	0	0	0	-	92	830
58	1,048	0	7	0	1,041	0	0	0	-	104	937
59	812	1	1	0	811	0	0	0	-	81	730
60	910	28	2	0	936	0	0	0	-	94	842
61	986	19	2	0	1,003	0	0	0	-	100	903
62	998	28	1	0	1,025	0	0	0	-	103	922
63	1,042	25	1	0	1,066	0	0	0	-	107	959
平成 元	1,045	93	2	0	1,136	0	0	0	-	114	1,022
2	1,053	273	1	64	1,261	0	0	0	-	126	1,135
3	760	249	1	14	994	0	0	0	-	99	895
4	1,039	225	2	0	1,262	0	0	0	-	126	1,136
5	1,011	348	2	△ 77	1,434	0	0	0	-	143	1,291
6	989	525	2	△ 23	1,535	0	0	0	-	153	1,382
7	963	686	2	97	1,550	0	0	0	-	155	1,395
8	899	588	3	△ 13	1,497	0	0	0	-	150	1,347
9	993	502	5	△ 12	1,502	0	0	0	-	150	1,352
10	879	454	2	△ 7	1,338	0	0	0	-	134	1,204
11	928	536	3	12	1,449	0	0	0	-	145	1,304
12	800	551	3	2	1,346	0	0	0	-	135	1,211
13	931	699	2	21	1,607	0	0	0	-	161	1,446
14	926	534	10	△ 23	1,473	0	0	0	-	147	1,326
15	842	541	17	1	1,365	0	0	0	-	137	1,228
16	754	704	11	23	1,424	0	0	0	-	142	1,282
17	819	788	18	12	1,577	0	0	0	-	158	1,419
18	832	776	19	△ 2	1,591	0	0	0	-	159	1,432
19	840	924	27	21	1,716	0	0	0	-	172	1,544
20	911	797	27	△ 18	1,699	0	0	0	-	170	1,529
21	846	602	23	△ 28	1,453	0	0	0	-	145	1,308
22	787	592	23	△ 1	1,357	0	0	0	-	136	1,221
23	655	624	20	4	1,255	0	0	0	-	126	1,129
24	794	671	11	5	1,449	0	0	0	-	145	1,304
25	742	629	26	4	1,341	0	0	0	-	134	1,207
26	816	669	29	△ 10	1,466	0	0	0	-	147	1,319
27	812	598	43	△ 7	1,374	0	0	0	-	137	1,237
28	765	555	40	0	1,280	0	0	0	-	128	1,152
29	735	582	35	0	1,282	0	0	0	-	128	1,154
30	756	537	41	1	1,251	0	0	0	6	125	1,120
令和 元	702	595	44	△ 2	1,255	0	0	0	4	126	1,125
2	763	531	38	2	1,254	0	0	0	0	125	1,129
3	662	528	55	△ 1	1,136	0	0	0	0	114	1,022

(単位：断りなき限り 1,000 トン)

量 の 内 訳				1 人 当 た り 供 給 純 食 料					純食料100g中の栄養成分量		
食料		歩留り	純食料	1年当たり数量	1日当たり				熱量	たんぱく質	脂質
1人1年当たり	1人1日当たり				数量	熱量	たんぱく質	脂質			
kg	g	%		kg	g	kcal	g	g	kcal	g	g
8.6	23.5	82.0	658	7.0	19.3	8.7	0.1	0.1	45.0	0.4	0.5
9.0	24.8	82.0	699	7.4	20.3	9.1	0.1	0.1	45.0	0.4	0.5
9.4	25.7	82.0	733	7.7	21.1	9.5	0.1	0.1	45.0	0.4	0.5
10.6	29.0	82.0	838	8.7	23.8	10.7	0.1	0.1	45.0	0.4	0.5
9.9	27.2	82.0	791	8.1	22.3	10.0	0.1	0.1	45.0	0.4	0.5
10.2	27.8	85.0	848	8.6	23.6	11.8	0.0	0.0	50.0	0.2	0.1
9.4	25.8	85.0	792	8.0	21.9	11.0	0.0	0.0	50.0	0.2	0.1
9.9	27.0	85.0	841	8.4	22.9	11.5	0.0	0.0	50.0	0.2	0.1
9.8	26.9	85.0	847	8.4	22.9	11.5	0.0	0.0	50.0	0.2	0.1
9.3	25.5	85.0	811	7.9	21.7	10.8	0.0	0.0	50.0	0.2	0.1
8.7	23.9	85.0	768	7.4	20.3	10.1	0.0	0.0	50.0	0.2	0.1
8.5	23.3	85.0	762	7.2	19.8	9.9	0.0	0.0	50.0	0.2	0.1
8.0	21.9	85.0	730	6.8	18.6	9.3	0.0	0.0	50.0	0.2	0.1
7.9	21.6	85.0	731	6.7	18.4	9.2	0.0	0.0	50.0	0.2	0.1
6.9	18.9	85.0	647	5.9	16.0	8.0	0.0	0.0	50.0	0.2	0.1
7.2	19.7	85.0	687	6.1	16.8	8.4	0.0	0.0	50.0	0.2	0.1
7.0	19.1	85.0	671	5.9	16.3	8.1	0.0	0.0	50.0	0.2	0.1
7.5	20.6	85.0	730	6.4	17.5	8.8	0.0	0.0	50.0	0.2	0.1
6.5	17.9	85.0	638	5.5	15.2	7.6	0.0	0.0	50.0	0.2	0.1
6.6	18.2	85.0	656	5.6	15.4	7.7	0.0	0.0	50.0	0.2	0.1
7.6	20.7	85.0	753	6.4	17.6	8.8	0.0	0.0	50.0	0.2	0.1
6.4	17.6	85.0	644	5.5	15.0	7.5	0.0	0.0	50.0	0.2	0.1
7.0	19.2	85.0	706	5.9	16.3	8.1	0.0	0.0	50.0	0.2	0.1
7.8	21.4	85.0	796	6.7	18.2	9.1	0.0	0.0	50.0	0.2	0.1
6.1	16.6	85.0	621	5.2	14.1	7.1	0.0	0.0	50.0	0.2	0.1
7.0	19.1	85.0	716	5.9	16.2	8.8	0.0	0.0	54.0	0.2	0.1
7.4	20.3	85.0	768	6.3	17.3	9.3	0.0	0.0	54.0	0.2	0.1
7.5	20.6	85.0	784	6.4	17.5	9.5	0.0	0.0	54.0	0.2	0.1
7.8	21.4	85.0	815	6.6	18.2	9.8	0.0	0.0	54.0	0.2	0.1
8.3	22.7	85.0	869	7.1	19.3	10.4	0.0	0.0	54.0	0.2	0.1
9.2	25.2	85.0	965	7.8	21.4	11.5	0.0	0.0	54.0	0.2	0.1
7.2	19.7	85.0	761	6.1	16.8	9.0	0.0	0.0	54.0	0.2	0.1
9.1	25.0	85.0	966	7.8	21.2	11.5	0.0	0.0	54.0	0.2	0.1
10.3	28.3	85.0	1,097	8.8	24.1	13.0	0.0	0.0	54.0	0.2	0.1
11.0	30.2	85.0	1,175	9.4	25.7	13.9	0.1	0.0	54.0	0.2	0.1
11.1	30.4	85.0	1,186	9.4	25.8	13.9	0.1	0.0	54.0	0.2	0.1
10.7	29.3	85.0	1,145	9.1	24.9	13.5	0.0	0.0	54.0	0.2	0.1
10.7	29.4	85.0	1,149	9.1	25.0	13.5	0.0	0.0	54.0	0.2	0.1
9.5	26.1	85.0	1,023	8.1	22.2	12.0	0.0	0.0	54.0	0.2	0.1
10.3	28.1	85.0	1,108	8.7	23.9	12.9	0.0	0.0	54.0	0.2	0.1
9.5	26.1	85.0	1,029	8.1	22.2	12.0	0.0	0.0	54.0	0.2	0.1
11.4	31.1	85.0	1,229	9.7	26.5	14.3	0.1	0.0	54.0	0.2	0.1
10.4	28.5	85.0	1,127	8.8	24.2	13.1	0.0	0.0	54.0	0.2	0.1
9.6	26.3	85.0	1,044	8.2	22.4	12.1	0.0	0.0	54.0	0.2	0.1
10.0	27.5	85.0	1,090	8.5	23.4	12.6	0.0	0.0	54.0	0.2	0.1
11.1	30.4	85.0	1,206	9.4	25.9	14.0	0.1	0.0	54.0	0.2	0.1
11.2	30.7	85.0	1,217	9.5	26.1	14.1	0.1	0.0	54.0	0.2	0.1
12.1	32.9	85.0	1,312	10.2	28.0	15.1	0.1	0.0	54.0	0.2	0.1
11.9	32.7	85.0	1,300	10.1	27.8	15.0	0.1	0.0	54.0	0.2	0.1
10.2	28.0	85.0	1,112	8.7	23.8	12.8	0.0	0.0	54.0	0.2	0.1
9.5	26.1	85.0	1,038	8.1	22.2	12.0	0.0	0.0	54.0	0.2	0.1
8.8	24.1	85.0	960	7.5	20.5	11.1	0.0	0.0	54.0	0.2	0.1
10.2	28.0	85.0	1,108	8.7	23.8	12.8	0.0	0.0	54.0	0.2	0.1
9.5	26.0	85.0	1,026	8.1	22.1	11.9	0.0	0.0	54.0	0.2	0.1
10.4	28.4	85.0	1,121	8.8	24.1	13.8	0.0	0.0	57.0	0.1	0.1
9.7	26.6	85.0	1,051	8.3	22.6	12.9	0.0	0.0	57.0	0.1	0.1
9.1	24.8	85.0	979	7.7	21.1	12.0	0.0	0.0	57.0	0.1	0.1
9.1	24.9	85.0	981	7.7	21.2	12.1	0.0	0.0	57.0	0.1	0.1
8.8	24.2	85.0	952	7.5	20.6	11.7	0.0	0.0	57.0	0.1	0.2
8.9	24.3	85.0	956	7.6	20.6	10.9	0.0	0.0	53.0	0.1	0.2
8.9	24.5	85.0	960	7.6	20.8	11.1	0.0	0.0	53.0	0.1	0.2
8.1	22.3	85.0	869	6.9	19.0	10.1	0.0	0.0	53.0	0.1	0.2

(4)　その他の果実

年　度	国　内 生　産　量	外　国　貿　易 輸　入　量	輸　出　量	在　庫　の 増　減　量	国内消費 仕　向　量	国　内　消　費　仕　向 飼　料　用	種　子　用	加　工　用	純旅客用	減耗量	粗 総　数
昭和　35	1,366	118	13	0	1,471	0	0	21	-	284	1,166
36	1,481	191	14	0	1,658	0	0	17	-	322	1,319
37	1,423	245	14	0	1,654	0	0	22	-	315	1,317
38	1,405	403	10	0	1,798	0	0	21	-	340	1,437
39	1,580	567	11	0	2,136	0	0	19	-	411	1,706
40	1,571	573	8	0	2,136	0	0	17	-	404	1,715
41	1,769	689	0	0	2,458	0	0	18	-	463	1,975
42	1,984	763	9	0	2,738	0	0	21	-	521	2,196
43	2,032	934	7	0	2,959	0	0	26	-	557	2,376
44	2,051	1,086	4	0	3,133	0	0	11	-	590	2,533
45	1,894	1,186	4	0	3,076	0	0	19	-	576	2,480
46	1,868	1,375	3	0	3,240	0	0	24	-	604	2,612
47	1,908	1,589	1	0	3,496	0	0	23	-	648	2,825
48	2,163	1,503	1	0	3,665	0	0	19	-	673	2,973
49	2,123	1,385	5	0	3,503	0	0	29	-	640	2,834
50	2,123	1,386	1	0	3,508	0	0	10	-	656	2,841
51	2,128	1,464	1	0	3,591	0	0	16	-	662	2,914
52	2,123	1,481	2	0	3,602	0	0	18	-	661	2,922
53	2,303	1,634	2	0	3,935	0	0	17	-	720	3,196
54	2,377	1,616	6	0	3,987	0	0	17	-	732	3,237
55	2,344	1,511	9	0	3,847	0	0	21	-	706	3,120
56	2,178	1,614	10	0	3,783	0	0	24	-	687	3,072
57	2,450	1,699	15	0	4,133	0	0	26	-	762	3,345
58	2,495	1,611	19	0	4,085	0	0	32	-	754	3,298
59	2,366	1,752	22	0	4,100	0	0	23	-	757	3,321
60	2,346	1,876	20	0	4,202	0	0	30	-	773	3,399
61	2,398	2,155	17	0	4,537	0	0	28	-	834	3,674
62	2,458	2,232	17	0	4,673	0	0	30	-	867	3,776
63	2,291	2,358	17	0	4,632	0	0	27	-	860	3,745
平成　元	2,150	2,548	11	0	4,687	0	0	28	-	870	3,789
2	2,189	2,705	9	0	4,885	0	0	27	-	897	3,961
3	2,027	2,784	12	0	4,799	0	0	35	-	869	3,895
4	2,136	3,224	11	0	5,349	0	0	26	-	992	4,331
5	1,910	3,428	13	0	5,325	0	0	27	-	986	4,312
6	2,031	4,267	8	0	6,290	0	0	18	-	1,174	5,098
7	1,901	3,861	8	0	5,754	0	0	22	-	1,070	4,662
8	1,848	3,796	7	0	5,637	0	0	20	-	1,054	4,563
9	2,039	3,763	10	0	5,792	0	0	28	-	1,087	4,677
10	1,884	3,658	8	0	5,534	0	0	28	-	1,039	4,467
11	1,914	4,088	51	0	5,951	0	0	30	-	1,119	4,802
12	1,904	4,289	60	0	6,133	0	0	25	-	1,153	4,955
13	1,913	4,449	56	0	6,306	0	0	19	-	1,185	5,102
14	1,836	4,327	12	0	6,151	0	0	19	-	1,149	4,983
15	1,686	4,215	11	0	5,890	0	0	18	-	1,103	4,769
16	1,650	4,648	28	0	6,270	0	0	16	-	1,171	5,083
17	1,752	4,648	41	0	6,359	0	0	17	-	1,179	5,163
18	1,541	4,353	10	0	5,884	0	0	15	-	1,094	4,775
19	1,538	4,238	22	0	5,754	0	0	16	-	1,070	4,668
20	1,619	4,092	14	0	5,697	0	0	14	-	1,060	4,623
21	1,592	4,132	15	0	5,709	0	0	15	-	1,068	4,626
22	1,387	4,164	17	0	5,534	0	0	14	-	1,035	4,485
23	1,371	4,335	11	0	5,695	0	0	13	-	1,058	4,624
24	1,422	4,335	13	0	5,744	0	0	17	-	1,074	4,653
25	1,397	4,081	9	0	5,469	0	0	18	-	1,017	4,434
26	1,417	3,698	11	0	5,104	0	0	17	-	942	4,145
27	1,379	3,752	19	0	5,112	0	0	24	-	955	4,133
28	1,348	3,737	18	0	5,067	0	0	18	-	952	4,097
29	1,333	3,757	19	0	5,071	0	0	19	-	951	4,101
30	1,309	4,124	24	0	5,409	0	0	19	26	1,009	4,355
令和　元	1,248	3,871	31	0	5,088	0	0	20	15	946	4,107
2	1,145	3,973	22	0	5,096	0	0	20	0	950	4,126
3	1,188	3,629	27	0	4,790	0	0	18	0	884	3,888

（単位：断りなき限り 1,000 トン）

量　の　内　訳				1 人 当 た り 供 給 純 食 料					純食料100g中の栄養成分量		
食料		歩留り	純食料	1年当たり数量	1 日 当 た り				熱　量	たんぱく質	脂　質
1人1年当たり	1人1日当たり				数　量	熱　量	たんぱく質	脂　質			
kg	g	%		kg	g	kcal	g	g	kcal	g	g
12.5	34.2	75.0	875	9.4	25.7	13.8	0.2	0.1	53.6	0.7	0.3
14.0	38.3	75.4	995	10.6	28.9	15.7	0.2	0.1	54.3	0.6	0.2
13.8	37.9	75.0	988	10.4	28.4	15.6	0.2	0.1	55.0	0.7	0.3
14.9	40.8	75.4	1,083	11.3	30.8	17.8	0.2	0.1	57.8	0.7	0.3
17.6	48.1	74.4	1,270	13.1	35.8	21.2	0.3	0.1	59.3	0.7	0.3
17.5	47.8	72.2	1,238	12.6	34.5	19.3	0.2	0.1	55.9	0.7	0.3
19.9	54.6	72.2	1,425	14.4	39.4	22.3	0.3	0.1	56.6	0.7	0.3
21.9	59.9	72.8	1,599	16.0	43.6	25.1	0.3	0.2	57.6	0.7	0.4
23.4	64.2	71.8	1,707	16.8	46.2	27.7	0.3	0.2	60.0	0.7	0.5
24.7	67.7	70.4	1,784	17.4	47.7	28.2	0.3	0.2	59.2	0.7	0.3
23.9	65.5	70.4	1,746	16.8	46.1	27.9	0.3	0.2	60.4	0.8	0.4
24.8	67.9	69.1	1,805	17.2	46.9	29.1	0.4	0.2	62.0	0.8	0.4
26.3	71.9	68.6	1,938	18.0	49.3	31.0	0.4	0.2	62.9	0.8	0.5
27.2	74.7	68.6	2,039	18.7	51.2	31.4	0.4	0.3	61.3	0.8	0.5
25.6	70.2	68.9	1,952	17.7	48.4	28.7	0.4	0.2	59.3	0.8	0.4
25.4	69.3	68.7	1,953	17.4	47.7	28.6	0.4	0.2	59.9	0.8	0.4
25.8	70.6	68.9	2,008	17.8	48.6	29.7	0.4	0.3	61.1	0.9	0.6
25.6	70.1	69.2	2,023	17.7	48.5	29.5	0.4	0.3	60.8	0.8	0.6
27.7	76.0	68.2	2,179	18.9	51.8	31.1	0.4	0.3	59.9	0.8	0.6
27.9	76.1	67.9	2,198	18.9	51.7	30.6	0.4	0.3	59.2	0.8	0.5
26.7	73.0	67.9	2,118	18.1	49.6	29.1	0.4	0.2	58.7	0.8	0.5
26.1	71.4	68.0	2,090	17.7	48.6	28.8	0.4	0.2	59.2	0.8	0.5
28.2	77.2	68.0	2,275	19.2	52.5	31.1	0.4	0.3	59.2	0.8	0.6
27.6	75.4	68.3	2,252	18.8	51.5	29.9	0.4	0.3	58.0	0.8	0.6
27.6	75.6	68.0	2,258	18.8	51.4	30.8	0.5	0.3	59.9	0.9	0.6
28.1	76.9	71.1	2,418	20.0	54.7	33.7	0.5	0.4	61.5	0.9	0.7
30.2	82.7	71.0	2,609	21.4	58.8	37.1	0.6	0.5	63.2	1.0	0.9
30.9	84.4	70.7	2,671	21.9	59.7	37.2	0.6	0.5	62.4	0.9	0.8
30.5	83.6	71.2	2,666	21.7	59.5	37.8	0.6	0.5	63.5	1.0	0.9
30.8	84.3	70.8	2,681	21.8	59.6	38.0	0.6	0.6	63.7	1.0	1.0
32.0	87.8	70.7	2,801	22.7	62.1	38.8	0.6	0.6	62.5	1.0	0.9
31.4	85.8	70.3	2,739	22.1	60.3	38.4	0.6	0.6	63.6	1.0	1.0
34.8	95.3	70.1	3,038	24.4	66.8	41.4	0.6	0.6	62.0	1.0	0.9
34.5	94.6	69.7	3,004	24.0	65.9	41.3	0.6	0.6	62.6	1.0	0.9
40.7	111.5	69.2	3,528	28.2	77.2	46.5	0.7	0.6	60.2	0.9	0.7
37.1	101.4	69.7	3,248	25.9	70.7	43.8	0.7	0.6	62.0	1.0	0.9
36.3	99.3	69.7	3,181	25.3	69.2	42.1	0.7	0.6	60.8	0.9	0.8
37.1	101.6	70.0	3,276	26.0	71.1	43.3	0.7	0.6	60.8	0.9	0.8
35.3	96.8	70.3	3,142	24.8	68.1	41.3	0.6	0.6	60.7	0.9	0.8
37.9	103.6	70.2	3,370	26.6	72.7	43.8	0.7	0.5	60.3	0.9	0.7
39.0	107.0	70.0	3,469	27.3	74.9	46.7	0.7	0.7	62.3	1.0	0.9
40.1	109.8	69.8	3,559	28.0	76.6	48.0	0.8	0.8	62.7	1.0	1.1
39.1	107.1	69.9	3,483	27.3	74.9	47.8	0.8	0.9	63.8	1.0	1.2
37.4	102.1	69.8	3,329	26.1	71.3	46.4	0.7	0.9	65.0	1.0	1.3
39.8	109.1	69.4	3,526	27.6	75.7	48.6	0.8	0.9	64.3	1.0	1.2
40.4	110.7	69.6	3,596	28.1	77.1	49.6	0.8	0.9	64.4	1.0	1.2
37.3	102.3	69.5	3,318	25.9	71.1	46.2	0.7	0.9	65.1	1.0	1.2
36.5	99.6	69.8	3,259	25.5	69.5	44.5	0.7	0.8	63.9	1.0	1.1
36.1	98.9	70.0	3,238	25.3	69.3	45.1	0.7	0.8	65.2	1.0	1.1
36.1	99.0	69.7	3,225	25.2	69.0	46.2	0.7	0.9	66.9	1.0	1.2
35.0	96.0	69.5	3,116	24.3	66.7	45.6	0.7	1.0	68.4	1.1	1.5
36.2	98.8	69.6	3,217	25.2	68.8	46.5	0.7	1.0	67.6	1.1	1.4
36.5	99.9	69.7	3,245	25.4	69.7	48.1	0.8	1.1	69.1	1.1	1.6
34.8	95.3	70.0	3,103	24.4	66.7	46.4	0.7	1.1	69.6	1.1	1.7
32.6	89.3	70.3	2,915	22.9	62.8	44.4	0.7	1.1	70.7	1.1	1.7
32.5	88.8	70.0	2,892	22.8	62.2	43.7	0.7	1.0	70.3	1.1	1.7
32.2	88.4	70.2	2,878	22.7	62.1	43.6	0.7	1.0	70.2	1.1	1.7
32.3	88.5	70.3	2,885	22.7	62.3	44.9	0.7	1.1	72.1	1.2	1.8
34.4	94.1	69.8	3,040	24.0	65.7	47.2	0.8	1.2	71.9	1.2	1.8
32.5	88.7	70.0	2,874	22.7	62.0	47.6	0.8	1.2	76.8	1.2	2.0
32.7	89.6	69.4	2,864	22.7	62.2	48.8	0.8	1.3	78.5	1.3	2.1
31.0	84.9	70.3	2,733	21.8	59.7	49.2	0.8	1.5	82.5	1.3	2.4

7　肉　類

(1)　肉　類

年度	国内生産量	外国貿易 輸入量	外国貿易 輸出量	在庫の増減量	国内消費仕向量	飼料用	種子用	加工用	純旅客用	減耗量	粗 総数
昭和 35	576	41	0	0	617	0	0	0	-	9	608
36	720	37	0	0	757	0	0	0	-	13	744
37	886	52	7	0	931	0	0	0	-	14	917
38	865	103	9	0	959	0	0	0	-	16	943
39	984	127	41	0	1,070	0	0	0	-	18	1,052
40	1,105	121	34	0	1,192	0	0	0	-	20	1,172
41	1,226	163	9	32	1,348	0	0	0	-	22	1,326
42	1,248	196	21	△ 23	1,446	0	0	0	-	25	1,421
43	1,279	228	20	△ 11	1,498	0	0	0	-	26	1,472
44	1,452	278	20	0	1,710	0	0	0	-	30	1,680
45	1,695	220	16	0	1,899	0	0	0	-	35	1,864
46	1,852	357	12	0	2,197	0	0	0	-	41	2,156
47	1,983	436	3	0	2,416	0	0	0	-	46	2,370
48	2,050	557	1	28	2,578	0	0	0	-	51	2,527
49	2,273	407	2	△ 18	2,696	0	0	0	-	51	2,645
50	2,199	731	3	52	2,875	0	0	0	-	56	2,819
51	2,293	756	2	8	3,039	0	0	0	-	60	2,979
52	2,552	769	3	△ 11	3,329	0	0	0	-	65	3,264
53	2,781	754	3	7	3,525	0	0	0	-	69	3,456
54	2,983	791	3	23	3,748	0	0	0	-	75	3,673
55	3,006	738	4	△ 1	3,741	0	0	0	-	74	3,667
56	3,047	789	3	18	3,815	0	0	0	-	77	3,738
57	3,135	784	3	△ 19	3,935	0	0	0	-	79	3,856
58	3,218	826	2	8	4,034	0	0	0	-	79	3,955
59	3,318	830	2	8	4,138	0	0	0	-	82	4,056
60	3,490	852	3	24	4,315	0	0	0	-	84	4,231
61	3,539	965	3	△ 20	4,521	0	0	0	-	89	4,432
62	3,607	1,171	4	22	4,752	0	0	0	-	95	4,657
63	3,588	1,349	5	29	4,903	0	0	0	-	98	4,805
平成 元	3,559	1,514	6	124	4,943	0	0	0	-	98	4,845
2	3,478	1,485	8	△ 49	5,004	0	0	0	-	100	4,904
3	3,412	1,659	9	△ 33	5,095	0	0	0	-	102	4,993
4	3,401	1,824	7	0	5,218	0	0	0	-	104	5,114
5	3,360	1,986	5	51	5,290	0	0	0	-	106	5,184
6	3,248	2,189	3	△ 9	5,443	0	0	0	-	109	5,334
7	3,152	2,413	3	△ 9	5,571	0	0	0	-	112	5,459
8	3,057	2,565	3	108	5,511	0	0	0	-	110	5,401
9	3,061	2,344	3	△ 65	5,467	0	0	0	-	108	5,359
10	3,049	2,447	3	△ 45	5,538	0	0	0	-	111	5,427
11	3,042	2,649	5	64	5,622	0	0	0	-	113	5,509
12	2,982	2,755	3	51	5,683	0	0	0	-	113	5,570
13	2,926	2,664	5	83	5,502	0	0	0	-	115	5,387
14	3,006	2,579	3	△ 61	5,643	0	0	0	-	123	5,520
15	3,029	2,525	3	△ 59	5,610	0	0	0	-	115	5,495
16	3,025	2,531	1	36	5,519	0	0	0	-	110	5,409
17	3,045	2,703	2	97	5,649	0	0	0	-	112	5,537
18	3,119	2,416	3	△ 42	5,574	0	0	0	-	111	5,463
19	3,131	2,443	8	△ 34	5,600	0	0	0	-	112	5,488
20	3,184	2,572	11	88	5,657	0	0	0	-	114	5,543
21	3,259	2,310	13	△ 109	5,665	0	0	0	-	113	5,552
22	3,215	2,588	13	21	5,769	0	0	0	-	115	5,654
23	3,168	2,735	6	41	5,856	0	0	0	-	117	5,739
24	3,273	2,636	9	△ 24	5,924	0	0	0	-	119	5,805
25	3,284	2,635	12	△ 16	5,923	0	0	0	-	119	5,804
26	3,253	2,757	15	70	5,925	0	0	0	-	119	5,806
27	3,268	2,769	13	△ 11	6,035	0	0	0	-	121	5,914
28	3,291	2,927	15	0	6,203	0	0	0	-	124	6,079
29	3,325	3,127	17	23	6,412	0	0	0	-	128	6,284
30	3,365	3,195	18	△ 2	6,544	0	0	0	34	131	6,379
令和 元	3,399	3,255	17	81	6,556	0	0	0	20	132	6,404
2	3,449	3,037	22	△ 67	6,531	0	0	0	0	131	6,400
3	3,484	3,138	19	9	6,594	0	0	0	0	132	6,462

（単位：断りなき限り 1,000 トン）

量の内訳 食料 1人1年当たり kg	1人1日当たり g	歩留り %	純食料	1人当たり供給純食料 1年当たり 年当り量 kg	1日当たり 数量 g	熱量 kcal	たんぱく質 g	脂質 g	純食料100g中の栄養成分量 熱量 kcal	たんぱく質 g	脂質 g
6.5	17.8	79.6	484	5.2	14.2	27.5	2.8	1.7	193.7	19.6	12.0
7.9	21.6	79.0	588	6.2	17.1	34.9	3.3	2.3	204.2	19.3	13.4
9.6	26.4	79.3	727	7.6	20.9	43.3	4.0	2.9	207.0	19.3	13.7
9.8	26.8	78.3	738	7.7	21.0	42.1	4.1	2.7	200.7	19.3	13.0
10.8	29.7	77.3	813	8.4	22.9	46.6	4.4	3.0	203.2	19.2	13.3
11.9	32.7	77.1	904	9.2	25.2	52.3	4.9	3.4	207.5	19.3	13.3
13.4	36.7	76.3	1,012	10.2	28.0	59.1	5.3	3.9	211.1	19.1	13.8
14.2	38.7	75.9	1,078	10.8	29.4	62.9	5.6	4.2	214.1	19.0	14.1
14.5	39.8	75.3	1,108	10.9	30.0	64.1	5.6	4.3	214.1	18.9	14.3
16.4	44.9	75.1	1,261	12.3	33.7	72.1	6.3	4.8	214.1	18.8	14.2
18.0	49.2	74.4	1,387	13.4	36.6	80.5	6.8	5.4	219.7	18.6	14.9
20.5	56.0	74.3	1,602	15.2	41.6	91.5	7.7	6.2	219.9	18.6	14.9
22.0	60.3	74.1	1,756	16.3	44.7	99.0	8.3	6.8	221.4	18.5	15.1
23.2	63.5	73.9	1,867	17.1	46.9	104.2	8.7	7.1	222.3	18.5	15.2
23.9	65.5	71.9	1,901	17.2	47.1	104.5	8.7	7.2	221.9	18.5	15.2
25.2	68.8	70.9	1,999	17.9	48.8	108.4	9.0	7.4	222.2	18.4	15.2
26.3	72.2	70.9	2,111	18.7	51.1	114.7	9.4	7.9	224.2	18.4	15.5
28.6	78.3	70.9	2,313	20.3	55.5	124.0	10.2	8.6	223.4	18.4	15.5
30.0	82.2	71.2	2,459	21.3	58.5	130.9	10.7	9.1	223.8	18.3	15.5
31.6	86.4	71.3	2,618	22.5	61.6	138.6	11.3	9.6	225.1	18.3	15.6
31.3	85.8	71.7	2,631	22.5	61.6	138.3	11.3	9.6	224.6	18.3	15.6
31.7	86.9	71.6	2,677	22.7	62.2	139.7	11.4	9.7	224.6	18.3	15.5
32.5	89.0	71.8	2,767	23.3	63.9	143.0	11.7	9.9	223.9	18.3	15.5
33.1	90.4	72.0	2,846	23.8	65.1	146.6	11.9	10.2	225.4	18.2	15.7
33.7	92.4	71.9	2,918	24.3	66.5	149.8	12.1	10.4	225.4	18.2	15.7
35.0	95.8	65.6	2,777	22.9	62.9	134.1	11.5	9.1	213.3	18.3	14.4
36.4	99.8	65.6	2,907	23.9	65.5	139.8	12.0	9.5	213.6	18.3	14.5
38.1	104.1	65.5	3,049	24.9	68.2	146.1	12.5	9.9	214.4	18.3	14.6
39.1	107.2	65.5	3,148	25.6	70.3	150.7	12.9	10.2	214.5	18.3	14.6
39.3	107.7	65.6	3,176	25.8	70.6	151.2	12.9	10.3	214.1	18.3	14.5
39.7	108.7	65.5	3,212	26.0	71.2	153.4	13.0	10.5	215.5	18.3	14.7
40.2	109.9	65.5	3,269	26.3	72.0	155.1	13.2	10.6	215.6	18.3	14.7
41.1	112.5	65.5	3,348	26.9	73.6	159.4	13.5	10.9	216.5	18.3	14.8
41.5	113.7	65.4	3,392	27.1	74.4	162.3	13.6	11.1	218.1	18.2	15.0
42.6	116.7	65.5	3,492	27.9	76.4	166.8	13.9	11.4	218.4	18.2	15.0
43.5	118.8	65.5	3,575	28.5	77.8	169.4	14.2	11.6	217.8	18.3	14.9
42.9	117.6	65.6	3,543	28.2	77.1	166.8	14.1	11.4	216.3	18.3	14.8
42.5	116.4	65.6	3,513	27.8	76.3	165.6	14.3	11.3	217.1	18.8	14.8
42.9	117.6	65.5	3,554	28.1	77.0	167.4	14.1	11.5	217.4	18.3	14.9
43.5	118.8	65.6	3,612	28.5	77.9	169.0	14.2	11.6	216.9	18.3	14.8
43.9	120.2	65.5	3,651	28.8	78.8	171.1	14.4	11.7	217.1	18.3	14.8
42.3	115.9	65.7	3,539	27.8	76.2	163.1	14.0	11.1	214.2	18.3	14.5
43.3	118.7	65.6	3,623	28.4	77.9	167.4	14.3	11.4	214.9	18.3	14.6
43.1	117.6	65.6	3,604	28.2	77.2	166.2	14.1	11.3	215.4	18.3	14.7
42.4	116.1	65.6	3,546	27.8	76.1	163.5	13.9	11.1	214.9	18.3	14.6
43.3	118.7	65.7	3,636	28.5	78.0	166.7	14.3	11.3	213.8	18.3	14.5
42.7	117.0	65.8	3,593	28.1	77.0	163.9	14.1	11.1	213.1	18.3	14.4
42.9	117.1	65.7	3,608	28.2	77.0	164.5	14.1	11.1	213.7	18.3	14.4
43.3	118.6	65.8	3,646	28.5	78.0	166.6	14.3	11.3	213.6	18.3	14.4
43.4	118.8	65.8	3,653	28.5	78.2	167.0	14.3	11.3	213.7	18.3	14.5
44.2	121.0	65.8	3,722	29.1	79.6	169.8	14.6	11.5	213.3	18.3	14.4
44.9	122.7	65.8	3,779	29.6	80.8	172.4	14.8	11.7	213.5	18.3	14.4
45.5	124.6	65.9	3,828	30.0	82.2	174.4	15.1	11.8	212.2	18.4	14.3
45.6	124.8	65.9	3,826	30.0	82.3	174.7	15.1	11.8	212.4	18.3	14.3
45.6	125.0	66.0	3,832	30.1	82.5	175.5	15.3	11.7	212.7	18.5	14.2
46.5	127.1	66.0	3,904	30.7	83.9	177.7	15.6	11.8	211.8	18.6	14.1
47.9	131.1	66.0	4,013	31.6	86.5	183.3	16.0	12.2	211.8	18.5	14.1
49.5	135.6	66.0	4,147	32.7	89.5	189.5	16.6	12.6	211.7	18.5	14.1
50.3	137.9	66.0	4,212	33.2	91.0	192.4	16.9	12.8	211.3	18.5	14.1
50.6	138.3	66.0	4,229	33.4	91.3	177.1	17.0	12.8	194.0	18.6	14.0
50.7	139.0	66.0	4,226	33.5	91.8	178.1	17.1	12.9	194.0	18.6	14.0
51.5	141.1	66.1	4,271	34.0	93.2	180.0	17.4	12.9	193.1	18.6	13.9

(2)　肉類（鯨肉を除く）

年度	国内 生産量	外国貿易 輸入量	外国貿易 輸出量	在庫の増減量	国内消費仕向量	飼料用	種子用	加工用	純旅客用	減耗量	粗 総数
昭和 35	422	41	0	0	463	0	0	0	－	9	454
36	541	37	0	0	578	0	0	0	－	13	565
37	660	38	0	0	698	0	0	0	－	14	684
38	672	91	0	0	763	0	0	0	－	16	747
39	786	103	0	0	889	0	0	0	－	18	871
40	887	102	0	0	989	0	0	0	－	20	969
41	1,041	142	0	32	1,151	0	0	0	－	22	1,129
42	1,076	167	0	△ 23	1,266	0	0	0	－	25	1,241
43	1,123	217	0	△ 11	1,351	0	0	0	－	26	1,325
44	1,296	265	0	0	1,561	0	0	0	－	30	1,531
45	1,570	205	1	0	1,774	0	0	0	－	35	1,739
46	1,727	339	1	0	2,065	0	0	0	－	41	2,024
47	1,874	418	1	0	2,291	0	0	0	－	46	2,245
48	1,952	532	1	28	2,455	0	0	0	－	51	2,404
49	2,183	378	2	△ 18	2,577	0	0	0	－	51	2,526
50	2,123	702	3	52	2,770	0	0	0	－	56	2,714
51	2,249	724	2	8	2,963	0	0	0	－	60	2,903
52	2,510	732	3	△ 11	3,250	0	0	0	－	65	3,185
53	2,757	720	3	7	3,467	0	0	0	－	69	3,398
54	2,964	764	3	23	3,702	0	0	0	－	75	3,627
55	2,985	713	4	△ 1	3,695	0	0	0	－	74	3,621
56	3,029	770	3	18	3,778	0	0	0	－	77	3,701
57	3,115	764	3	△ 19	3,895	0	0	0	－	79	3,816
58	3,197	807	2	8	3,994	0	0	0	－	79	3,915
59	3,302	813	2	8	4,105	0	0	0	－	82	4,023
60	3,475	835	3	24	4,283	0	0	0	－	84	4,199
61	3,525	961	3	△ 20	4,503	0	0	0	－	89	4,414
62	3,602	1,170	4	22	4,746	0	0	0	－	95	4,651
63	3,586	1,348	5	29	4,900	0	0	0	－	98	4,802
平成 元	3,558	1,514	6	124	4,942	0	0	0	－	98	4,844
2	3,476	1,484	8	△ 49	5,001	0	0	0	－	100	4,901
3	3,410	1,658	9	△ 33	5,092	0	0	0	－	102	4,990
4	3,399	1,824	7	0	5,216	0	0	0	－	104	5,112
5	3,358	1,986	5	51	5,288	0	0	0	－	106	5,182
6	3,246	2,189	3	△ 9	5,441	0	0	0	－	109	5,332
7	3,149	2,413	3	△ 9	5,568	0	0	0	－	112	5,456
8	3,054	2,565	3	108	5,508	0	0	0	－	110	5,398
9	3,059	2,344	3	△ 65	5,465	0	0	0	－	108	5,357
10	3,047	2,447	3	△ 45	5,536	0	0	0	－	111	5,425
11	3,039	2,649	5	64	5,619	0	0	0	－	113	5,506
12	2,979	2,755	3	51	5,680	0	0	0	－	113	5,567
13	2,923	2,664	5	83	5,499	0	0	0	－	115	5,384
14	3,002	2,579	3	△ 61	5,639	0	0	0	－	123	5,516
15	3,025	2,525	3	△ 59	5,606	0	0	0	－	115	5,491
16	3,020	2,531	1	35	5,515	0	0	0	－	110	5,405
17	3,039	2,703	2	97	5,643	0	0	0	－	112	5,531
18	3,114	2,416	3	△ 42	5,569	0	0	0	－	111	5,458
19	3,127	2,443	8	△ 34	5,596	0	0	0	－	112	5,484
20	3,179	2,572	11	88	5,652	0	0	0	－	114	5,538
21	3,255	2,310	13	△ 110	5,662	0	0	0	－	113	5,549
22	3,212	2,588	13	20	5,767	0	0	0	－	115	5,652
23	3,165	2,734	6	42	5,851	0	0	0	－	117	5,734
24	3,271	2,635	9	△ 24	5,921	0	0	0	－	119	5,802
25	3,282	2,635	12	△ 14	5,919	0	0	0	－	119	5,800
26	3,251	2,755	15	71	5,920	0	0	0	－	119	5,801
27	3,265	2,768	13	△ 10	6,030	0	0	0	－	121	5,909
28	3,288	2,926	15	△ 1	6,200	0	0	0	－	124	6,076
29	3,323	3,126	17	22	6,410	0	0	0	－	128	6,282
30	3,362	3,195	18	△ 1	6,540	0	0	0	34	131	6,375
令和 元	3,398	3,254	17	81	6,554	0	0	0	20	132	6,402
2	3,447	3,037	22	△ 67	6,529	0	0	0	0	131	6,398
3	3,482	3,138	19	8	6,593	0	0	0	0	132	6,461

（単位：断りなき限り 1,000 トン）

| 量 の 内 訳 | | | | 1 人 当 た り 供 給 純 食 料 | | | | | | 純食料100g中の栄養成分量 | | |
食料 1人1年当たり	食料 1人1日当たり	歩留り	純食料	1年当り量	1日当たり 数量	熱量	たんぱく質	脂質	熱量	たんぱく質	脂質
kg	g	%		kg	g	kcal	g	g	kcal	g	g
4.9	13.3	72.7	330	3.5	9.7	21.8	1.7	1.6	224.8	18.0	16.3
6.0	16.4	72.4	409	4.3	11.9	28.3	2.1	2.1	238.0	17.7	17.9
7.2	19.7	72.2	494	5.2	14.2	34.8	2.5	2.7	244.8	17.5	18.7
7.8	21.2	72.6	542	5.6	15.4	35.0	2.8	2.6	227.4	18.0	16.6
9.0	24.6	72.6	632	6.5	17.8	40.1	3.2	2.9	225.0	18.2	16.3
9.9	27.0	72.3	701	7.1	19.5	45.1	3.6	3.2	230.9	18.2	16.3
11.4	31.2	72.2	815	8.2	22.5	52.2	4.1	3.7	231.4	18.1	16.4
12.4	33.8	72.4	898	9.0	24.5	56.7	4.4	4.0	231.5	18.1	16.4
13.1	35.8	72.5	961	9.5	26.0	59.1	4.7	4.2	227.5	18.2	16.0
14.9	40.9	72.6	1,112	10.8	29.7	67.1	5.4	4.7	225.8	18.3	15.7
16.8	45.9	72.6	1,262	12.2	33.3	76.3	6.1	5.3	228.9	18.2	16.0
19.2	52.6	72.6	1,470	14.0	38.2	87.2	7.0	6.1	228.2	18.2	16.0
20.9	57.2	72.7	1,631	15.2	41.5	94.9	7.5	6.7	228.6	18.2	16.1
22.0	60.4	72.5	1,744	16.0	43.8	100.3	7.9	7.0	229.0	18.1	16.1
22.8	62.6	70.5	1,782	16.1	44.2	100.8	8.0	7.1	228.3	18.2	16.0
24.2	66.2	69.8	1,894	16.9	46.2	105.2	8.4	7.4	227.5	18.2	15.9
25.7	70.3	70.1	2,035	18.0	49.3	112.3	9.0	7.9	227.8	18.2	16.0
27.9	76.4	70.1	2,234	19.6	53.6	121.6	9.8	8.5	226.9	18.2	15.9
29.5	80.8	70.7	2,401	20.8	57.1	129.1	10.4	9.0	226.1	18.2	15.8
31.2	85.3	70.9	2,572	22.1	60.5	137.2	11.0	9.6	226.8	18.2	15.9
30.9	84.7	71.4	2,585	22.1	60.5	136.9	11.0	9.6	226.3	18.2	15.8
31.4	86.0	71.3	2,640	22.4	61.3	138.6	11.2	9.6	226.0	18.2	15.7
32.1	88.1	71.5	2,727	23.0	62.9	141.8	11.5	9.9	225.4	18.3	15.7
32.8	89.5	71.7	2,806	23.5	64.1	145.4	11.7	10.2	226.8	18.2	15.9
33.4	91.6	71.7	2,885	24.0	65.7	148.8	12.0	10.4	226.5	18.2	15.8
34.7	95.0	65.4	2,745	22.7	62.1	133.3	11.3	9.1	214.5	18.3	14.6
36.3	99.4	65.5	2,889	23.7	65.1	139.4	11.9	9.5	214.3	18.3	14.6
38.0	104.0	65.4	3,043	24.9	68.0	146.0	12.4	9.9	214.6	18.3	14.6
39.1	107.2	65.5	3,145	25.6	70.2	150.7	12.8	10.2	214.6	18.3	14.6
39.3	107.7	65.5	3,175	25.8	70.6	151.2	12.9	10.3	214.1	18.3	14.5
39.6	108.6	65.5	3,209	26.0	71.1	153.3	13.0	10.4	215.6	18.3	14.7
40.2	109.9	65.5	3,266	26.3	71.9	155.1	13.1	10.6	215.7	18.3	14.7
41.0	112.4	65.5	3,346	26.9	73.6	159.3	13.4	10.9	216.5	18.3	14.8
41.5	113.6	65.4	3,390	27.1	74.3	162.2	13.6	11.1	218.2	18.2	15.0
42.6	116.6	65.5	3,490	27.9	76.3	166.7	13.9	11.4	218.4	18.2	15.0
43.4	118.7	65.5	3,572	28.4	77.7	169.3	14.2	11.6	217.9	18.3	15.0
42.9	117.5	65.6	3,540	28.1	77.1	166.8	14.1	11.4	216.4	18.3	14.8
42.5	116.3	65.5	3,511	27.8	76.2	165.6	14.3	11.3	217.2	18.7	14.8
42.9	117.5	65.5	3,552	28.1	76.9	167.3	14.0	11.5	217.5	18.3	14.8
43.5	118.8	65.5	3,609	28.5	77.8	168.9	14.2	11.6	217.0	18.3	14.8
43.9	120.2	65.5	3,648	28.7	78.7	171.0	14.4	11.7	217.2	18.3	14.9
42.3	115.9	65.7	3,536	27.8	76.1	163.1	13.9	11.1	214.3	18.3	14.5
43.3	118.6	65.6	3,619	28.4	77.8	167.3	14.3	11.4	215.0	18.3	14.6
43.1	117.5	65.6	3,600	28.2	77.1	166.1	14.1	11.3	215.0	18.3	14.6
42.4	116.0	65.9	3,542	27.8	76.0	163.4	13.9	11.1	215.4	18.3	14.6
43.3	118.6	65.6	3,630	28.5	77.9	166.6	14.3	11.3	214.4	18.3	14.5
42.7	116.9	65.7	3,588	28.1	76.9	163.8	14.1	11.1	213.0	18.3	14.4
42.8	117.0	65.7	3,604	28.1	76.9	164.4	14.1	11.1	213.8	18.3	14.5
43.2	118.5	65.7	3,641	28.4	77.9	166.5	14.3	11.3	213.8	18.3	14.5
43.3	118.7	65.8	3,650	28.5	78.1	167.0	14.3	11.3	213.8	18.4	14.4
44.1	120.9	65.8	3,720	29.0	79.6	169.8	14.6	11.5	213.3	18.3	14.4
44.9	122.6	65.8	3,774	29.5	80.7	172.3	14.8	11.7	213.6	18.3	14.5
45.5	124.6	65.9	3,825	30.0	82.1	174.4	15.1	11.8	212.3	18.3	14.3
45.5	124.7	65.9	3,822	30.0	82.2	174.6	15.1	11.8	212.5	18.3	14.3
45.6	124.9	66.0	3,827	30.1	82.4	175.4	15.3	11.7	212.8	18.5	14.2
46.5	127.0	66.0	3,899	30.7	83.8	177.6	15.6	11.8	211.9	18.6	14.1
47.8	131.0	66.0	4,010	31.6	86.5	183.3	16.0	12.2	211.9	18.5	14.1
49.5	135.6	66.0	4,145	32.7	89.5	189.5	16.6	12.6	211.8	18.5	14.1
50.3	137.8	66.0	4,208	33.2	91.0	192.3	16.9	12.8	211.4	18.5	14.1
50.6	138.2	66.0	4,227	33.4	91.3	177.1	17.0	12.8	194.1	18.6	14.0
50.7	139.0	66.0	4,224	33.5	91.7	178.0	17.1	12.9	194.1	18.6	14.0
51.5	141.0	66.1	4,270	34.0	93.2	180.0	17.3	12.9	193.1	18.6	13.9

(3) 牛肉

年度	国内生産量	外国貿易 輸入量	輸出量	在庫の増減量	国内消費仕向量	飼料用	種子用	加工用	純旅客用	減耗量	粗 総数
昭和 35	141	6	0	0	147	0	0	0	-	3	144
36	141	6	0	0	147	0	0	0	-	3	144
37	153	4	0	0	157	0	0	0	-	3	154
38	198	5	0	0	203	0	0	0	-	4	199
39	229	6	0	0	235	0	0	0	-	5	230
40	196	11	0	0	207	0	0	0	-	4	203
41	153	14	0	0	167	0	0	0	-	3	164
42	160	20	0	0	180	0	0	0	-	4	176
43	188	19	0	0	207	0	0	0	-	4	203
44	250	23	0	0	273	0	0	0	-	5	268
45	282	33	0	0	315	0	0	0	-	6	309
46	302	62	0	0	364	0	0	0	-	7	357
47	310	77	0	0	387	0	0	0	-	8	379
48	236	170	0	28	378	0	0	0	-	8	370
49	354	40	0	△ 18	412	0	0	0	-	8	404
50	335	91	0	11	415	0	0	0	-	8	407
51	309	134	0	△ 7	450	0	0	0	-	9	441
52	371	132	0	6	497	0	0	0	-	10	487
53	406	146	0	△ 3	555	0	0	0	-	11	544
54	400	189	0	13	576	0	0	0	-	12	564
55	431	172	0	6	597	0	0	0	-	12	585
56	476	172	0	16	632	0	0	0	-	13	619
57	483	198	0	0	681	0	0	0	-	14	667
58	505	208	0	△ 11	724	0	0	0	-	14	710
59	539	213	0	0	752	0	0	0	-	15	737
60	556	225	0	7	774	0	0	0	-	15	759
61	563	268	0	14	817	0	0	0	-	16	801
62	568	319	0	△ 6	893	0	0	0	-	18	875
63	569	408	0	4	973	0	0	0	-	19	954
平成 元	539	520	0	63	996	0	0	0	-	20	976
2	555	549	0	9	1,095	0	0	0	-	22	1,073
3	581	467	0	△ 79	1,127	0	0	0	-	23	1,104
4	596	605	0	△ 14	1,215	0	0	0	-	24	1,191
5	595	810	0	51	1,354	0	0	0	-	27	1,327
6	605	834	0	△ 15	1,454	0	0	0	-	29	1,425
7	590	941	0	5	1,526	0	0	0	-	31	1,495
8	547	873	0	5	1,415	0	0	0	-	28	1,387
9	529	941	0	△ 2	1,472	0	0	0	-	29	1,443
10	531	974	0	3	1,502	0	0	0	-	30	1,472
11	545	975	1	12	1,507	0	0	0	-	30	1,477
12	521	1,055	0	22	1,554	0	0	0	-	31	1,523
13	470	868	1	33	1,304	0	0	0	-	31	1,273
14	520	763	0	△ 50	1,333	0	0	0	-	37	1,296
15	505	743	0	△ 43	1,291	0	0	0	-	29	1,262
16	508	643	0	△ 4	1,155	0	0	0	-	23	1,132
17	497	654	0	0	1,151	0	0	0	-	23	1,128
18	495	667	0	17	1,145	0	0	0	-	23	1,122
19	513	662	0	△ 5	1,180	0	0	0	-	24	1,156
20	518	671	1	9	1,179	0	0	0	-	24	1,155
21	518	679	1	△ 15	1,211	0	0	0	-	24	1,187
22	512	731	1	24	1,218	0	0	0	-	24	1,194
23	505	737	1	△ 9	1,250	0	0	0	-	25	1,225
24	514	722	1	8	1,227	0	0	0	-	25	1,202
25	506	765	1	31	1,239	0	0	0	-	25	1,214
26	502	738	2	29	1,209	0	0	0	-	24	1,185
27	475	696	2	△ 16	1,185	0	0	0	-	24	1,161
28	463	752	3	△ 19	1,231	0	0	0	-	25	1,206
29	471	817	4	△ 7	1,291	0	0	0	-	26	1,265
30	476	886	5	26	1,331	0	0	0	7	27	1,297
令和 元	471	890	6	16	1,339	0	0	0	4	27	1,308
2	479	845	8	△ 13	1,329	0	0	0	0	27	1,302
3	480	813	11	15	1,267	0	0	0	0	25	1,242

（単位：断りなき限り　1,000 トン）

| 量 の 内 訳 | | | | 1 人 当 た り 供 給 純 食 料 | | | | | 純食料100g中の栄養成分量 | | |
食料 1人1年当たり	食料 1人1日当たり	歩留り	純食料	1年当たり数量	1日当たり 数量	熱量	たんぱく質	脂質	熱量	たんぱく質	脂質
kg	g	%		kg	g	kcal	g	g	kcal	g	g
1.5	4.2	72.0	104	1.1	3.1	6.4	0.6	0.4	209.0	18.3	14.4
1.5	4.2	72.0	104	1.1	3.0	6.3	0.6	0.4	209.0	18.3	14.4
1.6	4.4	72.0	111	1.2	3.2	6.7	0.6	0.5	209.0	18.3	14.4
2.1	5.7	72.0	143	1.5	4.1	8.5	0.7	0.6	209.0	18.3	14.4
2.4	6.5	72.0	166	1.7	4.7	9.8	0.9	0.7	209.0	18.3	14.4
2.1	5.7	72.0	146	1.5	4.1	10.6	0.7	0.8	261.0	18.0	19.6
1.7	4.5	72.0	118	1.2	3.3	8.5	0.6	0.6	260.0	18.0	19.4
1.8	4.8	72.0	127	1.3	3.5	8.9	0.6	0.7	257.0	18.1	19.1
2.0	5.5	72.0	146	1.4	3.9	9.9	0.7	0.7	250.0	18.2	18.7
2.6	7.2	72.0	193	1.9	5.2	13.0	0.9	1.0	252.0	18.2	18.5
3.0	8.2	72.0	222	2.1	5.9	14.8	1.1	1.1	253.0	18.2	18.6
3.4	9.3	72.0	257	2.4	6.7	17.0	1.2	1.2	254.0	18.1	18.7
3.5	9.7	72.0	273	2.5	7.0	17.6	1.3	1.3	253.0	18.2	18.6
3.4	9.3	72.0	266	2.4	6.7	17.0	1.2	1.2	254.0	18.1	18.7
3.7	10.0	70.0	283	2.6	7.0	17.2	1.3	1.2	245.0	18.3	17.7
3.6	9.9	70.0	285	2.5	7.0	17.1	1.3	1.2	246.0	18.3	17.8
3.9	10.7	70.0	309	2.7	7.5	18.9	1.4	1.4	252.0	18.2	18.5
4.3	11.7	70.0	341	3.0	8.2	20.5	1.5	1.5	250.0	18.2	18.3
4.7	12.9	70.0	381	3.3	9.1	22.7	1.6	1.7	250.0	18.2	18.3
4.9	13.3	70.0	395	3.4	9.3	23.2	1.7	1.7	250.0	18.2	18.3
5.0	13.7	70.0	410	3.5	9.6	23.7	1.8	1.7	247.0	18.3	18.0
5.3	14.4	70.0	433	3.7	10.1	24.8	1.8	1.8	246.0	18.3	17.7
5.6	15.4	70.0	467	3.9	10.8	26.5	2.0	1.9	246.0	18.3	17.8
5.9	16.2	70.0	497	4.2	11.4	28.2	2.1	2.1	248.0	18.2	18.1
6.1	16.8	70.0	516	4.3	11.8	29.3	2.1	2.1	249.0	18.2	18.2
6.3	17.2	63.0	478	3.9	10.8	32.5	1.8	2.7	300.5	16.3	24.5
6.6	18.0	63.0	505	4.2	11.4	34.1	1.9	2.8	299.8	16.5	24.4
7.2	19.6	63.0	551	4.5	12.3	36.6	2.0	3.0	297.4	16.5	24.1
7.8	21.3	63.0	601	4.9	13.4	39.3	2.2	3.2	293.1	16.6	23.6
7.9	21.7	63.0	615	5.0	13.7	39.6	2.3	3.2	289.4	16.7	23.2
8.7	23.8	63.0	676	5.5	15.0	43.0	2.5	3.4	287.2	16.8	22.9
8.9	24.3	63.0	696	5.6	15.3	44.0	2.6	3.5	287.3	16.8	22.8
9.6	26.2	63.0	750	6.0	16.5	47.4	2.8	3.8	287.3	16.8	22.8
10.6	29.1	63.0	836	6.7	18.3	52.3	3.1	4.1	285.2	16.9	22.6
11.4	31.2	63.0	898	7.2	19.6	55.5	3.3	4.4	282.8	16.9	22.3
11.9	32.5	63.0	942	7.5	20.5	57.5	3.5	4.5	280.5	17.0	22.1
11.0	30.2	63.0	874	6.9	19.0	53.3	3.2	4.2	280.0	17.0	22.0
11.4	31.3	63.0	909	7.2	19.7	55.0	3.7	4.3	278.7	18.9	21.8
11.6	31.9	63.0	927	7.3	20.1	55.8	3.4	4.4	278.0	17.0	21.8
11.7	31.9	63.0	931	7.3	20.1	55.7	3.4	4.4	277.3	17.1	21.7
12.0	32.9	63.0	959	7.6	20.7	57.3	3.5	4.5	276.6	17.1	21.6
10.0	27.4	63.0	802	6.3	17.3	47.7	3.0	3.7	276.4	17.1	21.6
10.2	27.9	63.0	816	6.4	17.5	48.6	3.0	3.8	277.2	17.1	21.7
9.9	27.0	63.0	795	6.2	17.0	47.4	2.9	3.7	278.5	17.0	21.8
8.9	24.3	63.0	713	5.6	15.3	42.9	2.6	3.3	280.4	17.0	21.8
8.8	24.2	63.0	711	5.6	15.2	42.8	2.6	3.4	281.8	16.9	22.1
8.8	24.0	63.0	707	5.5	15.1	42.6	2.6	3.4	281.3	16.9	22.2
9.0	24.7	63.0	728	5.7	15.5	43.7	2.6	3.4	281.5	16.9	22.2
9.0	24.7	63.0	728	5.7	15.6	43.9	2.6	3.5	281.9	16.9	22.2
9.3	25.4	63.0	748	5.8	16.0	45.1	2.7	3.6	281.9	16.9	22.2
9.3	25.5	63.0	752	5.9	16.1	45.4	2.7	3.6	282.1	16.9	22.3
9.6	26.2	63.0	772	6.0	16.5	46.5	2.8	3.7	281.8	16.9	22.2
9.4	25.8	63.0	757	5.9	16.3	45.8	2.7	3.6	281.7	16.9	22.2
9.5	26.1	63.0	765	6.0	16.4	46.3	2.8	3.7	281.6	16.9	22.2
9.3	25.5	63.0	747	5.9	16.1	46.2	2.7	3.6	287.0	16.7	22.6
9.1	25.0	63.0	731	5.8	15.7	45.0	2.6	3.6	286.6	16.7	22.6
9.5	26.0	63.0	760	6.0	16.4	46.9	2.7	3.7	286.1	16.7	22.5
10.0	27.3	63.0	797	6.3	17.2	49.0	2.9	3.9	284.7	16.7	22.4
10.2	28.0	63.0	817	6.4	17.7	50.0	2.9	4.0	283.0	16.7	22.4
10.3	28.2	63.0	824	6.5	17.8	45.6	3.0	3.9	256.1	16.8	22.1
10.3	28.3	63.0	820	6.5	17.8	45.5	3.0	4.0	255.5	16.8	22.2
9.9	27.1	63.0	782	6.2	17.1	43.8	2.9	3.8	256.3	16.7	22.2

(4)　豚　肉

年　度	国　内 生産量	外国貿易 輸入量	輸出量	在庫の 増減量	国内消費 仕向量	飼料用	種子用	加工用	純旅客用	減耗量	粗 総数
昭和 35	149	6	0	0	155	0	0	0	－	3	152
36	240	1	0	0	241	0	0	0	－	5	236
37	322	0	0	0	322	0	0	0	－	6	316
38	271	8	0	0	279	0	0	0	－	6	273
39	314	2	0	0	316	0	0	0	－	6	310
40	431	0	0	0	431	0	0	0	－	9	422
41	603	0	0	32	571	0	0	0	－	11	560
42	597	0	0	△ 23	620	0	0	0	－	12	608
43	582	18	0	△ 11	611	0	0	0	－	12	599
44	609	36	0	0	645	0	0	0	－	13	632
45	779	17	0	0	796	0	0	0	－	16	780
46	849	29	0	0	878	0	0	0	－	18	860
47	917	90	0	0	1,007	0	0	0	－	20	987
48	1,012	128	0	0	1,140	0	0	0	－	23	1,117
49	1,095	71	0	0	1,166	0	0	0	－	23	1,143
50	1,023	208	0	41	1,190	0	0	0	－	24	1,166
51	1,096	187	0	15	1,268	0	0	0	－	25	1,243
52	1,189	161	0	△ 23	1,373	0	0	0	－	27	1,346
53	1,324	155	0	10	1,469	0	0	0	－	29	1,440
54	1,465	176	0	15	1,626	0	0	0	－	33	1,593
55	1,430	207	0	△ 9	1,646	0	0	0	－	33	1,613
56	1,409	232	0	△ 1	1,642	0	0	0	－	33	1,609
57	1,427	199	0	△ 21	1,647	0	0	0	－	33	1,614
58	1,430	271	0	23	1,678	0	0	0	－	34	1,644
59	1,433	262	0	△ 2	1,697	0	0	0	－	34	1,663
60	1,559	272	0	18	1,813	0	0	0	－	36	1,777
61	1,558	292	0	△ 40	1,890	0	0	0	－	38	1,852
62	1,592	415	0	13	1,994	0	0	0	－	40	1,954
63	1,577	484	0	20	2,041	0	0	0	－	41	2,000
平成 元	1,597	523	0	54	2,066	0	0	0	－	41	2,025
2	1,536	488	0	△ 42	2,066	0	0	0	－	41	2,025
3	1,466	631	0	13	2,084	0	0	0	－	42	2,042
4	1,432	667	0	7	2,092	0	0	0	－	42	2,050
5	1,438	650	0	6	2,082	0	0	0	－	42	2,040
6	1,377	724	0	△ 2	2,103	0	0	0	－	42	2,061
7	1,299	772	0	△ 24	2,095	0	0	0	－	42	2,053
8	1,264	964	0	95	2,133	0	0	0	－	43	2,090
9	1,288	754	0	△ 40	2,082	0	0	0	－	42	2,040
10	1,292	803	0	△ 45	2,140	0	0	0	－	43	2,097
11	1,276	953	0	49	2,180	0	0	0	－	44	2,136
12	1,256	952	0	20	2,188	0	0	0	－	44	2,144
13	1,231	1,034	1	28	2,236	0	0	0	－	45	2,191
14	1,246	1,101	0	△ 3	2,350	0	0	0	－	47	2,303
15	1,274	1,145	0	13	2,406	0	0	0	－	48	2,358
16	1,263	1,267	0	38	2,492	0	0	0	－	50	2,442
17	1,242	1,298	0	46	2,494	0	0	0	－	50	2,444
18	1,249	1,100	1	△ 35	2,383	0	0	0	－	48	2,335
19	1,246	1,126	1	△ 21	2,392	0	0	0	－	48	2,344
20	1,260	1,207	3	34	2,430	0	0	0	－	49	2,381
21	1,318	1,034	3	△ 32	2,381	0	0	0	－	48	2,333
22	1,277	1,143	1	3	2,416	0	0	0	－	48	2,368
23	1,277	1,198	1	13	2,461	0	0	0	－	49	2,412
24	1,295	1,141	1	△ 12	2,447	0	0	0	－	49	2,398
25	1,311	1,113	2	△ 18	2,440	0	0	0	－	49	2,391
26	1,250	1,216	2	23	2,441	0	0	0	－	49	2,392
27	1,268	1,223	2	△ 13	2,502	0	0	0	－	50	2,452
28	1,277	1,290	3	12	2,552	0	0	0	－	51	2,501
29	1,272	1,357	3	5	2,621	0	0	0	－	52	2,569
30	1,282	1,344	3	△ 21	2,644	0	0	0	14	53	2,577
令和 元	1,290	1,400	2	62	2,626	0	0	0	8	53	2,565
2	1,310	1,292	4	△ 40	2,638	0	0	0	0	53	2,585
3	1,318	1,357	3	△ 3	2,675	0	0	0	0	54	2,621

（単位：断りなき限り 1,000 トン）

量 の 内 訳				1 人 当 た り 供 給 純 食 料					純食料100g中の栄養成分量		
食 料		歩留り	純食料	1年当たり数量	1日当たり				熱 量	たんぱく質	脂 質
1人1年当たり	1人1日当たり				数 量	熱 量	たんぱく質	脂 質			
kg	g	%		kg	g	kcal	g	g	kcal	g	g
1.6	4.5	70.0	106	1.1	3.1	10.8	0.4	1.0	346.0	14.3	31.5
2.5	6.9	70.0	165	1.7	4.8	16.6	0.7	1.5	346.0	14.3	31.5
3.3	9.1	70.0	221	2.3	6.4	22.0	0.9	2.0	346.0	14.3	31.5
2.8	7.8	70.0	191	2.0	5.4	18.8	0.8	1.7	346.0	14.3	31.5
3.2	8.7	70.0	217	2.2	6.1	21.2	0.9	1.9	346.0	14.3	31.5
4.3	11.8	70.0	295	3.0	8.2	21.4	1.4	1.6	260.0	17.3	19.8
5.7	15.5	70.0	392	4.0	10.8	28.4	1.9	2.2	262.0	17.2	20.0
6.1	16.6	70.0	426	4.3	11.6	30.6	2.0	2.3	263.0	17.2	20.1
5.9	16.2	70.0	419	4.1	11.3	29.9	1.9	2.3	264.0	17.2	20.3
6.2	16.9	70.0	442	4.3	11.8	31.2	2.0	2.4	264.0	17.2	20.3
7.5	20.6	70.0	546	5.3	14.4	38.2	2.5	2.9	265.0	17.1	20.3
8.2	22.3	70.0	602	5.7	15.6	41.5	2.7	3.2	265.0	17.1	20.4
9.2	25.1	70.0	691	6.4	17.6	46.6	3.0	3.6	265.0	17.1	20.4
10.2	28.0	70.0	782	7.2	19.6	52.2	3.4	4.0	266.0	17.1	20.5
10.3	28.3	70.0	800	7.2	19.8	52.7	3.4	4.1	266.0	17.1	20.5
10.4	28.5	70.0	816	7.3	19.9	53.0	3.4	4.1	266.0	17.1	20.5
11.0	30.1	70.0	870	7.7	21.1	56.1	3.6	4.3	266.0	17.1	20.5
11.8	32.3	70.0	942	8.3	22.6	60.1	3.9	4.6	266.0	17.1	20.5
12.5	34.2	70.0	1,008	8.8	24.0	63.8	4.1	4.9	266.0	17.1	20.5
13.7	37.5	70.0	1,115	9.6	26.2	69.8	4.5	5.4	266.0	17.1	20.5
13.8	37.8	70.0	1,129	9.6	26.4	70.3	4.5	5.4	266.0	17.1	20.5
13.6	37.4	70.0	1,126	9.6	26.2	69.6	4.5	5.4	266.0	17.1	20.5
13.6	37.2	70.0	1,130	9.5	26.1	69.4	4.5	5.3	266.0	17.1	20.5
13.8	37.6	70.0	1,151	9.6	26.3	70.8	4.4	5.5	269.0	16.9	20.8
13.8	37.9	70.0	1,164	9.7	26.5	71.3	4.5	5.5	269.0	16.9	20.8
14.7	40.2	63.0	1,120	9.3	25.3	57.9	4.6	4.1	228.3	18.1	16.1
15.2	41.7	63.0	1,167	9.6	26.3	60.0	4.8	4.2	228.3	18.1	16.1
16.0	43.7	63.0	1,231	10.1	27.5	62.8	5.0	4.4	228.3	18.1	16.1
16.3	44.6	63.0	1,260	10.3	28.1	64.2	5.1	4.5	228.3	18.1	16.1
16.4	45.0	63.0	1,276	10.4	28.4	64.8	5.1	4.6	228.3	18.1	16.1
16.4	44.9	63.0	1,276	10.3	28.3	64.6	5.1	4.6	228.3	18.1	16.1
16.5	45.0	63.0	1,286	10.4	28.3	64.6	5.1	4.6	228.3	18.1	16.1
16.5	45.1	63.0	1,292	10.4	28.4	64.9	5.1	4.6	228.3	18.1	16.1
16.3	44.7	63.0	1,285	10.3	28.2	64.3	5.1	4.5	228.3	18.1	16.1
16.5	45.1	63.0	1,298	10.4	28.4	64.8	5.1	4.6	228.3	18.1	16.1
16.3	44.7	63.0	1,293	10.3	28.1	64.2	5.1	4.5	228.3	18.1	16.1
16.6	45.5	63.0	1,317	10.5	28.7	65.5	5.2	4.6	228.3	18.1	16.1
16.2	44.3	63.0	1,285	10.2	27.9	63.7	5.1	4.5	228.3	18.1	16.1
16.6	45.4	63.0	1,321	10.4	28.6	65.3	5.2	4.6	228.3	18.1	16.1
16.9	46.1	63.0	1,346	10.6	29.0	66.3	5.3	4.7	228.3	18.1	16.1
16.9	46.3	63.0	1,351	10.6	29.2	66.6	5.3	4.7	228.3	18.1	16.1
17.2	47.2	63.0	1,380	10.8	29.7	67.8	5.4	4.8	228.3	18.1	16.1
18.1	49.5	63.0	1,451	11.4	31.2	71.2	5.6	5.0	228.3	18.1	16.1
18.5	50.5	63.0	1,486	11.6	31.8	72.6	5.8	5.1	228.3	18.1	16.1
19.1	52.4	63.0	1,538	12.0	33.0	75.3	6.0	5.3	228.3	18.1	16.1
19.1	52.4	63.0	1,540	12.1	33.0	75.4	6.0	5.3	228.3	18.1	16.1
18.3	50.0	63.0	1,471	11.5	31.5	71.9	5.7	5.1	228.3	18.1	16.1
18.3	50.0	63.0	1,477	11.5	31.5	72.0	5.7	5.1	228.3	18.1	16.1
18.6	50.9	63.0	1,500	11.7	32.1	73.3	5.8	5.2	228.3	18.1	16.1
18.2	49.9	63.0	1,470	11.5	31.5	71.8	5.7	5.1	228.3	18.1	16.1
18.5	50.7	63.0	1,492	11.7	31.9	72.9	5.8	5.1	228.3	18.1	16.1
18.9	51.6	63.0	1,520	11.9	32.5	74.2	5.9	5.2	228.3	18.1	16.1
18.8	51.5	63.0	1,511	11.8	32.4	74.1	5.9	5.2	228.3	18.1	16.1
18.8	51.4	63.0	1,506	11.8	32.4	73.9	5.9	5.2	228.3	18.1	16.1
18.8	51.5	63.0	1,507	11.8	32.4	74.8	5.9	5.3	230.5	18.1	16.3
19.3	52.7	63.0	1,545	12.2	33.2	76.6	6.0	5.4	230.5	18.1	16.3
19.7	53.9	63.0	1,576	12.4	34.0	78.3	6.2	5.5	230.5	18.1	16.3
20.2	55.5	63.0	1,618	12.7	34.9	80.5	6.3	5.7	230.5	18.1	16.3
20.3	55.7	63.0	1,624	12.8	35.1	80.9	6.4	5.7	230.5	18.1	16.3
20.3	55.4	63.0	1,616	12.8	34.9	74.9	6.3	5.7	214.7	18.1	16.3
20.5	56.1	63.0	1,629	12.9	35.4	76.0	6.4	5.8	214.7	18.1	16.3
20.9	57.2	63.0	1,651	13.2	36.0	77.4	6.5	5.9	214.7	18.1	16.3

(5) 鶏 肉

年度	国内生産量	外国貿易		在庫の増減量	国内消費仕向量	国内消費仕向					粗
		輸入量	輸出量			飼料用	種子用	加工用	純旅客用	減耗量	総数
昭和 35	103	0	0	0	103	0	0	0	-	2	101
36	132	0	0	0	132	0	0	0	-	3	129
37	155	0	0	0	155	0	0	0	-	3	152
38	178	5	0	0	183	0	0	0	-	4	179
39	222	4	0	0	226	0	0	0	-	5	221
40	238	8	0	0	246	0	0	0	-	5	241
41	270	7	0	0	277	0	0	0	-	5	272
42	302	10	0	0	312	0	0	0	-	6	306
43	336	18	0	0	354	0	0	0	-	7	347
44	423	20	0	0	443	0	0	0	-	8	435
45	496	12	1	0	507	0	0	0	-	10	497
46	564	30	1	0	593	0	0	0	-	12	581
47	640	29	1	0	668	0	0	0	-	14	654
48	700	26	1	0	725	0	0	0	-	15	710
49	730	21	2	0	749	0	0	0	-	15	734
50	759	28	3	0	784	0	0	0	-	16	768
51	838	40	2	0	876	0	0	0	-	18	858
52	944	48	3	6	983	0	0	0	-	20	963
53	1,022	66	3	0	1,085	0	0	0	-	22	1,063
54	1,095	69	3	△ 5	1,166	0	0	0	-	23	1,143
55	1,120	80	4	2	1,194	0	0	0	-	24	1,170
56	1,140	104	3	3	1,238	0	0	0	-	25	1,213
57	1,200	107	3	2	1,302	0	0	0	-	26	1,276
58	1,257	100	2	△ 4	1,359	0	0	0	-	27	1,332
59	1,325	112	2	10	1,425	0	0	0	-	29	1,396
60	1,354	115	3	0	1,466	0	0	0	-	29	1,437
61	1,398	187	3	8	1,574	0	0	0	-	31	1,543
62	1,437	217	4	9	1,641	0	0	0	-	33	1,608
63	1,436	272	5	8	1,695	0	0	0	-	34	1,661
平成 元	1,417	296	6	10	1,697	0	0	0	-	34	1,663
2	1,380	297	8	△ 9	1,678	0	0	0	-	34	1,644
3	1,358	392	9	29	1,712	0	0	0	-	34	1,678
4	1,365	398	7	8	1,748	0	0	0	-	35	1,713
5	1,318	390	5	△ 4	1,707	0	0	0	-	34	1,673
6	1,256	516	3	10	1,759	0	0	0	-	35	1,724
7	1,252	581	3	10	1,820	0	0	0	-	36	1,784
8	1,236	634	3	11	1,856	0	0	0	-	37	1,819
9	1,234	568	3	△ 23	1,822	0	0	0	-	36	1,786
10	1,216	591	3	0	1,804	0	0	0	-	36	1,768
11	1,211	650	4	6	1,851	0	0	0	-	37	1,814
12	1,195	686	3	13	1,865	0	0	0	-	37	1,828
13	1,216	702	3	21	1,894	0	0	0	-	38	1,856
14	1,229	662	3	△ 10	1,898	0	0	0	-	38	1,860
15	1,239	585	3	△ 27	1,848	0	0	0	-	37	1,811
16	1,242	561	1	△ 3	1,805	0	0	0	-	36	1,769
17	1,293	679	2	51	1,919	0	0	0	-	38	1,881
18	1,364	589	2	△ 23	1,974	0	0	0	-	39	1,935
19	1,362	605	7	△ 5	1,965	0	0	0	-	39	1,926
20	1,395	643	7	42	1,989	0	0	0	-	40	1,949
21	1,413	553	9	△ 60	2,017	0	0	0	-	40	1,977
22	1,417	674	11	△ 7	2,087	0	0	0	-	42	2,045
23	1,378	763	4	38	2,099	0	0	0	-	42	2,057
24	1,457	736	7	△ 18	2,204	0	0	0	-	44	2,160
25	1,459	717	9	△ 28	2,195	0	0	0	-	44	2,151
26	1,494	759	11	16	2,226	0	0	0	-	45	2,181
27	1,517	809	9	19	2,298	0	0	0	-	46	2,252
28	1,545	842	9	9	2,369	0	0	0	-	47	2,322
29	1,575	905	10	22	2,448	0	0	0	-	49	2,399
30	1,599	914	10	△ 8	2,511	0	0	0	13	50	2,448
令和 元	1,632	916	9	2	2,537	0	0	0	8	51	2,478
2	1,653	859	10	△ 11	2,513	0	0	0	0	50	2,463
3	1,678	927	5	△ 1	2,601	0	0	0	0	52	2,549

（単位：断りなき限り 1,000 トン）

量 の 内 訳				1 人 当 た り 供 給 純 食 料					純食料100g中の栄養成分量		
食料 1人1年当たり	食料 1人1日当たり	歩留り	純食料	1年当たり 1人当り量	1日当たり 数量	1日当たり 熱量	1日当たり たんぱく質	1日当たり 脂質	熱量	たんぱく質	脂質
kg	g	%		kg	g	kcal	g	g	kcal	g	g
1.1	3.0	77.0	78	0.8	2.3	3.0	0.5	0.1	133.0	21.7	4.4
1.4	3.7	77.0	99	1.0	2.9	3.8	0.6	0.1	133.0	21.9	4.4
1.6	4.4	77.0	117	1.2	3.4	4.4	0.7	0.1	132.0	21.9	4.2
1.9	5.1	77.0	138	1.4	3.9	5.1	0.9	0.2	131.0	22.3	3.9
2.3	6.2	77.0	170	1.7	4.8	6.2	1.1	0.2	130.0	22.4	3.8
2.5	6.7	77.0	186	1.9	5.2	9.2	1.0	0.5	177.0	19.7	10.0
2.7	7.5	77.0	209	2.1	5.8	10.2	1.1	0.6	177.0	19.7	10.0
3.1	8.3	77.0	236	2.4	6.4	11.4	1.3	0.6	177.0	19.7	9.9
3.4	9.4	77.0	267	2.6	7.2	12.8	1.4	0.7	177.0	19.6	9.9
4.2	11.6	77.0	335	3.3	9.0	15.8	1.8	0.9	176.0	19.6	9.9
4.8	13.1	77.0	383	3.7	10.1	17.8	2.0	1.0	176.0	19.6	9.9
5.5	15.1	77.0	447	4.3	11.6	20.4	2.3	1.1	176.0	19.6	9.9
6.1	16.7	77.0	504	4.7	12.8	22.6	2.5	1.3	176.0	19.5	9.9
6.5	17.8	77.0	547	5.0	13.7	24.2	2.7	1.4	176.0	19.5	9.9
6.6	18.2	77.0	565	5.1	14.0	24.6	2.7	1.4	176.0	19.5	9.9
6.9	18.7	77.0	591	5.3	14.4	25.4	2.8	1.4	176.0	19.5	9.9
7.6	20.8	77.0	661	5.8	16.0	28.2	3.1	1.6	176.0	19.5	9.9
8.4	23.1	77.0	742	6.5	17.8	31.2	3.5	1.8	175.0	19.5	9.9
9.2	25.3	77.0	819	7.1	19.5	34.1	3.8	1.9	175.0	19.5	9.9
9.8	26.9	77.0	880	7.6	20.7	36.2	4.0	2.0	175.0	19.5	9.8
10.0	27.4	77.0	901	7.7	21.1	36.9	4.1	2.1	175.0	19.5	9.8
10.3	28.2	77.0	934	7.9	21.7	38.0	4.2	2.1	175.0	19.5	9.8
10.7	29.4	77.0	983	8.3	22.7	39.7	4.4	2.2	175.0	19.5	9.8
11.1	30.4	77.0	1,026	8.6	23.5	41.0	4.6	2.3	175.0	19.5	9.9
11.6	31.8	77.0	1,075	8.9	24.5	42.8	4.8	2.4	175.0	19.5	9.9
11.9	32.5	71.0	1,020	8.4	23.1	37.6	4.5	2.0	162.7	19.3	8.7
12.7	34.7	71.0	1,096	9.0	24.7	40.2	4.8	2.1	162.7	19.3	8.7
13.2	35.9	71.0	1,142	9.3	25.5	41.5	4.9	2.2	162.7	19.3	8.7
13.5	37.1	71.0	1,179	9.6	26.3	42.8	5.1	2.3	162.7	19.3	8.7
13.5	37.0	71.0	1,181	9.6	26.3	42.7	5.1	2.3	162.7	19.3	8.7
13.3	36.4	71.0	1,167	9.4	25.9	42.1	5.0	2.3	162.7	19.3	8.7
13.5	36.9	71.0	1,191	9.6	26.2	42.7	5.1	2.3	162.7	19.3	8.7
13.8	37.7	71.0	1,216	9.8	26.7	43.5	5.2	2.3	162.7	19.3	8.7
13.4	36.7	71.0	1,188	9.5	26.1	42.4	5.0	2.3	162.7	19.3	8.7
13.8	37.7	71.0	1,224	9.8	26.8	43.6	5.2	2.3	162.7	19.3	8.7
14.2	38.8	71.0	1,267	10.1	27.6	44.9	5.3	2.4	162.7	19.3	8.7
14.5	39.6	71.0	1,291	10.3	28.1	45.7	5.4	2.4	162.7	19.3	8.7
14.2	38.8	71.0	1,268	10.1	27.5	44.8	5.3	2.4	162.7	19.3	8.7
14.0	38.3	71.0	1,255	9.9	27.2	44.2	5.2	2.4	162.7	19.3	8.7
14.3	39.1	71.0	1,288	10.2	27.8	45.2	5.4	2.4	162.7	19.3	8.7
14.4	39.5	71.0	1,298	10.2	28.0	45.6	5.4	2.4	162.7	19.3	8.7
14.6	39.9	71.0	1,318	10.4	28.4	46.2	5.5	2.5	162.7	19.3	8.7
14.6	40.0	71.0	1,321	10.4	28.4	46.2	5.5	2.5	162.7	19.3	8.7
14.2	38.8	71.0	1,286	10.1	27.5	44.8	5.3	2.4	162.7	19.3	8.7
13.9	38.0	71.0	1,256	9.8	26.9	43.8	5.2	2.3	162.7	19.3	8.7
14.7	40.3	71.0	1,336	10.5	28.6	46.6	5.5	2.5	162.7	19.3	8.7
15.1	41.4	71.0	1,374	10.7	29.4	47.9	5.7	2.6	162.7	19.3	8.7
15.0	41.1	71.0	1,367	10.7	29.2	47.5	5.6	2.5	162.7	19.3	8.7
15.2	41.7	71.0	1,384	10.8	29.6	48.2	5.7	2.6	162.7	19.3	8.7
15.4	42.3	71.0	1,404	11.0	30.0	48.9	5.8	2.6	162.7	19.3	8.7
16.0	43.8	71.0	1,452	11.3	31.1	50.5	6.0	2.7	162.7	19.3	8.7
16.1	44.0	71.0	1,460	11.4	31.2	50.8	6.0	2.7	162.7	19.3	8.7
16.9	46.4	71.0	1,534	12.0	32.9	53.6	6.4	2.9	162.7	19.3	8.7
16.9	46.3	71.0	1,527	12.0	32.8	53.4	6.3	2.9	162.7	19.3	8.7
17.1	47.0	71.0	1,549	12.2	33.4	53.4	6.6	2.7	160.2	19.8	8.1
17.7	48.4	71.0	1,599	12.6	34.4	55.1	6.8	2.8	160.2	19.8	8.1
18.3	50.1	71.0	1,649	13.0	35.6	57.0	7.0	2.9	160.2	19.8	8.1
18.9	51.8	71.0	1,703	13.4	36.8	58.9	7.3	3.0	160.2	19.8	8.1
19.3	52.9	71.0	1,738	13.7	37.6	60.2	7.4	3.0	160.2	19.8	8.1
19.6	53.5	71.0	1,759	13.9	38.0	55.5	7.6	3.1	146.3	19.9	8.1
19.5	53.5	71.0	1,749	13.9	38.0	55.6	7.6	3.1	146.3	19.9	8.1
20.3	55.6	71.0	1,810	14.4	39.5	57.8	7.9	3.2	146.3	19.9	8.1

(6) その他の肉

年度	国内生産量	外国貿易 輸入量	輸出量	在庫の増減量	国内消費仕向量	飼料用	種子用	加工用	純旅客用	減耗量	粗総数
昭和 35	29	29	0	0	58	0	0	0	-	1	57
36	28	30	0	0	58	0	0	0	-	2	56
37	30	34	0	0	64	0	0	0	-	2	62
38	25	73	0	0	98	0	0	0	-	2	96
39	21	91	0	0	112	0	0	0	-	2	110
40	22	83	0	0	105	0	0	0	-	2	103
41	15	121	0	0	136	0	0	0	-	3	133
42	17	137	0	0	154	0	0	0	-	3	151
43	17	162	0	0	179	0	0	0	-	3	176
44	14	186	0	0	200	0	0	0	-	4	196
45	13	143	0	0	156	0	0	0	-	3	153
46	12	218	0	0	230	0	0	0	-	4	226
47	7	222	0	0	229	0	0	0	-	4	225
48	4	208	0	0	212	0	0	0	-	5	207
49	4	246	0	0	250	0	0	0	-	5	245
50	6	375	0	0	381	0	0	0	-	8	373
51	6	363	0	0	369	0	0	0	-	8	361
52	6	391	0	0	397	0	0	0	-	8	389
53	5	353	0	0	358	0	0	0	-	7	351
54	4	330	0	0	334	0	0	0	-	7	327
55	4	254	0	0	258	0	0	0	-	5	253
56	4	262	0	0	266	0	0	0	-	6	260
57	5	260	0	0	265	0	0	0	-	6	259
58	5	228	0	0	233	0	0	0	-	4	229
59	5	226	0	0	231	0	0	0	-	4	227
60	6	223	0	△ 1	230	0	0	0	-	4	226
61	6	214	0	△ 2	222	0	0	0	-	4	218
62	5	219	0	6	218	0	0	0	-	4	214
63	4	184	0	△ 3	191	0	0	0	-	4	187
平成 元	5	175	0	△ 3	183	0	0	0	-	3	180
2	5	150	0	△ 7	162	0	0	0	-	3	159
3	5	168	0	4	169	0	0	0	-	3	166
4	6	154	0	△ 1	161	0	0	0	-	3	158
5	7	136	0	△ 2	145	0	0	0	-	3	142
6	8	115	0	△ 2	125	0	0	0	-	3	122
7	8	119	0	0	127	0	0	0	-	3	124
8	7	94	0	△ 3	104	0	0	0	-	2	102
9	8	81	0	0	89	0	0	0	-	1	88
10	8	79	0	△ 3	90	0	0	0	-	2	88
11	7	71	0	△ 3	81	0	0	0	-	2	79
12	7	62	0	△ 4	73	0	0	0	-	1	72
13	6	60	0	1	65	0	0	0	-	1	64
14	7	53	0	2	58	0	0	0	-	1	57
15	7	52	0	△ 2	61	0	0	0	-	1	60
16	7	60	0	4	63	0	0	0	-	1	62
17	7	72	0	0	79	0	0	0	-	1	78
18	6	60	0	△ 1	67	0	0	0	-	1	66
19	6	50	0	△ 3	59	0	0	0	-	1	58
20	6	51	0	3	54	0	0	0	-	1	53
21	6	44	0	△ 3	53	0	0	0	-	1	52
22	6	40	0	0	46	0	0	0	-	1	45
23	5	36	0	0	41	0	0	0	-	1	40
24	5	36	0	△ 2	43	0	0	0	-	1	42
25	6	40	0	1	45	0	0	0	-	1	44
26	5	42	0	3	44	0	0	0	-	1	43
27	5	40	0	0	45	0	0	0	-	1	44
28	3	42	0	△ 3	48	0	0	0	-	1	47
29	5	47	0	2	50	0	0	0	-	1	49
30	5	51	0	2	54	0	0	0	0	1	53
令和 元	5	48	0	1	52	0	0	0	0	1	51
2	5	41	0	△ 3	49	0	0	0	0	1	48
3	6	41	0	△ 3	50	0	0	0	0	1	49

（単位：断りなき限り 1,000 トン）

量	の	内	訳	1 人 当 た り 供 給 純 食 料						純食料100g中の栄養成分量		
食	料	歩 留 り	純食料	1年当たり数	1年当たり量	1 日 当 た り				熱 量	たんぱく質	脂 質
1人1年当たり	1人1日当たり					数 量	熱 量	たんぱく質	脂 質			
kg	g	%		kg	kg	g	kcal	g	g	kcal	g	g
0.6	1.7	73.7	42		0.4	1.2	1.6	0.2	0.1	128.6	19.9	4.5
0.6	1.6	73.2	41		0.4	1.2	1.5	0.2	0.1	130.1	19.6	4.8
0.7	1.8	72.6	45		0.5	1.3	1.7	0.3	0.1	129.2	19.8	4.6
1.0	2.7	72.9	70		0.7	2.0	2.6	0.4	0.1	131.3	19.1	5.2
1.1	3.1	71.8	79		0.8	2.2	2.9	0.4	0.1	130.8	19.3	5.0
1.0	2.9	71.8	74		0.8	2.1	3.9	0.4	0.2	190.6	18.6	11.8
1.3	3.7	72.2	96		1.0	2.7	5.0	0.5	0.3	189.8	18.7	11.7
1.5	4.1	72.2	109		1.1	3.0	5.9	0.6	0.4	196.9	18.5	12.5
1.7	4.8	73.3	129		1.3	3.5	6.5	0.7	0.4	187.7	18.7	11.4
1.9	5.2	72.4	142		1.4	3.8	7.2	0.7	0.4	188.8	18.7	11.5
1.5	4.0	72.5	111		1.1	2.9	5.4	0.6	0.3	185.1	18.8	11.1
2.1	5.9	72.6	164		1.6	4.3	8.3	0.8	0.5	195.0	18.6	12.3
2.1	5.7	72.4	163		1.5	4.2	8.1	0.8	0.5	196.0	18.6	12.4
1.9	5.2	72.0	149		1.4	3.7	6.9	0.7	0.4	184.6	18.8	11.1
2.2	6.1	54.7	134		1.2	3.3	6.2	0.6	0.4	187.9	18.7	11.4
3.3	9.1	54.2	202		1.8	4.9	9.7	0.9	0.6	196.7	18.6	12.5
3.2	8.7	54.0	195		1.7	4.7	9.2	0.9	0.6	194.9	18.6	12.3
3.4	9.3	53.7	209		1.8	5.0	9.9	0.9	0.6	196.8	18.5	12.5
3.0	8.3	55.0	193		1.7	4.6	8.6	0.9	0.5	187.7	18.7	11.4
2.8	7.7	55.7	182		1.6	4.3	8.0	0.8	0.5	186.9	18.8	11.3
2.2	5.9	57.3	145		1.2	3.4	6.0	0.6	0.3	177.6	18.9	10.2
2.2	6.0	56.5	147		1.2	3.4	6.3	0.6	0.4	184.1	18.8	11.0
2.2	6.0	56.8	147		1.2	3.4	6.3	0.6	0.4	184.3	18.8	11.0
1.9	5.2	57.6	132		1.1	3.0	5.5	0.6	0.3	181.1	18.9	10.8
1.9	5.2	57.3	130		1.1	3.0	5.4	0.6	0.3	183.4	18.9	11.1
1.9	5.1	56.2	127		1.0	2.9	5.4	0.5	0.3	186.1	18.8	11.2
1.8	4.9	55.5	121		1.0	2.7	5.2	0.5	0.3	189.5	18.8	11.6
1.8	4.8	55.6	119		1.0	2.7	5.0	0.5	0.3	188.4	18.8	11.5
1.5	4.2	56.1	105		0.9	2.3	4.3	0.4	0.3	184.3	18.9	11.0
1.5	4.0	57.2	103		0.8	2.3	4.1	0.4	0.2	178.0	19.0	10.3
1.3	3.5	56.6	90		0.7	2.0	3.6	0.4	0.2	182.1	18.9	10.8
1.3	3.7	56.0	93		0.7	2.0	3.7	0.4	0.2	182.9	18.9	10.9
1.3	3.5	55.7	88		0.7	1.9	3.6	0.4	0.2	184.2	18.9	11.0
1.1	3.1	57.0	81		0.6	1.8	3.2	0.3	0.2	180.4	18.9	10.6
1.0	2.7	57.4	70		0.6	1.5	2.8	0.3	0.2	183.8	18.9	11.0
1.0	2.7	56.5	70		0.6	1.5	2.8	0.3	0.2	181.7	18.9	10.7
0.8	2.2	56.9	58		0.5	1.3	2.3	0.2	0.1	184.2	18.9	11.0
0.7	1.9	55.7	49		0.4	1.1	2.0	0.2	0.1	192.2	18.7	11.9
0.7	1.9	55.7	49		0.4	1.1	1.9	0.2	0.1	182.5	18.9	10.8
0.6	1.7	55.7	44		0.3	0.9	1.7	0.2	0.1	183.0	18.9	10.9
0.6	1.6	55.6	40		0.3	0.9	1.6	0.2	0.1	184.2	18.9	11.0
0.5	1.4	56.3	36		0.3	0.8	1.4	0.1	0.1	181.2	18.9	10.7
0.4	1.2	54.4	31		0.2	0.7	1.3	0.1	0.1	188.7	18.8	11.5
0.5	1.3	55.0	33		0.3	0.7	1.3	0.1	0.1	183.8	18.8	11.0
0.5	1.3	56.5	35		0.3	0.8	1.3	0.1	0.1	179.4	18.9	10.4
0.6	1.7	55.1	43		0.3	0.9	1.8	0.2	0.1	189.9	18.7	11.7
0.5	1.4	54.5	36		0.3	0.8	1.5	0.1	0.1	192.2	18.6	11.9
0.5	1.2	55.2	32		0.2	0.7	1.3	0.1	0.1	183.9	18.8	11.0
0.4	1.1	54.7	29		0.2	0.6	1.2	0.1	0.1	191.5	18.7	11.9
0.4	1.1	53.8	28		0.2	0.6	1.1	0.1	0.1	190.1	18.7	11.7
0.4	1.0	53.3	24		0.2	0.5	1.0	0.1	0.1	188.7	18.7	11.6
0.3	0.9	55.0	22		0.2	0.5	0.9	0.1	0.1	185.0	18.8	11.1
0.3	0.9	54.8	23		0.2	0.5	0.9	0.1	0.1	186.7	18.7	11.3
0.3	0.9	54.5	24		0.2	0.5	1.0	0.1	0.1	188.4	18.7	11.5
0.3	0.9	55.8	24		0.2	0.5	1.0	0.1	0.1	188.3	18.7	11.5
0.3	0.9	54.5	24		0.2	0.5	1.0	0.1	0.1	188.3	18.7	11.5
0.4	1.0	53.2	25		0.2	0.5	1.0	0.1	0.1	194.7	18.6	12.2
0.4	1.1	55.1	27		0.2	0.6	1.1	0.1	0.1	189.8	18.8	11.6
0.4	1.1	54.7	29		0.2	0.6	1.2	0.1	0.1	197.8	18.8	12.5
0.4	1.1	54.9	28		0.2	0.6	1.1	0.1	0.1	180.3	18.8	12.4
0.4	1.0	54.2	26		0.2	0.6	1.0	0.1	0.1	178.9	18.7	12.6
0.4	1.1	55.1	27		0.2	0.6	1.0	0.1	0.1	176.2	18.8	12.3

(7) 鯨

年度	国内生産量	外国貿易 輸入量	外国貿易 輸出量	在庫の増減量	国内消費仕向量	飼料用	種子用	加工用	純旅客用	減耗量	粗総数
昭和 35	154	0	0	0	154	0	0	0	-	0	154
36	179	0	0	0	179	0	0	0	-	0	179
37	226	14	7	0	233	0	0	0	-	0	233
38	193	12	9	0	196	0	0	0	-	0	196
39	198	24	41	0	181	0	0	0	-	0	181
40	218	19	34	0	203	0	0	0	-	0	203
41	185	21	9	0	197	0	0	0	-	0	197
42	172	29	21	0	180	0	0	0	-	0	180
43	156	11	20	0	147	0	0	0	-	0	147
44	156	13	20	0	149	0	0	0	-	0	149
45	125	15	15	0	125	0	0	0	-	0	125
46	125	18	11	0	132	0	0	0	-	0	132
47	109	18	2	0	125	0	0	0	-	0	125
48	98	25	0	0	123	0	0	0	-	0	123
49	90	29	0	0	119	0	0	0	-	0	119
50	76	29	0	0	105	0	0	0	-	0	105
51	44	32	0	0	76	0	0	0	-	0	76
52	42	37	0	0	79	0	0	0	-	0	79
53	24	34	0	0	58	0	0	0	-	0	58
54	19	27	0	0	46	0	0	0	-	0	46
55	21	25	0	0	46	0	0	0	-	0	46
56	18	19	0	0	37	0	0	0	-	0	37
57	20	20	0	0	40	0	0	0	-	0	40
58	21	19	0	0	40	0	0	0	-	0	40
59	16	17	0	0	33	0	0	0	-	0	33
60	15	17	0	0	32	0	0	0	-	0	32
61	14	4	0	0	18	0	0	0	-	0	18
62	5	1	0	0	6	0	0	0	-	0	6
63	2	1	0	0	3	0	0	0	-	0	3
平成 元	1	0	0	0	1	0	0	0	-	0	1
2	2	1	0	0	3	0	0	0	-	0	3
3	2	1	0	0	3	0	0	0	-	0	3
4	2	0	0	0	2	0	0	0	-	0	2
5	2	0	0	0	2	0	0	0	-	0	2
6	2	0	0	0	2	0	0	0	-	0	2
7	3	0	0	0	3	0	0	0	-	0	3
8	3	0	0	0	3	0	0	0	-	0	3
9	2	0	0	0	2	0	0	0	-	0	2
10	2	0	0	0	2	0	0	0	-	0	2
11	3	0	0	0	3	0	0	0	-	0	3
12	3	0	0	0	3	0	0	0	-	0	3
13	3	0	0	0	3	0	0	0	-	0	3
14	4	0	0	0	4	0	0	0	-	0	4
15	4	0	0	0	4	0	0	0	-	0	4
16	5	0	0	1	4	0	0	0	-	0	4
17	6	0	0	0	6	0	0	0	-	0	6
18	5	0	0	0	5	0	0	0	-	0	5
19	4	0	0	0	4	0	0	0	-	0	4
20	5	0	0	0	5	0	0	0	-	0	5
21	4	0	0	1	3	0	0	0	-	0	3
22	3	0	0	1	2	0	0	0	-	0	2
23	3	1	0	△ 1	5	0	0	0	-	0	5
24	2	1	0	0	3	0	0	0	-	0	3
25	2	0	0	△ 2	4	0	0	0	-	0	4
26	2	2	0	△ 1	5	0	0	0	-	0	5
27	3	1	0	△ 1	5	0	0	0	-	0	5
28	3	1	0	1	3	0	0	0	-	0	3
29	2	1	0	1	2	0	0	0	-	0	2
30	3	0	0	△ 1	4	0	0	0	0	0	4
令和 元	1	1	0	0	2	0	0	0	0	0	2
2	2	0	0	0	2	0	0	0	0	0	2
3	2	0	0	1	1	0	0	0	0	0	1

（単位：断りなき限り　1,000 トン）

量　の　内　訳				1 人 当 た り 供 給 純 食 料						純食料100g中の栄養成分量		
食　料		歩留り	純食料	1人当り数	年当り量	1 日 当 た り				熱　量	たんぱく質	脂　質
1人1年当り	1人1日当り					数　量	熱　量	たんぱく質	脂　質			
kg	g	%		kg	kg	g	kcal	g	g	kcal	g	g
1.6	4.5	100.0	154	1.6		4.5	5.7	1.0	0.1	127.0	23.0	3.0
1.9	5.2	100.0	179	1.9		5.2	6.6	1.2	0.2	127.0	23.0	3.0
2.4	6.7	100.0	233	2.4		6.7	8.5	1.5	0.2	127.0	23.0	3.0
2.0	5.6	100.0	196	2.0		5.6	7.1	1.3	0.2	127.0	23.0	3.0
1.9	5.1	100.0	181	1.9		5.1	6.5	1.2	0.2	127.0	23.0	3.0
2.1	5.7	100.0	203	2.1		5.7	7.2	1.3	0.2	127.0	23.0	3.0
2.0	5.4	100.0	197	2.0		5.4	6.9	1.3	0.2	127.0	23.0	3.0
1.8	4.9	100.0	180	1.8		4.9	6.2	1.1	0.1	127.0	23.0	3.0
1.5	4.0	100.0	147	1.5		4.0	5.0	0.9	0.1	127.0	23.0	3.0
1.5	4.0	100.0	149	1.5		4.0	5.1	0.9	0.1	127.0	23.0	3.0
1.2	3.3	100.0	125	1.2		3.3	4.2	0.8	0.1	127.0	23.0	3.0
1.3	3.4	100.0	132	1.3		3.4	4.4	0.8	0.1	127.0	23.0	3.0
1.2	3.2	100.0	125	1.2		3.2	4.0	0.7	0.1	127.0	23.0	3.0
1.1	3.1	100.0	123	1.1		3.1	3.9	0.7	0.1	127.0	23.0	3.0
1.1	2.9	100.0	119	1.1		2.9	3.7	0.7	0.1	127.0	23.0	3.0
0.9	2.6	100.0	105	0.9		2.6	3.3	0.6	0.1	127.0	23.0	3.0
0.7	1.8	100.0	76	0.7		1.8	2.3	0.4	0.1	127.0	23.0	3.0
0.7	1.9	100.0	79	0.7		1.9	2.4	0.4	0.1	127.0	23.0	3.0
0.5	1.4	100.0	58	0.5		1.4	1.8	0.3	0.0	127.0	23.0	3.0
0.4	1.1	100.0	46	0.4		1.1	1.4	0.2	0.0	127.0	23.0	3.0
0.4	1.1	100.0	46	0.4		1.1	1.4	0.2	0.0	127.0	23.0	3.0
0.3	0.9	100.0	37	0.3		0.9	1.1	0.2	0.0	127.0	23.0	3.0
0.3	0.9	100.0	40	0.3		0.9	1.2	0.2	0.0	127.0	23.0	3.0
0.3	0.9	100.0	40	0.3		0.9	1.2	0.2	0.0	127.0	23.0	3.0
0.3	0.8	100.0	33	0.3		0.8	1.0	0.2	0.0	127.0	23.0	3.0
0.3	0.7	100.0	32	0.3		0.7	0.8	0.2	0.0	106.0	24.1	0.4
0.1	0.4	100.0	18	0.1		0.4	0.4	0.1	0.0	106.0	24.1	0.4
0.0	0.1	100.0	6	0.0		0.1	0.1	0.0	0.0	106.0	24.1	0.4
0.0	0.1	100.0	3	0.0		0.1	0.1	0.0	0.0	106.0	24.1	0.4
0.0	0.0	100.0	1	0.0		0.0	0.0	0.0	0.0	106.0	24.1	0.4
0.0	0.1	100.0	3	0.0		0.1	0.1	0.0	0.0	106.0	24.1	0.4
0.0	0.1	100.0	3	0.0		0.1	0.1	0.0	0.0	106.0	24.1	0.4
0.0	0.0	100.0	2	0.0		0.0	0.0	0.0	0.0	106.0	24.1	0.4
0.0	0.0	100.0	2	0.0		0.0	0.0	0.0	0.0	106.0	24.1	0.4
0.0	0.1	100.0	3	0.0		0.1	0.1	0.0	0.0	106.0	24.1	0.4
0.0	0.1	100.0	3	0.0		0.1	0.1	0.0	0.0	106.0	24.1	0.4
0.0	0.0	100.0	2	0.0		0.0	0.0	0.0	0.0	106.0	24.1	0.4
0.0	0.0	100.0	2	0.0		0.0	0.0	0.0	0.0	106.0	24.1	0.4
0.0	0.1	100.0	3	0.0		0.1	0.1	0.0	0.0	106.0	24.1	0.4
0.0	0.1	100.0	3	0.0		0.1	0.1	0.0	0.0	106.0	24.1	0.4
0.0	0.1	100.0	3	0.0		0.1	0.1	0.0	0.0	106.0	24.1	0.4
0.0	0.1	100.0	4	0.0		0.1	0.1	0.0	0.0	106.0	24.1	0.4
0.0	0.1	100.0	4	0.0		0.1	0.1	0.0	0.0	106.0	24.1	0.4
0.0	0.1	100.0	4	0.0		0.1	0.1	0.0	0.0	106.0	24.1	0.4
0.0	0.1	100.0	6	0.0		0.1	0.1	0.0	0.0	106.0	24.1	0.4
0.0	0.1	100.0	5	0.0		0.1	0.1	0.0	0.0	106.0	24.1	0.4
0.0	0.1	100.0	4	0.0		0.1	0.1	0.0	0.0	106.0	24.1	0.4
0.0	0.1	100.0	5	0.0		0.1	0.1	0.0	0.0	106.0	24.1	0.4
0.0	0.1	100.0	3	0.0		0.1	0.1	0.0	0.0	106.0	24.1	0.4
0.0	0.0	100.0	2	0.0		0.0	0.0	0.0	0.0	106.0	24.1	0.4
0.0	0.1	100.0	5	0.0		0.1	0.1	0.0	0.0	106.0	24.1	0.4
0.0	0.1	100.0	3	0.0		0.1	0.1	0.0	0.0	106.0	24.1	0.4
0.0	0.1	100.0	4	0.0		0.1	0.1	0.0	0.0	106.0	24.1	0.4
0.0	0.1	100.0	5	0.0		0.1	0.1	0.0	0.0	106.0	24.1	0.4
0.0	0.1	100.0	5	0.0		0.1	0.1	0.0	0.0	106.0	24.1	0.4
0.0	0.1	100.0	3	0.0		0.1	0.1	0.0	0.0	106.0	24.1	0.4
0.0	0.0	100.0	2	0.0		0.0	0.0	0.0	0.0	106.0	24.1	0.4
0.0	0.1	100.0	4	0.0		0.1	0.1	0.0	0.0	106.0	24.1	0.4
0.0	0.0	100.0	2	0.0		0.0	0.0	0.0	0.0	100.0	24.1	0.4
0.0	0.0	100.0	2	0.0		0.0	0.0	0.0	0.0	100.0	24.1	0.4
0.0	0.0	100.0	1	0.0		0.0	0.0	0.0	0.0	100.0	24.1	0.4

8 鶏 卵

年　度	国　内生 産 量	外 国 貿 易 輸 入 量	輸 出 量	在 庫 の増 減 量	国内消費仕 向 量	国　内　消　費　仕　向 飼料用	種 子 用	加 工 用	純旅客用	減 耗 量	粗総 数
昭和 35	696	0	7	0	689	0	17	0	－	13	659
36	897	0	8	0	889	0	19	0	－	17	853
37	981	0	6	0	975	0	20	0	－	19	936
38	1,030	0	1	0	1,029	0	27	0	－	20	982
39	1,224	0	0	0	1,223	0	28	0	－	24	1,171
40	1,330	2	0	0	1,332	0	30	0	－	26	1,276
41	1,230	5	0	0	1,235	0	38	0	－	24	1,173
42	1,340	17	0	0	1,357	0	42	0	－	26	1,289
43	1,464	36	0	0	1,500	0	49	0	－	29	1,422
44	1,639	31	0	0	1,670	0	54	0	－	32	1,584
45	1,766	51	0	0	1,817	0	52	0	－	35	1,730
46	1,800	46	0	0	1,846	0	53	0	－	39	1,754
47	1,811	37	0	0	1,848	0	56	0	－	36	1,756
48	1,815	44	0	0	1,859	0	58	0	－	36	1,765
49	1,793	41	0	0	1,834	0	57	0	－	36	1,741
50	1,807	55	0	0	1,862	0	61	0	－	36	1,765
51	1,861	51	0	0	1,912	0	64	0	－	37	1,811
52	1,906	58	0	0	1,964	0	70	0	－	38	1,856
53	1,977	56	0	0	2,033	0	72	0	－	39	1,922
54	1,993	44	0	0	2,037	0	74	0	－	39	1,924
55	1,992	49	0	0	2,041	0	75	0	－	39	1,927
56	2,016	52	0	0	2,068	0	77	0	－	40	1,951
57	2,068	41	0	0	2,109	0	80	0	－	41	1,988
58	2,092	40	0	0	2,132	0	83	0	－	41	2,008
59	2,145	29	0	0	2,174	0	86	0	－	42	2,046
60	2,160	39	0	0	2,199	0	85	0	－	44	2,070
61	2,272	61	0	0	2,333	0	87	0	－	45	2,201
62	2,394	36	0	0	2,430	0	87	0	－	47	2,296
63	2,402	46	0	0	2,448	0	86	0	－	47	2,315
平成 元	2,423	45	0	0	2,468	0	84	0	－	48	2,336
2	2,420	50	0	0	2,470	0	81	0	－	48	2,341
3	2,536	73	0	0	2,609	0	81	0	－	51	2,477
4	2,576	92	0	0	2,668	0	80	0	－	52	2,536
5	2,601	99	0	0	2,700	0	78	0	－	52	2,570
6	2,563	104	0	0	2,667	0	75	0	－	52	2,540
7	2,549	110	0	0	2,659	0	73	0	－	52	2,534
8	2,564	110	0	0	2,674	0	73	0	－	52	2,549
9	2,573	104	1	0	2,676	0	71	0	－	52	2,553
10	2,536	104	0	0	2,640	0	69	0	－	51	2,520
11	2,539	119	0	0	2,658	0	70	0	－	52	2,536
12	2,535	121	0	0	2,656	0	70	0	－	52	2,534
13	2,519	114	0	0	2,633	0	70	0	－	51	2,512
14	2,529	120	2	0	2,647	0	72	0	－	52	2,523
15	2,525	110	2	0	2,633	0	72	0	－	51	2,510
16	2,475	134	1	0	2,608	0	71	0	－	51	2,486
17	2,469	151	1	0	2,619	0	74	0	－	51	2,494
18	2,514	122	1	0	2,635	0	75	0	－	51	2,509
19	2,587	113	0	0	2,700	0	75	0	－	53	2,572
20	2,535	112	1	0	2,646	0	75	0	－	51	2,520
21	2,509	101	1	0	2,609	0	74	0	－	51	2,484
22	2,506	114	1	0	2,619	0	75	0	－	51	2,493
23	2,495	138	0	0	2,633	0	75	0	－	51	2,507
24	2,502	123	1	0	2,624	0	74	0	－	51	2,499
25	2,519	124	1	0	2,642	0	75	0	－	51	2,516
26	2,501	129	2	0	2,628	0	77	0	－	51	2,500
27	2,544	114	3	0	2,655	0	79	0	－	52	2,524
28	2,558	95	4	0	2,649	0	80	0	－	51	2,518
29	2,614	114	5	0	2,723	0	81	0	－	53	2,589
30	2,630	114	7	0	2,737	0	82	0	14	53	2,588
令和 元	2,650	113	10	0	2,753	0	83	0	9	53	2,608
2	2,602	102	20	0	2,684	0	84	0	0	52	2,548
3	2,582	115	24	0	2,673	0	85	0	0	52	2,536

（単位：断りなき限り 1,000 トン）

量 の 内 訳				1 人 当 た り 供 給 純 食 料						純食料100g中の栄養成分量		
食 料		歩 留 り	純食料	1年当たり	1 日 当 た り					熱 量	たんぱく質	脂 質
1人1年当たり	1人1日当たり			数	量	数 量	熱 量	たんぱく質	脂 質			
kg	g	%		kg		g	kcal	g	g	kcal	g	g
7.1	19.3	89.0	587	6.3		17.2	26.9	2.2	1.9	156.0	12.7	11.2
9.0	24.8	89.0	759	8.0		22.1	34.4	2.8	2.5	156.0	12.7	11.2
9.8	26.9	89.0	833	8.8		24.0	37.4	3.0	2.7	156.0	12.7	11.2
10.2	27.9	89.0	874	9.1		24.8	38.7	3.2	2.8	156.0	12.7	11.2
12.0	33.0	89.0	1,042	10.7		29.4	45.8	3.7	3.3	156.0	12.7	11.2
13.0	35.6	87.0	1,110	11.3		30.9	50.1	3.8	3.5	162.0	12.3	11.2
11.8	32.4	87.0	1,021	10.3		28.2	45.8	3.5	3.2	162.0	12.3	11.2
12.9	35.1	87.0	1,121	11.2		30.6	49.5	3.8	3.4	162.0	12.3	11.2
14.0	38.4	87.0	1,237	12.2		33.4	54.2	4.1	3.7	162.0	12.3	11.2
15.4	42.3	87.0	1,378	13.4		36.8	59.6	4.5	4.1	162.0	12.3	11.2
16.7	45.7	87.0	1,505	14.5		39.8	64.4	4.9	4.5	162.0	12.3	11.2
16.7	45.6	87.0	1,526	14.5		39.7	64.2	4.9	4.4	162.0	12.3	11.2
16.3	44.7	87.0	1,528	14.2		38.9	63.0	4.8	4.4	162.0	12.3	11.2
16.2	44.3	87.0	1,536	14.1		38.6	62.5	4.7	4.3	162.0	12.3	11.2
15.7	43.1	87.0	1,515	13.7		37.5	60.8	4.6	4.2	162.0	12.3	11.2
15.8	43.1	87.0	1,536	13.7		37.5	60.7	4.6	4.2	162.0	12.3	11.2
16.0	43.9	87.0	1,576	13.9		38.2	61.8	4.7	4.3	162.0	12.3	11.2
16.3	44.5	87.0	1,615	14.1		38.8	62.8	4.8	4.3	162.0	12.3	11.2
16.7	45.7	87.0	1,672	14.5		39.8	64.4	4.9	4.5	162.0	12.3	11.2
16.6	45.3	87.0	1,674	14.4		39.4	63.8	4.8	4.4	162.0	12.3	11.2
16.5	45.1	87.0	1,676	14.3		39.2	63.5	4.8	4.4	162.0	12.3	11.2
16.5	45.3	87.0	1,697	14.4		39.4	63.9	4.9	4.4	162.0	12.3	11.2
16.7	45.9	87.0	1,730	14.6		39.9	64.7	4.9	4.5	162.0	12.3	11.2
16.8	45.9	87.0	1,747	14.6		39.9	64.7	4.9	4.5	162.0	12.3	11.2
17.0	46.6	87.0	1,780	14.8		40.5	65.7	5.0	4.5	162.0	12.3	11.2
17.1	46.9	85.0	1,760	14.5		39.8	60.1	4.9	4.1	151.0	12.3	10.3
18.1	49.6	85.0	1,871	15.4		42.1	63.6	5.2	4.3	151.0	12.3	10.3
18.8	51.3	85.0	1,952	16.0		43.6	65.9	5.4	4.5	151.0	12.3	10.3
18.9	51.7	85.0	1,968	16.0		43.9	66.3	5.4	4.5	151.0	12.3	10.3
19.0	51.9	85.0	1,986	16.1		44.2	66.7	5.4	4.5	151.0	12.3	10.3
18.9	51.9	85.0	1,990	16.1		44.1	66.6	5.4	4.5	151.0	12.3	10.3
20.0	54.5	85.0	2,105	17.0		46.3	70.0	5.7	4.8	151.0	12.3	10.3
20.4	55.8	85.0	2,156	17.3		47.4	71.6	5.8	4.9	151.0	12.3	10.3
20.6	56.4	85.0	2,185	17.5		47.9	72.4	5.9	4.9	151.0	12.3	10.3
20.3	55.6	85.0	2,159	17.2		47.2	71.3	5.8	4.9	151.0	12.3	10.3
20.2	55.1	85.0	2,154	17.2		46.9	70.8	5.8	4.8	151.0	12.3	10.3
20.3	55.5	85.0	2,167	17.2		47.2	71.2	5.8	4.9	151.0	12.3	10.3
20.2	55.4	85.0	2,170	17.2		47.1	71.2	5.8	4.9	151.0	12.3	10.3
19.9	54.6	85.0	2,142	16.9		46.4	70.1	5.7	4.8	151.0	12.3	10.3
20.0	54.7	85.0	2,156	17.0		46.5	70.2	5.7	4.8	151.0	12.3	10.3
20.0	54.7	85.0	2,154	17.0		46.5	70.2	5.7	4.8	151.0	12.3	10.3
19.7	54.1	85.0	2,135	16.8		46.0	69.4	5.7	4.7	151.0	12.3	10.3
19.8	54.2	85.0	2,145	16.8		46.1	69.5	5.7	4.7	151.0	12.3	10.3
19.7	53.7	85.0	2,134	16.7		45.7	69.0	5.6	4.7	151.0	12.3	10.3
19.5	53.3	85.0	2,113	16.5		45.3	68.5	5.6	4.7	151.0	12.3	10.3
19.5	53.5	85.0	2,120	16.6		45.5	68.6	5.6	4.7	151.0	12.3	10.3
19.6	53.7	85.0	2,133	16.7		45.7	69.0	5.6	4.7	151.0	12.3	10.3
20.1	54.9	85.0	2,186	17.1		46.6	70.4	5.7	4.7	151.0	12.3	10.3
19.7	53.9	85.0	2,142	16.7		45.8	69.2	5.6	4.7	151.0	12.3	10.3
19.4	53.2	85.0	2,111	16.5		45.2	68.2	5.6	4.7	151.0	12.3	10.3
19.5	53.3	85.0	2,119	16.5		45.3	68.5	5.6	4.7	151.0	12.3	10.3
19.6	53.6	85.0	2,131	16.7		45.5	68.8	5.6	4.7	151.0	12.3	10.3
19.6	53.7	85.0	2,124	16.6		45.6	68.9	5.6	4.7	151.0	12.3	10.3
19.7	54.1	85.0	2,139	16.8		46.0	69.5	5.7	4.7	151.0	12.3	10.3
19.6	53.8	85.0	2,125	16.7		45.8	69.1	5.6	4.7	151.0	12.3	10.3
19.9	54.3	85.0	2,145	16.9		46.1	69.6	5.7	4.8	151.0	12.3	10.3
19.8	54.3	85.0	2,140	16.8		46.2	69.7	5.7	4.8	151.0	12.3	10.3
20.4	55.9	85.0	2,201	17.3		47.5	71.7	5.8	4.9	151.0	12.3	10.3
20.4	55.9	85.0	2,200	17.4		47.6	71.8	5.8	4.9	151.0	12.3	10.3
20.6	56.3	85.0	2,217	17.5		47.9	68.0	5.8	4.9	142.0	12.2	10.2
20.2	55.3	85.0	2,166	17.2		47.0	66.8	5.7	4.8	142.0	12.2	10.2
20.2	55.4	85.0	2,156	17.2		47.1	66.8	5.7	4.8	142.0	12.2	10.2

9　牛乳及び乳製品

(1)　牛乳及び乳製品

年度	国内生産量	外国貿易 輸入量	輸出量	在庫の増減量	国内消費仕向量	飼料用	種子用	加工用	純旅客用	減耗量	粗総数
昭和 35	1,939	237	0	0	2,176	58	0	0	－	40	2,078
36	2,180	276	0	0	2,456	58	0	0	－	46	2,352
37	2,526	357	0	60	2,823	67	0	0	－	55	2,701
38	2,837	481	0	30	3,288	67	0	0	－	65	3,156
39	3,053	486	0	△ 41	3,580	67	0	0	－	68	3,445
40	3,271	506 / 53	0	△ 38	3,815 / 53	57 / 53	0	0	－	72	3,686
41	3,431	841 / 93	0	△ 5	4,277 / 93	65 / 93	0	0	－	82	4,130
42	3,663	964 / 127	0	135	4,492 / 127	65 / 127	0	0	－	87	4,340
43	4,140	629 / 232	0	39	4,730 / 232	69 / 232	0	0	－	89	4,572
44	4,575	568 / 247	0	117	5,026 / 247	80 / 247	0	0	－	94	4,852
45	4,789	561 / 320	0	△ 5	5,355 / 320	58 / 320	0	0	－	102	5,195
46	4,841	569 / 196	0	△ 77	5,487 / 196	46 / 196	0	0	－	106	5,335
47	4,944	746 / 217	0	△ 29	5,719 / 217	45 / 217	0	0	－	111	5,563
48	4,898	1,032 / 295	0	27	5,903 / 295	44 / 295	0	0	－	115	5,744
49	4,876	1,038 / 144	0	36	5,878 / 144	43 / 144	0	0	－	112	5,723
50	5,008	1,016 / 227	0	△ 136	6,160 / 227	41 / 227	0	0	－	118	6,001
51	5,369	1,491 / 462	0	208	6,652 / 462	44 / 462	0	0	－	129	6,479
52	5,846	1,295 / 743	0	178	6,963 / 743	50 / 743	0	0	－	134	6,779
53	6,256	1,343 / 743	0	290	7,309 / 743	52 / 743	0	0	－	141	7,116
54	6,464	1,439 / 795	0	106	7,797 / 795	136 / 795	0	0	－	150	7,511
55	6,498	1,411 / 479	8	△ 42	7,943 / 479	143 / 479	0	0	－	152	7,648
56	6,612	1,455 / 413	5	△ 241	8,303 / 413	125 / 413	0	0	－	161	8,017
57	6,848	1,186 / 545	6	△ 151	8,179 / 545	84 / 545	0	0	－	156	7,939
58	7,086	1,508 / 547	0	△ 54	8,648 / 547	56 / 547	0	0	－	171	8,421
59	7,200	1,627 / 528	0	13	8,814 / 528	57 / 528	0	0	－	174	8,583
60	7,436	1,579 / 570	0	230	8,785 / 570	59 / 570	0	0	－	174	8,552
61	7,360	1,637 / 516	0	21	8,976 / 516	128 / 516	0	0	－	177	8,671
62	7,428	1,767 / 586	0	△ 381	9,576 / 586	120 / 586	0	0	－	190	9,266
63	7,717	2,613 / 573	1	77	10,253 / 573	61 / 573	0	0	－	207	9,985
平成 元	8,134	2,175 / 418	1	91	10,218 / 418	78 / 418	0	0	－	204	9,936
2	8,203	2,237 / 423	3	△ 145	10,583 / 423	85 / 423	0	0	－	212	10,286
3	8,343	2,675 / 364	3	195	10,820 / 364	82 / 364	0	0	－	218	10,520
4	8,617	2,444 / 466	2	364	10,695 / 466	81 / 466	0	0	－	215	10,399
5	8,550	2,434 / 397	4	227	10,753 / 397	98 / 397	0	0	－	218	10,437
6	8,388	2,841 / 469	4	△ 366	11,591 / 469	99 / 469	0	0	－	239	11,253
7	8,467	3,286 / 456	4	△ 51	11,800 / 456	98 / 456	0	0	－	248	11,454
8	8,659	3,418 / 396	6	△ 2	12,073 / 396	73 / 396	0	0	－	255	11,745
9	8,629	3,498 / 449	7	16	12,104 / 449	85 / 449	0	0	－	257	11,762
10	8,549	3,507 / 397	7	30	12,019 / 397	82 / 397	0	0	－	257	11,680
11	8,513	3,683 / 411	8	59	12,129 / 411	81 / 411	0	0	－	262	11,786

(注)　「輸入量」、「国内消費仕向量」及び「飼料用」欄の下段の数値は、輸入飼料用乳製品（脱脂粉乳及びホエイパウダー）で外数である。

（単位：断りなき限り 1,000 トン）

量　　の　　内　　訳				1　人　当　た　り　供　給　純　食　料						純食料100g中の栄養成分量		
食　　　料		歩留り	純食料	1年当たり数	1年当たり量	1　日　当　た　り				熱　量	たんぱく質	脂質
1人1年当たり	1人1日当たり					数量	熱量	たんぱく質	脂質			
kg	g	%			kg	g	kcal	g	g	kcal	g	g
22.2	60.9	100.0	2,078	22.2	60.9	36.0	1.8	2.0	59.0	2.9	3.3
24.9	68.3	100.0	2,352	24.9	68.3	40.3	2.0	2.3	59.0	2.9	3.3
28.4	77.7	100.0	2,701	28.4	77.7	45.9	2.3	2.6	59.0	2.9	3.3
32.8	89.7	100.0	3,156	32.8	89.7	52.9	2.6	3.0	59.0	2.9	3.3
35.4	97.1	100.0	3,445	35.4	97.1	57.3	2.8	3.2	59.0	2.9	3.3
37.5	102.8	100.0	3,686	37.5	102.8	61.7	3.0	3.4	60.0	2.9	3.3
41.7	114.3	100.0	4,130	41.7	114.3	68.6	3.3	3.8	60.0	2.9	3.3
43.3	118.3	100.0	4,340	43.3	118.3	71.0	3.4	3.9	60.0	2.9	3.3
45.1	123.6	100.0	4,572	45.1	123.6	74.2	3.6	4.1	60.0	2.9	3.3
47.3	129.6	100.0	4,852	47.3	129.6	77.8	3.8	4.3	60.0	2.9	3.3
50.1	137.2	100.0	5,195	50.1	137.2	82.3	4.0	4.5	60.0	2.9	3.3
50.7	138.6	100.0	5,335	50.7	138.6	83.2	4.0	4.6	60.0	2.9	3.3
51.7	141.7	100.0	5,563	51.7	141.7	85.0	4.1	4.7	60.0	2.9	3.3
52.6	144.2	100.0	5,744	52.6	144.2	86.5	4.2	4.8	60.0	2.9	3.3
51.8	141.8	100.0	5,723	51.8	141.8	85.1	4.1	4.7	60.0	2.9	3.3
53.6	146.5	100.0	6,001	53.6	146.5	87.9	4.2	4.8	60.0	2.9	3.3
57.3	157.0	100.0	6,479	57.3	157.0	94.2	4.6	5.2	60.0	2.9	3.3
59.4	162.7	100.0	6,779	59.4	162.7	97.6	4.7	5.4	60.0	2.9	3.3
61.8	169.2	100.0	7,116	61.8	169.2	101.5	4.9	5.6	60.0	2.9	3.3
64.7	176.7	100.0	7,511	64.7	176.7	106.0	5.1	5.8	60.0	2.9	3.3
65.3	179.0	100.0	7,648	65.3	179.0	107.4	5.2	5.9	60.0	2.9	3.3
68.0	186.3	100.0	8,017	68.0	186.3	111.8	5.4	6.1	60.0	2.9	3.3
66.9	183.2	100.0	7,939	66.9	183.2	109.9	5.3	6.0	60.0	2.9	3.3
70.4	192.5	100.0	8,421	70.4	192.5	115.5	5.6	6.4	60.0	2.9	3.3
71.3	195.5	100.0	8,583	71.3	195.5	117.3	5.7	6.5	60.0	2.9	3.3
70.6	193.6	100.0	8,552	70.6	193.6	123.9	6.2	6.8	64.0	3.2	3.5
71.3	195.3	100.0	8,671	71.3	195.3	125.0	6.2	6.8	64.0	3.2	3.5
75.8	207.1	100.0	9,266	75.8	207.1	132.6	6.6	7.2	64.0	3.2	3.5
81.3	222.9	100.0	9,985	81.3	222.9	142.6	7.1	7.8	64.0	3.2	3.5
80.6	220.9	100.0	9,936	80.6	220.9	141.4	7.1	7.7	64.0	3.2	3.5
83.2	228.0	100.0	10,286	83.2	228.0	145.9	7.3	8.0	64.0	3.2	3.5
84.8	231.6	100.0	10,520	84.8	231.6	148.2	7.4	8.1	64.0	3.2	3.5
83.5	228.7	100.0	10,399	83.5	228.7	146.4	7.3	8.0	64.0	3.2	3.5
83.5	228.9	100.0	10,437	83.5	228.9	146.5	7.3	8.0	64.0	3.2	3.5
89.8	246.1	100.0	11,253	89.8	246.1	157.5	7.9	8.6	64.0	3.2	3.5
91.2	249.2	100.0	11,454	91.2	249.2	159.5	8.0	8.7	64.0	3.2	3.5
93.3	255.7	100.0	11,745	93.3	255.7	163.6	8.2	8.9	64.0	3.2	3.5
93.2	255.4	100.0	11,762	93.2	255.4	163.5	8.2	8.9	64.0	3.2	3.5
92.4	253.0	100.0	11,680	92.4	253.0	161.9	8.1	8.9	64.0	3.2	3.5
93.0	254.2	100.0	11,786	93.0	254.2	162.7	8.1	8.9	64.0	3.2	3.5

牛乳及び乳製品（つづき）

年度	国内生産量	外国貿易 輸入量	外国貿易 輸出量	在庫の増減量	国内消費仕向量	飼料用	種子用	加工用	純旅客用	減耗量	粗 総数
平成 12	8,414	3,952 / 413	13	44	12,309 / 413	83 / 413	0	0	－	266	11,960
13	8,312	3,896 / 441	10	24	12,174 / 441	75 / 441	0	0	－	264	11,835
14	8,380	3,783 / 444	7	△ 14	12,170 / 444	68 / 444	0	0	－	261	11,841
15	8,405	3,925 / 408	10	115	12,205 / 408	66 / 408	0	0	－	265	11,874
16	8,284	4,036 / 420	9	△ 44	12,355 / 420	101 / 420	0	0	－	269	11,985
17	8,293	3,836 / 434	8	△ 23	12,144 / 434	152 / 434	0	0	－	264	11,728
18	8,091	3,958 / 400	14	△ 131	12,166 / 400	111 / 400	0	0	－	269	11,786
19	8,024	4,020 / 489	24	△ 223	12,243 / 489	52 / 489	0	0	－	275	11,916
20	7,946	3,503 / 416	19	115	11,315 / 416	49 / 416	0	0	－	249	11,017
21	7,881	3,491 / 407	26	232	11,114 / 407	48 / 407	0	0	－	247	10,819
22	7,631	3,528 / 396	24	△ 231	11,366 / 396	45 / 396	0	0	－	257	11,064
23	7,534	4,025 / 444	8	△ 84	11,635 / 444	45 / 444	0	0	－	266	11,324
24	7,608	4,194 / 419	9	72	11,721 / 419	39 / 419	0	0	－	270	11,412
25	7,448	4,058 / 387	15	△ 144	11,635 / 387	39 / 387	0	0	－	268	11,328
26	7,331	4,425 / 396	21	41	11,694 / 396	39 / 396	0	0	－	271	11,384
27	7,407	4,634 / 390	25	125	11,891 / 390	38 / 390	0	0	－	276	11,577
28	7,342	4,554 / 421	27	△ 31	11,900 / 421	35 / 421	0	0	－	276	11,589
29	7,291	5,000 / 457	31	110	12,150 / 457	36 / 457	0	0	－	284	11,830
30	7,282	5,164 / 468	32	△ 11	12,425 / 468	30 / 468	0	0	64	291	12,040
令和 元	7,362	5,238 / 448	35	152	12,413 / 448	29 / 448	0	0	40	291	12,053
2	7,434	4,987 / 396	43	159	12,219 / 396	31 / 396	0	0	0	284	11,904
3	7,646	4,690 / 364	64	110	12,162 / 364	31 / 364	0	0	0	284	11,847

（注）　「輸入量」、「国内消費仕向量」及び「飼料用」欄の下段の数値は、輸入飼料用乳製品（脱脂粉乳及びホエイパウダー）で外数である。

（単位：断りなき限り　1,000　トン）

量　の　内　訳				1　人　当　た　り　供　給　純　食　料						純食料100g中の栄養成分量		
食料		歩留り	純食料	1年当たり		1日当たり				熱量	たんぱく質	脂質
1人1年当たり	1人1日当たり			1人当たり数	年当たり量	数量	熱量	たんぱく質	脂質			
kg	g	%			kg	g	kcal	g	g	kcal	g	g
94.2	258.2	100.0	11,960		94.2	258.2	165.2	8.3	9.0	64.0	3.2	3.5
93.0	254.7	100.0	11,835		93.0	254.7	163.0	8.2	8.9	64.0	3.2	3.5
92.9	254.6	100.0	11,841		92.9	254.6	162.9	8.1	8.9	64.0	3.2	3.5
93.0	254.2	100.0	11,874		93.0	254.2	162.7	8.1	8.9	64.0	3.2	3.5
93.9	257.2	100.0	11,985		93.9	257.2	164.6	8.2	9.0	64.0	3.2	3.5
91.8	251.5	100.0	11,728		91.8	251.5	160.9	8.0	8.8	64.0	3.2	3.5
92.1	252.5	100.0	11,786		92.1	252.5	161.5	8.1	8.8	64.0	3.2	3.5
93.1	254.3	100.0	11,916		93.1	254.3	162.7	8.1	8.9	64.0	3.2	3.5
86.0	235.7	100.0	11,017		86.0	235.7	150.8	7.5	8.2	64.0	3.2	3.5
84.5	231.5	100.0	10,819		84.5	231.5	148.2	7.4	8.1	64.0	3.2	3.5
86.4	236.7	100.0	11,064		86.4	236.7	151.5	7.6	8.3	64.0	3.2	3.5
88.6	242.0	100.0	11,324		88.6	242.0	154.9	7.7	8.5	64.0	3.2	3.5
89.4	245.0	100.0	11,412		89.4	245.0	156.8	7.8	8.6	64.0	3.2	3.5
88.9	243.6	100.0	11,328		88.9	243.6	155.9	7.8	8.5	64.0	3.2	3.5
89.5	245.1	100.0	11,384		89.5	245.1	156.9	7.8	8.6	64.0	3.2	3.5
91.1	248.9	100.0	11,577		91.1	248.9	159.3	8.0	8.7	64.0	3.2	3.5
91.2	249.9	100.0	11,589		91.2	249.9	160.0	8.0	8.7	64.0	3.2	3.5
93.2	255.4	100.0	11,830		93.2	255.4	163.4	8.2	8.9	64.0	3.2	3.5
95.0	260.2	100.0	12,040		95.0	260.2	166.6	8.3	9.1	64.0	3.2	3.5
95.2	260.2	100.0	12,053		95.2	260.2	163.9	8.3	9.6	63.0	3.2	3.7
94.4	258.5	100.0	11,904		94.4	258.5	162.9	8.3	9.6	63.0	3.2	3.7
94.4	258.6	100.0	11,847		94.4	258.6	162.9	8.3	9.6	63.0	3.2	3.7

(2)　飲用向け生乳

年　度	国内生産量	輸入量	輸出量	在庫の増減量	国内消費仕向量	飼料用	種子用	加工用	純旅客用	減耗量	粗総数
昭和 35	1,008	0	0	0	1,008	0	0	0	-	10	998
36	1,125	0	0	0	1,125	0	0	0	-	11	1,114
37	1,214	0	0	0	1,214	0	0	0	-	12	1,202
38	1,467	0	0	0	1,467	0	0	0	-	15	1,452
39	1,666	0	0	0	1,666	0	0	0	-	17	1,649
40	1,828	0	0	0	1,828	0	0	0	-	18	1,810
41	2,022	0	0	0	2,022	0	0	0	-	20	2,002
42	2,157	0	0	0	2,157	0	0	0	-	22	2,135
43	2,360	0	0	0	2,360	0	0	0	-	23	2,337
44	2,516	0	0	0	2,516	0	0	0	-	25	2,491
45	2,651	0	0	0	2,651	0	0	0	-	26	2,625
46	2,685	0	0	0	2,685	0	0	0	-	27	2,658
47	2,843	0	0	0	2,843	0	0	0	-	29	2,814
48	2,952	0	0	0	2,952	0	0	0	-	30	2,922
49	3,004	0	0	0	3,004	0	0	0	-	30	2,974
50	3,181	0	0	0	3,181	0	0	0	-	32	3,149
51	3,355	0	0	0	3,355	0	0	0	-	34	3,321
52	3,572	0	0	0	3,572	0	0	0	-	36	3,536
53	3,726	0	0	0	3,726	0	0	0	-	37	3,689
54	3,905	0	0	0	3,905	0	0	0	-	39	3,866
55	4,010	0	0	0	4,010	0	0	0	-	40	3,970
56	4,140	0	0	0	4,140	0	0	0	-	41	4,099
57	4,247	0	0	0	4,247	0	0	0	-	42	4,205
58	4,271	0	0	0	4,271	0	0	0	-	43	4,228
59	4,328	0	0	0	4,328	0	0	0	-	43	4,285
60	4,307	0	0	0	4,307	0	0	0	-	43	4,264
61	4,342	0	0	0	4,342	0	0	0	-	43	4,299
62	4,598	0	0	0	4,598	0	0	0	-	46	4,552
63	4,821	0	0	0	4,821	0	0	0	-	48	4,773
平成 元	4,956	0	0	0	4,956	0	0	0	-	50	4,906
2	5,091	0	0	0	5,091	0	0	0	-	51	5,040
3	5,117	0	0	0	5,117	0	0	0	-	51	5,066
4	5,109	0	0	0	5,109	0	0	0	-	51	5,058
5	5,030	0	0	0	5,030	0	0	0	-	50	4,980
6	5,263	0	0	0	5,263	0	0	0	-	53	5,210
7	5,152	0	0	0	5,152	0	0	0	-	52	5,100
8	5,188	0	0	0	5,188	0	0	0	-	52	5,136
9	5,122	0	0	0	5,122	0	0	0	-	51	5,071
10	5,026	0	0	0	5,026	0	0	0	-	50	4,976
11	4,939	0	0	0	4,939	0	0	0	-	49	4,890
12	5,003	0	0	0	5,003	0	0	0	-	50	4,953
13	4,903	0	0	0	4,903	0	0	0	-	49	4,854
14	5,046	0	0	0	5,046	0	0	0	-	50	4,996
15	4,957	0	0	0	4,957	0	0	0	-	50	4,907
16	4,902	0	0	0	4,902	0	0	0	-	49	4,853
17	4,739	0	0	0	4,739	0	0	0	-	47	4,692
18	4,620	0	0	0	4,620	0	0	0	-	46	4,574
19	4,508	0	0	0	4,508	0	0	0	-	45	4,463
20	4,415	0	1	0	4,414	0	0	0	-	44	4,370
21	4,218	0	2	0	4,216	0	0	0	-	42	4,174
22	4,110	0	3	0	4,107	0	0	0	-	41	4,066
23	4,083	0	2	0	4,081	0	0	0	-	41	4,040
24	4,011	0	2	0	4,009	0	0	0	-	40	3,969
25	3,965	0	3	0	3,962	0	0	0	-	40	3,922
26	3,910	0	3	0	3,907	0	0	0	-	39	3,868
27	3,953	0	4	0	3,949	0	0	0	-	39	3,910
28	3,989	0	4	0	3,985	0	0	0	-	40	3,945
29	3,984	0	5	0	3,979	0	0	0	-	40	3,939
30	4,006	0	5	0	4,001	0	0	0	21	40	3,940
令和 元	3,997	0	6	0	3,991	0	0	0	13	40	3,938
2	4,034	0	8	0	4,026	0	0	0	0	40	3,986
3	3,998	0	8	0	3,990	0	0	0	0	40	3,950

（単位：断りなき限り 1,000 トン）

量 の 内 訳				1 人 当 た り 供 給 純 食 料						純食料100g中の栄養成分量		
食 料		歩 留 り	純 食 料	1人当たり数	年当り量	1 日 当 た り				熱 量	たんぱく質	脂 質
1人1年当たり	1人1日当たり					数 量	熱 量	たんぱく質	脂 質			
kg	g	%		kg	g	g	kcal	g	g	kcal	g	g
10.7	29.3	100.0	998	10.7	29.3	17.3	0.8	1.0		59.0	2.9	3.3
11.8	32.4	100.0	1,114	11.8	32.4	19.1	0.9	1.1		59.0	2.9	3.3
12.6	34.6	100.0	1,202	12.6	34.6	20.4	1.0	1.1		59.0	2.9	3.3
15.1	41.3	100.0	1,452	15.1	41.3	24.3	1.2	1.4		59.0	2.9	3.3
17.0	46.5	100.0	1,649	17.0	46.5	27.4	1.3	1.5		59.0	2.9	3.3
18.4	50.5	100.0	1,810	18.4	50.5	30.3	1.5	1.7		60.0	2.9	3.3
20.2	55.4	100.0	2,002	20.2	55.4	33.2	1.6	1.8		60.0	2.9	3.3
21.3	58.2	100.0	2,135	21.3	58.2	34.9	1.7	1.9		60.0	2.9	3.3
23.1	63.2	100.0	2,337	23.1	63.2	37.9	1.8	2.1		60.0	2.9	3.3
24.3	66.6	100.0	2,491	24.3	66.6	39.9	1.9	2.2		60.0	2.9	3.3
25.3	69.3	100.0	2,625	25.3	69.3	41.6	2.0	2.3		60.0	2.9	3.3
25.3	69.1	100.0	2,658	25.3	69.1	41.4	2.0	2.3		60.0	2.9	3.3
26.2	71.7	100.0	2,814	26.2	71.7	43.0	2.1	2.4		60.0	2.9	3.3
26.8	73.4	100.0	2,922	26.8	73.4	44.0	2.1	2.4		60.0	2.9	3.3
26.9	73.7	100.0	2,974	26.9	73.7	44.2	2.1	2.4		60.0	2.9	3.3
28.1	76.9	100.0	3,149	28.1	76.9	46.1	2.2	2.5		60.0	2.9	3.3
29.4	80.5	100.0	3,321	29.4	80.5	48.3	2.3	2.7		60.0	2.9	3.3
31.0	84.9	100.0	3,536	31.0	84.9	50.9	2.5	2.8		60.0	2.9	3.3
32.0	87.7	100.0	3,689	32.0	87.7	52.6	2.5	2.9		60.0	2.9	3.3
33.3	90.9	100.0	3,866	33.3	90.9	54.6	2.6	2.9		60.0	2.9	3.3
33.9	92.9	100.0	3,970	33.9	92.9	55.7	2.7	3.1		60.0	2.9	3.3
34.8	95.2	100.0	4,099	34.8	95.2	57.1	2.8	3.1		60.0	2.9	3.3
35.4	97.0	100.0	4,205	35.4	97.0	58.2	2.8	3.2		60.0	2.9	3.3
35.4	96.6	100.0	4,228	35.4	96.6	58.0	2.8	3.2		60.0	2.9	3.3
35.6	97.6	100.0	4,285	35.6	97.6	58.5	2.8	3.2		60.0	2.9	3.3
35.2	96.5	100.0	4,264	35.2	96.5	61.8	3.1	3.4		64.0	3.2	3.5
35.3	96.8	100.0	4,299	35.3	96.8	62.0	3.1	3.4		64.0	3.2	3.5
37.2	101.7	100.0	4,552	37.2	101.7	65.1	3.3	3.6		64.0	3.2	3.5
38.9	106.5	100.0	4,773	38.9	106.5	68.2	3.4	3.7		64.0	3.2	3.5
39.8	109.1	100.0	4,906	39.8	109.1	69.8	3.5	3.8		64.0	3.2	3.5
40.8	111.7	100.0	5,040	40.8	111.7	71.5	3.6	3.9		64.0	3.2	3.5
40.8	111.5	100.0	5,066	40.8	111.5	71.4	3.6	3.9		64.0	3.2	3.5
40.6	111.2	100.0	5,058	40.6	111.2	71.2	3.6	3.9		64.0	3.2	3.5
39.9	109.2	100.0	4,980	39.9	109.2	69.9	3.5	3.8		64.0	3.2	3.5
41.6	114.0	100.0	5,210	41.6	114.0	72.9	3.6	4.0		64.0	3.2	3.5
40.6	111.0	100.0	5,100	40.6	111.0	71.0	3.6	3.9		64.0	3.2	3.5
40.8	111.8	100.0	5,136	40.8	111.8	71.6	3.6	3.9		64.0	3.2	3.5
40.2	110.1	100.0	5,071	40.2	110.1	70.5	3.5	3.9		64.0	3.2	3.5
39.3	107.8	100.0	4,976	39.3	107.8	69.0	3.4	3.8		64.0	3.2	3.5
38.6	105.5	100.0	4,890	38.6	105.5	67.5	3.4	3.7		64.0	3.2	3.5
39.0	106.9	100.0	4,953	39.0	106.9	68.4	3.4	3.7		64.0	3.2	3.5
38.1	104.5	100.0	4,854	38.1	104.5	66.9	3.3	3.7		64.0	3.2	3.5
39.2	107.4	100.0	4,996	39.2	107.4	68.7	3.4	3.8		64.0	3.2	3.5
38.5	105.1	100.0	4,907	38.5	105.1	67.2	3.4	3.7		64.0	3.2	3.5
38.0	104.1	100.0	4,853	38.0	104.1	66.6	3.3	3.6		64.0	3.2	3.5
36.7	100.6	100.0	4,692	36.7	100.6	64.4	3.2	3.5		64.0	3.2	3.5
35.8	98.0	100.0	4,574	35.8	98.0	62.7	3.1	3.4		64.0	3.2	3.5
34.9	95.2	100.0	4,463	34.9	95.2	61.0	3.0	3.3		64.0	3.2	3.5
34.1	93.5	100.0	4,370	34.1	93.5	59.8	3.0	3.3		64.0	3.2	3.5
32.6	89.3	100.0	4,174	32.6	89.3	57.2	2.9	3.1		64.0	3.2	3.5
31.8	87.0	100.0	4,066	31.8	87.0	55.7	2.8	3.0		64.0	3.2	3.5
31.6	86.3	100.0	4,040	31.6	86.3	55.3	2.8	3.0		64.0	3.2	3.5
31.1	85.2	100.0	3,969	31.1	85.2	54.5	2.7	3.0		64.0	3.2	3.5
30.8	84.3	100.0	3,922	30.8	84.3	54.0	2.7	3.0		64.0	3.2	3.5
30.4	83.3	100.0	3,868	30.4	83.3	53.3	2.7	2.9		64.0	3.2	3.5
30.8	84.1	100.0	3,910	30.8	84.1	53.8	2.7	2.9		64.0	3.2	3.5
31.1	85.1	100.0	3,945	31.1	85.1	54.4	2.7	3.0		64.0	3.2	3.5
31.0	85.0	100.0	3,939	31.0	85.0	54.4	2.7	3.0		64.0	3.2	3.5
31.1	85.2	100.0	3,940	31.1	85.2	54.5	2.7	3.0		64.0	3.2	3.5
31.1	85.0	100.0	3,938	31.1	85.0	53.6	2.7	3.1		63.0	3.2	3.7
31.6	86.6	100.0	3,986	31.6	86.6	54.5	2.8	3.2		63.0	3.2	3.7
31.5	86.2	100.0	3,950	31.5	86.2	54.3	2.8	3.2		63.0	3.2	3.7

(3)　乳製品向け生乳

年度	国内生産量	輸入量	輸出量	在庫の増減量	国内消費仕向量	飼料用	種子用	加工用	純旅客用	減耗量	粗総数
昭和35	772	237	0	0	1,009	0	0	0	-	30	979
36	889	276	0	0	1,165	0	0	0	-	35	1,130
37	1,126	357	0	60	1,423	0	0	0	-	43	1,380
38	1,178	481	0	30	1,629	0	0	0	-	50	1,579
39	1,193	486	0	△ 41	1,720	0	0	0	-	51	1,669
40	1,254	506	0	△ 38	1,798	0	0	0	-	54	1,744
		53			53	53					
41	1,224	841	0	△ 5	2,070	1	0	0	-	62	2,007
		93			93	93					
42	1,322	964	0	135	2,151	0	0	0	-	65	2,086
		127			127	127					
43	1,592	629	0	39	2,182	1	0	0	-	66	2,115
		232			232	232					
44	1,871	568	0	117	2,322	18	0	0	-	69	2,235
		247			247	247					
45	1,963	561	0	△ 5	2,529	0	0	0	-	76	2,453
		320			320	320					
46	2,003	569	0	△ 77	2,649	0	0	0	-	79	2,570
		196			196	196					
47	1,956	746	0	△ 29	2,731	0	0	0	-	82	2,649
		217			217	217					
48	1,814	1,032	0	27	2,819	0	0	0	-	85	2,734
		295			295	295					
49	1,749	1,038	0	36	2,751	0	0	0	-	82	2,669
		144			144	144					
50	1,709	1,016	0	△ 136	2,861	0	0	0	-	86	2,775
		227			227	227					
51	1,895	1,491	0	208	3,178	0	0	0	-	95	3,083
		462			462	462					
52	2,152	1,295	0	178	3,269	0	0	0	-	98	3,171
		743			743	743					
53	2,404	1,343	0	290	3,457	1	0	0	-	104	3,352
		743			743	743					
54	2,400	1,439	0	106	3,733	49	0	0	-	111	3,573
		795			795	795					
55	2,311	1,411	8	△ 42	3,756	18	0	0	-	112	3,626
		479			479	479					
56	2,294	1,455	5	△ 241	3,985	0	0	0	-	120	3,865
		413			413	413					
57	2,463	1,186	6	△ 151	3,794	0	0	0	-	114	3,680
		545			545	545					
58	2,705	1,508	0	△ 54	4,267	0	0	0	-	128	4,139
		547			547	547					
59	2,764	1,627	0	13	4,378	0	0	0	-	131	4,247
		528			528	528					
60	3,015	1,579	0	230	4,364	0	0	0	-	131	4,233
		570			570	570					
61	2,836	1,637	0	21	4,452	0	0	0	-	134	4,318
		516			516	516					
62	2,656	1,767	0	△ 381	4,804	0	0	0	-	144	4,660
		586			586	586					
63	2,776	2,613	1	77	5,312	0	0	0	-	159	5,153
		573			573	573					
平成 元	3,054	2,175	1	91	5,138	0	0	0	-	154	4,984
		418			418	418					
2	2,985	2,237	3	△ 145	5,365	0	0	0	-	161	5,204
		423			423	423					
3	3,103	2,675	3	195	5,580	0	0	0	-	167	5,413
		364			364	364					
4	3,393	2,444	2	364	5,471	0	0	0	-	164	5,307
		466			466	466					
5	3,381	2,434	4	227	5,584	0	0	0	-	168	5,416
		397			397	397					
6	2,983	2,841	4	△ 366	6,186	0	0	0	-	186	6,000
		469			469	469					
7	3,186	3,286	4	△ 51	6,519	0	0	0	-	196	6,323
		456			456	456					
8	3,351	3,418	6	△ 2	6,765	0	0	0	-	203	6,562
		396			396	396					
9	3,396	3,498	7	16	6,871	0	0	0	-	206	6,665
		449			449	449					
10	3,419	3,507	7	30	6,889	0	0	0	-	207	6,682
		397			397	397					
11	3,470	3,683	8	59	7,086	0	0	0	-	213	6,873
		411			411	411					

(注)　「輸入量」、「国内消費仕向量」及び「飼料用」欄の下段の数値は、輸入飼料用乳製品（脱脂粉乳及びホエイパウダー）で外数である。

（単位：断りなき限り　1,000 トン）

量　の　内　訳				1　人　当　た　り　供　給　純　食　料					純食料100g中の栄養成分量		
食料 1人1年当たり	食料 1人1日当たり	歩留り	純食料	1人1年当たり 数量	1日当たり 数量	熱量	たんぱく質	脂質	熱量	たんぱく質	脂質
kg	g	%		kg	g	kcal	g	g	kcal	g	g
10.5	28.7	100.0	979	10.5	28.7	16.9	0.8	0.9	59.0	2.9	3.3
12.0	32.8	100.0	1,130	12.0	32.8	19.4	1.0	1.1	59.0	2.9	3.3
14.5	39.7	100.0	1,380	14.5	39.7	23.4	1.2	1.3	59.0	2.9	3.3
16.4	44.9	100.0	1,579	16.4	44.9	26.5	1.3	1.5	59.0	2.9	3.3
17.2	47.1	100.0	1,669	17.2	47.1	27.8	1.4	1.6	59.0	2.9	3.3
17.7	48.6	100.0	1,744	17.7	48.6	29.2	1.4	1.6	60.0	2.9	3.3
20.3	55.5	100.0	2,007	20.3	55.5	33.3	1.6	1.8	60.0	2.9	3.3
20.8	56.9	100.0	2,086	20.8	56.9	34.1	1.6	1.9	60.0	2.9	3.3
20.9	57.2	100.0	2,115	20.9	57.2	34.3	1.7	1.9	60.0	2.9	3.3
21.8	59.7	100.0	2,235	21.8	59.7	35.8	1.7	2.0	60.0	2.9	3.3
23.7	64.8	100.0	2,453	23.7	64.8	38.9	1.9	2.1	60.0	2.9	3.3
24.4	66.8	100.0	2,570	24.4	66.8	40.1	1.9	2.2	60.0	2.9	3.3
24.6	67.5	100.0	2,649	24.6	67.5	40.5	2.0	2.2	60.0	2.9	3.3
25.1	68.7	100.0	2,734	25.1	68.7	41.2	2.0	2.3	60.0	2.9	3.3
24.1	66.1	100.0	2,669	24.1	66.1	39.7	1.9	2.2	60.0	2.9	3.3
24.8	67.7	100.0	2,775	24.8	67.7	40.6	2.0	2.2	60.0	2.9	3.3
27.3	74.7	100.0	3,083	27.3	74.7	44.8	2.2	2.5	60.0	2.9	3.3
27.8	76.1	100.0	3,171	27.8	76.1	45.7	2.2	2.5	60.0	2.9	3.3
29.1	79.7	100.0	3,352	29.1	79.7	47.8	2.3	2.6	60.0	2.9	3.3
30.8	84.0	100.0	3,573	30.8	84.0	50.4	2.4	2.8	60.0	2.9	3.3
31.0	84.9	100.0	3,626	31.0	84.9	50.9	2.5	2.8	60.0	2.9	3.3
32.8	89.8	100.0	3,865	32.8	89.8	53.9	2.6	3.0	60.0	2.9	3.3
31.0	84.9	100.0	3,680	31.0	84.9	51.0	2.5	2.8	60.0	2.9	3.3
34.6	94.6	100.0	4,139	34.6	94.6	56.8	2.7	3.1	60.0	2.9	3.3
35.3	96.7	100.0	4,247	35.3	96.7	58.0	2.8	3.2	60.0	2.9	3.3
35.0	95.8	100.0	4,233	35.0	95.8	61.3	3.1	3.4	64.0	3.2	3.5
35.5	97.2	100.0	4,318	35.5	97.2	62.2	3.1	3.4	64.0	3.2	3.5
38.1	104.2	100.0	4,660	38.1	104.2	66.7	3.3	3.6	64.0	3.2	3.5
42.0	115.0	100.0	5,153	42.0	115.0	73.6	3.7	4.0	64.0	3.2	3.5
40.5	110.8	100.0	4,984	40.5	110.8	70.9	3.5	3.9	64.0	3.2	3.5
42.1	115.3	100.0	5,204	42.1	115.3	73.8	3.7	4.0	64.0	3.2	3.5
43.6	119.2	100.0	5,413	43.6	119.2	76.3	3.8	4.2	64.0	3.2	3.5
42.6	116.7	100.0	5,307	42.6	116.7	74.7	3.7	4.1	64.0	3.2	3.5
43.3	118.8	100.0	5,416	43.3	118.8	76.0	3.8	4.2	64.0	3.2	3.5
47.9	131.2	100.0	6,000	47.9	131.2	84.0	4.2	4.6	64.0	3.2	3.5
50.4	137.6	100.0	6,323	50.4	137.6	88.1	4.4	4.8	64.0	3.2	3.5
52.1	142.8	100.0	6,562	52.1	142.8	91.4	4.6	5.0	64.0	3.2	3.5
52.8	144.7	100.0	6,665	52.8	144.7	92.6	4.6	5.1	64.0	3.2	3.5
52.8	144.8	100.0	6,682	52.8	144.8	92.6	4.6	5.1	64.0	3.2	3.5
54.3	148.3	100.0	6,873	54.3	148.3	94.9	4.7	5.2	64.0	3.2	3.5

乳製品向け生乳（つづき）

年　度	国　内 生　産　量	外　国　貿　易 輸　入　量	輸　出　量	在　庫　の 増　減　量	国内消費 仕　向　量	国　内　消　費　仕　向 飼料用	種　子　用	加　工　用	純旅客用	減　耗　量	粗 総　　数
平成　12	3,307	3,952 413	13	44	7,202 413	0 413	0	0	－	216	6,986
13	3,317	3,896 441	10	24	7,179 441	0 441	0	0	－	215	6,964
14	3,245	3,783 444	7	△ 14	7,035 444	0 444	0	0	－	211	6,824
15	3,362	3,925 408	10	115	7,162 408	0 408	0	0	－	215	6,947
16	3,301	4,036 420	9	△ 44	7,372 420	38 420	0	0	－	220	7,114
17	3,472	3,836 434	8	△ 23	7,323 434	86 434	0	0	－	217	7,020
18	3,389	3,958 400	14	△ 131	7,464 400	42 400	0	0	－	223	7,199
19	3,433	4,020 489	24	△ 223	7,652 489	0 489	0	0	－	230	7,422
20	3,451	3,503 416	18	115	6,821 416	0 416	0	0	－	205	6,616
21	3,587	3,491 407	24	232	6,822 407	0 407	0	0	－	205	6,617
22	3,451	3,528 396	21	△ 231	7,189 396	0 396	0	0	－	216	6,973
23	3,387	4,025 444	6	△ 84	7,490 444	0 444	0	0	－	225	7,265
24	3,538	4,194 419	7	72	7,653 419	0 419	0	0	－	230	7,423
25	3,426	4,058 387	12	△ 144	7,616 387	0 387	0	0	－	228	7,388
26	3,361	4,425 396	18	41	7,727 396	0 396	0	0	－	232	7,495
27	3,398	4,634 390	21	125	7,886 390	0 390	0	0	－	237	7,649
28	3,302	4,554 421	23	△ 31	7,864 421	0 421	0	0	－	236	7,628
29	3,258	5,000 457	26	110	8,122 457	0 457	0	0	－	244	7,878
30	3,231	5,164 468	27	△ 11	8,379 468	0 468	0	0	43	251	8,085
令和　元	3,321	5,238 448	29	152	8,378 448	0 448	0	0	27	251	8,100
2	3,355	4,987 396	35	159	8,148 396	0 396	0	0	0	244	7,904
3	3,599	4,690 364	56	110	8,123 364	0 364	0	0	0	244	7,879

(注)　「輸入量」、「国内消費仕向量」及び「飼料用」欄の下段の数値は、輸入飼料用乳製品（脱脂粉乳及びホエイパウダー）で外数である。

（単位：断りなき限り　1,000 トン）

量 の 内 訳				1 人 当 た り 供 給 純 食 料						純食料100g中の栄養成分量		
食 料		歩留り	純食料	1年当たり数	年当り量	1 日 当 た り				熱 量	たんぱく質	脂 質
1人1年当たり	1人1日当たり					数 量	熱 量	たんぱく質	脂 質			
kg	g	%		kg		g	kcal	g	g	kcal	g	g
55.0	150.8	100.0	6,986	55.0	150.8	96.5	4.8	5.3		64.0	3.2	3.5
54.7	149.9	100.0	6,964	54.7	149.9	95.9	4.8	5.2		64.0	3.2	3.5
53.5	146.7	100.0	6,824	53.5	146.7	93.9	4.7	5.1		64.0	3.2	3.5
54.4	148.7	100.0	6,947	54.4	148.7	95.2	4.8	5.2		64.0	3.2	3.5
55.7	152.6	100.0	7,114	55.7	152.6	97.7	4.9	5.3		64.0	3.2	3.5
54.9	150.5	100.0	7,020	54.9	150.5	96.3	4.8	5.3		64.0	3.2	3.5
56.3	154.2	100.0	7,199	56.3	154.2	98.6	4.9	5.4		64.0	3.2	3.5
58.0	158.4	100.0	7,422	58.0	158.4	101.4	5.1	5.5		64.0	3.2	3.5
51.7	141.5	100.0	6,616	51.7	141.5	90.6	4.5	5.0		64.0	3.2	3.5
51.7	141.6	100.0	6,617	51.7	141.6	90.6	4.5	5.0		64.0	3.2	3.5
54.5	149.2	100.0	6,973	54.5	149.2	95.5	4.8	5.2		64.0	3.2	3.5
56.8	155.3	100.0	7,265	56.8	155.3	99.4	5.0	5.4		64.0	3.2	3.5
58.2	159.4	100.0	7,423	58.2	159.4	102.0	5.1	5.6		64.0	3.2	3.5
58.0	158.9	100.0	7,388	58.0	158.9	101.7	5.1	5.6		64.0	3.2	3.5
58.9	161.4	100.0	7,495	58.9	161.4	103.3	5.2	5.6		64.0	3.2	3.5
60.2	164.4	100.0	7,649	60.2	164.4	105.2	5.3	5.8		64.0	3.2	3.5
60.0	164.5	100.0	7,628	60.0	164.5	105.3	5.3	5.8		64.0	3.2	3.5
62.1	170.1	100.0	7,878	62.1	170.1	108.8	5.4	6.0		64.0	3.2	3.5
63.8	174.8	100.0	8,085	63.8	174.8	111.8	5.6	6.1		64.0	3.2	3.5
64.0	174.9	100.0	8,100	64.0	174.9	110.2	5.6	6.5		63.0	3.2	3.7
62.7	171.7	100.0	7,904	62.7	171.7	108.1	5.5	6.4		63.0	3.2	3.7
62.8	172.0	100.0	7,879	62.8	172.0	108.4	5.5	6.4		63.0	3.2	3.7

10　魚介類

年　度	国　内生　産　量	外　国　貿　易 輸　入　量	輸　出　量	在　庫　の増　減　量	国内消費仕　向　量	国　内　消　費　仕　向 飼　料　用	種　子　用	加　工　用	純　旅　客　用	減　耗　量	粗総　　数
昭和 35	5,803	100	520	0	5,383	983	0	0	-	0	4,400
36	6,281	135	524	0	5,892	1,136	0	0	-	0	4,756
37	6,363	205	654	0	5,914	1,091	0	0	-	0	4,823
38	6,273	438	598	0	6,113	1,150	0	0	-	0	4,963
39	5,989	572	716	0	5,845	1,380	0	0	-	0	4,465
40	6,502	655	680	0	6,477	1,429	0	0	-	0	5,048
41	6,666	625	767	0	6,524	1,361	0	0	-	0	5,163
42	7,316	605	727	0	7,194	1,649	0	0	-	0	5,545
43	8,164	927	811	0	8,280	2,364	0	0	-	0	5,916
44	8,168	750	783	0	8,135	2,220	0	0	-	0	5,915
45	8,794	745	908	0	8,631	2,275	0	0	-	0	6,356
46	9,323	551	949	0	8,925	2,128	0	0	-	0	6,797
47	9,707	765	1,032	0	9,440	2,429	0	0	-	0	7,011
48	10,063	1,079	991	0	10,151	2,895	0	0	-	0	7,256
49	10,106	779	996	0	9,889	2,405	0	0	-	0	7,484
50	9,918	1,088	990	0	10,016	2,467	0	0	-	0	7,549
51	9,990	1,136	1,029	0	10,097	2,334	0	0	-	0	7,763
52	10,126	1,848	852	742	10,380	2,815	0	0	-	0	7,565
53	10,186	1,479	1,046	△ 76	10,695	2,953	0	0	-	0	7,742
54	9,948	1,707	1,015	△ 96	10,736	3,190	0	0	-	0	7,546
55	10,425	1,689	1,023	357	10,734	3,068	0	0	-	0	7,666
56	10,671	1,597	1,019	128	11,121	3,444	0	0	-	0	7,677
57	10,753	1,527	1,264	△ 248	11,264	3,621	0	0	-	0	7,643
58	11,256	1,944	954	588	11,658	3,635	0	0	-	0	8,023
59	12,055	1,955	1,304	671	12,035	3,821	0	0	-	0	8,214
60	11,464	2,257	1,357	101	12,263	3,847	0	0	-	0	8,416
61	11,959	2,928	1,398	872	12,617	4,104	0	0	-	0	8,513
62	11,800	3,299	1,583	448	13,068	4,303	0	0	-	0	8,765
63	11,985	3,699	1,640	569	13,475	4,577	0	0	-	0	8,898
平成 元	11,120	3,310	1,647	△ 558	13,341	4,436	0	0	-	0	8,905
2	10,278	3,823	1,140	△ 67	13,028	4,230	0	0	-	0	8,798
3	9,268	4,320	980	406	12,202	3,925	0	0	-	0	8,277
4	8,477	4,718	614	804	11,777	3,512	0	0	-	0	8,265
5	8,013	4,788	572	199	12,030	3,566	0	0	-	0	8,464
6	7,325	5,635	325	312	12,323	3,449	0	0	-	0	8,874
7	6,768	6,755	283	1,334	11,906	2,985	0	0	-	0	8,921
8	6,743	5,921	342	660	11,662	2,894	0	0	-	0	8,768
9	6,727	5,998	415	947	11,363	2,988	0	0	-	0	8,375
10	6,044	5,254	322	287	10,689	2,550	0	0	-	0	8,139
11	5,949	5,731	244	777	10,659	2,348	0	0	-	0	8,311
12	5,736	5,883	264	543	10,812	2,283	0	0	-	0	8,529
13	5,492	6,727	357	475	11,387	2,581	0	0	-	0	8,806
14	5,194	6,748	440	355	11,147	2,555	0	0	-	0	8,592
15	5,494	5,747	533	△ 192	10,900	2,698	0	0	-	0	8,202
16	5,178	6,055	631	83	10,519	2,522	0	0	-	0	7,997
17	5,152	5,782	647	86	10,201	2,340	0	0	-	0	7,861
18	5,131	5,711	788	162	9,892	2,477	0	0	-	0	7,415
19	5,102	5,162	815	△ 101	9,550	2,282	0	0	-	0	7,268
20	5,031	4,851	645	△ 181	9,418	2,264	0	0	-	0	7,154
21	4,872	4,500	674	△ 456	9,154	2,232	0	0	-	0	6,922
22	4,782	4,841	706	216	8,701	1,936	0	0	-	0	6,765
23	4,328	4,482	530	32	8,248	1,685	0	0	-	0	6,563
24	4,325	4,586	540	74	8,297	1,691	0	0	-	0	6,606
25	4,289	4,081	680	△ 178	7,868	1,588	0	0	-	0	6,280
26	4,303	4,322	567	167	7,891	1,612	0	0	-	0	6,279
27	4,194	4,263	627	167	7,663	1,581	0	0	-	0	6,082
28	3,887	3,852	596	△ 222	7,365	1,517	0	0	-	0	5,848
29	3,828	4,086	656	△ 124	7,382	1,564	0	0	-	0	5,818
30	3,952	4,049	808	39	7,154	1,478	0	0	30	0	5,646
令和 元	3,783	4,210	715	86	7,192	1,552	0	0	18	0	5,622
2	3,772	3,885	721	98	6,838	1,555	0	0	0	0	5,283
3	3,770	3,650	828	△ 49	6,641	1,476	0	0	0	0	5,165

（単位：断りなき限り 1,000 トン）

量 の 内 訳				1 人 当 た り 供 給 純 食 料					純食料100g中の栄養成分量		
食料 1人1年当たり	食料 1人1日当たり	歩留り	純食料	1年当たり数量	1日当たり 数量	1日当たり 熱量	1日当たり たんぱく質	1日当たり 脂質	熱量	たんぱく質	脂質
kg	g	%		kg	g	kcal	g	g	kcal	g	g
47.1	129.0	59.0	2,596	27.8	76.1	86.8	14.6	2.5	114.0	19.2	3.3
50.4	138.2	59.0	2,806	29.8	81.5	96.2	15.8	3.1	118.0	19.4	3.8
50.7	138.8	59.0	2,845	29.9	81.9	94.2	15.8	2.8	115.0	19.3	3.4
51.6	141.0	58.0	2,879	29.9	81.8	91.6	15.5	2.7	112.0	18.9	3.3
45.9	125.9	55.0	2,456	25.3	69.2	77.5	13.2	2.2	112.0	19.1	3.2
51.4	140.7	54.7	2,761	28.1	77.0	98.5	14.2	4.0	128.0	18.5	5.2
52.1	142.8	53.9	2,783	28.1	77.0	97.8	14.2	3.9	127.0	18.5	5.1
55.3	151.2	53.5	2,967	29.6	80.9	99.5	14.7	3.9	123.0	18.2	4.8
58.4	160.0	53.4	3,159	31.2	85.4	102.5	15.3	3.9	120.0	17.9	4.6
57.7	158.0	51.8	3,064	29.9	81.9	95.8	14.7	3.6	117.0	17.9	4.4
61.3	167.9	51.5	3,273	31.6	86.5	102.0	15.2	3.9	118.0	17.6	4.5
64.6	176.6	51.4	3,493	33.2	90.8	106.2	16.3	3.9	117.0	18.0	4.3
65.2	178.5	50.8	3,561	33.1	90.7	107.0	16.0	4.1	118.0	17.7	4.5
66.5	182.2	50.9	3,693	33.8	92.7	113.1	16.8	4.5	122.0	18.1	4.8
67.7	185.4	51.4	3,846	34.8	95.3	115.3	17.2	4.5	121.0	18.0	4.7
67.4	184.3	51.8	3,910	34.9	95.4	119.3	17.1	5.0	125.0	17.9	5.2
68.6	188.1	51.3	3,983	35.2	96.5	118.7	17.5	4.7	123.0	18.1	4.9
66.3	181.5	51.7	3,910	34.2	93.8	127.6	17.3	5.7	136.0	18.4	6.1
67.2	184.1	52.1	4,033	35.0	95.9	137.2	17.9	6.4	143.0	18.7	6.7
65.0	177.5	52.4	3,954	34.0	93.0	133.0	17.4	6.2	143.0	18.7	6.7
65.5	179.4	53.1	4,070	34.8	95.3	133.4	17.8	6.1	140.0	18.7	6.4
65.1	178.4	52.3	4,015	34.1	93.3	129.7	17.4	5.9	139.0	18.6	6.3
64.4	176.4	51.9	3,966	33.4	91.5	126.5	16.9	5.7	138.0	18.5	6.2
67.1	183.4	51.9	4,164	34.8	95.2	133.1	17.8	6.0	139.8	18.7	6.3
68.3	187.1	52.0	4,271	35.5	97.3	132.9	18.2	5.8	136.6	18.7	6.0
69.5	190.5	50.8	4,275	35.3	96.8	136.0	18.6	6.0	140.6	19.2	6.2
70.0	191.7	51.6	4,393	36.1	98.9	140.6	19.0	6.2	142.1	19.2	6.3
71.7	195.9	51.2	4,487	36.7	100.3	139.1	19.2	6.0	138.7	19.1	6.0
72.5	198.6	51.3	4,565	37.2	101.9	139.6	19.6	5.9	137.0	19.2	5.8
72.3	198.0	51.7	4,604	37.4	102.4	141.7	19.6	6.1	138.4	19.1	6.0
71.2	195.0	52.7	4,636	37.5	102.8	143.1	19.4	6.3	139.3	18.9	6.1
66.7	182.2	54.4	4,502	36.3	99.1	141.1	19.0	6.2	142.4	19.2	6.3
66.3	181.8	55.3	4,570	36.7	100.5	137.1	19.1	5.8	136.4	19.0	5.8
67.7	185.6	55.3	4,681	37.5	102.6	141.8	19.6	6.1	138.1	19.1	5.9
70.8	194.1	55.2	4,899	39.1	107.1	147.7	20.5	6.3	137.8	19.1	5.9
71.0	194.1	55.3	4,933	39.3	107.3	148.4	20.4	6.4	138.3	19.0	6.0
69.7	190.9	55.9	4,901	38.9	106.7	145.1	20.2	6.2	136.0	18.9	5.8
66.4	181.9	56.2	4,706	37.3	102.2	138.5	19.4	5.8	135.5	19.0	5.7
64.4	176.3	55.1	4,485	35.5	97.2	129.6	18.6	5.2	133.4	19.1	5.4
65.6	179.3	54.5	4,530	35.8	97.7	129.1	18.4	5.3	132.1	18.8	5.4
67.2	184.1	55.3	4,717	37.2	101.8	135.8	19.4	5.5	133.4	19.1	5.4
69.2	189.5	58.1	5,116	40.2	110.1	153.4	21.3	6.6	139.3	19.3	6.0
67.4	184.7	55.8	4,794	37.6	103.1	137.3	19.6	5.6	133.2	19.0	5.4
64.3	175.6	55.6	4,560	35.7	97.6	134.3	18.5	5.8	137.6	19.0	5.9
62.6	171.6	55.3	4,423	34.6	94.9	129.9	18.1	5.5	136.9	19.1	5.8
61.5	168.6	56.3	4,426	34.6	94.9	137.0	18.3	6.2	144.3	19.3	6.5
58.0	158.8	56.5	4,189	32.8	89.7	130.7	17.2	6.0	145.7	19.2	6.7
56.8	155.1	56.2	4,085	31.9	87.2	126.5	16.7	5.8	145.1	19.2	6.6
55.9	153.0	56.2	4,021	31.4	86.0	127.4	16.3	6.0	148.1	19.0	7.0
54.1	148.1	55.4	3,835	30.0	82.1	122.5	15.7	5.8	149.3	19.1	7.1
52.8	144.7	55.7	3,768	29.4	80.6	110.3	15.9	4.5	136.9	19.7	5.6
51.3	140.3	55.5	3,644	28.5	77.9	107.3	15.4	4.4	137.7	19.8	5.6
51.8	141.8	55.7	3,680	28.8	79.0	105.6	15.7	4.1	133.6	19.9	5.1
49.3	135.0	55.6	3,492	27.4	75.1	99.7	14.9	3.8	132.7	19.8	5.1
49.3	135.2	53.8	3,377	26.5	72.7	102.3	14.3	4.4	140.7	19.6	6.0
47.9	130.7	53.8	3,272	25.7	70.3	100.3	13.9	4.3	142.6	19.7	6.1
46.0	126.1	53.9	3,152	24.8	68.0	99.1	13.4	4.4	145.8	19.7	6.5
45.8	125.6	53.2	3,095	24.4	66.8	97.2	13.2	4.3	145.5	19.7	6.5
44.5	122.0	53.0	2,992	23.6	64.7	95.7	12.7	4.4	147.9	19.6	6.8
44.4	121.4	56.8	3,193	25.2	68.9	90.9	13.5	4.4	131.9	19.6	6.3
41.9	114.7	56.4	2,980	23.6	64.7	83.7	12.7	3.9	129.3	19.7	6.0
41.2	112.8	56.4	2,914	23.2	63.6	83.2	12.4	4.0	130.8	19.5	6.3

11 海藻類

年度	国内生産量	外国貿易 輸入量	外国貿易 輸出量	在庫の増減量	国内消費仕向量	飼料用	種子用	加工用	純旅客用	減耗量	粗総数
昭和 35	77	8	1	0	84	0	0	24	-	0	60
36	85	12	2	0	95	0	0	34	-	0	61
37	100	8	1	0	107	0	0	25	-	0	82
38	85	10	1	0	94	0	0	24	-	0	70
39	72	10	1	0	81	0	0	19	-	0	62
40	81	12	1	0	92	0	0	22	-	0	70
41	94	21	2	0	113	0	0	32	-	0	81
42	107	18	2	0	123	0	0	31	-	0	92
43	101	15	3	0	113	0	0	22	-	0	91
44	89	15	3	0	101	0	0	24	-	0	77
45	104	15	5	0	114	0	0	18	-	0	96
46	117	18	5	0	130	0	0	20	-	0	110
47	112	19	3	0	128	0	0	24	-	0	104
48	131	30	4	0	157	0	0	30	-	0	127
49	140	23	5	0	158	0	0	24	-	0	134
50	126	25	4	0	147	0	0	22	-	0	125
51	133	47	4	0	176	0	0	29	-	0	147
52	128	48	5	0	171	0	0	29	-	0	142
53	128	43	5	0	166	0	0	32	-	0	134
54	129	49	4	0	174	0	0	31	-	0	143
55	139	55	6	0	188	0	0	31	-	0	157
56	130	51	5	0	176	0	0	26	-	0	150
57	127	53	6	0	174	0	0	31	-	0	143
58	142	56	5	0	193	0	0	35	-	0	158
59	152	58	6	0	204	0	0	36	-	0	168
60	142	58	7	0	193	0	0	32	-	0	161
61	156	54	6	0	204	0	0	28	-	0	176
62	133	58	7	0	184	0	0	28	-	0	156
63	160	57	6	0	211	0	0	31	-	0	180
平成 元	159	68	6	0	221	0	0	36	-	0	185
2	155	68	7	0	216	0	0	41	-	0	175
3	142	67	5	0	204	0	0	37	-	0	167
4	158	60	6	0	212	0	0	34	-	0	178
5	139	62	3	0	198	0	0	30	-	0	168
6	155	70	2	0	223	0	0	33	-	0	190
7	144	70	2	0	212	0	0	31	-	0	181
8	135	68	2	0	201	0	0	29	-	0	172
9	137	75	3	0	209	0	0	29	-	0	180
10	128	76	2	0	202	0	0	28	-	0	174
11	135	90	2	0	223	0	0	31	-	0	192
12	130	78	2	0	206	0	0	30	-	0	176
13	127	79	2	0	204	0	0	25	-	0	179
14	137	75	3	0	209	0	0	23	-	0	186
15	118	62	2	0	178	0	0	23	-	0	155
16	120	68	3	0	185	0	0	24	-	0	161
17	123	70	3	0	190	0	0	32	-	0	158
18	121	62	3	0	180	0	0	32	-	0	148
19	124	54	3	0	175	0	0	30	-	0	145
20	112	49	3	0	158	0	0	27	-	0	131
21	112	46	3	0	155	0	0	25	-	0	130
22	106	47	2	0	151	0	0	25	-	0	126
23	88	55	2	0	141	0	0	23	-	0	118
24	108	51	1	0	158	0	0	25	-	0	133
25	101	48	2	0	147	0	0	24	-	0	123
26	93	48	2	0	139	0	0	25	-	0	114
27	99	45	2	0	142	0	0	23	-	0	119
28	94	45	2	0	137	0	0	21	-	0	116
29	96	46	2	0	140	0	0	23	-	0	117
30	94	46	2	0	138	0	0	22	1	0	115
令和 元	83	46	2	0	127	0	0	21	0	0	106
2	92	42	2	0	132	0	0	18	0	0	114
3	81	39	2	0	118	0	0	16	0	0	102

（単位：断りなき限り 1,000 トン）

| 量 の 内 訳 | | | | 1 人 当 た り 供 給 純 食 料 | | | | | 純食料100g中の栄養成分量 | | |
食料 1人1年当たり	食料 1人1日当たり	歩留り	純食料	1年当たり 数量	1日当たり 数量	1日当たり 熱量	1日当たり たんぱく質	1日当たり 脂質	熱量	たんぱく質	脂質
kg	g	%		kg	g	kcal	g	g	kcal	g	g
0.6	1.8	100.0	60	0.6	1.8	0.0	0.3	0.0	0.0	17.3	1.1
0.6	1.8	100.0	61	0.6	1.8	0.0	0.4	0.0	0.0	20.3	1.6
0.9	2.4	100.0	82	0.9	2.4	0.0	0.4	0.0	0.0	18.7	1.0
0.7	2.0	100.0	70	0.7	2.0	0.0	0.4	0.0	0.0	19.1	1.0
0.6	1.7	100.0	62	0.6	1.7	0.0	0.3	0.0	0.0	17.9	1.0
0.7	2.0	100.0	70	0.7	2.0	0.0	0.4	0.0	0.0	22.3	1.9
0.8	2.2	100.0	81	0.8	2.2	0.0	0.5	0.0	0.0	20.5	1.9
0.9	2.5	100.0	92	0.9	2.5	0.0	0.5	0.1	0.0	20.6	2.0
0.9	2.5	100.0	91	0.9	2.5	0.0	0.5	0.0	0.0	20.2	2.0
0.8	2.1	100.0	77	0.8	2.1	0.0	0.4	0.0	0.0	20.8	2.0
0.9	2.5	100.0	96	0.9	2.5	0.0	0.6	0.1	0.0	25.2	2.1
1.0	2.9	100.0	110	1.0	2.9	0.0	0.7	0.1	0.0	24.0	2.0
1.0	2.6	100.0	104	1.0	2.6	0.0	0.6	0.1	0.0	23.2	2.0
1.2	3.2	100.0	127	1.2	3.2	0.0	0.8	0.1	0.0	26.0	2.0
1.2	3.3	100.0	134	1.2	3.3	0.0	0.9	0.1	0.0	26.2	2.1
1.1	3.1	100.0	125	1.1	3.1	0.0	0.7	0.1	0.0	24.5	2.0
1.3	3.6	100.0	147	1.3	3.6	0.0	0.9	0.1	0.0	24.2	2.0
1.2	3.4	100.0	142	1.2	3.4	0.0	0.8	0.1	0.0	24.5	2.0
1.2	3.2	100.0	134	1.2	3.2	0.0	0.9	0.1	0.0	27.5	2.0
1.2	3.4	100.0	143	1.2	3.4	0.0	0.9	0.1	0.0	26.2	2.0
1.3	3.7	100.0	157	1.3	3.7	0.0	1.0	0.1	0.0	26.4	2.0
1.3	3.5	100.0	150	1.3	3.5	0.0	0.9	0.1	0.0	26.8	1.9
1.2	3.3	100.0	143	1.2	3.3	0.0	0.8	0.1	0.0	23.5	2.0
1.3	3.6	100.0	158	1.3	3.6	0.0	0.9	0.1	0.0	26.3	2.0
1.4	3.8	100.0	168	1.4	3.8	0.0	1.0	0.1	0.0	26.9	2.0
1.3	3.6	100.0	161	1.3	3.6	5.6	0.9	0.1	155.0	26.0	2.6
1.4	4.0	100.0	176	1.4	4.0	6.1	1.1	0.1	154.9	26.5	2.7
1.3	3.5	100.0	156	1.3	3.5	5.4	0.9	0.1	154.1	25.5	2.6
1.5	4.0	100.0	180	1.5	4.0	6.3	1.1	0.1	157.1	27.4	2.7
1.5	4.1	100.0	185	1.5	4.1	6.4	1.1	0.1	156.0	26.1	2.6
1.4	3.9	100.0	175	1.4	3.9	6.1	1.0	0.1	156.0	26.6	2.7
1.3	3.7	100.0	167	1.3	3.7	5.8	1.0	0.1	158.0	28.5	2.8
1.4	3.9	100.0	178	1.4	3.9	6.1	1.0	0.1	155.2	25.4	2.6
1.3	3.7	100.0	168	1.3	3.7	5.8	1.0	0.1	156.7	26.4	2.7
1.5	4.2	100.0	190	1.5	4.2	6.6	1.2	0.1	159.9	29.4	2.9
1.4	3.9	100.0	181	1.4	3.9	6.2	1.1	0.1	157.4	27.5	2.7
1.4	3.7	100.0	172	1.4	3.7	5.9	1.0	0.1	157.8	27.2	2.7
1.4	3.9	100.0	180	1.4	3.9	6.2	1.1	0.1	158.8	27.7	2.8
1.4	3.8	100.0	174	1.4	3.8	6.0	1.1	0.1	159.8	29.1	2.9
1.5	4.1	100.0	192	1.5	4.1	6.6	1.2	0.1	159.6	29.1	2.9
1.4	3.8	100.0	176	1.4	3.8	6.1	1.1	0.1	159.8	28.9	2.9
1.4	3.9	100.0	179	1.4	3.9	6.2	1.1	0.1	159.8	28.4	2.8
1.5	4.0	100.0	186	1.5	4.0	6.5	1.2	0.1	161.4	29.7	2.9
1.2	3.3	100.0	155	1.2	3.3	5.3	1.0	0.1	159.5	28.7	2.8
1.3	3.5	100.0	161	1.3	3.5	5.5	1.0	0.1	159.6	28.7	2.8
1.2	3.4	100.0	158	1.2	3.4	5.4	1.0	0.1	160.5	29.8	2.9
1.2	3.2	100.0	148	1.2	3.2	5.1	0.9	0.1	160.4	29.4	2.9
1.1	3.1	100.0	145	1.1	3.1	5.0	0.9	0.1	162.0	30.6	3.0
1.0	2.8	100.0	131	1.0	2.8	4.5	0.8	0.1	160.5	29.3	2.9
1.0	2.8	100.0	130	1.0	2.8	4.5	0.8	0.1	160.0	29.2	2.9
1.0	2.7	100.0	126	1.0	2.7	4.1	0.7	0.1	152.5	26.5	2.7
0.9	2.5	100.0	118	0.9	2.5	3.7	0.6	0.1	147.3	25.1	2.6
1.0	2.9	100.0	133	1.0	2.9	4.3	0.7	0.1	149.2	25.8	2.6
1.0	2.6	100.0	123	1.0	2.6	3.9	0.7	0.1	149.1	25.9	2.6
0.9	2.5	100.0	114	0.9	2.5	3.6	0.6	0.1	148.1	25.1	2.5
0.9	2.6	100.0	119	0.9	2.6	3.8	0.6	0.1	148.7	25.2	2.6
0.9	2.5	100.0	116	0.9	2.5	3.8	0.7	0.1	150.0	26.4	2.7
0.9	2.5	100.0	117	0.9	2.5	3.8	0.7	0.1	150.6	26.8	2.7
0.9	2.5	100.0	115	0.9	2.5	3.7	0.6	0.1	149.8	26.1	2.6
0.8	2.3	100.0	106	0.8	2.3	5.1	0.6	0.1	221.5	25.6	2.6
0.9	2.5	100.0	114	0.9	2.5	5.6	0.7	0.1	226.1	26.8	2.7
0.8	2.2	100.0	102	0.8	2.2	5.0	0.6	0.1	223.1	25.9	2.6

12　砂糖類

(1)　砂糖類

年　度	国　内 生　産　量	外国貿易 輸入量	外国貿易 輸出量	在庫の 増減量	国内消費 仕向量	飼料用	種子用	加工用	純旅客用	減耗量	粗 総　数
昭和 35											1,406
36											1,495
37											1,611
38											1,603
39											1,710
40											1,842
41											1,969
42											2,107
43											2,218
44											2,480
45											2,793
46											2,814
47											3,012
48											3,067
49											2,911
50											2,806
51											2,859
52											3,043
53											2,917
54											3,010
55											2,731
56											2,615
57											2,710
58											2,586
59											2,560
60											2,665
61											2,712
62											2,719
63											2,733
平成 元											2,704
2											2,692
3											2,715
4											2,680
5											2,592
6											2,676
7											2,656
8											2,672
9											2,616
10											2,532
11											2,557
12											2,565
13											2,551
14											2,547
15											2,555
16											2,538
17											2,548
18											2,491
19											2,529
20											2,453
21											2,465
22											2,425
23											2,412
24											2,398
25											2,420
26											2,355
27											2,349
28											2,361
29											2,314
30											2,293
令和 元											2,254
2											2,093
3											2,120

（単位：断りなき限り　1,000　トン）

量　　の　　内　　訳				1　人　当　た　り　供　給　純　食　料						純食料100g中の栄養成分量		
食　　　料		歩留り	純食料	1年当たり数量	1　日　当　た　り					熱　量	たんぱく質	脂　質
1人1年当たり	1人1日当たり				数量	熱　量	たんぱく質	脂　質				
kg	g	%		kg	g	kcal	g	g		kcal	g	g
15.1	41.2	100.0	1,406	15.1	41.2	157.2	0.0	0.0		381.2	0.1	0.0
15.9	43.4	100.0	1,495	15.9	43.4	165.9	0.0	0.0		381.8	0.1	0.0
16.9	46.4	100.0	1,611	16.9	46.4	177.0	0.0	0.0		381.8	0.1	0.0
16.7	45.5	100.0	1,603	16.7	45.5	174.1	0.0	0.0		382.2	0.1	0.0
17.6	48.2	100.0	1,710	17.6	48.2	184.4	0.0	0.0		382.5	0.0	0.0
18.7	51.4	100.0	1,842	18.7	51.4	196.3	0.0	0.0		382.2	0.1	0.0
19.9	54.5	100.0	1,969	19.9	54.5	208.1	0.0	0.0		382.0	0.1	0.0
21.0	57.5	100.0	2,107	21.0	57.5	219.8	0.0	0.0		382.6	0.0	0.0
21.9	60.0	100.0	2,218	21.9	60.0	229.6	0.0	0.0		382.9	0.0	0.0
24.2	66.3	100.0	2,480	24.2	66.3	253.8	0.0	0.0		383.0	0.0	0.0
26.9	73.8	100.0	2,793	26.9	73.8	282.6	0.0	0.0		383.1	0.0	0.0
26.8	73.1	100.0	2,814	26.8	73.1	280.2	0.0	0.0		383.1	0.0	0.0
28.0	76.7	100.0	3,012	28.0	76.7	293.9	0.0	0.0		383.2	0.0	0.0
28.1	77.0	100.0	3,067	28.1	77.0	294.9	0.0	0.0		382.9	0.0	0.0
26.3	72.1	100.0	2,911	26.3	72.1	276.7	0.0	0.0		383.6	0.0	0.0
25.1	68.5	100.0	2,806	25.1	68.5	262.4	0.0	0.0		383.1	0.0	0.0
25.3	69.3	100.0	2,859	25.3	69.3	265.1	0.0	0.0		382.8	0.0	0.0
26.7	73.0	100.0	3,043	26.7	73.0	279.7	0.0	0.0		383.1	0.0	0.0
25.3	69.4	100.0	2,917	25.3	69.4	265.6	0.0	0.0		382.9	0.0	0.0
25.9	70.8	100.0	3,010	25.9	70.8	271.1	0.0	0.0		383.0	0.0	0.0
23.3	63.9	100.0	2,731	23.3	63.9	244.8	0.0	0.0		382.9	0.0	0.0
22.2	60.8	100.0	2,615	22.2	60.8	232.6	0.0	0.0		382.8	0.0	0.0
22.8	62.5	100.0	2,710	22.8	62.5	239.5	0.0	0.0		382.9	0.0	0.0
21.6	59.1	100.0	2,586	21.6	59.1	226.3	0.0	0.0		382.9	0.0	0.0
21.3	58.3	100.0	2,560	21.3	58.3	223.3	0.0	0.0		383.0	0.0	0.0
22.0	60.3	100.0	2,665	22.0	60.3	231.0	0.0	0.0		383.0	0.0	0.0
22.3	61.1	100.0	2,712	22.3	61.1	233.9	0.0	0.0		383.0	0.0	0.0
22.2	60.8	100.0	2,719	22.2	60.8	232.8	0.0	0.0		383.1	0.0	0.0
22.3	61.0	100.0	2,733	22.3	61.0	233.7	0.0	0.0		383.1	0.0	0.0
21.9	60.1	100.0	2,704	21.9	60.1	230.4	0.0	0.0		383.1	0.0	0.0
21.8	59.7	100.0	2,692	21.8	59.7	228.6	0.0	0.0		383.2	0.0	0.0
21.9	59.8	100.0	2,715	21.9	59.8	229.0	0.0	0.0		383.2	0.0	0.0
21.5	58.9	100.0	2,680	21.5	58.9	225.8	0.0	0.0		383.2	0.0	0.0
20.7	56.8	100.0	2,592	20.7	56.8	217.8	0.0	0.0		383.2	0.0	0.0
21.4	58.5	100.0	2,676	21.4	58.5	224.3	0.0	0.0		383.2	0.0	0.0
21.2	57.8	100.0	2,656	21.2	57.8	221.5	0.0	0.0		383.2	0.0	0.0
21.2	58.2	100.0	2,672	21.2	58.2	223.0	0.0	0.0		383.4	0.0	0.0
20.7	56.8	100.0	2,616	20.7	56.8	217.7	0.0	0.0		383.1	0.0	0.0
20.0	54.8	100.0	2,532	20.0	54.8	210.2	0.0	0.0		383.3	0.0	0.0
20.2	55.2	100.0	2,557	20.2	55.2	211.4	0.0	0.0		383.3	0.0	0.0
20.2	55.4	100.0	2,565	20.2	55.4	212.3	0.0	0.0		383.4	0.0	0.0
20.0	54.9	100.0	2,551	20.0	54.9	210.5	0.0	0.0		383.4	0.0	0.0
20.0	54.8	100.0	2,547	20.0	54.8	209.9	0.0	0.0		383.4	0.0	0.0
20.0	54.7	100.0	2,555	20.0	54.7	209.8	0.0	0.0		383.5	0.0	0.0
19.9	54.5	100.0	2,538	19.9	54.5	208.8	0.0	0.0		383.3	0.0	0.0
19.9	54.6	100.0	2,548	19.9	54.6	209.5	0.0	0.0		383.4	0.0	0.0
19.5	53.4	100.0	2,491	19.5	53.4	204.5	0.0	0.0		383.4	0.0	0.0
19.8	54.0	100.0	2,529	19.8	54.0	207.0	0.0	0.0		383.5	0.0	0.0
19.2	52.5	100.0	2,453	19.2	52.5	201.3	0.0	0.0		383.6	0.0	0.0
19.3	52.7	100.0	2,465	19.3	52.7	202.3	0.0	0.0		383.6	0.0	0.0
18.9	51.9	100.0	2,425	18.9	51.9	199.0	0.0	0.0		383.5	0.0	0.0
18.9	51.6	100.0	2,412	18.9	51.6	197.7	0.0	0.0		383.5	0.0	0.0
18.8	51.5	100.0	2,398	18.8	51.5	197.5	0.0	0.0		383.5	0.0	0.0
19.0	52.0	100.0	2,420	19.0	52.0	199.6	0.0	0.0		383.6	0.0	0.0
18.5	50.7	100.0	2,355	18.5	50.7	194.5	0.0	0.0		383.6	0.0	0.0
18.5	50.5	100.0	2,349	18.5	50.5	193.7	0.0	0.0		383.5	0.0	0.0
18.6	50.9	100.0	2,361	18.6	50.9	195.3	0.0	0.0		383.6	0.0	0.0
18.2	50.0	100.0	2,314	18.2	50.0	191.6	0.0	0.0		383.5	0.0	0.0
18.1	49.6	100.0	2,293	18.1	49.6	190.0	0.0	0.0		383.4	0.0	0.0
17.8	48.7	100.0	2,254	17.8	48.7	189.9	0.0	0.0		390.3	0.0	0.0
16.6	45.5	100.0	2,093	16.6	45.5	177.5	0.0	0.0		390.4	0.0	0.0
16.9	46.3	100.0	2,120	16.9	46.3	180.6	0.0	0.0		390.2	0.0	0.0

(2)　粗　糖

年　度	国内生産量	外国貿易輸入量	輸出量	在庫の増減量	国内消費仕向量	飼料用	種子用	加工用	純旅客用	減耗量	粗 総数
昭和 35	5	1,244	0	15	1,234	0	0	1,234	-	0	0
36	17	1,354	0	28	1,343	0	0	1,343	-	0	0
37	31	1,366	0	△ 22	1,419	0	0	1,419	-	0	0
38	55	1,362	0	25	1,392	0	0	1,392	-	0	0
39	65	1,614	4	84	1,591	0	0	1,591	-	0	0
40	85	1,642	1	74	1,652	0	0	1,652	-	0	0
41	102	1,631	2	△ 24	1,755	0	0	1,755	-	0	0
42	97	1,907	0	61	1,943	0	0	1,943	-	0	0
43	88	2,098	0	87	2,099	0	0	2,099	-	0	0
44	95	2,179	0	△ 18	2,292	0	0	2,292	-	0	0
45	78	2,758	0	217	2,619	0	0	2,619	-	0	0
46	71	2,449	0	△ 98	2,618	0	0	2,618	-	0	0
47	243	2,542	0	△ 54	2,839	0	0	2,839	-	0	0
48	237	2,506	0	△ 135	2,878	0	0	2,878	-	0	0
49	198	2,768	0	173	2,793	0	0	2,793	-	0	0
50	219	2,243	0	△ 314	2,776	0	0	2,776	-	0	0
51	223	2,523	0	6	2,740	0	0	2,740	-	0	0
52	259	2,769	0	157	2,871	0	0	2,871	-	0	0
53	275	2,192	0	△ 100	2,567	0	0	2,567	-	0	0
54	252	2,617	0	110	2,759	0	0	2,759	-	0	0
55	258	2,106	0	103	2,261	0	0	2,261	-	0	0
56	236	1,683	0	△ 183	2,102	0	0	2,102	-	0	0
57	255	1,932	0	△ 51	2,238	0	0	2,238	-	0	0
58	286	1,969	0	200	2,055	0	0	2,055	-	0	0
59	280	1,872	0	△ 3	2,155	0	0	2,155	-	0	0
60	299	1,823	0	49	2,074	0	0	2,074	-	0	0
61	270	1,802	0	56	2,016	0	0	2,016	-	0	0
62	243	1,732	0	△ 28	2,003	0	0	2,003	-	0	0
63	286	1,902	0	109	2,080	0	0	2,080	-	0	0
平成 元	309	1,812	0	80	2,041	0	0	2,041	-	0	0
2	239	1,672	0	△ 98	2,009	0	0	2,009	-	0	0
3	200	1,884	0	129	1,955	0	0	1,955	-	0	0
4	218	1,730	0	14	1,934	0	0	1,934	-	0	0
5	193	1,668	0	42	1,819	0	0	1,819	-	0	0
6	180	1,722	0	△ 71	1,973	0	0	1,973	-	0	0
7	190	1,730	0	121	1,799	0	0	1,799	-	0	0
8	149	1,605	0	△ 54	1,808	0	0	1,808	-	0	0
9	155	1,714	0	64	1,805	0	0	1,805	-	0	0
10	175	1,533	0	△ 2	1,710	0	0	1,710	-	0	0
11	188	1,454	0	△ 20	1,662	0	0	1,662	-	0	0
12	164	1,594	0	51	1,707	0	0	1,707	-	0	0
13	170	1,561	0	14	1,717	0	0	1,717	-	0	0
14	159	1,470	0	△ 1	1,630	0	0	1,630	-	0	0
15	156	1,448	0	25	1,579	0	0	1,579	-	0	0
16	131	1,364	0	△ 10	1,505	0	0	1,505	-	0	0
17	141	1,298	0	△ 37	1,476	0	0	1,476	-	0	0
18	147	1,341	0	△ 4	1,492	0	0	1,492	-	0	0
19	168	1,475	8	49	1,586	0	0	1,586	-	0	0
20	193	1,401	0	98	1,496	0	0	1,496	-	0	0
21	180	1,203	0	△ 69	1,452	0	0	1,452	-	0	0
22	175	1,250	0	△ 109	1,534	0	0	1,534	-	0	0
23	109	1,528	1	41	1,595	0	0	1,595	-	0	0
24	127	1,396	0	23	1,500	0	0	1,500	-	0	0
25	128	1,352	0	△ 34	1,514	0	0	1,514	-	0	0
26	135	1,328	0	16	1,447	0	0	1,447	-	0	0
27	126	1,226	0	△ 32	1,384	0	0	1,384	-	0	0
28	167	1,279	0	64	1,382	0	0	1,382	-	0	0
29	149	1,184	0	△ 29	1,362	0	0	1,362	-	0	0
30	123	1,148	0	△ 38	1,309	0	0	1,309	0	0	0
令和 元	145	1,208	0	69	1,284	0	0	1,284	0	0	0
2	138	960	0	△ 43	1,141	0	0	1,141	0	0	0
3	143	1,018	0	△ 16	1,177	0	0	1,177	0	0	0

（単位：断りなき限り　1,000　トン）

量　　の　　内　　訳				1　人　当　た　り　供　給　純　食　料							純食料100g中の栄養成分量		
食　　　料		歩留り	純食料	1 た 数	年 当 り 量	1　　日　　当　　た　　り					熱　量	たんぱく質	脂　質
1人1年 当たり	1人1日 当たり					数　量	熱　量	たんぱく質	脂　質				
kg	g	%			kg	g	kcal	g	g		kcal	g	g
0.0	0.0	0.0	0		0.0	0.0	0.0	0.0	0.0		0.0	0.0	0.0
0.0	0.0	0.0	0		0.0	0.0	0.0	0.0	0.0		0.0	0.0	0.0
0.0	0.0	0.0	0		0.0	0.0	0.0	0.0	0.0		0.0	0.0	0.0
0.0	0.0	0.0	0		0.0	0.0	0.0	0.0	0.0		0.0	0.0	0.0
0.0	0.0	0.0	0		0.0	0.0	0.0	0.0	0.0		0.0	0.0	0.0
0.0	0.0	0.0	0		0.0	0.0	0.0	0.0	0.0		0.0	0.0	0.0
0.0	0.0	0.0	0		0.0	0.0	0.0	0.0	0.0		0.0	0.0	0.0
0.0	0.0	0.0	0		0.0	0.0	0.0	0.0	0.0		0.0	0.0	0.0
0.0	0.0	0.0	0		0.0	0.0	0.0	0.0	0.0		0.0	0.0	0.0
0.0	0.0	0.0	0		0.0	0.0	0.0	0.0	0.0		0.0	0.0	0.0

(3) 精糖

年度	国内生産量	外国貿易 輸入量	輸出量	在庫の増減量	国内消費仕向量	飼料用	種子用	加工用	純旅客用	減耗量	粗総数
昭和 35	1,323	36	33	△ 9	1,335	0	0	6	-	11	1,318
36	1,422	52	30	1	1,443	0	0	6	-	11	1,426
37	1,527	71	17	24	1,557	0	0	7	-	13	1,537
38	1,507	42	18	△ 29	1,560	0	0	7	-	13	1,540
39	1,693	47	20	35	1,685	0	0	7	-	13	1,665
40	1,837	13	18	27	1,805	0	0	8	-	15	1,782
41	1,897	8	25	△ 51	1,931	0	0	9	-	16	1,906
42	2,117	10	33	9	2,085	0	0	9	-	16	2,060
43	2,281	5	56	9	2,221	0	0	29	-	18	2,174
44	2,473	2	33	△ 37	2,479	0	0	22	-	19	2,438
45	2,831	4	16	25	2,794	1	0	24	-	23	2,746
46	2,837	1	20	△ 5	2,823	1	0	25	-	23	2,774
47	3,087	1	25	37	3,026	1	0	28	-	24	2,973
48	3,116	1	32	15	3,070	0	0	31	-	25	3,014
49	2,911	1	23	△ 34	2,923	0	0	21	-	23	2,879
50	2,879	3	85	△ 12	2,809	0	0	25	-	22	2,762
51	2,928	1	8	39	2,882	0	0	50	-	23	2,809
52	3,077	0	2	3	3,072	0	0	51	-	25	2,996
53	2,821	0	1	△ 92	2,912	0	0	23	-	23	2,866
54	3,102	0	24	64	3,014	0	0	28	-	24	2,962
55	2,708	0	32	△ 70	2,746	0	0	38	-	21	2,687
56	2,516	3	20	△ 125	2,624	2	0	36	-	21	2,565
57	2,718	1	8	△ 12	2,723	1	0	37	-	21	2,664
58	2,450	0	8	△ 156	2,598	0	0	38	-	20	2,540
59	2,621	1	4	44	2,574	1	0	38	-	20	2,515
60	2,581	45	3	△ 53	2,676	1	0	35	-	21	2,619
61	2,592	61	5	△ 77	2,724	2	0	34	-	21	2,668
62	2,610	91	5	△ 41	2,737	2	0	34	-	22	2,679
63	2,662	101	1	15	2,747	2	0	31	-	22	2,692
平成 元	2,611	115	1	10	2,715	2	0	29	-	22	2,662
2	2,569	99	1	△ 43	2,710	2	0	31	-	22	2,655
3	2,627	127	1	21	2,732	2	0	32	-	22	2,676
4	2,538	161	1	9	2,689	2	0	29	-	21	2,637
5	2,383	183	1	△ 41	2,606	3	0	31	-	20	2,552
6	2,454	214	1	△ 21	2,688	2	0	30	-	22	2,634
7	2,401	255	1	△ 11	2,666	2	0	28	-	21	2,615
8	2,366	301	8	△ 31	2,690	2	0	31	-	21	2,636
9	2,304	303	10	△ 30	2,627	2	0	32	-	20	2,573
10	2,245	283	7	△ 24	2,545	2	0	29	-	20	2,494
11	2,242	304	4	△ 29	2,571	2	0	31	-	20	2,518
12	2,281	306	3	7	2,577	2	0	27	-	20	2,528
13	2,268	313	2	18	2,561	1	0	25	-	20	2,515
14	2,225	311	2	△ 20	2,554	1	0	25	-	20	2,508
15	2,215	335	2	△ 17	2,565	2	0	26	-	20	2,517
16	2,148	351	2	△ 38	2,535	2	0	20	-	20	2,493
17	2,193	366	2	13	2,544	1	0	20	-	20	2,503
18	2,127	378	2	14	2,489	2	0	21	-	20	2,446
19	2,157	375	1	△ 2	2,533	2	0	22	-	20	2,489
20	2,132	357	1	29	2,459	2	0	20	-	20	2,417
21	2,095	380	1	1	2,473	2	0	20	-	20	2,431
22	2,023	406	1	△ 25	2,453	2	0	39	-	19	2,393
23	2,027	439	1	41	2,424	2	0	21	-	19	2,382
24	1,977	434	1	1	2,409	2	0	22	-	19	2,366
25	2,002	422	1	△ 11	2,434	2	0	23	-	19	2,390
26	1,935	435	1	2	2,367	2	0	22	-	19	2,324
27	1,938	423	1	3	2,357	2	0	22	-	19	2,314
28	1,931	445	1	7	2,368	2	0	23	-	16	2,327
29	1,863	441	2	△ 23	2,325	2	0	24	-	18	2,281
30	1,892	465	2	43	2,312	2	0	21	12	18	2,259
令和 元	1,852	450	2	33	2,267	2	0	21	7	18	2,219
2	1,709	420	2	17	2,110	2	0	25	0	17	2,066
3	1,733	412	2	16	2,127	2	0	22	0	17	2,086

(単位:断りなき限り 1,000 トン)

量 の 内 訳				1 人 当 た り 供 給 純 食 料					純食料100g中の栄養成分量		
食料		歩留り	純食料	1年当たり数量	1日当たり				熱量	たんぱく質	脂質
1人1年当たり	1人1日当たり				数量	熱量	たんぱく質	脂質			
kg	g	%		kg	g	kcal	g	g	kcal	g	g
14.1	38.7	100.0	1,318	14.1	38.7	148.4	0.0	0.0	384.0	0.0	0.0
15.1	41.4	100.0	1,426	15.1	41.4	159.1	0.0	0.0	384.0	0.0	0.0
16.1	44.2	100.0	1,537	16.1	44.2	169.9	0.0	0.0	384.0	0.0	0.0
16.0	43.8	100.0	1,540	16.0	43.8	168.0	0.0	0.0	384.0	0.0	0.0
17.1	46.9	100.0	1,665	17.1	46.9	180.2	0.0	0.0	384.0	0.0	0.0
18.1	49.7	100.0	1,782	18.1	49.7	190.8	0.0	0.0	384.0	0.0	0.0
19.2	52.7	100.0	1,906	19.2	52.7	202.5	0.0	0.0	384.0	0.0	0.0
20.6	56.2	100.0	2,060	20.6	56.2	215.7	0.0	0.0	384.0	0.0	0.0
21.5	58.8	100.0	2,174	21.5	58.8	225.7	0.0	0.0	384.0	0.0	0.0
23.8	65.1	100.0	2,438	23.8	65.1	250.1	0.0	0.0	384.0	0.0	0.0
26.5	72.5	100.0	2,746	26.5	72.5	278.5	0.0	0.0	384.0	0.0	0.0
26.4	72.1	100.0	2,774	26.4	72.1	276.8	0.0	0.0	384.0	0.0	0.0
27.6	75.7	100.0	2,973	27.6	75.7	290.7	0.0	0.0	384.0	0.0	0.0
27.6	75.7	100.0	3,014	27.6	75.7	290.6	0.0	0.0	384.0	0.0	0.0
26.0	71.3	100.0	2,879	26.0	71.3	273.9	0.0	0.0	384.0	0.0	0.0
24.7	67.4	100.0	2,762	24.7	67.4	258.9	0.0	0.0	384.0	0.0	0.0
24.8	68.0	100.0	2,809	24.8	68.0	261.3	0.0	0.0	384.0	0.0	0.0
26.2	71.9	100.0	2,996	26.2	71.9	276.1	0.0	0.0	384.0	0.0	0.0
24.9	68.2	100.0	2,866	24.9	68.2	261.8	0.0	0.0	384.0	0.0	0.0
25.5	69.7	100.0	2,962	25.5	69.7	267.5	0.0	0.0	384.0	0.0	0.0
23.0	62.9	100.0	2,687	23.0	62.9	241.5	0.0	0.0	384.0	0.0	0.0
21.8	59.6	100.0	2,565	21.8	59.6	228.9	0.0	0.0	384.0	0.0	0.0
22.4	61.5	100.0	2,664	22.4	61.5	236.1	0.0	0.0	384.0	0.0	0.0
21.2	58.1	100.0	2,540	21.2	58.1	222.9	0.0	0.0	384.0	0.0	0.0
20.9	57.3	100.0	2,515	20.9	57.3	219.9	0.0	0.0	384.0	0.0	0.0
21.6	59.3	100.0	2,619	21.6	59.3	227.6	0.0	0.0	384.0	0.0	0.0
21.9	60.1	100.0	2,668	21.9	60.1	230.7	0.0	0.0	384.0	0.0	0.0
21.9	59.9	100.0	2,679	21.9	59.9	229.9	0.0	0.0	384.0	0.0	0.0
21.9	60.1	100.0	2,692	21.9	60.1	230.7	0.0	0.0	384.0	0.0	0.0
21.6	59.2	100.0	2,662	21.6	59.2	227.3	0.0	0.0	384.0	0.0	0.0
21.5	58.8	100.0	2,655	21.5	58.8	226.0	0.0	0.0	384.0	0.0	0.0
21.6	58.9	100.0	2,676	21.6	58.9	226.2	0.0	0.0	384.0	0.0	0.0
21.2	58.0	100.0	2,637	21.2	58.0	222.7	0.0	0.0	384.0	0.0	0.0
20.4	56.0	100.0	2,552	20.4	56.0	214.9	0.0	0.0	384.0	0.0	0.0
21.0	57.6	100.0	2,634	21.0	57.6	221.2	0.0	0.0	384.0	0.0	0.0
20.8	56.9	100.0	2,615	20.8	56.9	218.5	0.0	0.0	384.0	0.0	0.0
20.9	57.4	100.0	2,636	20.9	57.4	220.3	0.0	0.0	384.0	0.0	0.0
20.4	55.9	100.0	2,573	20.4	55.9	214.6	0.0	0.0	384.0	0.0	0.0
19.7	54.0	100.0	2,494	19.7	54.0	207.5	0.0	0.0	384.0	0.0	0.0
19.9	54.3	100.0	2,518	19.9	54.3	208.6	0.0	0.0	384.0	0.0	0.0
19.9	54.6	100.0	2,528	19.9	54.6	209.5	0.0	0.0	384.0	0.0	0.0
19.8	54.1	100.0	2,515	19.8	54.1	207.9	0.0	0.0	384.0	0.0	0.0
19.7	53.9	100.0	2,508	19.7	53.9	207.1	0.0	0.0	384.0	0.0	0.0
19.7	53.9	100.0	2,517	19.7	53.9	206.9	0.0	0.0	384.0	0.0	0.0
19.5	53.5	100.0	2,493	19.5	53.5	205.4	0.0	0.0	384.0	0.0	0.0
19.6	53.7	100.0	2,503	19.6	53.7	206.1	0.0	0.0	384.0	0.0	0.0
19.1	52.4	100.0	2,446	19.1	52.4	201.1	0.0	0.0	384.0	0.0	0.0
19.4	53.1	100.0	2,489	19.4	53.1	204.0	0.0	0.0	384.0	0.0	0.0
18.9	51.7	100.0	2,417	18.9	51.7	198.5	0.0	0.0	384.0	0.0	0.0
19.0	52.0	100.0	2,431	19.0	52.0	199.8	0.0	0.0	384.0	0.0	0.0
18.7	51.2	100.0	2,393	18.7	51.2	196.6	0.0	0.0	384.0	0.0	0.0
18.6	50.9	100.0	2,382	18.6	50.9	195.5	0.0	0.0	384.0	0.0	0.0
18.5	50.8	100.0	2,366	18.5	50.8	195.1	0.0	0.0	384.0	0.0	0.0
18.8	51.4	100.0	2,390	18.8	51.4	197.3	0.0	0.0	384.0	0.0	0.0
18.3	50.0	100.0	2,324	18.3	50.0	192.2	0.0	0.0	384.0	0.0	0.0
18.2	49.7	100.0	2,314	18.2	49.7	191.0	0.0	0.0	384.0	0.0	0.0
18.3	50.2	100.0	2,327	18.3	50.2	192.7	0.0	0.0	384.0	0.0	0.0
18.0	49.2	100.0	2,281	18.0	49.2	189.1	0.0	0.0	384.0	0.0	0.0
17.8	48.8	100.0	2,259	17.8	48.8	187.5	0.0	0.0	384.0	0.0	0.0
17.5	47.9	100.0	2,219	17.5	47.9	187.3	0.0	0.0	391.0	0.0	0.0
16.4	44.9	100.0	2,066	16.4	44.9	175.4	0.0	0.0	391.0	0.0	0.0
16.6	45.5	100.0	2,086	16.6	45.5	178.1	0.0	0.0	391.0	0.0	0.0

(4) 含みつ糖

年度	国内生産量	外国貿易		在庫の増減量	国内消費仕向量	国内消費仕向					粗
		輸入量	輸出量			飼料用	種子用	加工用	純旅客用	減耗量	総数
昭和 35	41	32	0	△ 2	75	0	0	2	-	0	73
36	28	27	0	△ 1	56	0	0	2	-	0	54
37	29	28	0	△ 2	59	0	0	2	-	0	57
38	32	21	0	0	53	0	0	3	-	0	50
39	18	18	0	6	30	0	0	1	-	0	29
40	16	28	0	△ 2	46	0	0	3	-	0	43
41	15	23	0	△ 4	42	0	0	3	-	0	39
42	17	14	0	0	31	0	0	1	-	0	30
43	16	16	0	0	32	0	0	0	-	0	32
44	16	14	0	2	28	0	0	0	-	0	28
45	18	17	0	0	35	0	0	0	-	0	35
46	16	13	0	3	26	0	0	0	-	0	26
47	24	4	0	2	26	0	0	0	-	0	26
48	27	6	0	2	31	0	0	0	-	0	31
49	24	8	0	0	32	0	0	0	-	0	32
50	22	7	0	0	29	0	0	0	-	0	29
51	22	5	0	0	27	0	0	0	-	0	27
52	23	7	0	0	30	0	0	0	-	0	30
53	25	5	0	0	30	0	0	0	-	0	30
54	24	4	0	0	28	0	0	0	-	0	28
55	19	6	0	0	25	0	0	0	-	0	25
56	23	7	0	0	30	0	0	0	-	0	30
57	22	6	0	0	28	0	0	0	-	0	28
58	22	6	0	0	28	0	0	0	-	0	28
59	24	6	0	0	30	0	0	0	-	0	30
60	22	7	0	0	29	0	0	0	-	0	29
61	22	6	0	0	28	0	0	0	-	0	28
62	21	5	0	0	26	0	0	0	-	0	26
63	22	5	0	0	27	0	0	0	-	0	27
平成 元	24	5	0	0	29	0	0	0	-	0	29
2	19	4	0	0	23	0	0	0	-	0	23
3	20	6	0	0	26	0	0	0	-	0	26
4	21	10	0	0	31	0	0	0	-	0	31
5	19	10	0	0	29	0	0	0	-	0	29
6	18	12	0	0	30	0	0	0	-	0	30
7	18	12	0	0	30	0	0	0	-	0	30
8	17	11	0	0	28	0	0	0	-	0	28
9	20	11	0	0	31	0	0	0	-	0	31
10	19	11	0	0	30	0	0	0	-	0	30
11	19	13	0	0	32	0	0	0	-	0	32
12	17	14	0	0	31	0	0	0	-	0	31
13	20	12	0	0	32	0	0	0	-	0	32
14	20	14	0	0	34	0	0	0	-	0	34
15	23	13	0	0	36	0	0	0	-	0	36
16	22	19	0	0	41	0	0	0	-	0	41
17	25	19	0	0	44	0	0	0	-	0	44
18	25	18	0	0	43	0	0	0	-	0	43
19	25	15	0	0	40	0	0	0	-	0	40
20	26	10	0	0	36	0	0	0	-	0	36
21	23	11	0	0	34	0	0	0	-	0	34
22	23	11	0	5	29	0	0	0	-	0	29
23	20	10	0	3	27	0	0	0	-	0	27
24	22	11	0	3	30	0	0	0	-	0	30
25	21	11	0	3	29	0	0	0	-	0	29
26	22	10	0	2	30	0	0	0	-	0	30
27	25	11	0	2	34	0	0	0	-	0	34
28	27	11	0	4	34	0	0	0	-	0	34
29	26	10	0	4	32	0	0	0	-	0	32
30	25	9	0	4	30	0	0	0	0	0	30
令和 元	27	9	0	4	32	0	0	0	0	0	32
2	26	8	0	9	25	0	0	0	0	0	25
3	27	6	0	4	29	0	0	0	0	0	29

（単位：断りなき限り 1,000 トン）

量 の 内 訳				1 人 当 た り 供 給 純 食 料						純食料100g中の栄養成分量		
食　　　料		歩 留 り	純食料	1人当たり数	1年当たり量	1 日 当 た り				熱　　量	たんぱく質	脂　　質
1人1年当たり	1人1日当たり					数　量	熱　量	たんぱく質	脂　質			
kg	g	%			kg	g	kcal	g	g	kcal	g	g
0.8	2.1	100.0	73		0.8	2.1	7.6	0.0	0.0	353.0	1.5	0.0
0.6	1.6	100.0	54		0.6	1.6	5.5	0.0	0.0	353.0	1.5	0.0
0.6	1.6	100.0	57		0.6	1.6	5.8	0.0	0.0	353.0	1.5	0.0
0.5	1.4	100.0	50		0.5	1.4	5.0	0.0	0.0	353.0	1.5	0.0
0.3	0.8	100.0	29		0.3	0.8	2.9	0.0	0.0	353.0	1.5	0.0
0.4	1.2	100.0	43		0.4	1.2	4.2	0.0	0.0	352.0	1.7	0.0
0.4	1.1	100.0	39		0.4	1.1	3.8	0.0	0.0	352.0	1.7	0.0
0.3	0.8	100.0	30		0.3	0.8	2.9	0.0	0.0	352.0	1.7	0.0
0.3	0.9	100.0	32		0.3	0.9	3.0	0.0	0.0	352.0	1.7	0.0
0.3	0.7	100.0	28		0.3	0.7	2.6	0.0	0.0	352.0	1.7	0.0
0.3	0.9	100.0	35		0.3	0.9	3.3	0.0	0.0	352.0	1.7	0.0
0.2	0.7	100.0	26		0.2	0.7	2.4	0.0	0.0	352.0	1.7	0.0
0.2	0.7	100.0	26		0.2	0.7	2.3	0.0	0.0	352.0	1.7	0.0
0.3	0.8	100.0	31		0.3	0.8	2.7	0.0	0.0	352.0	1.7	0.0
0.3	0.8	100.0	32		0.3	0.8	2.8	0.0	0.0	352.0	1.7	0.0
0.3	0.7	100.0	29		0.3	0.7	2.5	0.0	0.0	352.0	1.7	0.0
0.2	0.7	100.0	27		0.2	0.7	2.3	0.0	0.0	352.0	1.7	0.0
0.3	0.7	100.0	30		0.3	0.7	2.5	0.0	0.0	352.0	1.7	0.0
0.3	0.7	100.0	30		0.3	0.7	2.5	0.0	0.0	352.0	1.7	0.0
0.2	0.7	100.0	28		0.2	0.7	2.3	0.0	0.0	352.0	1.7	0.0
0.2	0.6	100.0	25		0.2	0.6	2.1	0.0	0.0	352.0	1.7	0.0
0.3	0.7	100.0	30		0.3	0.7	2.5	0.0	0.0	352.0	1.7	0.0
0.2	0.6	100.0	28		0.2	0.6	2.3	0.0	0.0	352.0	1.7	0.0
0.2	0.6	100.0	28		0.2	0.6	2.3	0.0	0.0	352.0	1.7	0.0
0.2	0.7	100.0	30		0.2	0.7	2.4	0.0	0.0	352.0	1.7	0.0
0.2	0.7	100.0	29		0.2	0.7	2.3	0.0	0.0	354.0	1.7	0.0
0.2	0.6	100.0	28		0.2	0.6	2.2	0.0	0.0	354.0	1.7	0.0
0.2	0.6	100.0	26		0.2	0.6	2.1	0.0	0.0	354.0	1.7	0.0
0.2	0.6	100.0	27		0.2	0.6	2.1	0.0	0.0	354.0	1.7	0.0
0.2	0.6	100.0	29		0.2	0.6	2.3	0.0	0.0	354.0	1.7	0.0
0.2	0.5	100.0	23		0.2	0.5	1.8	0.0	0.0	354.0	1.7	0.0
0.2	0.6	100.0	26		0.2	0.6	2.0	0.0	0.0	354.0	1.7	0.0
0.2	0.7	100.0	31		0.2	0.7	2.4	0.0	0.0	354.0	1.7	0.0
0.2	0.6	100.0	29		0.2	0.6	2.3	0.0	0.0	354.0	1.7	0.0
0.2	0.7	100.0	30		0.2	0.7	2.3	0.0	0.0	354.0	1.7	0.0
0.2	0.7	100.0	30		0.2	0.7	2.3	0.0	0.0	354.0	1.7	0.0
0.2	0.6	100.0	28		0.2	0.6	2.2	0.0	0.0	354.0	1.7	0.0
0.2	0.7	100.0	31		0.2	0.7	2.4	0.0	0.0	354.0	1.7	0.0
0.2	0.6	100.0	30		0.2	0.6	2.3	0.0	0.0	354.0	1.7	0.0
0.3	0.7	100.0	32		0.3	0.7	2.4	0.0	0.0	354.0	1.7	0.0
0.2	0.7	100.0	31		0.2	0.7	2.4	0.0	0.0	354.0	1.7	0.0
0.3	0.7	100.0	32		0.3	0.7	2.4	0.0	0.0	354.0	1.7	0.0
0.3	0.7	100.0	34		0.3	0.7	2.6	0.0	0.0	354.0	1.7	0.0
0.3	0.8	100.0	36		0.3	0.8	2.7	0.0	0.0	354.0	1.7	0.0
0.3	0.9	100.0	41		0.3	0.9	3.1	0.0	0.0	354.0	1.7	0.0
0.3	0.9	100.0	44		0.3	0.9	3.3	0.0	0.0	354.0	1.7	0.0
0.3	0.9	100.0	43		0.3	0.9	3.3	0.0	0.0	354.0	1.7	0.0
0.3	0.9	100.0	40		0.3	0.9	3.0	0.0	0.0	354.0	1.7	0.0
0.3	0.8	100.0	36		0.3	0.8	2.7	0.0	0.0	354.0	1.7	0.0
0.3	0.7	100.0	34		0.3	0.7	2.6	0.0	0.0	354.0	1.7	0.0
0.2	0.6	100.0	29		0.2	0.6	2.2	0.0	0.0	354.0	1.7	0.0
0.2	0.6	100.0	27		0.2	0.6	2.0	0.0	0.0	354.0	1.7	0.0
0.2	0.6	100.0	30		0.2	0.6	2.3	0.0	0.0	354.0	1.7	0.0
0.2	0.6	100.0	29		0.2	0.6	2.2	0.0	0.0	354.0	1.7	0.0
0.2	0.6	100.0	30		0.2	0.6	2.3	0.0	0.0	354.0	1.7	0.0
0.3	0.7	100.0	34		0.3	0.7	2.6	0.0	0.0	354.0	1.7	0.0
0.3	0.7	100.0	34		0.3	0.7	2.6	0.0	0.0	354.0	1.7	0.0
0.3	0.7	100.0	32		0.3	0.7	2.4	0.0	0.0	354.0	1.7	0.0
0.2	0.6	100.0	30		0.2	0.6	2.3	0.0	0.0	354.0	1.7	0.0
0.3	0.7	100.0	32		0.3	0.7	2.4	0.0	0.0	352.0	1.7	0.0
0.2	0.5	100.0	25		0.2	0.5	1.9	0.0	0.0	352.0	1.7	0.0
0.2	0.6	100.0	29		0.2	0.6	2.2	0.0	0.0	352.0	1.7	0.0

(5)　糖みつ

年度	国内生産量	外国貿易 輸入量	外国貿易 輸出量	在庫の増減量	国内消費仕向量	飼料用	種子用	加工用	純旅客用	減耗量	粗総数
昭和 35	68	382	0	19	431	39	0	377	–	0	15
36	78	444	0	6	516	50	0	451	–	0	15
37	87	506	0	△ 28	621	65	0	539	–	0	17
38	87	554	0	100	541	89	0	439	–	0	13
39	107	559	0	91	575	111	0	448	–	0	16
40	111	729	0	96	744	166	0	561	–	0	17
41	113	921	0	88	946	211	0	711	–	0	24
42	134	1,006	0	117	1,023	212	0	794	–	0	17
43	131	1,199	0	122	1,209	243	0	954	–	0	12
44	137	1,049	0	△ 47	1,233	270	0	949	–	0	14
45	140	1,218	0	26	1,332	329	0	991	–	0	12
46	125	1,392	0	81	1,436	353	0	1,069	–	0	14
47	173	1,124	3	12	1,282	399	0	870	–	0	13
48	177	1,018	1	△ 1	1,195	387	0	786	–	0	22
49	174	981	0	0	1,155	388	0	767	–	0	0
50	171	845	0	△ 38	1,054	368	0	671	–	0	15
51	175	971	0	86	1,060	396	0	641	–	0	23
52	188	920	0	△ 21	1,129	402	0	710	–	0	17
53	181	923	0	△ 3	1,107	400	0	686	–	0	21
54	188	781	0	51	918	385	0	513	–	0	20
55	155	816	4	73	894	339	0	536	–	0	19
56	155	663	0	△ 52	870	326	0	524	–	0	20
57	150	795	0	△ 41	986	316	0	652	–	0	18
58	159	904	0	34	1,029	344	0	667	–	0	18
59	152	809	0	1	960	308	0	637	–	0	15
60	151	703	0	△ 22	873	322	0	535	–	0	17
61	138	564	0	△ 13	715	271	0	428	–	0	16
62	135	484	0	△ 8	627	273	0	340	–	0	14
63	144	398	0	△ 6	548	254	0	280	–	0	14
平成 元	145	431	1	△ 12	587	255	0	319	–	0	13
2	137	504	3	25	613	254	0	345	–	0	14
3	126	462	1	△ 4	591	250	0	328	–	0	13
4	112	449	2	5	554	238	0	304	–	0	12
5	108	433	4	△ 1	538	228	0	299	–	0	11
6	110	378	5	△ 8	491	210	0	269	–	0	12
7	110	378	15	△ 19	492	204	0	277	–	0	11
8	109	270	5	12	362	190	0	164	–	0	8
9	111	262	3	12	358	198	0	148	–	0	12
10	120	185	4	△ 27	328	192	0	128	–	0	8
11	112	221	3	13	317	181	0	129	–	0	7
12	115	180	0	△ 4	299	178	0	115	–	0	6
13	112	178	1	1	288	173	0	111	–	0	4
14	108	178	0	14	272	164	0	103	–	0	5
15	111	157	0	△ 8	276	168	0	106	–	0	2
16	102	163	0	4	261	169	0	88	–	0	4
17	97	182	0	15	264	167	0	96	–	0	1
18	92	157	0	5	244	159	0	83	–	0	2
19	100	147	0	11	236	161	0	75	–	0	0
20	112	147	0	2	257	123	0	134	–	0	0
21	111	134	9	△ 6	242	126	0	116	–	0	0
22	106	121	6	△ 6	227	119	0	105	–	0	3
23	100	132	1	△ 1	232	119	0	110	–	0	3
24	94	126	0	△ 2	222	118	0	102	–	0	2
25	103	141	0	10	234	156	0	77	–	0	1
26	101	128	0	△ 2	231	157	0	73	–	0	1
27	94	122	0	△ 13	229	153	0	75	–	0	1
28	93	151	0	11	233	160	0	73	–	0	0
29	87	120	0	△ 18	225	154	0	70	–	0	1
30	80	130	0	△ 9	219	145	0	70	0	0	4
令和 元	82	150	0	10	222	149	0	70	0	0	3
2	76	134	0	△ 7	217	147	0	68	0	0	2
3	84	140	0	3	221	150	0	66	0	0	5

（単位：断りなき限り　1,000 トン）

量　　の　　内　　訳				1　人　当　た　り　供　給　純　食　料							純食料100g中の栄養成分量		
食　　　料		歩 留 り	純 食 料	1人当たり数	年当たり量	1　日　当　た　り					熱　　量	たんぱく質	脂　　質
1人1年当たり	1人1日当たり					数　量	熱　量	たんぱく質	脂	質			
kg	g	%			kg	g	kcal	g	g		kcal	g	g
0.2	0.4	100.0	15	0.2	0.4	1.2	0.0	0.0	277.0	2.5	0.0
0.2	0.4	100.0	15	0.2	0.4	1.2	0.0	0.0	277.0	2.5	0.0
0.2	0.5	100.0	17	0.2	0.5	1.4	0.0	0.0	277.0	2.5	0.0
0.1	0.4	100.0	13	0.1	0.4	1.0	0.0	0.0	277.0	2.5	0.0
0.2	0.5	100.0	16	0.2	0.5	1.2	0.0	0.0	277.0	2.5	0.0
0.2	0.5	100.0	17	0.2	0.5	1.3	0.0	0.0	272.0	2.5	0.0
0.2	0.7	100.0	24	0.2	0.7	1.8	0.0	0.0	272.0	2.5	0.0
0.2	0.5	100.0	17	0.2	0.5	1.3	0.0	0.0	272.0	2.5	0.0
0.1	0.3	100.0	12	0.1	0.3	0.9	0.0	0.0	272.0	2.5	0.0
0.1	0.4	100.0	14	0.1	0.4	1.0	0.0	0.0	272.0	2.5	0.0
0.1	0.3	100.0	12	0.1	0.3	0.9	0.0	0.0	272.0	2.5	0.0
0.1	0.4	100.0	14	0.1	0.4	1.0	0.0	0.0	272.0	2.5	0.0
0.1	0.3	100.0	13	0.1	0.3	0.9	0.0	0.0	272.0	2.5	0.0
0.2	0.6	100.0	22	0.2	0.6	1.5	0.0	0.0	272.0	2.5	0.0
0.0	0.0	100.0	0	0.0	0.0	0.0	0.0	0.0	272.0	2.5	0.0
0.1	0.4	100.0	15	0.1	0.4	1.0	0.0	0.0	272.0	2.5	0.0
0.2	0.6	100.0	23	0.2	0.6	1.5	0.0	0.0	272.0	2.5	0.0
0.1	0.4	100.0	17	0.1	0.4	1.1	0.0	0.0	272.0	2.5	0.0
0.2	0.5	100.0	21	0.2	0.5	1.4	0.0	0.0	272.0	2.5	0.0
0.2	0.5	100.0	20	0.2	0.5	1.3	0.0	0.0	272.0	2.5	0.0
0.2	0.4	100.0	19	0.2	0.4	1.2	0.0	0.0	272.0	2.5	0.0
0.2	0.5	100.0	20	0.2	0.5	1.3	0.0	0.0	272.0	2.5	0.0
0.2	0.4	100.0	18	0.2	0.4	1.1	0.0	0.0	272.0	2.5	0.0
0.2	0.4	100.0	18	0.2	0.4	1.1	0.0	0.0	272.0	2.5	0.0
0.1	0.3	100.0	15	0.1	0.3	0.9	0.0	0.0	272.0	2.5	0.0
0.1	0.4	100.0	17	0.1	0.4	1.0	0.0	0.0	272.0	2.5	0.0
0.1	0.4	100.0	16	0.1	0.4	1.0	0.0	0.0	272.0	2.5	0.0
0.1	0.3	100.0	14	0.1	0.3	0.9	0.0	0.0	272.0	2.5	0.0
0.1	0.3	100.0	14	0.1	0.3	0.8	0.0	0.0	272.0	2.5	0.0
0.1	0.3	100.0	13	0.1	0.3	0.8	0.0	0.0	272.0	2.5	0.0
0.1	0.3	100.0	14	0.1	0.3	0.8	0.0	0.0	272.0	2.5	0.0
0.1	0.3	100.0	13	0.1	0.3	0.8	0.0	0.0	272.0	2.5	0.0
0.1	0.3	100.0	12	0.1	0.3	0.7	0.0	0.0	272.0	2.5	0.0
0.1	0.2	100.0	11	0.1	0.2	0.7	0.0	0.0	272.0	2.5	0.0
0.1	0.3	100.0	12	0.1	0.3	0.7	0.0	0.0	272.0	2.5	0.0
0.1	0.2	100.0	11	0.1	0.2	0.7	0.0	0.0	272.0	2.5	0.0
0.1	0.2	100.0	8	0.1	0.2	0.5	0.0	0.0	272.0	2.5	0.0
0.1	0.3	100.0	12	0.1	0.3	0.7	0.0	0.0	272.0	2.5	0.0
0.1	0.2	100.0	8	0.1	0.2	0.5	0.0	0.0	272.0	2.5	0.0
0.1	0.2	100.0	7	0.1	0.2	0.4	0.0	0.0	272.0	2.5	0.0
0.0	0.1	100.0	6	0.0	0.1	0.4	0.0	0.0	272.0	2.5	0.0
0.0	0.1	100.0	4	0.0	0.1	0.2	0.0	0.0	272.0	2.5	0.0
0.0	0.1	100.0	5	0.0	0.1	0.3	0.0	0.0	272.0	2.5	0.0
0.0	0.0	100.0	2	0.0	0.0	0.1	0.0	0.0	272.0	2.5	0.0
0.0	0.1	100.0	4	0.0	0.1	0.2	0.0	0.0	272.0	2.5	0.0
0.0	0.0	100.0	1	0.0	0.0	0.1	0.0	0.0	272.0	2.5	0.0
0.0	0.0	100.0	2	0.0	0.0	0.1	0.0	0.0	272.0	2.5	0.0
0.0	0.0	100.0	0	0.0	0.0	0.0	0.0	0.0	272.0	2.5	0.0
0.0	0.0	100.0	0	0.0	0.0	0.0	0.0	0.0	272.0	2.5	0.0
0.0	0.0	100.0	0	0.0	0.0	0.0	0.0	0.0	272.0	2.5	0.0
0.0	0.1	100.0	3	0.0	0.1	0.2	0.0	0.0	272.0	2.5	0.0
0.0	0.1	100.0	3	0.0	0.1	0.2	0.0	0.0	272.0	2.5	0.0
0.0	0.0	100.0	2	0.0	0.0	0.1	0.0	0.0	272.0	2.5	0.0
0.0	0.0	100.0	1	0.0	0.0	0.1	0.0	0.0	272.0	2.5	0.0
0.0	0.0	100.0	1	0.0	0.0	0.1	0.0	0.0	272.0	2.5	0.0
0.0	0.0	100.0	1	0.0	0.0	0.1	0.0	0.0	272.0	2.5	0.0
0.0	0.0	100.0	0	0.0	0.0	0.0	0.0	0.0	272.0	2.5	0.0
0.0	0.0	100.0	1	0.0	0.0	0.1	0.0	0.0	272.0	2.5	0.0
0.0	0.1	100.0	4	0.0	0.1	0.2	0.0	0.0	272.0	2.5	0.0
0.0	0.1	100.0	3	0.0	0.1	0.2	0.0	0.0	272.0	2.5	0.0
0.0	0.0	100.0	2	0.0	0.0	0.1	0.0	0.0	272.0	2.5	0.0
0.0	0.1	100.0	5	0.0	0.1	0.3	0.0	0.0	272.0	2.5	0.0

13 油脂類

(1) 油脂類

年 度	国内生産量	外国貿易		在庫の	国内消費仕向量	国 内 消 費 仕 向					
		輸入量	輸出量	増減量		飼料用	種子用	加工用	純旅客用	減耗量	粗総数
昭和 35	581	220	131	△ 12	682	0	0	242	－	3	437
36	637	206	150	△ 12	705	0	0	222	－	3	480
37	696	176	134	△ 13	751	0	0	214	－	4	533
38	750	239	122	12	855	0	0	222	－	4	629
39	771	280	115	18	918	0	0	235	－	2	681
40	766	266	100	11	921	0	0	233	－	2	686
41	799	312	72	△ 10	1,049	7	0	234	－	4	804
42	882	301	70	△ 14	1,127	13	0	235	－	5	874
43	935	348	59	6	1,218	26	0	256	－	5	931
44	969	388	61	△ 2	1,298	41	0	266	－	5	986
45	1,117	342	93	2	1,364	55	0	266	－	5	1,038
46	1,170	339	146	△ 51	1,414	63	0	248	－	6	1,097
47	1,276	379	109	13	1,533	60	0	250	－	7	1,216
48	1,302	502	87	81	1,636	90	0	246	－	10	1,290
49	1,311	398	144	△ 53	1,618	90	0	178	－	9	1,341
50	1,260	363	87	△ 67	1,603	90	0	145	－	9	1,359
51	1,334	472	93	△ 19	1,732	90	0	230	－	8	1,404
52	1,481	415	127	△ 14	1,783	90	0	237	－	9	1,447
53	1,733	436	235	27	1,907	98	0	235	－	9	1,565
54	1,837	435	231	77	1,964	110	0	209	－	10	1,635
55	1,797	443	195	△ 24	2,069	110	0	230	－	10	1,719
56	1,923	461	187	26	2,171	112	0	217	－	11	1,831
57	1,940	464	189	0	2,215	113	0	218	－	11	1,873
58	2,049	452	247	0	2,254	119	0	208	－	12	1,915
59	2,251	405	368	△ 2	2,290	119	0	219	－	11	1,941
60	2,286	422	277	37	2,394	119	0	249	－	12	2,014
61	2,344	443	255	△ 34	2,566	126	0	312	－	13	2,115
62	2,359	480	188	27	2,623	141	0	375	－	13	2,094
63	2,426	506	366	△ 2	2,568	156	0	270	－	13	2,129
平成 元	2,364	506	198	△ 17	2,689	160	0	348	－	13	2,168
2	2,360	572	225	1	2,706	142	0	395	－	13	2,156
3	2,250	605	122	11	2,722	130	0	457	－	13	2,122
4	2,134	628	52	20	2,690	116	0	347	－	14	2,213
5	2,110	635	24	△ 52	2,773	111	0	417	－	14	2,231
6	2,056	660	16	△ 23	2,723	112	0	294	－	14	2,303
7	2,074	722	13	11	2,772	109	0	308	－	14	2,341
8	2,082	729	7	△ 18	2,822	119	0	293	－	15	2,395
9	2,142	733	10	2	2,863	117	0	292	－	15	2,439
10	2,129	680	21	1	2,787	111	0	270	－	15	2,391
11	2,195	661	15	△ 22	2,863	115	0	268	－	14	2,466
12	2,200	725	18	11	2,896	124	0	269	－	14	2,489
13	2,166	778	17	15	2,912	110	0	306	－	14	2,482
14	2,175	769	30	2	2,912	113	0	305	－	14	2,480
15	2,161	794	34	15	2,906	115	0	307	－	14	2,470
16	2,118	885	35	5	2,963	113	0	348	－	14	2,488
17	2,037	964	19	△ 13	2,995	113	0	351	－	15	2,516
18	2,092	923	15	3	2,994	112	0	351	－	15	2,514
19	2,049	936	10	△ 14	2,989	116	0	361	－	15	2,494
20	2,028	969	9	0	2,988	116	0	446	－	14	2,412
21	1,931	898	15	△ 47	2,861	115	0	420	－	14	2,312
22	1,980	929	14	△ 25	2,920	118	0	417	－	15	2,370
23	1,946	967	12	△ 4	2,905	119	0	393	－	14	2,379
24	1,950	985	13	6	2,916	119	0	394	－	14	2,389
25	1,946	966	16	△ 55	2,951	119	0	365	－	14	2,453
26	1,979	958	19	△ 92	3,010	119	0	414	－	14	2,463
27	2,003	984	19	△ 71	3,039	119	0	424	－	15	2,481
28	1,991	979	12	△ 92	3,050	119	0	445	－	16	2,470
29	2,063	1,015	17	△ 74	3,135	119	0	462	－	16	2,538
30	2,026	1,091	14	△ 16	3,119	105	0	475	12	15	2,512
令和 元	2,038	1,156	40	△ 5	3,159	104	0	466	8	15	2,566
2	1,965	1,113	41	△ 61	3,098	100	0	466	0	15	2,517
3	2,012	991	33	△ 24	2,994	102	0	471	0	14	2,407

（単位：断りなき限り 1,000 トン）

量 の 内 訳				1 人 当 た り 供 給 純 食 料					純食料100g中の栄養成分量		
食料		歩留り	純食料	1年当たり	1 日 当 た り				熱 量	たんぱく質	脂 質
1人1年当たり	1人1日当たり			数量	数 量	熱 量	たんぱく質	脂 質			
kg	g	%		kg	g	kcal	g	g	kcal	g	g
4.7	12.8	92.2	403	4.3	11.8	105.0	0.0	11.8	888.4	0.1	99.9
5.1	13.9	92.7	445	4.7	12.9	114.8	0.0	12.9	887.9	0.1	99.9
5.6	15.3	95.1	507	5.3	14.6	129.6	0.0	14.6	887.7	0.1	99.9
6.5	17.9	94.4	594	6.2	16.9	149.9	0.0	16.9	887.9	0.1	99.9
7.0	19.2	93.8	639	6.6	18.0	160.0	0.0	18.0	888.0	0.1	99.9
7.0	19.1	89.8	616	6.3	17.2	159.0	0.0	17.2	926.1	0.0	100.0
8.1	22.2	89.6	720	7.3	19.9	184.4	0.0	19.9	926.0	0.0	100.0
8.7	23.8	89.5	782	7.8	21.3	197.5	0.0	21.3	926.1	0.0	100.0
9.2	25.2	89.5	833	8.2	22.5	208.6	0.0	22.5	926.0	0.0	100.0
9.6	26.3	89.5	882	8.6	23.6	218.2	0.0	23.6	925.9	0.0	100.0
10.0	27.4	89.5	929	9.0	24.5	227.1	0.0	24.5	925.6	0.0	100.0
10.4	28.5	88.4	970	9.2	25.2	233.5	0.0	25.2	926.2	0.0	100.0
11.3	31.0	85.9	1,045	9.7	26.6	246.5	0.0	26.6	926.2	0.0	100.0
11.8	32.4	86.1	1,111	10.2	27.9	258.2	0.0	27.9	925.6	0.0	100.0
12.1	33.2	89.6	1,202	10.9	29.8	275.4	0.0	29.8	924.8	0.0	100.0
12.1	33.2	89.5	1,216	10.9	29.7	274.5	0.0	29.7	924.9	0.0	100.0
12.4	34.0	88.0	1,236	10.9	29.9	276.9	0.0	29.9	924.6	0.0	100.0
12.7	34.7	88.0	1,273	11.2	30.5	282.4	0.0	30.5	924.4	0.0	100.0
13.6	37.2	86.5	1,354	11.8	32.2	297.8	0.0	32.2	924.9	0.0	100.0
14.1	38.5	84.5	1,382	11.9	32.5	300.7	0.0	32.5	925.0	0.0	100.0
14.7	40.2	85.9	1,476	12.6	34.5	319.5	0.0	34.5	925.0	0.0	100.0
15.5	42.5	85.4	1,564	13.3	36.3	336.1	0.0	36.3	924.7	0.0	100.0
15.8	43.2	84.5	1,583	13.3	36.5	337.7	0.0	36.5	924.5	0.0	100.0
16.0	43.8	84.2	1,612	13.5	36.8	340.6	0.0	36.8	924.4	0.0	100.0
16.1	44.2	85.8	1,666	13.8	37.9	350.8	0.0	37.9	924.5	0.0	100.0
16.6	45.6	84.0	1,691	14.0	38.3	353.8	0.0	38.3	924.5	0.0	100.0
17.4	47.6	82.1	1,737	14.3	39.1	361.6	0.0	39.1	924.5	0.0	100.0
17.1	46.8	82.6	1,729	14.1	38.6	357.2	0.0	38.6	924.3	0.0	100.0
17.3	47.5	81.4	1,733	14.1	38.7	357.5	0.0	38.7	924.3	0.0	100.0
17.6	48.2	81.0	1,755	14.2	39.0	360.7	0.0	39.0	924.3	0.0	100.0
17.4	47.8	81.5	1,757	14.2	38.9	359.8	0.0	38.9	924.0	0.0	100.0
17.1	46.7	82.0	1,740	14.0	38.3	353.9	0.0	38.3	923.8	0.0	100.0
17.8	48.7	80.1	1,773	14.2	39.0	360.2	0.0	39.0	923.8	0.0	100.0
17.9	48.9	80.5	1,795	14.4	39.4	363.6	0.0	39.4	923.7	0.0	100.0
18.4	50.4	78.3	1,804	14.4	39.5	364.5	0.0	39.4	923.7	0.0	100.0
18.6	50.9	78.1	1,829	14.6	39.8	367.6	0.0	39.8	923.7	0.0	100.0
19.0	52.1	77.7	1,862	14.8	40.5	374.5	0.0	40.5	923.8	0.0	100.0
19.3	53.0	77.3	1,885	14.9	40.9	377.9	0.0	40.9	923.1	0.0	100.0
18.9	51.8	77.4	1,851	14.6	40.1	370.1	0.0	40.1	922.9	0.0	100.0
19.5	53.2	77.3	1,907	15.1	41.1	379.6	0.0	41.1	922.9	0.0	100.0
19.6	53.7	77.2	1,922	15.1	41.5	382.9	0.0	41.5	922.9	0.0	100.0
19.5	53.4	77.2	1,916	15.1	41.2	380.5	0.0	41.2	922.8	0.0	100.0
19.5	53.3	77.1	1,912	15.0	41.1	379.2	0.0	41.1	922.6	0.0	100.0
19.4	52.9	77.4	1,911	15.0	40.9	377.5	0.0	40.9	922.6	0.0	100.0
19.5	53.4	73.7	1,833	14.4	39.3	362.9	0.0	39.3	922.7	0.0	100.0
19.7	54.0	74.0	1,862	14.6	39.9	368.3	0.0	39.9	922.5	0.0	100.0
19.7	53.9	73.9	1,859	14.5	39.8	367.1	0.0	39.8	922.4	0.0	100.0
19.5	53.2	73.8	1,840	14.4	39.3	362.2	0.0	39.3	922.4	0.0	100.0
18.8	51.6	73.3	1,768	13.8	37.8	348.8	0.0	37.8	922.2	0.0	100.0
18.1	49.5	72.3	1,672	13.1	35.8	330.0	0.0	35.8	922.2	0.0	100.0
18.5	50.7	72.8	1,726	13.5	36.9	340.5	0.0	36.9	922.2	0.0	100.0
18.6	50.8	72.8	1,731	13.5	37.0	341.2	0.0	37.0	922.2	0.0	100.0
18.7	51.3	72.5	1,732	13.6	37.2	343.0	0.0	37.2	922.2	0.0	100.0
19.3	52.7	70.6	1,732	13.6	37.2	343.5	0.0	37.2	922.2	0.0	100.0
19.4	53.0	72.9	1,796	14.1	38.7	356.6	0.0	38.7	922.2	0.0	100.0
19.5	53.3	72.9	1,809	14.2	38.9	358.6	0.0	38.9	922.1	0.0	100.0
19.4	53.3	72.9	1,801	14.2	38.8	358.1	0.0	38.8	922.0	0.0	100.0
20.0	54.8	70.6	1,791	14.1	38.7	356.4	0.0	38.7	921.9	0.0	100.0
19.8	54.3	71.1	1,787	14.1	38.6	356.1	0.0	38.6	921.8	0.0	100.0
20.3	55.4	71.4	1,833	14.5	39.6	350.8	0.0	39.6	886.5	0.0	100.0
20.0	54.7	72.1	1,814	14.4	39.4	349.3	0.0	39.4	886.5	0.0	100.0
19.2	52.5	72.6	1,749	13.9	38.2	338.5	0.0	38.2	886.6	0.0	100.0

(2) 植物油脂

年度	国内生産量	外国貿易 輸入量	外国貿易 輸出量	在庫の増減量	国内消費仕向量	飼料用	種子用	加工用	純旅客用	減耗量	粗総数
昭和 35	426	19	29	△ 7	423	0	0	97	－	2	324
36	453	19	24	△ 13	461	0	0	89	－	2	370
37	491	22	9	0	504	0	0	88	－	3	413
38	559	26	12	8	565	0	0	79	－	3	483
39	600	36	8	20	608	0	0	90	－	2	516
40	598	22	17	△ 10	613	0	0	100	－	2	511
41	679	27	26	△ 9	689	0	0	83	－	4	602
42	752	27	25	△ 2	756	0	0	101	－	4	651
43	786	33	25	△ 8	802	0	0	102	－	4	696
44	815	51	28	△ 13	851	0	0	102	－	4	745
45	918	53	41	2	928	0	0	129	－	4	795
46	955	45	61	△ 7	946	0	0	127	－	4	815
47	1,034	85	29	37	1,053	0	0	139	－	5	909
48	1,063	177	36	63	1,141	0	0	132	－	7	1,002
49	1,026	185	27	△ 27	1,211	0	0	119	－	7	1,085
50	991	173	12	△ 60	1,212	0	0	115	－	7	1,090
51	1,049	231	11	△ 14	1,283	0	0	124	－	7	1,152
52	1,119	223	11	△ 9	1,340	0	0	131	－	7	1,202
53	1,224	227	15	20	1,416	0	0	136	－	7	1,273
54	1,309	257	25	63	1,478	0	0	146	－	8	1,324
55	1,298	247	32	△ 25	1,538	0	0	139	－	8	1,391
56	1,398	312	7	45	1,658	0	0	141	－	9	1,508
57	1,407	319	11	2	1,713	0	0	140	－	9	1,564
58	1,459	313	14	△ 6	1,764	0	0	144	－	10	1,610
59	1,501	270	16	△ 12	1,767	0	0	144	－	9	1,614
60	1,598	276	11	26	1,837	0	0	145	－	10	1,682
61	1,615	308	15	△ 33	1,941	0	0	152	－	11	1,778
62	1,644	343	10	38	1,939	0	0	155	－	11	1,773
63	1,658	377	12	16	2,007	0	0	189	－	11	1,807
平成 元	1,636	379	9	△ 19	2,025	0	0	173	－	11	1,841
2	1,677	443	5	15	2,100	0	0	227	－	11	1,862
3	1,671	478	5	14	2,130	0	0	269	－	11	1,850
4	1,693	507	5	18	2,177	0	0	234	－	12	1,931
5	1,706	528	6	△ 31	2,259	0	0	295	－	12	1,952
6	1,710	545	7	△ 15	2,263	0	0	226	－	12	2,025
7	1,726	546	6	3	2,263	0	0	191	－	12	2,060
8	1,741	540	5	△ 12	2,288	0	0	176	－	13	2,099
9	1,800	571	7	3	2,361	0	0	185	－	13	2,163
10	1,783	566	16	15	2,318	0	0	168	－	13	2,137
11	1,853	550	13	△ 8	2,398	0	0	176	－	13	2,209
12	1,862	579	17	10	2,414	0	0	165	－	13	2,236
13	1,851	598	16	2	2,431	0	0	180	－	13	2,238
14	1,853	640	29	2	2,462	0	0	190	－	13	2,259
15	1,836	676	33	16	2,463	0	0	200	－	13	2,250
16	1,787	768	33	5	2,517	0	0	236	－	13	2,268
17	1,715	838	17	△ 13	2,549	0	0	224	－	14	2,311
18	1,764	803	14	2	2,549	0	0	217	－	14	2,317
19	1,730	837	10	△ 17	2,575	0	0	251	－	14	2,308
20	1,704	857	8	0	2,553	0	0	284	－	13	2,256
21	1,599	824	15	△ 43	2,451	0	0	277	－	13	2,161
22	1,657	846	12	△ 22	2,513	0	0	280	－	14	2,219
23	1,635	881	9	8	2,499	0	0	264	－	13	2,222
24	1,640	886	11	7	2,508	0	0	263	－	13	2,232
25	1,622	903	13	△ 35	2,547	0	0	242	－	13	2,292
26	1,662	892	13	△ 71	2,612	0	0	293	－	13	2,306
27	1,693	919	15	△ 49	2,646	0	0	299	－	14	2,333
28	1,676	925	12	△ 74	2,663	0	0	317	－	15	2,331
29	1,734	972	16	△ 88	2,778	0	0	339	－	15	2,424
30	1,697	1,048	13	△ 39	2,771	0	0	342	12	15	2,402
令和 元	1,710	1,110	17	△ 17	2,820	0	0	338	8	15	2,459
2	1,629	1,075	17	△ 80	2,767	0	0	338	0	15	2,414
3	1,673	958	19	△ 74	2,686	0	0	346	0	14	2,326

（単位：断りなき限り　1,000　トン）

量 の 内 訳				1 人 当 た り 供 給 純 食 料						純食料100g中の栄養成分量		
食 料		歩 留 り	純食料	1人当たり数	年当たり量	1 日 当 た り				熱 量	たんぱく質	脂 質
1人1年当たり	1人1日当たり					数 量	熱 量	たんぱく質	脂 質			
kg	g	%		kg	g	kcal	g	g		kcal	g	g
3.5	9.5	92.3	299	3.2	8.8	77.5	0.0	8.8		884.0	0.0	100.0
3.9	10.8	92.7	343	3.6	10.0	88.1	0.0	10.0		884.0	0.0	100.0
4.3	11.9	95.9	396	4.2	11.4	100.8	0.0	11.4		884.0	0.0	100.0
5.0	13.7	95.0	459	4.8	13.0	115.3	0.0	13.0		884.0	0.0	100.0
5.3	14.5	94.4	487	5.0	13.7	121.4	0.0	13.7		884.0	0.0	100.0
5.2	14.2	89.0	455	4.6	12.7	116.8	0.0	12.7		921.0	0.0	100.0
6.1	16.7	88.9	535	5.4	14.8	136.3	0.0	14.8		921.0	0.0	100.0
6.5	17.8	88.8	578	5.8	15.8	145.2	0.0	15.8		921.0	0.0	100.0
6.9	18.8	88.8	618	6.1	16.7	153.9	0.0	16.7		921.0	0.0	100.0
7.3	19.9	88.6	660	6.4	17.6	162.4	0.0	17.6		921.0	0.0	100.0
7.7	21.0	88.8	706	6.8	18.6	171.8	0.0	18.6		921.0	0.0	100.0
7.8	21.2	87.2	711	6.8	18.5	170.2	0.0	18.5		921.0	0.0	100.0
8.4	23.1	84.0	764	7.1	19.5	179.2	0.0	19.5		921.0	0.0	100.0
9.2	25.2	84.5	847	7.8	21.3	195.9	0.0	21.3		921.0	0.0	100.0
9.8	26.9	89.2	968	8.8	24.0	220.9	0.0	24.0		921.0	0.0	100.0
9.7	26.6	89.0	970	8.7	23.7	218.1	0.0	23.7		921.0	0.0	100.0
10.2	27.9	87.2	1,005	8.9	24.3	224.2	0.0	24.3		921.0	0.0	100.0
10.5	28.8	87.3	1,049	9.2	25.2	231.9	0.0	25.2		921.0	0.0	100.0
11.1	30.3	85.2	1,085	9.4	25.8	237.7	0.0	25.8		921.0	0.0	100.0
11.4	31.1	82.8	1,096	9.4	25.8	237.4	0.0	25.8		921.0	0.0	100.0
11.9	32.6	84.4	1,174	10.0	27.5	253.1	0.0	27.5		921.0	0.0	100.0
12.8	35.0	84.1	1,268	10.8	29.5	271.4	0.0	29.5		921.0	0.0	100.0
13.2	36.1	83.1	1,299	10.9	30.0	276.1	0.0	30.0		921.0	0.0	100.0
13.5	36.8	82.8	1,333	11.2	30.5	280.6	0.0	30.5		921.0	0.0	100.0
13.4	36.8	84.7	1,367	11.4	31.1	286.7	0.0	31.1		921.0	0.0	100.0
13.9	38.1	82.5	1,388	11.5	31.4	289.3	0.0	31.4		921.0	0.0	100.0
14.6	40.0	80.4	1,429	11.7	32.2	296.4	0.0	32.2		921.0	0.0	100.0
14.5	39.6	81.0	1,436	11.7	32.1	295.6	0.0	32.1		921.0	0.0	100.0
14.7	40.3	79.6	1,439	11.7	32.1	295.8	0.0	32.1		921.0	0.0	100.0
14.9	40.9	79.1	1,457	11.8	32.4	298.4	0.0	32.4		921.0	0.0	100.0
15.1	41.3	80.0	1,490	12.1	33.0	304.2	0.0	33.0		921.0	0.0	100.0
14.9	40.7	80.6	1,491	12.0	32.8	302.3	0.0	32.8		921.0	0.0	100.0
15.5	42.5	78.6	1,518	12.2	33.4	307.5	0.0	33.4		921.0	0.0	100.0
15.6	42.8	78.9	1,541	12.3	33.8	311.2	0.0	33.8		921.0	0.0	100.0
16.2	44.3	76.5	1,549	12.4	33.9	312.0	0.0	33.9		921.0	0.0	100.0
16.4	44.8	76.3	1,572	12.5	34.2	315.0	0.0	34.2		921.0	0.0	100.0
16.7	45.7	75.8	1,591	12.6	34.6	319.0	0.0	34.6		921.0	0.0	100.0
17.1	47.0	77.9	1,684	13.3	36.6	336.8	0.0	36.6		921.0	0.0	100.0
16.9	46.3	78.1	1,668	13.2	36.1	332.8	0.0	36.1		921.0	0.0	100.0
17.4	47.6	78.0	1,722	13.6	37.1	342.1	0.0	37.1		921.0	0.0	100.0
17.6	48.3	77.7	1,738	13.7	37.5	345.5	0.0	37.5		921.0	0.0	100.0
17.6	48.2	77.7	1,740	13.7	37.5	344.9	0.0	37.5		921.0	0.0	100.0
17.7	48.6	77.6	1,754	13.8	37.7	347.3	0.0	37.7		921.0	0.0	100.0
17.6	48.2	78.0	1,755	13.8	37.6	346.1	0.0	37.6		921.0	0.0	100.0
17.8	48.7	73.9	1,677	13.1	36.0	331.4	0.0	36.0		921.0	0.0	100.0
18.1	49.6	74.3	1,720	13.5	36.9	339.7	0.0	36.9		921.0	0.0	100.0
18.1	49.6	74.3	1,722	13.5	36.9	339.9	0.0	36.9		921.0	0.0	100.0
18.0	49.3	74.2	1,712	13.4	36.5	336.5	0.0	36.5		921.0	0.0	100.0
17.6	48.3	73.6	1,660	13.0	35.5	327.0	0.0	35.5		921.0	0.0	100.0
16.9	46.2	72.6	1,568	12.2	33.6	309.0	0.0	33.6		921.0	0.0	100.0
17.3	47.5	73.1	1,623	12.7	34.7	319.8	0.0	34.7		921.0	0.0	100.0
17.4	47.5	73.1	1,625	12.7	34.7	319.9	0.0	34.7		921.0	0.0	100.0
17.5	47.9	72.9	1,626	12.7	34.9	321.6	0.0	34.9		921.0	0.0	100.0
18.0	49.3	70.8	1,623	12.7	34.9	321.4	0.0	34.9		921.0	0.0	100.0
18.1	49.7	73.3	1,690	13.3	36.4	335.2	0.0	36.4		921.0	0.0	100.0
18.4	50.2	73.2	1,708	13.4	36.7	338.2	0.0	36.7		921.0	0.0	100.0
18.3	50.3	73.2	1,706	13.4	36.8	338.8	0.0	36.8		921.0	0.0	100.0
19.1	52.3	70.7	1,713	13.5	37.0	340.6	0.0	37.0		921.0	0.0	100.0
19.0	51.9	71.2	1,711	13.5	37.0	340.6	0.0	37.0		921.0	0.0	100.0
19.4	53.1	71.6	1,761	13.9	38.0	337.1	0.0	38.0		886.7	0.0	100.0
19.1	52.4	72.3	1,744	13.8	37.9	335.9	0.0	37.9		886.8	0.0	100.0
18.5	50.8	72.8	1,692	13.5	36.9	327.6	0.0	36.9		886.8	0.0	100.0

(3)　動物油脂

年度	国内生産量	輸入量	輸出量	在庫の増減量	国内消費仕向量	飼料用	種子用	加工用	純旅客用	減耗量	粗総数
昭和35	155	201	102	△5	259	0	0	145	-	1	113
36	184	187	126	1	244	0	0	133	-	1	110
37	205	154	125	△13	247	0	0	126	-	1	120
38	191	213	110	4	290	0	0	143	-	1	146
39	171	244	107	△2	310	0	0	145	-	0	165
40	168	244	83	21	308	0	0	133	-	0	175
41	120	285	46	△1	360	7	0	151	-	0	202
42	130	274	45	△12	371	13	0	134	-	1	223
43	149	315	34	14	416	26	0	154	-	1	235
44	154	337	33	11	447	41	0	164	-	1	241
45	199	289	52	0	436	55	0	137	-	1	243
46	215	294	85	△44	468	63	0	121	-	2	282
47	242	294	80	△24	480	60	0	111	-	2	307
48	239	325	51	18	495	90	0	114	-	3	288
49	285	213	117	△26	407	90	0	59	-	2	256
50	269	190	75	△7	391	90	0	30	-	2	269
51	285	241	82	△5	449	90	0	106	-	1	252
52	362	192	116	△5	443	90	0	106	-	2	245
53	509	209	220	7	491	98	0	99	-	2	292
54	528	178	206	14	486	110	0	63	-	2	311
55	499	196	163	1	531	110	0	91	-	2	328
56	525	149	180	△19	513	112	0	76	-	2	323
57	533	145	178	△2	502	113	0	78	-	2	309
58	590	139	233	6	490	119	0	64	-	2	305
59	750	135	352	10	523	119	0	75	-	2	327
60	688	146	266	11	557	119	0	104	-	2	332
61	729	135	240	△1	625	126	0	160	-	2	337
62	715	137	178	△11	684	141	0	220	-	2	321
63	768	129	354	△18	561	156	0	81	-	2	322
平成元	728	127	189	2	664	160	0	175	-	2	327
2	683	129	220	△14	606	142	0	168	-	2	294
3	579	127	117	△3	592	130	0	188	-	2	272
4	441	121	47	2	513	116	0	113	-	2	282
5	404	107	18	△21	514	111	0	122	-	2	279
6	346	115	9	△8	460	112	0	68	-	2	278
7	348	176	7	8	509	109	0	117	-	2	281
8	341	189	2	△6	534	119	0	117	-	2	296
9	342	162	3	△1	502	117	0	107	-	2	276
10	346	114	5	△14	469	111	0	102	-	2	254
11	342	111	2	△14	465	115	0	92	-	1	257
12	338	146	1	1	482	124	0	104	-	1	253
13	315	180	1	13	481	110	0	126	-	1	244
14	322	129	1	0	450	113	0	115	-	1	221
15	325	118	1	△1	443	115	0	107	-	1	220
16	331	117	2	0	446	113	0	112	-	1	220
17	322	126	2	0	446	113	0	127	-	1	205
18	328	120	1	1	445	112	0	134	-	1	197
19	319	99	0	4	414	116	0	110	-	1	186
20	324	112	1	0	435	116	0	162	-	1	156
21	332	74	0	△4	410	115	0	143	-	1	151
22	323	83	2	△3	407	118	0	137	-	1	151
23	311	86	3	△12	406	119	0	129	-	1	157
24	310	99	2	△1	408	119	0	131	-	1	157
25	324	63	3	△20	404	119	0	123	-	1	161
26	317	66	6	△21	398	119	0	121	-	1	157
27	310	65	4	△22	393	119	0	125	-	1	148
28	315	54	0	△18	387	119	0	128	-	1	139
29	329	43	1	14	357	119	0	123	-	1	114
30	329	43	1	23	348	105	0	133	0	0	110
令和元	328	46	23	12	339	104	0	128	0	0	107
2	336	38	24	19	331	100	0	128	0	0	103
3	339	33	14	50	308	102	0	125	0	0	81

（単位：断りなき限り 1,000 トン）

量 の 内 訳				1 人 当 た り 供 給 純 食 料						純食料100g中の栄養成分量		
食 料		歩 留 り	純食料	1人当数	年当り量	1 日 当 た り				熱 量	たんぱく質	脂 質
1人1年当たり	1人1日当たり					数 量	熱 量	たんぱく質	脂 質			
kg	g	%			kg	g	kcal	g	g	kcal	g	g
1.2	3.3	92.0	104	1.1	3.1	27.5	0.0	3.0	901.0	0.3	99.7	
1.2	3.2	92.7	102	1.1	3.0	26.7	0.0	3.0	901.0	0.3	99.7	
1.3	3.5	92.5	111	1.2	3.2	28.8	0.0	3.2	901.0	0.3	99.7	
1.5	4.1	92.5	135	1.4	3.8	34.6	0.0	3.8	901.0	0.3	99.7	
1.7	4.7	92.1	152	1.6	4.3	38.6	0.0	4.3	901.0	0.3	99.7	
1.8	4.9	92.0	161	1.6	4.5	42.2	0.0	4.5	940.3	0.1	99.9	
2.0	5.6	91.6	185	1.9	5.1	48.1	0.0	5.1	940.4	0.1	99.9	
2.2	6.1	91.5	204	2.0	5.6	52.3	0.0	5.6	940.4	0.1	99.9	
2.3	6.4	91.5	215	2.1	5.8	54.7	0.0	5.8	940.4	0.1	99.9	
2.4	6.4	92.1	222	2.2	5.9	55.8	0.0	5.9	940.4	0.1	99.9	
2.3	6.4	91.8	223	2.2	5.9	55.4	0.0	5.9	940.4	0.1	99.9	
2.7	7.3	91.8	259	2.5	6.7	63.3	0.0	6.7	940.4	0.1	99.9	
2.9	7.8	91.5	281	2.6	7.2	67.3	0.0	7.1	940.4	0.1	99.9	
2.6	7.2	91.7	264	2.4	6.6	62.3	0.0	6.6	940.4	0.1	99.9	
2.3	6.3	91.4	234	2.1	5.8	54.5	0.0	5.8	940.4	0.1	99.9	
2.4	6.6	91.4	246	2.2	6.0	56.5	0.0	6.0	940.4	0.1	99.9	
2.2	6.1	91.7	231	2.0	5.6	52.6	0.0	5.6	940.4	0.1	99.9	
2.1	5.9	91.4	224	2.0	5.4	50.6	0.0	5.4	940.5	0.1	99.9	
2.5	6.9	92.1	269	2.3	6.4	60.2	0.0	6.4	940.5	0.1	99.9	
2.7	7.3	92.0	286	2.5	6.7	63.3	0.0	6.7	940.5	0.1	99.9	
2.8	7.7	92.1	302	2.6	7.1	66.5	0.0	7.1	940.4	0.1	99.9	
2.7	7.5	91.6	296	2.5	6.9	64.7	0.0	6.9	940.4	0.1	99.9	
2.6	7.1	91.9	284	2.4	6.6	61.6	0.0	6.5	940.4	0.1	99.9	
2.6	7.0	91.5	279	2.3	6.4	60.0	0.0	6.4	940.4	0.1	99.9	
2.7	7.4	91.4	299	2.5	6.8	64.0	0.0	6.8	940.4	0.1	99.9	
2.7	7.5	91.3	303	2.5	6.9	64.5	0.0	6.9	940.5	0.1	99.9	
2.8	7.6	91.4	308	2.5	6.9	65.2	0.0	6.9	940.5	0.1	99.9	
2.6	7.2	91.3	293	2.4	6.5	61.6	0.0	6.5	940.5	0.1	99.9	
2.6	7.2	91.3	294	2.4	6.6	61.7	0.0	6.6	940.5	0.1	99.9	
2.7	7.3	91.1	298	2.4	6.6	62.3	0.0	6.6	940.5	0.1	99.9	
2.4	6.5	90.8	267	2.2	5.9	55.7	0.0	5.9	940.5	0.1	99.9	
2.2	6.0	91.5	249	2.0	5.5	51.6	0.0	5.5	940.5	0.1	99.9	
2.3	6.2	90.4	255	2.0	5.6	52.7	0.0	5.6	940.5	0.1	99.9	
2.2	6.1	91.0	254	2.0	5.6	52.4	0.0	5.6	940.4	0.1	99.9	
2.2	6.1	91.7	255	2.0	5.6	52.5	0.0	5.6	940.4	0.1	99.9	
2.2	6.1	91.5	257	2.0	5.6	52.6	0.0	5.6	940.5	0.1	99.9	
2.4	6.4	91.6	271	2.2	5.9	55.5	0.0	5.9	940.5	0.1	99.9	
2.2	6.0	72.8	201	1.6	4.4	41.1	0.0	4.4	940.4	0.1	99.9	
2.0	5.5	72.0	183	1.4	4.0	37.3	0.0	4.0	940.5	0.1	99.9	
2.0	5.5	72.0	185	1.5	4.0	37.5	0.0	4.0	940.5	0.1	99.9	
2.0	5.5	72.7	184	1.4	4.0	37.4	0.0	4.0	940.4	0.1	99.9	
1.9	5.3	72.1	176	1.4	3.8	35.6	0.0	3.8	940.5	0.1	99.9	
1.7	4.8	71.5	158	1.2	3.4	31.9	0.0	3.4	940.5	0.1	99.9	
1.7	4.7	70.9	156	1.2	3.3	31.4	0.0	3.3	940.5	0.1	99.9	
1.7	4.7	70.9	156	1.2	3.3	31.5	0.0	3.3	940.5	0.1	99.9	
1.6	4.4	69.3	142	1.1	3.0	28.6	0.0	3.0	940.6	0.1	99.9	
1.5	4.2	69.2	137	1.1	2.9	27.6	0.0	2.9	940.6	0.1	99.9	
1.5	4.0	68.7	128	1.0	2.7	25.7	0.0	2.7	940.6	0.1	99.9	
1.2	3.3	69.3	108	0.8	2.3	21.7	0.0	2.3	940.7	0.1	99.9	
1.2	3.2	68.7	104	0.8	2.2	20.9	0.0	2.2	940.7	0.1	99.9	
1.2	3.2	68.2	103	0.8	2.2	20.7	0.0	2.2	940.7	0.1	99.9	
1.2	3.4	67.5	106	0.8	2.3	21.3	0.0	2.3	940.7	0.1	99.9	
1.2	3.4	67.9	106	0.8	2.3	21.4	0.0	2.3	940.7	0.1	99.9	
1.3	3.5	67.7	109	0.9	2.3	22.0	0.0	2.3	940.7	0.1	99.9	
1.2	3.4	67.7	106	0.8	2.3	21.5	0.0	2.3	940.7	0.1	99.9	
1.2	3.2	68.1	101	0.8	2.2	20.4	0.0	2.2	940.7	0.1	99.9	
1.1	3.0	68.4	95	0.7	2.0	19.3	0.0	2.0	940.7	0.1	99.9	
0.9	2.5	68.4	78	0.6	1.7	15.8	0.0	1.7	940.7	0.1	99.9	
0.9	2.4	68.7	76	0.6	1.6	15.5	0.0	1.6	940.8	0.1	100.0	
0.8	2.3	68.0	72	0.6	1.6	13.7	0.0	1.6	880.6	0.0	100.0	
0.8	2.2	67.8	70	0.6	1.5	13.4	0.0	1.5	880.4	0.0	100.0	
0.6	1.8	69.4	57	0.5	1.2	10.9	0.0	1.2	879.7	0.1	99.9	

14 みそ

年度	国内生産量	外国貿易 輸入量	外国貿易 輸出量	在庫の増減量	国内消費仕向量	飼料用	種子用	加工用	純旅客用	減耗量	粗 総数
昭和 35	838	0	1	2	835	0	0	0	-	14	821
36	787	0	1	△15	801	0	0	0	-	12	789
37	754	0	1	△6	759	0	0	0	-	9	750
38	771	0	1	4	766	0	0	0	-	9	757
39	782	0	1	△2	783	0	0	0	-	9	774
40	778	0	1	2	775	0	0	0	-	7	768
41	785	0	2	1	782	0	0	0	-	6	776
42	789	0	2	△3	790	0	0	0	-	6	784
43	783	0	2	11	770	0	0	0	-	4	766
44	748	0	2	△2	748	0	0	0	-	3	745
45	771	0	2	6	763	0	0	0	-	2	761
46	766	0	2	8	756	0	0	0	-	2	754
47	774	0	1	7	766	0	0	0	-	2	764
48	783	0	1	8	774	0	0	0	-	2	772
49	752	0	1	15	736	0	0	0	-	2	734
50	714	0	1	0	713	0	0	0	-	2	711
51	728	0	1	△5	732	0	0	0	-	2	730
52	718	0	1	△3	720	0	0	0	-	2	718
53	704	0	1	5	698	0	0	0	-	2	696
54	701	0	1	△4	704	0	0	0	-	2	702
55	708	0	1	△2	709	0	0	0	-	2	707
56	696	0	2	△6	700	0	0	0	-	2	698
57	693	0	2	△4	695	0	0	0	-	2	693
58	683	0	2	2	679	0	0	0	-	2	677
59	673	0	2	△2	673	0	0	0	-	2	671
60	658	0	2	1	655	0	0	0	-	2	653
61	664	0	2	6	656	0	0	0	-	2	654
62	637	0	2	△4	639	0	0	0	-	2	637
63	641	0	2	0	639	0	0	0	-	2	637
平成 元	623	0	2	0	621	0	0	0	-	2	619
2	608	0	3	△1	606	0	0	0	-	2	604
3	603	0	3	△3	603	0	0	0	-	2	601
4	615	0	3	5	607	0	0	0	-	2	605
5	603	0	3	3	597	0	0	0	-	2	595
6	579	0	3	2	574	0	0	0	-	2	572
7	573	3	4	5	567	0	0	0	-	2	565
8	571	3	4	△3	573	0	0	0	-	2	571
9	572	5	4	5	568	0	0	0	-	2	566
10	570	5	5	△3	573	0	0	0	-	2	571
11	557	6	5	△3	561	0	0	0	-	2	559
12	551	6	6	△3	554	0	0	0	-	2	552
13	537	6	6	0	537	0	0	0	-	2	535
14	531	6	6	△4	535	0	0	0	-	2	533
15	522	6	7	△2	523	0	0	0	-	2	521
16	512	6	7	△2	513	0	0	0	-	2	511
17	506	6	8	△1	505	0	0	0	-	2	503
18	498	7	9	△2	498	0	0	0	-	1	497
19	484	8	10	△3	485	0	0	0	-	1	484
20	462	7	9	△5	465	0	0	0	-	1	464
21	458	7	10	△1	456	0	0	0	-	1	455
22	467	8	10	2	463	0	0	0	-	1	462
23	459	7	10	△2	458	0	0	0	-	1	457
24	442	1	10	△4	437	0	0	0	-	1	436
25	437	1	12	△1	427	0	0	0	-	1	426
26	465	1	13	7	446	0	0	0	-	1	445
27	468	1	14	1	454	0	0	0	-	1	453
28	477	1	15	2	461	0	0	0	-	1	460
29	484	1	16	2	467	0	0	0	-	1	466
30	480	1	17	△1	465	0	0	0	2	1	462
令和 元	483	0	18	1	464	0	0	0	1	1	462
2	472	0	16	△3	459	0	0	0	0	1	458
3	465	0	20	△1	446	0	0	0	0	1	445

(単位：断りなき限り 1,000 トン)

量 の 内 訳				1 人 当 た り 供 給 純 食 料						純食料100g中の栄養成分量		
食料		歩留り	純食料	1年当り数量	1日当り				熱量	たんぱく質	脂質
1人1年当たり	1人1日当たり				数量	熱量	たんぱく質	脂質			
kg	g	%		kg	g	kcal	g	g	kcal	g	g
8.8	24.1	100.0	821	8.8	24.1	38.0	3.0	0.8	158.0	12.6	3.4
8.4	22.9	100.0	789	8.4	22.9	36.2	2.9	0.8	158.0	12.6	3.4
7.9	21.6	100.0	750	7.9	21.6	34.1	2.7	0.7	158.0	12.6	3.4
7.9	21.5	100.0	757	7.9	21.5	34.0	2.7	0.7	158.0	12.6	3.4
8.0	21.8	100.0	774	8.0	21.8	34.5	2.7	0.7	158.0	12.6	3.4
7.8	21.4	100.0	768	7.8	21.4	41.1	2.7	1.3	192.0	12.5	6.0
7.8	21.5	100.0	776	7.8	21.5	41.2	2.7	1.3	192.0	12.5	6.0
7.8	21.4	100.0	784	7.8	21.4	41.0	2.7	1.3	192.0	12.5	6.0
7.6	20.7	100.0	766	7.6	20.7	39.8	2.6	1.2	192.0	12.5	6.0
7.3	19.9	100.0	745	7.3	19.9	38.2	2.5	1.2	192.0	12.5	6.0
7.3	20.1	100.0	761	7.3	20.1	38.6	2.5	1.2	192.0	12.5	6.0
7.2	19.6	100.0	754	7.2	19.6	37.6	2.4	1.2	192.0	12.5	6.0
7.1	19.5	100.0	764	7.1	19.5	37.4	2.4	1.2	192.0	12.5	6.0
7.1	19.4	100.0	772	7.1	19.4	37.2	2.4	1.2	192.0	12.5	6.0
6.6	18.2	100.0	734	6.6	18.2	34.9	2.3	1.1	192.0	12.5	6.0
6.4	17.4	100.0	711	6.4	17.4	33.3	2.2	1.0	192.0	12.5	6.0
6.5	17.7	100.0	730	6.5	17.7	34.0	2.2	1.1	192.0	12.5	6.0
6.3	17.2	100.0	718	6.3	17.2	33.1	2.2	1.0	192.0	12.5	6.0
6.0	16.6	100.0	696	6.0	16.6	31.8	2.1	1.0	192.0	12.5	6.0
6.0	16.5	100.0	702	6.0	16.5	31.7	2.1	1.0	192.0	12.5	6.0
6.0	16.5	100.0	707	6.0	16.5	31.8	2.1	1.0	192.0	12.5	6.0
5.9	16.2	100.0	698	5.9	16.2	31.1	2.0	1.0	192.0	12.5	6.0
5.8	16.0	100.0	693	5.8	16.0	30.7	2.0	1.0	192.0	12.5	6.0
5.7	15.5	100.0	677	5.7	15.5	29.7	1.9	0.9	192.0	12.5	6.0
5.6	15.3	100.0	671	5.6	15.3	29.3	1.9	0.9	192.0	12.5	6.0
5.4	14.8	100.0	653	5.4	14.8	28.4	1.8	0.9	192.0	12.5	6.0
5.4	14.7	100.0	654	5.4	14.7	28.3	1.8	0.9	192.0	12.5	6.0
5.2	14.2	100.0	637	5.2	14.2	27.3	1.8	0.9	192.0	12.5	6.0
5.2	14.2	100.0	637	5.2	14.2	27.3	1.8	0.9	192.0	12.5	6.0
5.0	13.8	100.0	619	5.0	13.8	26.4	1.7	0.8	192.0	12.5	6.0
4.9	13.4	100.0	604	4.9	13.4	25.7	1.7	0.8	192.0	12.5	6.0
4.8	13.2	100.0	601	4.8	13.2	25.4	1.7	0.8	192.0	12.5	6.0
4.9	13.3	100.0	605	4.9	13.3	25.5	1.7	0.8	192.0	12.5	6.0
4.8	13.0	100.0	595	4.8	13.0	25.1	1.6	0.8	192.0	12.5	6.0
4.6	12.5	100.0	572	4.6	12.5	24.0	1.6	0.8	192.0	12.5	6.0
4.5	12.3	100.0	565	4.5	12.3	23.6	1.5	0.7	192.0	12.5	6.0
4.5	12.4	100.0	571	4.5	12.4	23.9	1.6	0.7	192.0	12.5	6.0
4.5	12.3	100.0	566	4.5	12.3	23.6	1.5	0.7	192.0	12.5	6.0
4.5	12.4	100.0	571	4.5	12.4	23.7	1.5	0.7	192.0	12.5	6.0
4.4	12.1	100.0	559	4.4	12.1	23.2	1.5	0.7	192.0	12.5	6.0
4.3	11.9	100.0	552	4.3	11.9	22.9	1.5	0.7	192.0	12.5	6.0
4.2	11.5	100.0	535	4.2	11.5	22.1	1.4	0.7	192.0	12.5	6.0
4.2	11.5	100.0	533	4.2	11.5	22.0	1.4	0.7	192.0	12.5	6.0
4.1	11.2	100.0	521	4.1	11.2	21.4	1.4	0.7	192.0	12.5	6.0
4.0	11.0	100.0	511	4.0	11.0	21.1	1.4	0.7	192.0	12.5	6.0
3.9	10.8	100.0	503	3.9	10.8	20.7	1.3	0.6	192.0	12.5	6.0
3.9	10.6	100.0	497	3.9	10.6	20.4	1.3	0.6	192.0	12.5	6.0
3.8	10.3	100.0	484	3.8	10.3	19.8	1.3	0.6	192.0	12.5	6.0
3.6	9.9	100.0	464	3.6	9.9	19.1	1.2	0.6	192.0	12.5	6.0
3.6	9.7	100.0	455	3.6	9.7	18.7	1.2	0.6	192.0	12.5	6.0
3.6	9.9	100.0	462	3.6	9.9	19.0	1.2	0.6	192.0	12.5	6.0
3.6	9.8	100.0	457	3.6	9.8	18.8	1.2	0.6	192.0	12.5	6.0
3.4	9.4	100.0	436	3.4	9.4	18.0	1.2	0.6	192.0	12.5	6.0
3.3	9.2	100.0	426	3.3	9.2	17.6	1.1	0.5	192.0	12.5	6.0
3.5	9.6	100.0	445	3.5	9.6	18.4	1.2	0.6	192.0	12.5	6.0
3.6	9.7	100.0	453	3.6	9.7	18.7	1.2	0.6	192.0	12.5	6.0
3.6	9.9	100.0	460	3.6	9.9	19.0	1.2	0.6	192.0	12.5	6.0
3.7	10.1	100.0	466	3.7	10.1	19.3	1.3	0.6	192.0	12.5	6.0
3.6	10.0	100.0	462	3.6	10.0	19.2	1.2	0.6	192.0	12.5	6.0
3.7	10.0	100.0	462	3.7	10.0	18.2	1.2	0.6	182.0	12.5	6.0
3.6	9.9	100.0	458	3.6	9.9	18.1	1.2	0.6	182.0	12.5	6.0
3.5	9.7	100.0	445	3.5	9.7	17.7	1.2	0.6	182.0	12.5	6.0

15 しょうゆ

年度	国内生産量	外国貿易 輸入量	外国貿易 輸出量	在庫の増減量	国内消費仕向量	飼料用	種子用	加工用	純旅客用	減耗量	粗 総数
昭和35	1,314	0	5	6	1,303	0	0	0	-	22	1,281
36	1,267	0	5	△3	1,265	0	0	0	-	19	1,246
37	1,094	0	5	△1	1,090	0	0	0	-	14	1,076
38	1,088	0	5	14	1,069	0	0	0	-	13	1,056
39	1,172	0	4	△22	1,190	0	0	0	-	13	1,177
40	1,168	0	6	3	1,159	0	0	0	-	10	1,149
41	1,168	0	6	4	1,158	0	0	0	-	9	1,149
42	1,221	0	6	1	1,214	0	0	0	-	8	1,206
43	1,154	0	7	0	1,147	0	0	0	-	6	1,141
44	1,177	0	7	5	1,165	0	0	0	-	5	1,160
45	1,248	0	7	11	1,230	0	0	0	-	4	1,226
46	1,264	0	12	10	1,242	0	0	0	-	4	1,238
47	1,323	0	10	16	1,297	0	0	0	-	4	1,293
48	1,412	0	9	24	1,378	0	0	0	-	4	1,374
49	1,344	0	4	△35	1,375	0	0	0	-	4	1,371
50	1,239	0	5	△6	1,240	0	0	0	-	4	1,236
51	1,355	0	6	△3	1,352	0	0	0	-	4	1,348
52	1,267	0	7	1	1,259	0	0	0	-	4	1,255
53	1,307	0	5	△1	1,303	0	0	0	-	4	1,299
54	1,368	0	6	2	1,360	0	0	0	-	4	1,356
55	1,298	0	7	0	1,291	0	0	0	-	4	1,287
56	1,276	0	7	0	1,269	0	0	0	-	4	1,265
57	1,272	0	8	2	1,262	0	0	0	-	4	1,258
58	1,255	0	9	△1	1,247	0	0	0	-	4	1,243
59	1,237	0	10	△1	1,228	0	0	0	-	4	1,224
60	1,223	0	9	0	1,214	0	0	0	-	4	1,210
61	1,237	0	9	2	1,226	0	0	0	-	4	1,222
62	1,234	0	9	2	1,223	0	0	0	-	4	1,219
63	1,238	0	8	△1	1,231	0	0	0	-	4	1,227
平成元	1,225	0	8	2	1,215	0	0	0	-	4	1,211
2	1,201	0	10	1	1,190	0	0	0	-	4	1,186
3	1,195	0	11	△5	1,189	0	0	0	-	4	1,185
4	1,214	0	12	7	1,195	0	0	0	-	4	1,191
5	1,199	0	12	△3	1,190	0	0	0	-	4	1,186
6	1,166	0	12	△6	1,160	0	0	0	-	3	1,157
7	1,143	0	10	0	1,133	0	0	0	-	3	1,130
8	1,153	0	10	2	1,141	0	0	0	-	3	1,138
9	1,118	1	11	2	1,106	0	0	0	-	3	1,103
10	1,082	1	11	△8	1,080	0	0	0	-	3	1,077
11	1,049	0	10	2	1,037	0	0	0	-	3	1,034
12	1,061	0	11	1	1,049	0	0	0	-	3	1,046
13	1,018	0	12	△2	1,008	0	0	0	-	3	1,005
14	995	1	13	△1	984	0	0	0	-	3	981
15	981	1	13	△1	970	0	0	0	-	3	967
16	950	1	14	△2	939	0	0	0	-	3	936
17	939	1	18	△1	923	0	0	0	-	3	920
18	946	1	17	0	930	0	0	0	-	3	927
19	947	1	19	0	929	0	0	0	-	3	926
20	876	1	19	△4	862	0	0	0	-	3	859
21	864	1	18	△1	848	0	0	0	-	3	845
22	845	1	18	△1	829	0	0	0	-	2	827
23	821	1	19	△1	804	0	0	0	-	2	802
24	802	2	17	△1	788	0	0	0	-	2	786
25	808	2	20	0	790	0	0	0	-	2	788
26	777	2	24	△2	757	0	0	0	-	2	755
27	781	2	26	0	757	0	0	0	-	2	755
28	774	2	35	0	741	0	0	0	-	2	739
29	764	2	39	0	728	0	0	0	-	2	726
30	756	2	41	0	717	0	0	0	4	2	711
令和元	740	2	43	△1	700	0	0	0	2	2	696
2	697	3	40	△2	662	0	0	0	0	2	660
3	708	3	49	1	661	0	0	0	0	2	659

（単位：断りなき限り　1,000　トン）

量　の　内　訳				1　人　当　た　り　供　給　純　食　料						純食料100g中の栄養成分量		
食　料		歩留り	純食料	1人当たり数	年当り量	1　日　当　た　り				熱　量	たんぱく質	脂　質
1人1年当たり	1人1日当たり					数　量	熱　量	たんぱく質	脂　質			
kg	g	%		kg	g	g	kcal	g	g	kcal	g	g
13.7	37.6	100.0	1,281	13.7	37.6	15.4	2.6	0.2		41.0	6.9	0.6
13.2	36.2	100.0	1,246	13.2	36.2	14.8	2.5	0.2		41.0	6.9	0.6
11.3	31.0	100.0	1,076	11.3	31.0	12.7	2.1	0.2		41.0	6.9	0.6
11.0	30.0	100.0	1,056	11.0	30.0	12.3	2.1	0.2		41.0	6.9	0.6
12.1	33.2	100.0	1,177	12.1	33.2	13.6	2.3	0.2		41.0	6.9	0.6
11.7	32.0	100.0	1,149	11.7	32.0	18.6	2.4	0.0		58.0	7.5	0.0
11.6	31.8	100.0	1,149	11.6	31.8	18.4	2.4	0.0		58.0	7.5	0.0
12.0	32.9	100.0	1,206	12.0	32.9	19.1	2.5	0.0		58.0	7.5	0.0
11.3	30.8	100.0	1,141	11.3	30.8	17.9	2.3	0.0		58.0	7.5	0.0
11.3	31.0	100.0	1,160	11.3	31.0	18.0	2.3	0.0		58.0	7.5	0.0
11.8	32.4	100.0	1,226	11.8	32.4	18.8	2.4	0.0		58.0	7.5	0.0
11.8	32.2	100.0	1,238	11.8	32.2	18.7	2.4	0.0		58.0	7.5	0.0
12.0	32.9	100.0	1,293	12.0	32.9	19.1	2.5	0.0		58.0	7.5	0.0
12.6	34.5	100.0	1,374	12.6	34.5	20.0	2.6	0.0		58.0	7.5	0.0
12.4	34.0	100.0	1,371	12.4	34.0	19.7	2.5	0.0		58.0	7.5	0.0
11.0	30.2	100.0	1,236	11.0	30.2	17.5	2.3	0.0		58.0	7.5	0.0
11.9	32.7	100.0	1,348	11.9	32.7	18.9	2.4	0.0		58.0	7.5	0.0
11.0	30.1	100.0	1,255	11.0	30.1	17.5	2.3	0.0		58.0	7.5	0.0
11.3	30.9	100.0	1,299	11.3	30.9	17.9	2.3	0.0		58.0	7.5	0.0
11.7	31.9	100.0	1,356	11.7	31.9	18.5	2.4	0.0		58.0	7.5	0.0
11.0	30.1	100.0	1,287	11.0	30.1	17.5	2.3	0.0		58.0	7.5	0.0
10.7	29.4	100.0	1,265	10.7	29.4	17.0	2.2	0.0		58.0	7.5	0.0
10.6	29.0	100.0	1,258	10.6	29.0	16.8	2.2	0.0		58.0	7.5	0.0
10.4	28.4	100.0	1,243	10.4	28.4	16.5	2.1	0.0		58.0	7.5	0.0
10.2	27.9	100.0	1,224	10.2	27.9	16.2	2.1	0.0		58.0	7.5	0.0
10.0	27.4	100.0	1,210	10.0	27.4	19.4	2.1	0.0		71.0	7.7	0.0
10.0	27.5	100.0	1,222	10.0	27.5	19.5	2.1	0.0		71.0	7.7	0.0
10.0	27.2	100.0	1,219	10.0	27.2	19.3	2.1	0.0		71.0	7.7	0.0
10.0	27.4	100.0	1,227	10.0	27.4	19.4	2.1	0.0		71.0	7.7	0.0
9.8	26.9	100.0	1,211	9.8	26.9	19.1	2.1	0.0		71.0	7.7	0.0
9.6	26.3	100.0	1,186	9.6	26.3	18.7	2.0	0.0		71.0	7.7	0.0
9.5	26.1	100.0	1,185	9.5	26.1	18.5	2.0	0.0		71.0	7.7	0.0
9.6	26.2	100.0	1,191	9.6	26.2	18.6	2.0	0.0		71.0	7.7	0.0
9.5	26.0	100.0	1,186	9.5	26.0	18.5	2.0	0.0		71.0	7.7	0.0
9.2	25.3	100.0	1,157	9.2	25.3	18.0	1.9	0.0		71.0	7.7	0.0
9.0	24.6	100.0	1,130	9.0	24.6	17.5	1.9	0.0		71.0	7.7	0.0
9.0	24.8	100.0	1,138	9.0	24.8	17.6	1.9	0.0		71.0	7.7	0.0
8.7	24.0	100.0	1,103	8.7	24.0	17.0	1.8	0.0		71.0	7.7	0.0
8.5	23.3	100.0	1,077	8.5	23.3	16.6	1.8	0.0		71.0	7.7	0.0
8.2	22.3	100.0	1,034	8.2	22.3	15.8	1.7	0.0		71.0	7.7	0.0
8.2	22.6	100.0	1,046	8.2	22.6	16.0	1.7	0.0		71.0	7.7	0.0
7.9	21.6	100.0	1,005	7.9	21.6	15.4	1.7	0.0		71.0	7.7	0.0
7.7	21.1	100.0	981	7.7	21.1	15.0	1.6	0.0		71.0	7.7	0.0
7.6	20.7	100.0	967	7.6	20.7	14.7	1.6	0.0		71.0	7.7	0.0
7.3	20.1	100.0	936	7.3	20.1	14.3	1.5	0.0		71.0	7.7	0.0
7.2	19.7	100.0	920	7.2	19.7	14.0	1.5	0.0		71.0	7.7	0.0
7.2	19.9	100.0	927	7.2	19.9	14.1	1.5	0.0		71.0	7.7	0.0
7.2	19.8	100.0	926	7.2	19.8	14.0	1.5	0.0		71.0	7.7	0.0
6.7	18.4	100.0	859	6.7	18.4	13.0	1.4	0.0		71.0	7.7	0.0
6.6	18.1	100.0	845	6.6	18.1	12.8	1.4	0.0		71.0	7.7	0.0
6.5	17.7	100.0	827	6.5	17.7	12.6	1.4	0.0		71.0	7.7	0.0
6.3	17.1	100.0	802	6.3	17.1	12.2	1.3	0.0		71.0	7.7	0.0
6.2	16.9	100.0	786	6.2	16.9	12.0	1.3	0.0		71.0	7.7	0.0
6.2	16.9	100.0	788	6.2	16.9	12.0	1.3	0.0		71.0	7.7	0.0
5.9	16.3	100.0	755	5.9	16.3	11.5	1.3	0.0		71.0	7.7	0.0
5.9	16.2	100.0	755	5.9	16.2	11.5	1.2	0.0		71.0	7.7	0.0
5.8	15.9	100.0	739	5.8	15.9	11.3	1.2	0.0		71.0	7.7	0.0
5.7	15.7	100.0	726	5.7	15.7	11.1	1.2	0.0		71.0	7.7	0.0
5.6	15.4	100.0	711	5.6	15.4	10.9	1.2	0.0		71.0	7.7	0.0
5.5	15.0	100.0	696	5.5	15.0	11.6	1.2	0.0		77.0	7.7	0.0
5.2	14.3	100.0	660	5.2	14.3	10.9	1.1	0.0		76.0	7.7	0.0
5.3	14.4	100.0	659	5.3	14.4	10.9	1.1	0.0		76.0	7.7	0.0

16　その他食料

(1)　その他食料計

年　度	国　内 生　産　量	外　国　貿　易 輸　入　量	輸　出　量	在　庫　の 増　減　量	国内消費 仕　向　量	国　内　消　費　仕　向 飼　料　用	種　子　用	加　工　用	純旅客用	減　耗　量	粗 総　数
昭和 40	1,181	78	8	45	1,206	745	0	285	−	3	173
41	1,328	55	9	△ 29	1,403	936	0	275	−	4	188
42	1,383	50	11	5	1,417	952	0	259	−	4	202
43	1,530	62	15	21	1,556	1,074	0	262	−	5	215
44	1,670	72	14	△ 14	1,742	1,281	0	250	−	5	205
45	2,069	123	17	29	2,146	1,642	0	276	−	6	222
46	2,100	99	20	△ 9	2,188	1,675	0	258	−	8	247
47	2,208	114	12	△ 32	2,342	1,806	0	263	−	9	264
48	2,285	346	13	159	2,459	1,894	0	279	−	10	276
49	2,276	172	41	△ 28	2,435	1,871	0	279	−	10	275
50	2,207	69	66	△ 133	2,343	1,806	0	243	−	11	283
51	2,289	255	13	18	2,513	1,950	0	248	−	11	304
52	2,449	373	12	△ 1	2,811	2,230	0	231	−	12	338
53	2,794	392	18	65	3,103	2,483	0	251	−	13	356
54	2,905	332	19	△ 13	3,231	2,606	0	254	−	14	357
55	2,961	375	22	△ 13	3,327	2,695	0	249	−	15	368
56	3,001	287	26	91	3,172	2,514	0	246	−	16	396
57	3,060	171	31	△ 81	3,281	2,623	0	248	−	15	395
58	3,319	328	19	78	3,550	2,871	0	246	−	15	418
59	3,217	200	27	△ 66	3,456	2,748	0	249	−	16	443
60	3,336	224	24	△ 98	3,634	2,920	0	258	−	15	441
61	3,371	331	26	55	3,621	2,879	0	263	−	18	461
62	3,286	337	20	△ 45	3,647	2,876	0	286	−	19	469
63	3,207	712	14	135	3,770	2,971	0	288	−	19	492
平成 元	3,105	593	12	△ 72	3,758	2,921	0	287	−	20	532
2	3,190	806	13	9	3,974	3,124	0	274	−	21	555
3	3,015	979	9	△ 29	4,014	3,183	0	277	−	21	533
4	3,146	1,053	8	39	4,152	3,286	0	286	−	20	560
5	3,294	1,100	7	56	4,331	3,441	0	290	−	23	577
6	3,185	1,007	7	△ 122	4,307	3,399	0	294	−	24	590
7	3,225	1,062	7	48	4,232	3,324	0	274	−	24	610
8	3,207	961	8	△ 10	4,170	3,255	0	266	−	24	625
9	3,266	1,024	3	34	4,253	3,248	0	349	−	26	630
10	3,156	1,095	1	△ 42	4,292	3,285	0	336	−	27	644
11	3,269	1,104	1	54	4,318	3,299	0	337	−	27	655
12	3,211	1,003	1	△ 40	4,253	3,207	0	353	−	26	667
13	3,328	1,094	1	57	4,364	3,366	0	307	−	26	665
14	3,460	1,214	1	△ 68	4,741	3,734	0	314	−	27	666
15	3,465	1,292	1	0	4,756	3,560	0	490	−	28	678
16	3,037	1,435	2	5	4,465	3,308	0	439	−	28	690
17	2,777	1,867	1	△ 21	4,664	3,409	0	542	−	29	685
18	2,686	1,884	1	26	4,543	3,401	0	425	−	29	688
19	2,733	1,941	1	△ 12	4,685	3,465	0	487	−	30	703
20	2,589	1,847	0	14	4,422	3,306	0	445	−	29	642
21	2,341	2,098	1	△ 20	4,458	3,373	0	388	−	28	669
22	2,337	2,346	0	6	4,677	3,505	0	489	−	28	655
23	2,058	2,365	0	△ 10	4,433	3,313	0	431	−	27	662
24	1,926	2,271	0	0	4,197	3,112	0	405	−	27	653
25	1,907	1,904	0	△ 5	3,816	2,862	0	293	−	27	634
26	1,957	1,885	0	△ 15	3,857	2,876	0	339	−	28	614
27	2,156	1,892	0	△ 15	4,063	2,906	0	504	−	27	626
28	1,995	1,949	0	2	3,942	3,066	0	194	−	28	654
29	2,296	1,711	0	△ 10	4,017	2,986	0	361	−	27	643
30	2,282	1,809	1	14	4,076	2,968	0	421	2	28	657
令和 元	2,323	1,802	1	△ 6	4,130	3,009	0	451	0	27	643
2	2,215	2,073	1	5	4,282	3,104	0	504	0	26	648
3	2,310	1,866	1	2	4,173	3,077	0	435	0	27	634

（単位：断りなき限り 1,000 トン）

量	の	内	訳	1 人 当 た り 供 給 純 食 料						純食料100g中の栄養成分量		
食	料	歩 留 り	純 食 料	1人当り数	年当り量	1 日 当 た り				熱 量	たんぱく質	脂 質
1人1年当たり	1人1日当り					数 量	熱 量	たんぱく質	脂 質			
kg	g	%		kg		g	kcal	g	g	kcal	g	g
1.8	4.8	90.2	156	1.6		4.3	9.7	0.7	0.4	222.7	16.0	9.9
1.9	5.2	89.9	169	1.7		4.7	11.4	0.7	0.6	244.1	15.3	12.2
2.0	5.5	88.1	178	1.8		4.9	11.1	0.7	0.5	228.2	14.7	10.7
2.1	5.8	87.0	187	1.8		5.1	11.1	0.7	0.5	220.4	14.2	10.7
2.0	5.5	86.8	178	1.7		4.8	10.5	0.7	0.5	220.1	14.9	10.3
2.1	5.9	86.5	192	1.9		5.1	11.0	0.7	0.5	217.8	14.3	10.3
2.3	6.4	85.8	212	2.0		5.5	11.7	0.7	0.6	213.3	13.5	10.4
2.5	6.7	84.8	224	2.1		5.7	11.4	0.7	0.5	199.1	13.1	8.9
2.5	6.9	84.4	233	2.1		5.9	12.1	0.8	0.6	206.3	13.0	9.4
2.5	6.8	82.9	228	2.1		5.6	9.4	0.7	0.4	166.2	12.7	6.9
2.5	6.9	83.7	237	2.1		5.8	9.9	0.7	0.4	170.9	12.5	7.1
2.7	7.4	83.2	253	2.2		6.1	10.8	0.7	0.5	176.3	12.0	7.7
3.0	8.1	83.7	283	2.5		6.8	12.6	1.0	0.5	185.7	15.1	6.8
3.1	8.5	84.0	299	2.6		7.1	12.2	1.1	0.4	170.9	14.8	5.0
3.1	8.4	83.5	298	2.6		7.0	11.6	1.0	0.4	165.8	14.6	5.2
3.1	8.6	83.2	306	2.6		7.2	11.8	1.1	0.4	165.4	15.0	5.1
3.4	9.2	83.8	332	2.8		7.7	13.1	1.1	0.5	170.1	14.5	6.0
3.3	9.1	84.8	335	2.8		7.7	13.7	1.1	0.5	176.8	14.4	6.4
3.5	9.6	84.7	354	3.0		8.1	14.2	1.1	0.5	175.1	14.0	6.3
3.7	10.1	83.7	371	3.1		8.4	13.8	1.1	0.5	163.9	13.4	5.9
3.6	10.0	88.4	390	3.2		8.8	14.7	1.1	0.5	166.4	13.0	5.8
3.8	10.4	88.1	406	3.3		9.1	14.4	1.0	0.5	157.1	11.1	5.9
3.8	10.5	88.1	413	3.4		9.2	13.9	0.9	0.5	150.4	10.0	5.8
4.0	11.0	87.4	430	3.5		9.6	14.4	1.0	0.6	150.5	10.1	6.1
4.3	11.8	88.3	470	3.8		10.5	16.4	1.0	0.6	157.1	9.7	6.0
4.5	12.3	88.3	490	4.0		10.9	17.0	1.0	0.7	156.1	9.4	6.0
4.3	11.7	87.8	468	3.8		10.3	15.5	1.0	0.7	150.2	10.1	6.6
4.5	12.3	87.0	487	3.9		10.7	15.1	1.0	0.7	140.7	9.7	6.1
4.6	12.7	86.1	497	4.0		10.9	14.3	1.0	0.6	131.5	9.1	5.5
4.7	12.9	86.1	508	4.1		11.1	14.4	1.0	0.6	129.5	8.8	5.2
4.9	13.3	85.9	524	4.2		11.4	14.8	1.0	0.7	130.2	8.7	5.8
5.0	13.6	86.4	540	4.3		11.8	16.5	1.0	0.8	140.4	8.7	6.6
5.0	13.7	85.7	540	4.3		11.7	15.2	1.0	0.7	129.5	8.7	6.4
5.1	14.0	86.2	555	4.4		12.0	14.8	1.0	0.7	123.3	8.5	5.7
5.2	14.1	86.1	564	4.5		12.2	15.0	1.0	0.7	123.6	8.2	5.9
5.3	14.4	85.9	573	4.5		12.4	15.9	1.0	0.8	128.9	8.2	6.1
5.2	14.3	86.2	573	4.5		12.3	15.8	1.0	0.8	128.5	8.3	6.1
5.2	14.3	86.8	578	4.5		12.4	16.2	1.0	0.8	130.7	7.9	6.2
5.3	14.5	86.9	589	4.6		12.6	17.0	1.0	0.9	135.0	7.8	7.3
5.4	14.8	86.4	596	4.7		12.8	16.8	1.0	0.9	131.4	7.6	6.7
5.4	14.7	86.4	592	4.6		12.7	16.2	1.0	0.8	127.8	7.6	6.6
5.4	14.7	86.5	595	4.7		12.7	16.8	1.0	0.9	132.0	7.5	7.2
5.5	15.0	86.8	610	4.8		13.0	17.4	1.0	1.0	133.9	7.4	7.5
5.0	13.7	87.1	559	4.4		12.0	12.7	0.9	0.5	106.2	7.3	4.3
5.2	14.3	86.8	581	4.5		12.4	15.0	0.9	0.7	120.4	7.5	6.0
5.1	14.0	88.5	580	4.5		12.4	13.2	0.9	0.5	106.1	7.2	4.3
5.2	14.1	88.8	588	4.6		12.6	13.7	0.9	0.6	109.2	7.2	4.8
5.1	14.0	88.8	580	4.5		12.4	13.6	0.9	0.6	109.5	7.3	4.8
5.0	13.6	89.0	564	4.4		12.1	12.6	0.9	0.5	103.9	7.3	4.1
4.8	13.2	88.9	546	4.3		11.8	11.5	0.8	0.4	97.9	7.1	3.4
4.9	13.5	89.8	562	4.4		12.1	12.6	0.9	0.5	104.5	7.1	4.0
5.1	14.1	89.8	587	4.6		12.7	15.2	0.9	0.7	119.8	6.8	5.7
5.1	13.9	89.7	577	4.5		12.5	14.0	0.8	0.6	112.4	6.8	5.1
5.2	14.2	89.6	589	4.6		12.7	14.7	0.9	0.7	115.1	6.8	5.3
5.1	13.9	89.3	574	4.5		12.4	15.2	0.9	0.7	122.5	7.0	5.0
5.1	14.1	89.4	579	4.6		12.6	15.4	0.9	0.6	122.8	6.9	4.5
5.1	13.8	89.3	566	4.5		12.4	14.1	0.9	0.5	114.5	7.1	3.7

(2)　きのこ類

年　度	国　内 生　産　量	外　国　貿　易 輸　入　量	輸　出　量	在　庫　の 増　減　量	国内消費 仕　向　量	国　内　消　費　仕　向 飼　料　用	種　子　用	加　工　用	純旅客用	減　耗　量	粗 総　数
昭和　40	60	0	8	0	52	0	0	0	-	2	50
41	62	0	6	0	56	0	0	0	-	3	53
42	82	0	8	0	74	0	0	0	-	3	71
43	103	0	13	0	90	0	0	0	-	4	86
44	98	0	11	0	87	0	0	0	-	4	83
45	112	0	11	0	101	0	0	0	-	5	96
46	130	2	13	0	119	0	0	0	-	6	113
47	150	1	12	0	139	0	0	0	-	7	132
48	154	2	11	0	145	0	0	0	-	8	137
49	188	0	18	0	170	0	0	0	-	9	161
50	188	1	18	0	171	0	0	0	-	9	162
51	195	1	13	0	183	0	0	0	-	9	174
52	206	2	12	0	196	0	0	0	-	10	186
53	231	2	18	0	215	0	0	0	-	11	204
54	241	1	18	0	224	0	0	0	-	12	212
55	254	1	21	0	234	0	0	0	-	13	221
56	261	13	26	0	249	0	0	0	-	14	235
57	245	17	23	0	239	0	0	0	-	13	226
58	253	22	19	0	256	0	0	0	-	13	243
59	298	13	27	0	284	0	0	0	-	14	270
60	287	18	23	0	282	0	0	0	-	14	268
61	315	18	25	0	308	0	0	0	-	16	293
62	312	26	18	0	319	0	0	0	-	17	305
63	321	32	13	0	340	0	0	0	-	17	323
平成　元	329	37	10	0	356	0	0	0	-	18	339
2	343	41	11	0	373	0	0	0	-	19	354
3	342	39	7	0	374	0	0	0	-	19	355
4	353	58	7	0	404	0	0	0	-	18	386
5	349	89	7	0	431	0	0	0	-	21	410
6	344	105	7	0	442	0	0	0	-	22	420
7	359	107	7	0	459	0	0	0	-	22	437
8	363	98	7	0	454	0	0	0	-	22	432
9	366	117	2	0	481	0	0	0	-	24	457
10	380	120	1	0	499	0	0	0	-	25	474
11	384	124	1	0	507	0	0	0	-	25	482
12	374	133	1	0	506	0	0	0	-	24	482
13	381	126	1	0	506	0	0	0	-	24	482
14	387	114	1	0	500	0	0	0	-	24	476
15	395	116	1	0	510	0	0	0	-	25	485
16	406	117	1	0	522	0	0	0	-	25	497
17	417	109	1	0	525	0	0	0	-	26	499
18	423	100	1	0	522	0	0	0	-	26	496
19	442	92	1	0	533	0	0	0	-	27	506
20	447	75	0	0	522	0	0	0	-	27	495
21	456	69	0	0	525	0	0	0	-	26	499
22	464	73	0	0	537	0	0	0	-	27	510
23	469	71	0	0	540	0	0	0	-	26	514
24	459	73	0	0	532	0	0	0	-	26	506
25	456	67	0	0	523	0	0	0	-	26	497
26	451	64	0	0	515	0	0	0	-	27	488
27	451	62	0	0	513	0	0	0	-	26	487
28	455	62	0	0	517	0	0	0	-	27	490
29	457	62	0	0	519	0	0	0	-	26	493
30	464	64	0	0	528	0	0	0	2	27	499
令和　元	454	62	0	0	516	0	0	0	0	26	490
2	460	56	0	0	516	0	0	0	0	25	491
3	460	57	0	0	517	0	0	0	0	26	491

（単位：断りなき限り 1,000 トン）

量　の　内　訳				1 人 当 た り 供 給 純 食 料						純食料100g中の栄養成分量		
食　　料		歩 留 り	純食料	1人当り数量	1年当り量	1 日 当 た り				熱　量	たんぱく質	脂　質
1人1年当たり	1人1日当たり					数 量	熱 量	たんぱく質	脂 質			
kg	g	%		kg	g	kcal	g	g		kcal	g	g
0.5	1.4	72.0	36	0.4	1.0	0.0	0.0	0.0		0.0	1.9	0.3
0.5	1.5	73.6	39	0.4	1.1	0.0	0.0	0.0		0.0	1.9	0.3
0.7	1.9	71.8	51	0.5	1.4	0.0	0.0	0.0		0.0	2.0	0.3
0.8	2.3	72.1	62	0.6	1.7	0.0	0.0	0.0		0.0	2.0	0.3
0.8	2.2	72.3	60	0.6	1.6	0.0	0.0	0.0		0.0	2.0	0.3
0.9	2.5	72.9	70	0.7	1.8	0.0	0.0	0.0		0.0	2.0	0.3
1.1	2.9	73.5	83	0.8	2.2	0.0	0.0	0.0		0.0	2.0	0.3
1.2	3.4	73.5	97	0.9	2.5	0.0	0.1	0.0		0.0	2.1	0.3
1.3	3.4	73.0	100	0.9	2.5	0.0	0.1	0.0		0.0	2.1	0.3
1.5	4.0	73.3	118	1.1	2.9	0.0	0.1	0.0		0.0	2.1	0.3
1.4	4.0	74.1	120	1.1	2.9	0.0	0.1	0.0		0.0	2.1	0.3
1.5	4.2	73.6	128	1.1	3.1	0.0	0.1	0.0		0.0	2.2	0.3
1.6	4.5	73.1	136	1.2	3.3	0.0	0.1	0.0		0.0	2.2	0.3
1.8	4.9	74.0	151	1.3	3.6	0.0	0.1	0.0		0.0	2.2	0.3
1.8	5.0	74.1	157	1.4	3.7	0.0	0.1	0.0		0.0	2.2	0.3
1.9	5.2	73.8	163	1.4	3.8	0.0	0.1	0.0		0.0	2.2	0.3
2.0	5.5	74.9	176	1.5	4.1	0.0	0.1	0.0		0.0	2.1	0.3
1.9	5.2	76.1	172	1.4	4.0	0.0	0.1	0.0		0.0	2.1	0.3
2.0	5.6	75.7	184	1.5	4.2	0.0	0.1	0.0		0.0	2.1	0.3
2.2	6.1	75.6	204	1.7	4.6	0.0	0.1	0.0		0.0	2.2	0.3
2.2	6.1	84.0	225	1.9	5.1	1.0	0.1	0.0		18.9	2.7	0.3
2.4	6.6	84.3	247	2.0	5.6	1.0	0.2	0.0		18.9	2.7	0.3
2.5	6.8	84.9	259	2.1	5.8	1.1	0.2	0.0		18.9	2.7	0.3
2.6	7.2	84.2	272	2.2	6.1	1.1	0.2	0.0		18.8	2.7	0.3
2.8	7.5	84.4	286	2.3	6.4	1.2	0.2	0.0		18.9	2.7	0.3
2.9	7.8	84.7	300	2.4	6.6	1.3	0.2	0.0		18.9	2.7	0.3
2.9	7.8	85.1	302	2.4	6.6	1.3	0.2	0.0		18.9	2.7	0.3
3.1	8.5	84.7	327	2.6	7.2	1.4	0.2	0.0		18.9	2.7	0.3
3.3	9.0	84.1	345	2.8	7.6	1.4	0.2	0.0		18.8	2.7	0.4
3.4	9.2	84.3	354	2.8	7.7	1.5	0.2	0.0		18.8	2.7	0.4
3.5	9.5	84.4	369	2.9	8.0	1.5	0.2	0.0		18.7	2.7	0.4
3.4	9.4	85.0	367	2.9	8.0	1.5	0.2	0.0		18.7	2.7	0.4
3.6	9.9	84.5	386	3.1	8.4	1.6	0.2	0.0		18.6	2.7	0.4
3.7	10.3	85.0	403	3.2	8.7	1.6	0.2	0.0		18.6	2.7	0.4
3.8	10.4	85.1	410	3.2	8.8	1.6	0.2	0.0		18.6	2.7	0.4
3.8	10.4	84.6	408	3.2	8.8	1.6	0.2	0.0		18.6	2.7	0.4
3.8	10.4	84.9	409	3.2	8.8	1.6	0.2	0.0		18.6	2.8	0.4
3.7	10.2	85.7	408	3.2	8.8	1.6	0.2	0.0		18.7	2.8	0.4
3.8	10.4	86.0	417	3.3	8.9	1.7	0.2	0.0		18.8	2.8	0.4
3.9	10.7	85.5	425	3.3	9.1	1.7	0.3	0.0		18.9	2.8	0.4
3.9	10.7	85.8	428	3.3	9.2	1.7	0.3	0.0		18.9	2.8	0.4
3.9	10.6	86.1	427	3.3	9.1	1.7	0.3	0.0		18.9	2.8	0.4
4.0	10.8	86.4	437	3.4	9.3	1.8	0.3	0.0		19.0	2.8	0.4
3.9	10.6	86.3	427	3.3	9.1	1.7	0.3	0.0		19.0	2.8	0.4
3.9	10.7	86.2	430	3.4	9.2	1.8	0.3	0.0		19.1	2.8	0.4
4.0	10.9	86.3	440	3.4	9.4	1.8	0.3	0.0		19.1	2.8	0.4
4.0	11.0	86.6	445	3.5	9.5	1.8	0.3	0.0		19.1	2.8	0.4
4.0	10.9	86.6	438	3.4	9.4	1.8	0.3	0.0		19.1	2.8	0.4
3.9	10.7	86.7	431	3.4	9.3	1.8	0.3	0.0		19.1	2.8	0.4
3.8	10.5	86.7	423	3.3	9.1	1.7	0.2	0.0		18.8	2.5	0.4
3.8	10.5	87.7	427	3.4	9.2	1.7	0.2	0.0		18.8	2.6	0.4
3.9	10.6	87.6	429	3.4	9.3	1.7	0.2	0.0		18.8	2.6	0.4
3.9	10.6	87.6	432	3.4	9.3	1.8	0.2	0.0		18.8	2.5	0.4
3.9	10.8	87.6	437	3.4	9.4	1.8	0.2	0.0		18.8	2.5	0.4
3.9	10.6	86.9	426	3.4	9.2	2.4	0.2	0.0		26.4	2.6	0.3
3.9	10.7	87.0	427	3.4	9.3	2.5	0.2	0.0		27.4	2.6	0.3
3.9	10.7	87.0	427	3.4	9.3	2.6	0.2	0.0		27.4	2.6	0.3

254　品目別

〔参考〕　酒　類

年　度		国　内 生　産　量	外　国　貿　易		在　庫　の 増　減　量	国内消費 仕　向　量	国　内　消　費　仕　向					
			輸　入　量	輸　出　量			飼　料　用	種　子　用	加　工　用	純旅客用	減　耗　量	粗 総　数
昭和	40	3,810	3	10	244	3,559	0	0	0	–	11	3,548
	41	4,033	4	12	163	3,862	0	0	0	–	11	3,851
	42	4,591	4	17	342	4,236	0	0	0	–	12	4,224
	43	4,566	4	29	265	4,276	0	0	0	–	12	4,264
	44	4,758	5	22	88	4,653	0	0	0	–	13	4,641
	45	5,141	7	25	188	4,935	0	0	0	–	15	4,920
	46	5,332	8	25	241	5,074	0	0	0	–	15	5,059
	47	5,777	11	25	301	5,462	0	0	0	–	16	5,446
	48	6,212	27	29	421	5,789	0	0	0	–	18	5,771
	49	6,009	30	26	118	5,895	0	0	0	–	18	5,877
	50	6,185	35	37	164	6,019	0	0	0	–	18	6,001
	51	5,932	39	182	△ 109	5,898	0	0	0	–	18	5,880
	52	6,627	44	27	275	6,369	0	0	0	–	19	6,350
	53	6,674	53	28	110	6,589	0	0	0	–	21	6,568
	54	6,918	61	29	112	6,838	0	0	0	–	22	6,816
	55	6,871	57	30	193	6,705	0	0	0	–	21	6,684
	56	6,859	64	27	△ 13	6,909	0	0	0	–	22	6,887
	57	7,257	72	33	222	7,074	0	0	0	–	21	7,053
	58	7,608	74	36	399	7,247	0	0	0	–	22	7,225
	59	7,094	68	38	16	7,108	0	0	0	–	22	7,086
	60	7,295	71	40	△ 189	7,515	0	0	0	–	23	7,492
	61	7,712	81	43	△ 59	7,809	0	0	0	–	23	7,786
	62	8,221	122	43	43	8,343	0	0	0	–	25	8,318
	63	8,585	147	75	△ 4	8,661	0	0	0	–	26	8,635
平成 元		8,761	232	47	107	8,839	0	0	0	–	26	8,813
	2	9,095	263	46	△ 94	9,406	0	0	0	–	28	9,378
	3	9,352	252	51	120	9,432	0	0	0	–	28	9,404
	4	9,501	242	55	26	9,662	0	0	0	–	29	9,633
	5	9,476	262	55	△ 181	9,864	0	0	0	–	30	9,834
	6	9,703	506	41	△ 26	10,194	0	0	0	–	31	10,163
	7	9,633	449	55	△ 23	10,050	0	0	0	–	31	10,019
	8	9,849	407	93	8	10,155	0	0	0	–	30	10,125
	9	9,771	409	109	△ 35	10,106	0	0	0	–	31	10,075
	10	9,731	441	165	△ 12	10,019	0	0	0	–	29	9,990
	11	9,995	370	58	△ 140	10,447	0	0	0	–	32	10,415
	12	9,842	385	64	11	10,152	0	0	0	–	29	10,123
	13	9,978	380	86	16	10,256	0	0	0	–	31	10,225
	14	9,784	399	59	△ 72	10,196	0	0	0	–	30	10,166
	15	9,457	386	45	△ 71	9,869	0	0	0	–	30	9,839
	16	9,478	385	44	△ 12	9,831	0	0	0	–	29	9,801
	17	9,464	365	43	△ 8	9,794	0	0	0	–	29	9,765
	18	9,335	359	53	37	9,603	0	0	0	–	28	9,575
	19	9,267	358	51	3	9,570	0	0	0	–	29	9,542
	20	9,141	384	48	△ 91	9,568	0	0	0	–	29	9,539
	21	9,734	430	50	△ 9	10,123	0	0	0	–	30	10,093
	22	8,705	516	56	△ 85	9,250	0	0	0	–	28	9,222
	23	8,567	636	63	399	8,741	0	0	0	–	27	8,714
	24	8,362	688	72	△ 5	8,983	0	0	0	–	27	8,956
	25	8,450	709	85	△ 46	9,120	0	0	0	–	28	9,092
	26	8,217	695	100	39	8,773	0	0	0	–	26	8,747
	27	8,357	676	121	50	8,862	0	0	0	–	26	8,836
	28	8,305	630	139	△ 42	8,838	0	0	0	–	27	8,811
	29	8,340	641	176	0	8,805	0	0	0	–	26	8,779
	30	8,409	519	185	△ 33	8,776	0	0	0	46	25	8,705
令和 元		8,324	522	142	△ 11	8,715	0	0	0	29	25	8,661
	2	7,869	461	122	△ 52	8,260	0	0	0	0	24	8,236
	3	7,714	453	158	187	7,822	0	0	0	0	23	7,799

（単位：断りなき限り 1,000 トン）

量 の 内 訳				1 人 当 た り 供 給 純 食 料						純食料100g中の栄養成分量		
食料 1人1年当たり	食料 1人1日当たり	歩留り	純食料	1人当たり数 年当たり量	1日当たり 数量	熱量	たんぱく質	脂質	熱量	たんぱく質	脂質	
kg	g	%		kg	g	kcal	g	g	kcal	g	g	
36.1	98.9	100.0	3,548	36.1	98.9	78.1	0.4	0.0	79.0	0.4	0.0	
38.9	106.5	100.0	3,851	38.9	106.5	84.5	0.4	0.0	79.3	0.4	0.0	
42.2	115.2	100.0	4,224	42.2	115.2	88.1	0.5	0.0	76.5	0.4	0.0	
42.1	115.3	100.0	4,264	42.1	115.3	89.1	0.5	0.0	77.3	0.4	0.0	
45.3	124.0	100.0	4,641	45.3	124.0	94.1	0.5	0.0	75.9	0.4	0.0	
47.4	130.0	100.0	4,920	47.4	130.0	96.8	0.5	0.0	74.5	0.4	0.0	
48.1	131.5	100.0	5,059	48.1	131.5	97.1	0.5	0.0	73.8	0.4	0.0	
50.6	138.7	100.0	5,446	50.6	138.7	101.0	0.6	0.0	72.8	0.4	0.0	
52.9	144.9	100.0	5,771	52.9	144.9	105.0	0.6	0.0	72.5	0.4	0.0	
53.2	145.6	100.0	5,877	53.2	145.6	105.8	0.6	0.0	72.7	0.4	0.0	
53.6	146.5	100.0	6,001	53.6	146.5	106.7	0.6	0.0	72.9	0.4	0.0	
52.0	142.4	100.0	5,880	52.0	142.4	105.7	0.6	0.0	74.2	0.4	0.0	
55.6	152.4	100.0	6,350	55.6	152.4	110.6	0.6	0.0	72.6	0.4	0.0	
57.0	156.2	100.0	6,568	57.0	156.2	111.6	0.6	0.0	71.4	0.4	0.0	
58.7	160.3	100.0	6,816	58.7	160.3	114.9	0.6	0.0	71.7	0.4	0.0	
57.1	156.4	100.0	6,684	57.1	156.4	113.5	0.6	0.0	72.5	0.4	0.0	
58.4	160.0	100.0	6,887	58.4	160.0	115.6	0.6	0.0	72.2	0.4	0.0	
59.4	162.8	100.0	7,053	59.4	162.8	117.6	0.6	0.0	72.3	0.4	0.0	
60.4	165.1	100.0	7,225	60.4	165.1	120.2	0.6	0.0	72.8	0.4	0.0	
58.9	161.4	100.0	7,086	58.9	161.4	120.8	0.6	0.0	74.8	0.4	0.0	
61.9	169.6	100.0	7,492	61.9	169.6	131.6	0.5	0.0	77.6	0.3	0.0	
64.0	175.3	100.0	7,786	64.0	175.3	135.2	0.5	0.0	77.1	0.3	0.0	
68.0	185.9	100.0	8,318	68.0	185.9	140.4	0.5	0.0	75.5	0.3	0.0	
70.3	192.7	100.0	8,635	70.3	192.7	145.2	0.5	0.0	75.3	0.3	0.0	
71.5	196.0	100.0	8,813	71.5	196.0	134.3	0.6	0.0	68.5	0.3	0.0	
75.9	207.9	100.0	9,378	75.9	207.9	147.1	0.6	0.0	70.8	0.3	0.0	
75.8	207.0	100.0	9,404	75.8	207.0	138.6	0.6	0.0	66.9	0.3	0.0	
77.3	211.9	100.0	9,633	77.3	211.9	143.3	0.6	0.0	67.6	0.3	0.0	
78.7	215.6	100.0	9,834	78.7	215.6	150.8	0.6	0.0	69.9	0.3	0.0	
81.1	222.3	100.0	10,163	81.1	222.3	151.7	0.6	0.0	68.2	0.3	0.0	
79.8	218.0	100.0	10,019	79.8	218.0	149.9	0.6	0.0	68.7	0.3	0.0	
80.4	220.4	100.0	10,125	80.4	220.4	151.3	0.6	0.0	68.7	0.3	0.0	
79.9	218.8	100.0	10,075	79.9	218.8	155.7	0.6	0.0	71.2	0.3	0.0	
79.0	216.4	100.0	9,990	79.0	216.4	150.9	0.5	0.0	69.7	0.2	0.0	
82.2	224.7	100.0	10,415	82.2	224.7	160.3	0.5	0.0	71.4	0.2	0.0	
79.8	218.5	100.0	10,123	79.8	218.5	158.3	0.5	0.0	72.5	0.2	0.0	
80.3	220.1	100.0	10,225	80.3	220.1	161.0	0.5	0.0	73.2	0.2	0.0	
79.8	218.6	100.0	10,166	79.8	218.6	162.3	0.4	0.0	74.3	0.2	0.0	
77.1	210.6	100.0	9,839	77.1	210.6	163.3	0.4	0.0	77.5	0.2	0.0	
76.8	210.3	100.0	9,801	76.8	210.3	175.6	0.4	0.0	83.5	0.2	0.0	
76.4	209.4	100.0	9,765	76.4	209.4	207.8	0.4	0.0	99.2	0.2	0.0	
74.9	205.1	100.0	9,575	74.9	205.1	211.5	0.4	0.0	103.2	0.2	0.0	
74.5	203.6	100.0	9,542	74.5	203.6	208.8	0.4	0.0	102.6	0.2	0.0	
74.5	204.0	100.0	9,539	74.5	204.0	219.4	0.4	0.0	107.5	0.2	0.0	
78.8	216.0	100.0	10,093	78.8	216.0	247.5	0.4	0.0	114.6	0.2	0.0	
72.0	197.3	100.0	9,222	72.0	197.3	226.5	0.4	0.0	114.8	0.2	0.0	
68.2	186.2	100.0	8,714	68.2	186.2	214.3	0.4	0.0	115.1	0.2	0.0	
70.2	192.3	100.0	8,956	70.2	192.3	225.9	0.4	0.0	117.5	0.2	0.0	
71.4	195.5	100.0	9,092	71.4	195.5	229.9	0.4	0.0	117.6	0.2	0.0	
68.7	188.3	100.0	8,747	68.7	188.3	220.8	0.4	0.0	117.2	0.2	0.0	
69.5	190.0	100.0	8,836	69.5	190.0	221.8	0.4	0.0	116.8	0.2	0.0	
69.4	190.0	100.0	8,811	69.4	190.0	224.7	0.4	0.0	118.3	0.2	0.0	
69.2	189.5	100.0	8,779	69.2	189.5	227.1	0.4	0.0	119.8	0.2	0.0	
68.7	188.2	100.0	8,705	68.7	188.2	230.3	0.4	0.0	122.4	0.2	0.0	
68.4	187.0	100.0	8,661	68.4	187.0	231.0	0.4	0.0	123.6	0.2	0.0	
65.3	178.9	100.0	8,236	65.3	178.9	233.4	0.3	0.0	130.5	0.2	0.0	
62.1	170.3	100.0	7,799	62.1	170.3	216.8	0.3	0.0	127.3	0.2	0.0	

4 主要項目の品目別累年表

　ここに収録した統計は、国内生産量と国内消費仕向量のうち加工用について、各部門の品目別内訳を累年表として組み替えたものである。

1．国内生産量の内訳

2．加工用の内訳

1　国内生産量の内訳

(1)　穀類の国内生産量の内訳

品　目	昭和35年度	36	37	38	39	40	41	42	43	44
1.穀　　類	17,101	16,578	16,717	14,636	15,307	15,208	15,095	16,694	16,668	15,716
a.米	12,858	12,419	13,009	12,812	12,584	12,409	12,745	14,453	14,449	14,003
b.小　麦	1,531	1,781	1,631	716	1,244	1,287	1,024	997	1,012	758
c.大　麦	1,206	1,127	1,023	646	812	721	711	673	640	538
d.は だ か 麦	1,095	849	703	113	390	513	394	359	381	274
e.雑　　穀	411	402	351	349	277	278	221	212	186	143
ア.とうもろこし	113	116	104	104	84	75	63	61	51	40
イ.こ う り ゃ ん	2	2	1	1	1	1	0	0	0	0
ウ.その他の雑穀	296	284	246	244	192	202	158	151	135	103
-1.え ん 麦	161	168	150	148	121	137	102	101	93	67
-2.ら い 麦	2	2	2	2	2	1	0	0	0	0
-3.あわ, ひえ, きび	81	71	57	53	42	34	28	22	20	14
-4.そ　　ば	52	43	37	41	27	30	28	28	22	22

品　目	56	57	58	59	60	61	62	63	平成元	2
1.穀　　類	11,259	11,433	11,467	13,045	12,940	12,893	11,870	11,383	11,731	11,825
a.米	10,259	10,270	10,366	11,878	11,662	11,647	10,627	9,935	10,347	10,499
b.小　麦	587	742	695	741	874	876	864	1,021	985	952
c.大　麦	330	342	340	353	340	314	326	370	346	323
d.は だ か 麦	53	48	39	43	38	30	27	29	25	23
e.雑　　穀	30	31	27	30	26	26	26	28	28	28
ア.とうもろこし	3	2	1	2	2	1	1	1	1	1
イ.こ う り ゃ ん	0	0	0	0	0	0	0	0	0	0
ウ.その他の雑穀	27	29	26	28	24	25	25	27	27	27
-1.え ん 麦	8	9	9	10	6	7	6	5	5	5
-2.ら い 麦	0	0	0	0	0	0	0	0	0	0
-3.あわ, ひえ, きび	1	1	0	0	1	0	1	1	1	1
-4.そ　　ば	18	19	17	18	17	18	18	21	21	21

品　目	14	15	16	17	18	19	20	21	22	23
1.穀　　類	9,966	8,878	9,813	10,090	9,602	9,851	9,949	9,345	9,317	9,517
a.米	8,889	7,792	8,730	8,998	8,556	8,714	8,823	8,474	8,554	8,566
うち飼料用米	-	-	-	-	-	-	8	23	68	161
うち米粉用米	-	-	-	-	-	-	1	13	25	37
b.小　麦	829	856	860	875	837	910	881	674	571	746
c.大　麦	197	180	183	171	161	180	201	168	149	158
d.は だ か 麦	20	18	16	12	13	14	16	11	12	14
e.雑　　穀	31	32	24	34	35	33	28	18	31	33
ア.とうもろこし	0	0	0	0	0	0	0	0	0	0
イ.こ う り ゃ ん	0	0	0	0	0	0	0	0	0	0
ウ.その他の雑穀	31	32	24	34	35	33	28	18	31	33
-1.え ん 麦	4	4	1	1	1	1	0	0	0	0
-2.ら い 麦	0	0	0	0	0	0	0	0	0	0
-3.あわ, ひえ, きび	0	0	1	1	1	1	1	1	1	1
-4.そ　　ば	27	28	22	32	33	31	27	17	30	32

(注)米について、「うち飼料用米」「うち米粉用米」は、新規需要米の数量であり、内数である。

（単位：1,000トン）

45	46	47	48	49	50	51	52	53	54	55
13,858	11,945	12,613	12,658	12,838	13,693	12,255	13,585	13,336	12,949	10,754
12,689	10,887	11,897	12,149	12,292	13,165	11,772	13,095	12,589	11,958	9,751
474	440	284	202	232	241	222	236	367	541	583
418	364	250	171	182	174	170	167	276	348	332
155	139	74	45	51	47	40	39	50	59	53
122	115	108	91	81	66	51	48	54	43	35
33	25	23	17	14	14	12	8	7	5	4
0	0	0	0	0	0	0	0	0	0	0
89	90	85	74	67	52	39	40	47	38	31
61	60	56	41	36	30	23	17	20	14	14
0	0	0	0	0	0	1	1	1	1	0
11	10	4	5	4	4	1	2	1	2	1
17	20	25	28	27	18	14	20	25	21	16

3	4	5	6	7	8	9	10	11	12	13
10,672	11,645	8,775	12,794	11,434	11,082	10,816	9,694	9,988	10,422	9,992
9,604	10,573	7,834	11,981	10,748	10,344	10,025	8,960	9,175	9,490	9,057
759	759	638	565	444	478	573	570	583	688	700
269	274	271	213	205	216	177	133	185	192	187
14	12	12	12	14	18	17	11	20	22	20
26	27	20	23	23	26	24	20	25	30	28
1	1	1	0	0	0	0	0	0	0	0
0	0	0	0	0	0	0	0	0	0	0
25	26	19	23	23	26	24	20	25	30	28
4	3	3	3	2	2	2	2	1	1	1
0	0	0	0	0	0	0	0	0	0	0
1	1	0	0	0	0	0	0	0	0	0
20	22	16	20	21	24	22	18	24	29	27

24	25	26	27	28	29	30	令和元	2	3
9,768	9,746	9,681	9,645	9,540	9,450	9,177	9,456	9,360	9,599
8,692	8,718	8,628	8,429	8,550	8,324	8,208	8,154	8,145	8,226
167	109	187	440	506	499	427	389	381	663
33	20	18	23	19	28	28	28	33	42
858	812	852	1,004	791	907	765	1,037	949	1,097
160	168	155	166	160	172	161	202	201	213
12	15	15	11	10	13	14	20	20	22
46	33	31	35	29	34	29	43	45	41
0	0	0	0	0	0	0	0	0	0
0	0	0	0	0	0	0	0	0	0
46	33	31	35	29	34	29	43	45	41
0	0	0	0	0	0	0	0	0	0
0	0	0	0	0	0	0	0	0	0
1	0	0	0	0	0	0	0	0	0
45	33	31	35	29	34	29	43	45	41

(2)　豆類の国内生産量の内訳

品　目	昭和35年度	36	37	38	39	40	41	42	43	44
4. 豆　類	919	902	769	765	572	646	544	617	537	480
a. 大　豆	418	387	336	318	240	230	199	190	168	136
b. その他の豆類	501	515	433	447	332	416	345	427	369	344
ア. 小　豆	170	185	140	139	85	108	93	144	114	96
イ. いんげん	142	130	101	135	79	134	81	120	105	100
ウ. えんどう	24	21	12	8	8	9	7	8	8	6
エ. そらまめ	23	22	23	8	18	17	15	11	11	9
オ. さ さ げ	16	15	14	13	11	11	10	8	9	7
カ. 緑　豆	0	0	0	0	0	0	0	0	0	0
キ. 竹 小 豆	0	0	0	0	0	0	0	0	0	0
ク. その他の豆	0	0	0	0	0	0	0	0	0	0
ケ. らっかせい	126	142	143	144	131	137	139	136	122	126

品　目	56	57	58	59	60	61	62	63	平成元	2
4. 豆　類	367	431	364	462	424	424	469	445	455	414
a. 大　豆	212	226	217	238	228	245	287	277	272	220
b. その他の豆類	155	205	147	224	196	179	182	168	183	194
ア. 小　豆	52	94	61	109	97	88	94	97	106	118
イ. いんげん	37	58	33	60	44	40	38	35	36	32
ウ. えんどう	2	3	2	2	2	2	2	2	2	2
エ. そらまめ	2	1	1	1	1	1	1	1	1	1
オ. さ さ げ	1	2	1	1	1	1	1	1	1	1
カ. 緑　豆	0	0	0	0	0	0	0	0	0	0
キ. 竹 小 豆	0	0	0	0	0	0	0	0	0	0
ク. その他の豆	0	0	0	0	0	0	0	0	0	0
ケ. らっかせい	61	47	49	51	51	47	46	32	37	40

品　目	14	15	16	17	18	19	20	21	22	23
4. 豆　類	395	337	303	352	332	335	376	320	317	310
a. 大　豆	270	232	163	225	229	227	262	230	223	219
b. その他の豆類	125	105	140	127	103	108	114	90	94	91
ア. 小　豆	66	59	91	79	64	66	69	53	55	60
イ. いんげん	34	23	27	26	19	22	25	16	22	10
ウ. えんどう	1	1	1	1	0	1	1	1	1	1
エ. そらまめ	0	0	0	0	0	0	0	0	0	0
オ. さ さ げ	0	0	0	0	0	0	0	0	0	0
カ. 緑　豆	0	0	0	0	0	0	0	0	0	0
キ. 竹 小 豆	0	0	0	0	0	0	0	0	0	0
ク. その他の豆	0	0	0	0	0	0	0	0	0	0
ケ. らっかせい	24	22	21	21	20	19	19	20	16	20

(単位：1,000トン)

45	46	47	48	49	50	51	52	53	54	55
505	417	510	451	436	363	328	361	407	394	324
126	122	127	118	133	126	110	111	190	192	174
379	295	383	333	303	237	218	250	217	202	150
109	78	155	144	129	88	61	87	96	88	56
124	89	97	78	72	67	83	85	52	41	33
8	5	6	5	4	4	3	4	3	2	2
7	6	5	4	3	3	3	2	2	2	2
7	6	5	5	4	4	3	3	2	2	2
0	0	0	0	0	0	0	0	0	0	0
0	0	0	0	0	0	0	0	0	0	0
0	0	0	0	0	0	0	0	0	0	0
124	111	115	97	91	71	65	69	62	67	55

3	4	5	6	7	8	9	10	11	12	13
363	324	198	244	284	290	281	286	317	366	390
197	188	101	99	119	148	145	158	187	235	271
166	136	97	145	165	142	136	128	130	131	119
89	69	46	90	94	78	72	77	81	88	71
44	34	26	19	44	33	33	25	22	15	24
1	1	1	1	1	1	1	1	1	1	1
1	0	0	0	0	0	0	0	0	0	0
1	1	0	0	0	0	0	0	0	0	0
0	0	0	0	0	0	0	0	0	0	0
0	0	0	0	0	0	0	0	0	0	0
0	0	0	0	0	0	0	0	0	0	0
30	31	24	35	26	30	30	25	26	27	23

24	25	26	27	28	29	30	令和元	2	3
340	300	347	346	290	339	280	303	290	312
236	200	232	243	238	253	211	218	219	247
104	100	115	103	52	86	69	85	71	65
68	68	77	64	29	53	42	59	52	42
18	15	21	26	6	17	10	13	5	7
1	1	1	1	1	1	1	1	1	1
0	0	0	0	0	0	0	0	0	0
0	0	0	0	0	0	0	0	0	0
0	0	0	0	0	0	0	0	0	0
0	0	0	0	0	0	0	0	0	0
0	0	0	0	0	0	0	0	0	0
17	16	16	12	16	15	16	12	13	15

(3)　野菜の国内生産量の内訳

品　　目	昭和35年度	36	37	38	39	40	41	42	43	44	45	46
野　　　菜	11,742	11,195	12,245	13,397	12,748	13,483	14,403	14,686	16,125	15,694	15,328	15,981
a.緑黄色野菜	1,924	1,933	2,063	2,214	2,189	2,315	2,481	2,633	2,830	2,691	2,697	2,770
ア.かぼちゃ	464	452	419	407	372	351	339	350	328	292	305	302
イ.ピーマン	0	0	0	23	24	53	77	82	96	104	128	135
ウ.トマト	309	344	397	444	536	532	628	769	850	787	790	851
エ.さやえんどう	110	113	121	69	99	101	99	85	87	81	70	79
オ.さやいんげん	63	64	67	72	76	75	83	81	83	81	83	90
カ.オクラ	0	0	0	0	0	0	0	0	0	0	0	0
キ.ほうれんそう	243	267	280	312	301	322	341	340	365	364	363	372
ク.パセリ	0	0	0	2	2	4	4	5	8	9	8	8
ケ.しゅんぎく	0	0	0	0	0	0	0	0	0	0	0	0
コ.にら	0	0	0	0	0	0	0	0	0	0	0	0
サ.わけぎ	0	0	0	0	0	0	0	0	0	0	0	0
シ.しそ	0	0	0	0	0	0	0	0	0	0	0	0
ス.みつば	0	0	0	0	0	0	0	0	0	0	0	0
セ.ちんげんさい	0	0	0	0	0	0	0	0	0	0	0	0
ソ.ブロッコリー	－	－	－	－	－	－	－	－	－	－	－	－
タ.その他つけな	428	395	442	485	415	465	476	464	492	476	440	417
チ.アスパラガス	0	0	0	11	11	12	13	16	17	16	14	16
ツ.かいわれだいこん	0	0	0	0	0	0	0	0	0	0	0	0
テ.その他の葉茎菜	0	0	0	0	0	0	0	0	0	0	0	0
ト.にんじん	307	298	337	389	353	400	421	441	504	481	496	500
b.その他の野菜	9,818	9,262	10,182	11,183	10,559	11,168	11,922	12,053	13,295	13,003	12,631	13,211
ア.きゅうり	563	602	669	707	747	773	879	964	983	955	965	1,000
イ.しろうり	73	73	74	74	68	65	79	85	78	75	70	76
ウ.すいか	873	893	762	741	788	742	857	1,045	1,215	1,021	1,004	1,109
エ.なす	561	566	601	628	632	623	667	715	715	680	722	755
オ.いちご	0	0	0	60	75	76	97	103	116	128	133	153
カ.そらまめ	68	61	64	31	51	49	50	38	41	39	35	31
キ.スイートコーン	266	286	272	279	264	261	271	292	278	275	303	290
ク.えだまめ	47	46	51	57	61	60	62	69	75	79	92	96
ケ.メロン	0	0	0	7	8	107	122	143	159	172	192	220
－1.温室メロン	0	0	0	7	8	12	14	18	21	23	26	19
－2.露地メロン	0	0	0	0	0	95	108	125	138	149	166	201
コ.キャベツ	782	832	984	1,101	1,090	1,157	1,291	1,321	1,501	1,474	1,437	1,457
サ.はくさい	1,215	993	1,265	1,509	1,233	1,541	1,607	1,621	1,867	1,871	1,739	1,764
シ.ねぎ	444	433	513	560	537	568	593	603	639	618	614	611
ス.たまねぎ	681	707	747	631	998	860	1,032	938	1,029	1,105	973	1,041
セ.たけのこ	65	66	60	59	61	56	56	60	50	69	53	75
ソ.セルリー	0	0	0	6	6	9	11	13	15	18	22	25
タ.カリフラワー	0	0	0	12	12	19	25	30	35	42	48	58
チ.レタス	0	0	0	29	33	48	65	87	113	138	164	196
ツ.ふき	0	0	0	0	0	0	0	0	0	0	0	0
テ.もやし	0	0	0	0	0	0	0	0	0	0	0	0
ト.にんにく	0	0	0	0	0	0	0	0	0	0	0	0
ナ.らっきょう	0	0	0	0	0	0	0	0	0	0	0	0
ニ.だいこん	3,092	2,678	3,037	3,483	2,825	3,085	3,037	2,889	3,095	2,952	2,748	2,914
ヌ.かぶ	175	166	184	206	186	196	201	198	217	210	212	212
ネ.ごぼう	308	287	305	338	297	309	304	286	293	293	295	284
ノ.さといも	528	500	516	581	492	478	521	459	527	524	542	558
ハ.れんこん	77	73	78	84	95	86	92	91	74	74	67	79
ヒ.やまのいも	0	0	0	0	0	0	0	0	0	0	0	0
フ.しょうが	0	0	0	0	0	0	0	0	0	0	0	0
ヘ.その他の果菜	0	0	0	0	0	0	3	3	180	191	201	207
ホ.その他の葉茎菜	0	0	0	0	0	0	0	0	0	0	0	0
マ.その他の根菜	0	0	0	0	0	0	0	0	0	0	0	0

(注)1.平成13年度概算値公表時に緑黄色野菜の、平成17年度概算値公表時にその他の野菜の対象品目の見直しを行い、
　　　それぞれ昭和35年度、昭和41年度に遡及して修正を行った。

　　2.ブロッコリーについては、平成5年度までカリフラワーに含めていたが、6年度からそれぞれ分離して表示している。

　　3.温室メロン、露地メロンについては、平成12年産から統計部の品目区分がなくなったため、メロンの欄に記載している。

(単位:1,000トン)

47	48	49	50	51	52	53	54	55	56	57	58	59	60
16,110	15,510	15,904	15,880	16,059	16,865	16,914	16,711	16,634	16,739	16,992	16,355	16,781	16,607
2,774	2,665	2,705	2,750	2,652	2,872	2,908	2,991	2,956	2,938	2,938	2,835	2,936	2,933
270	262	256	249	232	265	264	234	252	270	279	253	297	273
145	145	140	147	143	163	169	173	161	176	175	168	180	172
871	866	823	1,025	900	974	992	1,038	1,014	945	891	791	804	802
74	70	67	65	63	61	69	74	64	62	68	64	68	67
94	90	88	88	85	95	93	97	94	96	96	99	99	94
0	0	0	0	8	9	11	11	11	12	12	12	11	11
371	346	337	348	331	352	373	377	352	369	380	381	366	383
8	8	8	8	8	9	10	10	10	10	9	10	10	10
0	0	39	41	44	45	46	46	46	45	43	42	41	42
0	0	43	43	43	48	53	54	55	60	65	65	66	64
0	0	0	13	14	15	17	16	15	14	13	14	15	15
0	0	0	0	7	9	11	11	12	12	13	15	18	19
0	0	0	0	11	13	14	15	16	16	16	16	17	18
0	0	0	0	0	0	0	0	0	0	2	5	7	10
-	-	-	-	-	-	-	-	-	-	-	-	-	-
401	379	365	195	195	200	205	212	219	210	202	215	229	221
18	20	21	24	23	24	25	26	27	27	27	29	31	33
0	0	0	0	0	0	0	0	0	0	6	9	12	13
0	0	0	0	3	5	11	10	9	8	14	18	22	23
522	479	518	504	542	585	545	587	599	606	627	629	643	663
13,336	12,845	13,199	13,130	13,407	13,993	14,006	13,720	13,678	13,801	14,054	13,520	13,845	13,674
1,053	1,005	967	1,028	996	1,068	1,065	1,089	1,018	1,072	1,071	1,048	1,070	1,033
58	59	48	48	48	50	52	45	39	40	42	40	37	35
1,141	1,209	1,085	1,173	1,120	1,154	1,134	1,086	976	963	933	865	876	820
739	714	663	669	624	658	663	662	619	650	609	629	637	599
170	184	168	165	165	176	184	197	193	193	199	197	198	196
27	30	50	21	21	21	22	22	23	21	20	20	20	21
297	296	304	303	299	319	333	302	312	333	373	342	387	360
99	93	95	97	101	106	111	117	118	119	122	116	120	116
243	249	237	242	259	278	299	302	299	303	350	351	370	366
20	23	25	26	27	30	33	36	35	40	39	40	38	37
223	226	212	216	232	248	266	266	264	263	311	311	332	329
1,508	1,399	1,447	1,438	1,466	1,534	1,507	1,544	1,545	1,624	1,625	1,568	1,614	1,589
1,759	1,783	1,718	1,612	1,669	1,743	1,732	1,411	1,616	1,637	1,638	1,507	1,549	1,478
604	567	556	556	538	556	566	550	539	568	521	548	563	553
1,104	994	1,031	1,032	1,123	1,120	1,114	1,254	1,152	1,042	1,257	1,170	1,099	1,326
78	86	82	141	152	163	175	177	179	179	180	171	163	162
27	29	32	32	36	39	41	44	49	48	50	48	48	46
65	64	68	72	75	88	98	85	90	105	110	109	129	129
220	228	248	261	282	323	338	348	381	412	435	434	478	459
0	0	36	34	32	31	30	34	37	36	34	34	33	33
0	0	229	233	294	309	322	307	321	346	394	370	374	363
0	0	0	32	28	31	33	31	28	29	29	30	31	32
0	0	0	30	28	29	30	31	32	28	25	28	32	30
2,837	2,691	2,733	2,554	2,671	2,758	2,706	2,575	2,689	2,687	2,709	2,548	2,631	2,544
207	200	201	196	193	201	208	207	193	207	209	203	199	209
276	270	249	263	262	265	267	258	249	274	246	247	272	263
520	385	430	370	425	430	341	447	458	386	400	393	347	375
90	104	95	89	83	88	99	98	86	89	82	92	95	89
0	0	124	124	121	141	171	162	134	134	140	132	160	168
0	0	89	89	79	87	96	93	90	83	75	77	79	80
214	206	214	206	198	206	224	199	173	155	139	166	197	164
0	0	0	10	10	10	27	25	23	23	24	24	24	23
0	0	0	10	9	11	18	18	17	15	13	13	13	13

(3)　野菜の国内生産量の内訳（つづき）

品　　　目	昭和61年度	62	63	平成元	2	3	4	5	6	7	8	9
野　　　菜	16,894	16,815	16,169	16,258	15,845	15,364	15,697	14,850	14,615	14,671	14,677	14,364
a. 緑 黄 色 野 菜	2,967	2,997	2,947	2,932	2,848	2,758	2,811	2,759	2,812	2,854	2,913	2,852
ア. かぼちゃ	278	277	284	297	286	269	278	257	265	242	234	247
イ. ピーマン	178	172	170	182	171	156	167	156	165	169	166	169
ウ. トマト	816	837	776	773	767	746	772	738	758	753	796	780
エ. さやえんどう	66	62	62	60	58	52	52	50	47	45	42	41
オ. さやいんげん	99	99	93	95	90	82	84	75	75	75	76	71
カ. オクラ	10	10	10	10	11	10	9	9	8	8	8	9
キ. ほうれんそう	386	400	396	378	384	374	365	378	367	360	359	331
ク. パセリ	10	11	11	11	11	11	11	11	11	10	9	9
ケ. しゅんぎく	42	42	42	40	38	38	39	40	40	40	39	37
コ. にら	61	61	62	59	56	57	59	61	64	66	67	65
サ. わけぎ	15	14	13	12	11	14	16	13	10	10	9	7
シ. しそ	19	19	18	18	17	17	17	16	15	15	14	14
ス. みつば	18	19	19	18	17	17	17	17	18	16	15	16
セ. ちんげんさい	12	18	24	25	27	28	31	31	31	32	33	35
ソ. ブロッコリー	-	-	-	-	-	-	-	-	84	78	85	85
タ. その他つけな	213	210	208	194	181	159	141	137	134	149	165	163
チ. アスパラガス	35	37	39	35	31	29	27	25	23	23	23	24
ツ. かいわれだいこん	15	16	17	18	18	17	16	16	15	14	13	9
テ. その他の葉茎菜	23	24	24	22	19	22	20	20	24	24	24	24
ト. にんじん	671	669	679	685	655	660	690	709	658	725	736	716
b. その他の野菜	13,927	13,818	13,222	13,326	12,997	12,606	12,886	12,091	11,803	11,817	11,764	11,512
ア. きゅうり	1,040	1,026	975	975	931	889	899	836	866	827	823	798
イ. しろうり	32	31	30	26	21	19	17	18	20	17	15	13
ウ. すいか	840	863	790	764	753	687	737	632	655	617	633	614
エ. なす	594	607	564	567	554	514	519	449	510	478	481	475
オ. いちご	201	210	219	216	217	213	209	207	198	201	208	200
カ. そらまめ	21	22	23	23	23	22	21	20	20	17	15	15
キ. スイートコーン	387	404	384	387	409	394	376	343	369	320	286	302
ク. えだまめ	114	116	105	104	103	99	100	82	84	79	82	80
ケ. メロン	379	411	404	415	421	379	398	370	397	366	366	360
－1.温室メロン	40	45	42	40	41	39	40	41	43	41	40	41
－2.露地メロン	339	366	362	375	380	340	358	329	354	325	326	319
コ. キャベツ	1,667	1,631	1,573	1,623	1,544	1,569	1,614	1,513	1,511	1,544	1,539	1,502
サ. はくさい	1,513	1,432	1,302	1,334	1,220	1,154	1,205	1,185	1,118	1,163	1,162	1,135
シ. ねぎ	573	564	522	542	558	517	565	506	525	534	547	549
ス. たまねぎ	1,252	1,307	1,251	1,269	1,317	1,307	1,397	1,367	1,109	1,278	1,262	1,257
セ. たけのこ	162	160	158	144	129	108	86	80	75	68	61	49
ソ. セルリー	49	47	45	45	45	44	46	44	42	40	40	39
タ. カリフラワー	141	141	134	142	137	135	151	136	42	37	39	38
チ. レタス	501	497	495	521	518	520	536	493	528	537	548	533
ツ. ふき	32	33	33	31	28	25	23	23	22	21	21	21
テ. もやし	354	343	355	361	377	387	385	407	391	395	378	388
ト. にんにく	34	31	28	32	35	35	34	33	31	24	18	19
ナ. らっきょう	29	28	27	25	23	20	21	20	19	18	18	16
ニ. だいこん	2,655	2,534	2,457	2,449	2,336	2,317	2,346	2,224	2,154	2,148	2,132	2,020
ヌ. かぶ	212	217	213	210	209	201	198	202	201	193	196	195
ネ. ごぼう	269	269	253	274	270	236	269	237	244	232	248	227
ノ. さといも	385	392	397	364	315	353	305	299	238	254	254	270
ハ. れんこん	92	87	86	85	88	76	76	53	87	81	70	68
ヒ. やまいも	152	166	147	166	201	185	165	137	181	172	170	183
フ. しょうが	81	80	79	67	55	55	55	48	47	43	46	44
ヘ. その他の果菜	130	133	135	127	119	107	95	90	85	78	73	70
ホ. その他の葉茎菜	23	24	26	25	27	26	26	25	23	23	22	21
マ. その他の根菜	13	12	12	13	14	13	12	12	11	11	11	11

（単位：1,000トン）

10	11	12	13	14	15	16	17	18	19	20	21	22	23
13,700	13,902	13,704	13,604	13,299	12,905	12,344	12,492	12,356	12,527	12,554	12,344	11,730	11,821
2,734	2,787	2,743	2,782	2,731	2,724	2,658	2,692	2,665	2,748	2,743	2,673	2,546	2,572
258	266	254	228	220	234	226	234	220	228	243	214	221	209
160	165	171	159	161	152	153	154	147	150	150	143	137	142
764	769	806	798	785	760	755	759	728	749	733	718	691	703
36	36	37	32	33	29	29	29	27	27	29	28	26	27
66	62	64	62	59	57	53	53	49	49	51	51	45	43
11	10	11	11	11	11	12	12	12	12	12	12	12	12
322	329	316	319	312	312	289	298	299	298	293	286	269	264
9	9	9	9	8	8	7	7	7	7	6	6	6	4
36	36	32	37	42	41	41	41	40	40	39	38	35	34
62	62	62	64	67	62	62	61	63	64	65	67	64	64
6	6	5	5	5	4	4	4	4	4	3	3	3	2
14	11	13	12	12	12	11	11	11	11	11	11	11	9
17	15	17	18	19	19	19	19	18	18	18	17	16	16
37	36	37	41	46	45	47	50	49	49	50	51	48	48
74	84	83	89	94	108	94	105	122	125	137	141	129	130
160	160	92	152	156	151	183	184	189	193	191	185	185	200
24	25	22	25	28	28	29	28	28	31	31	31	31	29
6	6	4	4	4	7	7	7	6	5	4	4	4	4
24	23	26	26	25	25	21	21	22	22	20	17	17	15
648	677	682	691	644	659	616	615	624	666	657	650	596	617
10,966	11,115	10,961	10,822	10,568	10,181	9,686	9,800	9,691	9,779	9,811	9,671	9,184	9,249
746	766	767	736	729	684	673	675	629	641	627	620	588	585
11	11	11	10	10	7	6	6	5	5	5	5	5	5
603	595	581	573	527	487	454	450	419	422	402	390	369	363
459	473	477	448	432	396	390	396	372	372	366	349	330	322
181	203	205	209	211	203	198	196	191	191	191	185	178	177
15	15	16	19	21	21	23	23	20	22	21	20	20	19
286	294	289	273	278	268	266	251	231	257	266	236	235	240
79	80	81	78	75	77	73	77	71	71	74	73	71	66
336	317	318	307	287	269	249	242	217	221	209	199	188	180
37	39	-	-	-	-	-	-	-	-	-	-	-	-
299	278	-	-	-	-	-	-	-	-	-	-	-	-
1,407	1,476	1,449	1,435	1,392	1,376	1,279	1,364	1,372	1,359	1,389	1,385	1,360	1,375
990	1,079	1,036	1,038	1,005	965	888	924	942	918	921	921	889	897
509	532	537	527	519	515	486	494	492	495	510	508	478	485
1,355	1,205	1,247	1,259	1,274	1,172	1,128	1,087	1,161	1,265	1,271	1,161	1,042	1,070
37	32	35	31	27	30	28	28	26	25	26	28	28	40
37	39	40	37	37	36	36	35	35	35	34	37	32	32
29	31	32	32	30	29	24	25	27	25	25	24	23	22
506	541	537	554	562	549	509	552	545	544	544	550	538	542
21	21	17	18	19	18	18	17	17	16	16	15	14	14
392	389	364	375	381	378	385	394	369	358	383	446	408	451
21	20	18	19	20	17	19	18	19	19	20	20	20	21
17	17	15	15	14	14	16	16	15	14	15	15	15	12
1,902	1,948	1,876	1,868	1,780	1,752	1,620	1,627	1,650	1,626	1,603	1,593	1,496	1,493
191	179	187	182	184	179	168	153	151	159	159	155	145	139
188	204	190	178	167	171	171	162	159	163	167	173	161	162
258	248	231	218	209	209	185	185	175	173	180	182	168	171
72	74	76	75	73	60	61	64	58	58	63	62	60	58
177	193	201	182	182	177	198	204	192	190	181	167	173	166
41	41	37	35	32	35	42	43	41	46	52	55	56	57
68	60	57	59	61	60	67	67	65	64	67	71	71	64
20	20	21	20	18	17	15	15	15	15	15	15	15	13
11	11	13	13	13	10	10	10	10	10	9	8	8	8

(3)　野菜の国内生産量の内訳（つづき）

（単位：1,000トン）

品　　目	平成24年度	25	26	27	28	29	30	令和元	2	3
野　　菜	12,012	11,781	11,956	11,856	11,598	11,549	11,468	11,590	11,440	11,015
a.緑黄色野菜	2,607	2,591	2,617	2,603	2,515	2,534	2,454	2,508	2,484	2,513
ア.かぼちゃ	227	212	200	202	185	201	159	186	187	182
イ.ピーマン	145	145	145	140	145	147	140	146	143	149
ウ.トマト	722	748	740	727	743	737	724	721	706	725
エ.さやえんどう	26	20	20	19	18	22	20	20	20	19
オ.さやいんげん	42	41	41	40	40	40	37	38	39	37
カ.オクラ	12	12	12	12	13	13	12	12	12	12
キ.ほうれんそう	264	250	257	251	247	228	228	218	214	223
ク.パセリ	4	5	4	4	3	3	3	3	3	3
ケ.しゅんぎく	32	31	31	32	30	29	28	27	27	27
コ.にら	63	64	61	62	62	60	59	58	57	56
サ.わけぎ	2	1	1	1	1	1	1	1	1	1
シ.しそ	9	9	10	10	9	9	8	8	8	8
ス.みつば	16	16	16	16	15	15	15	14	13	13
セ.ちんげんさい	48	47	45	44	44	43	42	41	41	40
ソ.ブロッコリー	138	137	146	151	142	145	154	170	175	180
タ.その他つけな	197	201	208	212	204	201	205	206	209	209
チ.アスパラガス	29	30	29	29	30	26	27	27	27	26
ツ.かいわれだいこん	3	3	5	5	5	5	5	5	5	5
テ.その他の葉茎菜	15	15	13	13	12	12	12	12	11	11
ト.にんじん	613	604	633	633	567	597	575	595	586	587
b.その他の野菜	9,405	9,190	9,339	9,253	9,083	9,015	9,014	9,082	8,956	8,502
ア.きゅうり	587	574	549	550	550	560	550	548	539	551
イ.しろうり	5	5	4	4	4	4	4	4	3	3
ウ.すいか	370	355	358	340	345	331	321	324	311	332
エ.なす	327	321	323	309	306	308	300	302	297	298
オ.いちご	163	166	164	159	159	164	162	165	159	167
カ.そらまめ	17	18	18	17	15	16	15	14	15	14
キ.スイートコーン	255	237	250	240	196	232	218	239	235	227
ク.えだまめ	70	63	67	66	66	68	64	66	66	71
ケ.メロン	176	169	168	158	158	155	153	156	148	154
コ.キャベツ	1,443	1,440	1,480	1,469	1,446	1,428	1,467	1,472	1,434	1,487
サ.はくさい	921	906	914	895	889	881	890	875	892	887
シ.ねぎ	481	478	484	475	465	459	453	465	441	426
ス.たまねぎ	1,098	1,068	1,169	1,265	1,243	1,228	1,155	1,334	1,357	1,093
セ.たけのこ	39	24	36	29	36	24	25	22	26	20
ソ.セルリー	33	34	34	32	34	32	31	31	30	30
タ.カリフラワー	22	22	22	22	20	20	20	21	21	21
チ.レタス	566	579	578	568	586	583	586	578	564	552
ツ.ふき	13	12	12	12	11	11	10	9	9	8
テ.もやし	468	409	413	399	416	409	512	407	428	247
ト.にんにく	20	21	20	21	21	21	20	21	21	17
ナ.らっきょう	12	12	11	11	11	11	8	8	7	7
ニ.だいこん	1,469	1,457	1,452	1,434	1,362	1,325	1,328	1,300	1,254	1,218
ヌ.かぶ	136	133	131	132	129	119	118	113	105	108
ネ.ごぼう	168	158	155	153	138	142	135	137	127	112
ノ.さといも	173	162	166	153	155	149	145	140	140	139
ハ.れんこん	63	64	56	57	60	62	61	53	55	62
ヒ.やまのいも	166	160	165	163	146	159	157	173	171	155
フ.しょうが	57	51	51	51	52	49	48	48	45	40
ヘ.その他の果菜	68	73	71	52	49	50	44	44	43	43
ホ.その他の葉茎菜	12	13	11	11	10	10	10	9	9	9
マ.その他の根菜	7	6	7	6	5	5	4	4	4	4

（注）もやしの国内生産量については、従来、原料となる緑豆の輸入量等を基に推計してきたが、近年の輸入動向等に鑑み、
　　　令和4年度食料需給表以降、令和元年度まで遡って、もやし生産者に対する出荷量調査に基づく推計方法に見直す予定。
　　　なお、新たな推計方法による生産量（暫定値）は、令和元年度は494千トン、令和2年度は499千トン、令和3年度は482千トンである。

(4)　果実の国内生産量の内訳

品　　目	昭和35年度	36	37	38	39	40	41
6. 果　　　　実	3,307	3,393	3,387	3,573	3,950	4,034	4,578
a. うんしゅうみかん	1,034	949	956	1,015	1,280	1,331	1,750
b. り　ん　ご	907	963	1,008	1,153	1,090	1,132	1,059
c. その他の果実	1,366	1,481	1,423	1,405	1,580	1,571	1,769
ア. な つ み か ん	196	184	185	139	200	229	241
イ. ネーブルオレンジ	11	10	9	6	8	8	9
ウ. その他かんきつ類	54	52	51	53	71	71	89
エ. ぶ　ど　う	169	183	202	178	208	225	230
オ. な　　　し	277	313	336	344	336	361	403
カ. も　　　も	195	218	204	202	208	229	264
キ. お　う　と　う	7	8	7	7	6	8	7
ク. び　　　わ	24	27	24	18	20	22	12
ケ. か　　　き	354	405	330	383	463	346	419
コ. く　　　り	30	29	29	24	28	26	34
サ. う　　　め	49	52	46	51	32	37	50
シ. す　も　も	0	0	0	0	0	0	0
ス. バ　ナ　ナ	0	0	0	0	0	0	0
セ. パインアップル	0	0	0	0	0	0	0
ソ. ア ー モ ン ド	0	0	0	0	0	0	0
タ. キウイフルーツ	0	0	0	0	0	0	0
チ. その他国産果実	0	0	0	0	0	9	10
ツ. 熱　帯　果　実	0	0	0	0	0	0	1
テ. ナ　ッ　ツ　類	0	0	0	0	0	0	0

品　　目	51	52	53	54	55	56	57
6. 果　　　　実	6,096	6,621	6,173	6,848	6,196	5,843	6,239
a. うんしゅうみかん	3,089	3,539	3,026	3,618	2,892	2,819	2,864
b. り　ん　ご	879	959	844	853	960	846	925
c. その他の果実	2,128	2,123	2,303	2,377	2,344	2,178	2,450
ア. な つ み か ん	350	273	337	333	366	254	318
イ. ネーブルオレンジ	15	15	22	30	35	37	52
ウ. その他かんきつ類	201	228	312	358	376	360	438
エ. ぶ　ど　う	304	327	328	352	323	310	338
オ. な　　　し	507	531	495	516	496	487	493
カ. も　　　も	267	273	277	276	245	239	228
キ. お　う　と　う	17	16	16	17	15	13	15
ク. び　　　わ	17	7	14	18	14	4	17
ケ. か　　　き	264	275	287	264	265	261	334
コ. く　　　り	56	59	61	65	47	59	52
サ. う　　　め	57	68	63	58	64	53	66
シ. す　も　も	0	0	31	23	28	30	28
ス. バ　ナ　ナ	0	0	0	0	0	0	0
セ. パインアップル	59	37	45	53	56	58	52
ソ. ア ー モ ン ド	0	0	0	0	0	0	0
タ. キウイフルーツ	0	0	0	0	0	0	4
チ. その他国産果実	14	14	14	13	14	13	14
ツ. 熱　帯　果　実	0	0	1	1	0	0	1
テ. ナ　ッ　ツ　類	0	0	0	0	0	0	0

(注) なつみかん、ネーブルオレンジについては、平成29年度からその他かんきつ類に記載している。

（単位：1,000トン）

42	43	44	45	46	47	48	49	50
4,714	5,520	5,174	5,467	5,364	6,435	6,515	6,356	6,686
1,605	2,352	2,038	2,552	2,489	3,568	3,389	3,383	3,665
1,125	1,136	1,085	1,021	1,007	959	963	850	898
1,984	2,032	2,051	1,894	1,868	1,908	2,163	2,123	2,123
237	251	346	254	337	279	355	310	372
8	9	8	8	8	11	12	14	15
95	126	124	151	124	136	153	184	203
264	269	244	234	242	269	271	295	284
447	476	489	464	445	460	496	524	474
285	296	277	279	262	248	277	259	271
9	8	11	13	6	11	16	18	13
23	21	15	19	12	17	14	16	14
504	450	444	343	309	307	347	284	275
40	48	49	48	51	56	63	58	60
62	67	32	68	58	37	60	72	63
0	0	0	0	0	0	0	0	0
0	0	0	0	1	2	0	0	0
0	0	0	0	0	60	85	76	65
0	0	0	0	0	0	0	0	0
0	0	0	0	0	0	0	0	0
10	11	12	13	13	14	13	12	13
0	0	0	0	0	1	1	1	1
0	0	0	0	0	0	0	0	0

58	59	60	61	62	63	平成元	2	3
6,402	5,183	5,747	5,552	5,974	5,331	5,210	4,895	4,366
2,859	2,005	2,491	2,168	2,518	1,998	2,015	1,653	1,579
1,048	812	910	986	998	1,042	1,045	1,053	760
2,495	2,366	2,346	2,398	2,458	2,291	2,150	2,189	2,027
345	325	269	279	288	227	201	170	161
60	59	63	62	67	58	54	50	37
466	417	469	465	531	490	461	450	392
324	310	311	302	308	296	275	276	271
503	479	470	489	477	456	449	443	435
237	216	205	219	222	203	180	190	186
24	15	23	17	19	18	15	16	15
7	15	10	15	11	10	13	13	12
310	297	290	291	290	288	266	285	249
54	54	48	54	48	43	40	40	32
67	78	80	89	67	68	66	97	95
32	36	36	34	36	30	29	34	44
0	0	0	0	1	1	1	1	1
44	36	41	37	39	36	36	32	29
0	0	0	0	0	0	0	0	0
7	13	17	28	35	47	44	69	46
14	15	14	16	18	19	19	21	20
1	1	0	1	1	1	1	1	1
0	0	0	0	0	0	0	1	1

(4)　果実の国内生産量の内訳（つづき）

品　　目	平成4年度	5	6	7	8	9	10
6. 果　　　　　実	4,858	4,411	4,267	4,242	3,900	4,587	3,957
a. うんしゅうみかん	1,683	1,490	1,247	1,378	1,153	1,555	1,194
b. り　ん　ご	1,039	1,011	989	963	899	993	879
c. その他の果実	2,136	1,910	2,031	1,901	1,848	2,039	1,884
ア. な つ み か ん	157	129	114	110	99	110	103
イ. ネーブルオレンジ	39	33	30	26	25	24	21
ウ. その他かんきつ類	458	386	427	383	404	440	434
エ. ぶ　ど　う	276	259	245	250	244	251	233
オ. な　　　し	430	397	432	401	397	428	410
カ. も　　　も	188	173	174	163	169	175	170
キ. お　う　と　う	15	18	14	16	13	19	20
ク. び　　　わ	9	12	7	12	11	11	9
ケ. か　　　き	308	242	302	254	240	302	260
コ. く　　　り	34	27	33	34	30	33	26
サ. う　　　め	82	96	113	121	102	136	96
シ. す　も　も	33	36	35	32	26	32	30
ス. バ　ナ　ナ	1	1	1	1	1	0	0
セ. パインアップル	29	27	28	26	19	15	13
ソ. アーモンド	0	0	0	0	0	0	0
タ. キウイフルーツ	54	52	53	49	44	39	37
チ. その他国産果実	21	20	21	21	22	22	21
ツ. 熱　帯　果　実	1	2	2	2	2	2	1
テ. ナ　ッ　ツ　類	1	0	0	0	0	0	0

品　　目	20	21	22	23	24	25	26
6. 果　　　　　実	3,436	3,441	2,960	2,954	3,062	3,035	3,108
a. うんしゅうみかん	906	1,003	786	928	846	896	875
b. り　ん　ご	911	846	787	655	794	742	816
c. その他の果実	1,619	1,592	1,387	1,371	1,422	1,397	1,417
ア. な つ み か ん	45	45	40	34	33	37	39
イ. ネーブルオレンジ	7	6	5	5	6	6	7
ウ. その他かんきつ類	310	325	321	266	281	276	266
エ. ぶ　ど　う	201	202	185	173	198	190	189
オ. な　　　し	362	352	285	313	299	294	295
カ. も　　　も	157	151	137	140	135	125	137
キ. お　う　と　う	17	17	20	20	18	18	19
ク. び　　　わ	7	7	6	5	3	5	5
ケ. か　　　き	267	258	189	208	254	215	241
コ. く　　　り	25	22	24	19	21	21	21
サ. う　　　め	121	115	92	107	90	124	111
シ. す　も　も	26	21	21	23	22	22	22
ス. バ　ナ　ナ	0	0	0	0	0	0	0
セ. パインアップル	10	10	9	6	6	7	7
ソ. アーモンド	0	0	0	0	0	0	0
タ. キウイフルーツ	38	35	27	26	30	30	32
チ. その他国産果実	22	22	22	22	22	23	22
ツ. 熱　帯　果　実	4	4	4	4	4	4	4
テ. ナ　ッ　ツ　類	0	0	0	0	0	0	0

（単位：1,000トン）

11	12	13	14	15	16	17	18	19
4,289	3,847	4,126	3,893	3,674	3,464	3,703	3,215	3,444
1,447	1,143	1,282	1,131	1,146	1,060	1,132	842	1,066
928	800	931	926	842	754	819	832	840
1,914	1,904	1,913	1,836	1,686	1,650	1,752	1,541	1,538
90	85	86	82	75	74	62	58	43
21	19	18	16	15	14	13	10	7
422	404	439	373	349	367	331	298	302
242	238	225	232	221	206	220	211	209
416	424	396	407	366	352	395	320	326
158	175	176	175	157	152	174	150	150
17	17	20	21	19	16	19	21	17
11	8	10	10	9	6	7	6	6
286	279	282	269	265	232	286	233	245
30	27	29	30	25	24	22	23	22
119	121	124	113	88	114	123	120	121
23	27	29	29	23	27	27	21	22
0	1	0	0	0	0	0	0	0
13	11	11	13	11	12	10	11	10
0	0	0	0	0	0	0	0	0
41	44	42	40	37	29	36	33	33
23	22	23	23	23	22	23	22	22
2	2	3	3	3	3	4	4	3
0	0	0	0	0	0	0	0	0

27	28	29	30	令和元	2	3
2,969	2,918	2,809	2,839	2,697	2,674	2,599
778	805	741	774	747	766	749
812	765	735	756	702	763	662
1,379	1,348	1,333	1,309	1,248	1,145	1,188
37	35	—	—	—	—	—
7	6	—	—	—	—	—
293	275	318	323	322	311	308
181	179	176	175	173	163	165
277	278	275	259	239	198	206
122	127	125	113	108	99	107
18	20	19	18	16	17	13
4	2	4	3	3	3	3
242	233	225	208	208	193	188
16	17	19	17	16	17	16
98	93	87	112	88	71	105
21	23	20	23	18	17	19
0	0	0	0	0	0	0
8	8	9	7	8	7	8
0	0	0	0	0	0	0
28	26	30	25	25	23	24
23	22	22	22	20	21	21
4	4	4	4	4	5	5
0	0	0	0	0	0	0

(5)　肉類の国内生産量の内訳

品　　目	昭和35年度	36	37	38	39	40	41	42	43
7.肉　　　類	576	720	886	865	984	1,105	1,226	1,248	1,279
a.牛　　　肉	141	141	153	198	229	196	153	160	188
b.豚　　　肉	149	240	322	271	314	431	603	597	582
c.鶏　　　肉	103	132	155	178	222	238	270	302	336
d.その他の肉	29	28	30	25	21	22	15	17	17
ア.馬	23	23	25	21	17	19	12	14	15
イ.めん羊、やぎ	4	3	3	2	2	2	2	2	1
ウ.うさぎ	2	2	2	2	2	1	1	1	1
エ.鹿	−	−	−	−	−	−	−	−	−
e.鯨	154	179	226	193	198	218	185	172	156

品　　目	55	56	57	58	59	60	61	62	63
7.肉　　　類	3,006	3,047	3,135	3,218	3,318	3,490	3,539	3,607	3,588
a.牛　　　肉	431	476	483	505	539	556	563	568	569
b.豚　　　肉	1,430	1,409	1,427	1,430	1,433	1,559	1,558	1,592	1,577
c.鶏　　　肉	1,120	1,140	1,200	1,257	1,325	1,354	1,398	1,437	1,436
d.その他の肉	4	4	5	5	5	6	6	5	4
ア.馬	4	4	5	5	5	6	6	5	4
イ.めん羊、やぎ	0	0	0	0	0	0	0	0	0
ウ.うさぎ	0	0	0	0	0	0	0	0	0
エ.鹿	−	−	−	−	−	−	−	−	−
e.鯨	21	18	20	21	16	15	14	5	2

品　　目	12	13	14	15	16	17	18	19	20
7.肉　　　類	2,982	2,926	3,006	3,029	3,025	3,045	3,119	3,131	3,184
a.牛　　　肉	521	470	520	505	508	497	495	513	518
b.豚　　　肉	1,256	1,231	1,246	1,274	1,263	1,242	1,249	1,246	1,260
c.鶏　　　肉	1,195	1,216	1,229	1,239	1,242	1,293	1,364	1,362	1,395
d.その他の肉	7	6	7	7	7	7	6	6	6
ア.馬	7	6	7	7	7	7	6	6	6
イ.めん羊、やぎ	0	0	0	0	0	0	0	0	0
ウ.うさぎ	0	0	0	0	0	0	0	0	0
エ.鹿	−	−	−	−	−	−	−	−	−
e.鯨	3	3	4	4	5	6	5	4	5

品　　目	2	3
7.肉　　　類	3,449	3,484
a.牛　　　肉	479	480
b.豚　　　肉	1,310	1,318
c.鶏　　　肉	1,653	1,678
d.その他の肉	5	6
ア.馬	4	5
イ.めん羊、やぎ	0	0
ウ.うさぎ	0	0
エ.鹿	1	1
e.鯨	2	2

（単位：1,000トン）

44	45	46	47	48	49	50	51	52	53	54
1,452	1,695	1,852	1,983	2,050	2,273	2,199	2,293	2,552	2,781	2,983
250	282	302	310	236	354	335	309	371	406	400
609	779	849	917	1,012	1,095	1,023	1,096	1,189	1,324	1,465
423	496	564	640	700	730	759	838	944	1,022	1,095
14	13	12	7	4	4	6	6	6	5	4
12	11	10	6	4	4	6	6	6	5	4
1	1	1	1	0	0	0	0	0	0	0
1	1	1	0	0	0	0	0	0	0	0
-	-	-	-	-	-	-	-	-	-	-
156	125	125	109	98	90	76	44	42	24	19

平成元	2	3	4	5	6	7	8	9	10	11
3,559	3,478	3,412	3,401	3,360	3,248	3,152	3,057	3,061	3,049	3,042
539	555	581	596	595	605	590	547	529	531	545
1,597	1,536	1,466	1,432	1,438	1,377	1,299	1,264	1,288	1,292	1,276
1,417	1,380	1,358	1,365	1,318	1,256	1,252	1,236	1,234	1,216	1,211
5	5	5	6	7	8	8	7	8	8	7
5	5	5	6	7	8	8	7	8	8	7
0	0	0	0	0	0	0	0	0	0	0
0	0	0	0	0	0	0	0	0	0	0
-	-	-	-	-	-	-	-	-	-	-
1	2	2	2	2	2	3	3	2	2	3

21	22	23	24	25	26	27	28	29	30	令和元
3,259	3,215	3,168	3,273	3,284	3,253	3,268	3,291	3,325	3,365	3,399
518	512	505	514	506	502	475	463	471	476	471
1,318	1,277	1,277	1,295	1,311	1,250	1,268	1,277	1,272	1,282	1,290
1,413	1,417	1,378	1,457	1,459	1,494	1,517	1,545	1,575	1,599	1,632
6	6	5	5	6	5	5	3	5	5	5
6	6	5	5	6	5	5	3	4	4	4
0	0	0	0	0	0	0	0	0	0	0
0	0	0	0	0	0	0	0	0	0	0
-	-	-	-	-	-	-	-	1	1	1
4	3	3	2	2	2	3	3	2	3	1

(6)　主要魚介類・海藻類の国内生産量の内訳

品　　　目	昭和35年度	36	37	38	39	40	41	42	43
1 魚　介　類	5,803	6,281	6,363	6,273	5,989	6,502	6,666	7,316	8,164
(1) 魚　類　計	4,523	5,081	4,980	4,725	4,825	5,180	5,318	5,835	6,444
くろまぐろ	–	–	–	–	–	–	–	–	–
みなみまぐろ	–	–		–	–		–	–	–
びんなが	89	88	105	116	116	127	106	98	70
めばち	72	114	126	130	112	110	106	106	96
きはだ	154	148	158	131	123	124	128	94	116
かつお	79	144	170	113	167	136	229	182	169
さめ類	70	65	69	64	57	57	60	57	56
さけ類	88	82	79	75	81	83	83	80	68
ます類	64	80	45	80	46	74	54	80	57
にしん	15	97	31	46	57	50	49	64	68
まいわし	78	127	108	56	16	9	13	17	24
うるめいわし	49	27	27	29	32	29	26	24	35
かたくちいわし	349	367	349	321	296	406	408	365	358
しらす	21	24	26	19	38	33	34	35	42
まあじ	552	511	501	447	496	527	477	328	311
むろあじ	44	31	19	22	23	34	37	95	47
さば類	351	338	409	465	496	669	624	687	1,015
さんま	287	474	483	385	211	231	242	220	140
ぶり類	43	53	53	45	52	59	56	70	80
かれい類	503	583	495	223	254	209	266	291	252
まだら	68	68	76	82	95	90	86	96	109
すけとうだら	380	353	453	532	684	691	775	1,247	1,606
ほっけ	116	185	122	150	205	107	106	82	87
たちうお	37	41	34	37	45	48	45	68	60
いかなご	79	108	70	84	55	112	71	102	150
たい類	45	40	46	38	48	40	39	41	38
(2) 水産動物計	777	702	872	941	600	759	749	908	1,124
えび類	62	75	81	88	80	68	70	63	68
かに類	64	63	69	71	74	64	72	86	118
するめいか	481	384	536	591	238	397	383	477	668
たこ類	58	57	62	57	68	79	66	98	103
(3) 貝　類　計	504	499	510	605	563	560	597	572	597
あさり類	102	108	115	137	110	121	158	122	120
ほたてがい	14	11	10	9	7	6	7	7	5
かき類	183	173	204	240	241	211	221	232	267
しじみ	23	27	29	30	34	55	49	40	43
2 海藻類(乾燥重量)	77	85	100	85	72	81	94	107	101
こんぶ	28	24	36	30	29	25	31	35	34
わかめ	13	12	13	13	10	15	16	24	25
のり	20	30	31	29	22	28	26	32	29

（単位：1,000トン）

44	45	46	47	48	49	50	51	52	53	54	55
8,168	8,794	9,323	9,707	10,063	10,106	9,918	9,990	10,126	10,186	9,948	10,425
6,668	7,392	8,021	8,186	8,770	8,670	8,482	8,520	8,609	8,597	8,445	8,750
–	–	–	–	–	–	–	–	–	–	–	–
–	–	–	–	–	–	–	–	–	–	–	–
78	64	88	92	95	97	69	107	54	88	67	70
100	92	89	98	105	102	113	115	128	128	130	123
90	79	71	68	76	76	72	86	83	98	100	119
182	203	172	223	322	347	259	331	309	370	330	354
51	51	44	43	42	40	42	44	49	42	42	42
69	81	81	86	84	100	117	97	81	86	111	109
86	51	75	51	73	55	68	52	59	42	47	47
85	97	100	62	83	76	67	66	20	7	7	11
20	17	57	58	297	352	526	1,066	1,420	1,637	1,740	2,198
29	24	47	49	40	46	44	52	45	51	49	38
377	365	351	370	335	288	245	217	245	152	135	151
32	35	41	51	58	39	47	60	42	41	55	55
283	216	271	152	128	166	187	128	88	59	84	56
58	54	45	42	55	50	50	79	98	95	101	91
1,011	1,302	1,254	1,190	1,135	1,331	1,318	979	1,355	1,626	1,491	1,301
63	93	190	197	406	135	222	105	253	360	278	187
84	98	110	127	133	134	131	144	142	159	200	191
290	288	340	349	380	349	341	345	282	307	282	282
104	117	95	88	109	108	92	90	85	89	92	97
1,944	2,347	2,707	3,035	3,021	2,856	2,677	2,445	1,931	1,546	1,551	1,552
103	147	147	181	115	144	115	229	235	135	119	117
64	55	46	50	42	39	32	31	28	28	31	38
107	227	272	195	194	300	275	224	137	99	110	201
38	39	30	34	33	33	33	36	38	41	41	43
893	825	766	869	762	809	835	781	816	891	843	991
60	56	51	59	63	80	70	62	55	61	54	52
93	90	75	78	85	91	76	67	72	80	80	78
478	412	364	464	348	335	385	312	264	199	213	331
92	96	86	67	64	77	74	67	68	65	52	46
607	575	534	597	575	626	599	686	692	700	658	683
117	142	126	116	114	138	122	136	156	154	133	127
15	22	26	47	62	88	101	95	127	127	123	124
245	191	194	217	230	211	201	226	213	232	206	261
49	56	34	44	43	43	47	47	48	51	49	41
89	104	117	112	131	140	126	133	128	128	129	139
30	22	31	32	28	26	35	36	32	26	31	33
20	24	27	25	28	35	24	29	29	23	23	26
27	46	49	44	62	68	56	58	56	70	65	72

(6)　主要魚介類・海藻類の国内生産量の内訳（つづき）

品　　　　目	昭和56年度	57	58	59	60	61	62	63	平成元
1 魚　介　類	10,671	10,753	11,256	12,055	11,464	11,959	11,800	11,985	11,120
(1) 魚　類　計	9,139	9,165	9,521	10,421	9,844	10,351	9,860	10,111	9,177
くろまぐろ	–	–	–	–	30	23	25	19	20
みなみまぐろ	–	–	–	–	–	–	–	–	–
びんなが	64	70	52	64	58	51	47	45	45
め　ば　ち	111	132	139	131	149	158	141	136	117
き　は　だ	110	114	112	115	134	118	115	102	100
か　つ　お	289	303	353	446	315	414	331	434	338
さ　め　類	37	35	36	35	33	35	34	32	25
さ　け　類	131	122	141	144	191	169	162	178	203
ま　す　類	51	47	52	44	52	39	42	38	44
に　し　ん	9	24	8	7	9	73	19	6	6
ま　い　わ　し	3,089	3,290	3,745	4,179	3,866	4,210	4,362	4,488	4,099
うるめいわし	36	35	36	39	30	47	34	55	50
かたくちいわし	160	197	208	224	206	221	141	177	182
し　ら　す	53	73	94	71	96	100	74	93	85
ま　あ　じ	65	109	135	139	158	115	187	234	188
む　ろ　あ　じ	60	69	44	98	72	71	71	63	98
さ　ば　類	908	718	805	814	773	945	701	649	527
さ　ん　ま	160	207	240	210	246	217	197	292	247
ぶ　り　類	189	185	198	194	184	180	194	201	193
か　れ　い　類	290	268	251	257	206	157	93	78	76
ま　だ　ら	102	95	104	114	118	101	112	59	58
すけとうだら	1,595	1,567	1,434	1,621	1,532	1,422	1,313	1,259	1,154
ほ　っ　け	123	103	56	66	66	89	99	104	115
た　ち　う　お	35	36	35	34	32	30	32	31	30
い　か　な　ご	162	127	120	164	123	141	122	83	77
た　い　類	45	48	53	53	54	58	62	69	71
(2) 水　産　動　物　計	839	872	905	900	870	842	1,148	1,011	1,093
え　び　類	56	59	66	64	58	53	53	54	51
か　に　類	76	90	101	99	100	94	77	69	65
するめいか	197	182	192	174	133	91	183	156	212
た　こ　類	52	43	42	43	40	47	50	48	49
(3) 貝　類　計	691	718	755	733	748	766	789	859	847
あ　さ　り　類	137	139	160	128	133	121	100	88	81
ほ　た　て　が　い	150	100	213	209	227	250	298	342	369
か　き　類	235	250	253	257	251	252	259	271	256
し　じ　み	39	38	36	32	31	29	27	27	28
2 海藻類(乾燥重量)	130	127	142	152	142	156	133	160	159
こ　ん　ぶ	31	38	35	35	37	37	35	38	44
わ　か　め	21	26	24	25	24	29	24	24	23
の　　　　り	68	53	72	80	71	81	64	89	81

（単位：1,000トン）

2	3	4	5	6	7	8	9	10	11	12	13
10,278	9,268	8,477	8,013	7,325	6,768	6,743	6,727	6,044	5,949	5,736	5,492
8,476	7,567	6,577	6,228	5,559	4,982	4,858	4,910	4,486	4,311	3,940	3,838
14	16	17	17	19	11	11	11	8	16	17	11
–	–	–	–	–	6	6	6	7	7	6	6
43	38	49	60	74	64	61	84	74	101	66	70
122	125	144	140	126	116	102	108	99	99	87	90
98	108	123	127	106	112	80	112	94	97	99	102
301	397	323	345	300	309	275	314	385	287	341	277
22	25	28	26	24	18	19	21	24	25	22	25
248	230	191	239	250	288	315	290	219	197	179	232
37	46	46	48	54	47	55	38	47	37	45	27
2	14	3	1	2	4	2	2	3	3	2	2
3,678	3,010	2,224	1,714	1,189	661	319	284	167	351	150	178
50	45	61	60	68	48	50	55	48	29	24	32
311	329	301	195	188	252	346	233	471	484	381	301
68	82	63	60	59	55	58	60	52	79	75	58
228	229	231	318	332	318	334	327	315	214	249	218
109	92	62	50	48	72	57	50	59	47	36	41
273	255	269	665	633	470	760	849	511	382	346	375
308	304	266	277	262	274	229	291	145	141	216	270
213	212	204	185	202	231	196	185	192	195	214	220
72	72	82	82	72	76	83	78	75	71	71	64
59	49	76	62	66	57	58	58	57	55	51	44
871	541	499	382	379	339	331	339	316	382	300	242
134	131	98	136	153	177	182	207	241	169	165	161
32	33	32	32	32	28	27	21	22	26	23	17
76	90	124	107	109	108	116	109	91	83	50	88
76	84	91	99	102	99	105	108	109	114	106	96
902	882	1,068	898	915	888	959	937	701	780	936	786
49	48	51	42	43	40	36	35	32	32	32	30
61	65	59	56	56	57	48	45	44	40	42	38
209	242	394	316	302	290	444	366	181	237	337	298
55	51	49	51	51	52	51	57	61	57	47	45
898	817	831	885	849	896	924	879	855	856	858	866
71	65	59	57	47	49	44	40	37	43	36	31
422	368	402	465	470	503	537	515	514	516	515	527
249	239	245	236	223	227	223	218	199	205	221	231
37	34	30	27	24	27	27	22	20	20	19	17
155	142	158	139	155	144	135	137	128	135	130	127
37	28	46	39	32	35	36	37	28	29	29	32
23	21	23	19	18	21	16	15	15	16	14	12
77	81	77	73	97	81	75	79	79	82	78	75

(6)　主要魚介類・海藻類の国内生産量の内訳（つづき）

品　　　目	平成14年度	15	・16	17	18	19	20	21	22
1 魚　介　類	5,194	5,494	5,178	5,152	5,131	5,102	5,031	4,872	4,782
(1) 魚　類　計	3,586	3,870	3,708	3,781	3,830	3,737	3,679	3,504	3,474
くろまぐろ	12	11	14	19	15	16	21	18	10
みなみまぐろ	6	5	5	6	6	3	3	2	3
びんなが	90	68	69	53	51	79	53	65	53
めばち	90	83	80	72	71	78	63	57	55
きはだ	73	79	77	83	74	81	76	64	86
かつお	302	322	297	370	328	330	308	269	303
さめ類	28	26	25	36	38	35	37	38	38
さけ類	230	287	274	258	246	238	190	234	191
ます類	41	39	28	31	24	37	24	30	26
にしん	1	3	5	9	3	6	3	3	3
まいわし	50	52	50	28	53	79	35	57	70
うるめいわし	26	31	32	35	38	60	48	54	50
かたくちいわし	443	535	496	349	415	362	345	342	351
しらす	63	68	47	63	48	65	70	57	72
まあじ	200	245	257	194	169	172	174	167	161
むろあじ	42	38	26	23	24	26	35	27	25
さば類	280	329	338	620	652	457	520	471	492
さんま	205	265	204	234	245	297	355	311	207
ぶり類	214	218	216	215	224	232	231	233	246
かれい類	64	61	56	54	56	56	56	51	49
まだら	30	33	38	49	48	46	40	48	55
すけとうだら	213	220	239	194	207	217	211	227	251
ほっけ	155	168	176	140	116	139	170	119	84
たちうお	14	13	16	16	16	18	16	12	10
いかなご	68	60	67	68	101	47	62	33	71
たい類	98	108	107	101	97	92	98	97	93
(2) 水産動物計	691	678	591	551	509	541	515	482	465
えび類	30	28	27	27	26	27	25	22	21
かに類	36	34	33	34	37	35	33	32	32
するめいか	274	254	235	222	190	253	217	219	200
たこ類	57	61	55	55	51	53	49	46	42
(3) 貝　類　計	915	944	878	819	792	822	830	884	842
あさり類	34	37	36	34	35	36	39	32	27
ほたてがい	579	602	529	491	484	506	536	576	547
かき類	221	225	234	219	208	204	190	210	200
しじみ	18	17	16	13	13	11	10	10	11
2 海藻類(乾燥重量)	137	118	120	123	121	124	112	112	106
こんぶ	31	27	28	25	25	23	24	24	23
わかめ	11	13	13	13	13	11	11	12	10
のり	87	69	72	77	74	79	68	69	66

（単位：1,000トン）

23	24	25	26	27	28	29	30	令和元	2	3
4,328	4,325	4,289	4,303	4,194	3,887	3,828	3,952	3,783	3,772	3,770
3,210	3,219	3,166	3,164	3,169	2,984	2,987	3,031	2,883	2,895	2,883
15	18	19	26	22	23	26	26	30	29	33
3	3	3	4	4	5	4	5	6	6	6
59	76	70	62	52	43	46	42	30	63	37
54	54	51	55	53	39	39	37	34	32	31
69	66	55	57	71	71	69	72	80	64	55
262	288	282	253	248	228	219	248	229	188	224
28	35	30	33	33	31	32	32	24	22	19
147	151	185	170	162	117	90	110	79	80	80
20	15	18	13	12	24	11	19	11	13	10
4	4	5	5	5	8	9	12	15	14	14
176	136	218	196	340	378	500	522	556	698	682
85	81	89	75	98	98	72	55	61	43	73
262	245	247	248	169	171	146	111	130	144	117
48	66	59	61	65	63	51	51	60	59	69
170	135	152	147	153	126	145	119	98	99	90
25	24	24	16	15	27	20	17	17	12	17
393	444	386	486	557	503	518	542	450	390	434
215	221	149	228	116	114	84	129	46	30	20
257	263	269	260	263	248	257	238	245	239	227
49	47	46	44	41	43	47	41	41	40	35
47	51	63	57	50	44	44	51	53	56	57
239	230	230	195	180	134	129	127	154	160	174
63	69	53	28	17	17	18	34	34	41	45
10	9	8	8	7	7	6	6	6	6	7
45	37	38	34	29	21	12	15	11	6	3
89	82	80	87	88	91	88	86	87	89	93
440	361	366	337	307	251	235	205	198	177	165
22	18	19	18	18	18	18	17	15	14	14
30	30	30	30	29	28	26	24	23	21	21
242	169	180	173	129	70	64	48	40	48	31
35	34	34	35	33	37	35	36	35	33	27
677	744	758	801	717	652	606	715	702	700	721
29	27	23	19	14	9	7	8	8	4	5
421	500	515	544	482	428	371	479	484	495	520
166	161	164	184	164	159	174	177	162	159	158
9	8	8	10	10	10	10	10	10	9	9
88	108	101	93	99	94	96	94	83	92	81
17	21	18	20	22	17	16	18	16	15	15
4	10	10	9	10	10	10	10	9	11	9
58	68	63	55	59	60	61	57	50	58	49

(7) 主要油脂類の国内生産量の内訳

品　　　目	昭和35	36	37	38	39	40	41	42	43
油脂類合計	581	637	696	750	771	766	799	882	935
植物油脂計	426	453	491	559	600	598	679	752	786
大　豆　油	143	157	172	218	223	243	278	290	319
菜　種　油	99	117	118	75	80	89	110	109	124
や　し　油	53	54	60	63	64	61	68	77	74
米 ぬ か 油	39	40	48	64	67	68	79	86	87
綿　実　油	16	22	27	32	42	43	46	44	45
サフラワー油	0	23	23	69	80	41	40	59	29
とうもろこし油	0	0	0	0	6	9	11	16	22
ひまわり油	0	5	9	4	0	1	1	32	41
ご　ま　油	0	7	7	8	9	9	9	10	10
パ ー ム 核 油	0	14	14	12	12	11	11	10	11
動物油脂計	155	184	205	191	171	168	120	130	149
魚　　　油	34	37	52	33	29	35	38	40	61
鯨　　　油	106	131	130	128	109	100	55	49	47
牛　　　脂	10	10	10	15	15	15	5	4	4
豚　　　脂	0	6	13	14	13	14	30	35	36

品　　　目	55	56	57	58	59	60	61	62	63
油脂類合計	1,797	1,923	1,940	2,049	2,251	2,286	2,344	2,359	2,426
植物油脂計	1,298	1,398	1,407	1,459	1,501	1,598	1,615	1,644	1,658
大　豆　油	618	634	634	696	698	712	706	687	682
菜　種　油	406	487	484	489	519	590	609	669	688
や　し　油	44	47	53	45	47	54	57	56	52
米 ぬ か 油	102	98	97	91	88	88	88	81	83
綿　実　油	14	12	14	14	16	16	14	10	6
サフラワー油	9	8	5	9	10	11	13	14	15
とうもろこし油	66	70	74	76	81	86	90	89	93
ひまわり油	0	0	3	0	0	0	0	0	0
ご　ま　油	18	19	22	23	24	25	26	28	31
パ ー ム 核 油	7	7	6	7	9	6	3	3	3
動物油脂計	499	525	533	590	750	688	729	715	768
魚　　　油	268	296	298	355	475	387	407	390	447
鯨　　　油	1	2	2	2	1	1	1	1	0
牛　　　脂	47	51	52	53	50	60	67	67	65
豚　　　脂	164	153	157	156	192	206	221	225	223

（注）1.昭和35〜38年度は会計年度であり、39年度以降は暦年である。
　　　2.上記の品目以外にその他油脂類があるため、植物油脂計及び動物油脂計は、各品目の合計と
　　　　一致しない。

(単位：1,000トン)

44	45	46	47	48	49	50	51	52	53	54
969	1,117	1,170	1,276	1,302	1,311	1,260	1,334	1,481	1,733	1,837
815	918	955	1,034	1,063	1,026	991	1,049	1,119	1,224	1,309
358	442	449	474	483	493	458	485	532	598	621
129	140	170	228	270	268	287	287	314	349	436
74	78	79	83	85	56	57	70	63	59	35
88	95	106	104	101	101	98	101	104	103	107
48	50	48	36	29	27	19	18	18	19	20
12	13	11	28	14	12	8	5	6	9	7
22	25	23	24	29	30	31	41	48	54	61
42	22	18	10	3	0	0	0	0	0	0
9	14	12	14	16	16	12	14	15	16	18
15	19	19	11	7	1	3	3	6	2	4
154	199	215	242	239	285	269	285	362	509	528
66	96	89	116	126	165	136	145	180	297	317
44	38	39	33	23	18	17	8	7	2	1
5	6	7	7	7	7	7	21	35	50	47
49	52	70	73	72	84	101	100	130	142	148

平成元	2	3	4	5	6	7	8	9	10	11
2,364	2,360	2,250	2,134	2,110	2,056	2,074	2,082	2,142	2,129	2,195
1,636	1,677	1,671	1,693	1,706	1,710	1,726	1,741	1,800	1,783	1,853
655	665	629	671	683	664	680	673	690	667	697
718	754	773	762	760	791	787	816	858	868	906
30	28	24	15	24	22	24	23	26	23	23
78	77	79	77	78	64	68	62	63	62	62
6	6	8	8	7	7	6	7	7	8	7
18	16	21	20	24	26	21	21	17	14	13
95	94	97	99	91	96	99	100	100	103	102
0	0	0	0	0	0	0	0	0	0	0
32	32	31	35	35	37	38	40	39	38	41
2	2	4	2	2	2	1	0	0	0	0
728	683	579	441	404	346	348	341	342	346	342
390	370	280	145	98	45	59	67	70	76	73
0	0	0	0	0	0	0	0	0	0	0
62	61	86	90	91	92	90	83	80	79	80
244	219	178	171	172	168	158	152	153	154	152

(7)　主要油脂類の国内生産量の内訳（つづき）

品　目	12	13	14	15	16	17	18	19	20
油脂類合計	2,200	2,166	2,175	2,161	2,118	2,037	2,092	2,049	2,028
植物油脂計	1,862	1,851	1,853	1,836	1,787	1,715	1,764	1,730	1,704
大　豆　油	694	714	758	760	639	575	576	576	542
菜　種　油	913	883	870	863	947	932	972	942	951
や　し　油	25	21	8	0	0	0	0	0	0
米 ぬ か 油	65	63	59	59	57	60	63	63	66
綿　実　油	6	7	6	6	6	6	6	6	5
サフラワー油	15	13	7	4	0	0	0	0	0
とうもろこし油	101	106	100	100	95	96	102	98	96
ひ ま わ り 油	0	0	0	0	0	0	0	0	0
ご　ま　油	41	43	44	41	42	44	43	45	44
パ ー ム 核 油	0	0	0	0	0	0	0	0	0
動物油脂計	338	315	322	325	331	322	328	319	324
魚　　　油	70	63	63	67	68	63	69	60	63
鯨　　　油	0	0	0	0	0	0	0	0	0
牛　　　脂	80	68	76	72	76	74	73	72	74
豚　　　脂	150	147	146	147	149	146	146	146	146

品　目	2	3
油脂類合計	1,965	2,012
植物油脂計	1,629	1,673
大　豆　油	452	474
菜　種　油	976	994
や　し　油	0	0
米 ぬ か 油	69	70
綿　実　油	5	4
サフラワー油	0	0
とうもろこし油	73	73
ひ ま わ り 油	0	0
ご　ま　油	54	58
パ ー ム 核 油	0	0
動物油脂計	336	339
魚　　　油	78	79
鯨　　　油	0	0
牛　　　脂	63	63
豚　　　脂	150	152

（単位：1,000トン）

21	22	23	24	25	26	27	28	29	30	令和元
1,931	1,980	1,946	1,950	1,946	1,982	2,008	1,992	2,063	2,026	2,038
1,599	1,657	1,635	1,640	1,622	1,664	1,629	1,676	1,734	1,697	1,710
477	468	401	377	380	392	432	442	475	466	489
929	993	1,027	1,064	1,044	1,074	1,065	1,037	1,058	1,026	1,015
0	0	0	0	0	0	0	0	0	0	0
61	61	69	64	64	64	64	63	66	64	67
4	4	5	4	4	4	4	5	5	5	5
0	0	0	0	0	0	0	0	0	0	0
86	84	88	86	85	82	81	79	78	83	81
0	0	0	0	0	0	0	0	0	0	0
42	46	45	45	45	45	46	49	51	53	53
0	0	0	0	0	0	0	0	0	0	0
332	323	311	310	324	318	313	315	329	329	328
65	60	54	59	60	62	61	62	76	75	74
0	0	0	0	0	0	0	0	0	0	0
74	73	70	70	71	69	66	63	63	63	63
153	151	147	151	152	146	145	148	147	148	147

(8) その他の食料の国内生産量の内訳

品　　　　目	昭和40年度	41	42	43	44	45	46	47
16. その他食料計	1,181	1,328	1,383	1,530	1,670	2,069	2,100	2,208
a. カ カ オ 豆	0	0	0	0	0	0	0	0
b. 脱 脂 大 豆	1,074	1,223	1,263	1,390	1,541	1,929	1,941	2,035
c. は ち み つ	8	8	8	10	7	7	8	7
d. や ぎ 乳	37	32	28	25	22	19	18	14
e. くり(林産物)	1	2	1	1	1	1	1	1
f. く る み	1	1	1	1	1	1	2	1
g. き の こ 類	60	62	82	103	98	112	130	150
ア. しいたけ	57	57	71	89	81	91	104	114
イ. なめこ	2	3	4	5	8	8	8	10
ウ. えのきたけ	0	0	6	7	8	11	17	26
エ. ひらたけ	0	0	0	0	0	0	0	0
オ. その他のきのこ	1	2	1	2	1	2	1	0

品　　　　目	59	60	61	62	63	平成元	2	3
16. その他食料計	3,217	3,336	3,371	3,286	3,207	3,105	3,190	3,015
a. カ カ オ 豆	0	0	0	0	0	0	0	0
b. 脱 脂 大 豆	2,905	3,035	3,043	2,961	2,875	2,766	2,837	2,664
c. は ち み つ	7	7	6	6	5	5	5	4
d. や ぎ 乳	6	5	5	5	5	4	4	4
e. くり(林産物)	0	1	1	1	0	1	0	0
f. く る み	1	1	1	1	1	0	1	1
g. き の こ 類	298	287	315	312	321	329	343	342
ア. しいたけ	185	159	177	164	166	160	158	149
イ. なめこ	20	20	20	21	21	21	22	22
ウ. えのきたけ	63	70	74	78	78	83	92	95
エ. ひらたけ	22	26	30	32	35	36	33	31
オ. その他のきのこ	8	12	14	17	21	29	38	45

品　　　　目	15	16	17	18	19	20	21	22
16. その他食料計	3,465	3,037	2,777	2,686	2,733	2,589	2,341	2,337
a. カ カ オ 豆	0	0	0	0	0	0	0	0
b. 脱 脂 大 豆	3,065	2,627	2,355	2,258	2,286	2,137	1,880	1,868
c. は ち み つ	2	2	3	3	3	3	3	3
d. や ぎ 乳	2	2	2	2	2	2	2	2
e. くり(林産物)	0	0	0	0	0	0	0	－
f. く る み	0	0	0	0	0	0	0	－
g. き の こ 類	395	406	417	423	442	447	456	464
ア. しいたけ	94	95	94	94	92	97	100	102
イ. なめこ	25	26	25	25	26	26	26	27
ウ. えのきたけ	111	113	115	115	130	131	139	141
エ. ひらたけ	5	4	4	3	3	3	2	3
オ. その他のきのこ	160	168	179	186	191	190	189	191

(注) 1.「その他のきのこ」は、昭和55年度までは「まつたけ」の数値であるが、56年度から「ぶなしめじ、まいたけ、きくらげ」、平成12年度から「エリンギ」を追加した数値である。
　　　2.「くり(林産物)」及び「くるみ」は、平成22年度以降の調査数値がない。

48	49	50	51	52	53	54	55	56	57	58
2,285	2,276	2,207	2,289	2,449	2,794	2,905	2,961	3,001	3,060	3,319
0	0	0	0	0	0	0	0	0	0	0
2,109	2,064	1,998	2,075	2,225	2,543	2,647	2,693	2,726	2,800	3,052
8	8	6	6	6	9	7	6	6	7	7
12	14	13	11	9	9	8	7	7	7	6
0	0	1	1	1	1	1	0	0	0	0
2	2	1	1	2	1	1	1	1	1	1
154	188	188	195	206	231	241	254	261	245	253
111	137	134	137	144	156	159	170	177	160	155
12	13	11	11	12	14	17	17	16	16	18
30	34	37	39	42	49	52	53	53	51	56
0	3	5	7	8	11	12	14	13	14	18
1	1	1	1	0	1	1	0	2	4	6

4	5	6	7	8	9	10	11	12	13	14
3,146	3,294	3,185	3,225	3,207	3,266	3,156	3,269	3,211	3,328	3,460
0	0	0	0	0	0	0	0	0	0	0
2,784	2,937	2,834	2,860	2,838	2,894	2,770	2,879	2,831	2,941	3,067
4	3	3	3	3	3	3	3	3	3	3
4	4	3	3	3	3	3	3	3	3	3
0	0	0	0	0	0	0	0	0	0	0
1	1	1	0	0	0	0	0	0	0	0
353	349	344	359	363	366	380	384	374	381	387
147	140	132	130	124	116	113	110	102	101	96
22	23	22	23	23	25	27	26	25	24	25
103	104	102	106	108	109	112	114	110	108	110
28	24	20	17	14	13	12	10	9	7	6
53	58	68	83	94	103	116	124	128	141	150

23	24	25	26	27	28	29	30	令和元	2	3
2,058	1,926	1,907	1,957	2,156	1,995	2,296	2,282	2,323	2,215	2,310
0	0	0	0	0	0	0	0	0	0	0
1,584	1,462	1,446	1,501	1,700	1,535	1,834	1,813	1,864	1,750	1,845
3	3	3	3	3	3	3	3	3	3	3
2	2	2	2	2	2	2	2	2	2	2
－	－	－	－	－	－	－	－	－	－	－
－	－	－	－	－	－	－	－	－	－	－
469	459	456	451	451	455	457	464	454	460	460
97	93	93	91	87	89	88	88	88	86	87
26	26	23	22	23	23	23	23	23	23	24
143	134	134	130	132	133	136	140	129	128	130
2	2	2	2	3	3	4	4	4	4	4
201	204	204	206	206	207	206	209	210	219	215

〔参考〕　酒類の国内生産量の内訳

品　　　目	昭和40年度	41	42	43	44	45	46	47
[参考]酒　類	3,810	4,033	4,591	4,566	4,758	5,141	5,332	5,777
1.清　酒	1,372	1,385	1,553	1,579	1,465	1,584	1,674	1,715
2.ウィスキー	65	93	122	110	120	137	148	158
3.しょうちゅう	210	225	223	221	202	213	193	208
4.ビ　ー　ル	2,022	2,185	2,534	2,508	2,833	3,061	3,163	3,539
5.そ　の　他	141	145	159	148	138	146	154	157

品　　　目	58	59	60	61	62	63	平成元	2
[参考]酒　類	7,608	7,094	7,295	7,712	8,221	8,585	8,761	9,095
1.清　酒	1,493	1,268	1,216	1,400	1,457	1,403	1,415	1,339
2.ウィスキー	391	268	260	275	278	293	198	192
3.しょうちゅう	411	601	648	624	574	649	448	575
4.ビ　ー　ル	5,094	4,635	4,891	5,125	5,548	5,904	6,337	6,616
5.そ　の　他	219	322	280	288	364	336	363	373

品　　　目	13	14	15	16	17	18	19	20
[参考]酒　類	9,978	9,784	9,457	9,477	9,466	9,335	9,267	9,141
1.清　酒	915	856	813	709	676	698	688	664
2.ウィスキー	107	84	76	68	66	64	59	62
3.しょうちゅう	781	803	929	1,013	1,011	990	971	941
4.ビ　ー　ル	4,842	4,326	3,983	3,868	3,672	3,557	3,491	3,232
5.そ　の　他	3,333	3,715	3,656	3,820	4,040	4,025	4,058	4,242

品　　　目	令和元	2	3
[参考]酒　類	8,324	7,869	7,714
1.清　酒	498	426	426
2.ウィスキー	149	132	124
3.しょうちゅう	724	667	652
4.ビ　ー　ル	2,437	1,854	1,947
5.そ　の　他	4,516	4,790	4,565

（単位：1,000トン）

48	49	50	51	52	53	54	55	56	57
6,212	6,009	6,185	5,932	6,627	6,674	6,918	6,871	6,859	7,257
1,791	1,786	1,701	1,560	1,636	1,536	1,442	1,504	1,505	1,501
177	206	235	261	283	281	350	346	338	372
204	193	193	209	229	239	242	250	269	317
3,874	3,673	3,928	3,753	4,332	4,456	4,719	4,595	4,578	4,878
166	151	128	149	147	162	165	176	169	189

3	4	5	6	7	8	9	10	11	12
9,352	9,501	9,476	9,703	9,633	9,849	9,771	9,731	9,995	9,842
1,337	1,311	1,297	1,265	1,304	1,247	1,161	1,035	978	964
177	164	162	160	128	116	147	118	135	130
470	567	630	622	655	691	709	654	706	735
6,971	7,067	7,020	7,157	6,838	6,950	6,677	6,213	5,925	5,497
397	392	367	499	708	845	1,077	1,711	2,251	2,516

21	22	23	24	25	26	27	28	29	30
9,734	8,705	8,567	8,362	8,450	8,217	8,357	8,305	8,340	8,409
621	608	600	598	609	612	604	580	559	552
114	81	81	84	89	100	110	113	125	137
818	886	856	870	886	855	822	808	797	769
3,067	2,972	2,913	2,819	2,879	2,749	2,816	2,775	2,705	2,565
5,114	4,158	4,117	3,991	3,987	3,901	4,005	4,029	4,154	4,386

2　加工用の内訳

(1)　穀類の加工用の内訳

品　　目	昭和35年度	36	37	38	39	40	41	42	43
穀 類 合 計	988	1,105	1,214	1,366	1,558	1,715	1,882	2,100	2,262
米 類 計	470	535	536	597	609	606	636	714	707
酒 類 用	347	421	416	483	502	499	523	586	581
みそ・しょうゆ用	76	79	84	88	84	84	87	86	89
の り 用	2	3	2	2	2	2	3	} 42	} 37
そ の 他 用	45	31	33	26	21	21	24		
小 麦 計	235	225	233	230	240	261	269	257	257
みそ・しょうゆ用	113	118	116	122	134	134	129	139	138
工業用・その他用	122	107	117	108	106	127	140	118	119
大 麦 計	162	208	251	258	326	328	353	359	381
酒 類 用	145	188	243	252	321	320	345	350	369
みそ・しょうゆ用	8	9	8	6	5	8	8	9	12
工業用・その他用	9	11	0	0	0	0	0	0	0
は だ か 麦 計	48	49	39	31	29	26	22	21	31
みそ・しょうゆ用	46	46	39	31	29	26	22	21	31
工業用・その他用	2	3	0	0	0	0	0	0	0
とうもろこし計	73	86	153	246	345	489	599	735	880
コーンスターチ用	43	55	125	162	283	417	533	654	773
アルコール用	} 30	} 31	} 28	} 83	} 62	31	37	46	50
工業用・その他用						41	29	35	57

品　　目	55	56	57	58	59	60	61	62	63
穀 類 合 計	4,231	4,394	4,497	4,794	4,759	4,752	4,940	5,216	5,606
米 類 計	711	697	671	671	625	570	628	643	677
酒 類 用	545	533	530	528	473	437	494	515	546
みそ・しょうゆ用	119	116	96	93	103	109	106	103	105
のり用・その他	47	48	45	50	49	24	28	25	26
小 麦 計	390	384	384	369	432	435	436	444	460
みそ・しょうゆ用	179	179	177	181	184	181	182	183	187
工業用・その他用	211	205	207	188	248	254	254	261	273
大 麦 計	857	860	907	959	849	873	878	912	984
酒 類 用	798	807	856	911	792	811	821	854	929
みそ・しょうゆ用	25	25	25	25	30	28	26	28	29
工業用・その他用	34	28	26	23	27	34	31	30	26
は だ か 麦 計	14	12	12	11	7	8	9	6	6
酒 類 用	–	–	–	–	–	–	–	–	–
みそ・しょうゆ用	9	9	9	9	5	7	8	5	5
工業用・その他用	5	3	3	2	2	1	1	1	1
とうもろこし 計	2,249	2,434	2,518	2,774	2,842	2,862	2,986	3,204	3,473
コーンスターチ用	1,857	2,061	2,170	2,391	2,483	2,483	2,604	2,840	3,130
アルコール用	170	174	163	175	145	156	176	142	136
工業用・その他用	222	199	185	208	214	223	206	222	207

(単位:1,000トン)

44	45	46	47	48	49	50	51	52	53	54
2,340	2,589	2,624	2,743	3,069	3,129	2,977	3,401	3,506	3,618	3,898
640	712	718	744	807	754	758	729	676	685	685
535	586	580	606	657	609	611	571	562	529	516
81	102	118	119	132	128	124	114	62	100	120
} 24	} 24	} 20	} 19	} 18	} 17	} 23	} 44	} 52	} 56	} 49
264	276	267	272	335	345	317	332	315	352	420
143	155	159	164	182	182	164	175	178	182	190
121	121	108	108	153	163	153	157	137	170	230
455	482	494	570	662	693	710	724	784	846	853
442	465	476	542	615	621	637	642	718	780	795
13	17	18	28	47	47	43	48	31	29	27
0	0	0	0	0	25	31	34	35	37	31
28	25	23	16	7	6	9	8	8	9	11
28	25	23	16	7	6	8	7	4	5	8
0	0	0	0	0	0	0	1	4	4	3
936	1,079	1,094	1,121	1,231	1,322	1,171	1,587	1,708	1,720	1,899
817	881	891	907	994	1,096	915	1,313	1,420	1,408	1,531
44	49	51	56	68	71	90	100	108	105	128
75	150	152	158	169	155	166	174	180	207	240

平成元	2	3	4	5	6	7	8	9	10	11
5,659	5,808	5,912	5,990	5,931	5,804	5,698	5,974	6,142	6,112	6,131
671	650	659	643	665	602	619	578	551	558	545
541	523	528	535	540	484	490	465	423	402	390
102	93	100	79	103	99	100	83	76	60	71
28	34	31	29	22	19	29	30	52	96	84
459	450	442	438	424	420	412	416	398	398	390
188	179	188	193	190	180	186	182	177	170	171
271	271	254	245	234	240	226	234	221	228	219
1,073	1,140	1,162	1,130	1,140	1,164	1,179	1,213	1,218	1,201	1,216
1,024	1,091	1,120	1,090	1,093	1,112	1,118	1,147	1,149	1,131	1,145
28	27	29	28	28	29	23	23	25	25	25
21	22	13	12	19	23	38	43	44	45	46
6	8	5	5	5	5	8	7	7	7	13
−	−	−	−	−	−	0	0	0	0	0
5	7	4	5	5	5	7	6	6	6	11
1	1	1	0	0	0	1	1	1	1	2
3,446	3,557	3,641	3,771	3,694	3,610	3,480	3,760	3,968	3,948	3,967
3,074	3,203	3,281	3,422	3,386	3,338	3,238	3,525	3,739	3,748	3,779
144	113	73	47	45	40	48	28	53	46	48
228	241	287	302	263	232	194	207	176	154	140

(1) 穀類の加工用の内訳 (つづき)

品　　　目	平成12年度	13	14	15	16	17	18	19	20
穀 類 合 計	5,958	5,761	5,663	5,575	5,577	5,474	5,526	5,407	5,273
米 類 計	489	457	399	432	371	328	351	373	339
酒 類 用	368	341	303	296	281	254	263	268	240
みそ・しょうゆ用	58	57	49	51	49	35	51	68	63
のり用・その他用	63	59	47	85	41	39	37	37	36
小 麦 計	383	373	375	366	364	357	357	356	351
みそ・しょうゆ用	174	171	172	163	164	157	164	159	158
工業用・その他用	209	202	203	203	200	200	193	197	193
大 麦 計	1,143	1,106	1,055	984	1,055	976	1,004	985	960
酒 類 用	1,070	1,027	974	911	984	910	922	913	881
みそ・しょうゆ用	21	26	26	26	22	17	21	24	22
工業用・その他用	52	53	55	47	49	49	61	48	57
は だ か 麦 計	7	9	10	10	8	9	9	7	9
酒 類 用	0	0	0	0	0	1	1	1	1
みそ・しょうゆ用	6	8	9	8	7	6	6	5	6
工業用・その他用	1	1	1	2	1	2	2	1	2
とうもろこし 計	3,936	3,816	3,824	3,783	3,779	3,804	3,806	3,686	3,614
コーンスターチ用	3,775	3,697	3,712	3,681	3,666	3,707	3,709	3,575	3,496
アルコール用	23	12	3	4	2	2	3	17	21
工業用・その他用	138	107	109	98	111	95	94	94	97

品　　　目	2	3
穀 類 合 計	4,269	4,415
米 類 計	230	226
酒 類 用	146	151
みそ・しょうゆ用	63	56
のり用・その他用	21	19
小 麦 計	262	275
みそ・しょうゆ用	96	109
工業用・その他用	166	166
大 麦 計	798	807
酒 類 用	712	723
みそ・しょうゆ用	7	8
工業用・その他用	79	76
は だ か 麦 計	5	6
酒 類 用	1	2
みそ・しょうゆ用	3	3
工業用・その他用	1	1
とうもろこし 計	2,974	3,101
コーンスターチ用	2,908	3,010
アルコール用	47	67
工業用・その他用	20	24

（単位：1,000トン）

21	22	23	24	25	26	27	28	29	30	令和元
4,972	5,140	5,232	5,079	5,032	4,972	4,882	5,016	4,926	4,997	4,883
332	322	373	374	383	343	266	321	345	309	279
215	196	227	223	239	244	220	227	212	199	181
74	79	69	80	83	58	26	61	90	74	66
43	47	77	71	61	41	20	33	43	36	32
331	324	322	322	312	311	278	272	280	269	269
157	145	138	138	135	136	109	108	114	106	106
174	179	184	184	177	175	169	164	166	163	163
943	930	910	924	925	913	944	911	912	926	885
883	859	841	846	847	825	858	833	836	824	800
16	14	11	11	10	9	9	9	9	8	7
44	57	58	67	68	79	77	69	67	94	78
9	6	6	6	7	6	8	7	7	5	5
1	1	1	1	1	0	0	0	0	1	1
6	4	4	4	4	4	4	4	4	3	3
2	1	1	1	2	2	4	3	3	1	1
3,357	3,558	3,621	3,453	3,405	3,399	3,386	3,505	3,382	3,488	3,445
3,262	3,444	3,504	3,347	3,293	3,300	3,283	3,377	3,302	3,409	3,366
21	34	46	47	47	46	41	48	57	55	58
73	79	71	59	65	53	62	80	23	25	21

(2)　いも類の加工用の内訳

品　　　　目	昭和35年度	36	37	38	39	40	41	42	43
い　も　類　合　計	3,907	4,041	4,037	4,607	4,220	4,003	3,367	3,456	3,459
か　ん　し　ょ　計	2,900	2,875	3,088	3,692	3,170	2,621	2,586	2,304	1,853
食 用：で ん 粉 用	2,190	2,151	2,456	3,126	2,643	2,288	2,263	2,110	1,579
酒　類　用	670	668	583	509	494	316	305	182	253
非食用：アルコール用	40	56	49	57	33	17	18	12	21
ば れ い し ょ 計	1,007	1,166	949	915	1,050	1,382	781	1,152	1,606
食 用：で ん 粉 用	1,007	1,166	949	915	1,050	1,382	781	1,152	1,606

品　　　　目	56	57	58	59	60	61	62	63	平成元
い　も　類　合　計	1,607	2,163	1,966	2,117	2,185	2,357	2,214	2,079	1,779
か　ん　し　ょ　計	488	512	526	515	603	631	531	475	488
食 用：で ん 粉 用	404	421	433	407	498	538	449	396	411
酒　類　用	83	90	92	107	104	91	80	78	76
非食用：アルコール用	1	1	1	1	1	2	2	1	1
ば れ い し ょ 計	1,119	1,651	1,440	1,602	1,582	1,726	1,683	1,604	1,291
食 用：で ん 粉 用	1,119	1,651	1,440	1,602	1,582	1,726	1,683	1,604	1,291

品　　　　目	14	15	16	17	18	19	20	21	22
い　も　類　合　計	1,565	1,452	1,460	1,450	1,333	1,485	1,499	1,295	1,093
か　ん　し　ょ　計	341	297	353	392	388	367	404	423	348
食 用：で ん 粉 用	262	200	185	184	180	148	156	168	150
酒　類　用	79	97	168	208	208	219	248	255	198
非食用：アルコール用	0	0	0	0	0	0	0	0	0
ば れ い し ょ 計	1,224	1,155	1,107	1,058	945	1,118	1,095	872	745
食 用：で ん 粉 用	1,224	1,155	1,107	1,058	945	1,118	1,095	872	745

（単位：1,000トン）

44	45	46	47	48	49	50	51	52	53	54	55
2,710	2,469	2,060	2,207	1,688	1,379	1,586	1,999	1,860	1,778	1,859	1,870
1,348	1,104	790	762	460	397	418	339	442	463	453	453
1,140	947	677	670	384	334	364	279	381	401	372	375
200	148	108	86	72	62	53	59	61	61	80	77
8	9	5	6	4	1	1	1	1	1	1	1
1,362	1,365	1,270	1,445	1,228	982	1,168	1,660	1,418	1,315	1,406	1,417
1,362	1,365	1,270	1,445	1,228	982	1,168	1,660	1,418	1,315	1,406	1,417

2	3	4	5	6	7	8	9	10	11	12	13
1,783	1,714	1,769	1,639	1,766	1,675	1,380	1,655	1,597	1,351	1,306	1,453
503	392	390	277	363	368	305	349	380	263	283	311
430	327	307	209	289	295	236	274	306	206	213	241
72	64	82	67	73	72	68	74	73	56	70	70
1	1	1	1	1	1	1	1	1	1	0	0
1,280	1,322	1,379	1,362	1,403	1,307	1,075	1,306	1,217	1,088	1,023	1,142
1,280	1,322	1,379	1,362	1,403	1,307	1,075	1,306	1,217	1,088	1,023	1,142

23	24	25	26	27	28	29	30	令和元	2	3
1,129	1,211	1,237	1,235	1,159	1,108	1,142	1,130	1,169	1,015	982
342	344	410	386	323	348	320	312	289	218	207
153	131	144	132	122	137	105	97	99	77	77
189	213	266	254	201	211	215	215	190	141	130
0	0	0	0	0	0	0	0	0	0	0
787	867	827	849	836	760	822	818	880	797	775
787	867	827	849	836	760	822	818	880	797	775

(3)　豆類の加工用の内訳

品　　　目	昭和35年度	36	37	38	39	40	41	42	43
豆　類　合　計	974	1,021	1,092	1,376	1,410	1,553	1,784	1,835	2,014
大　豆　計	974	1,021	1,092	1,376	1,401	1,551	1,758	1,828	1,992
食用：製油用	839	885	960	1,222	1,245	1,389	1,588	1,648	1,805
み　そ　用	118	118	117	139	142	148	155	165	172
しょうゆ用	17	18	15	15	14	14	15	15	15
らっかせい計	0	0	0	0	9	2	26	7	22
食用：製油用	0	0	0	0	9	2	26	7	22

品　　　目	56	57	58	59	60	61	62	63	平成元
豆　類　合　計	3,749	3,832	4,182	4,000	4,171	4,139	4,052	3,932	3,792
大　豆　計	3,695	3,777	4,121	3,952	4,112	4,087	3,995	3,872	3,741
食用：製油用	3,495	3,591	3,934	3,765	3,928	3,898	3,812	3,687	3,553
み　そ　用	193	180	181	182	180	184	178	179	177
しょうゆ用	7	6	6	5	4	5	5	6	11
らっかせい計	2	3	2	1	2	1	2	2	2
食用：製油用	2	3	2	1	2	1	2	2	2

品　　　目	14	15	16	17	18	19	20	21	22
豆　類　合　計	4,264	4,242	3,653	3,313	3,213	3,273	3,030	2,724	2,696
大　豆　計	4,208	4,187	3,595	3,261	3,158	3,223	2,978	2,655	2,639
食用：製油用	4,024	4,011	3,419	3,080	2,978	3,044	2,802	2,485	2,473
み　そ　用	149	138	139	141	140	139	137	131	127
しょうゆ用	35	38	37	40	40	40	39	39	39
らっかせい計	1	1	2	2	2	2	1	1	1
食用：製油用	1	1	2	2	2	2	1	1	1

（注）大豆の昭和35〜38年度は会計年度であり、39年度以降は暦年である。

（単位：1,000トン）

44	45	46	47	48	49	50	51	52	53	54	55
2,195	2,693	2,717	2,840	2,951	2,938	2,851	2,940	3,121	3,538	3,652	3,714
2,190	2,692	2,713	2,836	2,948	2,935	2,810	2,894	3,071	3,485	3,606	3,661
2,010	2,505	2,521	2,636	2,739	2,729	2,620	2,701	2,878	3,297	3,401	3,453
167	174	180	185	193	192	178	181	184	182	197	201
13	13	12	15	16	14	12	12	9	6	8	7
5	1	4	4	3	3	1	2	1	1	0	2
5	1	4	4	3	3	1	2	1	1	0	2

2	3	4	5	6	7	8	9	10	11	12	13
3,880	3,684	3,851	4,042	3,920	3,966	3,923	4,027	3,858	3,999	3,967	4,047
3,826	3,619	3,791	3,986	3,864	3,901	3,873	3,972	3,804	3,947	3,917	3,994
3,630	3,426	3,590	3,790	3,677	3,712	3,679	3,781	3,616	3,751	3,721	3,813
172	171	176	173	165	162	167	165	162	166	166	149
24	22	25	23	22	27	27	26	27	30	30	32
2	2	2	1	1	1	1	1	1	1	1	1
2	2	2	1	1	1	1	1	1	1	1	1

23	24	25	26	27	28	29	30	令和元	2	3
2,290	2,154	2,120	2,215	2,471	2,500	2,660	2,627	2,719	2,512	2,613
2,228	2,092	2,067	2,158	2,413	2,439	2,599	2,562	2,663	2,455	2,571
2,067	1,935	1,911	1,992	2,248	2,273	2,432	2,393	2,494	2,290	2,414
126	124	123	133	133	137	134	137	138	135	128
35	33	33	33	32	29	33	32	31	30	29
1	1	1	1	2	2	2	2	2	1	1
1	1	1	1	2	2	2	2	2	1	1

(4)　砂糖類の加工用の内訳

品　　　目	昭和48年度	49	50	51	52	53	54	55
精　糖　計	31	21	25	50	51	23	28	38
非食用：たばこ用	4	4	4	5	4	4	3	3
そ　の　他	27	17	21	45	47	19	25	35
糖みつ計	786	767	671	641	710	686	513	536
食用：蒸留酒用	412	408	411	388	323	260	150	143
アミノ酸核酸用	208	181	115	120	179	240	209	276
非食用：専売アルコール用	64	70	67	53	75	74	66	46
イースト用	47	53	58	58	64	65	55	60
そ　の　他	55	55	20	22	69	47	33	11

品　　　目	4	5	6	7	8	9	10	11
精　糖　計	29	31	30	28	31	32	29	31
非食用：たばこ用	2	2	2	1	1	2	2	1
そ　の　他	27	29	28	27	30	30	27	30
糖みつ計	304	299	269	277	161	148	128	129
食用：蒸留酒用	27	21	20	7	0	0	0	0
アミノ酸核酸用	172	165	133	160	51	36	19	21
非食用：専売アルコール用	34	41	40	37	35	36	31	31
イースト用	66	69	72	69	71	69	63	61
そ　の　他	4	4	4	3	3	7	15	15

品　　　目	23	24	25	26	27	28	29	30
精　糖　計	21	22	23	22	22	23	24	21
非食用：たばこ用	1	1	1	0	0	0	0	0
そ　の　他	20	21	22	22	22	23	24	21
糖みつ計	110	102	77	73	75	73	70	70
食用：蒸留酒用	0	0	0	0	0	0	0	0
アミノ酸核酸用	0	0	0	0	0	0	0	0
非食用：専売アルコール用	4	5	5	4	5	4	4	4
イースト用	60	66	66	62	64	63	60	61
そ　の　他	46	31	6	7	6	6	6	5

（単位：1,000トン）

56	57	58	59	60	61	62	63	平成元	2	3
36	37	38	38	35	34	34	31	29	31	32
3	3	2	2	1	1	1	1	1	1	1
33	34	36	36	34	33	33	30	28	30	31
524	652	667	637	535	428	340	280	319	345	328
148	254	230	195	148	96	62	39	46	39	30
233	253	292	291	233	184	128	101	145	180	187
65	66	62	68	74	74	77	64	53	52	39
69	68	72	73	68	68	67	69	70	70	67
9	11	11	10	11	6	6	6	4	4	5

12	13	14	15	16	17	18	19	20	21	22
27	25	25	26	20	20	21	22	20	20	39
1	1	1	1	1	1	1	1	1	1	1
26	24	24	25	19	19	20	21	19	19	38
115	111	103	106	88	96	83	75	134	116	105
0	0	0	0	0	0	0	0	0	0	0
17	21	10	15	5	0	0	0	0	0	0
21	13	17	15	13	13	14	15	7	4	4
63	63	62	60	60	66	58	52	110	70	65
14	14	14	16	10	17	11	8	17	42	36

令和元	2	3
21	25	22
0	0	0
21	25	22
70	68	66
0	0	0
0	0	0
3	4	5
61	59	57
5	5	5

5　関連指標

（1）自給率の推移

（2）国際比較

（1）自給率の推移

① 品目別自給率の推移

品　　目	昭和35年度	36	37	38	39	40	41	42	43	44	45	46	47	48	49	50	51	52	53	54
米	102	95	98	95	94	95	101	116	118	117	106	100	100	101	102	110	100	114	111	107
小麦	39	43	38	17	28	28	21	20	20	14	9	8	5	4	4	4	4	4	6	9
大麦	104	89	85	60	58	57	56	50	46	38	28	23	14	8	9	8	8	7	12	14
はだか麦	112	89	90	28	119	123	90	92	115	98	73	73	64	87	111	98	87	95	128	120
大・はだか麦計	107	89	87	51	70	73	65	59	60	48	34	29	18	10	11	10	9	9	14	17
雑穀	21	15	11	9	6	5	3	3	2	2	1	1	1	1	1	1	0	0	0	0
いも類	100	100	100	100	100	100	100	100	100	100	100	100	100	100	100	99	98	98	95	96
かんしょ	100	100	100	100	100	100	100	100	100	100	100	100	100	100	100	100	100	100	100	100
ばれいしょ	101	101	101	100	100	100	100	100	100	100	100	100	100	100	100	99	98	97	93	94
でん粉	76	76	71	85	72	67	56	55	56	44	41	36	36	30	23	24	29	26	23	24
豆類	44	42	35	31	23	25	19	20	17	14	13	11	13	11	11	9	8	8	9	8
大豆	28	25	21	17	13	11	9	8	7	5	4	4	4	3	4	4	3	3	5	4
その他の豆類	90	90	76	74	58	70	57	72	61	56	65	49	67	60	59	45	42	49	45	41
野菜	100	100	100	100	100	100	100	100	100	100	99	99	99	98	98	99	98	98	97	97
果実	100	98	97	92	90	90	89	89	88	85	84	81	81	83	83	84	81	84	79	86
うんしゅうみかん	111	113	111	109	109	109	107	109	105	106	105	106	103	104	104	102	103	108	99	116
りんご	102	102	102	101	102	102	102	102	103	102	102	101	101	101	100	100	100	101	101	99
肉類	93	95	95	90	92	93 (51)	91 (41)	86 (37)	85 (33)	85 (30)	89 (28)	84 (30)	82 (26)	80 (20)	84 (20)	76 (18)	75 (15)	77 (14)	79 (13)	80 (12)
肉類（鯨肉を除く）	91	94	95	88	88	90 (42)	90 (34)	85 (30)	83 (27)	83 (25)	89 (24)	84 (27)	82 (23)	80 (18)	85 (18)	77 (16)	76 (14)	77 (13)	80 (13)	80 (12)
牛肉	96	96	97	98	97	95 (84)	92 (78)	89 (71)	91 (69)	92 (66)	90 (61)	83 (54)	80 (50)	62 (37)	86 (48)	81 (43)	69 (35)	75 (37)	73 (34)	69 (31)
豚肉	96	100	100	97	99	100 (31)	106 (29)	96 (25)	95 (21)	94 (16)	98 (16)	97 (23)	91 (18)	89 (14)	94 (12)	86 (12)	86 (10)	87 (9)	90 (9)	90 (8)
鶏肉	100	100	100	97	98	97 (30)	97 (27)	97 (25)	95 (21)	95 (16)	98 (16)	95 (22)	96 (19)	97 (16)	97 (13)	97 (13)	96 (11)	96 (10)	94 (9)	94 (9)
その他の肉	50	48	47	26	19	21 (10)	11 (6)	11 (5)	9 (4)	7 (3)	8 (4)	5 (2)	3 (1)	2 (1)	2 (1)	2 (1)	2 (1)	2 (0)	1 (0)	1 (0)
鯨	100	100	97	98	109	107	94	96	106	105	100	95	87	80	76	72	58	53	41	41
鶏卵	101	101	101	100	100	100 (31)	100 (27)	99 (26)	98 (22)	98 (17)	97 (16)	98 (23)	98 (20)	98 (16)	98 (13)	97 (13)	97 (11)	97 (10)	97 (9)	98 (9)
牛乳及び乳製品	89	89	89	86	85	86 (63)	80 (57)	82 (56)	88 (59)	91 (59)	89 (56)	88 (54)	86 (51)	83 (48)	83 (47)	81 (44)	81 (44)	84 (46)	86 (47)	83 (46)
魚介類	108	107	108	103	102	100	102	102	99	100	102	104	103	99	102	99	99	98	95	93
うち食用	111	110	111	111	113	110	110	109	99	108	108	105	106	103	102	100	99	101	95	92
（参考）魚介類（飼肥料の輸入量を除く）	110	109	111	110	112	109	110	108	108	107	108	106	106	103	103	102	102	106	99	97
海藻類	92	89	93	90	89	88	83	87	89	88	91	90	88	83	89	86	76	75	77	74
砂糖類	12	11	12	14	15	19	16	17	17	15	15	14								
砂糖類（沖縄県を含む）	18	18	22	22	32	31	26	25	28	23	22	18	21	20	16	15	17	19	22	24
油脂類	42	47	47	35	31	31	22	22	22	20	22	23	23	21	24	23	22	26	32	32
植物油脂	31	32	29	19	19	19	16	15	14	12	11	12	10	9	9	8	8	8	7	7
動物油脂	60	75	83	66	55	55	33	35	36	34	46	46	50	48	70	69	63	82	104	109
きのこ類	–	–	–	–	–	115	111	111	114	113	111	109	108	106	111	110	107	105	107	108

（注）1．米については、国内生産と国産米在庫の取崩しで国内需要に対応している実態を踏まえ、
　　　　平成10年度から国内生産量に国産米在庫取崩し量を加えた数量を用いて算出している。
　　　2．魚介類については、飼肥料も含む魚介類全体の自給率を掲載している。
　　　　また、平成11年度以前の食料需給表に掲載されていた「魚介類」の自給率
　　　　（国内消費仕向量から「飼肥料」の輸入量を控除して算出）も参考として掲載している。

（単位：％）

55	56	57	58	59	60	61	62	63	平成元	2	3	4	5	6	7	8	9	10	11	12	13	14	15	16
100	100	100	100	109	107	108	100	100	100	100	100	101	75	120	104	102	99	95	95	95	95	96	95	95
10	10	12	11	12	14	14	14	17	16	15	12	12	10	9	7	9	9	9	9	11	11	13	14	14
13	13	14	13	15	14	14	14	15	14	12	10	10	10	8	8	8	7	5	7	7	7	8	8	8
98	98	91	87	105	100	88	87	107	100	92	70	92	100	86	70	78	85	50	87	105	91	100	95	80
15	15	16	15	16	15	15	15	16	15	13	10	10	10	8	8	9	7	5	7	8	8	9	9	9
0	0	0	0	0	0	0	0	0	0	0	0	0	0	0	0	0	0	0	0	0	0	0	0	0
96	96	96	96	97	96	96	94	93	93	93	91	91	89	88	87	85	87	85	83	83	84	84	83	83
100	100	100	100	100	100	100	100	100	100	100	100	100	100	100	100	100	99	100	99	99	98	96	94	94
94	94	95	95	95	95	94	92	90	90	90	89	88	87	85	83	81	83	80	78	78	80	81	80	80
21	16	21	18	18	19	20	18	15	13	13	12	13	12	12	12	10	11	11	9	9	10	11	10	10
7	7	9	7	9	8	8	9	8	9	8	7	6	4	5	5	5	5	5	6	7	7	7	6	6
4	5	5	4	5	5	5	6	6	6	5	4	4	2	2	2	3	3	3	4	5	5	5	4	3
30	31	44	30	47	40	36	37	34	38	41	33	27	19	30	36	30	30	28	28	28	26	27	23	31
97	96	96	96	95	95	95	94	91	91	91	90	90	89	86	85	86	86	83	82	81	81	83	82	80
81	77	79	81	74	77	74	74	67	67	63	59	59	53	47	49	47	53	49	49	44	45	44	44	40
103	95	101	102	95	106	111	106	89	100	102	99	106	97	93	102	100	112	98	108	94	96	98	104	99
97	100	100	101	100	97	98	97	98	92	84	76	82	71	64	62	60	66	66	64	59	58	63	62	53
80 (12)	80 (14)	80 (15)	80 (14)	80 (13)	81 (14)	78 (13)	76 (12)	73 (11)	72 (10)	70 (10)	67 (10)	65 (9)	64 (9)	60 (8)	57 (8)	55 (8)	56 (7)	55 (7)	54 (7)	52 (8)	53 (7)	53 (7)	54 (7)	55 (8)
81 (12)	80 (14)	80 (15)	80 (14)	80 (13)	81 (14)	78 (13)	76 (12)	73 (11)	72 (10)	70 (10)	67 (10)	65 (9)	64 (9)	60 (8)	57 (8)	55 (8)	56 (7)	55 (7)	54 (7)	52 (7)	53 (7)	53 (7)	54 (7)	55 (8)
72 (30)	75 (31)	71 (29)	70 (28)	72 (29)	72 (28)	69 (25)	64 (26)	58 (19)	54 (17)	51 (15)	52 (16)	49 (14)	44 (13)	42 (12)	39 (11)	39 (10)	36 (9)	35 (9)	36 (10)	34 (9)	36 (10)	39 (10)	39 (10)	44 (12)
87 (9)	86 (10)	87 (12)	85 (10)	84 (9)	86 (9)	82 (8)	80 (8)	77 (8)	77 (8)	74 (7)	70 (7)	68 (7)	69 (7)	65 (7)	62 (7)	59 (6)	62 (6)	60 (6)	59 (6)	57 (6)	55 (6)	53 (5)	53 (5)	51 (6)
94 (9)	92 (11)	92 (12)	92 (11)	93 (9)	92 (10)	89 (9)	88 (9)	85 (9)	84 (8)	82 (8)	79 (8)	78 (8)	77 (7)	71 (7)	69 (7)	67 (7)	68 (7)	67 (7)	65 (7)	64 (7)	64 (6)	65 (6)	67 (6)	69 (8)
2 (0)	2 (0)	2 (1)	2 (1)	2 (1)	3 (1)	3 (1)	2 (1)	2 (0)	3 (1)	3 (1)	3 (1)	4 (1)	5 (1)	6 (1)	6 (1)	7 (1)	9 (2)	9 (2)	9 (2)	10 (2)	9 (2)	12 (2)	11 (2)	11 (2)
46	49	50	53	48	47	78	83	67	100	67	67	100	100	100	100	100	100	100	100	100	100	100	100	100
98 (10)	97 (11)	98 (13)	98 (12)	99 (10)	98 (10)	97 (10)	99 (10)	98 (10)	98 (10)	98 (10)	97 (10)	97 (10)	96 (9)	96 (10)	96 (10)	96 (10)	96 (10)	96 (10)	96 (10)	95 (11)	96 (10)	96 (9)	96 (9)	95 (11)
82 (46)	80 (44)	84 (45)	82 (43)	82 (42)	85 (43)	82 (41)	78 (42)	75 (37)	80 (39)	78 (38)	77 (36)	81 (37)	80 (35)	72 (32)	72 (32)	72 (31)	71 (30)	70 (30)	70 (29)	68 (30)	68 (30)	69 (30)	69 (29)	67 (28)
97	96	95	97	100	93	95	90	89	83	79	76	72	67	59	57	58	59	57	56	53	48	47	50	49
97	93	92	91	91	86	86	82	80	78	72	71	70	64	59	59	58	60	57	55	53	53	53	57	55
104	100	97	100	103	96	101	97	97	89	86	86	83	76	70	75	70	73	66	66	62	61	59	61	60
74	74	73	74	75	74	76	72	76	72	72	70	75	70	70	68	67	66	63	61	63	62	66	66	65
27	28	31	29	33	33	33	32	33	35	32	35	32	31	27	31	28	29	32	31	29	32	34	35	34
29	29	28	30	37	32	32	30	33	30	28	24	19	17	15	15	14	14	15	14	14	13	13	13	13
7	6	6	5	5	5	4	4	4	4	4	4	4	3	3	3	3	3	3	3	3	3	2	2	2
94	102	106	120	143	124	117	105	137	110	113	98	86	79	75	68	64	68	74	74	70	65	72	73	74
109	105	103	99	105	102	102	98	94	92	92	91	87	81	78	78	80	76	76	76	74	75	77	77	78

3．魚介類のうち「食用」の自給率は、平成11年度以前の食料需給表において掲載されていた「魚介類（飼肥料を除く）」を名称変更したものである。
　（国内生産量から国内産の飼肥料仕向量を、国内消費仕向量から飼肥料仕向量をそれぞれ控除して算出した。）
4．肉類、肉類（鯨肉を除く）、牛肉、豚肉、鶏肉、その他の肉、鶏卵、牛乳及び乳製品の（　）については、飼料自給率を考慮した値である。なお、昭和35年度から昭和39年度については、飼料自給率のデータが無いため算出していない。

（1）自給率の推移

① 品目別自給率の推移（つづき）

（単位：％）

品　　　目	平成17年度	18	19	20	21	22	23	24	25	26	27	28	29	30	令和元	2	3
米	95	94	94	95	95	97	96	96	96	97	98	97	96	97	97	97	98
小麦	14	13	14	14	11	9	11	12	12	13	15	12	14	12	16	15	17
大麦	8	7	8	10	7	7	7	8	8	8	9	8	9	8	11	11	11
はだか麦	75	108	117	123	85	109	117	100	88	83	58	37	39	33	47	56	61
大・はだか麦計	8	8	9	11	8	8	8	8	9	9	9	9	9	9	12	12	12
雑穀	0	0	0	0	0	0	0	0	0	0	0	0	0	0	0	0	0
いも類	81	80	81	81	78	76	75	75	76	78	76	74	74	73	73	73	72
かんしょ	93	92	94	96	94	93	93	93	93	94	94	94	94	95	95	96	95
ばれいしょ	77	76	77	76	73	71	70	71	71	73	71	69	69	67	68	68	67
でん粉	10	9	10	10	9	8	8	9	9	9	9	7	8	7	8	8	7
豆類	7	7	7	9	8	8	9	10	9	10	9	8	9	7	7	8	8
大豆	5	5	5	6	6	6	7	8	7	7	7	7	7	6	6	6	7
その他の豆類	29	24	26	30	22	24	23	27	27	29	25	13	21	18	23	21	20
野菜	79	79	81	82	83	81	79	78	79	79	80	80	79	78	79	80	79
果実	41	38	40	41	42	38	38	38	40	42	41	41	40	38	38	38	39
うんしゅうみかん	103	94	99	99	101	95	105	103	103	104	100	100	100	100	103	102	102
りんご	52	52	49	54	58	58	52	55	55	56	59	60	57	60	56	61	58
肉類	54	56	56	56	58	56	54	55	55	55	54	53	52	51	52	53	53
	(8)	(7)	(8)	(8)	(7)	(7)	(8)	(8)	(8)	(9)	(9)	(8)	(8)	(7)	(7)	(7)	(8)
肉類（鯨肉を除く）	54	56	56	56	57	56	54	55	55	55	54	53	52	51	52	53	53
	(8)	(7)	(8)	(8)	(7)	(7)	(8)	(8)	(8)	(9)	(9)	(8)	(8)	(7)	(7)	(7)	(8)
牛肉	43	43	43	44	43	42	40	42	41	42	40	38	36	36	35	36	38
	(12)	(11)	(12)	(12)	(11)	(11)	(10)	(11)	(11)	(12)	(12)	(11)	(10)	(10)	(9)	(9)	(10)
豚肉	50	52	52	52	55	53	52	53	54	51	51	50	49	48	49	50	49
	(6)	(5)	(6)	(6)	(6)	(6)	(6)	(6)	(6)	(7)	(7)	(7)	(6)	(6)	(6)	(6)	(6)
鶏肉	67	69	69	70	70	68	66	66	66	67	66	65	64	64	64	66	65
	(8)	(7)	(7)	(8)	(7)	(7)	(8)	(8)	(8)	(9)	(9)	(9)	(8)	(8)	(8)	(8)	(8)
その他の肉	9	9	10	11	11	13	12	12	13	11	11	6	10	10	10	10	12
	(2)	(2)	(2)	(2)	(1)	(1)	(1)	(1)	(2)	(1)	(2)	(1)	(4)	(4)	(4)	(4)	(5)
鯨	100	100	100	100	133	150	60	67	50	40	60	100	100	75	50	100	200
鶏卵	94	95	96	96	96	96	95	95	95	95	96	97	96	96	96	97	97
	(11)	(10)	(10)	(10)	(10)	(10)	(11)	(11)	(11)	(13)	(13)	(13)	(12)	(12)	(12)	(11)	(13)
牛乳及び乳製品	68	67	66	70	71	67	65	65	64	63	62	62	60	59	59	61	63
	(29)	(27)	(27)	(30)	(30)	(28)	(28)	(27)	(27)	(27)	(27)	(27)	(26)	(25)	(25)	(26)	(27)
魚介類	51	52	53	53	53	55	52	52	55	55	55	53	52	55	53	55	57
うち食用	57	60	62	62	62	62	58	57	60	60	59	56	56	59	55	57	59
（参考）魚介類（飼肥料の輸入量を除く）	62	65	65	63	63	67	61	61	62	64	64	59	59	63	62	65	64
海藻類	65	67	71	71	72	70	62	68	69	67	70	69	69	68	65	70	69
砂糖類（沖縄県を含む）	34	32	33	38	33	26	26	28	29	31	33	28	32	34	34	36	36
油脂類	13	13	13	13	14	13	13	13	13	13	12	12	13	13	13	13	14
植物油脂	2	2	2	3	2	2	3	3	3	2	2	2	2	2	2	3	3
動物油脂	72	74	77	74	81	79	77	76	80	80	79	81	92	95	97	102	110
きのこ類	79	81	83	86	87	86	87	86	87	88	88	88	88	88	88	89	89

② 総合自給率等の推移

(単位：%)

年　度	昭和35	36	37	38	39	40	41	42	43	44	45	46	47	48	49	50	51	52	53	54	55	56	57	58	59
穀物自給率	82	75	73	63	63	62	58	56	54	49	46	46	42	40	40	40	37	35	34	33	33	33	33	32	31
主食用穀物自給率	89	83	84	76	79	80	80	79	79	76	74	73	71	70	69	69	68	67	68	69	69	69	69	69	69
供給熱量ベースの総合食料自給率	79	78	76	72	72	73	68	66	65	62	60	58	57	55	55	54	53	53	54	54	53	52	53	52	53
（参考：酒類を含む供給熱量ベースの総合食料自給率）	－	－	－	－	－	73	67	66	65	61	59	58	57	55	54	54	53	52	53	53	52	52	52	52	52
生産額ベースの総合食料自給率	93	90	89	86	86	86	86	91	91	89	85	80	83	81	78	83	80	85	85	81	77	78	78	79	81
供給熱量ベースの食料国産率	－	－	－	－	－	76	71	70	70	66	65	64	63	62	62	61	60	61	62	62	61	61	61	62	
生産額ベースの食料国産率	－	－	－	－	－	90	90	95	95	93	90	84	86	86	83	87	85	89	89	85	82	82	82	83	86

年　度	60	61	62	63	平成元	2	3	4	5	6	7	8	9	10	11	12	13	14	15	16	17	18	19	20	21
穀物自給率	31	31	30	30	30	30	29	29	22	33	30	29	28	27	27	28	28	28	27	28	28	27	28	28	26
主食用穀物自給率	69	69	68	68	68	67	65	66	50	74	65	63	62	59	59	60	60	61	60	60	61	60	60	61	58
供給熱量ベースの総合食料自給率	53	51	50	50	49	48	46	46	37	46	43	42	41	40	40	40	40	40	40	40	40	39	40	41	40
（参考：酒類を含む供給熱量ベースの総合食料自給率）	52	50	49	48	48	47	45	45	37	45	42	40	40	39	38	38	39	39	38	38	38	37	38	39	37
生産額ベースの総合食料自給率	82	83	81	77	77	75	74	76	72	78	74	71	72	71	72	71	70	70	71	70	70	69	67	66	70
供給熱量ベースの食料国産率	61	60	58	58	58	57	55	55	46	55	52	50	50	49	48	48	48	49	48	48	48	48	48	50	49
生産額ベースの食料国産率	85	86	83	79	79	78	77	79	74	80	76	74	75	73	75	74	73	73	74	74	73	73	72	71	74

年　度	22	23	24	25	26	27	28	29	30	令和元	2	3
穀物自給率	27	28	27	28	29	29	28	28	28	28	28	29
主食用穀物自給率	59	59	59	59	60	61	59	59	59	61	60	61
供給熱量ベースの総合食料自給率	39	39	39	39	39	39	38	38	37	38	37	38
（参考：酒類を含む供給熱量ベースの総合食料自給率）	36	36	36	36	37	37	35	36	35	35	34	35
生産額ベースの総合食料自給率	70	67	68	66	64	66	68	66	66	66	67	63
供給熱量ベースの食料国産率	47	47	47	47	48	48	46	47	46	46	46	47
生産額ベースの食料国産率	74	71	72	71	69	70	71	70	69	70	71	69

（注）1．米については、国内生産と国産米在庫の取崩しで国内需要に対応している実態を踏まえ、平成10年度から国内生産量に国産米在庫取崩し量を加えた数量を用いて算出している。
　　　2．供給熱量ベースの総合食料自給率の畜産物については、昭和40年度から飼料自給率を考慮して算出している。
　　　3．平成5年度は、未曾有の冷害による異常年である。

〔参考〕自給率の計算方法

1　品目別自給率の計算方法

次式により算出している。

$$自給率 ＝ \frac{各品目の国内生産量}{各品目の国内消費仕向量} \times 100（重量ベース）$$

国内消費仕向量は、国内生産量＋輸入量－輸出量－在庫の増加量（または＋在庫の減少量）によって求められる。

なお、上記の原則に依らない品目は、次のとおりである。

(1) 米

① 国内生産量から粗食料までは原則として「玄米」で計上しているが、昭和58年度以前の輸入米は「精米」で計上されているため、これを「玄米」に換算（1.1倍）して国内消費仕向量を求め、自給率を算出している。なお、59年度以降の輸入米は「玄米」で計上されている。また、主食用穀物、穀物自給率等についても同様に計算している。

② 国内生産と国産米在庫の取崩しで国内需要に対応している実態を踏まえ、平成10年度から国内生産量に国産米在庫取崩し量を加えた数量を用いて、次式により品目別自給率、穀物自給率及び主食用穀物自給率を算出している。

自給率＝国産供給量（国内生産量＋国産米在庫取崩し量）／国内消費仕向量×100（重量ベース）

なお、国産米の在庫取崩し量は、平成10年度が500千トン、11年度が223千トン、12年度が24千トン、13年度が262千トン、14年度が243千トン、15年度が1,147千トン、16年度が374千トン、17年度が3千トン、18年度が178千トン、19年度が13千トン、20年度が▲366千トン、21年度が▲148千トン、22年度が150千トン、23年度が224千トン、24年度が▲371千トン、25年度が▲244千トン、26年度が126千トン、27年度が261千トン、28年度が86千トン、29年度が98千トン、30年度が102千トン、令和元年度が48千トン、2年度が▲302千トン、3年度が▲45千トンである。

また、飼料用の政府売却がある場合は、国産供給量及び国内消費仕向量から飼料用政府売却数量を除いて算出している。

(2) でん粉、砂糖類、植物油脂

国内産原料による生産物を国内生産量とし、輸入原料による生産物は国内生産量から控除して自給率を算出している。なお、砂糖類は精糖ベースで計算している。

(3) 魚介類

① 魚介類のうち「食用」の自給率は、国内生産量から国内産の飼肥料仕向量を、国内消費仕向量から飼肥料仕向量をそれぞれ控除して算出している。

② 魚介類（飼肥料の輸入量を除く）は、国内消費仕向量から「飼肥料」の輸入量を控除して自給率を算出している。

2　穀物自給率の算出方法

次式により算出している。

$$自給率 \ = \ \frac{穀物の国内生産量}{穀物の国内消費仕向量} \times 100 \ （重量ベース）$$

ただし、「食料需給表」に表章されている「穀類」について計算したものであり、食用に仕向けられる穀物のほか、飼料用穀物も含む穀物全体の自給率である。

3　主食用穀物自給率の計算方法

次式により算出している。

$$自給率 \ = \ \frac{主食用穀物の国内生産量}{主食用穀物の国内消費仕向量} \times 100 \ （重量ベース）$$

ただし、米、小麦、大・はだか麦の合計について、国内生産量から国内産の飼料仕向量を、国内消費仕向量から飼料仕向量全体をそれぞれ控除して算出している。

4　供給熱量ベースの総合食料自給率の計算方法

次式により算出している。

$$自給率 \ = \ \frac{食料の国産供給熱量}{食料の国内総供給熱量} \times 100 \ （供給熱量ベース）$$

ただし、畜産物については、昭和40年度から飼料自給率を考慮して算出している。また、でんぷん、砂糖類、油脂類、みそ、しょうゆについては、原料自給率を考慮して算出している。

なお、供給熱量ベースの総合食料自給率の下欄は、参考として酒類を含む供給熱量ベースの総合食料自給率を示したものである。ただし、算出に当たっての酒類の国産供給熱量は、把握可能な国産原料の熱量である。

5　生産額ベースの総合食料自給率の計算方法

次式により算出している。

$$自給率 \ = \ \frac{食料の国内生産額}{食料の国内消費仕向額} \times 100 \ （生産額ベース）$$

ただし、畜産物及び加工食品については、輸入飼料及び輸入食品原料の額を国内生産額から控除して算出している。

なお、平成29年度食料需給表公表時に、一部品目において、消費税や輸入価格の算定方法の訂正を行ったこと等により、平成9年度に遡及して訂正を行った。

(2) 国際比較

① 国民1人・1年当たり供給食料（2019年）（試算）

(単位：kg)

	年	穀類	いも類	豆類	野菜類	果実類	肉類	卵類	牛乳・乳製品	魚介類	砂糖類	油脂類
アメリカ	2019	112.1	53.0	7.2	107.5	111.5	128.4	16.4	261.2	22.1	33.1	21.0
カナダ	2019	118.8	83.7	14.3	101.9	100.7	93.7	15.5	246.1	21.8	34.5	26.5
ドイツ	2019	117.8	64.6	3.1	88.5	80.2	76.4	12.0	282.4	12.6	36.7	17.2
スペイン	2019	114.2	59.5	8.1	119.2	100.5	106.0	13.3	188.5	42.4	32.6	31.3
フランス	2019	145.5	50.6	3.1	96.3	96.7	80.4	11.5	296.8	34.2	35.6	18.4
イタリア	2019	162.6	36.3	5.9	99.6	135.0	75.4	11.3	239.6	29.8	31.9	27.8
オランダ	2019	96.6	76.4	3.6	71.1	105.6	52.3	19.9	397.8	21.9	35.9	18.4
スウェーデン	2019	111.0	54.6	3.6	83.9	62.7	70.5	14.0	305.2	32.4	33.7	8.7
イギリス	2019	133.3	77.0	5.6	79.3	81.2	79.0	11.3	246.2	18.5	29.8	15.1
スイス	2019	104.7	46.5	2.5	88.7	85.8	70.7	10.3	347.5	16.7	41.5	25.5
オーストラリア	2019	98.5	49.7	4.3	85.7	72.9	115.5	8.3	269.6	26.1	36.7	25.5
日 本	2019	102.3	22.8	9.2	102.9	46.2	50.6	20.6	95.2	44.4	17.8	20.3
	2020	99.2	21.4	9.2	102.0	46.7	50.7	20.2	94.4	41.9	16.6	20.0
	2021	99.9	21.8	8.9	99.0	44.1	51.5	20.2	94.4	41.2	16.9	19.2

（資料）農林水産省「食料需給表」、FAO"Food Balance Sheets"を基に農林水産省で試算した。
（注）1．日本は年度。それ以外は暦年。
　　　2．供給粗食料ベースの数値である。
　　　3．穀類のうち、米については玄米に換算している。
　　　4．砂糖類は、日本は精糖換算数量、日本以外は粗糖換算数量である。
　　　5．牛乳・乳製品については、生乳換算によるものであり、バターを含んでいる。

② 国民1人・1日当たり供給栄養量（2019年）（試算）

	年	熱 量			たんぱく質			脂 質			PFC供給熱量比率（%）		
		合計 (kcal)	比率（%）動物性	植物性	合計 (g)	うち動物性 (g)	比率(%)	合計 (g)	うち油脂類 (g)	比率(%)	たんぱく質 (P)	脂質 (F)	糖質（炭水化物）(C)
アメリカ	2019	3695.0	30	70	113.0	75.7	67	179.7	87.1	48	12.2	43.8	44.0
カナダ	2019	3420.0	28	72	106.4	60.7	57	155.6	78.1	50	12.4	40.9	46.6
ドイツ	2019	3322.0	32	68	100.6	61.6	61	149.1	69.2	46	12.1	40.4	47.5
スペイン	2019	3158.0	27	73	105.7	67.3	64	154.5	83.9	54	13.4	44.0	42.6
フランス	2019	3363.0	33	67	105.5	61.7	59	150.9	57.5	38	12.5	40.4	47.1
イタリア	2019	3381.0	25	75	101.7	54.3	53	150.0	82.9	55	12.0	39.9	48.1
オランダ	2019	3183.0	36	64	105.4	68.9	65	137.0	50.1	37	13.2	38.7	48.0
スウェーデン	2019	2998.0	34	66	101.9	66.0	65	132.2	50.7	38	13.6	39.7	46.7
イギリス	2019	3238.0	30	70	103.4	58.1	56	138.2	55.3	40	12.8	38.4	48.8
スイス	2019	3200.0	35	65	94.6	60.1	64	159.0	64.2	40	11.8	44.7	43.5
オーストラリア	2019	3238.0	33	67	102.0	68.6	67	158.6	70.1	44	12.6	44.1	43.3
日 本	2019	2333.2	22	78	79.4	44.7	56	82.6	39.9	48	13.6	31.9	54.5
	2020	2271.0	22	78	78.1	43.8	56	82.0	39.4	48	13.8	32.5	53.7
	2021	2264.9	22	78	77.7	43.8	56	80.7	38.2	47	13.7	32.1	54.2

（資料）農林水産省「食料需給表」、FAO"Food Balance Sheets"を基に農林水産省で試算した。
（注）1．日本は年度。それ以外は暦年。
　　　2．酒類等は含まない。

③　諸外国の品目別自給率（2019年）（試算）

(単位：%)

| | 年 | 穀類 | 穀類内訳 | | | いも類 | 豆類 | 野菜類 | 果実類 | 肉類 | 卵類 | 牛乳・乳製品 | 魚介類 | 砂糖類 | 油脂類 |
			食用穀物	うち小麦	粗粒穀物										
アメリカ	2019	116	167	158	111	102	172	84	61	114	104	101	64	65	89
カナダ	2019	185	327	351	122	138	314	59	24	139	91	95	93	11	297
ドイツ	2019	101	114	125	83	124	13	41	31	120	70	106	27	126	94
スペイン	2019	57	61	54	55	65	10	216	139	145	117	89	59	31	63
フランス	2019	187	183	200	194	138	79	68	64	102	98	104	29	204	85
イタリア	2019	61	72	62	52	55	39	151	104	81	99	86	17	15	33
オランダ	2019	11	17	19	5	181	0	325	39	326	166	162	129	161	48
スウェーデン	2019	137	137	140	136	85	83	34	5	70	102	83	69	95	21
イギリス	2019	97	94	99	104	89	53	42	12	75	94	89	65	57	54
スイス	2019	45	42	44	52	84	38	48	40	78	63	101	2	66	37
オーストラリア	2019	181	191	204	167	92	198	93	103	166	98	106	33	331	92
日本	2019	28	62	16	1	73	7	79	38	52	96	59	53	34	13
	2020	28	64	15	1	73	8	80	38	53	97	61	55	36	13
	2021	29	63	17	1	72	8	79	39	53	97	63	57	36	14

（資料）農林水産省「食料需給表」、FAO"Food Balance Sheets"を基に農林水産省で試算した。
（注）1．日本は年度。それ以外は暦年。
　　　2．穀類のうち、米については玄米に換算している。
　　　3．食用穀物とは、小麦、らい麦、米及びその他の食用穀物（日本はそばを含む）の合計である。
　　　4．粗粒穀物とは、大麦、オート麦、とうもろこし、ソルガム、ミレット及びその他の雑穀（日本は
　　　　　はだか麦を含む）の合計である。
　　　5．牛乳・乳製品については、生乳換算によるものであり、バターを含んでいる。
　　　6．魚介類については、飼肥料も含む魚介類全体についての自給率である。

④ 諸外国の穀物自給率の推移（1961～2019年）（試算）

(単位：%)

	1961 昭和36	1962 37	1963 38	1964 39	1965 40	1966 41	1967 42	1968 43	1969 44	1970 45	1971 46	1972 47	1973 48	1974 49	1975 50	1976 51	1977 52	1978 53
アメリカ	115	117	127	119	122	123	138	127	123	114	135	125	133	144	160	167	163	154
カナダ	126	182	199	173	179	201	164	185	164	126	164	170	167	144	163	216	190	190
ドイツ	63	72	71	74	66	66	77	80	77	70	78	77	78	85	77	69	81	91
スペイン	83	95	93	78	84	77	85	87	87	77	88	80	70	73	80	79	83	92
フランス	116	124	121	127	136	122	145	150	146	139	161	169	174	167	150	136	150	168
イタリア	81	80	68	73	72	70	71	70	73	72	71	69	65	75	74	72	63	73
オランダ	35	41	36	41	37	33	38	38	38	31	33	29	28	24	24	24	24	29
スウェーデン	112	108	96	112	116	97	117	120	99	121	126	119	107	142	114	121	121	124
イギリス	53	56	56	59	62	64	67	60	60	59	65	66	68	73	65	60	77	79
スイス	34	41	29	37	32	28	33	33	31	29	34	33	32	36	32	35	34	37
オーストラリア	299	311	285	323	250	344	231	343	275	231	262	214	333	312	356	343	279	454
日 本	75	73	63	63	62	58	56	54	49	46	46	42	40	40	40	37	35	34

	1979 昭和54	1980 55	1981 56	1982 57	1983 58	1984 59	1985 60	1986 61	1987 62	1988 63	1989 平成元	1990 2	1991 3	1992 4	1993 5	1994 6	1995 7	1996 8
アメリカ	163	157	184	170	114	159	173	146	129	110	140	142	126	151	116	143	129	137
カナダ	153	176	208	230	198	197	186	223	196	146	189	223	223	208	174	166	171	194
ドイツ	81	81	82	90	88	99	95	94	93	100	103	113	126	116	111	110	111	119
スペイン	72	90	58	64	62	87	92	79	100	114	97	92	100	80	92	82	62	99
フランス	167	177	173	178	175	215	192	183	200	209	215	209	214	246	195	182	180	201
イタリア	72	76	80	89	82	84	83	83	83	80	80	83	87	90	88	88	84	85
オランダ	26	26	28	29	26	29	22	28	25	27	32	32	28	32	33	26	29	29
スウェーデン	113	113	119	122	113	139	126	125	109	104	123	146	123	88	112	99	106	125
イギリス	81	98	106	111	107	133	111	118	104	107	115	116	122	119	109	106	113	125
スイス	39	35	39	39	40	50	47	45	45	55	66	64	64	61	66	67	66	68
オーストラリア	375	275	367	219	431	397	368	344	272	295	304	310	246	344	342	199	284	336
日 本	33	33	33	33	32	31	31	31	30	30	30	30	29	29	22	33	30	29

	1997 平成9	1998 10	1999 11	2000 12	2001 13	2002 14	2003 15	2004 16	2005 17	2006 18	2007 19	2008 20	2009 21	2010 22	2011 23	2012 24	2013 25	2014 26
アメリカ	137	141	134	133	127	119	132	140	130	128	150	155	125	120	118	112	127	128
カナダ	169	158	163	164	142	120	146	165	164	168	143	177	180	168	202	182	202	187
ドイツ	133	122	132	126	132	111	101	128	110	102	102	117	124	112	103	115	113	113
スペイン	78	84	72	87	70	78	68	81	49	61	69	70	57	68	73	61	75	65
フランス	198	209	194	191	175	186	173	197	177	177	164	168	174	185	176	198	189	177
イタリア	83	88	85	84	80	84	73	83	81	76	74	78	68	75	76	71	69	71
オランダ	24	25	28	29	24	25	24	23	22	17	16	19	20	16	14	16	16	14
スウェーデン	124	123	103	120	119	120	122	127	126	125	128	127	120	113	110	114	110	135
イギリス	111	108	105	112	88	109	99	103	98	99	92	116	101	95	101	90	86	103
スイス	63	66	57	61	63	59	49	57	61	56	49	49	51	47	45	47	42	46
オーストラリア	282	291	324	280	273	198	333	260	279	136	175	207	241	230	291	344	279	315
日 本	28	27	27	28	28	28	27	28	28	27	28	28	26	27	28	27	28	29

	2015 平成27	2016 28	2017 29	2018 30	2019 令和元
アメリカ	123	126	119	128	116
カナダ	205	186	178	197	185
ドイツ	118	114	112	101	101
スペイン	63	73	53	71	57
フランス	188	151	170	176	187
イタリア	69	70	63	63	61
オランダ	13	11	9	10	11
スウェーデン	136	131	132	102	137
イギリス	105	92	94	82	97
スイス	45	38	44	45	45
オーストラリア	320	276	345	239	181
日 本	29	28	28	28	28

（資料）農林水産省「食料需給表」、FAO"Food Balance Sheets"を基に農林水産省で試算した。
（注）1．日本は年度。それ以外は暦年。
　　　2．穀類のうち、米については玄米に換算している。
　　　3．ドイツについては、統合前の東西ドイツを合わせた形で遡及している。
　　　4．FAO"Food Balance Sheets"のデータは、過去に遡って修正されることがある。

⑤ 諸外国・地域の食料自給率（カロリーベース）の推移（1961～2019年）（試算等）

	1961 昭和36	1962 37	1963 38	1964 39	1965 40	1966 41	1967 42	1968 43	1969 44	1970 45	1971 46	1972 47	1973 48	1974 49	1975 50	1976 51	1977 52	1978 53
アメリカ	119	115	120	120	117	117	126	122	116	112	118	119	125	132	146	137	136	135
カナダ	102	143	161	143	152	169	134	146	138	109	134	128	136	121	143	157	152	168
ドイツ	67	70	75	74	66	66	74	73	70	68	73	72	72	78	73	69	79	80
スペイン	93	94	108	83	96	101	98	103	96	93	100	95	93	89	98	101	95	102
フランス	99	106	98	106	109	96	103	112	108	104	114	116	118	120	117	110	120	123
イタリア	90	89	83	83	88	86	89	82	83	79	82	75	73	76	83	78	72	76
オランダ	67	68	64	71	69	63	69	65	62	65	70	64	72	69	72	72	71	77
スウェーデン	90	90	83	93	90	72	96	93	79	81	88	93	93	114	99	104	101	93
イギリス	42	45	43	46	45	44	46	45	44	46	50	50	52	53	48	48	55	59
スイス	—	—	—	—	—	—	—	—	—	—	—	—	—	—	—	—	—	—
オーストラリア	204	229	225	240	199	255	203	278	226	206	211	192	240	234	230	235	214	268
韓国	—	—	—	—	—	—	—	—	—	80	—	—	—	—	—	—	—	—
日本	78	76	72	72	73	68	66	65	62	60	58	57	55	55	54	53	53	54
(参考)																		
ノルウェー	—	—	—	—	—	—	—	—	—	48	—	—	—	—	—	—	—	—
台湾	—	—	—	—	—	—	—	—	—	—	—	—	—	—	—	—	—	—

	1997 平成9	1998 10	1999 11	2000 12	2001 13	2002 14	2003 15	2004 16	2005 17	2006 18	2007 19	2008 20	2009 21	2010 22	2011 23	2012 24	2013 25	2014 26
アメリカ	131	131	127	125	122	119	128	122	123	120	124	134	130	135	127	126	130	133
カナダ	157	158	184	161	142	120	145	160	173	185	168	211	223	225	258	244	264	232
ドイツ	95	96	101	96	99	91	84	94	85	77	80	86	93	93	92	96	95	100
スペイン	97	93	84	96	94	90	89	90	73	81	82	83	80	92	96	73	93	80
フランス	138	140	137	132	121	130	122	135	129	121	111	114	121	130	129	134	127	124
イタリア	76	77	77	73	69	71	62	73	70	61	63	67	59	62	61	61	60	59
オランダ	71	70	67	70	67	67	58	67	62	78	75	77	65	68	66	68	69	72
スウェーデン	85	93	79	89	85	87	84	88	81	79	78	74	79	72	71	70	69	80
イギリス	76	77	78	74	61	74	70	69	69	69	65	69	65	69	72	67	63	74
スイス	54	56	54	59	54	56	53	58	57	53	53	55	56	53	57	55	51	56
オーストラリア	261	281	310	280	265	230	237	238	245	172	173	162	187	182	205	229	223	213
韓国	54	54	49	51	49	50	46	47	45	45	44	46	47	47	39	39	42	42
日本	41	40	40	40	40	40	40	40	40	39	40	41	40	39	39	39	39	39
(参考)																		
ノルウェー	53	53	45	50	50	46	50	52	52	53	52	53	46	46	48	43	48	47
台湾	37	37	36	35	35	36	34	32	30	32	30	32	32	31	34	33	33	34

（資料）農林水産省「食料需給表」、FAO"Food Balance Sheets"等を基に農林水産省で試算した（酒類等は含まない）。
　　　　スイスについてはスイス農業庁「農業年次報告書」、韓国については韓国農村経済研究院「食品需給表」、
　　　　ノルウェーについてはノルウェー農業経済研究所公表資料、台湾については台湾行政院「糧食供需年報」による。
　　　　ノルウェーについては、輸入飼料と輸出を考慮していないため、台湾については、輸入飼料を考慮していないため、単純には比較できないが、参考として記載。
（注）1．日本は年度。それ以外は暦年。
　　　2．食料自給率（カロリーベース）は、総供給熱量に占める国産供給熱量の割合である。畜産物、加工食品については、輸入飼料、輸入原料を考慮している。
　　　3．ドイツについては、統合前の東西ドイツを合わせた形で遡及している。
　　　4．日本及び上記諸外国以外は、データが不足しているため試算していない。
　　　5．FAO"Food Balance Sheets"及び上記諸外国のデータは、過去に遡って修正されることがある。

（単位：%）

1979 54	1980 55	1981 56	1982 57	1983 58	1984 59	1985 60	1986 61	1987 62	1988 63*	1989 平成元	1990 2	1991 3	1992 4	1993 5	1994 6	1995 7	1996 8
150	151	162	156	123	136	142	128	126	118	131	129	124	138	122	132	129	126
149	156	171	186	174	171	176	189	163	140	164	187	178	158	154	167	163	159
77	76	80	82	79	86	85	85	82	83	84	93	92	91	92	88	88	90
89	102	86	100	88	107	95	93	104	101	95	96	94	92	93	86	73	99
125	131	137	136	128	145	135	132	142	145	145	142	145	149	133	131	131	139
75	80	83	79	82	76	77	77	82	75	77	72	81	80	77	78	77	75
71	72	83	84	77	78	73	88	77	72	84	78	73	76	78	70	72	70
91	94	95	105	103	108	98	104	86	88	104	113	83	76	87	75	79	86
59	65	66	71	69	78	72	74	70	70	73	75	77	76	73	74	76	79
—	—	—	—	—	—	—	—	—	—	—	—	—	—	—	—	—	60
251	212	256	199	264	255	242	233	209	235	226	233	209	396	263	217	261	273
—	70	—	—	—	—	—	—	—	—	—	63	—	—	—	—	51	50
54	53	52	53	52	53	53	51	50	50	49	48	46	46	37	46	43	42
49	50	—	—	—	—	—	—	—	—	50	52	—	—	—	54	53	51
—	—	—	—	—	56	56	48	46	47	45	43	41	39	40	38	37	37

2015 27	2016 28	2017 29	2018 30	2019 令和元	2020 2	2021 3
129	138	131	132	121	—	—
255	257	255	266	233	—	—
93	91	95	86	84	—	—
83	89	83	100	82	—	—
132	119	130	125	131	—	—
62	63	59	60	58	—	—
64	64	70	65	61	—	—
77	76	78	63	81	—	—
71	65	68	65	70	—	—
52	48	52	51	50	—	—
214	202	233	200	169	—	—
43	39	38	35	35	—	—
39	38	38	37	38	37	38
50	49	50	43	43	47	—
31	31	32	35	32	32	—

⑥　諸外国の穀物自給率（2019年）（試算）

我が国の穀物自給率は、179の国・地域中127番目、OECD加盟38か国中32番目

（単位：％）

国　名	穀物自給率	国　名	穀物自給率	国　名	穀物自給率
ウクライナ	440	トーゴ	83	○ ベルギー	33
○ ラトビア	355	キルギスタン	83	アルジェリア	33
ブルガリア	338	ニジェール	83	マレーシア	33
アルゼンチン	277	マダガスカル	81	エスワティニ	32
○ エストニア	269	コンゴ民主共和国	81	コモロ	31
○ リトアニア	258	ギニア	79	アルメニア	29
パラグアイ	239	ガーナ	78	○ 日本	28
ルーマニア	217	北マケドニア	77	ハイチ	28
ウルグアイ	208	アゼルバイジャン	77	○ 韓国	28
カザフスタン	202	中央アフリカ共和国	76	台湾	27
ガイアナ	197	○ スロベニア	76	ガンビア	26
○ フランス	187	南アフリカ	75	キューバ	24
○ カナダ	185	スーダン	74	○ ポルトガル	23
○ スロバキア	184	ウズベキスタン	74	ナミビア	16
○ オーストラリア	181	ベリーズ	74	ニューカレドニア	15
セルビア	169	ザンビア	74	ガボン	14
○ ハンガリー	155	ボスニア・ヘルツェゴビナ	73	○ コスタリカ	12
○ チェコ	155	フィリピン	71	リビア	11
ロシア連邦	151	イラン	70	レソト	11
モルドバ	149	ルワンダ	69	○ オランダ	11
クロアチア	145	カメルーン	67	ボツワナ	11
○ スウェーデン	137	ニカラグア	65	サウジアラビア	10
ブラジル	131	○ ギリシャ	65	レバノン	9
タイ	123	アフガニスタン	65	キプロス	9
○ フィンランド	118	ノルウェー	64	○ アイスランド	8
○ デンマーク	118	エクアドル	63	イエメン	8
○ アメリカ	116	シエラレオネ	62	コンゴ共和国	7
パキスタン	114	○ メキシコ	62	オマーン	6
○ ポーランド	114	ギニアビサウ	62	フィジー	5
ミャンマー	112	○ イタリア	61	トリニダード・トバゴ	5
インド	110	セネガル	61	モンテネグロ	5
カンボジア	109	ケニア	60	○ イスラエル	5
ベトナム	109	イラク	60	サントメ・プリンシペ	4
スリナム	109	アルバニア	59	セントビンセント及びグレナディーン諸島	4
ウガンダ	108	ベナン	59	ヨルダン	4
ブルンジ	106	アンゴラ	58	バヌアツ	3
シリア・アラブ共和国	105	コートジボワール	57	ソロモン諸島	3
マリ	103	ジンバブエ	57	パプアニューギニア	3
ラオス人民民主共和国	101	モザンビーク	57	バハマ	3
○ ドイツ	101	○ スペイン	57	クウェート	1
タンザニア	100	エジプト	56	アラブ首長国連邦	1
中国	99	○ ニュージーランド	56	カーボベルデ	1
○ イギリス	97	東ティモール	56	モーリシャス	0
トルクメニスタン	96	モーリタニア	54	ジャマイカ	0
エチオピア	95	タジキスタン	52	アンティグア・バブーダ	0
チャド	95	○ アイルランド	50	バルバドス	0
○ オーストリア	94	○ チリ	49	ドミニカ	0
マラウィ	93	チュニジア	47	仏領ポリネシア	0
○ トルコ	93	ペルー	47	ジブチ	0
○ ルクセンブルク	92	グアテマラ	46	キリバス	0
スリランカ	91	○ スイス	45	グレナダ	0
バングラデシュ	90	エルサルバドル	43	香港	0
インドネシア	89	ドミニカ共和国	41	マカオ	0
ネパール	89	ベネズエラ	40	モルディブ	0
ブルキナファソ	89	リベリア	40	マルタ	0
北朝鮮	89	パナマ	38	セントクリストファー・ネイビス	0
ボリビア	88	○ コロンビア	37	セントルシア	0
モンゴル	88	ジョージア	37	セーシェル	0
ベラルーシ	87	ホンジュラス	36	サモア	
ナイジェリア	85	モロッコ	36		

（資料）農林水産省「食料需給表」、FAO「Food Balance Sheets」（令和4年6月1日現在）
（注）　1．日本は年度、それ以外は暦年。
　　　　2．○を付した国は、OECD加盟国である。
　　　　3．米については、玄米換算である。

参考統計表

1　主要加工食品の生産量

(1)　穀類を主原料とする主要加工食品の生産量

品　目	単　位	期　間	昭和45	46	47	48	49	50	51	52	53	54
米　　　菓	製　品 1,000 t	暦　年	191	197	219	243	235	235	230	219	219	217
小　麦　粉	〃	会計年度	3,402	3,459	3,554	3,753	3,707	3,996	3,954	3,970	4,013	4,150
パン用粉	〃	〃	1,154	1,167	1,234	1,306	1,307	1,410	1,406	1,435	1,453	1,486
めん用粉	〃	〃	1,304	1,333	1,367	1,447	1,416	1,449	1,447	1,395	1,337	1,388
菓子用粉	〃	〃	464	467	453	489	485	559	531	542	559	593
工業用	〃	〃	104	84	114	119	127	120	122	137	170	180
家庭用	〃	〃	137	134	114	151	141	176	171	182	178	186
その他	〃	〃	238	277	272	241	231	282	277	278	316	316
パ　　　ン	小麦粉 1,000 t	暦　年	970	952	951	982	1,030	1,062	1,098	1,147	1,168	1,168
食パン	〃	〃	469	477	488	511	562	588	624	656	664	666
菓子パン	〃	〃	269	247	235	245	245	251	255	269	282	283
学校給食パン	〃	〃	175	171	171	168	163	160	153	150	145	137
その他	〃	〃	58	57	57	58	60	63	66	72	77	81
生めん	〃	〃	514	544	565	571	518	541	560	580	596	608
乾めん	〃	〃	327	346	319	335	299	289	282	268	287	297
即席めん	〃	〃	267	267	275	303	315	335	311	300	293	329
マカロニ類	〃	〃	93	96	98	101	100	96	107	108	108	121
ビスケット類	製　品 1,000 t	暦　年	273	255	247	252	270	289	292	281	267	253
精　　　麦	〃	会計年度	128	127	118	125	126	130	128	116	94	93
普通精麦	〃	〃	84	87	80	84	89	91	95	89	74	75
強化精麦	〃	〃	43	41	40	38	36	34	33	27	19	17

品　目	単　位	期　間	6	7	8	9	10	11	12	13	14	15
米　　　菓	製　品 1,000 t	暦　年	202	205	219	217	214	214	212	210	210	211
小　麦　粉	〃	会計年度	4,999	4,947	4,970	4,902	4,873	4,948	4,927	4,909	4,909	4,992
パン用粉	〃	〃	1,815	1,798	1,862	1,875	1,894	1,949	1,972	1,981	1,961	2,012
めん用粉	〃	〃	1,798	1,747	1,722	1,679	1,667	1,681	1,654	1,631	1,636	1,646
菓子用粉	〃	〃	626	630	616	592	579	596	589	602	594	607
工業用	〃	〃	87	81	87	83	89	84	80	78	79	80
家庭用	〃	〃	189	177	171	160	152	150	141	139	149	149
その他	〃	〃	484	514	512	513	492	487	490	479	490	498
パ　　　ン	小麦粉 1,000 t	暦　年	1,221	1,220	1,230	1,227	1,234	1,250	1,279	1,272	1,245	1,247
食パン	〃	〃	644	623	611	602	611	618	619	625	619	625
菓子パン	〃	〃	355	368	379	389	379	381	382	381	371	366
学校給食パン	〃	〃	53	52	50	48	45	44	43	41	38	38
その他	〃	〃	169	178	190	188	199	208	235	226	217	219
生めん	〃	〃	720	729	725	706	692	686	687	696	685	675
乾めん	〃	〃	284	268	259	249	249	242	235	239	226	230
即席めん	〃	〃	305	314	324	323	318	337	343	356	356	365
マカロニ類	〃	〃	143	145	156	163	164	168	156	150	154	154
ビスケット類	製　品 1,000 t	暦　年	231	225	228	226	219	219	223	218	210	219
精　　　麦	〃	会計年度	116	130	138	142	138	154	161	164	175	212
普通精麦	〃	〃	109	124	129	132	128	145	156	148	169	206
強化精麦	〃	〃	7	6	9	10	10	9	6	16	6	6

品　目	単　位	期　間	30	令和元	2	3
米　　　菓	製　品 1,000 t	暦　年	221	222	219	215
小　麦　粉	〃	会計年度	4,834	4,795	4,664	4,646
パン用粉	〃	〃	1,917	1,913	1,857	1,840
めん用粉	〃	〃	1,590	1,548	1,504	1,494
菓子用粉	〃	〃	532	528	510	514
工業用	〃	〃	57	60	59	59
家庭用	〃	〃	151	147	139	144
その他	〃	〃	588	599	595	596
パ　　　ン	小麦粉 1,000 t	暦　年	1,221	1,248	1,265	1,242
食パン	〃	〃	585	597	607	578
菓子パン	〃	〃	401	408	415	416
学校給食パン	〃	〃	24	24	21	24
その他	〃	〃	211	219	222	224
生めん	〃	〃	712	708	740	759
乾めん	〃	〃	188	186	197	190
即席めん	〃	〃	420	422	412	397
マカロニ類	〃	〃	153	158	167	159
ビスケット類	製　品 1,000 t	暦　年	259	252	253	258
精　　　麦	〃	会計年度	171	164	157	156
普通精麦	〃	〃	168	161	154	154
強化精麦	〃	〃	3	3	3	3

（資料）「小麦粉」、「精麦」は農産局貿易業務課調べ。他は大臣官房政策課食料安全保障室「食品産業動態調査」（平成21年
　　　　までは、「米菓」については、「米麦加工食品生産動態等統計調査」、その他は農産局貿易業務課調べ）。
（注1）「生めん」、「乾めん」、「即席めん」は昭和59年までは会計年度である。
（注2）「マカロニ類」は昭和59年までは製品重量である。

(単位：1,000トン)

55	56	57	58	59	60	61	62	63	平成元	2	3	4	5
227	228	222	217	214	208	216	210	224	226	225	230	229	217
4,184	4,184	4,369	4,356	4,445	4,425	4,524	4,499	4,558	4,582	4,652	4,677	4,668	4,791
1,525	1,544	1,609	1,589	1,599	1,597	1,626	1,649	1,644	1,651	1,678	1,695	1,694	1,719
1,383	1,396	1,466	1,469	1,543	1,557	1,597	1,592	1,629	1,626	1,658	1,679	1,680	1,719
596	586	605	601	590	570	591	566	578	578	586	598	598	625
164	160	161	147	141	132	118	112	102	97	92	85	83	83
185	187	190	199	193	187	192	197	199	208	199	191	193	204
331	312	338	352	380	382	400	383	406	421	439	429	420	442
1,189	1,211	1,192	1,194	1,203	1,178	1,176	1,175	1,181	1,188	1,193	1,193	1,180	1,182
687	703	689	682	680	653	648	651	656	663	661	657	636	629
285	294	286	288	289	291	294	299	307	310	321	327	334	342
126	123	117	112	109	101	93	84	77	71	66	62	59	54
89	91	101	112	125	133	140	141	141	144	146	147	151	156
616	631	646	656	658	659	660	657	678	676	687	705	718	721
266	264	272	277	297	297	285	275	271	267	274	277	275	263
318	312	316	313	307	316	323	305	307	314	316	324	322	320
124	126	132	129	127	125	127	125	127	127	130	134	143	140
266	266	267	267	257	247	237	227	240	245	245	250	250	250
85	85	89	84	102	121	105	89	92	97	99	101	107	111
70	70	74	71	90	109	93	79	83	89	92	94	99	103
15	15	15	13	12	12	12	10	9	8	7	7	8	8

16	17	18	19	20	21	22	23	24	25	26	27	28	29
207	212	219	219	222	218	223	228	225	217	217	220	218	223
4,965	4,904	4,899	4,924	4,726	4,818	4,907	4,899	4,853	4,868	4,861	4,859	4,860	4,877
2,004	2,017	2,012	2,016	1,920	1,920	1,961	1,978	1,969	1,972	1,989	1,955	1,961	1,956
1,635	1,594	1,591	1,599	1,570	1,655	1,682	1,597	1,617	1,623	1,614	1,630	1,625	1,618
604	592	584	590	562	563	580	606	566	563	560	544	514	527
80	79	77	75	68	64	72	70	65	65	63	59	59	58
151	138	145	153	147	141	133	148	141	148	138	148	157	150
491	484	490	491	459	475	479	500	496	497	497	524	544	568
1,243	1,232	1,218	1,211	1,181	1,179	1,196	1,215	1,219	1,226	1,234	1,234	1,238	1,254
612	602	596	575	578	573	576	580	580	598	608	605	604	602
375	372	367	384	358	357	375	392	392	384	387	403	403	409
36	35	33	33	32	29	30	28	26	26	26	25	24	25
221	223	222	219	213	219	215	215	221	218	214	201	206	218
661	631	603	596	587	570	555	548	542	562	578	624	652	691
228	220	203	199	202	193	203	209	204	213	213	195	186	186
368	356	350	354	323	346	332	361	363	386	410	414	419	416
157	161	168	170	165	156	161	165	160	163	170	163	152	152
214	213	218	225	240	243	241	243	239	237	244	259	258	252
212	204	201	196	174	141	161	158	160	159	163	166	170	173
206	198	194	190	157	136	156	155	157	155	158	162	165	169
6	6	7	6	17	5	5	3	3	4	5	5	5	4

(2)　でん粉を主原料とする主要加工食品の生産量

(単位:1,000トン)

品　　目	昭和35	36	37	38	39	40	41	42	43	44
水あめ	285	277	304	282	320	343	332	350	360	396
ぶどう糖	151	176	203	230	198	200	202	210	184	164
異性化糖	－									

品　　目	45	46	47	48	49	50	51	52	53	54
水あめ	392	393	402	302	296	346	363	329	325	354
ぶどう糖	148	132	125	127	120	138	143	136	135	137
異性化糖	－	－	－	－	－	－	－	211	249	317

品　　目	55	56	57	58	59	60	61	62	63	平成元
水あめ	396	413	472	468	471	490	507	529	526	527
ぶどう糖	129	136	130	130	128	129	125	131	127	124
異性化糖	491	562	605	624	675	682	714	711	732	774

品　　目	2	3	4	5	6	7	8	9	10	11
水あめ	538	532	541	540	547	557	583	604	678	701
ぶどう糖	125	122	121	122	117	111	106	105	107	104
異性化糖	783	766	731	794	778	786	784	785	800	799

品　　目	12	13	14	15	16	17	18	19	20	21
水あめ	748	756	737	758	776	767	719	702	694	673
ぶどう糖	106	101	84	87	81	83	80	82	78	82
異性化糖	776	781	791	809	822	814	822	824	784	803

品　　目	22	23	24	25	26	27	28	29	30	令和元
水あめ	677	654	640	620	618	618	602	571	581	540
ぶどう糖	91	88	87	88	87	89	90	89	89	89
異性化糖	806	812	827	812	792	818	832	832	824	785

品　　目	2	3
水あめ	514	528
ぶどう糖	90	85
異性化糖	750	760

(資料)農産局地域作物課調べ(期間はでん粉年度(10月～9月))。

(3)　豆類・油脂類を主原料とする加工食品の生産量

（単位：1,000トン）

品　　目	昭和46	47	48	49	50	51	52	53	54	55	56
とうふ	1,022	1,054	1,085	1,058	1,068	1,068	1,097	1,097	1,114	1,114	1,128
油揚げ	194	200	210	194	196	196	201	201	204	205	207
納　豆	121	122	122	124	122	124	130	135	142	153	153
凍豆腐	13	14	14	12	12	13	14	14	14	14	14
マーガリン	120	136	147	153	157	180	191	206	217	222	242
ファットスプレッド	-	-	-	-	-	-	-	-	-	-	-
ショートニング	80	92	102	98	101	127	135	138	142	137	137
ラード	95	105	111	97	107	95	93	96	105	112	112

品　　目	57	58	59	60	61	62	63	平成元	2	3	4
とうふ	1,136	1,163	1,171	1,178	1,186	1,198	1,212	1,224	1,234	1,234	1,234
油揚げ	208	213	215	216	217	220	222	224	226	226	226
納　豆	154	155	157	158	160	169	178	187	193	194	194
凍豆腐	14	14	14	14	14	14	14	14	14	14	14
マーガリン	244	245	252	241	238	232	233	214	176	171	177
ファットスプレッド	-	-	-	-	18	24	28	45	73	72	72
ショートニング	140	147	148	149	152	153	164	171	176	181	183
ラード	107	105	100	105	105	90	92	92	90	86	86

品　　目	5	6	7	8	9	10	11	12	13	14	15
とうふ	1,214	1,242	1,242	1,240	1,245	1,247	1,240	1,240	1,240	1,245	1,245
油揚げ	223	214	214	213	213	214	212	211	211	212	212
納　豆	196	196	198	207	220	230	229	220	232	254	247
凍豆腐	14	14	14	14	14	14	13	13	13	13	14
マーガリン	183	175	176	181	174	175	175	176	173	177	177
ファットスプレッド	73	78	74	76	76	79	80	80	75	71	70
ショートニング	191	192	196	194	197	200	201	198	195	200	201
ラード	84	83	82	75	74	66	67	64	62	61	59

品　　目	16	17	18	19	20	21	22	23	24	25	26
とうふ	1,250	1,245	1,240	1,252	1,250	1,235	1,210	1,172	1,134	1,144	1,126
油揚げ	213	212	211	213	213	191	206	200	194	196	193
納　豆	250	236	234	234	232	225	221	216	221	225	225
凍豆腐	15	15	15	14	13	12	11	11	10	9	9
マーガリン	170	166	163	162	161	155	154	151	153	154	153
ファットスプレッド	79	81	79	80	78	79	76	80	77	78	70
ショートニング	209	206	214	214	210	208	223	217	230	238	244
ラード	60	58	55	55	54	53	57	59	59	60	52

品　　目	27	28	29	30	令和元	2	3
とうふ	1,137	1,152	1,159	1,184	1,172	1,159	1,109
油揚げ	195	197	198	202	200	198	190
納　豆	238	248	257	266	288	342	311
凍豆腐	9	8	8	8	9	8	7
マーガリン	162	167	168	166	170	159	152
ファットスプレッド	63	58	57	53	51	53	52
ショートニング	250	251	236	229	220	205	213
ラード	53	54	55	56	56	53	51

（資料）新事業・食品産業部食品製造課推定（期間は暦年）。

(4) 野菜を主原料とする主要加工食品の生産量

(単位：1,000トン、ただし、ソースは1,000キロリットル)

品 目	昭和35	36	37	38	39	40	41	42	43	44
野菜つけもの	-	292	329	355	374	416	445	475	500	530
トマトケチャップ	17	21	24	33	35	27	26	37	63	39
ソース	105	101	104	109	113	123	129	126	127	124

品 目	45	46	47	48	49	50	51	52	53	54
野菜つけもの	559	601	670	849	856	856	886	894	946	966
トマトケチャップ	36	50	57	89	86	85	81	83	95	107
ソース	122	141	136	147	143	125	135	157	169	178

品 目	55	56	57	58	59	60	61	62	63	平成元
野菜つけもの	952	937	969	1,002	1,030	1,044	1,061	1,082	1,120	1,151
トマトケチャップ	97	99	98	107	105	107	112	111	112	113
ソース	174	179	184	193	201	204	206	213	277	300

品 目	2	3	4	5	6	7	8	9	10	11
野菜つけもの	1,180	1,200	1,116	1,097	1,090	1,097	1,119	1,088	1,113	1,135
トマトケチャップ	105	100	104	106	103	103	106	106	114	118
ソース	358	383	397	414	433	447	454	474	482	527

品 目	12	13	14	15	16	17	18	19	20	21
野菜つけもの	1,176	1,186	1,184	1,132	1,033	973	975	957	950	910
トマトケチャップ	116	113	116	113	115	124	123	110	122	113
ソース	501	457	477	472	458	458	521	522	526	-

品 目	22	23	24	25	26	27	28	29	30	令和元
野菜つけもの	873	773	719	719	705	723	714	692	705	742
トマトケチャップ	120	124	119	123	124	113	121	120	114	120

品 目	2	3
野菜つけもの	777	817
トマトケチャップ	117	118

(資料) 「野菜つけもの」は（一社）食品需給研究センター「食品産業動態調査」、
「トマトケチャップ」は農産局園芸作物課調べ、「ソース」は新事業・食品産業部食品製造課調べ。
(注1) 「野菜つけもの」は暦年であり、梅干しを含む。
(注2) 「ソース」は平成21年度以降の調査数値無し。

(5)　肉類・鶏卵を主原料とする主要加工食品の生産量

（単位：1,000トン）

品　　目	昭和35	36	37	38	39	40	41	42	43	44
ハム	35	47	52	55	61	67	79	86	95	106
ベーコン	2	3	3	2	3	3	4	4	5	5
ソーセージ	38	50	64	57	60	66	72	83	92	103
マヨネーズ	16	23	31	36	44	49	57	66	76	94

品　　目	45	46	47	48	49	50	51	52	53	54
ハム	117	124	135	138	134	139	155	176	181	186
ベーコン	7	8	10	12	16	17	19	25	29	34
ソーセージ	106	118	124	129	129	144	160	178	177	180
マヨネーズ	113	124	121	143	129	135	149	157	169	177

品　　目	55	56	57	58	59	60	61	62	63	平成元
ハム	184	183	183	185	185	184	182	186	183	186
ベーコン	37	40	43	46	51	54	58	63	68	71
ソーセージ	181	188	187	204	212	228	258	268	278	283
マヨネーズ	183	190	193	194	199	204	209	213	214	216

品　　目	2	3	4	5	6	7	8	9	10	11
ハム	179	176	172	166	168	167	158	152	153	153
ベーコン	70	73	75	77	77	77	78	78	78	77
ソーセージ	277	289	299	303	304	310	308	300	297	293
マヨネーズ	217	216	219	221	222	227	223	228	231	240

品　　目	12	13	14	15	16	17	18	19	20	21
ハム	150	146	139	138	140	138	136	133	129	132
ベーコン	78	76	75	70	75	76	78	79	78	81
ソーセージ	293	297	289	282	288	278	276	269	282	294
マヨネーズ	240	241	238	231	226	226	210	212	209	208

（資料）「マヨネーズ」は新事業・食品産業部食品製造課調べ、他は日本ハム・ソーセージ工業協同組合
　　　　「食肉加工品生産数量調査報告」（平成14年までは畜産局食肉鶏卵課調べ）（期間は暦年）。

(5)　肉類・鶏卵を主原料とする主要加工食品の生産量（つづき）

（単位：1,000トン）

品　　目	22	23	24	25	26	27	28	29	30	令和元
ハム	130	133	135	136	137	137	137	140	138	137
ベーコン	81	84	86	87	87	89	92	95	97	97
ソーセージ	293	296	301	307	313	307	310	319	319	317
マヨネーズ	204	207	209	210	213	215	222	223	221	225

品　　目	2	3
ハム	133	129
ベーコン	98	97
ソーセージ	318	317
マヨネーズ	217	218

2 飼料需給表

区　　　　　分				昭和40年度	41	42	43	44	45	46	47	48	49
需　　要　　量			A	13,359	14,561	15,012	15,596	17,003	18,395	18,740	20,253	20,549	20,026
供給量（消費）	国内産	粗　　飼　　料	B	4,519	4,476	4,676	4,527	4,668	4,656	4,625	4,737	4,538	4,784
		濃飼厚料 国産原料 C		2,771	2,748	2,688	2,444	2,124	2,297	3,323	3,153	2,605	2,077
		輸入原料 D		1,136	1,253	1,487	1,586	1,925	2,176	2,287	2,475	2,358	2,526
		小　計 E		3,907	4,001	4,175	4,030	4,049	4,473	5,610	5,628	4,963	4,603
		計（B＋E）＝ F		8,426	8,477	8,851	8,557	8,717	9,129	10,235	10,365	9,501	9,387
	輸入	粗　　飼　　料 G		－	－	－	－	－	－	－	－	－	－
		濃　厚　飼　料 H		－	－	－	－	－	－	－	－	－	－
		小　　計 I		4,932	6,084	6,161	7,039	8,286	9,266	8,506	9,888	11,048	10,639
	供給計	粗飼料（B＋G）＝ J		4,519	4,476	4,676	4,527	4,668	4,656	4,625	4,737	4,538	4,784
		濃厚飼料（E＋H）＝ K		8,839	10,085	10,336	11,069	12,335	13,739	14,116	15,516	16,011	15,242
		合　　計 A		13,358	14,561	15,012	15,596	17,003	18,395	18,741	20,253	20,549	20,026
飼料自給率	純国内産飼料自給率 (B+C)/A×100			55	50	49	45	40	38	42	39	35	34
	純国内産粗飼料自給率 B/J×100			－	－	－	－	－	－	－	－	－	－
	純国内産濃厚飼料自給率 C/K×100			31	27	26	22	17	17	24	20	16	14

区　　　　　分				平成元	2	3	4	5	6	7	8	9	10
需　　要　　量			A	28,623	28,517	28,572	28,476	28,241	27,550	27,098	26,600	26,496	26,173
供給量（消費）	国内産	粗　　飼　　料	B	5,197	5,310	5,073	5,056	4,527	4,705	4,733	4,529	4,518	4,453
		濃飼厚料 国産原料 C		2,223	2,187	2,268	2,206	2,150	2,196	2,239	2,227	2,152	2,104
		輸入原料 D		3,580	3,509	3,309	3,324	3,374	3,591	3,558	3,669	3,638	3,766
		小　計 E		5,803	5,696	5,577	5,530	5,524	5,787	5,797	5,896	5,790	5,870
		計（B＋E）＝ F		11,000	11,006	10,650	10,586	10,051	10,492	10,530	10,425	10,308	10,323
	輸入	粗　　飼　　料 G		853	932	1,088	1,074	1,240	1,134	1,179	1,282	1,243	1,256
		濃　厚　飼　料 H		16,770	16,579	16,834	16,816	16,950	15,924	15,389	14,893	14,945	14,594
		小　　計 I		17,623	17,511	17,922	17,890	18,190	17,058	16,568	16,175	16,188	15,850
	供給計	粗飼料（B＋G）＝ J		6,050	6,242	6,161	6,130	5,767	5,839	5,912	5,811	5,761	5,709
		濃厚飼料（E＋H）＝ K		22,573	22,275	22,411	22,346	22,474	21,711	21,186	20,789	20,735	20,464
		合　　計 A		28,623	28,517	28,572	28,476	28,241	27,550	27,098	26,600	26,496	26,173
飼料自給率	純国内産飼料自給率 (B+C)/A×100			26	26	26	26	24	25	26	25	25	25
	純国内産粗飼料自給率 B/J×100			86	85	82	82	78	81	80	78	78	78
	純国内産濃厚飼料自給率 C/K×100			10	10	10	10	10	10	11	11	10	10

区　　　　　分				25	26	27	28	29	30	令和元	2	3（概算）
需　　要　　量			A	23,955	23,549	23,569	23,820	24,593	24,498	24,772	24,937	25,299
供給量（消費）	国内産	粗　　飼　　料	B	3,864	3,885	4,005	3,792	3,989	3,835	3,873	3,793	3,807
		濃飼厚料 国産原料 C		2,281	2,536	2,536	2,593	2,496	2,362	2,375	2,337	2,641
		輸入原料 D		3,405	3,510	3,304	3,387	3,503	3,481	3,373	3,229	3,332
		小　計 E		5,686	6,046	5,840	5,979	5,999	5,843	5,748	5,566	5,973
		計（B＋E）＝ F		9,550	9,931	9,846	9,772	9,988	9,678	9,621	9,359	9,780
	輸入	粗　　飼　　料 G		1,139	1,075	1,068	1,084	1,136	1,187	1,168	1,177	1,199
		濃　厚　飼　料 H		13,266	12,543	12,655	12,964	13,469	13,633	13,983	14,401	14,320
		小　　計 I		14,405	13,618	13,723	14,048	14,605	14,820	15,152	15,578	15,519
	供給計	粗飼料（B＋G）＝ J		5,003	4,960	5,073	4,877	5,125	5,021	5,041	4,971	5,006
		濃厚飼料（E＋H）＝ K		18,952	18,589	18,496	18,944	19,468	19,477	19,731	19,967	20,293
		合　　計 A		23,955	23,549	23,569	23,820	24,593	24,498	24,772	24,937	25,299
飼料自給率	純国内産飼料自給率 (B+C)/A×100			26	27	28	27	26	25	25	25	25
	純国内産粗飼料自給率 B/J×100			77	78	79	78	78	76	77	76	76
	純国内産濃厚飼料自給率 C/K×100			12	14	14	14	13	12	12	12	13

（単位：TDN千トン）

50	51	52	53	54	55	56	57	58	59	60	61	62	63
19,867	21,402	22,782	24,114	25,529	25,107	24,899	25,491	26,271	26,476	27,596	28,148	28,707	28,732
4,793	4,815	4,879	5,181	5,175	5,118	5,168	5,441	5,192	5,130	5,278	5,352	5,313	5,161
2,060	1,944	1,844	1,792	1,888	1,965	2,283	2,694	2,570	2,185	2,310	2,280	2,241	2,290
2,639	2,690	2,805	3,102	3,181	3,038	3,180	3,217	3,312	3,330	3,454	3,451	3,492	3,547
4,699	4,634	4,649	4,894	5,069	5,003	5,463	5,911	5,882	5,515	5,764	5,731	5,733	5,837
9,492	9,449	9,528	10,075	10,244	10,121	10,631	11,352	11,074	10,645	11,042	11,083	11,046	10,998
–	–	–	–	–	–	–	–	–	–	430	608	655	847
–	–	–	–	–	–	–	–	–	–	16,124	16,457	17,006	16,887
10,375	11,952	13,255	14,039	15,285	14,986	14,268	14,139	15,197	15,831	16,554	17,065	17,661	17,734
4,793	4,815	4,879	5,181	5,175	5,118	5,168	5,441	5,192	5,130	5,708	5,960	5,968	6,008
15,074	16,586	17,904	18,933	20,354	19,989	19,731	20,050	21,079	21,346	21,888	22,188	22,739	22,724
19,867	21,401	22,783	24,114	25,529	25,107	24,899	25,491	26,271	26,476	27,596	28,148	28,707	28,732

（単位：％）

50	51	52	53	54	55	56	57	58	59	60	61	62	63
34	32	30	29	28	28	30	32	30	28	27	27	26	26
–	–	–	–	–	–	–	–	–	–	92	90	89	86
14	12	10	9	9	10	12	13	12	10	11	10	10	10

11	12	13	14	15	16	17	18	19	20	21	22	23	24
26,003	25,481	25,373	25,713	25,491	25,107	25,164	25,249	25,316	24,930	25,640	25,204	24,753	24,172
4,290	4,491	4,350	4,394	4,073	4,194	4,197	4,229	4,305	4,356	4,188	4,164	4,080	3,980
2,039	2,179	1,995	1,948	1,897	2,182	2,214	1,967	2,120	2,090	2,155	2,122	2,358	2,206
3,982	3,757	3,894	4,087	4,164	3,928	3,842	3,960	3,503	3,680	3,713	3,672	3,578	3,281
6,021	5,936	5,889	6,035	6,061	6,110	6,056	5,927	5,623	5,770	5,868	5,794	5,935	5,487
10,311	10,427	10,239	10,429	10,134	10,304	10,253	10,156	9,928	10,126	10,056	9,958	10,015	9,467
1,305	1,265	1,223	1,269	1,314	1,371	1,288	1,271	1,241	1,180	1,205	1,205	1,188	1,246
14,387	13,789	13,911	14,015	14,043	13,432	13,623	13,822	14,147	13,623	14,379	14,041	13,550	13,459
15,692	15,054	15,134	15,284	15,357	14,803	14,911	15,093	15,388	14,803	15,584	15,246	14,738	14,705
5,595	5,756	5,573	5,663	5,387	5,565	5,485	5,500	5,546	5,536	5,393	5,369	5,268	5,225
20,408	19,725	19,800	20,050	20,104	19,542	19,678	19,749	19,770	19,393	20,247	19,835	19,485	18,946
26,003	25,481	25,373	25,713	25,491	25,107	25,163	25,249	25,316	24,930	25,640	25,204	24,753	24,172

11	12	13	14	15	16	17	18	19	20	21	22	23	24
24	26	25	25	23	25	25	25	25	26	25	25	26	26
77	78	78	78	76	75	77	77	78	79	78	78	77	76
10	11	10	10	9	11	11	10	11	11	11	11	12	12

（資料）農林水産省畜産局飼料課
（注）1．TDN（可消化養分総量）とは、エネルギー含量を示す単位であり、飼料の実量とは異なる。
　　　2．供給量の国内産の濃厚飼料のうち「国産原料」とは、国内産に由来する濃厚飼料（国内産飼料用小麦・大麦等）であり、輸入食料原料から発生した副産物（輸入大豆から搾油した後発生する大豆油かす等）を除いたものである。
　　　3．昭和59年度までの輸入は、全て濃厚飼料とみなしている。

おわりに

　本書は、省内各局庁はもちろん、他省庁の協力も得て作成されたものであり、ここに改めて関係各位の御協力に対し、深く感謝の意を表する次第です。

令和3年度　食料需給表

令和5年5月　発行　　　　　定価は表紙に表示してあります。

編　集　　〒100-8950　東京都千代田区霞が関1－2－1
　　　　　　　　　　　農林水産省大臣官房政策課 食料安全保障室
　　　　　　　　　　　TEL 03(3502)8111 （内3807）

発　行　　〒141-0031　東京都品川区西五反田7-22-17　TOCビル11階34号
　　　　　　　　　　　一般財団法人 農 林 統 計 協 会
　　　　　　　　　　　振替　00190-5-70255　TEL 03(3492)2950

ISBN978-4-541-04441-9　C3061